U0149820

经以治七
建行尚未
贺教方印
气功门项目
心王工作

李瑞林

教育部哲学社會科學研究重大課題攻關項目

"十四五"时期国家重点出版物出版专项规划项目

构建公平合理的国际气候治理体系研究

THE STUDY OF BUILDING A FAIR AND REASONABLE INTERNATIONAL CLIMATE GOVERNANCE SYSTEM

薄 燕

等著

中国财经出版传媒集团

经济科学出版社

Economic Science Press

图书在版编目（CIP）数据

构建公平合理的国际气候治理体系研究/薄燕等著
. -- 北京：经济科学出版社，2022.11
教育部哲学社会科学研究重大课题攻关项目 "十四
五"时期国家重点出版物出版专项规划项目
ISBN 978 - 7 - 5218 - 4347 - 7

Ⅰ.①构… Ⅱ.①薄… Ⅲ.①气候变化 - 治理 - 国际
合作 - 研究 Ⅳ.①P467

中国版本图书馆 CIP 数据核字（2022）第 221980 号

责任编辑：孙丽丽 纪小小
责任校对：王肖楠 王苗苗
责任印制：范 艳

构建公平合理的国际气候治理体系研究

薄 燕 等著

经济科学出版社出版、发行 新华书店经销
社址：北京市海淀区阜成路甲 28 号 邮编：100142
总编部电话：010 - 88191217 发行部电话：010 - 88191522
网址：www. esp. com. cn
电子邮箱：esp@ esp. com. cn
天猫网店：经济科学出版社旗舰店
网址：http://jjkxcbs. tmall. com
北京季蜂印刷有限公司印装
787 × 1092 16 开 29.25 印张 560000 字
2023 年 5 月第 1 版 2023 年 5 月第 1 次印刷
ISBN 978 - 7 - 5218 - 4347 - 7 定价：118.00 元
（图书出现印装问题，本社负责调换。电话：010 - 88191545）
（版权所有 侵权必究 打击盗版 举报热线：010 - 88191661
QQ：2242791300 营销中心电话：010 - 88191537
电子邮箱：dbts@ esp. com. cn）

课题组主要成员

薄　燕　巢清尘　高　翔　曾文革　陈志敏
康　晓　周国荣

总　序

哲学社会科学是人们认识世界、改造世界的重要工具，是推动历史发展和社会进步的重要力量，其发展水平反映了一个民族的思维能力、精神品格、文明素质，体现了一个国家的综合国力和国际竞争力。一个国家的发展水平，既取决于自然科学发展水平，也取决于哲学社会科学发展水平。

党和国家高度重视哲学社会科学。党的十八大提出要建设哲学社会科学创新体系，推进马克思主义中国化、时代化、大众化，坚持不懈用中国特色社会主义理论体系武装全党、教育人民。2016 年 5 月 17 日，习近平总书记亲自主持召开哲学社会科学工作座谈会并发表重要讲话。讲话从坚持和发展中国特色社会主义事业全局的高度，深刻阐释了哲学社会科学的战略地位，全面分析了哲学社会科学面临的新形势，明确了加快构建中国特色哲学社会科学的新目标，对哲学社会科学工作者提出了新期待，体现了我们党对哲学社会科学发展规律的认识达到了一个新高度，是一篇新形势下繁荣发展我国哲学社会科学事业的纲领性文献，为哲学社会科学事业提供了强大精神动力，指明了前进方向。

高校是我国哲学社会科学事业的主力军。贯彻落实习近平总书记哲学社会科学座谈会重要讲话精神，加快构建中国特色哲学社会科学，高校应发挥重要作用：要坚持和巩固马克思主义的指导地位，用中国化的马克思主义指导哲学社会科学；要实施以育人育才为中心的哲学社会科学整体发展战略，构筑学生、学术、学科一体的综合发展体系；要以人为本，从人抓起，积极实施人才工程，构建种类齐全、梯队衔接的高校哲学社会科学人才体系；要深化科研管理体制改革，发挥高校人才、智力和学科优势，提升学术原创能力，激发创新创造活力，建设中国特色新型高校智库；要加强组织领导、做好统筹规划、营造良好学术生态，形成统筹推进高校哲学社会科学发展新格局。

　　哲学社会科学研究重大课题攻关项目计划是教育部贯彻落实党中央决策部署的一项重大举措，是实施"高校哲学社会科学繁荣计划"的重要内容。重大攻关项目采取招投标的组织方式，按照"公平竞争，择优立项，严格管理，铸造精品"的要求进行，每年评审立项约 **40** 个项目。项目研究实行首席专家负责制，鼓励跨学科、跨学校、跨地区的联合研究，协同创新。重大攻关项目以解决国家现代化建设过程中重大理论和实际问题为主攻方向，以提升为党和政府咨询决策服务能力和推动哲学社会科学发展为战略目标，集合优秀研究团队和顶尖人才联合攻关。自 2003 年以来，项目开展取得了丰硕成果，形成了特色品牌。一大批标志性成果纷纷涌现，一大批科研名家脱颖而出，高校哲学社会科学整体实力和社会影响力快速提升。国务院副总理刘延东同志做出重要批示，指出重大攻关项目有效调动各方面的积极性，产生了一批重要成果，影响广泛，成效显著；要总结经验，再接再厉，紧密服务国家需求，更好地优化资源，突出重点，多出精品，多出人才，为经济社会发展做出新的贡献。

　　作为教育部社科研究项目中的拳头产品，我们始终秉持以管理创新服务学术创新的理念，坚持科学管理、民主管理、依法管理，切实增强服务意识，不断创新管理模式，健全管理制度，加强对重大攻关项目的选题遴选、评审立项、组织开题、中期检查到最终成果鉴定的全过程管理，逐渐探索并形成一套成熟有效、符合学术研究规律的管理办法，努力将重大攻关项目打造成学术精品工程。我们将项目最终成果汇编成"教育部哲学社会科学研究重大课题攻关项目成果文库"统一组织出版。经济科学出版社倾全社之力，精心组织编辑力量，努力铸造出版精品。国学大师季羡林先生为本文库题词："经时济世　继往开来——贺教育部重大攻关项目成果出版"；欧阳中石先生题写了"教育部哲学社会科学研究重大课题攻关项目"的书名，充分体现了他们对繁荣发展高校哲学社会科学的深切勉励和由衷期望。

伟大的时代呼唤伟大的理论，伟大的理论推动伟大的实践。高校哲学社会科学将不忘初心，继续前进。深入贯彻落实习近平总书记系列重要讲话精神，坚持道路自信、理论自信、制度自信、文化自信，立足中国、借鉴国外，挖掘历史、把握当代，关怀人类、面向未来，立时代之潮头、发思想之先声，为加快构建中国特色哲学社会科学，实现中华民族伟大复兴的中国梦做出新的更大贡献！

教育部社会科学司

前 言

气候变化是当今全球治理议程上最重大的问题之一。全球气候治理具有坚实的科学依据和事实基础，并以建立和建设国际气候治理体系作为主要应对途径。在新的时空背景下，本书将规范研究与经验分析整合起来，一方面正视了公平合理等规范性问题，另一方面加强对国际气候治理体系的经验研究，集中讨论国际气候治理体系应该做些什么和实际做了什么以及如何运作。在对国际气候治理体系的既有制度性安排进行分析的基础上，对未来可能的发展趋势做出预测并提出中国深入参与构建公平合理的国际气候治理体系的基本路径。

本书运用气候变化科学、国际政治、国际法等跨学科的研究方法，着重探讨了以下五个方面的问题：

（1）全球气候治理的科学依据及其迫切性；

（2）构建公平合理的国际气候治理体系的理论基础；

（3）现有国际气候治理体系的公平合理性；

（4）非国家行为体与构建公平合理的国际气候治理体系；

（5）中国与构建公平合理的国际气候治理体系。

一、全球气候治理的科学依据及其迫切性

人类发展经历了从自然演进到自觉发展的过程，工业化进程在带来巨大进步的同时，也造成了严峻的环境和资源问题，高碳发展是工业文明与生态环境最尖锐的矛盾之一。气候是人类赖以生存的自然环境要素，也是经济社会可持续发展的重要基础资源。国际社会科学认

识气候变化经历了很长的阶段。由于现代物理学和化学的发展，大气的温室效应、温室气体以及大气中二氧化碳浓度增加导致气候变化的坚实科学基础才得以建立。经过 19 世纪几位科学家奠基性的理论工作与其后大量观测数据的结合，现代气候变化研究对近两百年气候系统变化的事实、原因和趋势的认识已经上升到了比较确定的高度，有些认识已经是非常确定的了。随着一系列现代观测手段的发展，人类越来越深刻认识到，受自然和人类活动的共同影响，全球正经历着以变暖为显著特征的气候变化。近百年人类活动导致温室气体排放量不断增加，是全球气候变暖的主要原因。

气候的任何变化都会对自然生态系统以及社会经济系统产生影响。气候变化的影响既有正面的，也有负面的，但是总体来说，负面的影响要多于或者大于正面的影响。目前国际社会普遍关注的气候变化影响的领域包括自然生态系统、淡水资源、农业和粮食安全、海岸带和沿海生态系统、人体健康等。

全球治理的概念和现代科学联系紧密，科学评估为全球治理提供科学依据，并推动全球治理朝着更加科学、更加民主、更加符合全球利益的方向发展。政府间气候变化专门委员会（IPCC）是当前全球气候治理领域最具权威性的国际科学组织。IPCC 已经发布的报告对国际气候治理体系的构建和变迁产生了巨大的推动作用。其中第五次评估报告（IPCC AR5）对《巴黎协定》的达成发挥了巨大的推动作用。该报告重点阐明了七个方面的科学问题：更多的观测和证据证实全球气候变暖；确认人类活动和全球变暖之间的因果关系；气候变化影响归因，气候变化已对自然生态系统和人类社会产生不利影响；未来气候变暖将持续；未来气候变暖将给经济社会发展带来越来越显著的影响，并成为人类经济社会发展的风险；如不采取行动，全球变暖将超过 4℃；要实现在 21 世纪末 2℃ 温控的目标，须对能源供应部门进行重大变革，并及早实施全球长期减排路径。

IPCC《全球 1.5℃ 增暖》特别评估报告于 2018 年 10 月正式发布，基本体现了目前科学界对 1.5℃ 温升相关问题的认识水平。与 IPCC 的其他报告相比，该报告文献基础较弱，一些关于气候变化影响的结论存在评估不充分、文献支持不足的问题，对控制温升 1.5℃ 所面临的成本代价、困难挑战的评估不足，难以形成高信度的结论。但该报告关于必须尽早达到全球碳排放峰值并实现深度减排的信息十分明确，对气候治理提出了更紧迫的要求。全球升温1.5℃对自然系统和人类系统带来的气候相关风险低于升温2℃带来的风险，更低于目前发展可能带来的风险。将温升控制在1.5℃，要使全球2030年二氧化碳排放量在2010年基础上减少45%，并在2050年左右达到净零排放。当前人为二氧化碳排放量为每年420亿吨，实现1.5℃温升要求的剩余排放空间不到4200亿吨二氧化碳，如果维持当前排放速率，将在短期内用尽。各国在《巴黎协定》下的国家自主贡献力度不足以实现1.5℃的温控目标。

中国参与了IPCC的历次评估活动，参与力度和影响力都在不断提升。首先，中国参与IPCC评估报告的专家绝对数量呈上升趋势。但与发达国家尤其是美国相比，中国对报告的参与力度仍处于明显劣势。无论是主要作者召集人、主要作者、贡献作者还是编审，美国的参与人员数量均要远远超过中国，这无疑决定了中国在影响报告内容方面与美国等发达国家相比处于弱势地位。在第六次评估中，尽管美国特朗普政府不支持应对气候变化，但美国的科研实力和参与度仍旧很强。其次，中国专家的队伍结构逐渐优化，对评估报告的影响力也在不断加强。但与发达国家相比，中国对报告的参与力度仍处于一定劣势，既包括主要作者的人数，也包括文献引用率，以及重要结论的产出。

气候是自然生态系统的重要组成部分，认识、适应、利用和保护自然气候是生态文明建设的基础，科学应对气候变化是生态文明建设的内在要求。人们对环境保护和应对气候变化的觉悟，催生了"可持续发展""低碳发展"理念。绿色低碳发展是基于中国国情特点提出的概念，也是生态文明建设的重要内涵。中国人口众多、人均资源短缺；能源结构中，中国煤炭占比显著高于世界平均水平；中国环境容量有限，自然灾害种类多、天然禀赋脆弱，有序适应气候变化更具紧迫性；在现代化进程以及全球技术的快速发展阶段，中国具有后发优势。这些特点对推动中国经济、能源的转型，把生态文明建设融入经济、政治、文化、社会建设各方面和全过程，协同推进新型工业化、城镇化、信息化、农业现代化和绿色化，牢固树立"绿水青山就是金山银山"的理念，坚持把节约优先、保护优先、自然恢复作为基本方针，把绿色发展、循环发展、低碳发展作为基本途径，把深化改革和创新驱动作为基本动力，把培育生态文化作为重要支撑，把重点突破和整体推进作为工作方式，切实把生态文明建设工作抓紧抓好具有重要的理论和现实意义。

二、构建公平合理的国际气候治理体系的理论基础

国际治理体系是国际社会为应对特定的全球性问题而建立的各种安排构成的体系。国际治理体系是在世界无政府状态下应对全球性问题的唯一可行方式。在全球治理的各个具体的问题领域，都已经确立了国际治理体系并发挥着重要作用。当今国际治理体系仍然存在很多问题，如何推动这些已有的国际治理体系朝着更加完善的方向发展，已经成为当前全球治理议程上的重要问题。

20 世纪 90 年代初以来，全球气候治理得到了巨大的发展，并形成了庞大的治理体系。尽管《联合国气候变化框架公约》（以下简称《公约》）（UNFCCC）进程之外的气候治理机制和行动也获得了较大发展，但是《公约》进程一直处在整个治理体系的核心位置，主要包括《公约》《京都议定书》《巴黎协定》。国际气候治理体系的构建与变迁主要是通过多层次的国际政治进程进行的。在全球和多边层次上，主要是通过联合国气候大会。《公约》外各种多边政治进程也发挥了重要影响。

国际关系伦理在西方国际关系主流理论中并未占据突出位置。虽然建构主义促进了伦理研究回归到国际关系学中，但是它并没有从经验研究的角度回答伦理是否起作用、起何种作用的问题。更重要的是，它对于国际关系需要什么样的伦理并无建树。这种理论的内在局限性使得它难以对全球治理的实践产生重大的影响。

合作共赢、公平合理是中国全球气候治理观的核心要义。它的突出特色是强调国际气候治理体系的建设应该追求一定的价值目标。这基于以下三个基础：中国正义论的思想传统、中国的国际关系理论、新型国际关系及人类命运共同体的理念。

中国正义论是中国的全球气候治理观的思想基础。这体现在三个方面：第一，合作共赢的追求源自中国正义论中的一体之仁。第二，公平合理体现了中国正义论的两条原则。一是正当性原则（公正性、公平性准则）；二是适宜性原则（时宜性准则、地宜性准则）。第三，中国正义论的适用层次包括全球层次。中国的全球气候治理观，旨在在气候变化领域的全球性治理体系层面，倡导合作共赢、公平合理的伦理原则，恰恰是中国正义论中"己欲立而立人，己欲达而达人"（《论语·雍也》）、"己所不欲，勿施于人"（《论语·颜渊》）的伦理精神在全球治理机制层面的体现。

中国的国际关系理论是中国的全球气候治理观的理论基础。中国学者在国际关系理论探索中，有意识地从中国的经验和视角出发，提出不同于西方理论的一般假定和方法，形成了一些具有代表性的学术成果。其中理论上比较成体系的有三个理论流派，即道义现实主义、共生理论和共治理论。它们能够从理论上解释中国的全球气候治理观的伦理特质。

新型国际关系及人类命运共同体的理念基础同样重要。第一，气候变化问题是人类命运共同体的典型体现。构建人类命运共同体为中国推动全球气候治理提供了更高层次的理念基础，也为全球气候治理提供了中国的理念、话语、路径和愿景。中国应对气候变化的全球努力是一面镜子，为中国思考和探索未来全球治理模式、推动建设人类命运共同体带来宝贵启示。第二，在新型国际关系和人类命运共同体的理念下，中国致力于推进全球治理体系改革，推动变革全球治理体制中不公正、不合理的安排。中国的全球气候治理观包含了公平合理的要义，正是上述诉求的具体体现。

从学理上看，公平的基本含义是平等互惠。从国际治理体系的角度来看，公平的基本含义是指国际治理体系的建设得到各个国家的实质性参与，其具体的制度安排能够使各国通过平等互惠的方式担负成本、分享收益。合理的基本含义是合乎伦理、合乎规律、实践可行。对国际治理体系而言，合理性是指国际治理体系的具体制度安排既合乎国际社会所珍视的主流的价值规范，又合乎和反映国际体系的基本运作规律，尤其是尊重和反映国际政治及国内政治的差异与联系。在国际治理体系的背景下，公平与合理作为两种基本原则或者标准，既相互联系又有所区别。一个好的国际治理体系，应该是既公平又合理的。两者相互补充、互相配合，缺一不可。

三、现有国际气候治理体系的公平合理性

构建公平合理的国际气候治理体系，核心的问题是在承认各国权利平等和互惠的基础上，如何通过与各国责任和能力相匹配的可行方式分配各国应对气候变化的成本和收益。国际气候治理体系的基本要素包括决策程序、原则、规则等。从公平合理的规范角度出发评估现有的国际气候治理体系，本书认为：

第一，该体系的谈判和决策程序具有较高的公平性与合理性。

从机构设置上看，缔约方大会是国际气候治理体系主渠道的最高决策机构，具有广泛的代表性和普遍性。在缔约方大会之下设有《公约》《京都议定书》和《巴黎协定》缔约方大会主席团。主席团成员由联合国五大区域集团和小岛屿发展中国家提名的代表选举产生，体现了公平性。在主席团下设有两个常设附属机构，即附属科技咨询机构和附属执行机构。这两个附属机构通过对科学和技术问题的支撑以及对履约情况的专业评估和审评，保障了国际气候治理体系构建和运作的科学性与可行性。缔约方大会的进程基本遵循了缔约方驱动原则，保证了缔约方参与的普遍性和平等性，程序呈现公开和透明的特征，而采用接触组和非正式磋商组等形式有助于更加灵活和可行地谈判与磋商，充分反映所有缔约方的观点。

以《公约》为主渠道的国际气候治理体系实行协商一致的决策程序。"协商一致"一般是指经充分协商且无须投票而达成一般合意的一种国际组织或国际会议的表决制度。《公约》及其附属机构迄今相关会议的决策程序一直是协商一致，即在所有实质问题上，包括财务规定、议定书通过等，都采用了协商一致的方式。尽管有第 15 条的规定[①]，

---

① 《公约》第十五条第 3 款规定：各缔约方应尽一切努力以协商一致的方式就对本公约提出的任何修正达成协议。如为谋求协商一致已尽了一切努力，仍未达成协议，作为最后的方式，该修正应以出席会议并参加表决的缔约方四分之三多数票通过。

《公约》历史上从未就实质性问题进行过投票。虽然一些缔约方，尤其是俄罗斯对决策程序及其透明度不高感到不满，但是这些磋商方式符合了包容性、开放性和透明性的原则，也是在目前国际政治结构下具有较高可行性的多边决策方式，因此具有较高的公平性和合理性。

第二，《公约》确立了公平合理原则。《公约》及其《京都议定书》通过对缔约方二分和自上而下的方式适用公平合理原则。

《公约》确立了公平原则和合理原则，这使得国际气候治理体系一开始就包含了伦理要素，确立了基本的价值目标，带有公平合理的基本特征。这是发达国家与发展中国家通过谈判达成妥协的结果。

适用公平合理原则的核心问题是如何区别对待不同的缔约方。《公约》及其《京都议定书》的基本路径是将所有缔约方区分为两大类国家群组，即《公约》附件一国家与非附件一国家，并强调附件一和非附件一缔约方分别承担不同的义务，还特别强调了附件一和附件二缔约方（不包括经济转型国家）的责任，由此来实施"共同但有区别的责任和各自能力原则"（以下简称"共区原则"），适用公平合理原则。《京都议定书》采用自上而下分摊减排义务的路径，其依据是发达国家温室气体排放的历史责任和减少排放的能力。

但是随着发展中国家，尤其是发展中大国温室气体排放量的继续大幅增长和经济快速发展，以及欧美等发达国家出现经济危机，欧美自2008年以来在联合国的多边气候变化会议上，多次强调应该动态解释、修改或者重新适用"共区"原则，强调中国等发展中大国在应对气候变化问题上承担新的、共同的减排义务。中国等新兴国家则多次强调应该维护《公约》原则特别是"共区原则"，还强调新规则的制订不能打破既定的《公约》原则，《公约》原则应该发挥行动指南的作用。可以说，附件一和非附件一国家对不同的公平合理原则的偏好，是一个在传统的治理结构下难以解决的重要问题。

第三，《巴黎协定》坚持了公平合理原则，适用方式转变为缔约方自我区分和自下而上承担国家自主承诺。

《巴黎协定》坚持和体现了"共区原则"，使其继续成为一项指导2020年后国际气候治理体系的基本原则和构成要素。《巴黎协定》坚持"共区原则"，实际上是坚持了对发达国家与发展中国家缔约方之间不同责任和义务的区分，适用了公平合理原则，具有重要的科学、伦理和制度意义，也有助于提高该项国际协议的履约水平，保障了《公约》在国际气候治理体系中的权威和主渠道地位。

但是，《巴黎协定》适用公平合理原则的方式出现了重大变化。首先，它没有明确提及《公约》的附件国家，只是提及发达国家、发展中国家、最不发达国家、小岛屿发展中国家等国家类别。这意味着《巴黎协定》对发达国家与发展中国家的基本区分仍然保留，但是更强调发展中国家内部国家群组的差异性，尤其是那些最不发达国家、小岛屿发展中国家的脆弱性。它还特别提出要"根据不同的国情"，体现了对国家个体差异性的强调，实际上是一种"自我区分"或者"动态区分"的方式。其次，《巴黎协定》的减缓规则体系主要是按照自下而上的方式规定各缔约方提交并履行国家自主减排贡献，使所有缔约方根据自己的国情、自己的发展阶段和能力来决定应对气候变化的行动和减排贡献，并通过审查和全球盘点来保证行动力度。

在自我区分基础上的自下而上范式，从政治上来说更加可行，在实践中更加适用，有助于超越各缔约方对《公约》公平合理原则的一般性争论，保证缔约方政治参与的普遍性和灵活性。要求缔约方对自身贡献公平性的自我评估和自我证明也是对国际气候治理体系中已有的公平合理原则的承认。事实上，各国提交的国家自主减排贡献也证明了各国所持的公平概念的多样性。因此，自下而上地适用公平合理原则承认了缔约方个体的自主性，保障了缔约方参与的积极性。

第四，国际气候治理体系的能力建设机制和约束与激励机制以动态方式适用了公平合理原则。

从《公约》《京都议定书》到《巴黎协定》，能力建设逐渐成为国际气候治理体系中不可或缺的组成部分，并不断得到发展。《公约》引入了对发展中国家能力建设的内容，确立了发达国家向发展中国家提供支持的义务。《京都议定书》对能力建设进行了细化和延展，明确了支持发展中国家能力建设的资金机制和技术转让。《坎昆协议》提出了"量化支持目标"，《巴黎协定》下的能力建设制度化水平进一步提高。《公约》第21次缔约方大会第CP.21号决议决定设立"巴黎能力建设委员会"，旨在处理发展中国家缔约方在执行能力建设方面现有的和新出现的差距与需要，以及进一步加强能力建设工作，包括加强《公约》之下能力建设活动的连贯性和协调。《巴黎协定》第十一条对能力建设进行了专门规定，不仅重申了发达国家应当加强对发展中国家能力建设支助的原则，更认为加强能力建设的措施包括执行适应和减缓行动、技术开发、推广与部署、气候资金获得、教育培训和公共宣传等，并提出发达国家应当提供透明、及时、准确的信息通报。相对于《公约》和《京都议定书》而言，《巴黎协定》的能力建设条款更具体也更全面，是对已有文件成果的细化和深入。需要特别注意的是，在这些条文中，除发达国家之外，发展中国家也被"鼓励"对其他更不发达国家和小岛屿发展中国家提供资金和技术等方面的资助，表明能力建设的实施者已开始逐渐从"发达国家"转向"发达国家 + 发展中国家"（其中的"发展中国家"，尤指"发展中大国"）。

国际气候治理体系的约束机制主要是指为参与各国设定义务、追踪进展、评估成效和实施惩罚的一套规则体系。《公约》对于各缔约方权利、义务和程序性规则的设定相对粗略，《公约》下的约束机制在后续的子条约和缔约方会议决定中得以完善。《京都议定书》开创了一种"自上而下"为缔约方设定义务并约束监督的模式。这种模式主要由两部分组成：一是设定量化义务；二是制定统一规则。《巴黎协定》确立了一种缔约方"自下而上"承担义务，并得到统一规则约束监督的模式。这种模式主要由两部分组成：一是缔约方自行提出国家自主贡献；二是缔约方通过谈判制定统一规则，主要包括与透明度、遵约和全球盘点机制相关的规则。国际支持是国际气候治理必不可少的要素。国际气候治理体系基本上形成了两大类履约激励机制：一是对发展中国家的支持机制；二是鼓励各方积极行动的灵活履约机制。

国际气候治理体系内约束机制和激励机制动态地适用了"共区原则"。《公约》和《京都议定书》在 20 世纪末设定的约束机制规定，所有缔约方都要承担减缓、适应等应对气候变化的义务；但是在承担义务，尤其是减缓义务的形式和设定模式上，发达国家和发展中国家之间形成了不对称的义务，即因为发达国家承担最主要的责任，同时拥有较强的能力，应当率先承担量化的强制性减排义务；而发展中国家承担减缓义务的性质、幅度等具有更加多元性和一定程度的自愿性，符合发展中国家责任相对较小，且能力较弱的特点。同样，在激励机制方面，由于发达国家的历史责任，包括其在历史上对发展中国家的殖民导致的发展中国家资源被掠夺、发展水平落后、能力欠缺，因此发达国家在《公约》和《京都议定书》下承担向发展中国家提供资金、技术、能力建设支持的义务，也形成了发达国家与发展中国家的不对称体系。

《巴黎协定》在设定约束机制与激励机制时，发生了与《公约》和《京都议定书》显著不同的演变。尽管《巴黎协定》继承了《公约》确立的"共区原则"，但是对于缔约方责任的"区别"没有再延续《公约》和《京都议定书》"二分"的模式，而是采取了发达国家率先、其他国家也要承担的"有区分"模式。这种有区分模式不仅体现在缔约方减缓义务设定的约束机制、履约信息报告和审评的约束机制，也体现在提供支持的激励机制方面，但是在遵约评估的约束机制和灵活履约机制方面，则更多地体现了共同性。与此同时，《巴黎协定》第二条还将从《公约》附件二缔约方向非附件一缔约方提供资金支持以应对气候变化，扩展为所有国家都要"使资金流动符合温室气体低排放和气候适应型发展的路径"，将其作为与减缓、适应相并列的全球目标。

从合理性角度看，国际气候治理体系的约束机制和激励机制本身说明其合法性和政治接受度得到了缔约方的认可。从实施效果来看，这些机制促进了缔约方个体和集体履约，促进了个体和集体减排，促进了个体和集体采取适应措施并且有助于促进个体善治和集体善治。

第五，现有国际气候治理体系的公平合理性存在挑战。

《巴黎协定》下的自我区分方式在一定程度上弱化了"共区原则"。《巴黎协定》虽然坚持了"共区原则"，但是缔约方自我区分的方式实际上弱化了该原则对发展中国家差别待遇的保障作用。自下而上的方式难以保证各缔约方能够从公平合理的角度确定自身的国家自主减排贡献。自我区分可能导致国家不能根据其真实的能力进行自我区分，因为经济利益比发达国家和发展中国家的区分更能左右减少温室气体排放的愿望。尽管自我区分允许有意愿的国家超出其在《京都议定书》下的义务，但鉴于经济发展和环境退化之间的复杂关系，如果国家认为承担减排义务会导致经济的放缓，就可能不愿意这样做。因此自我区分方式虽然可以被视为"共区原则"的变体，但它代表了现有体系内的治理模式是国家利益驱动的，而非国际雄心驱动的。

从《巴黎协定》具体的规则体系来看，它对于减缓、适应、资金、透明度、全球盘点、遵约机制的规定，强调了所有国家的共同行动。这除了会对具体规则的内容产生影响外，还会使发达国家与发展中国家阵营的界限日趋模糊，使得多边气候谈判中的利益格局更加复杂，尤其是会出现发达国家与发展中国家混合组建的谈判集团如"雄心联盟"等，进而模糊国际气候治理体系对不同类别缔约方责任和义务的区分，增加具体规则谈判和落实的不确定性。《巴黎协定》也没有真正解决发达国家和发展中国家之间的差异与分歧，这些分歧可能会在未来的国际气候谈判中凸显出来。

《巴黎协定》的一个显著变化是对"历史责任"的淡化，导致了其减排责任模式更多地趋向"共同责任"，即各缔约方均通过国家自主贡献承担减排义务。这实际上弱化了发达国家作为全球气候变化主要贡献者的伦理责任。尽管气候模式及其所用的外强迫存在一定的不确定性，但一系列研究均表明，工业革命以来发达国家的温室气体排放仍然是近百年全球气候变化的主要责任者。为了实现《巴黎协定》中将全球平均气温较工业化前水平升高控制在2℃之内，并为把升温控制在1.5℃之内而努力的目标，发达国家必须承担起其应有的减排责任，做出更大的减排努力，并且加强对发展中国家减排的资金、技术和能力建设支持。否则，任何国际协议都难以实现人类社会公平和可持续发展条件下的减缓气候变化目标。

《巴黎协定》面临的另一个困境是减排目标的强化与减排模式弱化并存。《巴黎协定》重申了"把全球平均气温升幅控制在工业化前水平以上低于2℃之内，并努力将气温升幅限制在工业化前水平以上1.5℃之内"的目标，进一步强化了减排的雄心，但在减排力度方面实际上是一种弱化。目前各国家提交的国家自主减排贡献与实现全球2℃温控目标对应的最优路径仍有差距。由于缺乏《京都议定书》下的具有约束力的减排机制，这种趋势仍可能进一步加强，实际的减排效果更加不可控。虽然《巴黎协定》的另一个关键因素是"全球盘点"，即根据公平和合理的要求，每五年评估一次集体进展。但是如何从足够雄心勃勃和公平的角度进行评估，仍然具有很大的挑战性。

四、非国家行为体与构建公平合理的国际气候治理体系

国家是国际气候治理体系最重要的行为主体。但是非国家行为体在全球气候治理中发挥着越来越重要的作用，它们对于推动构建公平合理的国际气候治理体系不可或缺。

城市是参与国际气候治理的重要非国家行为体。问题在于如何使城市在公平合理原则的指导下成为全球气候治理的重要参与者。这里的公平是指城市在参与国际气候治理过程中如何体现共同的减排义务。原因在于，城市是全球温室气体排放的最终贡献者，所有城市，特别是大城市都不能逃避这一义务。合理性则是在承担这种义务时采取哪种合理的方式进行减排，即体现出不同城市在减排时的区别。不能以统一标准要求所有城市，必须考虑发展中国家城市在获得资金、技术、知识、基础设施建设和改造等方面的合理诉求。目前关于次国家行为体参与国际气候治理的研究更多集中在发达国家城市，对于发展中国家城市参与国际气候治理的能力、途径和效果等问题关注不够，因此难以解决国际气候治理体系在地方政府层面的公平性与合理性问题。

作为城市参与国际气候治理的制度基础之一，《巴黎协定》的诸多条款明确规定了其重要地位，并支持其发挥自身特点积极参与其中。在国内层面，各国宪法规定是城市作为地方政府参与国际气候治理的根本法律依据。在动力方面，大城市，特别是沿海大城市既是温室气体的主要排放源，又是气候变化导致自然灾害的直接受害者，比如海平面上升和飓风。因此，越来越多的城市愿意主动加入国际气候治理的行列中。

城市参与国际气候治理体系的合理性体现在参与途径的多样性上，既有多种类型的城市气候联盟及其之间的合作，也有双边气候合作。例如"市长盟约"与"中国达峰先锋城市联盟"共同签署合作备忘录，加强和协调双方努力，共同应对全球气候变化，促进低碳城市发展。双边层面，中美双方成功召开中美气候智慧型/低碳型城市峰会，

搭建起节能低碳与可持续发展经验分享的平台。中欧环境治理地方伙伴关系项目虽然不直接涉及气候治理，但也为发达国家政府与发展中国家政府气候合作提供了有益参考。另外，许多发展中国家城市为适应气候变化和执行中央政府政策，也开始主动促进经济转型，在经济发展中减少温室气体排放。

城市参与国际气候治理的合理性必须体现在发达国家城市与发展中国家城市之间找到合理的合作方式，其中之一便是中欧城市之间的分类合作。将城市分为核心城市、转型城市和中小城市，在彼此间建立合作关系，这样既可以发挥各自城市减排的特点，相互借鉴经验，又可以避免"一刀切"，用一种经验要求所有城市，北京和伦敦在此方面提供了有益的参考。

除要求发达国家增加对发展中国家城市的帮助外，发展中国家城市之间也应该自助提升国际气候治理的公平性。中印作为两个最大的发展中国家，同时又是温室气体排放大国，理应在此方面做出表率。中国对太平洋岛国的气候援助是典型的南南气候合作模式，提升了后者适应气候变化的能力。而亚太地区则集中了温室气体排放较大的大都市，特别是许多发展中国家面临城市化压力，如何在"一带一路"合作倡议下，将该地区产业转型与低碳减排紧密结合是提升国际气候治理公平性与合理性的重要内容。

总之，城市由于其多样性和灵活性，能够在参与全球气候治理、推动构建公平合理的国际气候治理体系方面发挥重要作用。

作为全球经济活动的重要主体，跨国公司无疑贡献着相当比例的温室气体，但跨国公司的资金、技术、地理优势，又使其在全球温室气体减排中扮演着其他行为主体难以替代的特殊角色。

国际气候治理体系不断增强的"约束"和"激励"效用，推动着越来越多的跨国公司主动参与到温室气体减排中来，从单一的减少温室气体排放到囊括清洁能源技术研发、低碳产品推广、企业上下游节能增效、低碳市场规则塑造等全方位治理，对气候治理的认知也由最初的负担转变为机遇期许。不过，跨国公司并非被动地接收着来自国际气候治理体系的行动信息，单单从事以"减排节能增效"为目标的气候问题治理，相反自踏足这一领域开始，便凭借广泛的政治影响渠道，影响国际气候治理规则的制定，以便塑造有利于公司商业发展的治理规则和治理模式。

在以"平等参与、责任分担和可持续性"为基本内容的气候治理制度公平性方面，跨国公司首先通过公司、行业和上下游产业链的减排实绩，促使国际社会、缔约方国家认识到非缔约方行为体在温室气体减排中的巨大潜力和积极作用，推动国际气候治理体系改革朝着更加包容开放的方向发展。其次，推动国际气候治理责任分配朝着更加符合现阶段实际的方向演进，让公平性原则更具可行性。跨国公司对强制性减排义务的抵制，某种程度上也助力了国际气候治理模式自哥本哈根大会后向自主贡献式的转型。此外，低碳产品、低碳技术的研发推广也缓和了发达国家与发展中国家在优先气候减排还是经济社会发展的两难权衡。再次，对气候问题、气候治理的多角度论证，丰富了国际社会对气候变暖、气候治理的科学认识。在"减排目标和减排方式"相匹配的气候治理制度合理性方面，跨国公司的贡献主要集中在以低碳能源、技术研发推广为代表的创新治理和以"碳价格""碳交易"为代表的市场治理两个方面，创新治理意在丰富气候治理的方式和手段，在实现公司低成本减排之余助力缔约方国家履行气候治理承诺；市场治理意在引导国际气候治理体系至少朝着不损害跨国公司商业发展的方向演进，在商业盈利与环境保护两者间取得一个跨国公司与国际社会双方认可的平衡。

需要指出的是，跨国公司推进国际气候治理制度公平合理的改进背后，是其经济效益与环境效益双赢的气候认知，将有利于跨国公司的创新治理、市场治理转变为国际社会的主流治理模式，将陌生且不可控的自然灾害风险预防转换为企业熟悉且可控的风险管控，不仅规避气候风险，而且捕捉全球经济低碳转型先机。但此举也不可避免地带来了公司盈利与气候环境改善两者之间的内在张力，甚至缓慢偏移国际社会的气候治理初衷，一如"碳排放权交易体系"在调动跨国公司治理积极性的同时，也有放松企业治理责任的风险，允许其以付费的形式规避减排义务。

跨国公司规避损失和谋求商机的双重动机，对国际气候治理体系未来改革完善的启迪主要有三个方面：一是国际气候治理体系公平合理性文本内容的改进，应覆盖跨国公司治理责任履行的清晰奖励或限制，而非泛泛意义上的引导。二是为跨国公司等非缔约方履行气候治理责任搭建适宜平台，既包括低碳发展等软硬制度环境营造，也包括为非缔约方直接参与国际气候治理制度改革讨论畅通渠道，通过塑造跨国公司的低碳认知进而坚定其所在母国或东道国的气候治理立场。三是认识到创新治理、碳排放市场交易与全球气候环境改善之间的时间矛盾，在温室气体减排的大前提下，探索主动适应气候变化的国际/国内法律制度论据和技术支持。

五、中国与构建公平合理的国际气候治理体系

中国是全球气候治理的关键参与者。中国对国际气候治理体系的建立、发展和变迁发挥着重大影响和作用。20 世纪 90 年代初，中国从一开始就参与到国际气候治理体系中，并对《公约》"共区原则"的确立发挥了重要作用。但是，当时中国更多地被看作发展中国家阵营内部的重要一员，其影响和地位相对有限。在 2009 年的哥本哈根气候变化会议上，虽然中国为推动会议取得成果做出了巨大努力，在联合国气候变化大会中的影响力明显提高，但是由于中国拒绝最终协议中包含发达国家提出的到 2050 年全球长期减排目标的行为，一些国家将这次会议的无果而终归咎于中国。自 2011 年以来，中国在德班平台的谈判中开始发挥更加核心的、建设性的作用，既坚持维护发展中国家的整体利益，又采取了更加灵活、务实的谈判策略，与新兴发展中国家和发达国家积极互动，推动发达国家与发展中国家之间深化合作。在 2015 年的巴黎气候会议期间，中国推动在减缓、适应、资金、技术、能力建设和透明度等方面体现发达国家与发展中国家的区分，要求各国按照自己的历史责任和国情履行自己的义务、落实自己的行动和兑现自己的承诺，在促成《巴黎协定》通过的过程中，中国发挥了不可或缺的关键作用。中国积极促进《巴黎协定》的达成和生效，是中国深度参与全球治理的一个成功范例。时任美国总统特朗普于 2017 年 6 月 1 日正式宣布退出《巴黎协定》后，中国表示将会继续履行《巴黎协定》承诺。伴随着中国在清洁能源领域投入巨资，国际社会

对于由中国担任全球气候治理领导者的声音更加强烈。尽管还存在争议，但是中国在后巴黎时代的国际气候治理体系中的地位和作用更加关键、更为核心，这一点是毋庸置疑的。

中国对国际气候治理体系的能力建设机制做出重要贡献。主要体现在三个方面：第一，作为最大的发展中国家以及新兴经济体的典型代表，中国积极参与气候治理体系变革和能力建设规则制定，倡导不同类型的国家承担"共同但有区别"的责任，实现可持续发展；中国既充分利用国际谈判带来的话语机遇，将发展中国家的能力建设需求通过各种合作机制表达出来，又以自身的切实行动更好地承担能力建设义务、促进共同发展。第二，加大了对发展中国家能力建设的援助力度，设立了气候变化南南合作资金，支持其他发展中国家，特别是小岛国、最不发达国家和非洲国家提高应对气候变化能力，例如已援助缅甸农村使用太阳能和清洁炉灶；启动了在发展中国家开展10个低碳示范区、100个减缓和适应气候变化项目及1 000个应对气候变化培训名额的合作项目，为发展中国家应对气候变化提供多方位援助。第三，在尊重国际法、遵守国际法、建设国际法和维护国际法的基础上，更好地处理了与国内法之间的关系。加大能力建设的政策及立法的制定力度，大力建设能源节约制度和碳排放权交易机制，并通过实施清洁发展机制来获取气候资金和先进友好气候技术，以加强本国的能力建设。中国的贡献还体现在对其他发展中国家的气候变化和能源相关联的融资和贷款项目上，帮助发展中国家提高应对气候变化的能力。

中国积极参与建设国际气候治理体系的约束机制和激励机制。贡献主要体现在四个方面：一是积极履行自身在国际气候变化法约束与激励机制下承担的义务；二是积极参与国际气候变化法下约束与激励机制的构建、完善与演变；三是积极鼓励国内专家参与约束与激励机制的建设进程；四是在国际法体系外，力所能及帮助其他发展中国家应对气候变化。在参与国际气候治理体系约束机制的构建方面，中国一方面积极参与《公约》框架下的联合国气候变化谈判，为国际法层面下构建相应规则发挥重要作用；另一方面积极开展与美国、欧盟、

"基础四国"① 等全球气候治理重要力量的双边和小多边对话，在政治层面为推动机制构建发挥了引领作用。

后巴黎时代的联合国气候谈判重心转向规则的制定，如何适用公平合理原则是一个巨大挑战。首先，作为非附件一缔约方的法律地位制约了中国提出具有吸引力的中国方案。尽管中国在自主行动、开展气候变化南南合作等方面已经取得了显著成绩，但作为《公约》非附件一缔约方的身份仍贯穿中国的立场，刻意划清与附件一国家的界限，导致治理机制碎片化、运行低效化，例如在透明度机制上强调要设置发达国家和发展中国家两套相似却又不完全一致的规则，增加了整体的操作成本。这阻碍了中国在国际气候治理中发挥榜样示范作用。其次，中国国内体制机制存在不利于讲好中国故事的障碍。发达国家经过二十余年的气候变化履约行动，已经在低碳发展的战略统筹、数据信息统计报告、对外资金和技术援助等方面积累了丰富经验。中国虽然也制定了低碳发展战略、方案、规划，但顶层设计不足；国内的能源、温室气体排放数据统计和报告尚不足以满足国际规则要求；气候变化南南合作存在章程缺乏、资金规模小、支出方式单一等问题。

中国参与构建后巴黎时代的国际气候治理体系，推动其向更加公平合理的方向发展，主要应从科学研究、外交话语、原则、规则和能力等方面加强建设。具体地说：

第一，加强气候变化科学研究。在基础科学研究方面，未来中国需要加强不同学科和交叉领域的研究，同时要注重基础科学研究成果的转化。此外还应加强可持续转型理论、指标体系和政策体系研究。

第二，可在国际社会明确提出"气候变化命运共同体"的概念，丰富中国在后巴黎时代的气候外交话语，在全球气候治理中继续占据道义制高点。气候变化命运体反映了国际社会在气候变化问题上的相互依赖和休戚与共，也是人类命运共同体的重要组成部分，更是集中体现了中国的全球治理理念。"气候变化命运共同体"体现了中国对国际气候治理与国内气候治理、气候变化治理与经济发展的协同性认识。既符合当前全球气候治理的新形势和新发展，也代表着中国在全

---

① "基础四国"指巴西、南非、印度和中国。

球气候治理中秉持的先进理念。

第三，动态坚持"共区原则"，建设性参与规则制定。以《公约》为基础的全球气候治理机制是全球气候治理体系的核心要素，也是对中国有利的应对气候变化的国际合作机制与平台。应当推动在《公约》下明确，《公约》外应对气候变化相关的多边协商机制均应视为对《公约》进程的补充和促进，而不能取代各国在《公约》机制下的合作，同时通过积极参与《公约》外的多边机制，在各种机制中强调坚持《公约》在应对气候变化领域的主渠道地位。此外，中国应做好《巴黎协定》后续谈判工作，持续引导全球气候治理规则的制定。

第四，进一步提高气候谈判实操和支撑能力。中国气候谈判代表团在中央指导下，谈判能力不断提高，已经为联合国气候谈判做出巨大贡献，有力维护了国家利益。应该重视对外交型、业务型、专家型一线人员的培训，加强对谈判人员的信息支撑，在做好保密工作的前提下，向谈判代表开放重点国家相关国别政策信息内部资料，使其更多地了解重点国家的政策动态。国家科技主管部门应对包括气候变化在内的各项重点谈判建立专门的科研支撑体系，根据谈判牵头部门建议，定向给予经费保障，并根据谈判支撑研究的特殊性，在预算科目和额度方面制定专门的管理办法，以激励谈判代表及其技术支撑团队稳定、持续地完成好国家任务。国家教育部门应加强对复合型谈判人才的培养，进一步探索更加合理的课程设置、人才培养模式。

第五，提升国内气候治理的能力和有效性。为进一步提升国内气候治理能力，中国应通过制定适当的监管框架和有效的气候信息系统，加强国家和地方机构管理气候风险的能力。还要健全温室气体排放统计核算体系，全面提高适应气候变化能力，完善气候变化监测预警体系。需要特别强调的是，应该在进一步强化基础统计、核算报告和评估考核三大体系建设的同时，加强支撑体系建设，提升履行《公约》和《巴黎协定》下气候变化透明度义务的能力。

2020年，中国已向国际社会宣布力争于2030年前二氧化碳排放达到峰值的目标与努力争取于2060年前实现碳中和的愿景。碳达峰和碳中和的目标既是中国积极参与全球气候治理的国策，也要求中国进行一场广泛的经济社会系统性改革。为此，中国需要尽快制定碳达峰和碳中和战略规划，要坚持全国统筹，强化顶层设计，发挥制度优势，根据各地实际分类施策，避免"一刀切"；还要坚持政府和市场两手发力，不断完善碳交易市场，形成合理的碳定价机制；强化科技和制度创新，启动制定碳中和目标下的科技创新规划和实施方案，加强推动技术研发与创新的保障体系建设，抓紧部署低碳前沿技术研究；深化能源和相关领域改革，构建清洁低碳安全高效的能源体系，控制化石能源总量，着力提高利用效能，实施可再生能源替代行动，对节能提效做出明确要求。

第六，进一步推动发挥非国家行为体的作用。为了更好地推动城市参与全球气候治理，建议包括：一是推动在联合国气候大会增加对次国家行为体，特别是城市参与全球气候治理的讨论，探讨如何提升发达国家城市与发展中国家城市之间气候合作的公平性与合理性等问题。二是新兴经济体城市之间可建立发展中国家城市气候伙伴关系，加强发展中国家城市之间的减排合作。三是无论是发达国家城市还是发展中国家城市，都应该加强对极端气候脆弱型城市的适应性援助，改变目前国际气候治理体系中重减缓轻适应的问题。中国作为最大的新兴经济体，应该引领发展中国家城市气候合作，延续中美城市减排的合作，并扩展城市数量，特别是将更多资源型城市纳入合作框架，并可将一些成功的地方政府发展低碳经济的经验扩展到"一带一路"沿线国家城市。

伴随"一带一路"公共产品的全球推广，参与沿线基础设施建设的跨国公司是否遵守和执行气候环境标准，成为中国履行《巴黎协定》承诺的一大试金石。中国应充分发挥引领作用，以政策、资金导向约束和激励参与沿线基础设施企业公司承担起相应的气候责任，同时搭建"一带一路"绿色低碳发展企业论坛，交流汇聚跨国公司在推动经济增长、贫困消除和环境保护三方均衡发展的共识和方略，实现务实合作。

摘　要

在新的时空背景下，本书运用气候变化科学、国际政治、国际法等跨学科的研究方法，分析了构建公平合理的国际气候治理体系的科学、理论与实践，对国际气候治理体系的基本要素、发展规律和趋势进行归纳和预测，并提出了中国深度参与构建公平合理的国际气候治理体系的基本路径。

本书首先分析了全球气候治理的科学依据及其迫切性，包括科学奠定的学理基础，气候变化的影响、风险及适应问题，分析了中国应对气候变化的国内挑战和机遇。其次，从学理上界定了国际气候治理体系、公平合理等基本概念，并基于国际气候治理体系的现有安排，从公平合理的规范角度进行评估和分析，指明国际气候治理体系适用公平合理原则的方式及其演变，并揭示现有体系安排在公平合理性方面面临的困境。本书还具体分析了国际气候治理体系中的能力建设机制和约束机制与激励机制，分析了其要素及发展历程，并从公平合理的角度评估了这两项机制，提出加强这两项机制建设的具体路径。本书还强调了非国家行为体对构建公平合理的国际气候治理体系的重要性，主要分析了城市和跨国公司参与国际气候治理的方式和路径，从规范和实践的角度指出这两种行为体的重要影响和作用。

本书认为，公平合理是中国的全球气候治理观的核心要义之一，具有中国正义论的思想基础、中国国际关系的理论基础和新型国际关系与人类命运共同体的理念基础。本书分析了中国参与构建国际气候治理体系的历程与贡献，分析了后巴黎时代国际社会对中国的角色预期，分析了中国在后巴黎时代面临的新挑战与新机遇。最后勾勒了中国深度参与构建公平合理的国际气候治理体系的基本路径。

Abstract

This book analyses the science, theory and practice of building a fair and reasonable international climate governance system. It summarizes the basic elements and elolutions of the international climate governance system and predicts the main trends of global climate governance before putting forward a Chinese approach by applying interdiscipline research approaches.

The book starts by analysing the scientific basis and urgency of global climate governance, including the theoretical basis laid by science, the impacts, risks and adaptation of climate change, and the domestic challenges and opportunities for China to cope with climate change. It then offers academic definitions of international climate governance system, fairness and reasonableness and analyzes the evolutions of international climate governance system by applying the framework of "Principle and Rule". By looking at the existing institutional arrangements, this book evaluates and analyzes the changes of the way internatinoal climate governance system applys the principle of fairness and reasonableness and reveals the dilemma of the existing institutional arrangements. The book specifically evaluates the capacity-building mechanism, facilitative mechanism and accountability mechanism in the international climate governance system, analyses their elements and evolutions and proposes specific ways to improvement. The book also emphasizes the importance of non-state actors in building a fair and reasonable international climate governance system by focusing on the roles of cities and transnational corporations in international climate governance from the perspective of norms and practice.

The book argues that fairness and reasonableness is one of the core elements of China's View of global climate governance. It is based on China's justice theory, China's international relations theory and the norms of a New Type of International Relations and a Community with a Shared Future for Humanity. The book traces the evolution of

China's role in international climate governance system and China's contributions, analyses the expectations of the international community for China's role in the post – Paris era and summarizes the new challenges and opportunities China faces. Finally, a China's solution to strengthen the construction of a fair and reasonable international climate governance system is put forward.

目　录

Contents

Contents

第一章

全球气候治理的科学依据
与中国面临的主要挑战

第一节 科学奠定的学理基础

气候系统是指由大气圈、水圈、冰雪圈（陆地表面）和生物圈五个部分及其相互作用组成的高度复杂系统，它们内部及其之间普遍存在着能量、动量和物质输送与交换过程，形成了气候系统变化的多样性和复杂性。从古至今，地球上的气候就没有停止过变化，人类对气候系统变化的观测和研究也由来已久。随着科学的进步，从 20 世纪 70 年代开始，人们逐渐认识到，由于人类活动的不断增强，人类活动已成为影响气候及其变化的重要因素。

一、人类社会对温室效应的认识历程

二氧化碳（CO_2）和氯氟烃（CFCs）等温室气体从传统意义上来看并不是对环境有毒害作用的"污染物"，所以从古至今，特别是工业革命以来，人类社会通过化石燃料燃烧、土地利用变化等手段向大气中排放了大量的 CO_2，而过去的观念认为 CO_2 并不需要隔离，可以直接排放到大气中。事实上，大气中的 CO_2 等温室气体按体积混合比来看含量非常低：大气中氮气（N_2）占 78%，氧气

（O$_2$）占 21%，氩气（Ar）等差不多仅占 0.9%[①]，也就是说，大气中 99% 以上的气体都不是温室气体，这些非温室气体一般来说与入射的太阳辐射相互作用极小，也基本上不与地球放射的红外长波辐射产生相互作用。它们既不吸收也不放射热辐射，对地球气候环境的变化也基本上不会产生什么影响。

对地球气候环境有重大影响的是大气中含量极少的微量气体，如 CO_2、甲烷（CH_4）、氧化亚氮（N_2O）和臭氧（O_3）等。这些气体虽然只占大气总体积混合比的 0.1% 以下，但由于它们能够吸收和放射辐射，就像温室的玻璃一样具有"温室效应"（见图 1-1），在地球能量收支中起着"被毯"的作用，并造成地表实际平均温度为 14~15℃ 的适宜气候，所以这些气体又被称为温室气体。如果没有这些温室气体的"被毯"作用，地球上的气温只有 -18℃，是不适合人类生存的。所以说碳不只是一个化学元素，它还是影响气候变化的根源，正是有了碳引起的"温室效应"的作用，地球平均气温才能保持在 15℃ 左右；但碳多了也不行，物极必反，会给地球环境带来灾难。自然因素和人为因素都可能对气候变化产生影响，而人类活动对气候环境的影响主要就是通过碳排放改变大气中温室气体的浓度引起的"温室效应"而实现的。

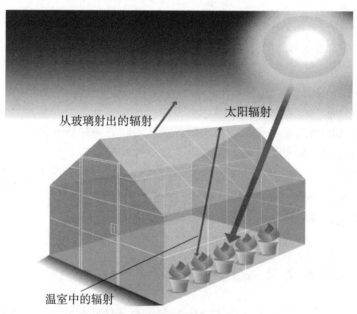

从玻璃射出的辐射　　太阳辐射

温室中的辐射

图 1-1　温室效应示意图

---

① 郭瑞涛：《地球大气的演化和人类活动对大气成分的影响》，载于《北京师范大学学报》（自然科学版）1979 年第 4 期，第 92、95~97 页。

20 世纪中叶以来，人类活动造成的气候变化越来越受到各国科学家、政策制定者和公众的关注。从 1990 年政府间气候变化专门委员会（IPCC）第一次气候变化科学评估报告发表以来到 2023 年已经发表了 6 次气候变化科学评估报告，评估的焦点问题就是人类活动与气候变化的关系，即人类活动在过去、现在和未来是否已经、正在和继续造成全球气候变化影响，以及应该采取什么应对策略。自 1990 年以来，随着气候科学的迅速发展和地球气候的实际演变，人们对人类活动影响气候变化的科学认识不断加深，所提供的证据不断增多，目前科学界比以往任何时候都肯定地确认了人类活动对地球气候的影响。在这个过程中所出现的科学争论也大大推动了气候变化科学研究的进展，其结果是明显改变了人类对气候变化本质的认识。这些新的科学成果引起了各国政府和科学界的广泛重视和关注，并最终导致了国际社会达成共识和应对全球气候变化的共同行动；以全球变暖为主要特征的现代气候变化不仅是一个科学问题，已演变成全球性的政治、外交、环境和能源问题。

温室效应是引起全球气候变暖的关键物理基础，近 200 多年来世界上很多科学家为此做出了重要贡献。国际科学界对温室效应的认识大致经历了四个阶段。

（一）早期科学界对温室效应的认识

早在 1681 年前，马里奥特尔（Edme Mariotle）就指出，虽然太阳光及其热量容易通过玻璃和其他透明物质，但其他来源的热量却不能穿过玻璃。18 世纪 60 年代，桑修莱（Horace Benedict de Saussure）用日射温度计（把一个放在涂黑盒内的温度计覆盖上玻璃器皿）做了一个简单的温室效应实验，这个实验第一次使人们认识到空气本身能够截获热辐射并产生人工增暖。

1824 年，法国科学家约瑟夫·傅里叶（J. Fourier）进一步指出[1]：地球的温度因受空气的影响而能够升高，大气和温室玻璃一样会产生相似的增温结果，这就是温室效应这一名称的由来。1839 年，英国科学家丁德尔（J. Tydall）测量了水汽和 CO_2 对红外辐射的吸收，进一步阐明了大气中微量的温室气体对地球温度变化的特殊作用。他指出，任何辐射活跃的大气成分，如水汽和 CO_2 在量上的变化都能够产生地质学家的研究所揭示出的气候变化。[2]

（二）19 世纪末 20 世纪初对大气二氧化碳温室效应大小的计算

1896 年，瑞典科学家阿伦尼乌斯（Arrhenius）发表了一篇题目为《论空气

---

[1] Fourier J. *Mémoires Sur Les Températures. Academy Royal Science*，1827，7，P. 569.

[2] Tyndall J. *On the absorption and radiation of heat by gases and vapours，and on the physical connection. Philosophy Magazine*，1861，22，pp. 169 – 194.

中碳酸对地面温度的影响》的论文——当时的科学界把大气中的二氧化碳称为碳酸。这篇是人类科学发展史上第一次对温室气体增暖效应的定量计算和预测。虽然阿伦尼乌斯并不是第一个提出温室效应概念的科学家，但在他之前没有人能够计算出大气中二氧化碳温室效应的大小，此论文第一次量化计算了二氧化碳浓度变化后所引起的全球温度变化幅度。[1]

实际上，阿伦尼乌斯发表该论文的初心并不是为了解决大气中二氧化碳浓度增加引起的全球变暖问题，因为当时尚不存在全球气候变暖问题，并且以当时人类活动向大气中排放二氧化碳的速度计算，大气中二氧化碳浓度增加50%需要3 000年时间：阿伦尼乌斯估计当时每年由于人类活动排放到大气中的二氧化碳只占大气中二氧化碳总量的千分之一，并且人为排放的二氧化碳中还有5/6被海洋吸收，只有1/6滞留在大气中。阿伦尼乌斯认为，3 000年内大气中二氧化碳浓度增加50%将引起高于3℃的增温，相当于人类活动造成的增温为每年千分之一摄氏度。

之前英国科学家丁德尔曾指出任何辐射活跃的大气成分在量上的变化都能够产生地质学家研究所揭示出的气候变化。阿伦尼乌斯从事这项研究的目的是解释地质学家的研究所揭示的历史上冰期和间冰期变化的机制问题。现在我们知道，地质年代存在的10万年左右的冰期和间冰期循环，主要是由于地球轨道参数的变化引起的，因为地球轨道参数的变化决定了地球接受太阳辐射的多少，太阳辐射变化会通过各种机制引发周期为10万年左右的冰期和间冰期循环。但当时阿伦尼乌斯认为，地球轨道参数的变化不是引起冰期和间冰期循环的原因，大气中二氧化碳浓度的变化才是冰期和间冰期变化的主要原因。当时有一种科学观点认为，冰期和间冰期之间的温度差要求大气中的二氧化碳浓度至少存在50%以上的变化，但这需要相关的资料和模型来计算验证。阿伦尼乌斯计算后最终得出的结论是：如果大气二氧化碳浓度下降1/3，则全球温度将下降3℃以上；如果大气中二氧化碳浓度增加50%，则全球温度将升高3℃以上；如果大气中二氧化碳浓度增加100%，则全球温度将升高5℃以上。计算结果还表明，如果大气中二氧化碳浓度增加，则地球上陆地与海洋之间、赤道和温带之间、夏季和冬季之间、白天和夜晚的温差都会减小。

阿伦尼乌斯的研究表明，如果大气中的二氧化碳以几何级数增加，据此外推可得到大气中二氧化碳浓度增加一倍将引起5℃以上的平均升温，增加两倍后将引起8℃以上的平均升温。阿伦尼乌斯认为，尽管他的计算还存在不足之处，如

---

[1]　Arrhenius S. *On the influence of carbonic acid in the air upon the temperature of the ground. Philosophy Magazine*, 1896, 41, pp. 237–276.

由于对碳循环的过程缺乏定量了解，尚不能精确给出地球温度升高的速度，但大气中二氧化碳含量的增加是事实，这有可能影响后代子孙的生活环境。

然而，阿伦尼乌斯没有料到的是，后来大气中二氧化碳含量增加的实际速度远比他预测的快得多。1896 年前后大气中的二氧化碳浓度还不到 300ppm，工业化革命初期（公元 1750 年之后）大气中的二氧化碳浓度约为 280ppm，大约相当于 100 年内增加了 5% 左右；而 2019 年全球大气中二氧化碳的平均浓度达到了 410ppm，200 多年的时间内增加了 48%，这比阿伦尼乌斯所计算的 3 000 年增加 50% 的速度快了近 10 倍。[①]

1938 年，卡伦德尔（G. S. Callendar）通过求解一套联系温室气体和气候变化的方程组发现，CO_2 浓度加倍后可使全球平均温度增加 2℃，并且极地增温明显更强。[②] 卡伦德尔把化石燃料燃烧的增加、CO_2 浓度的上升和温室效应的增加联系在一起，指出人类现在正以比地质年代异常不同的速度改变着大气成分，这种改变将造成明显的气候变化。

（三）20 世纪中叶后对二氧化碳增暖的研究

由于受到观测资料和模型的限制，阿伦尼乌斯在计算中对水汽的反馈和二氧化碳的辐射效应都存在不同程度的高估。现在科学界一般认为当时阿伦尼乌斯在计算中使用的水汽反馈使计算得到的地面增温增加了约 30%，他对二氧化碳的辐射效应也高估到实际的 1.5 倍以上。20 世纪 60 年代之后，由于计算机技术的发展，开发复杂的气候模式进行海量计算成为可能，科学家们根据复杂的气候模式计算了大气二氧化碳增加所引起的全球增温幅度，现在一般称大气二氧化碳浓度加倍所引起的全球增温幅度为"平衡气候敏感性"，也就是大气二氧化碳浓度增加一倍达到平衡状态后会引起多少度的全球平均温升。1967 年美国大气海洋管理局（NOAA）的科学家真锅（Syukuro Manabe）首次使用所开发的全球大气辐射对流模型得出大气二氧化碳浓度增加 1 倍后会引起全球升温 2.3℃；20 世纪70 年代，真锅又开发出了三维的全球大气环流模式（GCM）对气候敏感性进行计算，这种三维的气候模式可以考虑水文要素变化的作用，如雪盖和海冰对气候变化的反馈作用。真锅三维模式的计算结果表明，在考虑了雪盖和海冰对气候变化的反馈作用后所计算的气候敏感性为 3℃ 左右，稍大于根据辐射对流模型所得出

① WMO Greenhouse Gas Bullletin，No. 16，23 November 2020.

② Callendar G S. *The artificial production of carbon dioxide and its influence on temperature. Quarterly Journal of the Royal Meteorological Society*，1938，64，pp. 223 – 237.

的计算结果。①

（四）1979 年左右开始的对二氧化碳加倍后变暖幅度的研究

1979 年，美国科学院委托麻省理工学院著名的气象学家查尼（Jule Charney）建立了一个特别工作组对二氧化碳与气候变化的关系进行评估，后来发表的评估报告（又被称为查尼报告）认为：大气二氧化碳浓度增加 1 倍会引起 3℃ 的升温（不确定性范围为上下各 1.5℃，即升温范围在 1.5 ~ 4.5℃）。② 在此之后的 30 多年，全球各地的科学家利用各种模型对气候敏感性进行了大量的计算，IPCC 从 1990 年发布的第一次评估报告起也每次都评估气候敏感性的大小，但所有研究所得出的结论基本上都相差不大：1990 年发布的 IPCC 第一次评估报告的评估结论是全球升温 3℃（不确定性范围为上下各 1.5℃，即升温范围在 1.5 ~ 4.5℃）；2013 年发布的 IPCC 第五次评估报告给出的评估结论仍然为全球升温 3℃（不确定性范围为上下各 1.5℃，升温范围在 1.5 ~ 4.5℃）。

应该说上述对二氧化碳浓度与气候变化敏感度的理论研究为后续气候变化科学奠定了充分的理论基础。理论又需要经过实际观测和测量，才能形成真正的科学基础。20 世纪后逐步开展的观测，证实并强化了现代气候变化认识的科学性。

二、气候系统的变化

气候系统的长时间观测是气候变化的重要资料基础和气候模式发展的必要支撑，对提高气候系统及其可预测的认识以及开展气候变化影响评估和适应对策都具有十分重要的作用。综合的多圈层全球气候变化观测系统是提供高质量气候变化资料和相关产品，提供气候系统过去和现在详细信息的基础。

从国际上看，对气候系统各要素的观测主要通过全球气候观测系统进行。全球气候观测系统（GCOS）强调气候系统整体观测，分为大气、海洋、陆地三个观测子系统，利用地面、空基和天基观测技术，获取大气、海洋、陆地系统关于气候的物理、化学和生物特征参数，供所有用户共享。最新的观测要素见表 1 - 1。

---

① Manabe S, Wetherald R. *Thermal equilibrium of the atmosphere with a given distribution of relative humidity. Journals of the Atmospheric Sciences*, 1967, 24, pp. 242 - 259.

② Charney J G, Arakawa A, Baker D J, et al. *Carbon dioxide and climate：A scientific assessment. National Academy of Sciences*, 1979.

表 1 - 1　　　　GCOS 实施计划（IP - 16）基本气候变量[⑥]

领域		基本气候变量
大气 （包括陆面、 海面和冰面 以上）	表面[①]	气温、风速和风向、水汽、气压、降水、地表辐射收支
	高空大气[②]	温度、风速和风向、水汽、云特征、地球辐射收支（包括太阳辐照度）
	大气成分	二氧化碳、甲烷、其他长生命周期温室气体[③]、臭氧和气溶胶及其前体物[④]
海洋	表面[⑤]	海表温度、海表盐度、海平面、海况、海冰、海表洋流、海色、二氧化碳分压、海洋酸度、浮游植物
	次表层	温度、盐度、洋流、营养物、二氧化碳分压、海洋酸度、氧、海洋示踪物
陆地		河流流量、水利用、地下水、湖泊、积雪、冰川和冰帽、冰盖、多年冻土、反照率、地表覆盖（包括植被类型）、光合有效辐射、叶面积指数、地上生物量、土壤碳、火干扰、土壤湿度

注：①指接近地面的标准高度处的测量；
②至平流层顶；
③包括 N_2O、CFC_S、$HCFC_S$、HFC_S、SF_6、PFC_S；
④尤其是指 SO_2、$HCHO$、CO；
⑤包括表面混合层的测量，通常在上部 15 米范围内；
⑥基本气候变量，是指用以表征气候特征的单个物理、化学和生物学变量或一组紧密相关的变量，其对于表征气候系统及其变化至关重要，且应具观测技术上的可行性和成本效益。
资料来源：GCOS. 2016. The Global Observing System for Climate：implementation needs. GCOS - 200，WMO.

以下为根据政府间气候变化专门委员会（IPCC）评估报告以及一些权威国际机构发布的报告综合总结的关于气候系统变化的一些认识。[①]

（一）温度变化

全球平均陆地表面气温从 19 世纪后期以来已经升高，其升高趋势在 1880 ~ 2012 年为 0.086 ~ 0.095℃/10a；并且自 20 世纪 70 年代以来这种变暖趋势非常显

① IPCC，Climate Change 2013：*The Physical Science Basis. Contribution of Working Group I to the Fifth Assessment Report of the Intergovernmental Panel on Climate Change* ［Stocker，T. F.，D. Qin，G. - K. Plattner，M. Tignor，S. K. Allen，J. Boschung，A. Nauels，Y. Xia，V. Bex and P. M. Midgley（eds.）］. Cambridge University Press，Cambridge，United Kingdom and New York，NY，USA，2013，pp. 1 - 30. doi：10. 1017/CBO9781107415324.

著，增暖趋势在 1979～2012 年达到 0.254～0.273℃/10a（见图 1-2）。对于一些区域性的平均地表气温变化的研究，比如针对中国、美国、欧洲、印度等不同的国家和地区有很多不同的研究手段和方法，但得到的结论基本同全球陆地表面气温变化趋势是一样的。温度日较差的变化比平均温度的变化要小很多，可以确定的是最高温和最低温度自 1950 年以来都在升高。

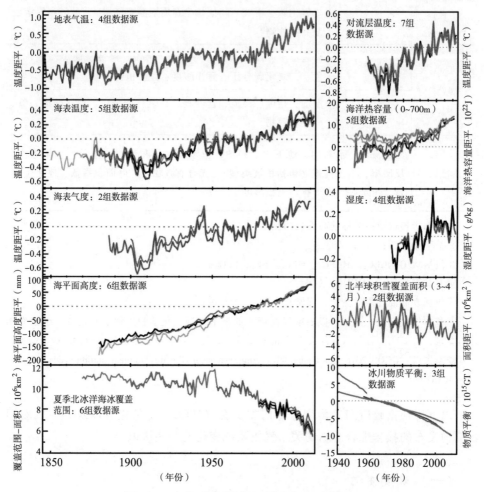

图 1-2　全球气候变化的多元独立指标

　　注：每条线代表一种气候要素变化的独立计算结果。每个图块中的所有序列都基于统一的基准时段。

　　城市热岛效应是指城市因大量的人工发热、建筑物和道路等高蓄热体及绿地减少等因素，造成城市"高温化"。城市热岛效应和土地利用土地覆盖变化通过改变地表特性影响热量、水和气流的储存和传输。IPCC 第五次评估报告（ARS）

指出城市热岛和土地利用虽然影响局地原始温度观测数据，但到底对全球数据产品有多大程度的影响尚存在争议。基于城市减去农村温度变化的比较以及有关研究的一致性得到具有确凿证据和高度一致性的结论是：城市热岛效应和土地利用、土地覆盖变化对全球陆面平均地表气温百年变化趋势的影响不可能超过10%。

从20世纪初期起全球平均海洋表面温度已经升高，其升高趋势在1901~2012年期间大约是0.052~0.071℃/10a，不同数据集得到的结果存在一定的差异。2006年以后，元数据和完整数据的实用性已经得到提高，并且许多新的全球海表温度数据已经产生。这些技术上的革新更利于我们认识20世纪中期以来海表温度的变化特征，并且更加坚定全球海表温度自20世纪50年代以来已经升高的结论。

19世纪以来全球地表平均温度已经升高是毋庸置疑的。1991年以来的三个十年比过去任何一个有记录的十年都要暖，这种变暖是非线性的，主要发生在两个阶段：1900~1940年左右和1970年左右。两个全球平均变暖时期表现出明显的空间特征。20世纪早期变暖大部分发生在北半球中高纬度，而最近几十年的变暖则是全球性变暖。

2019年，全球平均陆地和海洋表面温度比1850~1900年上升了1.1±0.1℃，且陆地增温大于海洋，高纬度地区大于中低纬度地区，冬半年大于夏半年。2015~2019年是有记录以来最热的五年，自20世纪80年代以来，每个连续十年都比1850年以来的前一个十年更热。[①]

几乎可以肯定的是，20世纪中期以来全球对流层温度已经升高，这种变化与地表温度的变化高度相关；平流层低层温度已经降低，但伴随着火山活动也存在短期增暖现象。尽管对于变化趋势表现出一致性，温度变化速率在不同区域却表现出较大的不一致性。对于北半球热带以外地区的对流层温度变化和垂直结构是中等信度的，其他地区是低信度的。

全球无线电探空记录可以追溯到1958年，用上升的气球探测不同压强层级下的温度。1978年起卫星可以通过微波探测装置以及1998年第二代先进微波探测装置监测对流层和平流层低层温度趋势。测量到的向上的辐射量反映了大气温度。自2006年以来，卫星对平流层低层以上区域的测量再次得到关注，很多新的数据集已经由无线电探空记录和卫星产生，这些新的产品显示出比之前产品更多的对流层变暖以及更少的平流层变冷。全球的无线电探空记录都显示了1958年后对流层变暖-平流层变冷，但是随着高度升高不确定性变大。

---

① WMO. 2019. *WMO Statement on the State of the Global Climate in* 2018. WMO – No. 1248，WMO.

（二）水循环变化

1900~2005 年，30°N 以北的陆地地区，降水总体而言是增加的，而 1970 年以来热带地区的降水则呈下降趋势。这些结论主要基于 2005 年以前全球平均的全球历史气候网络（GHCN）和气候研究组（CRU）陆地降水序列。基于更新过的 GHCN、CRU 以及其他新发展的数据集，可以发现 1901~2008 年，全球平均降水呈现显著增加趋势。需要指出的是，线性趋势的不确定性比趋势本身大很多，因此趋势估计的信度并不高。降水趋势的不确定性可能与 20 世纪早期观测数据严重不足有关，也与所关注的时段密切相关。

不同纬度带的降水的变化各有特点，多套数据的分析都表明北半球中纬度地区（30°N~60°N）的降水在 1901~2008 年呈现显著的增加趋势（见图 1-3）。在热带地区（30°S~30°N），21 世纪初以来降水呈现出增加趋势。北半球高纬度地区（60°N~90°N），1951~2008 年降水呈现增加趋势，但并不显著，且趋势估计的不确定性很大。所有的数据集都表明，在南半球中纬度地区（60°S~30°S），降水在 2000 年左右存在突变点，之后降水变少。上述结论与 1979 年以来卫星观测的结果和地面雨量筒观测的结果基本一致。

在全球变暖背景下，20 世纪高纬度地区的河流径流和地表径流是增加的。1948~2009 年，全球范围内 200 条大河的 1/3 径流有显著的线性趋势，其中大多数出现了下降的趋势（45 条），且多发于中低纬度地区；少部分（19 条）呈现上升趋势。河流径流的变化与局地的降水趋势相一致。高纬度地区冬季的径流在增加，这主要与冻土的融化有关。对河流径流变化的估计的不确定性，很可能与人类活动对径流的改变有关，如修建大坝和土地利用形式的改变。

在过去的几十年间，美国、印度、澳大利亚、新西兰、中国和泰国的蒸发皿蒸发在减少。在全球尺度上，蒸散在 20 世纪 80 年代早期至 90 年代后期增加，而在 1998 年以后，南半球水汽的匮乏，特别是土壤含水量的减少，减缓了全球蒸发增加的速度。蒸发变化的原因可以归结为降水、地表风、植被覆盖、太阳辐射、云等，不同地区的蒸发蒸散对各要素的依赖程度不同，研究表明蒸发将会在大部分地区继续呈现减少的趋势。

1976 年以来，地表空气的水汽含量大范围增加，而相对湿度变化很小。地表空气变湿的趋势在热带地区和中纬度地区更为明显。水汽含量的增加与地表温度的上升关系密切，两者的关系基本满足克劳修斯—克拉佩龙（Clausius - Clapeyron）方程原理，即温度升高 1℃将使水汽增加 7%。但 2000 年后，尽管全球地表温度仍旧在缓慢上升，地表比湿基本变化却很小。海洋地区的相对湿度在 1982 年之后明显减小，可能与海表露点温度的观测手段变更有关。

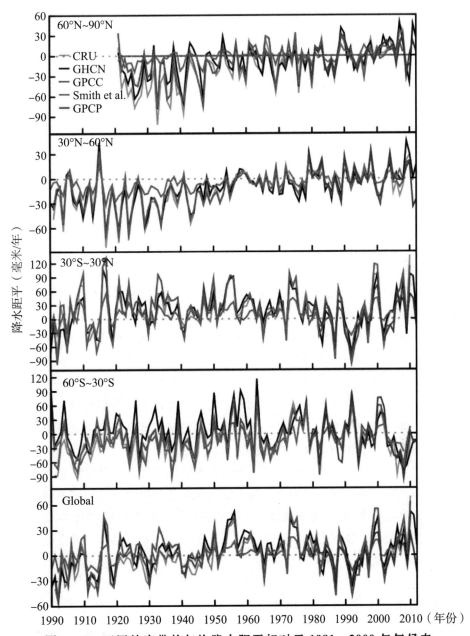

图 1-3　不同纬度带的年均降水距平相对于 1981～2000 年气候态

注：CRU、CHCN、GPCC、Smith et al.、GPCP 分别为不同研究机构数据。

资料来源：引自 IPCC 第五次评估第一工作组报告第二章，2013 年。

对流层大气湿度的变化研究通常基于陆地上的探空和全球定位系统（GPS）以及海洋上的卫星观测。观测结果表明，1973 年以来，伴随着大气温度的升高，

11

对流层自由大气的水汽含量在全球尺度上出现了增加的趋势，增加的幅度也基本满足克劳修斯—克拉佩龙关系；1979～2010 年，对流层高层空气的相对湿度变化较小，并没有明显增加的趋势。

云的气候变化特征的分析通常采用的是地表观测和卫星观测两种手段得到的数据。数据表明总云量的变化并未表现出全球一致的特征，美国、西欧、澳大利亚、加拿大地区的云量在增多，而中国和中欧地区的云量在减少，这种减少在高云的云量体现得更为明显。热带地区的对流云和总云量呈现出东移的趋势，这可能与沃克（Walk）环流减弱有关。

（三）大气环流

全球高纬度地区的海平面气压在 1949～2009 年间显著下降，而热带地区、副热带地区的海平面气压呈现出上升的趋势。大气活动中心的强度和位置并没表现出明显的线性趋势，但年代际振荡很明显。阿留申低压呈现出明显的东移倾向，而西伯利亚高压在 1988 年之后则向西北方向扩展。

在两半球的高纬度地区，风速表现出增加的趋势，而在热带和中纬度地区风速在下降，但不同资料得到的趋势大小相差较大。1979～2008 年，对流层中低层的风速在欧洲和北美地区在上升，而在中亚和东亚地区在下降。

在北半球，冬季平均的位势高度和年平均的位势高度在高纬度地区呈现出下降的趋势，而在低纬度为上升的趋势，对流层顶的高度升高。南半球夏季高纬度地区的对流层位势高度也呈现下降趋势。

哈德莱环流自 20 世纪 70 年代以来表现出增强的趋势，但趋势大小在不同的数据间差异明显。对云量、地表风、海平面气压等气象要素的分析都表明，太平洋地区沃克环流在 20 世纪的减弱也被近年来的增强所取代。自 1979 年以来，表征热带范围的臭氧低值区已经从赤道扩展到了北半球。哈德莱环流的边缘也正在向极地扩展。赤道带自 1979 年以来在变宽。

（四）观测到的冰冻圈的变化

冰冻圈作为独立圈层，是地球气候系统五大圈层之一，其各要素和整体变化与气候系统其他圈层（大气圈、水圈、岩石圈和生物圈）之间相互作用、转化，影响着这个气候系统的变化。IPCC 在冰川编目基础上，对全球 19 个分区的冰川变化进行了统计，全球有冰川（含冰帽）168 331 条，冰川总面积 726 258 平方千米，储量在 113 915～191 879 千兆吨（Gt）之间，对海平面上升潜在贡献量412 毫米，其数量和分布见表 1－2。

表 1 - 2 全球山地冰川的数量分布

编号	地区	冰川条数（条）	冰川面积（平方千米）	最小冰储量（千兆吨）	最大冰储量（千兆吨）	海平面当量（毫米）
1	阿拉斯加	32 112	89 267.0	16 168	28 021	54.7
2	加拿大西部与美国	15 073	14 503.5	906	1 148	2.8
3	加拿大北极地区北部	3 318	103 990.2	22 366	37 555	84.2
4	加拿大北极地区南部	7 342	40 600.7	5 510	8 845	19.4
5	格陵兰	13 880	87 125.9	10 005	17 146	38.9
6	冰岛	290	10 988.6	2 390	4 640	9.8
7	斯瓦尔巴德	1 615	33 672.9	4 821	8 700	19.1
8	斯堪的那维亚	1 799	2 833.7	182	290	0.6
9	俄罗斯北部	331	51 160.5	11 016	21 315	41.2
10	亚洲北部	4 403	3 425.6	109	247	0.5
11	欧洲中部	3 920	2 058.1	109	125	0.3
12	喀斯喀特	1 339	1 125.6	61	72	0.2
13	亚洲中部	30 200	64 497.0	4 531	8 591	16.7
14	南亚西部	22 822	33 862.0	2 900	3 444	9.1
15	南亚东部	14 006	21 803.2	1 196	1 623	3.9
16	低纬地区	2 601	2 554.7	109	218	0.5
17	安第斯山南部	15 994	29 361.2	4 241	6 018	13.5
18	新西兰	3 012	1 160.5	71	109	0.2
19	南极及亚南极地区	3 274	132 267.4	27 224	43 772	96.3
总计		168 331	726 258.3	113 915	191 879	411.9

冰川变化受气候变化制约，通过物质平衡的联结作用而在规模上做出响应。因为冰川动力调节的滞后性，其规模变化并不完全与气候变化同步。其过程表现为：冰川的物质平衡要通过冰川的运动和物质调整才能在冰川规模上有所反映，这个过程的快慢取决于冰川的大小，冰川规模越大，则滞后反应的时间越长。另外，冰川的热力性质也是决定性因素，温性冰川存在底部滑动，与冷性冰川相比，在类似物质平衡变化驱动下，相同规模的温性冰川运动速度明显大于冷性冰川，冰川进退幅度也大。这些因素决定了同一地区不同规模冰川，或不同地区相同规模的冰川对气候变化的响应存在差异。

对比全球分地区的 500 条长系列冰川长度变化，发现冰川呈现退缩为主的趋势。有些大型山谷冰川，在 19 世纪末以来的 120 余年间分别累计退缩了数千米。中纬度地区的冰川，退缩速率为每年 2～20 米。由各地区不同规模冰川长度变化特征可以看出，大冰川（或冰面较平坦）表现出持续的退缩现象；中等规模（冰面较陡）的冰川表现出年代际的阶段性变化，而小冰川的长度变化，则表现出叠加在总体退缩背景下的高频波动。退缩中断，或稳定或前进，出现在 20 世纪 20 年代、70 年代及 90 年代。

冰川面积变化表现出以下特点：（1）20 世纪 40 年代以来，所有地区的冰川都表现出面积缩小的趋势；（2）每个地区的冰川面积变化率落在大致类似的区间，但每个地区内部冰川面积变化率存在较大的差异性；（3）冰川面积缩小比例较大的区域为加拿大西部（2 区）、欧洲中部（11 区）及低纬度地区（16 区）；（4）所有地区的冰川近年来都表现出面积缩小比例增加的趋势。

在气候变暖背景下，南、北极海冰呈现出不同的变化趋势。卫星观测显示，1979 年以来北极海冰呈快速减少趋势，海冰范围的减少速率约为 3.8%/10 年（~4.7×10^5 km^2/10 年），而南极海冰范围呈整体增加趋势，增加速率约为北极海冰减少速率的 1/3。

全球 98% 的积雪位于北半球，最大覆盖面积达 45.2×10^6 平方千米。积雪是大气环流的产物，其变化受降雪量和温度的共同影响。全球变暖带来的气温升高和大气环流调整，使得积雪发生着重大变化。春季以及在气温接近冰点的地区，最可能观测到积雪减少，因为春季气温变化对积雪积累的减少和融雪的增加有着最直接有效的影响。1922～2018 年，北半球春季积雪覆盖范围呈显著减少趋势，尤其是 20 世纪 60 年代后期之后，减少速率明显加快。1951～2018 年，中国春季雪深和雪水当量均显著减少，但各稳定积雪区的变化并不同步。例如，冬季西北地区雪深显著增加，东北地区雪深年际变化振幅明显加大，而青藏高原雪深和雪水当量均显著减少，尤其是 21 世纪以来持续偏少。

多年冻土主要分布在高纬度的环北极地区、南极地区以及中低纬度的高海拔地区。在全球变暖背景下，各地区冻土总体上呈现出温度上升、活动层厚度增加、冻土退化的趋势。然而由于受到局地因素影响，各个地区冻土变化呈现出不同的趋势。

阿拉斯加地区年平均温度从 20 世纪 70 年代开始上升，2007 年达到最高值 −9.2℃，该年几乎所有观测点的年平均温度都比 1971～2000 年要高 0.5～1.5℃，位于第二的是 1998 年。2008 年与 2007 年相比年平均气温下降了 1.1℃，但是仍然比 1991～2000 年的平均值高 1.7℃。多年冻土的温度在空间上基本与年平均气温相符，阿拉斯加不连续冻土的温度大部分高于 −2℃，低于 −3℃ 的主要分布于表层植被为草丛和土壤含泥炭层的区域,在北部高海拔地区也有分布。但是进入 2007 年之后,阿拉斯加北部地区的两个观测点显示,20 米厚度的冻土层温度升高了 0.2℃。

加拿大西部的麦肯齐河走廊地区年平均温度从 20 世纪 40 年代后期到 60 年代早期一直处于下降趋势,但 60 年代后开始呈现上升趋势。加拿大西南地区的冻土温度仍保持稳定。加拿大中部活动层厚度在 1998～2007 年间以每年 5 厘米左右的速度增加,说明温度呈上升的趋势。

在俄罗斯的西伯利亚西北部地区,地表温度在 1974～2007 年间呈现升高的趋势,在寒冷的冻土区升高了 2℃,而在温暖的冻土区只升高了 1℃。大多数变暖出现在 1974～1997 年之间,1997～2005 年之间很多地区的冻土温度并未发生变化甚至有些地区呈现变冷趋势,在 2005 年之后,低温低于 -0.5℃ 的区域出现了升温趋势。

(五) 观测到的海洋变化

海洋因为具有广袤的面积和巨大水体,在气候系统中扮演着重要角色。海洋增暖在表层最为明显,1971～2010 年,海表 75 米深范围内增温超过 0.1℃/10a。海洋的增暖随着深度的增加而减小,可以延伸至海下 2 000 米。1992～2005 年,在 2 000～3 000 米深范围内没有观测到明显的温度变化趋势。在北大西洋和南大洋,3 000 米以下的增暖主要取决于海底深水的来源。

海洋盐度在不同区域的趋势间接证明,自 20 世纪 50 年代以来,蒸发量减去降水量的值有所增加。很有可能以蒸发为主导的高盐度区域,盐度变得更高;而以降水为主的低盐度区域,盐度变得更低。

1980 年以来,大气和海洋对 CO_2 的吸收都有所增加,而海洋中的 pH 和 CO_3^{2-} 含量都有所减少。在一些地区,海表的 CO_2 增长速率大于大气中的 CO_2 增长速率,意味着这些区域大气中 CO_2 的吸收率在减小。1994～2010 年,海洋储存的人为碳很大可能是在增加。人为 CO_2 的吸收导致海洋逐渐酸化。

1971～2010 年上层海洋 (0～700 米) 的热容量呈增加趋势,热容量增加了 17×10^{22} J ($15～19 \times 10^{22}$ J)。据估计,尽管 700～2 000 米深的海洋热吸收持续增加,但其海洋热容量在 2003～2010 年与之前的十年相比增长减缓。

海平面变化是全球气候变化的重要指标之一。引起全球海平面变化的因素主要有两个方面:(1) 比容海平面变化,这主要是由海水温度和盐度变化引起海水体积变化导致的;(2) 质量项海平面变化,这主要是由海洋与大气、陆地之间进行各种质量交换(如冰川融化、降雨、径流和蒸发等)引起的。20 世纪以来,验潮站资料得到的全球平均海平面上升速率为 1～2mm/a。基于潮流计记录和

1993 年后出现的卫星观测数据，对 1901～2010 年期间全球平均海平面进行线性趋势估计可知，全球平均海平面上升了约 0.19 米（0.17～0.21 米）。基于代理记录数据和仪器数据，几乎可以肯定的是，19 世纪以来全球平均海平面上升的速度加快了。在近两千年中存在百年尺度变化的背景下，近一百年内全球平均海平面上升的速度异常快。

（六）大气成分的变化

均匀混合的温室气体也称长寿命温室气体。2005～2011 年，《京都议定书》中指定的均匀混合的温室气体在大气中的浓度呈上升趋势。在 2018 年，大气中二氧化碳的浓度为 407.8±0.1ppm，比 1750 前的水平高 47%；大气中的氧化亚氮为 331.1±0.1ppb，自 1750 年以来，已经增长了 23%；甲烷浓度为 1 869.2±2ppb，这比 1750 年以前的水平高出了 159%；氢氟烃、全氟化合物和六氟化硫的浓度都有较快的增长。

消耗臭氧层物质的生产和消费受到蒙特利尔议定书控制。关于消耗臭氧层物质，可以肯定的是，主要的氯氟烃的全球平均含量在下降，而全球平均的氢氯氟烃含量则在增加。自 2005 年以来，大气中的一氟三氯甲烷、二氟二氯甲烷、三氯三氟乙烷、四氯化碳、三氯乙烷和一些哈龙的含量趋于减少。氢氯氟烃是氯氟烃的过渡性替代物，其含量在持续增长，其排放的空间分布也在改变。

短期气候强迫因子通常也称为短寿命化学物质。卫星观测显示，1992～2011 年，平流层水汽存在显著的变率。2000 年以后平流层水汽含量呈阶梯状下降，而到 2005 后则呈上升趋势。美国 Boulder 单站的有限的气球观测资料显示，从 1998 年到 2014 年，直接观测到平流层水汽含量的变化与卫星观测的资料有较好的一致性，但在 1992～1996 年期间两者之间存在差异。Boulder 的长期气球观测表明，1980～2010 年，16～26 千米平流层的水汽含量净增加 1.0±0.2ppm。

全球平流层臭氧与 1980 年以前的水平相比有所下降，大多数的下降发生在 20 世纪 90 年代中期以前，此后，平流层臭氧含量有小范围变化，并以比 1964～1980 年的水平低 3.5% 的含量保持近似恒定。

基于 19 世纪后期至 20 世纪中期有限的观测资料表明，欧洲地表臭氧含量在 20 世纪末增加了一倍。自 20 世纪 70 年代开始，观测到的北半球大多数郊区站点的地表臭氧含量在以每 10 年 1～5ppb 的速度增长；而南半球相应的地表臭氧含量在以每 10 年 2ppb 的速度增长。自 1990 年以来，东亚的地表臭氧含量可能在增加，而美国东部和欧洲西部的臭氧含量保持不变或者下降。

遥感观测指出，自 20 世纪 90 年代中期以来，欧洲和美国东部的大气气溶胶光学厚度极有可能下降，而亚洲东部和南部自 2000 年以来其气溶胶光学厚度极有可能增长。21世纪初十年，阿拉伯半岛与粉尘有关的气溶胶光学厚度有所增加，而在北大西洋则有所下降。自20世纪80年代中期以来，实地结果证实，欧洲和北美大气气溶胶光学厚度极有可能呈下降趋势。20世纪末以来的近二十年，欧洲部分地区PM2.5浓度以每年2%~6%的速度下降，美国以每年1%~2.5%的速度下降，而且硫酸根离子浓度也以每年2%~5%的速度下降。20世纪90年代的欧洲和21世纪头十年的美国下降趋势最为显著。

（七）辐射收支变化

最新的星载和地基观测为全球能量收支的定量化描述奠定了基础。图1-4为当前气候条件下全球平均能量收支示意图。

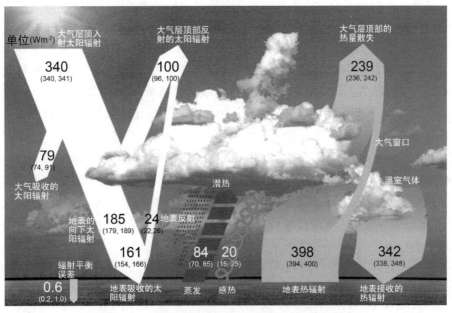

图1-4　当今气候条件下全球平均能量收支

注：能量通量单位为W/m²，括号内是能量收支的不确定范围。

资料来源：引自IPCC第五次评估第一工作组报告第二章，2013年。

自2000年以来，最新分析的卫星观测的大气层顶辐射通量表明，全球和热带地区的辐射收支不可能有显著的变化趋势存在。观测记录表明，地表的入射太阳辐射20世纪50~80年代在下降、变暗；但一些地区之后在恢复、变亮。这些变化的信度在欧洲和亚洲部分观测密度高的地区很高。这些可能的变化也可以通过测量其相关变量来证实，如日照时间、温度日较差和水汽含量等。由于陆地上的一些偏远地区和海洋上缺少直接的观测，所以可信度较低。卫星反演的地表太阳辐射通量结果表明，在海洋范围内呈增亮趋势，但是这与陆地地表的情况不完全一致，因为在陆地地表气溶胶的直接效应非常重要。研究表明，自 20 世纪 90 年代早期以来，在陆地站测得的向下热量和净辐射均呈上升的趋势。

（八）地球能量收支变化及其在气候系统中的分配

地球能量至少自 20 世纪 70 年代以来就处于辐射不平衡状态，即进入大气层顶的能量大于从大气层顶溢出的能量。这些过量能的少部分用于加热大气和陆地、水面蒸发和冰雪融化，大部分则进入了海洋，被海洋所吸收。海洋的热吸收之所以显著，是因为与大气相比，海洋的体量非常大以及海洋具有巨大热容量。此外，与冰雪相比海洋的反照率很低，可以吸收大量太阳辐射。

这些能量对陆地的加热是通过钻孔温度剖面估算得到的，时间区间为 1500 ~ 2000 年，以 50 年为间隔。1950 ~ 2000 年的加热能量为 7TW，并延续到 21 世纪第一个十年。用于融雪的能量是基于雪冰热传导（334 ~ 10^3 J/kg）和淡水冰的密度（920kg/m³）这两个关键参数计算得到的。1971 ~ 2010 年用于融冰的能量为 7TW。上层海洋热含量是在全球大洋的有限测值基础上经插值得到的。1971 ~ 2010 年的线性计算值为 137TW。1971 ~ 2010 年，估算用于加热 600m 以下海洋的能量约为 62TW。

几乎可以肯定的是，1971 ~ 2010 年，全球气候系统获得了额外的能量，达 274（196 ~ 351）ZJ[①]，线性年增长率达 213TW/a。海洋吸热占 93%，是气候系统中最主要的能汇，用于加热陆地和冰雪消融各占 3%，加热大气的能量仅占 1%。值得关注的是，被海洋吸收的热量最终会被释放到大气中，仍将导致未来全球变暖加剧。

三、未来气候系统的变化

（一）预估的近期变化（2030 年前）

中等排放情况（RCP4.5）下，相对于 1986 ~ 2005 年的参考时段，第五次气候模式比较计划（CMIP5）预估的 2035 ~ 2050 年全球平均地表温度在 5% ~ 95% 置信区间内的温度距平是 0.47 ~ 1.00℃。

预估的陆地温度上升比海洋温度上升更快。导致这种海陆变暖差异的原因是

①　1ZJ = 10^{21} J

海面和陆面上不同的局地反馈，以及海洋和陆地上不同的大气能量传输。另外，预估的气候变暖趋势在北半球极区显著增强。其原因有诸多方面，包括积雪减少和海冰消退、大气和海洋环流的变化、北极环境中出现的人为烟尘以及云量和水汽的增加等。绝大多数研究认为海冰变化是这一极地放大效应的原因。

基于 CMIP5 模式中等排放情景预估，平均变暖信号的出现时间最早在热带地区。与热带地区相比，中纬度地区的出现时间通常要晚 10 年左右。在北非和亚洲，平均变暖信号的出现时间多在夏半年。未来几十年地表温度的人为增暖很可能在陆地上比海洋上更迅速，北极地区冬季的气候变暖将比全球同一时期变暖更快。相对于气候自然的内部变率，预估的季节平均气温和年平均气温的快速升高，在热带和亚热带地区比中纬度地区出现得更早。

多模式集合预估的 2016～2035 年相对于 1986～2005 年的纬向平均温度的变化表现出这样一种垂直分布：对流层会升温几度，而平流层会降温几度，并且这种趋势即使在较短时间内也是显著的。在热带对流层上部和北半球高纬度地区会有相对较大的变暖。

1. 水循环

纬向平均降水量在高纬度和一些中纬度地区很有可能增加，在副热带地区则有可能减少。区域尺度的降水变化可能会受到人为气溶胶排放的影响，尤其会受到气候自然内部变率的强烈影响。

在温室气体增加条件下，地表温度升高，土壤变干，地表潜热通量减小，预估的干旱区蒸发量将会减少，并且降水往往也会减少。由于土壤水分的影响，全球平均的陆面蒸发在减少。预估的年平均土壤水分在副热带地区、南美南部地区和地中海地区呈下降趋势，而在东非和中亚的一些地区会增加。基于 CMIP5 模拟对径流的预估表明，欧洲南部年平均径流量会减少，但在东南亚和北半球高纬度地区则会增加。在 CO_2 浓度倍增情况下，受植被生理过程影响，预估的全球平均径流变化比起工业革命前会增加 6%～8%，其增加量与辐射强迫增加 11% 的作用相当。

基于 CMIP5 模式预估的水资源（降水量减去蒸发量，P－E）变化趋势符合湿区更湿和干区更干的变化特征：在高纬度地区和热带地区，大多数模式预估纬向平均的 P－E 会增加，这将会增加地表径流；而在副热带地区，模式预估的纬向平均的 P－E 会减少。

在中等排放情景下，CMIP5 模式集合预估的 2016～2035 年平均蒸发量，在陆地上大多数的区域是增加的，其最大值出现在北半球高纬度地区，这与地表温度的预估结论一致。在海洋上，预估的蒸发量在绝大多数地区也是增加的。只有在高纬度地区和热带海洋，预估的蒸发量变化超过了估计的内部变率的标准差。

19

预估的陆地（包括澳大利亚、非洲南部、美国南部和墨西哥东北部）和海洋蒸发量的减小则低于估计的内部变率标准差。在北半球高纬度地区和热带地区，预估的陆地上 P－E 变化量在大多数情况下是正的，这主要是由降水量增加导致的，而在一些副热带地区，特别是在欧洲、澳大利亚西部和美国中西部等地区，P－E 变化量为负值。

在大多数副热带地区（除美国南部拉普拉塔流域）和欧洲中部地区，预估的年平均浅层土壤水分减少，而北半球中高纬度地区在增加。仅在非洲南部、亚马逊地区和欧洲，预估的年平均浅层土壤水分变化量大于估计的内部变率值。在非洲北部、澳大利亚西部、欧洲南部和美国西南部，预估的径流量在减少，而在非洲西北部、阿拉伯南部和南美东南部则在增加。

预估的近地层比湿会增加，以北半球高纬度地区增加最为显著。相较而言，预估的近地面相对湿度的变化要小得多，只有几个百分点，在绝大部分陆地上减少，而在海洋上有少量增加。相对于自然变化而言，在亚马逊、非洲南部和欧洲其减少是显著的，但在这些地区，模式之间存在较大差异。

在未来的几十年中，预估的近地面比湿是非常可能增加的，预估的蒸发量在许多陆地上有可能增加。

2. 大气环流变化

在北半球中高纬地区，基于 CMIP5 模式预估，到 21 世纪中叶，由于人为强迫大气环流将会发生一系列变化，包括急流和相应的纬向平均风暴轴的向极移动和北大西洋风暴轴的加强。与之相对应，CMIP5 海气耦合模式模拟的集合平均的北大西洋涛动（NAO）和北半球环状模（NAM）指数将在 2050 年增大，尤其是在秋季和冬季。

基于 CMIP5 预估未来几十年大西洋年代际振荡（AMO）会向负位相转移，这将对在大西洋区域的大气环流产生潜在影响。未来几十年太阳辐射强迫的显著变化，会对 NAO 相关的大气环流产生影响，但这些预测尚存在较大不确定性。由于内部变率的较大的不确定性及其较大的潜在影响，对北半球风暴轴和西风急流北移，以及北大西洋涛动（NAO）和北半球环状模（NAM）的增强的预估只有中等信度。

温室气体的增加以及相关的动力学过程将可能导致在南半球温带风暴轴和强风的年平均位置向极移动。关于近二十年南半球温带环流变化预估的一个关键问题是，平流层臭氧恢复所带来的变化在多大程度上能够抵消温室气体增加引起的变化。20 世纪末到 21 世纪初，观测到的夏季西风急流的向极移动（南半球环状模处于正位相）主要是由臭氧层耗竭引起的，而温室气体的贡献只有一小部分。

预估到 2016～2035 年，较之于 1986～2005 年，平均南半球温带风暴轴和纬向风可能会向极区移动。然而，即使到 20 世纪 60 年代，臭氧层空洞也不会完全恢复。温室气体的增加将导致哈德莱环流的向极移动。尽管臭氧恢复会有抵消作用，但相对于 20 世纪后期，到 30 年代中期，将会开始出现哈德莱环流向极地扩张的趋势。到本世纪中叶，哈德莱环流向极扩张可能增强。

3. 大气极端事件

预估冷夜出现的频率会显著降低，温暖白昼和夜晚的出现频率会增加，并且热天持续时间会增加。在大多数地区，就近期变化预估而言，温暖的白天和温暖的夜晚的出现频率可能会继续增加，而寒冷的白昼和寒夜出现频率可能会继续下降。

预估近期许多陆地上强降水事件的频率和强度可能会增加，但受自然变率和人为气溶胶的影响，这种趋势不会在所有地区都变得明显。

无论是洋盆尺度还是全球尺度，到 21 世纪中叶，热带气旋频率的预估信度都会很低。在全球范围内引起热带气旋频率、强度和结构变化的气候变率的模态，比如 ENSO，将很可能到 21 世纪中叶仍继续影响热带气旋活动。所以，在未来的几十年里在全球范围内和单个洋盆尺度上，热带气旋的频率、强度和空间分布很有可能将会存在年际变化和年代际变化。

4. 海洋变化

全球平均海温都要比 1986～2005 年海温高。海表面盐度变化受到降水、蒸发和径流以及海洋环流变化的影响。通常咸水区会变得更咸，淡水区会变得更淡。未来几十年在热带尤其是副热带大西洋海区盐度会增加，而在热带西太平洋海区盐度会降低。大西洋和热带太平洋西部的盐度将可能降低。

5. 冰冻圈变化

随着全球平均表面温度上升，21 世纪北极海冰覆盖范围很可能会不断缩小并且厚度很可能会不断变薄。在温室气体高排放情景下（RCP8.5），本世纪中叶 9 月的北冰洋可能几乎成为无冰的海洋，21 世纪南极海冰将会减少。尽管气候模式模拟的南极海冰是减少的，而最近观察到的南极海冰略有增加。这有可能是由于南极冰盖的融化正在改变着南极周围海水的垂直温度层结构而有利于海冰的增长。南极海冰模型预估的近期海冰覆盖减少为低信度。

积雪面积减少是与季节性积雪持续时间缩短以及与之相关的降水和温度的变化密切联系的。未来北纬 70°以北 4 月平均的雪深将从 1981～2000 年的 28 厘米减少到 2031～2050 年的约 18 厘米。2016～2035 年 3～4 月北半球平均积雪面积减少的百分比分别为：低排放情景（RCP2.6）为 -5.2%±1.9%（21 个模式）；中等排放情景（RCP4.5）为 -5.3%±1.5%（24 个模式）；中高排放情景（RCP6.0）为 -4.5%±1.2%（16 个模式）；高排放情景（RCP8.5）为 -6%±

2% （24 个模式）。

近地表多年冻土将退化，并且多年冻土区融化深度将显著加深。不同排放情景下，2016～2035 年期间北半球年平均表层冻土面积相比 1986～2005 年将分别减少 21%±5%（RCP2.6）、18%±6%（RCP4.5）、18%±3%（RCP6.0）和 20%±5%（RCP8.5）。

（二）长期气候变化（2030 年至本世纪末）

1. 大气和地表变化

与 1986～2005 年相比，2081～2100 年全球平均表面温度上升 0.3～1.7℃（RCP2.6）、1.1～2.6℃（RCP4.5）、1.4～3.1℃（RCP6.0）、2.6～4.8℃（RCP8.5）。北极地区变暖速度将快于全球平均速度，陆地平均变暖幅度将大于海洋。

与 1850～1900 年平均值相比，21 世纪末全球表面温度变化在 RCP4.5、RCP6.0 和 RCP8.5 情景下可能都超过 1.5℃。在 RCP6.0 和 RCP8.5 情景下，升温可能超过 2℃。随着全球平均温度上升，日和季节尺度上，大部分陆地区域的极端暖事件将增多，极端冷事件将减少。热浪发生的频率更高、时间更长。偶尔仍会发生冷冬极端事件。

2. 水循环变化

未来 30 年水循环的变化在大尺度形态方面与到本世纪末的变化相似，但是幅度较小。在 RCP8.5 情景下，到本世纪末，高纬度地区和赤道太平洋年平均降水可能增加 5%，很多中纬度和副热带干旱地区平均降水将可能减少，很多中纬度湿润地区的平均降水可能增加。随着全球平均表面温度的上升，中纬度大部分陆地地区和湿润的热带地区的极端降水事件很可能强度加大、发生频率增高。21 世纪全球范围内受季风系统影响地区的降水量可能增加。季风开始日期可能提前，或者变化不大。季风消退日期可能推后，导致许多地区的季风期延长。厄尔尼诺—南方涛动（ENSO）在 21 世纪仍是热带太平洋地区年际变率的主导模态，并且影响全球。由于水汽供应增加，区域尺度上 ENSO 相关的降水变率将可能加强。

3. 空气质量变化

空气质量（近地表空气中的臭氧和 PM2.5）的预估范围主要是以排放（包括 CH_4）为驱动，而不是以自然气候变化为驱动。在全球尺度上，变暖会降低本底地表臭氧。高 CH_4 水平（RCP8.5）可以抵消这种下降，相对于 CH_4 变化小的情景（RCP4.5、RCP6.0），到 2100 年本底地表臭氧平均上升约 8ppb（是目前水平的 25%）。当其他条件都相同时，受污染地区的局地较高地表温度将会触发区域化学和局地排放反馈,进一步推高臭氧和 PM2.5 的峰值水平。

4. 冰冻圈变化

到 21 世纪末,北极海冰范围全年都将减少。9 月减少的范围从 RCP2.6 情景下的 43% 到 RCP8.5 情景下的 94%;2 月减少的范围从 RCP2.6 情景下的 8% 到 RCP8.5 情景下的 34%。RCP8.5 情景下,在本世纪中叶前,9 月可能出现北冰洋几乎无冰的情况。南极海冰范围和体积到 21 世纪末将减少,但目前对此结论具有低信度。到 21 世纪末,在 RCP2.6 情景下全球冰川体积(不包括南极周边地区的冰川)预估减少 15% ~ 55%;在 RCP8.5 情景下将减少 35% ~ 85%。

到 21 世纪末,北半球春季积雪范围的平均值在 RCP2.6 情景下将减少 7%,在 RCP8.5 情景下将减少 25%。北半球高纬度地区近地表多年冻土范围将减少。近地表(上层 3.5 米)多年冻土范围的平均值将减少 37%(RCP2.6 情景)至 81%(RCP8.5 情景)。

5. 海平面变化

与 1986 ~ 2005 年相比,2081 ~ 2100 年全球平均海平面上升区间可能为:0.26 ~ 0.55 米(RCP2.6 情景)、0.32 ~ 0.63 米(RCP4.5 情景)、0.33 ~ 0.63 米(RCP6.0 情景)、0.45 ~ 0.82 米(RCP8.5 情景)。在 RCP8.5 情景下,21 世纪末全球平均海平面将上升 0.52 ~ 0.98 米,2081 ~ 2100 年的上升速度为每年 8 ~ 16 毫米。热膨胀的贡献占 21 世纪全球平均海平面上升的 30% ~ 55%,冰川融化的贡献占 15% ~ 35%。格陵兰冰盖表面的融化量将超过降雪的增加量,从而使格陵兰冰盖表面物质平衡的变化对未来海平面的贡献为正。南极冰盖表面融化仍将很少,且预计降雪量将增加,这将使南极冰盖表面物质平衡的变化对未来海平面的贡献为负。到 2081 ~ 2100 年,两个冰盖的总流出量变化可能会导致海平面上升 0.03 ~ 0.20 米。

根据目前的认知,只有当南极冰盖的洋基部分崩溃时,全球平均海平面才会出现高于 21 世纪可能变化范围的大幅度上升。海平面上升不是全球一致的。到 21 世纪末,很可能全球超过 95% 的海平面会上升。预计全球约 70% 的海岸带会经历不超过全球平均海平面变化区间 20% 的海平面变化(见图 1 - 5)。

6. 碳循环和其他生物地球化学循环

在所有排放情景下,到 2100 年海洋都将继续吸收人为二氧化碳排放,越高的浓度路径下吸收量越大。21 世纪气候和碳循环之间是正反馈,即气候变化将部分抵消由于大气二氧化碳浓度上升造成的陆地和海洋碳汇的增加。因此,会有更多人为排放的二氧化碳滞留在大气中。在世纪到千年时间尺度上,气候和碳循环之间为正反馈的结论也得到了古气候观测和模拟的支持。

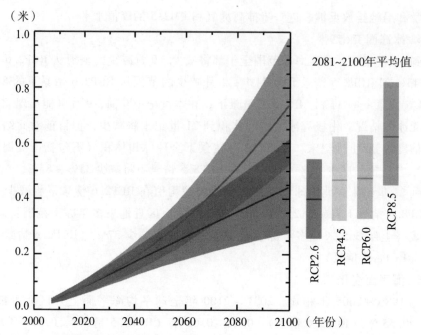

图1-5 预估的21世纪全球平均海平面高度变化（相对于1986~2005年）

注：不确定性由阴影显示。柱状彩色阴影表示2081~2100年4种RCP情景下的模式预估平均值及不确定性范围。

资料来源：引自IPCC第五次评估第一工作组报告决策者摘要。

所有排放情景下，全球海洋酸化都将加剧。到21世纪末，表层海洋的pH值将相应下降，其下降区间在RCP2.6情景下为0.06~0.07、RCP4.5情景下为0.14~0.15、RCP6.0情景下为0.20~0.21、RCP8.5情景下为0.30~0.32。根据15个地球系统模式的结果，2012~2100年期间与排放情景下大气CO_2浓度相对应的累积CO_2排放量在RCP2.6下为140~410GtC，在RCP4.5下为595~1005GtC，在RCP6.0下为840~1250GtC，在RCP8.5下为1415~1910GtC。

四、减排与气候变化预估

累积CO_2排放和全球平均表面温度响应为近似线性相关。任一给定的变暖水平都对应着一定的累积CO_2排放范围，所以，如果早期排放较多，那么后期排放就会较低。如果在概率>33%、>50%和>66%的条件下，将人为CO_2排放单独引起的变暖限制在2℃（相对于1861~1880年）以内，则需要将1861~1880年以来所有人为CO_2累积排放量分别限制在0~1570GtC（5760GtCO_2）、0~1210GtC（4440GtCO_2）和0~1000GtC（3670GtCO_2）。如果按RCP2.6考虑非

CO_2 强迫，那么这些区间的上限将分别降至约 900GtC（3 300GtCO_2）、820GtC（3 010GtCO_2）和 790GtC（2 900GtCO_2）。2011 年以前已经排放了 515 ［445 ~ 585］GtC（1 890 ［1630 ~ 2 150］GtCO_2）。

较低的温升目标，或保持低于特定温升目标的较高可能性，都要求降低 CO_2 的累积排放量。考虑到非 CO_2 温室气体的增加、气溶胶的减少或多年冻土层温室气体的释放均会产生温升效应，还应降低达到特定温升目标的 CO_2 累积排放量。

就多世纪至千年时间尺度而言，由 CO_2 排放导致的大部分人为气候变化是不可逆转的，除非在持续时期内将大气中的 CO_2 大量净移除。在净人为 CO_2 排放完全停止后，表面温度仍会在几百年内基本维持在较高水平上。由于从海洋表面到海洋深处的热转移的时间尺度较长，所以海洋变暖将持续若干世纪。在不同的情景下，排放的 CO_2 中有大约 15% ~40% 将在大气中保持千年以上。可以确定的是，全球平均海平面到 2100 年之后仍会持续上升，因热膨胀造成的海平面上升会持续数个世纪。

持续的冰盖冰量损失可造成海平面更大的升幅，有些冰量损失是不可逆的。很确定的是，高于某一阈值的持续变暖会导致一千多年或更长时间后格陵兰冰盖几乎完全消失，其导致的全球平均海平面上升幅度可高达 7 米。

另外一种减缓措施为地球工程的方法，旨在有意改变气候系统以抵消气候变化。目前尚难以对太阳辐射管理（SRM）和二氧化碳清除（CDR）以及其对气候系统的影响进行全面定量评估。CDR 方法在全球应用的潜力仍存在着技术和环境方面的局限。SRM 方法如果可以实现的话，有可能会显著抵消全球温度上升，但同时也会改变全球水循环，而且无法抵消海洋酸化。一旦停止 SRM，全球地表温度会很快上升，升幅与温室气体强迫相一致。

五、《全球 1.5℃ 增暖》特别报告提出了更紧迫要求

IPCC 第六次评估报告（AR6）《全球 1.5℃ 增暖》特别报告经过近两年的撰写，于 2018 年 10 月正式发布，主要内容包括了解全球升温 1.5℃；全球升温 1.5℃ 的预估气候变化、潜在影响和相关风险；符合全球升温 1.5℃ 的排放路径和系统转型；在可持续发展和努力消除贫困背景下加强全球响应。[1]

---

[1] IPCC：*Summary for Policymakers. In：Global Warming of 1.5℃. An IPCC Special Report on the impacts of global warming of 1.5℃ above pre-industrial levels and related global greenhouse gas emission pathways, in the context of strengthening the global response to the threat of climate change, sustainable development, and efforts to eradicate poverty* ［Masson – Delmotte, V., P. Zhai, H. – O. Pörtner, D. Roberts, J. Skea, P. R. Shukla, A. Pirani, W. Moufouma – Okia, C. Péan, R. Pidcock, S. Connors, J. B. R. Matthews, Y. Chen, X. Zhou, M. I. Gomis, E. Lonnoy, T. Maycock, M. Tignor, and T. Waterfield（eds.）］. World Meteorological Organization, Geneva, Switzerland, 2018, P. 32.

25

相比工业化前，2017 年全球温升已超过 1℃，如果维持当前温升速率，将在 2030～2052 年间超过 1.5℃。2006～2015 年全球地表平均温度比 1850～1900 年的均值升高了 0.87℃，并以每 10 年 0.2℃ 的速率继续上升。即便立刻停止全球温室气体排放，工业化时代以来的人为温室气体排放仍将在百年到千年尺度上继续影响气候系统，如海平面上升等。

自然和人类系统在 1.5℃ 温升时面临的风险低于 2℃ 时的风险。全球升温 1.5℃ 将对陆地和海洋生态系统、人类健康、食品和水安全、经济社会发展等造成诸多风险和影响，但与全球升温 2℃ 相比，1.5℃ 温升对自然和人类系统的负面影响更小。如相比 2℃ 温升，1.5℃ 温升时北极出现夏季无海冰状况的概率将由每 10 年一次降低为每百年一次；本世纪末全球海平面口升幅度将降低 0.1 米，使近 1 000 万人口免受海平面上升的威胁；海洋酸化和珊瑚礁受威胁的程度在一定程度上将得到缓解。

将温升控制在 1.5℃，要使全球 2030 年二氧化碳排放量在 2010 年基础上减少 45%，并在 2050 年左右达到净零排放。基于模式评估认为，实现 1.5℃ 温升需要大幅减少二氧化碳以及甲烷等非二氧化碳排放，并需要借助碳移除（CDR）等较为激进的减排技术，在能源、土地、城市和基础设施以及工业系统领域实现大规模、前所未有的快速转型。例如交通部门，低排放能源比例需要从 2020 年的不到 5% 上升到 2050 年的 35%～65%；2050 年全球电力供应的 70%～85% 需要来自可再生能源。相比实现 2℃ 温升所要求的 2030 年二氧化碳排放量降低 20%、2075 年左右达到净零排放，各行业面临的减排压力均大幅增加。

当前人为二氧化碳排放量为每年 420 亿吨，实现 1.5℃ 温升要求的剩余排放空间不到 4 200 亿吨二氧化碳，如果维持当前排放速率，将在 2030 年前用尽。各国在《巴黎协定》下的国家自主贡献力度不足以实现 1.5℃ 的温控目标。

实现 1.5℃ 温升的行动与可持续发展目标具有一定的协同作用，但存在负面影响。报告认为，实现 1.5℃ 温升的行动与健康、清洁能源、城市发展、生产和消费等领域的可持续发展目标具有较强的协同作用。如与 2℃ 温升相比，全球升温 1.5℃ 可能减少高温、强降水、干旱等极端事件的发生概率和强度，在一定程度上减少气候变化对可持续发展、消除贫困和减少不平等的影响。但是，一些 1.5℃ 路径包含大规模高强度的发展转型要求，如需要大规模改变土地利用方式等，可能引发粮食安全问题，并给发展中国家带来重大挑战。

多层面的合作可为实现 1.5℃ 温升目标提供有利环境，国际合作是发展中国家和脆弱地区采取行动的关键。社会正义和公平是实施气候可恢复型发展路径的核心。考虑不同国家和地区的现实国情及需求，以加强资金技术支持、提高各国能力为目标的国际合作，可以推动发展中国家和脆弱地区进一步采取与控制温升

1.5℃路径相符的应对措施。

气候变化科学是发展中的学科，经过 19 世纪几位科学家奠基性的理论工作与其后大量观测数据的结合，使现代气候变化的研究成了一门理论与实际相结合的科学体系，对近两百年气候系统变化的事实、原因和趋势的认识已经上升到了比较确定的高度，有些认识已经是非常明确了。

第二节　气候变化的影响、风险及适应问题

气候作为人类赖以生存的自然环境的重要组成部分，它的任何变化都会对自然生态系统以及社会经济系统产生影响。气候变化影响包括直接的（如由于平均温度、温度范围或温度变率的变化而造成作物产量的变化）或间接的（由于海平面上升造成沿海地带洪水频率增加而引起的灾害）影响。全球气候变化的影响既有正面影响，也有负面影响，但是总体来说，负面的影响要多于或者大于正面的影响。目前国际社会普遍关注的气候变化影响的领域包括自然生态系统、淡水资源、农业和粮食安全、海岸带和沿海生态系统、人体健康等。气候变化的脆弱性指系统对气候负面影响的敏感度，是系统不能应对负面影响能力的反应。脆弱性一方面受外界气候变化的影响，取决于系统对气候变化影响的敏感性或敏感程度；另一方面也受系统自身调节与恢复能力的制约，也就是取决于系统适应新的气候能力的条件。根据 IPCC 第五次评估报告，气候变化的风险主要表现在以下方面。①

一、全球气候变化对自然和人类社会的风险

（一）淡水资源

随着气候变暖，大部分陆地区域的潜在蒸发在更暖的气候条件下极有可能呈

① IPCC: Climate Change 2014: *Impacts, Adaptation, and Vulnerability. Part A: Global and Sectoral Aspects. Contribution of Working Group II to the Fifth Assessment Report of the Intergovernmental Panel on Climate Change* [Field, C. B., V. R. Barros, D. J. Dokken, K. J. Mach, M. D. Mastrandrea, T. E. Bilir, M. Chatterjee, K. L. Ebi, Y. O. Estrada, R. C. Genova, B. Girma, E. S. Kissel, A. N. Levy, S. MacCracken, P. R. Mastrandrea, and L. L. White (eds.)]. Cambridge University Press, Cambridge, United Kingdom and New York, NY, USA, 2014, P. 1132.

现增加的趋势，由此将加速水文循环。对全球尺度的径流预估表明年均径流量在高纬度及热带湿润地区将增加，而在大部分热带干燥地区则减少。一些地区径流量的预估结果无论在量级还是变化趋势上均存在相当的不确定性，尤其在中国、南亚和南美洲的大部分地区，这些不确定性很大程度上是由降水预估的不确定性造成的。对那些冰川融水和积雪融水地区的径流预估结果显示，绝大多数地区年最大径流量峰值有提前的趋势。

对地下水预估结果表明，由气候模式预估的地下水变化范围较大，某一地区地下水的预估结果可能是显著减少或显著增加。而气候变化对水质影响的预估研究则非常少且其不确定性非常高。预估表明，强降水增多和温度升高将导致土壤侵蚀和输沙量发生变化。

利用多个 CMIP5 全球气候模式耦合全球水文模式和陆面模式预估全球大约一半以上的地方洪水灾害发生的频次将增加，但在流域尺度上存在较大的变化。预计即使灾害保持不变，但由于暴露度和脆弱性的增加，洪水和干旱的影响仍会扩大。

过去 100 多年，在人类活动和气候变化的共同影响下，中国主要江河的实测径流量整体呈减少态势。气候变化导致水循环过程加速，引起了水资源及其空间分布变化。在未来 RCP4.5 排放情景下，中国水资源量总体减少 5% 以内。气候变化导致暴雨、强风暴潮、大范围干旱等极端天气事件发生的频次和强度增加，中国洪涝灾害的强度呈上升趋势。同时气候变化将导致用水需水进一步增加，中国水资源供给的压力将进一步加大。

（二）陆地生态系统

受气候变化影响，生物种及生态系统已经发生了显著变化，未来还将继续变化。近几十年观测到的气候变化的影响显示，许多动植物物种的分布范围、丰度、季节性活动已经发生改变。受气候变化和人类活动的共同作用，植被覆盖、生产力、物候或优势物种群已经发生变化，陆地生态系统的这些变化反过来也会对局地、区域甚至全球的气候产生影响。气候变化还改变了生态系统的干扰格局，并且这些干扰很可能已经超过了物种或生态系统自身的适应能力，从而导致生态系统的结构、组成和功能发生改变，增加了生态系统的脆弱性。气候变化加大了对生物多样性的不利影响，较大幅度的气候变化会降低特殊物种的群体密度，或影响其存活能力，从而加剧其灭绝的风险。受气候变化影响，世界各地树种死亡现象越来越普遍，从而影响气候、生物多样性、木材生产、水质以及经济活动等诸多方面，有些地区甚至出现森林枯死，显著增加当地的环境风险。

未来很多地区的动植物还将继续以各种方式调整或改变，以适应未来气候的变化。21 世纪，受气候变化和其他压力的共同作用，如生境改变、过度开采、污染和物种入侵等，大部分陆地和淡水物种灭绝的风险都将增加。模式结果表明，在所有排放情景下，物种灭绝风险都是增加的，并且灭绝的风险还随气候变化的幅度增大而提高。在 RCP4.5 及以上的情景下，模式结果显示：在 21 世纪内，一些区域生态系统的组成、结构和功能可能会发生突变或是不可逆的变化，如亚马逊和北极地区，而这些变化反过来又将对气候产生影响，从而导致气候发生新的变化。极端气候事件对生态系统的影响不容忽视，在 21 世纪末前，仅考虑气候变化的影响，亚马逊森林不会消失，但考虑未来极端干旱事件、土地利用的变化和森林火灾的影响，亚马逊森林将严重退化，会给这一地区生物多样性、碳吸收等带来重要影响。

生物体和生态系统虽然具有一定的自适应能力，但这种能力不足以适应未来的气候变化，必须辅以有效的适应策略，以提高生态系统的适应能力，帮助生态系统适应气候变化。有效的适应行动和管理措施，虽然不能完全消除气候变化给陆地和淡水生态系统带来的风险，但可以增强生态系统及物种的适应能力。多数物种对气候变化的适应能力除了与气候变化的幅度有关以外，还受到诸多非气候因素的制约，如土地利用变化、生境破碎化程度、种间竞争、外来物种、病虫害、氮素限制及对流层臭氧等。气候变化的适应措施也有可能给陆地和淡水生态系统带来一些负面影响。

（三）海岸带

海岸带生态系统对与气候变化相关的三个因素关系密切，即海平面、海水温度和海洋酸度。气候变化和海洋酸度的改变给海岸带生态系统带来显著的负面影响。由于相对海平面的上升，海岸带系统和低洼地区正经历着越来越多的洪水淹没、极端潮位和海岸侵蚀，并承受着由此带来的不利影响。海水温度上升和海水酸化导致珊瑚白化甚至死亡，珊瑚礁成为最脆弱的海洋生态系统。除了受气候变化的影响外，海岸带地区生态系统的许多变化，还受到人类活动的强烈影响，如土地利用变化、沿海开发以及污染等。20 世纪大量水坝的建设、大型建筑物以及自然和人类活动产生的沉积物导致世界上多数大的三角洲都在下沉。自 1900 年以来，东京东部下降了 4.4 米，意大利的波河三角洲下沉了 3 米，上海下沉了 2.6 米，曼谷下沉了 1.6 米。

气候变化和人类活动相互作用的方式和影响的结果也因地而异。对发达国家而言，极端天气气候事件、海平面上升影响其居住、娱乐以及沿海的基础设施等；对发展中国家而言，如中国和孟加拉国，极端天气气候事件即气候变化影响的则是广泛的经济活动和城市发展等。在未来几十年，由于人口增加、经济发展和城市化进程的加速，暴露在海岸带风险中的人口和社会资产将越来越多，中国东部沿海城市尤为突出，如上海、宁波、福州等。人类活动将成为河口海岸以及三角洲湿地等变化的主要驱动力，由于人类活动导致过度的营养输入、径流改变以及沉积物搬运减少，未来海岸带生态系统将承受更加剧烈的人类活动干扰。气候变化背景下，热浪和极端温度的频率增加，将导致温带海草和海藻生态系统发生退化，一些热带滨海旅游国家和小岛屿国家不仅要遭受海平面上升和极端气候事件的直接影响，还要承受因海岸带生态系统退化而导致的旅游收入减少的影响。

预计到 2100 年，全球平均海平面将上升 0.28 ~ 0.98 米。相对海平面上升受到诸多局地因素的影响，存在较大的差异，但不可能高于全球海平面上升的幅度。预计到 21 世纪末，在全球尺度上，沉降和侵蚀将导致沿海洪水和土地损失不断增加，但采取防御措施取得的效益还是要高于不作为而付出的社会经济成本。不采取适应行动的话，到 2100 年，数以亿计的人口将受到沿海洪水的影响，因土地丧失而流离失所，特别是在东亚、东南亚和南亚。在诸多的沿海发达国家中，任何的社会经济和海平面上升情景下，甚至包括到 21 世纪末全球海平面上升超过 1 米的情景下，对洪水和海岸侵蚀的防御都是有经济合理性的。一些低洼的发展中国家，如孟加拉国、越南和小岛屿国家都将受到很大影响。

（四）海洋系统

1950 ~ 2009 年，印度洋、大西洋和太平洋平均海表温度分别上升了 0.65℃、0.41℃ 和 0.31℃。过去 100 多年来，洋盆尺度的海表温度变化与人类活动排放温室气体强迫下的海气耦合模式模拟的温度变化趋势一致；同时，海洋对二氧化碳的吸收降低了海水的 pH 值约 0.10 个单位，即海洋发生酸化，且酸化速度是过去 6 500 万年来所未有的，这从根本上改变了海洋的生态，特别是高纬度海区海洋碳酸盐的化学过程。

鱼类和无脊椎动物等海洋生物的地理分布已经发生迁移，低纬度海域及近岸与近海区域渔业捕捞量减少，珊瑚白化和死亡率增加，导致海洋生物多样性、渔业资源丰富度减少，珊瑚礁生态保护作用减弱，海平面上升、极端事件发生、降水变化和生态恢复能力降低，引发沿岸洪涝增加，海洋生境丧失，海洋酸化对甲壳类动物和造礁珊瑚等海洋生物生长发育产生影响。

受海洋变暖、酸化、含氧量和碳酸盐等物理化性质的变化对海洋生物生态的影响，渔业捕捞、海水养殖以及数以百万计以此为生的人们面临着气候变化影响的风险。未来海洋大部分区域还将持续变暖和酸化，其变率和影响随不同区域变化。除了全球变暖将导致更频繁的极端事件外，海洋生态系统及与此相关的人类社会也将面临更多、更严重的风险和脆弱性。

（五）粮食生产系统

气候变化对全球大部分地区作物和其他粮食生产的负面影响比正面影响更为普遍，正面影响仅见于高纬度地区。在大多数情况下二氧化碳对作物产量具有刺激作用，尤其对水稻、小麦等作物，将增加水分利用效率和产量。臭氧对作物产量具有负面作用，通过减少光合作用和破坏生理功能导致作物发育不良，产量和品质下降，包括改变碳含量和养分摄入量，谷物蛋白质含量下降。气候变化与二氧化碳浓度增高改变了重要农艺措施和入侵杂草的分布，同时增加了它们之间的竞争关系。二氧化碳浓度增高降低了除草剂的效果，并改变病虫害的地理分布。

气候变化对粮食安全的各个方面均有潜在的影响，包括粮食的获取、使用和价格稳定。近年来，粮食生产区遭受极端事件之后，几次出现了食品和谷物价格骤涨的现象，这表明市场对极端事件的敏感性。气候变化可能推高粮食价格，在发展中国家尤其值得关注。农业生产中纯粮食购买者尤为脆弱，同样依靠农业的低收入国家是粮食净出口国，本身粮食安全不稳定，还面临着国内农业生产效益降低和全球粮价升高的双重影响，加剧粮食获得的难度。

未来气候变化将使杂草的种群与分布向极地方向迁移。随着二氧化碳浓度增加，杂草可能在很大程度上限制作物产量，并受病虫害类型、品种类型与耕作方式的影响。目前广泛采用的化学控制病虫草害的方法可能已失效，并且会增加经济和环境成本。如果不考虑二氧化碳的作用，气温和降水的变化将推高 2050 年全球粮价，如果考虑二氧化碳的作用（但忽略臭氧和病虫草害等），届时全球粮价的波动范围将在 30% ~ 45% 之间。

（六）城市

大部分关键和正在出现的全球气候风险集中在城市地区。热胁迫、极端降水、滑坡、空气污染、干旱和水资源短缺对城市地区的居民、资产、经济和生态系统构成风险。当前，气候变化风险、脆弱性与所受的影响在全球范围不同规模、不同经济水平和地理位置的城市中心均在增加。孩子、老人和非常弱势群体是城市地区最脆弱的群体。低、中收入国家的低收入人群（包括移民）风险非常高，居住在质量差的房屋和暴露地区的人风险更高。目前全球约 1/7 的人生活在城市地区住房质量差、过度拥挤的地方，其中大部分为临时住所，缺乏甚至没有基本的基础设施与服务，大部分健康风险和气候变化脆弱性集中在这些区域。随着快速城市化以及大城市在低、中收入国家的增多，生活在非正式定居点的高脆弱城市社区迅速增多，其中许多位于极端天气的高风险区。改善基本服务不足状况、提高住房质量及建设有恢复能力的基础设施系统可显著降低城市地区的脆弱性和暴露度。

城市气候变化相关的风险正在增大，对居民、当地经济、生态系统产生广泛的负面影响。气候变化给城市地区的水和能源供应、下水道和排水系统、交通和电信等基础设施系统以及包括卫生保健和急救在内的服务、建成环境和生态服务带来广泛的影响。对于那些与城市地区灾害相关的关键气候变化，在当前适应水平下，其风险等级从目前到近期呈增加趋势，但高适应水平能够显著降低这些风险等级。

（七）农村地区

气候变化对农村地区的主要影响由对淡水供应、粮食安全和农业收入的影响而体现，许多地区不得不调整粮食和非粮食生产区，这些在短期和长期将对农村产生重大影响。预计这些将对诸如女性起主导作用的家庭以及不容易获取土地、现代农村原料、基础设施和教育资源的那些农村地区贫穷人口的福利产生不利影响。

农村地区妇女由于在土地、劳动力市场、非农业创业机会等方面与男性存在明显差异，在农业中发挥的作用与男性不能相比，其脆弱性高于男性。原住民、牧民和渔民的生计和生活方式通常依赖于自然资源，对气候变化和气候变化政策高度敏感，脆弱性高。没有土地或劳动力的弱势群体，包括女性起主导作用的家庭也属于高脆弱性群体。

（八）人类健康

人类健康对天气的转型及气候变化很敏感，气候变化影响人类健康的基本方式有三种：第一种是直接影响，体现在气温、降水变化以及由高温热浪、暴雨洪涝和干旱等事件造成的暴露效应；其次是通过自然系统造成的间接影响，例如生物性传染病、水源性传染病和空气污染等；最后是受人类系统调节的间接影响，如职业、营养不良和心理压力等。气候变率和气候变化造成人类健康脆弱性存在差异的主要影响因子包括地理位置、当前的健康状态、年龄、性别、社会经济状况以及公共卫生和其他基础设施。

最近几十年，气候变化对人类健康已经造成了负面影响，但相对于其他因素的影响而言还较小，且缺乏充分的定量评估。温度的升高已经导致人类热相关疾病和死亡风险增加。局地温度和降水的变化已经改变了水源性疾病和病媒生物的分布范围，减少了脆弱人群的粮食产量。在气候变化背景下，可能会出现新的健康问题，而现有的疾病（如食源性疾病）可能会在目前的非流行区出现。到21

世纪中期，气候变化将继续加剧现有的健康危害，主要体现在：（1）更强的高温热浪和火灾会导致更大的伤害、疾病和死亡风险；（2）贫困地区粮食产量的减少会导致营养不良的风险增加；（3）食源和水源性疾病及病媒传播疾病的风险增加；（4）由于极端低温的减少，一些地区冷相关死亡率和发病率会适度下降。这是由于温度超过一定界限会引起作物种植区域变化，从而使载体携带疾病的能力下降。然而，从全世界角度来看，这些气候变化对人体健康产生正面效应的规模和程度远不及负面效应。对于从社会经济快速发展中受益的人群，气候变化对健康的影响将减轻，但不会消除，尤其对于极度贫困和健康状况很差的人群。21世纪以来，有些地区人体热调节的上限经常被超越，尤其是对体力劳动者。高温高湿天气将影响人类的正常活动，包括粮食种植和户外作业。

二、气候变化对主要区域的影响和脆弱性[①]

（一）非洲

受气候变化和气候变率的影响，非洲许多国家和地区的农业生产及食品安全正在进一步恶化，气温的升高和降水的变化很可能导致谷类作物产量的减少。气候变化将进一步增加当前水资源可利用量及农业生产所面临的压力，预计气候变化所产生的最大影响将发生在非洲的半干旱区。气候变化引起的海平面上升以及其他极端事件（涨潮水位和风暴涌浪）对沿海地区具有潜在威胁，海洋酸化及洋流的变化对海洋生态系统，尤其是珊瑚礁系统产生不利影响，进而影响以渔业为代表的一系列重要经济活动。气候变化可能会进一步加剧人体健康脆弱性，增加对人体生命安全的威胁，进而增加为了满足人体健康需求而需要的成本。

（二）欧洲

自20世纪80年代以来，欧洲农业生产已经受到增暖的不利影响；气候变化导致北欧地区的谷物产量增加而南欧地区的产量降低。气候变化将增加欧洲的灌溉需求量，但由于径流减少、其他行业需求和经济成本，未来的灌溉将受到限

---

① IPCC：Climate Change 2014：*Impacts，Adaptation，and Vulnerability. Part B：Regional Aspects. Contribution of Working Group II to the Fifth Assessment Report of the Intergovernmental Panel on Climate Change*［Barros，V. R.，C. B. Field，D. J. Dokken，M. D. Mastrandrea，K. J. Mach，T. E. Bilir，M. Chatterjee，K. L. Ebi，Y. O. Estrada，R. C. Genova，B. Girma，E. S. Kissel，A. N. Levy，S. MacCracken，P. R. Mastrandrea，and L. L. White（eds.）］. Cambridge University Press，Cambridge，United Kingdom and New York，NY，USA，2014，P. 688.

制；同时强降水事件的频次和强度的增加将进一步增加欧洲沿海和河道洪水的风险。气候变化将使沿海湿地消失或发生迁移；还将导致生长线北移，增加北欧地区的森林生产力。气候变化将增加北欧植物病虫害的季节活动频率和扩大害虫物种分布，导致欧洲动植物栖息地和物种的改变以及局部的灭绝和大陆尺度的迁徙，外来物种的引进和扩散将增加。观测到的增暖已经使海洋鱼类的分布范围向高纬度扩展，并导致物种身体尺寸缩小，但不会降低渔业经济总量。除斯堪的纳维亚半岛以外，由于降水减少，欧洲的水利发电量将可能减少；气候变化对风能发电略有影响。

气候变化将加剧对人体健康、农业生产、能源开采、交通运输、观光旅游、劳动效率和建筑环境的负面影响。气候变化对南欧经济活动的影响超过欧洲其他地区，生态服务系统将发生萎缩，阿尔卑斯地区的生态系统服务将消失。气候变化将改变一些人类传染病的分布和季节变化，但不会导致新型传染病的传入；气候变化和海平面上升将造成欧洲文化遗产的损毁；气温上升将导致采暖需求降低而制冷需求增加。

（三）亚洲

在许多地区气候变化将导致农作物产量的下降，虽然其对粮食生产和粮食安全的影响随着地区的不同而改变，但许多地区正在出现生产力的下降。尽管未来对区域尺度上的降水以及亚洲大部分地区淡水资源的预测存在不确定性，由于水需求的增加和缺乏有效的管理，对亚洲大部分地区而言，缺水将是一个巨大的挑战。气候和非气候因素对陆地生态系统的压力越来越大，观测到的路面影响将增加，例如冻土退化，冰川消融，植物物种分布迁移、季节生长力和生长期的变化。海岸带和海洋生态系统，如红树林、海草床、盐沼和珊瑚礁，在气候和非气候因子的驱动下，将承受越来越大的压力。在亚洲的北极地区，海平面上升以及多年冻土层和无冰期的变化都将增加海岸侵蚀率。极端事件将对人类健康、安全、生计和贫困群体产生更大影响，不同地区的影响幅度和方式也不同。

（四）大洋洲

海表温度升高和海洋酸化使澳大利亚珊瑚礁系统群落结构发生显著变化，受气温升高、火灾风险和干旱化趋势增加的影响，澳大利亚山地生态系统和一些特有物种有灭绝的危险。尽管极端降水的变化依然不确定，但在澳大利亚和新西兰，洪涝对住宅和基础设施损害的频次和程度在增加。受气温升高和寒季降水减少的影响，澳大利亚南部可用水资源受到系统性限制。受极端温度频率和强度增加的影响，在澳大利亚，高温热浪导致发病率、死亡率和基础设施损坏率上升。

受干旱化和气温升高的影响，在澳大利亚南部大部分地区和新西兰许多地区，野火对生态系统、居民区、经济损失和人类生命安全的损害在增加，澳大利亚和新西兰沿海基础设施、低洼地生态系统将受到广泛影响。严重干旱将对 Murray -Darling 盆地、澳大利亚东南部、新西兰东部和北部一些地区的粮食产量产生显著负面影响。在大洋洲大陆的西南部和东南部以及新西兰的一些河流，淡水资源预计将减少。降水的变化和气温的上升将导致农业生产区迁移，许多本地物种的栖息地范围将缩小，一些物种甚至面临区域乃至整体性的灭绝。但一些地区的某些行业或部门有可能受益于未来的气候变化和大气 CO_2 浓度的增加，例如在新西兰和澳大利亚南部，冬季疾病的发病率以及冬季供热的能源消耗将降低，有利于寒冷地区的森林生长。

（五）北美洲

北美大部分地区夏季将极有可能更加频繁地出现高温热浪，导致发病率和死亡率的增加，并且那些在当前气候条件下出现季节性积雪的地区，也将出现更多的少雪年。伴随着与积雪减少、水质下降、城市内涝、城市供水和灌溉减少及其相关的潜在影响，气候变化将增加已经受非气候因子影响的水资源风险，人类活动则进一步加剧了这些影响。气候变化已经并仍在对整个北美的许多生态系统产生影响，增温 2℃ 将扩大对生态系统的不利影响，温度升高、CO_2 浓度增加、海平面上升增加了生态系统的压力，尤其在当面对极端气候时。

气候变化加剧了人类活动（包括土地利用的变化、非本地物种的引进和环境污染）对生态系统的影响。到 21 世纪末，气温升高、降水减少及极端事件频率增加将导致北美许多地区主要农作物净生产力下降（在无适应条件下），而另外一些区域（特别是北美北部）的农业则会因此受益。在不同的信度水平下，北美人类定居点出现严重的社会经济影响已经被认为是由与气候相关的过程而引起的，土著居民区和高密度人口区的脆弱性尤为显著。

（六）中美洲和南美洲

1950 年以来，气候变率和极端事件的变化已经对中南美洲产生了严重影响：冰雪圈和径流正在发生明显的变化，影响径流及水资源供给；土地植被变化可能会显著提高气候变化潜在的负面影响。尽管对当前水资源供给存在高度脆弱性的地区进行气候变化预测具有很高的不确定性，但由于气候变化的影响，这一脆弱性预计未来将继续增加。

气候变率和气候变化对人类健康正在产生负面影响，发病率、死亡率和致残率增加，表现为在一些地区再次出现之前已经被根除或控制的疾病。气候变化引发的农业生产力的变化预计会具有高度的区域差异，到 21 世纪中叶，南美洲东南部地区的生产力将持续上升，而近期（到 2030 年）中美洲的生产力将下降，威胁着最贫困人口的粮食安全，大多数国家持续居高不下的贫困水平导致在面对气候变率和气候变化时依然具有较高的脆弱性。

半干旱地区降水量的减少和蒸散量的增加将加剧水资源供应短缺的风险，从而影响城市、水力发电和农业。自然生态系统的转变是该地区生物多样性和生态系统消失的主要诱因，同时气候变化会加快物种灭绝的速度，特别是沿海和海洋生态系统。海平面上升和人类活动使渔业资源、珊瑚、红树林、休闲旅游及疾病控制面临的风险增加。气候变化将进一步加剧贫困地区在水资源、卫生防疫和废弃物收集系统、营养均衡、环境污染和粮食生产方面的脆弱性，增加这些地区未来的健康风险。

（七）极区

除了气候变化的幅度外，极区气候变化的速度也是一个更加重要的因素。在北极和南极，快速的气候变化及其相关影响将超过自然和社会系统中某些部分的适应速度，一些海洋生物将改变它们的活动范围来适应变化的海洋和海冰条件。由于非本土物种的入侵，气候变化将增加陆地生态系统的脆弱性，这些入侵很可能由人类活动直接造成。伴随着海洋生态系统内部能量路径的相关变化，夏季海冰的消融预计会提高北极的远洋次级生产力。季节生物量生产期的偏差将会摧毁食物链中的物候匹配性，从而导致动植物存活率降低；海洋酸化会抑制一些浮游生物卵的孵化和外壳的形成，从而对极区的食物链具有潜在的深远影响。气候变化正在影响南极和北极的陆地及淡水生态系统。在北极许多地区，苔原落叶灌木和草地的丰富程度以及生物量已经有了大幅增加，林线向北迁移，高达灌木显著增加。在南极，增加的能源供给（升温）和水资源供给，将促进陆地和湖泊生物群落复杂性的发展。气候及其他大尺度变化对北极的社会结构具有潜在的巨大影响，北极地区许多原住民和农村居民的粮食安全已经并正在受到气候变化的影响，这些影响预计在未来将显著增加；北极地区小而零散的经济体只能有限地适应选择；气温的升高导致多年冻土进一步融化，并改变降水格局，这对于北极地区所有的基础设施和相关服务都具有潜在的影响；北极适航性增加、陆地交通和内陆航运网的扩展将增加当地经济发展的机会。

（八）小岛屿

对于大部分小岛屿而言，气候变化只是其必须应对的众多压力中的一个，而且气候变化往往并不是最重要的；国际社会援助对于支持小岛屿适应和减缓方案非常重要；在气候和非气候因素的影响下，小岛屿具有高度的脆弱性，并且这种脆弱性可能与岛民对气候与非气候压力的经验和看法有关，由于物理和人文属性及对气候相关驱动因子的敏感性不同，不同的国家及岛屿具有不同的气候变化风险和适应性；同时，小岛屿面临的风险可能来自跨越边界的相互作用，比如外来物种入侵。海平面上升是小岛屿及环礁沿海低洼区域面临的主要威胁之一，大大增加沿海洪水和土壤侵蚀的风险，而海浪冲刷将对地下淡水的蓄水层产生直接的负面影响。由于海表温度上升，珊瑚礁生态系统的退化将对岛屿社区和生计产生负面影响。

（九）公海

1950 年以来，海洋的物理和化学性质已经发生了显著改变；在温室气体排放量继续增加的情况下，海洋仍将继续升温和酸化，海洋生物和海洋生态系统正面临严峻挑战，海洋生态系统的风险增加；大规模的珊瑚白化和死亡将会增加，这将导致生态系统的改变甚至灭绝，增加沿海生计和粮食安全的风险。海洋环境的改变已经导致海洋中的生物和生态系统发生了根本且广泛的变化，伴随着海洋升温，海洋生物正在向更高纬度地区迁徙；气候变化已经对海洋混合层、营养物浓度和初级生产力产生了影响，这些影响对某些渔业资源很可能是积极而正面的，但同时也将导致深层海水环境缺氧并使缺氧区扩大，从而对另一些渔业资源产生消极而负面的影响；海洋温度的不断升高，推动高温事件更加频繁出现，已经对沿海生态系统产生了显著影响；北大西洋东部的高纬度春季开花植物正在发生改变，这可以认为是对海洋增暖的一种响应。表层风浪、海平面高度、风暴强度的改变将增加海洋产业（例如船舶、能源和采矿）的脆弱性。

三、气候变化影响的主要原因

IPCC 第五次评估报告客观评估了气候变化已经发生和潜在的影响、各个领域和区域的敏感性和脆弱性（见图 1-6）。IPCC 第五次评估报告第二工作组报告对区域气候变化影响的检测和归因进行了总结、更新和扩充。对观测到的影响进行检测和归因是决定是否采取以及采取何种减缓和适应措施的参考依据。由于受影响系统常表现出非线性的变化特征，很难基于观测到的现象推测未来发生的可能影响，但影响的检测和归因是气候风险分析的根据之一，观测到的影响在一定程度上可以作为未来可能变化的指示器。

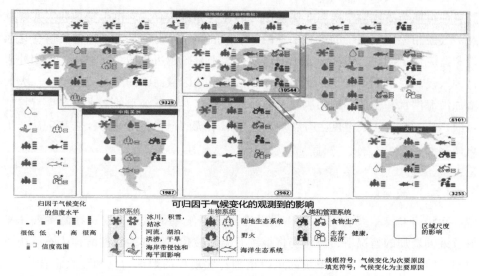

图1-6 气候变化对全球主要区域和领域的影响

资料来源：引自 IPCC 第五次评估第二工作组报告，2014 年。

（一）气候变化对自然系统的影响

在世界各大洲和许多岛屿，都观测到气候变化对水文循环（尤其是淡水资源）产生的影响。气候变化导致的全球冰川退缩，影响着其下游地区的径流和水资源量。高纬度和高海拔地区多年冻土的融化主要也归因于气候变化。降水和冰冻圈的变化，改变着许多地区的水资源量、水质和输沙量。

来自物候、生产量和分布范围等方面的证据表明气候变化和大气二氧化碳的增加对陆地和淡水生态系统起着主导作用，影响着越来越多的物种以及生态系统。例如，在北极地区、北方针叶林带和许多淡水生态系统都能够发现由气候驱动所引起的改变。但由于混淆因子的存在，亚马逊森林物种的灭绝和衰退无法直接归因于气候变化。

气候变化对许多海岸带物种的丰度和分布的变化起着主要作用。但是局部的自然和人为干扰，阻碍了与海平面上升相关的气候变化影响的信度检测。

由于气候变化，海洋的物理和化学属性也发生了显著变化。主要是受到升温的影响，海洋有机物向高纬度地区迁移，并改变了其分布深度和物候特性，珊瑚礁则经历着大规模的白化和死亡。

（二） 气候变化对人类和受管理系统的影响

过去几十年，气候变化影响了全球许多地区的小麦和玉米产量，而对水稻和黄豆的影响相对较小。在一些中纬度地区作物产量有所增加。然而，除了农作物和渔业，气候变化对其他粮食系统的影响方面的证据仍很有限。全球极端事件造成的经济损失的增加，除了气候变化的可能影响外，其他主要是由财富和暴露度的增加所致。

尽管人类健康对天气的其他方面也非常敏感，但除了变暖造成一些地区出现"寒冷相关"死亡率向"炎热相关"死亡率的转变外，在观测到的气候变化对健康的影响方面尚缺少有力证据。

关于气候变化对贫困、工作环境、暴力冲突、人口迁移和经济增长的影响方面已有部分研究基础，但气候变化影响的检测和归因方面的证据仍显不足。

四、全球升温 1.5℃ 的影响和风险[①]

全球升温 1.5℃ 对自然系统和人类系统的气候相关风险高于现在，但低于升温 2℃ 带来的风险。这些风险取决于升温的幅度和速度、地理位置、发展水平以及脆弱性，也取决于适应和减缓方案的选择及实施情况。已经观测到全球升温对自然系统和人类系统的影响。由于全球升温，许多陆地和海洋生态系统及其提供的一些服务已经发生变化。未来的气候相关风险取决于升温的速度、峰值和持续时间。总体而言，如果全球升温超过 1.5℃ 而后到 2100 年回到这一水平，则这些风险大于全球升温逐渐稳定在 1.5℃ 带来的风险，特别是如果峰值温度高（如约2℃），有些影响或许会长期持续或不可逆，例如有些生态系统的破坏。

气候模式预估在目前与全球升温 1.5℃ 之间以及 1.5℃ 与 2℃ 之间的区域气候特征存在确凿的差异。这些差异包括：大多数陆地和海洋地区的平均温度上升、大多数居住地区的热极端事件增加、有些地区的强降水增加，以及有些地区的干旱和降水不足的概率上升。全球升温约 0.5℃ 的一些气候和天气极端事件归因变

---

① IPCC: *Summary for Policymakers*. In: *Global Warming of 1.5℃. An IPCC Special Report on the impacts of global warming of 1.5℃ above pre-industrial levels and related global greenhouse gas emission pathways, in the context of strengthening the global response to the threat of climate change, sustainable development, and efforts to eradicate poverty* [Masson-Delmotte, V., P. Zhai, H.-O. Pörtner, D. Roberts, J. Skea, P. R. Shukla, A. Pirani, W. Moufouma-Okia, C. Péan, R. Pidcock, S. Connors, J. B. R. Matthews, Y. Chen, X. Zhou, M. I. Gomis, E. Lonnoy, T. Maycock, M. Tignor, and T. Waterfield (eds.)]. World Meteorological Organization, Geneva, Switzerland, 2018, P.32.

化带来的证据支持关于与现今相比再升温 0.5℃ 会伴随进一步可检测到的这些极端事件变化的评估。与工业化前水平相比，全球升温达 1.5℃ 估计会发生一些区域气候变化，包括许多地区的极端温度上升、有些地区强降水的频率、强度和/或降水量增加，以及有些地区干旱的强度或频率加大。陆地温度极值的升幅预估大于全球平均表面温度（GMST）：全球升温 1.5℃，中纬度地区极端热日会升温约 3℃，而全球升温 2℃ 则约为 4℃；全球升温 1.5℃，高纬度地区极端冷夜会升温约 4.5℃，而全球升温 2℃ 则约为 6℃。预估大部分陆地地区的热日天数会增加，热带地区增加得最多。与全球升温 1.5℃ 相比，预估全球升温 2℃ 时，有些地区干旱和降水不足带来的风险更高。与全球升温 1.5℃ 相比，预估全球升温 2℃ 时，北半球一些高纬度地区和/或高海拔地区、亚洲东部和北美洲东部，强降水事件带来的风险更高。与全球升温 1.5℃ 相比，预估全球升温 2℃ 时，与热带气旋相关的强降水更多。在其他地区，升温 2℃ 与升温 1.5℃ 相比的强降水预估变化通常为低信度。如果是全球尺度合计，预估全球升温 2℃ 比升温 1.5℃ 有更多的强降水。与全球升温 1.5℃ 相比，预估升温 2℃ 时，受强降水引发洪灾影响的全球陆地面积比例更大。

到 2100 年，预估全球升温 1.5℃ 比升温 2℃ 时的全球海平面升幅约低 0.1 米。2100 年之后海平面将继续上升，上升的幅度和速度取决于未来的温室气体排放路径。较慢的海平面上升速度能够为小岛屿、低洼沿海地区和三角洲的人类系统及生态系统带来更大的适应机会。基于模式的全球平均海平面上升预估（相对于 1986~2005 年）表明，到 2100 年，全球升温 1.5℃ 的指示性区间为 0.26~0.77 米，比全球升温 2℃ 时低 0.1 米（0.04~0.16 米）。全球海平面少上升 0.1 米意味着暴露于相关风险的人口减少 1 000 万，这是基于 2010 年的人口并假设没有任何适应。2100 年之后海平面将继续上升，即使在 21 世纪将全球升温限制在 1.5℃。南极海洋冰盖不稳定和/或格陵兰冰盖不可逆的损失会导致海平面在数百年至数千年上升数米。全球升温约 1.5~2℃ 会引发这些不稳定性。不断升温会放大小岛屿、低洼沿海地区以及三角洲许多人类系统和生态系统对海平面上升相关风险的暴露度，包括海水进一步入侵、洪水加剧以及对基础设施的损害加重。与升温 1.5℃ 相比，升温 2℃ 有更高的与海平面上升相关的风险。全球升温 1.5℃ 时较慢的海平面上升速度可减轻这些风险，能够带来更大的适应机会，包括管理和恢复海岸带自然生态系统以及基础设施加固。

在陆地，与升温 2℃ 相比，预估全球升温 1.5℃ 对生物多样性和生态系统的影响（包括物种损失和灭绝）更小。与全球升温 2℃ 相比，将全球升温限制在 1.5℃ 预估对陆地、淡水及沿海生态系统的影响会更小，并可保留住它们对人类的更多服务。在所研究的 105 000 个物种中，半数以上由气候决定地理范围的物种中，全球升温 1.5℃ 预估会损失 6% 的昆虫、8% 的植物、4% 的脊椎动物，而全球升温 2℃ 会损失 18% 的昆虫、16% 的植物、8% 的脊椎动物。与全球升温 2℃ 相比，全球升温 1.5℃ 时，与其他生物多样性相关风险有关的影响（如森林火灾和入侵物种蔓延）更小。全球升温 1℃ 时，预估约 4%（四分位区间 2%~7%）的全球陆地面积会出现生态系统从某个类型转为另一类型，而升温 2℃ 时这一数值为 13%（四分位区间 8%~20%）。这表明，预估升温 1.5℃ 比升温 2℃ 时处于风险的面积约小 50%。高纬度苔原和北方森林尤其处于气候变化引起的退化和损失的风险中，而木木灌木已在侵入苔原，并将进一步升温。将全球升温限制在 1.5℃ 而不是 2℃，预估可防止数个世纪 150 万~250 万平方千米的多年冻土融化。

与升温 2℃ 相比，将全球升温限制在 1.5℃ 预估可减小海洋温度的升幅和海洋酸度的相关上升以及减少海洋含氧量的下降。因此，将全球升温限制在 1.5℃ 预估可减轻对海洋生物多样性、渔业、生态系统及其功能以及对人类的服务等方面的风险，例如北极海冰及暖水珊瑚礁生态系统的近期变化。具有高信度的是，与升温 2℃ 相比，全球升温 1.5℃，北冰洋夏季无海冰发生的概率明显更低。如果全球升温 1.5℃，预估每百年会出现一次北极夏季无海冰；如果全球升温 2℃，这种可能性会上升到至少每十年出现一次。温度过冲对十年时间尺度北极海冰覆盖的影响是可逆的。全球升温 1.5℃ 预估会使许多海洋物种的分布转移到较高纬度地区并加大许多生态系统的损害数量。预计还会促使沿海资源的损失并降低渔业和水产养殖业的生产率（尤其是在低纬度地区）。与全球升温 1.5℃ 相比，预估升温 2℃ 时气候引起的影响风险更高。例如，升温 1.5℃ 预估珊瑚礁会进一步减少 70%~90%，而升温 2℃ 的损失更大（>99%）。许多海洋生态系统和沿海生态系统不可逆损失的风险会随着全球升温而加大，尤其是升温 2℃ 或以上。与全球升温 1.5℃ 相关的 CO_2 浓度上升造成的海洋酸化预估会放大升温的不利影响，而升温 2℃ 会进一步加剧这种影响，从而影响各类物种（例如从藻类到鱼类）的生长、发育、钙化、存活及丰度。气候变化在海洋中的影响正在通过对生理、存活、生境、繁殖、发病率的影响以及入侵物种的风险，加大对渔业和水产养殖业的风险，但预估全球升温 1.5℃ 比升温 2℃ 的风险更小。例如，一个全球渔业模式预估，在全球升温 1.5℃ 的情况下，海洋渔业全球年度捕鱼量减少约 150 万吨，而全球升温 2℃ 时的损失超过 300 万吨。

对健康、生计、粮食安全、水供应、人类安全和经济增长的气候相关风险预估会随着全球升温 1.5℃ 而加大，而随着升温 2℃，此类风险会进一步加大。面临全球升温 1.5℃ 及以上不利后果的异常偏高风险的群体包括弱势群体和脆弱群体、一些原住民以及务农和靠海为生的地方社会。面临异常偏高风险的地区包括北极生态系统、干旱地区、小岛屿发展中国家和最不发达国家。随着全球升温加剧，预计某些群体中的贫困和弱势群体会增加；与升温 2℃ 相比，将全球升温限制在 1.5℃，到 2050 年可将暴露于气候相关风险以及易陷于贫困的人口减少数亿人。全球升温的任何加剧预估都会影响人类健康，并有主要的负面影响。与升温 2℃ 相比，升温 1.5℃ 对高温相关发病率和死亡率的风险更低（很高信度），而如果臭氧形成所需的排放量仍然较高，升温 1.5℃ 对臭氧相关死亡率的风险也更低。城市热岛往往会放大城市热浪的影响。疟疾和登革热等一些病媒疾病带来的风险预估会随着从 1.5℃ 至 2℃ 的升温而加大，包括其地理范围的可能转移。与升温 2℃ 相比，将升温限制在 1.5℃，预估玉米、水稻、小麦以及可能的其他谷类作物的净减产幅度会更小，尤其是在撒哈拉以南非洲、东南亚以及中美洲和南美洲；以及水稻和小麦 CO_2 依赖型营养质量净下降幅度更小。在萨赫勒、非洲南部、地中海、欧洲中部和亚马逊，全球升温 2℃ 预估粮食供应的减少量大于升温 1.5℃ 的情况。随着温度上升，预估牲畜会受到不利影响，这取决于饲料质量的变化程度、疾病的扩散以及水资源可用率。根据未来的社会经济状况，与升温 2℃ 相比，将全球升温限制在 1.5℃ 或可将暴露于气候变化引起的缺水加剧的世界人口比例减少 50%，不过地区之间存在相当大的变率。与升温 2℃ 相比，如果全球升温限制在 1.5℃，许多小岛屿发展中国家面临的预估干旱变化造成的缺水压力更小。

到本世纪末，预估升温 1.5℃ 的气候变化影响给全球综合经济增长带来的风险比升温 2℃ 带来的风险更低。这排除了减缓成本、适应投资以及适应的效益。如果全球升温从 1.5℃ 上升到 2℃，预估热带地区以及南半球亚热带地区各国家的经济增长会受到气候变化造成的最大影响。全球升温 1.5~2℃ 会增加对气候相关的多重及复合风险的暴露度，非洲和亚洲有更大比例的人口暴露于和易陷于贫困。对于从 1.5~2℃ 的全球升温，能源、粮食和水行业面临的风险会在空间上和时间上出现重叠，产生新的并加剧现有的灾害、暴露度和脆弱性，从而影响越来越多的人口和地区。

有多种证据表明，自 AR5 以来，在五项关切理由中，有四项评估的全球升温到 2℃ 的风险水平出现上升。按全球升温幅度划分的风险转变包括：独特且受威胁的系统（RFC1）在 1.5~2℃ 之间的风险从高转到很高；极端天气事件（RFC2）在 1.0~1.5℃ 之间是从中等风险转到高风险；影响的分布（RFC3）在 1.5~2℃ 之间是从中等风险转到高风险；全球综合影响（RFC4）在 1.5~2.5℃ 之间是从中等风险转到高风险；大尺度异常事件（RFC5）在 1~2.5℃ 之间是从中等风险转到高风险。

五、适应气候变化

最新的科学认识表明，通过对危害、适应和风险等基本概念的清晰界定，要以风险管理为切入点来评估气候变化的影响和适应。气候变化带来的风险会对自然生态系统和人类社会发展产生影响，而社会经济路径、适应和减缓行动以及相关治理又将影响气候变化带来的风险。人类社会可以采取适应行动缓解风险，同时社会经济发展路径特别是减缓选择又会改变人类对气候系统的影响程度，进而减少气候变化带来的风险。总体而言，气候变化、影响、适应、经济社会过程等不再是一个简单的单向线性关系，需要在一个复合统一的系统框架下予以认识和理解。对于已经和即将发生的不利影响，适应的效果更为显著，但控制长期风险必须强化减缓，近期关于减缓和适应的选择将对整个21世纪的气候变化风险产生重要影响。由于没有普适的风险管理措施，适应行动必须因地制宜。国家应建立法律框架，保护脆弱群体，提供信息、政策和财政支持，并通过各级地方政府协调适应行动；地方政府和私营部门则需在促进社区和家庭风险管理方面起更大作用。气候恢复力路径是实现可持续发展下主动适应的必由之路。气候变化程度的加剧会导致适应极限的出现，减缓行动的延迟将缩减未来气候恢复力路径的选择余地，而经济、社会、技术和政治决策行动的转型将使气候恢复力路径成为可能。

全球气候治理中特别是《巴黎协定》的目标强调了减缓、适应和资金支持，但总体而言，国际上对适应问题的机制非常有限，适应政策比较滞后，适应行动执行不力，适应决策比较分散，国家、各国政府各部门之间、各级政府之间缺乏统一协调的行动。社会公众对气候风险和适应的意识不强，参与适应决策不够，企业、社区和家庭自底向上的自主适应行动不足。气候变化风险管理是依据风险评估的结果，结合各种经济、社会及其他因素对风险进行管理决策并采取相应控制措施的过程，涉及成本和收益两个方面。因此适应问题既涉及风险评估的方法论等科学问题，也涉及风险管理、机制建设、能力提高、国际合作等管理和机制问题，如何体现公平合理的机制建设，是需要高度关切的。

第三节　国际应对气候变化的文明基础

一、人类文明形态的演进

人类文明史，就是一部人与自然的关系史。人、经济、社会与自然的相互影响、相互作用共同促进了人类的文明进步和历史发展，其中生产方式的改进与发展起到了决定作用。一方面，人类通过获取能源、资源、空间、排放废物、享受

43

自然生态服务来获得利益并影响自然；另一方面，自然由于能源、资源、空间供给有限、生态环境恶化等，限制了人类发展。人与自然关系的历史演变是一个从原始和谐到打破和谐，再到实现新的和谐，也是从原始文明和农业文明的低碳（无碳）发展，到工业文明的不可持续的高碳发展，再到生态文明的可持续的低碳发展，形成螺旋式上升过程，低碳已经成为生态文明的重要特征。[①] 纵观人类文明史，人类社会先后经历原始文明、农业文明、工业文明阶段，现已进入生态文明的创建阶段。

最早享受工业文明的西方发达国家，在尝到了工业化带来的环境恶化苦果之后，率先反思过去、转换发展方式。经过半个多世纪的努力，多数发达国家调整优化经济结构，已由以"高投入、高消耗、高污染"为主要特征的重化工业，转变为以"低投入、低消耗、低污染、高效益"为主要特征的第三产业、现代服务业，生态环境显著改善。

碳是伴随人生始末的生态因子，最能体现人与生态系统的交互，反映人对生态系统的影响。高碳发展是工业文明与生态环境最尖锐的矛盾之一，高碳的不可持续性使低碳成为文明发展的必然选择。在生态框架中，生态系统的根本特质在于"生"，而碳基物质是生命之本，工业文明过度依赖古代生命蓄积的能源，利用过程中将有机的碳基转化为无机的碳基，如煤、石油、天然气利用后转为二氧化碳、一氧化碳等。工业文明的这种"非生命化"的能源利用方式过度耗费有限的生命沉淀，必然是难以持续的，未来的文明发展必然选择"低碳"。

二、工业文明的进步与危机

（一）全球经济的快速发展[②]

1963～2013 年，世界经济快速发展，国内生产总值（GDP）由 16 243.2 亿美元增长至 749 098.1 亿美元，增加了近 50 倍。其中全球的工业增加值占 GDP 的比重处于下降趋势，由 1990 年的 33.0% 降低至 2011 年的 26.7%。而第三产业增加值占 GDP 的比重于 1990～2011 年由 59.7% 增加至 70.1%。

随着生产力的提高和人类对于自然适应能力的增强，人口数量增长迅速。自从人类诞生以来到 1804 年，世界人口才增长到 10 亿，而 1999 年世界人口总数已突破 60 亿。近两个世纪来，全世界人口增长了 5 倍。

---

① 杜祥琬：《低碳发展的理论意义和实践意义》，载于《阅江学刊》2018 年第 1 期，第 7～16 页。
② 杜祥琬等：《低碳发展总论》，中国环境出版社 2016 年版，第 14～15 页。

1950 年以来的世界人口增长呈现明显的区域差异：发达国家人口增长速度已经降低到一个十分低的水平，一些国家甚至出现了负增长，而大多数发展中国家的人口增长速度的绝对水平虽然不同程度地有所下降，但相对水平仍然很高。

20 世纪由于全球医疗卫生的改善，人口预期寿命得到了极大的提高，这一时期也是人口死亡率下降最快的时期。1950 ~ 1955 年世界人口的预期寿命仅为 46 岁，在 2005 ~ 2010 年已达 67 岁，预计在 21 世纪中叶将会超过 75 岁。

发展中国家和地区经济的持续发展，使得近几年贫困呈持续下降的趋势，生活在极端贫困中的人数从 1981 年的 19 亿下降到 2010 年的 12 亿。

近现代世界经济社会发展的历史，是一部城市化的历史。表现为城市规模扩大、数量增多和城市效益增长，城市人口比重增长、基础建设加快发展、城市管理高级化和标准化、文明程度不断提高等。世界城市化突出表现在大量的农村人口转变为城市人口。1800 年世界人口只有 3% 居住在城市，1900 年大约有 14%，到 2013 年城镇人口已经达到世界总人口的 53%。

（二）全球经济发展的资源能源问题[①]

自然资源是人类生存和发展的重要条件。随着工业化、全球化趋势，人类对自然资源的需求与日俱增。首先是全球经济发展与水资源消耗之间的冲突。虽然地球上水的总量并不低，但与人类生产生活关系密切又容易开发利用的淡水资源仅占全球总水量的 0.3%，主要为河流、湖泊和地下水。陆地上的淡水资源分布很不均匀。空间上，各大陆水资源分布不均：欧洲和亚洲集中了世界上 72.19% 的人口，仅拥有河流径流量的 37.61%；而南美洲人口占全球的 5.89%，却拥有世界河流径流量的 25.1%。时间上，干旱季节水资源问题突出。世界人均可再生内陆淡水资源已从 1962 年的 13 198.64 立方米降低至 2013 年的 6 087.703 立方米。目前世界上许多河流濒临枯竭，许多河流受到不同程度的污染，加上全球气候变化引发一些地区的水文异常，世界水资源正面临着日益短缺和匮乏的现实。

其次，全球经济发展与矿产资源消耗之间的冲突。"矿产"是指由地质作用所形成的贮存于地表或地壳中的能为国民经济发展所利用的矿物资源。矿产资源充当目前 95% 以上的能源、80% 以上的工业原料。20 世纪 60 年代之后，人类对矿产资源开发和利用的量急剧增长，矿产资源在现代工业生产和国民经济发展中起到越来越重要的作用。2004 ~ 2013 年，全球粗钢表观需求量由 1 062 396 千吨增长至 1 648 127 千吨，增长率为 55.13%。2013 年，中国粗钢表观需求量占全球需求量的 46.8%，而 2004 年该比重仅为 27%。中国粗钢需求增长已成为带动

---

① 杜祥琬等：《低碳发展总论》，中国环境出版社 2016 年版，第 16 ~ 20 页。

全球粗钢消费增长的主要力量。

再有是土地资源危机。世界土地资源开发利用中存在的问题主要有：（1）城市化的加速使大量的良田被占用，变成建成区和水泥、沥青覆盖的地面；（2）土地退化严重：土壤侵蚀、土地沙化与荒漠化、盐渍化与水涝、土壤污染等；（3）土地和危险废弃物：废弃物会造成大气污染、海洋污染、地下水污染、地表水污染和土壤污染。世界人口增加对土地资源构成了巨大的压力。美国农业经济学界普遍认为，人均耕地占有量不足 0.4 公顷时难以保障粮食安全供给，而世界人均耕地由 1961 年的 0.365 公顷降低至 2012 年的 0.199 公顷，且仍在下降，耕地锐减的形势给人类的生存和发展敲响了警钟。

另外，1750 年以来，发达国家先后通过高碳发展完成了工业化和现代化，能源消耗与温室气体排放逐渐成为重要问题。发达国家的工业化进程加速了地球上化石能源的大量消耗。当今，众多的发展中国家也正在步入工业化进程，这将使得全球的能源消费总量进一步增加，化石能源资源的紧缺已经成为全球经济发展的一个极为严峻的制约因素；同时，长期大量化石能源消费排放的温室气体蓄积在大气层中，造成的温室效应导致自然灾害和极端气候发生的频度显著增加，威胁着人类社会的可持续发展。1971～2011 年，世界能源使用量由 55 亿吨石油当量增加至 127 亿吨，翻了两番有余，人均能源使用量也在不断攀升。其中，化石能源占能源消耗的最高比重出现在 20 世纪 70 年代，之后化石能源占比开始下降，目前基本保持在 80%，而可替代能源和再生资源占比增加，均保持在 10% 左右。中国化石能源消耗比重仍然居高，非化石能源比重上升缓慢。1961～2010 年，世界人均 CO_2 排放量由 3.07 吨增加至 4.88 吨，排放总量由 94 亿吨增加至 336 亿吨。工业化（1750 年）以来，大气中温室气体蓄积量明显增加。

（三）全球环境问题[1]

以自然之力取代人力来改造自然环境，是工业革命的基本特征，也是环境问题产生的根本原因。它打破了自然环境的运行规律，虽然是人的能动性的体现，却是导致环境系统失调的根本原因。随着人类"征服"自然环境的足迹遍布全球，环境问题迅速从地区性问题发展成为波及世界各国的全球性问题。人口集聚与城市化是工业革命的两个最主要的直接社会结果，也是环境问题爆发的两个基本促动力。工业生产需要高密度的人口，由此造成了人口集聚；工业生产也需要便利的交通和庞大的消费人群，而这事实上就是城市化。人口集聚和城市化实质是人类将自己的领地在自然界中无限扩张，导致了生态破坏，其他物种栖息地减

---

[1] 杜祥琬等：《低碳发展总论》，中国环境出版社 2016 年版，第 20～26 页。

少，甚至导致一些物种因此而灭绝。地球已经承担了多于 60 亿的人口，并且仍在持续增长。人口增长势必带来资源消耗的加剧、生存空间的紧张。能源的生产和消耗对大气的污染日趋严重，甚至影响气候的改变，臭氧层空洞的出现、"温室效应"等都与之有关。此外，各种新化学物质和材料的不断问世给环境造成了难以消除的污染。同时，在这短短的几十年内，对海洋的污染、对海洋生物资源的消耗和破坏已达到了无以复加的地步。由于对野生动植物的滥肆开发，许多珍稀物种濒临灭绝。大量砍伐森林造成水土流失、土地沙化的严重后果。联合国开发计划署的报告显示：20 世纪全世界半数湿地消失；全世界约有 9% 的树种濒临灭绝，每年有 13 万平方千米以上的热带森林遭破坏；2/3 的农田受到土壤退化的影响；30% 的林地被占用；20% 的淡水鱼种类或灭绝、或濒临灭绝、或受到威胁。

全球环境问题突出表现在气候变化、臭氧层损耗、生物多样性锐减、海洋污染、持久性有机污染物，以及公害事件等。

三、绿色低碳文明的内涵和发展

（一）西方国家由传统环境问题向气候变化问题的转变历程

1750 年第一次工业革命开启了技术上以蒸汽机为代表，能源上以煤为代表的时代；第二次工业革命开启了技术上以电灯、钢铁为代表，能源上以石油为主的时代；随着第三次科技革命的爆发，各种新型电器设备开始普及和汽车进入家庭，对石油能源的需求迅猛增加。对以上两次工业革命和科技革命简单分析就能看出，从第一次革命以来我们的世界已经建立了以化石能源消费为基础的技术物质体系，形成了主导世界两百多年发展的范式，也就是工业化范式。在工业化发展模式主导下西方发达国家生产力得到极大提高。

到了 20 世纪 50 年代以后，随着工业文明的发展，经济取得巨大成就的同时，环境问题在西方发达国家集中显现，从而开始了对其工业化、城镇化过程中产生的水、大气、土壤等环境问题的治理之路。至七八十年代，西方发达国家的传统环境问题基本解决。之后，随着关于温室气体排放对人类的影响的相关研究成果的出现，气候变化问题逐渐取代了传统的大气、水等环境问题成为西方发达国家关注的重点，并逐步明确应对气候变化的最终目标是"将大气中温室气体的浓度稳定在防止气候系统受到危险的人为干扰的水平上"。之后，《京都议定书》等相关文件相继签署。

（二）低碳发展成为各国政府的共识

气候变化表面上反映的是一种环境问题，实质上则反映的是经济竞争优势地位、能源发展和可持续发展的问题，由此引发了世界各国对气候变化问题的极度关注。2004 年 1 月，英国首席科学顾问戴维·金在《科学》杂志上发文进一步指出，相对强权政治、恐怖主义，全球异常的气候变化才是人类将要面对的最大威胁；同年 2 月，美国五角大楼在《气候突变与美国国家安全》中指出，无数人将在未来 20 年内气候变化所引起的战争与自然灾害中丧生，这将对全球的稳定造成极大的威胁；达沃斯世界经济论坛的 2007 年年会上，全球变暖超过了伊拉克问题、恐怖主义和阿以冲突，被列为是未来影响世界的首要问题。基于对气候变化问题的高度关注，各国在低碳发展上达成了共识并开始低碳发展的积极实践。

2003 年，由英国政府发布的《我们未来的能源——创建低碳经济》的白皮书中第一次提出了"低碳经济"的概念①，其提出的主要背景是英国政府意识到本土能源供应量的下降，报告指出英国正从自给自足的能源供应走向主要依靠进口的时代，到 2020 年，可能有 3/4 的能源需求都要依赖进口。同时，在气候变暖的威胁下，全球海平面上升使东海岸面临被淹没的风险。该报告提出英国将在 2050 年在 1990 年排放水平上减排 60% 的目标，从根本上把英国变成一个低碳经济的国家。

2006 年，英国政府又发布了由前世界银行首席经济学家尼古拉斯·斯特恩牵头撰写的《斯特恩报告》②。报告中指出全球以每年 GDP 1% 的投入，可以避免未来每年 GDP 5% ~ 20% 的损失，呼吁全球向低碳经济转型。继 2006 年发布的《气候变化方案》和《气候变化与可持续能源法》之后，英国于 2008 年通过的《气候变化法》，被视为全球第一部针对气候变化的旗舰立法，第一次将国家减排目标写入法律，并为应对气候变化提供了长期的政策框架和向低碳经济过渡的长期方案。之后，英国又于 2009 年发布了《英国低碳过渡计划》白皮书，概述了如何转变英国经济以确保实现减排目标。③

低碳经济概念引发了各国以低碳发展应对气候变化的信心和兴趣。美国虽然没有加入《京都议定书》等国际减排机制，但一直以来十分重视节能减碳。2007 年参议院提出《低碳经济法案》，其中包括改造传统高碳产业、加速低碳技术创

---

① UK Trade & Investment. *Our Energy Future Creating A Low Carbon Economy*, 2003, pp. 2 – 5.

② Nicolas Stern. *Stern Review*: *The Economics of Climate Change*, London Economic College Press, 2006, P. 4.

③ 潘家华、陈迎、庄贵阳等：《英国低碳发展的激励措施及其借鉴》，载于《欧洲研究》2006 年第 18 期，第 51 ~ 52 页。

新,以及应用市场机制促使企业减碳,表明低碳经济将成为美国未来发展的重要战略选择。2009年众议院投票通过了《美国清洁能源安全法案》,是一部综合性的能源立法。该法案重点包括以总量限额交易为基础减缓全球变暖计划,通过创造数百万的就业计划来推动美国经济复苏,通过降低对国外石油的依存度提升美国能源安全。

日本是《京都议定书》的发起国,从20世纪90年代起就一直是"低碳发展"的倡导者与践行者。2004年,日本开展"面向2050年的日本低碳社会情景"研究,目的是为在2050年实现低碳社会目标而提出具体的对策,包括制度、技术及生活方式各方面的转变。该研究小组于2007年发布了《日本低碳社会情景:2050年的CO_2排放在1990年水平上减少70%的可行性研究》,并于2008年发布了《面向低碳社会的12大行动》,其中包括绿色建筑环境、迅捷物流包装、城市步行设计、低碳电力、低碳商标等。每一项行动背后都有一系列的技术措施、体制改革目标与相关的激励性政策。

欧盟一直以来致力于推动全球应对气候变化进程,其自身也积极向低碳经济转型。2007年,欧盟领导人签署了《欧盟气候和能源一揽子计划》,旨在应对气候变化、加强能源安全、同时增强低碳竞争力。2011年3月,欧盟委员会通过了《到2050年将欧盟转变为具有竞争力的低碳经济的发展蓝图》[①],描述了欧盟为实现到2050年温室气体相对于1990水平减排80%~95%需采取的成本效益之路,并就经济领域的行业政策、国家和地区的低碳战略、长期投资提供了一系列指导措施。2019年12月,欧盟委员会发布《欧洲绿色新政》,明确到2050年欧盟经济社会全面绿色发展的增长战略。

与此同时,欧盟各成员国也积极出台各种政策法规,促进本国内部向低碳经济转型。德国于2008年通过《可再生能源法案》,为可再生能源发展提供了良好的环境,至今仍是扩大可再生能源使用最为重要的政策工具。法国一直以来大力发展以核能为主的再生能源和清洁能源,在工业、建筑、交通等领域节约能源,减少碳排放,取得了显著成效。瑞典将低碳经济的理念与执行运用到了生活的每一个细节中,出台了一系列政策措施鼓励国民使用环保型汽车。丹麦在风力发电、秸秆发电、超超临界锅炉等可再生能源和清洁高效能源技术方面创造了独特的经济,成为举世公认的减少二氧化碳排放并将能源问题解决得最好的国家之一。

发达国家向低碳经济转型,既是国际社会应对气候变化合作赋予的外部责任,也是国内实现经济转型升级的内部要求。《京都议定书》的出台为发达国家

---

① European Parliament and the Council of the European Union. Regulation (EU) No. 2011. 510/2011 of the European Parliament and of the Council of 11 May 1999, *Setting emission performance standards for new light commericial vehicles as part of the Union's integrated approach to reduce CO_2 emissions from light-duty vehicles.*

设定了绝对减排目标，客观上加速推进了发达国家向低碳经济的转变。而随着IPCC第五次评估报告的出台，人为排放的温室气体与全球变暖之间的关系被进一步印证，作为历史上温室气体的主要排放者，一方面，发达国家有责任承担减排温室气体的义务，确保地球的可持续发展；另一方面，面临越来越突出的化石能源制约，大部分发达国家出于能源安全考虑主动向能源低碳化转型，以降低对别国的能源依赖。纵观各国低碳发展政策，几乎所有国家都将能源安全摆到较为突出的位置。此外，鼓励低碳技术创新，培育低碳产业核心竞争力也是发达国家向低碳经济转型的重要动因。继蒸汽革命和电气革命之后，能源革命必将对未来全球格局产生重大影响。因此，促进经济转型升级，占据未来低碳技术的制高点，是发达国家确保未来国内就业持续增长和实现国内经济的永续发展的重要推动力。

相对发达国家，发展中国家碳排放量占全球排放比例较低，但却是受全球气候变化影响相对较大的地区。如今，发展中国家也日益认识到脱贫和可持续发展的一致性以及加快实现低碳转型的必要性。虽然发展起点低，面临诸多困难，但各发展中国家已经从制定国家低碳发展战略和具体政策、增加低碳投资、推动低碳技术发展、提高能源利用效率、鼓励低碳消费等方面为各自低碳发展做出了巨大努力。可以说，当前低碳发展的全球潮流，为发展中国家全面推进各国的经济低碳转型和可持续发展提供了难得的历史机遇。

2020年成为"碳中和"年。根据"零碳追踪"网站信息，截至2020年11月8日，已有126个国家加入碳中和国际承诺，22个国家以立法、政策等形式确立了碳中和目标，包括欧盟、瑞典、英国等欧洲国家，中国、日本、韩国、新加坡等亚洲国家，哥斯达黎加、智利等发展中国家，及斐济、马绍尔群岛等气候脆弱性国家。

四、中国生态文明的内涵与发展

低碳发展对高碳能源和高耗能产业的发展当然会有所制约，对依靠这些产业拉动的那部分GDP的增长有所限制。中国富煤、缺油、少气的能源禀赋及正处于重工业化和城镇化快速发展阶段的客观现实下，减少碳排放总量意味着，会影响基于高碳产业的那部分GDP增速。正是在这一背景下，中国理论界与实践界的部分人士对于减碳心存疑虑，视减排为"陷阱"和"阴谋"。2010年出版的《低碳阴谋》[①] 一书明确提出，把全球变暖的责任推到碳身上，并要在全球实施

---

① 勾红洋：《低碳阴谋》，山西经济出版社2010年版，第22页。

"碳关税"和"碳减排"其实是一种巨大的阴谋,本质是美国和欧盟发达国家借力环保问题企图扼杀中国等发展中国家的生存空间,让发展中国家为温室气体排放和此次金融危机买单,继续牵制和盘剥发展中国家,以维持两极世界的格局。根据估算,各国如果成功控制全球平均气温升高 2℃ 以内,那么即便把减排成本算上,损失也会相对减少 3 150 亿美元;而在最糟糕的情形下,有百分之一的可能性,全球金融资产损失高达 24 万亿美元。造成损失的原因各异,包括极端天气带来的直接破坏和由干旱、高温等导致的部分行业收入下降。

低碳"陷阱"论和低碳"阴谋"论是对低碳发展三种忧虑的统称:一是忧虑减少能源消耗,控制碳排放所投入的大量资金和技术,会增加成本,减缓经济增长速度;二是担忧发达国家凭借技术和资金上的优势,经由低碳问题来设定约束,进行对中国等发展中国家的新一轮经济洗劫;三是担心碳金融是发达国家重新构建世界格局的武器,是一种重新控制国际经济走向的金融陷阱。如果对上述"碳陷阱"和"碳阴谋"理念不加辨别地全盘接受,放弃低碳目标,不仅会限制经济的转型发展,还有可能陷入高碳陷阱[1]。目前,中国正处于工业化和城市化的快速发展期,这意味着中国经济发展所形成的巨大能源需求必将面临化石能源不可再生的制约,粗放的发展方式和高碳的能源结构使中国已成为全球二氧化碳排放最大国,其产品的高碳性也备受世界关注。随着产品碳标识的普及,公众消费偏好的转向使产品供应链也会发生变化。消费偏好的转移会带动跨国公司和经销商在其原材料、中间产品和最终消费品采购中将含碳量作为重要的考核指标,以树立自身的低碳形象和低碳竞争优势。如果不加快低碳经济的转型,中国出口商品的高碳标签,必将影响中国在全球产业链分工中的地位和竞争力。更重要的是,在中国,高碳排放和高污染排放基本同根、同源,有很强的协同性。粗放的高碳发展已经触碰了环境容量和气候容量的底线。[2] 改善空气质量和应对气候变化是中国自身健康发展的内在需求。同时,低碳发展将催生新型的低碳能源和新型产业、培育新的经济增长点,提高国家的创新能力和竞争力。可见,为实现中国经济的可持续发展,也必须全面协调发展与减排之间的关系,中国的唯一选择就是积极推进低碳发展,探索绕过"陷阱"的低碳化的新型现代化道路。

五、适应问题的机制进展

应对气候变化既包括绿色低碳发展,也包括气候变化适应,而且这一直是广

---

[1] 杜祥琬等:《低碳发展总论》,中国环境出版社 2016 年版,第 80 页。
[2] 潘家华、胡雷:《气候生产力之要素辨析》,载于《阅江学刊》2018 年第 1 期,第 17～27 页。

大发展中国家的迫切关注。《巴黎协定》提出了确立提高气候变化适应能力、加强抗御力和减少对气候变化脆弱性的全球适应目标,认识到增大适应努力可能会增加适应成本。缔约方要定期提交或更新适应信息通报,并记录在公共登记簿上。关于"损失与损害"问题,《巴黎协定》确定将通过损失与损害华沙国际机制加强缔约方之间的理解和支持,华沙国际机制应与现有机构、专家小组和有关组织加强协作。

发达国家认为适应可以构建一个类似"所有缔约方增强适应行动、增加恢复力"无区分的长期愿景,但是适应目标,尤其是定量目标,不确定性大而且难以实施。以"77 国加中国集团"为首的发展中国家则认为适应的长期愿景应体现发达国家支持发展中国家开展适应行动和提高适应能力。非洲集团和非洲国家积极推动基于历史累积排放、温升目标和减排努力的全球适应目标,并提出该目标应该定量定性结合,识别各国的适应需求和损失损害成本;另外发展中国家的适应需求应该与发达国家的支持目标(尤其是资金支持目标)挂钩,以确保长期的减缓和适应雄心。立场相近国家集团以及中国、印度等发展中大国更强调全球适应目标应该是一个与发达国家对发展中国家适应支持挂钩、体现适应实施手段的目标,它可以定性也可以定量。"小拉美集团"还提议构建适应和脆弱性评估的方法学和度量衡(metrics)以评估各国的脆弱性和适应成本,以解决量化目标的方法学问题。但是最不发达国家和小岛国联盟担忧适应和脆弱性评估会给发展中国家带来额外负担,反对"小拉美集团"的提议。美国、欧盟、澳大利亚和挪威认为,目前很难进行全球的适应成本评估,且在科学上难以区分气候变化影响和其他人为驱动因素的影响,因此定量全球适应目标在方法学上具有巨大的不确定性。欧盟可以接受全球适应目标与减排和温升目标挂钩,但是反对将适应目标与发达国家的出资挂钩。美国不仅反对适应目标与发达国家的支持挂钩,还认为如果要建立与温升目标和减缓行动相联系的全球适应目标,必须对全球温度升高和排放的贡献或责任进行动态的评估,识别未来温度升高的主要"贡献者",试图将矛盾引向发展中大国。

在适应的机构安排方面,各缔约方都同意协调和增强《公约》现有的适应机制和机构的授权,包括适应委员会(Adaptation Committee,AC)、国家适应计划(National Adaptation Plans,NAPs)、内罗毕工作计划(Nairobi Work Programme,NWP)、坎昆适应框架(Cancun Adaptation Framework,CAF)等,也同意增强适应机制与现有资金和技术机制之间的联系,例如全球气候基金(Global Climate Fund,GCF)、技术执行委员会(Technology Executive Committee,TEC)、资金执行委员会(Standing Committee on Finance,SCF)、最不发达国家专家委员会(Least Developed Countries Expert Group,LEG)等。大多数国家同意增强适应委

员会的授权，使其成为《巴黎协定》适应相关进程的主导机构。此外，发展中国家也提出了一些新机制的设计。例如，最不发达国家集团提出建立区域适应中心和国家信息中心，在不同层次强化适应技术、知识和研究成果的共享与交流，该提议得到了非洲集团、小岛国集团等在内的广大发展中国家的支持。立场相近国家集团和沙特提出要建立适应登记簿，以匹配发展中国家的适应需求和发达国家的支持，强化全球适应行动。墨西哥要求建立技术和知识平台，增强"内罗毕工作计划"的作用。

发达国家和发展中国家在适应行动的报告、监测和评估问题上观点南辕北辙。发达国家认为适应是一个国家驱动的过程，适应行动经验、知识和教训的交流可以促进适应的集体行动，因此可以充分利用现有途径，即国家信息通报和两年更新报进行适应的信息共享。发展中国家却希望创造一种途径识别发展中国家的适应需求，并将其与现有和未来可能的支持进行匹配。因此发展中国家一方面希望开创一些新的报告渠道来识别自身的适应需求，另一方面又强调适应的监测评估不能给发展中国家造成额外负担，提出发达国家应该对发展中国家的监测和评估活动进行支持。

在适应问题的谈判上，主要的矛盾焦点在如何强调发达国家对发展中国家提供支持，即发达国家对发展中国家准备、提交和实施适应信息通报提供资金支持，通过发达国家公共资金支持来授权开发识别发展中国家适应努力的方法学。另外，采用何种报告模式（如信息通报的结构和内容设置）能最大地体现灵活性，以减少发展中国家报告的负担。

第四节　中国应对气候变化的国内挑战和机遇

一、中国的资源能源

（一）基本情况

资源是一个国家发展的基础要素，作为经济发展的支撑，其存储总量、时空分布格局、资源结构、可利用量、利用效率及自给程度等都与国家安全、国家发展密切相关。国家资源的供给不足会严重影响生产和生活，进而阻碍经济发展，破坏社会稳定。中国经济发展取得了瞩目的成就，而资源需求和供给的矛盾也日益突出。

中国幅员辽阔，从资源总量看，是一个资源大国，品种丰富，一些重要资源拥有量位居世界前列；但从人均资源占有量看，中国又是一个"资源小国"，低于世界平均水平。

中国土地资源类型多样，耕地、林地、草地、荒漠、滩涂等都有大面积分布。2013年，中国土地资源绝对数量大，总量居世界第3位。耕地面积为世界耕地总面积的7.7%，名列世界第4位；草地占10%，列第3位；林地占4.1%，列第8位。但人均占有量少。人均耕地不到世界平均水平的40%，人均草地不及世界平均水平的1/2，人均森林面积仅为世界人均占有量的1/5。[1]

中国是一个水资源短缺且时空分布不均的国家。2014年，中国平均年降水量为622.3毫米，全国水资源总量为2.73万亿立方米，比常年值偏少1.6%。全国总供水量6 095亿立方米，占当年水资源总量的22.4%，其中地表水源供水量4 921亿立方米，占80.8%；地下水源供水量1 117亿立方米，占18.3%；其他水源供水量57亿立方米，占0.9%。中国水力资源理论蕴藏年发电量为60 829亿千瓦时，技术可开发装机容量66 042万千瓦，年可发电量29 882亿千瓦时。2014年，中国水电装机达到30 486万千瓦，是2010年的1.4倍，水电在全国电力装机总量中的比重达到22.2%。全国年平均缺水量500多亿立方米，2/3的城市缺水，农村有近3亿人口饮水不安全。水利部预测，2030年中国人口将达到16亿，届时人均水资源量仅有1 750立方米。在充分考虑节水情况下，预计用水总量为7 000亿~8 000亿立方米，要求供水能力比现在增长1 300亿~2 300亿立方米，全国实际可利用水资源量接近合理利用水量上限，水资源开发难度极大。

中国矿产资源总量丰富、品种齐全，可分为能源矿产（如煤、石油、地热）、金属矿产（如铁、锰、铜）、非金属矿产（如金刚石、石灰岩、黏土）和水气矿产（如地下水、矿泉水、二氧化碳气）四大类。据《2008年中国矿业年鉴》统计，截至2007年初，全国已发现了矿产171种，有查明资源储量的矿产159种（其中能源矿产10种，金属矿产54种，非金属矿产92种，水气矿产3种），矿产地2万多处，已探明的矿产资源总量约占世界的12%，是世界上矿产资源总量丰富、矿种比较齐全的少数几个资源大国之一。此外，中国仍陆续有新的矿产被发现。以能源矿产为例，2012年中国能源矿产普遍增长，煤炭查明储量14 208亿吨，新增616.1亿吨，同比增长3.1%；石油查明储量33.3亿吨，新增15.2

---

[1]　彭珂珊：《中国土地资源可持续利用的路径》，载于《首都师范大学学报》（自然科学版）2014年第4期，第61~65页。

亿吨，同比增长 2.8%；天然气查明储量 43 790 亿立方米，新增 9 610 亿立方米，同比增长 8.9%。但中国人均矿产品占有量不足，仅为世界人均占有量的 58%，居世界第 53 位。而且中国大型和超大型矿床比重很小，45 种主要矿产资源人均占有量不足世界平均水平的一半。石油、天然气、铜、铝等重要矿产资源的人均储量最低，只占世界平均水平的 1/25。

生物资源是自然资源的有机组成部分，是指生物圈中对人类具有一定经济价值的动物、植物、微生物有机体以及由它们所组成的生物群落。生物资源包括基因、物种以及生态系统三个层次，对人类具有一定的现实和潜在价值，它们是地球上生物多样性的物质体现。自然界中存在的生物种类繁多、形态各异、结构千差万别，分布极其广泛，对环境的适应能力强，如平原、丘陵、高山、高原、草原、荒漠、淡水、海洋等都有生物的分布。水杉、银杏、金钱松等保存下来的中国特有的古生物种属，为举世瞩目的"活化石"。在东部季风区，有热带雨林，热带季雨林，中、南亚热带常绿阔叶林，北亚热带落叶阔叶常绿阔叶混交林，温带落叶阔叶林，寒温带针叶林，以及亚高山针叶林、温带森林草原等植被类型。在西北部和青藏高原地区，有干草原、半荒漠草原灌丛、干荒漠草原灌丛、高原寒漠、高山草原草甸灌丛等植被类型。大熊猫、金丝猴、白鳍豚、白唇鹿、扭角羚、褐马鸡、扬子鳄、朱鹮等，是中国独有的珍稀动物；东北的丹顶鹤，川陕甘的锦鸡，滇藏的蓝孔雀，以及绶带鸟、大天鹅和绿鹦鹉等，是名贵珍禽；昆虫中的蝴蝶，在台湾、云南、四川等地，也多有名贵种类。同时哺乳类、鸟类、爬行类和两栖类动物的拥有量也占世界总量的 10%。然而，中国生物种类正在加速减少和消亡。《联合国濒危野生动植物种国际贸易公约》列出的 740 种世界性濒危物种中，中国占 189 种，为总数的 1/4。

1990 年以来的三十余年，我国主要是追求产量和增长速度的粗放型线性发展模式，在由贫困落后逐步走向富强的同时，自然资源的消耗也在大幅度地上升，人均资源占有量持续降低。

（二）资源时空分布不平衡①

由于受到气候、地形和历史原因等的影响，中国资源的地理分布极度不均，资源需求和人口分布与资源分布不一致，使得资源供求不平衡，有的严重制约经济发展。资源的时空分布异质性，使得各种资源的调用、运输等，在促进地区经济发展方面起着重要的作用。各类土地资源分布不均，耕地主要集中在东部季风区的平原和盆地地区；林地多集中在东北、西南的边远山区；草地多分布在内陆

---

① 杜祥琬等：《低碳发展总论》，中国环境出版社 2016 年版，第 144～145 页。

高原、山区。

由于气候条件影响，各种水资源的时空分布不均，导致中国的水资源虽然比较多，但开发利用难度较大，空间分布十分不均衡。长江流域及其以南地区，水资源约占全国水资源总量的80%，但耕地面积只为全国的36%左右；黄、淮、海河流域，水资源只有全国的8%，而耕地则占全国的40%。从时间分配来看，中国大部分地区冬春少雨，夏、秋水量充沛，降水量大都集中在5~9月，占全年雨量的70%以上，且多暴雨。黄河和松花江等河，1961年以来还出现了连续11~13年的枯水年和7~9年的丰水年。中国地下水补给量约为7 718亿立方米/年，其中长江流域最多，为2 130亿立方米/年。

中国矿产资源遍布于各省、自治区、直辖市，但因所处大地构造带和成矿地质条件的不同，各地区矿产资源分布不均，其矿种、储量、质量差异较大，形成了各地域矿产资源的不同特征。

中国资源分布较大的差异性，再加上不同地区经济、技术条件发展不一致，不同地区的矿产开发和利用状况也不相同，使得资源开发利用效率和水平存在很大差异。不合理的矿产资源开采和利用，会造成矿产资源的相对短缺，环境污染和破坏，正常的生态平衡被打破，将成为经济发展和人类进步的巨大障碍。

（三）资源消耗总量大

根据国家统计局数据，2021年能源消费总量为52.4亿吨标准煤，是1978年的9.1倍，煤炭消费量占能源消费总量的56.0%。按照现有的技术和回采率水平，年产煤量规模为40亿吨左右，结合目前可供开发资源量，我国煤炭产量只能支撑40年左右。

水资源方面，工业用水增长速度较快，用水总量持续增加。据《中国水资源公报》统计，随着中国工业经济的发展，中国工业用水量增长较快。2000年以后，工业用水量年均增速将近3%，工业用水量从1997年的1 121.2亿立方米增长为1 459.6亿立方米，占全国用水总量的比重为23.9%。

（四）资源利用率低

资源利用率低下是中国经济粗放型发展的重要特征。先以矿产方面为例。中国成矿地质条件有利，但矿产勘查程度较低，总体资源探明程度不到1/3。与此同时，中国矿产利用方式很粗放，某些地方采富弃贫、一矿多开、大矿小开的现象较为普遍。2005年，中国矿产资源总回收率和伴生矿产资源综合利用率分别为30%和35%左右，比国外先进水平低大约20个百分点。随着矿山资源开发强度不断加大，矿山环境保护和矿区恢复治理难度将越来越大。中国如果不能及时改变矿产资源利用方式，资源利用持续低下，对环境的污染和破坏超过环境承载力，发展将难以为继。

（五）资源结构不合理[1]

与发达国家相比，中国化石能源消耗比重仍然居高，非化石能源比重上升缓慢。化石能源内部结构上，中国历年高碳的化石能源在能源结构中一直占有绝对优势，从1978年的98.2%略降到2012年的90.6%。其中，最富含碳的煤炭资源所占比例从1978年的94.3%下降到2013年的69.5%，虽下降较多但是依然在能源结构中占有重要地位，并远远高于1970年以来世界煤炭资源所占比例的历史最高值，即2013年的30.1%。

（六）资源对外依存度高

能源方面，工业能耗的快速增长逐步打破了中国能源生产和供给之间的平衡关系，中国能源进口产量逐渐增多。中国能源的对外依赖度逐年增加并减少了贸易盈余。纵然经济增长迅猛，2013年能源进口在中国国内生产总值中所占比重几乎是2003年的3倍。2013年，中国石油消耗量中的65%来自进口，天然气为30%，均达到历史最高值。与此同时，在美国，虽然能源进口仍约占贸易赤字的一半，但随着石油和天然气进口的减少，这一赤字正迅速缩小。俄罗斯各种化石燃料的盈余进一步增加，使其迄今为止保持了世界最大能源盈余国的地位。

二、生态环境破坏使环境容量进一步降低[2]

（一）资源流失和污染致生态压力剧增

水土流失严重。2014年左右，每年新增流失面积1万多平方千米，年土壤流失量50多亿吨，其中入海泥沙量约20亿吨。中国水土流失最严重的区域是黄土高原和长江中上游，其次是北方石山区（如太行山区）、华南红壤丘陵山区和东北黑土区以及川、滇、藏接壤的横断山区。中国耕地的土壤流失面积达6亿亩，占耕地总面积的30%，年约流失土壤10亿吨，这部分耕地的土壤流失量每亩达1.66吨，已超过临界标准。土壤侵蚀造成表土流失，使其肥力减退乃至丧失殆

---

① 杜祥琬等：《低碳发展总论》，中国环境出版社2016年版，第149~153页。
② 杜祥琬等：《低碳发展总论》，中国环境出版社2016年版，第155~159页。

尽，完全失去生产力。据统计，中国每年流入江河的泥沙量多达 50 多亿吨，涉及 11 个省区，主要在黄土高原和南方的丘陵地区。黄河每立方米水含沙量在 37 千克以上，为世界第一。长江每立方米水含沙量也达到了 1 千克以上，为世界第 4。

水土污染加剧。由于大气粉尘沉降、灌溉超标污水、施用污泥与垃圾、工业废渣堆放及不合理施用农药、化肥等影响日益加剧，中国土壤污染变得非常严重，土壤质量不断恶化；重金属污染、酸雨污染、农药和有机物污染、放射性污染、病原菌污染以及各种污染交叉造成的复合污染等时刻侵蚀着土地资源，部分污染物超标达几十倍甚至几百倍。1989 年来中国受污染耕地面积持续增长。2011 年全国 18.24 亿亩耕地，近 3 亿亩受重金属污染，其中"三废"污染耕地 1.5 亿亩，因固废堆放占用和毁损农田达 200 万亩以上；受到大气污染的耕地达 8 000 万亩以上；污水灌溉农田面积占全国总灌溉面积的 7.3%；遭受农药污染的农田达 1.4 亿亩。目前中国化肥和农药每公顷用量比发达国家高出 1 倍还多，且使用量仍在上升。许多粮食高产区均为农药化肥高量使用区，农药化肥用量明显呈现东部 > 中原 > 西部的空间分布规律，尤其集中在东南沿海经济发达地区。

目前中国的水环境污染已从陆地蔓延到近岸海域，从地表水延伸到地下水，从单一污染发展到复合污染，从水化学污染到水生态退化，面临水质恶化和水生态系统破坏的双重局面，严重危及水环境安全和流域经济社会的可持续发展。

中国从 1984 年建立水环境质量监测体系，地表水环境质量总体呈恶化趋势，主要水污染物排放量明显超过环境容量，结构型、复合型和区域（流域）性污染集中体现和爆发。20 世纪 80 年代中国大江大河水质基本良好，仅部分流经城市的河段污染较重，1978 年富营养化湖泊比例仅为 5%，大部分海域水质尚好，1989 年发生大面积赤潮仅 7 次。2017 年，IV～V 类和劣 V 类水质断面比例为 32.1%，黄河流域轻度污染，黄河主要支流为中度污染，海河流域中度污染，辽河主要支流为重度污染。IV～V 类和劣 V 类水质的湖泊（水库）比例为 37.4%，富营养化的湖泊占 30.3%，"三湖"中太湖和巢湖轻度污染，滇池重度污染；中国湖泊富营养化局势严重的主要是东部平原湖区、长江中下游湖区、云贵高原湖区的湖泊和城市湖泊。近年来海洋环境状况总体较好，但部分近岸海域水体污染、生态受损问题依然突出，近海污染面积持续扩大。南海和黄海水质良好，渤海水质一般，东海水质极差。①

（二）人口与土地矛盾激化

人口与土地之间的关系不仅表现在人均耕地面积的减少，而且表现在对土地

---

① 中华人民共和国生态环境部：《2017 中国生态环境状况公报》，http://www.mee.gov.cn/hjzl/zghjzkgb/lnzghjzkgb/201805/P020180531534645032372.pdf。

环境的污染破坏和人均粮食产量持续不高。人口增长对农产品的需求压力，迫使农民高强度地使用耕地，使耕地的污染和退化严重。目前，提高粮食产量的主要办法是大量使用化肥和农药，这使土地的结构遭到破坏、肥力下降、板结贫瘠。耕地资源数量的减少和质量的下降，已经成为中国农业生产和经济发展的一个不利因素。另外，随着牧区人口的快速增长，中国的草原出现了超载放牧和过度开垦的现象，其后果是草原的沙漠化。

（三）生物资源受人类活动影响大，生物多样性降低

尽管中国坚持不懈地大力植树造林和保护森林资源，但是由于历史条件和自然条件的限制，森林生态环境仍然很脆弱，森林资源供求矛盾突出。人口的增长和城市建设不断对森林产生新的需求，一方面是建筑用地对森林的占用，另一方面是对木材制品的需求。据统计，在全国140个森林局中，已有61个局处于过度采伐状态，25个局的森林资源已经基本枯竭。目前，中国的用材、薪柴、纸浆和其他林业经济产品的供应都很紧张。与此同时，由于人口增长对粮食和耕地的需求，加剧了开荒毁林。

人类活动导致的城市环境变化，使城市植被在物质的输入和输出、能量的转化和利用方面变化很大，城市环境和小气候的改变正引起生态服务功能不断退化。张新时院士领导的国家973项目课题组研究表明，严重的超载过牧，使草地理论载畜量1951～2002年期间下降了47%，平均每年下降1%，牲畜年均死亡率达7%，冬春掉膘超过1/3；而牲畜数量由1949年的968.6万只，增加到2002年的5 176.9万只，增长了430%，二氧化碳释放增强，土壤沙化，草场每年退化167万公顷。张新时院士指出，数千年来以牧场为主的天然草原，应向恢复防风固沙、保持水土、富集碳库、养育野生有蹄类食草动物与维护旱生植物库的基因库的生态功能转变。

经济发展导致的城市景观格局的不断演变，使城市及周边生物多样性急剧下降。城市植物多样性从城市中心到郊区梯度增加，野生或本土植物多样性也随之增加。城市化发展促进了城市基础设施建设，城市建筑和道路占用绿地面积，使城市植被覆盖率降低；城市中心区绿化因美观需要，在园林设计上往往采用单一物种，致使城市越往中心区植被类型越趋向单一化。城市建设导致的景观破碎和人为干扰，使城市野生植物或本土植物从市中心到郊区丰富度呈现增加趋势。

（四）气象灾害呈超频超重

中国极端高温事件增加趋势显著，平均增幅为4次/10年。20世纪90年代中期增多，21世纪以来的极端高温频次尤其多，2013年最多，2016年也大幅偏

多。极端低温事件减少趋势显著，平均减幅为 10 次/10 年，但 2007 年以后极端低温事件出现一个较明显的小幅增加趋势。2003 年，淮河发生仅次于 1954 年的流域性大洪水；2004 年，"云娜"台风造成重大灾害；2006 年，川渝遭受百年一遇干旱，南方地区遭受"碧利斯""格美""桑美"台风灾害；2007 年，淮河再次发生流域性大洪水；2008 年，南方发生历史罕见低温雨雪冰冻灾害；2009 年，北方冬麦区发生大旱；2010 年，西南地区发生特大干旱，舟曲发生特大山洪泥石流灾害；2011 年，长江中下游地区旱涝急转；2012 年 7 月 21 日，特大暴雨袭击华北，给京津冀造成重大影响；2013 年，7～8 月上旬南方遭受严重高温热浪袭击；2014 年 7 月，1949 年以来最强台风"威马逊"重创海南，损失近 400 亿元；2015 年 6～7 月，南方多轮暴雨，2 100 万人受灾；2016 年，罕见龙卷风袭击江苏盐城，7 月上旬汉江暴雨过程导致长江中下游全线超警，华北"7·20"暴雨带来严重洪涝灾害。

气象灾害对中国造成的经济损失增多。中国是气象灾害最为严重的国家之一，1991～2015 年气象灾害损失占所有自然灾害损失的 71%。中国降水地区差异、年际差异和季节差异都很大，在各类气象灾害中，干旱和洪涝的影响最大，这与季风气候和大陆性气候密切相关。本世纪以来，登陆中国台风的比例和强度明显增加，平均每年有 8 个台风登陆，其中有一半最大风力达到或超过 12 级，比 20 世纪 90 年代增加 46%。平均每年高温面积占全国的 27.4%，超过常年的 2 倍。中国气象灾害平均每年造成的直接经济损失，由本世纪前十年的 2 400 多亿元增加到 2015 年的 3 300 多亿元。近年来，城市强降水造成严重内涝频发，给城市安全运行带来严重影响。

（五）工业、农业、城镇化建设各方面复合型问题突出

当前，随着经济体制改革的深入，城市化进度不断加快，城镇化建设带动了工业发展，促进了农业产业化，对应的农业在国民生产总值中所占比重越来越小，而工业所占比重越来越大。大城市中的问题日益增多，如人口膨胀、交通拥挤、住房紧张、失业率增高、空气质量恶化等各种复合型"城市病"。不仅如此，由于乡镇企业的发展具有布局分散、规模小和经营粗放等特征，使得中国农村城镇化环境严重污染。不少小城镇大气污染和水污染严重，垃圾围城现象普遍，生态恶化趋势加重。城镇周边农村及农业污染严重，乡镇工业废水化学需氧量、粉尘和固体废物的排放量占全国工业污染物排放总量的比重均接近或超过 50%。农业发展的同时，还有农药、化肥对农产品的污染及农膜产生的白色污染，村镇居民产生的生活污水、垃圾污染，焚烧秸秆造成的大气污染，规模化养殖及水产养殖污染等。特别是以化学肥料替代有机肥料造成的环境问题日益严重。

1. 垃圾包围城市，危害城市安全

固体废弃物已经成为环境的主要污染源之一，其污染特点是：种类繁多、成分繁杂、数量巨大。目前，国内许多大中城市被垃圾包围，在大量城市工业企业郊区化过程中，各类固体污染物遗留在土壤中影响居民的身体健康；大量生产生活中的危险废物未得到有效无害化处置，医疗废物混入生活垃圾，甚至被非法再利用；非法拆解、加工废旧物资，焚烧、酸洗、土冶炼等活动在许多地方的存在，造成当地土壤不能耕种、水无法饮用、大气严重污染。

2. 复合型污染问题直接威胁区域大气质量

2013 年以来，中国中东部地区反复出现雾霾天气，大气污染十分严重，给工业生产、交通运输和群众的健康带来了较大影响，尤其是在京津冀、长三角、珠三角地区出现的频次和程度最为严重。监测表明，这些地区每年出现霾的天数在 100 天以上，个别城市甚至超过 200 天。在这三个区域，虽然国土面积仅占中国国土面积的 8% 左右，却消耗全国 42% 的煤炭、52% 的汽柴油，生产 55% 的钢铁、40% 的水泥。二氧化硫、氮氧化物和烟尘的排放量均占全国的 30%，单位平方千米的污染物排放量是其他地区的 5 倍以上。这些污染物的大量排放，既加剧了细颗粒物（PM2.5）的排放，更加重了霾的形成。因此，大气污染防治重点区域是中国经济活动水平和污染排放高度集中的区域，大气环境问题尤为突出。随着国家对环境治理的加强，近些年环境质量得到明显改善。

中国区域大气环境质量整体呈恶化趋势，在传统煤烟型污染尚未得到控制的情况下，以臭氧、PM2.5 和酸雨为特征的区域性复合型大气污染日益突出，具有明显的多污染物共存、多污染源叠加、多尺度关联、多过程演化、多介质影响特征。如今城市群已经成为中国区域发展的主要空间形式，人口密度高、工业强度大、膨胀速度快等原因造成城市间污染缓冲距离缩短，导致主要大气污染物排放量急剧增加，同时受大气环流及大气化学的双重作用，污染物跨界传输和影响加重，转变成区域性环境问题。

三、中国应对气候变化目标的确定和实现

发展是人类永恒的主题，人类社会经济发展史就是发展观的探索历程和发展方式变迁的过程。"二战"后，世界各国关于发展问题的认识经历了不断演进、提升的过程，西方主流经济学理论和实践经历了经济增长、经济社会协调发展、可持续发展的转变，经济发展的内涵从单纯的经济层面逐步渗透到非经济层面，经济发展质量由注重单一的数量增长过渡到经济与社会、环境和人之间的协调发展。

（一）转变发展方式的内涵

"新方式"下发展的核心内容依然是经济增长，但增加了生态承载的限制条件，赋予了更多的内容，包括高效率与可持续、平衡与协调、包容等，并且更强调后者。中国"转方式"是遵循推动发展的动力机制，消除障碍，使各种促进增长的因素综合运用、释放效率，并且以生态环境承载力为限的改革与创新过程。这个过程将以绿色、低碳的服务业和工业为主要产业主导，以高效、包容、可持续的城镇化为主要空间载体，以市场化为起决定性作用的体制基础，以法治、服务、高效的政府为治理主体，以科技创新为技术保障，以文化创新提供精神动力并引领公民社会参与，最关键的是以生态、资源、环境的承载力为限统筹兼顾，实现生态文明。

（二）转变发展目标与内涵

转变发展方式具有多重目标，是从单纯经济增长到经济社会全面发展。"经济发展方式"不仅包括"经济增长方式"的内容，还包括产业结构、收入分配、居民生活以及城乡结构、区域结构、资源利用、生态环境等方面持续改善的内容。转变后的目标具体表现为：全面发展、协调发展、高效发展、普惠发展、可持续发展、具有足够强的应变能力。

党的二十大报告提出了中国式现代化要求，明确了 2035 年和 2050 年国家现代化、生态环境根本性好转的要求。要解决新时代的主要矛盾，也就是要满足人民日益增长的对蓝天绿地清水的美好生活需要，实现包括人与自然和谐的平衡发展、生态良好的充分发展。

积极应对气候变化、推动低碳发展，是实现可持续发展、推进生态文明建设的内在要求，是加快中国转变经济发展方式、调整经济结构、推进新的产业革命的重大机遇，也是中国作为负责任大国的国际义务。

中国高度重视应对气候变化工作，将其作为建设生态文明和美丽中国的重要组成部分，纳入国家发展规划，开展了大量适应和自主减缓行动。继 2009 年哥本哈根大会提出 2020 年单位国内生产总值二氧化碳排放比 2005 年下降 40% ~ 45% 的碳强度控制目标后，先后于 2013 年底和 2014 年 9 月出台《国家适应气候变化战略》和《国家应对气候变化规划（2014 - 2020 年)》，提出了中国应对气候变化工作的指导思想、目标要求、政策导向、重点任务及保障措施。2014 年 11 月，中美在北京签署《中美气候变化联合声明》，首次正式提出计划于 2030 年左右达到碳排放峰值和 2030 年非化石能源占一次能源消费比重提高到 20% 左右的强化目标，并且随后要求第一、第二批低碳试点城市探索提出达到温室气体峰值的时间。

但也应认识到，由于中国应对气候变化的中长期发展战略尚未完全明晰，中国虽然在节能降耗、发展可再生能源、增加碳汇等方面做了很多努力，也取得了很多成绩，但经济社会发展沿着高碳发展模式前进的格局并未实现突破。中国已经建成和正在加速建设的能源系统及各种基础设施系统有被现有高碳技术和消费模式锁定的极大风险。

考虑到中国应对气候变化和低碳发展的工作对于全球应对气候变化和维护生态安全的重大意义，习近平主席在 2013 年亚太经济合作组织（APEC）峰会上做出了"为应对全球气候变化作出新的贡献"的庄严承诺，并强调应对气候变化"不是别人要我们做，而是我们自己要做"。2014 年习近平主席多次发表关于经济新常态的论述，反映了中国政府与相关部门对于转变经济发展方式，使之从传统粗放转为高效率、低成本、可持续发展道路、打造中国经济升级版的决心。

在此背景下，设立中国长期低碳发展的战略目标，主动将控制碳排放作为经济社会发展的约束条件，对于推动中国发展方式与消费模式转变、调整产业结构、促进经济发展从粗放到集约、内涵式发展具有重要意义，也是中国融入全球低碳发展浪潮、逐步推动经济增长与碳排放逐步脱钩，实现党的十九大提出的低碳发展、绿色发展、建设美丽中国的必要途径。2020 年 9 月，习近平总书记在第七十五届联合国大会讲话中指出，应对气候变化，《巴黎协定》代表了全球绿色低碳转型的大方向，是保护地球家园需要采取的最低限度行动，各国必须迈出决定性步伐。中国将提高国家自主贡献力度，采取更加有力的政策和措施，二氧化碳排放力争于 2030 年前达到峰值，努力争取 2060 年前实现碳中和。党的十九届五中全会进一步强调了推动绿色发展，促进人与自然和谐共生。在"国民经济和社会发展第十四个五年规划和二〇三五年远景目标建议"中强调了积极参与和引领应对气候变化等生态环保国际合作。中国已经取得抗击新冠疫情重大战略成果，经济发展稳定向好，生产生活秩序稳定恢复。新形势下，中国将继续坚守生态文明建设的战略定力，增强社会经济系统韧性，化"危"为"机"，抓住低碳转型机遇，以新型基础设施建设引领绿色发展，为高质量发展提供新动能。

创新和非化石能源将发挥决定性作用。高技术、高智能等低碳、零碳产业应逐渐上升为主导产业，产业创新在减碳中的作用将进一步突出。随着技术进步，甚至不排除以碳吸收和存储技术为基础发展起来的负碳产业大规模兴起。与此同时，新增能源需求将由非化石能源来满足，清洁能源和可再生能源将突破存储的"瓶颈"限制，应用起来将更加安全、便利。此外，这期间，中国将逐步成为节约消费型和环境友好型社会，进入以创新引领经济发展的阶段。建筑和交通等消费领域碳排放将成为碳排放的主要增长点。随着广大民众低碳发展理念的提升和自我约束能力的增强，低碳消费将成为减碳的主要途径。

第五节　国际格局变化和气候变化科学评估中的中国

一、国际格局的变化[①]

（一）世界排放、经济格局的变化

从全球排放格局来看，由于全球分工引起的产业转移，导致中低端制造业产能大量向发展中国家转移，发展中国家温室气体排放呈快速上升趋势，世界碳排放格局也随之发生调整。在缔结气候公约的 20 世纪 90 年代初，发达国家〔主要是经济合作与发展组织（OECD）国家＋东欧经济转型国家〕碳排放是发展中国家的 2 倍，占全球二氧化碳排放的 66%；而到了 2012 年，大多数发达国家参与执行《京都议定书》第一承诺期，开展了温室气体排放总量减排行动，导致发达国家总体二氧化碳排放相比 1990 年实现了总量下降。同期，发展中国家二氧化碳排放增速加快，排放总量也超过发达国家。2012 年发达国家二氧化碳排放仅占全球排放总量的 41.4%。从未来排放趋势来看，由于几乎所有的发达国家都做出了温室气体总量减排的承诺，全球包括二氧化碳在内的温室气体的排放增量将全部来自发展中国家，而且受到发展中国家经济快速发展惯性的趋势，发展中国家温室气体排量仍将保持快速上升。

发展中国家经济快速发展，发达国家占全球经济份额下降。2000 年以来，随着发展中国家尤其是新兴经济体国家经济快速发展，国际经济格局发生了显著变化。发达国家（OECD 国家）在世界经济中所占的份额逐年下降，由 2000 年左右占全球 GDP 70% 以上的份额，下降到 2014 年的不足 60%；与此同时，大规模的中低端制造业，由发达国家转移到发展中国家，进一步推动世界经贸结构的调整。发达国家出口贸易占全球出口贸易额的比例，从 1998 年占比约 75% 开始逐年下降，2014 年降至 59%，同期，发展中国家对外贸易则实现了高速增长。世界经贸格局的变化，将可能触及各国参与全球治理包括国际气候治理的根本基

[①] 王伟光、郑国光等：《应对气候变化报告（2015）：巴黎的新起点和新希望》，社会科学文献出版社 2015 年版，第 1~8 页。

础。发达国家在出资意愿、合作方式、减排行动、贸易保护等方面，可能变得更加保守，对发展中国家开展行动的诉求会增加，在发展中国家的行动意愿没有显著增加的情况下，国际治理进程可能会陷入僵局。

（二）发达国家仍然主导国际经济的格局没变

新兴经济体成为世界经济增长新引擎，但并非世界经济盈利主体。发展中国家经济总量虽然经历了快速成长，但是其主要经济形态在国际分工中仍处在价值链的低端环节。如中国的制造业在很大程度上拉动了世界经济增长，但是追究其具体分工，多为附加值较低的加工组装和简单零部件生产，对于技术研发、高级零部件生产、服务性生产等高附加值生产环节没能占据主动。这导致涉及发展中国家核心竞争力的关键产品和技术仍需进口，同时让渡了大量的利润空间。从制造业的产品增加值率看，中国不仅低于美国、日本及德国，还低于很多发展中国家的水平。同时，这导致发展中国家企业国际竞争力不强，盈利能力差，难以引领产业创新和改革。发达国家经济增长虽然放缓，但其经济实力仍主导世界经济。发达国家的经济形势虽然复苏缓慢，但是究其经济总量，仍主导着世界经济。根据世界银行数据，2019 年占据全球人口总量略超 85% 的发展中国家的经济总量约占全球的 40%，其中代表主体的基础四国（中国、印度、巴西、南非）的经济总量约占全球的 22%。可见，世界经济仍由主要发达国家进行主导，而发展中国家虽然做出了很大贡献，但仍处在相对弱势地位。

（三）发达国家掌握技术、制定标准的格局未变

技术水平是决定发展阶段和发展质量的重要参考与依据。一个国家对关键技术的掌握程度，不仅体现其自身发展的先进水平，还体现了对全球事务的辐射和影响水平。发达国家凭借先发优势，几乎牢牢控制了国际技术市场。从 1985 年到 2006 年，发达国家（OECD 国家）占全球新增专利技术注册量的 80% 以上，2007 年以来发展中国家专利注册量快速增长，2013 年几乎与发达国家持平。但从关键技术的应用和收益来看，发达国家仍然牢牢把握住国际技术市场的格局。

（四）国际气候治理总体格局稳中有变

一是南北对立的基本格局没有发生根本性变化，但一定程度上有所模糊。气候作为全球"公共财产"，具有消费的"非排他性"和"非竞争性"。在减排问题上，各国都有"免费搭车"的倾向。发达国家与发展中国家之间在如何分担减排义务及实现减排途径方面一直存在分歧。南北对立的实质在于在减排问题上存

65

在利益冲突。追溯国际气候治理格局的演变，1992 年达成的《联合国气候变化框架公约》划分出附件一和非附件一这南北两大阵营；1997 年《京都议定书》中将附件一国家区分为发达国家和经济转轨国家；2007 年《京都议定书》第二承诺期和《公约》下长期目标谈判奉行"双轨"并行的巴厘行动计划；2009 年《哥本哈根协议》不再区分附件一和非附件一国家，并取消经济转轨国家定义；2015 年《巴黎协定》强调不分南北、法律表述一致的"国家自主决定的贡献"，仅能通过贡献值差异看出国家间自我定位差异。全球应对气候变化的基本格局，已从 20 世纪 80 年代的南北两大阵营演化为当前的南北交织、南中泛北、北内分化、南北连绵波谱化的局面。所谓"南北交织"，指南北阵营成员之间在地缘政治、经济关系和气候保护上存在利益重叠交叉；"南中泛北"，主要指一些南方国家成为发达国家俱乐部成员，一些南方国家与北方国家表现出共同或相近的利益诉求，另有一些南方国家成长为有别于纯南方国家的新兴经济体，仍然属于南方阵营，但有别于欠发达国家；"北内分化"，是指北方国家内部出现不同利益诉求的集团，而且这些国家在部分问题上出现立场分化。总体来看，北方国家对全球经济的控制力相对下降，新兴经济体地位得到较大幅度提升，欠发达国家地位相对持恒。全球气候治理格局已基本模糊了南北阵营的分界线，表现出连续变化的波谱化特征。

二是国际气候制度框架基本确立。《巴黎协定》是在变化的国际经济政治格局下，各方利益诉求再平衡的结果，基本确立了未来国际气候制度的框架。(1) 继续肯定了发达国家在国际气候治理中的主要责任，保持了发达国家和发展中国家责任和义务的区分，发展中国家行动力度和广度显著上升。(2) 采用自下而上的承诺模式，确保最大范围的参与度。《巴黎协定》秉承《哥本哈根协议》达成的共识，由缔约方根据自身经济社会发展情况，自主提出减排等贡献目标。正是因为各国可以基于自身条件和行动意愿提出贡献目标，很多之前没有提出国家自主贡献目标的缔约方也受到鼓励，提出国家自主贡献目标，保证了《巴黎协定》广泛的参与度，同时也因为是各方自主提出的贡献目标，更有利于确保贡献目标的实现。(3) 确立了符合国际政治现实的法律形式，既体现约束也兼顾了灵活。气候协议的形式在一定程度上可以表现各国政治意愿和全球环境意识水平。《巴黎协定》虽然没有采用"议定书"的称谓，但从其内容、结构到批约程序等安排都完全符合一份具有法律约束力的国际条约的要求，当批约国家达到一定条件后，《巴黎协定》将生效并成为国际法，约束和规范 2020 年后全球气候治理行动。"协定"的称谓相比"议定书"也会相对简化各国批约的程序，更有助于缔约方快速批约。(4) 建立全球盘点机制，动态更新和提高减排努力。为确保其高效实施，促进各国自主减排贡献实现全球长期减排目标，《巴黎协定》建立了每

5 年一次的全球盘点机制，盘点不仅是对各国贡献目标实现情况的督促和评估，也可以给目前贡献目标相对保守的国家保留更新目标和加大行动力度的机会，从而促进形成动态更新的、更加积极的全球协同减排和治理模式。

三是气候变化中大国作用和责任更加突出。气候变化与科学、能源、经济、社会、法律、外交等领域议题相互交织，跨学科综合性特征更为突出。基于巴黎协定奠定的制度基础，未来全球行动中发展中国家和发达国家的区分将进一步模糊，共同行动成为大势所趋。在欧盟、美国等缔约方的国家发展议程中，应对气候变化已经开始实现由挑战向机遇的转型，各国纷纷探索如何通过应对气候变化工作促进经济发展，并形成新的经济增长点。发展中国家则广泛探讨应对气候变化工作如何与经济转型升级、生态环境治理等事务协同，产生最大的经济、社会和环境效益。所有这些认识的提升、减排意愿的增加、气候治理行动的开展，构成了未来国际气候治理进程中各方共同开展务实行动的基本面。可以预见，无论诸如美国退约这样的"黑天鹅"事件是否发生，国际气候治理仍将遵循气候公约和《巴黎协定》等确立的多方治理机制向前推进。气候治理参与主体更趋多元，国家发挥主导作用的同时，地方、企业、非政府组织、个人等次国家行为体，在应对气候变化行动中的参与和影响力也将不断上升。市场和非市场机制的加入，支持气候行动的资金也将更多流向绿色低碳领域。气候治理的手段和作用不断丰富，大国互动、双多边合作等均推动气候治理的进展。

二、1.5℃升温路径对中国的潜在压力[①]

最新发布的《全球1.5℃增暖》特别报告基本体现了目前科学界对 1.5℃ 温升相关问题的认识水平。在 2015 年《巴黎协定》提出"努力实现 1.5℃ 温升"之后，科学界才开始集中开展关于 1.5℃ 温升的研究，因此与 IPCC 的其他报告相比，该特别报告文献基础较弱，且很大程度上反映的是发达国家的研究成果。报告中一些关于气候变化影响的结论存在评估不充分、文献支持不足的问题；对未来减排路径和技术选择的描述更多基于模式假设，存在较大不确定性；对控制温升 1.5℃ 所面临的成本代价、困难挑战的评估不足，难以形成高信度的结论。

虽然报告关于 1.5℃ 温升路径的结论建立在一系列假设的基础上，但报告关于必须尽早达到全球排放峰值并实现深度减排的信息十分明确。作为应《联合国气候变化框架公约》方面邀请而编写的这份特别报告，其对全球气候治理的谈判

---

① 谢伏瞻、刘雅鸣等：《应对气候变化报告（2018）：聚首卡托维茨》，社会科学文献出版社 2018 年版，第 79～84 页。

将产生重要影响，与全球长期目标、塔拉诺阿对话（2018 年促进性对话）、全球盘点、国家自主贡献等谈判核心议题密切相关。

（一）关于 1.5℃ 增暖的历史责任与未来贡献

报告在关于 1.5℃ 增暖涉及的历史责任、剩余排放空间和未来责任问题上规避了国家/集团/区域层面的责任和排放空间划分，从全球尺度上描述了截至目前的人类活动对气候系统造成的既有影响（相对工业化前已升温约 1.0℃）和这些排放在未来可能造成的潜在影响（温升仍将继续，将对气候系统造成长期影响，但不会造成 1.5℃ 的温升），给出了 1.5℃ 增暖路径下工业化以来的二氧化碳总排放空间、截止到 2017 年底已被使用的排放空间和剩余排放空间的量化数据。

在报告审议过程中，印度、沙特、埃及等发展中国家希望强调发达国家的历史责任，如印度强调工业化以来的累积二氧化碳排放空间，沙特、埃及等提出希望以 1990 年为分界点，分别核算 1990 年前的累积排放和 1990 年后剩余排放空间。中国也在审议过程中强调报告应对历史排放对未来气候变化的影响给予更科学的表述，需指出历史排放导致的温升和对气候系统的长期影响仍将持续。欧盟、小岛屿国家希望强调控制 1.5℃ 增暖的可行性和紧迫性，强调在现有温升速率（或当前排放水平）的趋势下达到 1.5℃ 温升还需要多长时间或全球将在多长的时期内用尽剩余的二氧化碳排放空间。美国、加拿大、日本等国家希望报告能客观反映第五次评估报告（AR5）以来有关排放空间的研究进展，并清晰说明造成结果差异的原因、不确定性和认识差距。

最后审议通过的特别报告并不涉及历史责任问题，相对客观地表述了截至目前人类活动的影响和 1.5℃ 温升下的剩余排放空间。与 IPCC 第五次评估报告的评估结论相比，由于特别报告采用了"全球平均表面温度"（GMST）的定义，报告所给出的剩余排放空间较第五次评估报告相对提高，在 50% 概率下实现 1.5℃ 温升的剩余二氧化碳排放空间为 7 700 亿吨，与第五次评估报告中在 66% 概率下实现 2℃ 温升的剩余排放空间基本一致。因此，从排放空间的角度来看，报告结论不会给各方造成重大冲击，但由于 1.5℃ 温升路径更强调近期减排力度，这将会对各国更新国家自主贡献的目标产生影响。

（二）关于 1.5℃ 温升路径、成本及其可行性

特别报告评估结论认为，要实现 1.5℃ 温升，到 2030 年全球二氧化碳排放需在 2010 年基础上减少 45%，并在 2050 年实现净零排放。在 10 年左右的时间内达到全球二氧化碳的排放峰值并实现相对峰值减少超过一半的排放，这显然在可行性上存在很大问题。在报告审议过程中，除了少数国家建议需强调说明相应减

排路径的不确定性并明确指出这仅是气候模式的计算结果外，各方对此结论的关注度并不高，更多的关注集中在了相应路径的投资需求和成本代价上。美国政府代表在审议过程中指出，目前大量的 1.5℃ 温升路径依赖于减少能源需求，从而导致较低的投资需求，但就算仅从投资需求看也存在低估 1.5℃ 温升路径实现难度的风险，类似的情况也出现在成本评估方面。特别报告也明确指出，由于相关文献非常有限，报告并未对 1.5℃ 温升路径全经济范围的经济成本进行评估，报告给出的 1.5℃ 温升减排成本是 2℃ 成本 3~4 倍的结论也更易被决策者接受。

实现全球 1.5℃ 温升要求在各领域实现全面系统转型，并在低碳技术和能效领域增加巨额投资。如能源领域所需的年均投资量约为 9 000 亿美元，要求将数百至上千万平方千米的农业用地、森林转换为生物能源用地，这将与人居、粮食、纤维、生物多样性的土地需求形成冲突。此外，实现 1.5℃ 温升路径所要求的减排进程过于紧迫，将对发展中国家经济发展和减贫形成严重制约，在经济可行性、技术可获得性以及社会经济可承受性方面存在难以逾越的障碍和挑战。

（三）关于 1.5℃ 温升路径与国家自主贡献更新

特别报告在最后一部分评估了当前国家自主贡献力度与实现 1.5℃ 温升的关系，指出当前国家自主贡献力度远不足以实现 1.5℃ 温升，侧重强调了当前国家自主贡献目标与 1.5℃ 温升路径要求的差距。联合国气候变化框架公约秘书处和联合国环境规划署（UNEP）此前对当前国家自主贡献力度与全球 2℃ 温升目标的差距已有充分评估，各方也都普遍认可现有减排力度不足以实现 2℃ 目标，更不用说实现 1.5℃ 温升的结论，在审议过程中对评估结论本身并没有产生更多争论，而是更多集中在 IPCC 对国家自主贡献的评估是否超出了 1.5℃ 报告的授权范围、是否违背了 IPCC 的政策中立原则等问题上。沙特、埃及、巴西等国家提出修改直接涉及国家自主贡献的表述，欧盟、加拿大、小岛屿国家和作者团队仅愿意用"巴黎协定下提交的减缓承诺"等实际含义相同的表述进行替换，有关这一表述的争论一直持续到会议的最后一刻。会议最后，沙特发表声明称 IPCC 对国家自主贡献的评估违背了政策中立原则，就决策者摘要和底报告列出了长长的不认同清单，要求记录在案。

应该看到，实现全球 1.5℃ 温升控制的减排路径和 2050 年净零排放结论，对中国减排目标将形成巨大压力。可以看到 2060 年中国实现净零排放挑战巨大，如需要电力系统到 2050 年实现负排放，需要高比例的可再生能源发电和核电，大幅度应用与生物质能发电匹配的碳捕集封存系统等。此外，实现 1.5℃ 温升路径所要求的减排进程过于紧迫，将对包括我国在内的发展中国家经济发展和减贫形成严重制约，在经济可行性、技术可获得性以及社会经济可承受性方面存在困难和挑战。

69

三、中国参与 IPCC 评估报告的贡献与不足

就最一般的意义上而言，影响是指行为体（影响的施动者）在不使用强力或直接命令的情况下，间接创造某一社会结果的行动或能力。这一社会结果可以是某（政治、经济、社会等）进程的走向或者某一（或一些）行为体（被影响者或影响的目标）行为的改变。这一定义至少包含三个重要维度：第一，影响的施动力者在行动时必须带有一定的目的性，即以促使被影响者发生改变为目标；第二，影响成立的标志是被影响者发生了与影响施动者预期基本吻合的改变。换句话说，若想说某行为体在某一情境下有影响力，就必须既证明其有施加影响的意图，又证明其意图在被影响者行为的变化上得到了体现。从气候变化科学评估的角度来看，中国的影响力虽然不断提升，但也面临着挑战。[①]

（一）中国参与气候变化科学评估能力不断提升

作为最大的发展中国家，中国参与了 IPCC 的历次评估活动，参与度一直在提升（见表 1-3）。首先，中国参与 IPCC 评估报告的专家绝对数量呈上升趋势。六次评估报告中中国专家参与总数〔包括主要作者召集人（CLA）、主要作者（LA）、贡献作者（CA）、编审（RE）〕分别为 15 人、24 人、34 人、50 人、65 人和 37 人。其次，中国专家的队伍结构逐渐优化，对评估报告的影响力也不断加强。虽然六次评估报告中中国专家占总专家人数的比例均在 2%～3.5% 之间，但对章节内容贡献较高的 CLA 和 LA 的比例均明显增加。其中，主要作者召集人在前三次评估报告都仅有 1 人，AR4 上升到 4 人，AR5、AR6 中进一步上升到 6 人和 5 人。主要作者上升趋势尤为明显，AR5 的中国主要作者人数在三个工作组均为历次评估最多。由于 AR6 更强调广泛参与，各国参与活跃，国家参与数更多，如第一工作组（WGI）从 AR5 的 39 个国家上升到 AR6 的 60 个国家，作者数中国与澳大利亚位列第三位（第一位为美国，第二位为英国）。

尽管中国在 IPCC 报告的参与度在提升，但与发达国家尤其是美国相比，中国对报告的参与力度仍处于明显劣势。无论是主要作者召集人、主要作者、贡献作者还是编审，美国的参与人员数量均要远远超过中国，这无疑决定了中国在影响报告内容方面与美国等发达国家相比处于弱势地位。在第六次评估报告中，尽管美国特朗普政府不支持气候变化，但其科研实力仍旧很

[①] 巢清尘、胡婷、张雪艳等：《气候变化科学评估与政治决策》，载于《阅江学刊》2018 年第 1 期，第 28～45 页。

强（见表 1 – 3、图 1 – 7）。

表 1 – 3　　　　　IPCC 历次评估报告中国专家参与情况

工作组	评估报告	作者召集人（中国人数/总人数）	主要作者（中国人数/总人数）	贡献作者（中国人数/总人数）	编审（中国人数/总人数）	合计
WGI	FAR		1/34	8/250		9/284
	SAR	0/15	2/65	5/408		7/488
	TAR	0/21	7/98	4/586	1/27	12/732
	AR4	1/22	8/121	11/555	1/26	21/724
	AR5	0/29	15/176	8/720	3/50	26/975
	AR6	2/28	11/152		1/34	
WGII	FAR	0/17	0/23	5/156		5/196
	SAR	0/41	7/231	9/300		16/572
	TAR	1/40	4/157	8/245	3/33	16/475
	AR4	2/48	4/131	7/256	0/49	13/484
	AR5	3/64	8/179	6/495	1/14	18/752
	AR6	1/45	8/182		1/39	
WGIII	FAR	1/23				1/23
	SAR	1/36	0/66	0/26		1/128
	TAR	0/20	5/106	1/70	0/19	6/215
	AR4	1/25	11/143	3/186	1/26	16/280
	AR5	3/35	14/201	3/236	1/36	21/508
	AR6	2/33	9/162		2/43	

　　注：表中空白处是指评估报告中未有涉及，或有所涉及但与后几次评估报告的衡量标准存在差异，故未计入。需说明的是，作者参与情况是根据评估报告中附件所列内容或主要章节所附作者参与情况统计所得，由于部分参与评估的专家姓名并未列入主要章节里面，所以最后统计数字可能低于实际的人员参与情况。而且，根据章节所列人员统计的人员数量，更可能是人次而非人数，因为有的学者可能参与了不同章节的工作内容。由于统计方法的机械性，数据可能存在误差。FAR 代表第一次评估，SAR 代表第二次评估，TAR 代表第三次评估，AR4 代表第四次评估，AR5 代表第五次评估，AR6 代表第六次评估。

　　资料来源：1990 年和 1995 年 WGI 专家参与情况根据报告后所列附件内容统计所得，其余则是根据主要章节后所列专家参与情况统计所得。

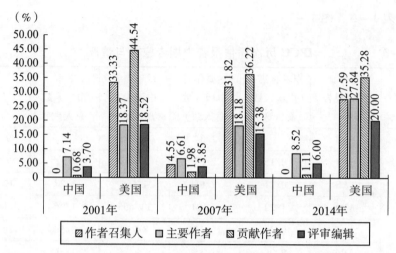

图 1-7　中美专家参与 IPCC 第一工作组评估报告的对比（人次）

　　与印度、巴西等其他发展中国家相比，中国在 IPCC 评估报告中的参与优势亦不明显。在第三至第五次评估报告中，中国除了主要作者占比均高于印度和巴西外，在主要作者召集人、贡献作者和编审方面均没有优势（见图 1-8）。

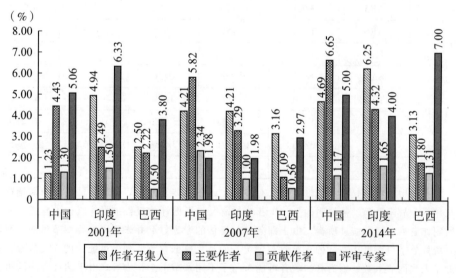

图 1-8　中国、印度、巴西专家参与 IPCC 评估报告的比较（人次）

　　作为国际气候谈判的重要科学支撑，IPCC 在未来仍将是各国气候科研较量的重要场所，各国在 IPCC 评估报告参与人员数量与结构上的变化，充分体现了各国在影响 IPCC 评估报告内容方面所做的努力，同时又体现了各国在气候谈判科研主导权方面的较量。为此，中国必须"内外兼修"，积极提升在 IPCC 评估中的影响力和主导权。

（二）中国在 IPCC 第五次评估报告中的学术贡献与不足

如前所述，IPCC AR5 得到了中国专家的空前参与，这也直接提升了中国对 IPCC 报告的学术贡献和影响力。就第一工作组报告而言，中国大陆作者作为第一作者的引文为 257 篇，约占总引文数的 2.8%，这一数字较第四次评估报告的 88 篇，占总引文数的 1.4% 提高了一倍。

按照中国引文（第一作者第一署名单位在中国大陆，下同）占章节总引文量的比例，中国引文在 AR5 三个工作组报告的贡献：第一工作组报告（AR5 WGI）共 14 章，第二工作组报告（AR5 WGII）共 30 章，第三工作组报告（AR5 WGIII）共 16 章。总体而言，中国对 IPCC AR5 的贡献和影响仍然有限，中国贡献呈现如下特点：

1. 中国引文在各领域（章节）分布严重不均衡，优势领域少，仍存在很多弱势领域，甚至空白领域

AR5 三个工作组报告共 60 章，根据中国引文占章总引文量的比例，中国贡献可大致分为 3 个梯队：中国引文只有在 AR5 WGII 的"亚洲研究"领域占比超过了 10%，共 74 篇，占比 12.4%，是"中国声音"最强的领域。中国引文占比超过 5% 的领域（章）仅有 4 个（包括"亚洲研究"）。而中国引文占比小于 2% 的领域（章）有 44 个，在有些领域中国引文甚至为 0。

2. 与第一工作组相比，对第二、第三工作组贡献整体偏弱

由统计结果可以看出，中国对 AR5 WGI 的贡献明显优于 AR5 WGII 和 AR5 WGIII。在 AR5 WGI 的 14 章中，中国引文占比 5% 以上的有 2 章，占比 1% 以下的有 3 章；在 AR5 WGII 的 30 章中，中国引文占比 5% 以上的亦有 2 章，但占比 1% 以下的有 18 章；在 AR5 WGIII 的 16 章中，中国引文没有占比 5% 以上的章节，占比 1% 以下的有 5 章。

3. 中国引文内容高度集中，影响面窄

虽然在 AR5 报告大多数章里都有中国文献被引用，但进一步分析发现，即使是在中国引文较多的章，中国引文也往往是集中于某一个特定方面。

研究表明中国引文内容高度集中。例如，在中国引文数量和占比最高的亚洲区域研究领域（WGII－24），全章共 9 节，中国引文共 74 篇，但其中的 69 篇都集中在 24.4 节（观测到的和预估的影响、适应和脆弱性），且其中的 44 篇集中在三级目录 24.4.2（陆地和内陆水系统），16 篇集中在 24.4.6（人体健康、安全、生计和贫困）；在大气和地表观测领域（WGI－2），全章共 7 节，中国引文共 50 篇，其中的 45 篇都集中在 2.3、2.4、2.6、2.7 这 4 节；在公海领域

（WGII－30），全章共 7 节，中国引文 27 篇，26 篇都是在 30.5 节（区域影响、风险和脆弱性），其中 25 篇都是关于中国渤海、黄海、东海和南海的研究。这种现象在各个章里都非常明显，很多引用甚至集中在某一段文字、某一句正文上，说明中国引文的影响面很窄。

4. 中国气候变化研究拥有广泛的国际合作基础，美国是中国气候变化研究国际合作最为密切的国家

虽然在此统计的是中国大陆作者作为第一作者的引文，但需要注意的是，其中国际合作论文占比较高。例如，AR5 三个工作组报告中国引文的国际合作论文占比分别达到了 56.2%、53.3% 和 36.7%；其中，美国作为第一合作国的论文分别占三个工作组报告中国国际合作引文的 58.7%、39.6% 和 29.4%。除美国外，WGI 与中国合作较多的是法国、英国和加拿大（分别占 WGI 国际合作引文的 7.1%、6.5% 和 5.2%）；WGII 与中国合作较多的是日本、澳大利亚、英国和加拿大（分别占 WGII 国际合作引文的 10.4%、9.7%、9.0% 和 5.6%）；WGIII 与中国合作较多的是日本、加拿大和英国（分别占 WGIII 国际合作引文的 23.5%、13.7% 和 13.7%）。

（三）中国对 IPCC AR5 核心结论的贡献

基于 IPCC AR5 综合报告决策者摘要中的 14 张图，初步分析中国引文在 AR5 核心结论中的贡献。

在"AR4 以来基于科学文献的气候变化的广泛影响"（Figure SPM.4）中，中国有"冰川、雪、冰和/或永久冻土""河流、湖泊、洪水和/或干旱""陆地生态系统""粮食生产"几个方面的成果被引用。如关于青藏高原多年冻土的退化、青藏高原冰川萎缩、冰川萎缩导致中国河流流量增加、1950～2006 年中国土壤水分减少、与气候相关的中国春季植物物候变化、最低温增加导致中国东北玉米分布区变化，以及气候变化对中国小麦和玉米的负面影响研究等。

在"每个地区有代表性的关键风险，包括通过适应和减缓降低风险的潜力，以及适应的限制"（Figure SPM.8）①中，亚洲区域共包括三个方面："增加的洪水破坏基础设施、生计和居住地""与热相关的人类死亡率""与干旱相关的水和粮食短缺"，中国有多篇亚洲区域研究的论文被引用，如 1998 年和 2003 年热浪对上海死亡率的影响，上海的昼夜温度范围与死亡率的关系，气候变化、水资源供应和未来谷类生产，中国水稻产量对近期气候变化的响应，气候变化对小麦等作物产量和用水量影响的研究等。

---

① 此图没有参考文献，只指出来自第二工作组报告 24.4 节，中国引文是根据图中内容选取。

在"21世纪气候变化导致的粮食生产变化预估"（Figure SPM. 9（b））中，有气候变化对中国水资源和农业的影响、气候变化对小麦等作物产量的影响及适应、气候变化对中国水稻产量的潜在影响，以及气候变化及其阈值对中国粮食安全的影响等研究被引用。

中国是世界上受气候变化影响最显著的国家之一。在未来变暖背景下，中国面临的高温、洪涝和干旱风险将加剧。随着未来气候变化和气象灾害风险的不断加剧，中国经济安全、粮食安全、水资源安全、生态安全、环境安全、能源安全以及重大工程安全等传统与非传统安全将遭受重大威胁，国家安全将面临更加严峻的挑战。绿色低碳安全发展是中国稳步发展并实现可持续发展的重要路径，也是中国经济社会发展的重大战略和生态文明建设的重要途径。

《巴黎协定》的生效，标志着新的全球气候治理体系正在逐步形成，全球气候治理将成为中国争取国际话语权的最重要平台之一。[①] 在政治、经济、贸易、金融等各领域全球治理中，规则由西方国家主导制定，中国作为后来的参与者，几乎难以掌握合作与竞争的主导权，话语权也远远不够。然而，随着时任美国总统特朗普宣布退出《巴黎协定》，全球气候治理体系中领导地位空缺。而中国则在应对气候变化政策、绿色发展理念、应对气候变化方面取得显著成效，以大国担当姿态推动《巴黎协定》的签署以及应对气候变化国际合作取得的显著成绩更为中国成为全球气候治理引领者奠定了良好的基础。借助历史机遇成为全球气候治理的引领者将有利于从整体上提升中国的国际话语权。

中国作为全球第二大经济体，也是最大发展中国家，应当保持发展中国家的定位，与新兴国家站在一起积极参与全球治理，推动在全球气候治理领域改变主体结构，提高发展中国家的话语权，构建合作共赢、公平合理的全球气候变化治理制度。中国应继续坚持遵循共同但有区别的责任原则、公平原则、各自能力原则，在全球气候治理中摒弃"零和博弈"狭隘思维，从全人类的共同利益出发，积极推动国际平等协商，努力促进南北合作，推动各国尤其是发达国家多共享、多担当，引领公平正义的全球气候治理规则的制定，并确保国际规则有效遵守和实施，实现合作共赢、公平合理的未来。

后巴黎时代，广大发展中国家在减缓与适应气候变化方面所面临的挑战将更为严峻。随着中国的亚洲投资银行、"一带一路"倡议等重大战略部署的实施，中国需要主动承担与自身国情、发展阶段和实际能力相符的国际义务，进一步加大气候变化南北合作力度，利用重大发展战略与气候变化相结合，帮助其他发展

---

① 巢清尘、张永香等：《巴黎协定——全球气候治理的新起点》，载于《气候变化研究进展》2016年第1期，第61～67页。

中国家提高应对气候变化能力。当然，仍需时刻处理好引领与量力的关系。目前，中国仍然是一个发展中国家，中国的国力还相当有限，与西方大国的国力差距还比较大。因此，中国在参与全球气候治理中既要坚持引领主体地位，还应保持量力而行、尽力而为，既不宜搞力所不及的国际承诺，也不宜做力所不及的难事。全球气候治理更多的还是强调合作，特别是与发达国家的合作，全球气候治理也应秉持创新、合作、包容、共赢的理念，这既符合中国的根本利益，也有利于推进全球气候治理，以构建人类命运共同体。

第二章

构建公平合理的国际气候
治理体系：理论与实践

第一节 国际治理体系与国际气候治理体系

一、国际治理体系的概念与要素

国际治理体系是国际社会为应对特定的全球性问题而建立的各种安排构成的整体。国际治理体系有广义和狭义之分。广义的国际治理体系是指包括国家、国际组织、跨国公司、次国家行为体等多元行为体参与的、由正式的和非正式的治理方式构成的整体。狭义的国际治理体系主要是指国家之间通过谈判、协商等方式建立的应对特定问题的各种制度安排构成的整体。

西方国际关系理论通常运用的国际机制①等术语，就等同于狭义上的国际治理体系。其中美国学者克拉斯纳（Stephen D. Krasner）关于国际机制的定义最为经典。克拉斯那认为，"机制是国际关系特定领域里隐含或者明示的原则、规范、

---

① 国际制度的英文术语是 international institution，国际机制的英文术语是 international regime，两者含义虽有差别，但都强调规则的重要性。本书将国际制度等同于国际机制。

规则和决策程序，行为体的预期围绕着它们进行汇集。原则是对事实、因果关系和公正的信念；规范是根据权利和义务界定的行为标准；规则是行动的具体限制或禁令；决策程序是制定和实施集体选择的通行做法"①。克拉斯纳认为，他列出的国际机制四要素，即原则、规范、规则和决策程序，处在两个层次上。原则和规范关系到国际机制的根本性特征，处在第一层次，而规则和决策程序处在第二层次；一个原则和规范下可能有多种规则或者决策程序。② 不难看出，这个概念重在强调那些特定问题领域的原则、规范、规则和决策程序，它们确实构成了一个规则体系。但是这些要素本身并不具有行动能力，它们往往是具有行动能力的多元参与主体互动的结果。一个国际机制或者国际制度的创立和变迁，都是与参与主体密切相关的。

西方国际关系理论家也提出了国际制度（international institutions）的概念。美国学者罗伯特·基欧汉认为，国际制度包括三种基本形式，第一种是正式的政府间组织或者跨国非政府组织；第二种是国际机制，它是各国政府为了管理国际关系中的特定问题而制定的明确规则；第三种是国际惯例。③ 可以看出，国际制度的概念比国际机制的概念具有更加广泛的内涵，既包括特定问题领域的明确规则和国际惯例，也包括具有行动能力的国际组织。但是从整体和系统的角度来看，国际制度涵盖的要素仍然是有限的。

本书认为，国际治理体系的概念，与国际机制和国际制度等概念相比，既存在密切联系，也有所区别。国际治理体系的内涵更加系统和完整，更具包容性和描述性。

第一，国际治理体系的基本要素包括客体、主体、形式、有效性和伦理等。客体主要是指国际治理体系旨在应对的具体问题，例如气候变化、金融动荡、大规模流行性疾病等。这些问题一般具有全球性、复杂性、不确定性等特征。主体主要是指参与国际治理体系的各种行为主体，既包括各种国际关系行为体，即国际组织、国家、跨国公司等，也包括各种次国家行为体，包括非政府组织、地方政府、企业、城市等。形式是指国际治理体系内各种正式和非正式的安排，既包括政府间的多边协议，也包括各种跨国行动网络等。有效性是指国际治理体系预期目标的实现程度。一般来说，国际治理体系的直接目标是旨在解决或者缓解某一特定的全球性问题，这种问题的解决程度是衡量该治理体系有效性的重要标志。但是国家等目标行为体相关行为的改变往往是实现预期目标的前提条件。因此从政治和法律的角度来看，国际治理体系的有效性关注的是目标行为体相关政

---

① Stephen D. Krasner. *International Regimes*. Cornell University Press，1983，P. 2.

② Stephen D. Krasner. *International Regimes*. Cornell University Press，1983，pp. 2 – 5.

③ Robert O. Keohane. *International Institutions and State Power*，Boulder：Westview，1989，pp. 3 – 4.

策和行为体朝着有助于问题解决的方向的变化。伦理主要是指国际治理体系的伦理特质和伦理属性，是对国际治理体系做出的价值判断，即什么样的国际治理体系是好的？

可以看出，国际治理体系是一个包含了更多因素的相对完整的概念。它既包含国际机制和国际制度所强调的规则系统、主体系统，又超越了这两个概念忽视治理主体的缺陷。更重要的是，它正视了国际治理体系的伦理因素。

第二，国际治理体系与西方学者关于国际机制、国际制度的概念具有密切联系，都强调原则与规则的重要性。从某种意义上说，国际治理体系的规则系统就相当于国际机制。克拉斯纳列出了国际机制的基本要素，即原则、规范、规则和决策程序。但克拉斯纳对原则和规则的含义及相互关系并没有做深入的分析。我们认为，不论是原则还是规则，从本质上来说都是在这个纷繁复杂的国际社会中为国家行为所设立的一种标准。在一项国际治理体系中，这两者都不可或缺。原则是一种综合性、稳定性的原理和准则，具有价值维度，决定了国际治理体系的根本特征。原则在结构上具有开放性，其内涵模糊、外延宽泛、用语抽象，因此它的效果是不确定的，虽然指明了国际治理体系内国家行为的方向，但还不足以界定具体问题的解决方法，不会对国家行为直接产生后果。规则是具体规定国家的权利和义务以及某种行为的具体法律后果的指示和律令。在国际治理体系中，规则是一种确定的、具体的、具有可操作性和可预测性的行为标准。它在结构上相对封闭，对国家行为直接作出明确的要求或者规定，一旦条件满足通常会产生确定的效果。[1]

在一个有效的国际治理体系里，原则与规则应该是协调一致的关系。原则指导规则，为规则规定适用的目的和方向以及应考虑的相关因素。规则是原则的具体化、形式化和外在化；规则应该从属、符合和体现原则，与原则相匹配，并最终随着规则的遵守，指向一个确定的结果，进而体现和实现这项原则。例如全球多边贸易体系的原则包括：非歧视贸易（包括最惠国待遇和国民待遇）、更自由贸易、可预见性、促进公平竞争、鼓励发展和经济改革等。世界贸易组织协议则是一些冗长和复杂的规则，涵盖了范围广泛的活动领域，包括农业、纺织和服装、通讯、行业标准和产品安全、食品卫生规章、知识产权等。该机制的基本原

[1] 本书对原则和规则的区分受到相关法学研究的启发，包括：刘叶深：《法律规则与法律原则：质的差别？》，载于《法学家》2009年第5期，第120～133页；严存生：《规律、规范、规则、原则——西方法学中几个与"法"相关的概念辨析》，载于《法制与社会发展》2005年第5期，第115～120页。张文显：《规则、原则、概念——论法的模式》，载于《现代法学》1989年第3期，第27～30页；范立波：《原则、规则与法律推理》，载于《法制与社会发展》2008年第4期，第47～60页；李可：《原则和规则的若干问题》，载于《法学研究》2001年第5期，第66～80页。

则贯穿在所有这些具体的协议中。① 借鉴克拉斯纳的观点，对国际治理体系的原则和规则给予更多的关注，就可以更清晰和直观地看出该体系的内涵及变迁。

第三，由于国际治理体系包含了主体、伦理等因素，使得探讨国际治理体系的变迁和改革成为可能。国际机制和国际制度的概念在某种程度上弱化了国家在国际治理体系建立之后所发挥的重要作用。事实上，正是国家建立并推动着国际治理体系的发展。国际机制概念对国家等行为体作用的有意疏离和国际制度概念对国家的忽视，对于分析国际治理体系的变迁是不恰当的。必须重视国家在其中发挥的重要作用。进一步看，国际治理体系包含了伦理的要素，使得探讨什么是好的国际治理体系成为不能回避的重要问题。这既关系到对国际治理体系的价值判断，也事关国际治理体系的发展和改革方向。

总之，国际治理体系是在无政府状态下应对全球性问题的唯一可行方式。当前的国际治理体系对于全球问题的解决不可或缺。在全球治理的各个具体的问题领域，都已经确立了国际治理体系并发挥着重要作用。但在新的历史背景下，国际治理体系仍然存在着很多问题，如何推动这些已有的国际治理体系朝着更加完善的方向发展，已经成为当前全球治理议程上的重要问题。

二、国际气候治理体系及其核心要素

自 20 世纪 90 年代初以来，全球气候治理已经得到了巨大的发展，形成了庞大的治理体系。对于如何描述和定位这个治理体系，学者们从不同的理论范式出发，运用不同的学术术语，反映了不同的关注点。持有多边主义观点的学者往往强调政府间气候机制或者协议的作用，并且关注政府间气候协议的设计问题，因为他们认为：应对气候变化必须依靠良好的政府间多边气候机制，以及国家政府的行动，并且这两者对人类社会应对气候变化来说是足够的。基欧汉等使用气候"机制复合体"（regime complex）来描述这种发展，实际上他们主要关注政府间气候协议本身。② 相比之下，许多持有跨国主义观点的学者对于政府间多边气候进程持悲观的态度。他们在某种程度上忽视了政府间气候协议的地位和作用，转而关注如何自下而上地建构新的气候治理模式，以取代原有的治理模式。例如有的学者使用"跨国气候机制复合体"（transnational climate regime complex）的概念来反映各种跨国的气候行动框架或者方案，并认为气候治理将朝着非层级式的

① WTO：Principles of the Trading System，http：//www.wto.org/english/thewto_e/whatis_e/tif_e/fact2_e.htm，accessed 6 June，2013.

② Robert O. Keohane and David G. Victor. *The Regime Complex for Climate Change*，Conference Papers，American Political Science Association，2010，pp.1–28.

方向发展。① 这种观点忽略了国家间气候协议应有的地位和作用。在实践中，这两种治理模式其实是密切互动的。多元主义的研究范式则试图将全球气候治理体系中的各种要素都包括进来，并反映它们之间的联系。他们选用了一个非常宽泛的术语，即"全球气候治理场景"（global climate governance landscape），并认为《公约》与其他类型的治理安排之间存在着"分工"与"催化"的关系。②

IPCC 在第五次评估报告第三工作组的报告中，对全球气候变化的协议和机制进行了概括，归纳出以《公约》为"轴"，各种《公约》外机制为"辐"的结构。IPCC 对全球气候治理体系持有多元主义的视角，认为该体系包括三个层次上的治理行动，即次国家层次、国家或者地区层次以及国际层次。次国家层次包括地方政府（如州或者省、城市）、私人部门、非政府组织等进行的气候治理行动。国家或者区域层次包括区域治理（如欧盟的气候政策）。国际层次上则包括《公约》、其他环境条约（如《蒙特利尔议定书》）、联合国系统的国际组织（如联合国环境署和开发计划署）、非联合国系统的国际组织（如世界银行和世界贸易组织）、其他多边俱乐部（如主要经济体能源和气候论坛，Major Economies Forum on Energy and Climate）等。此外还包括跨越三个层次的各种伙伴关系（如可再生能源和能效伙伴计划，Renewable Energy and Energy Efficiency Partnership）、碳排放抵消认证体系（如自愿碳标准，Voluntary Carbon Standard）、跨国城市应对气候变化行动网络（如 C40）、投资者治理行动计划（如投资者气候风险网络，Investor Network on Climate Risk）等。③

尽管近年来《公约》之外的气候治理机制和行动获得了大发展，但是《公约》进程一直处在整个治理体系的核心位置。如果把全球气候治理体系的生成和发展看作一个结晶式的过程，那么以《公约》为基础的政府间多边气候协议就是整个巨大晶体的"晶核"，包括《公约》《京都议定书》和《巴黎协定》。这是因为：

首先，政府间多边气候协议在实现某些治理功能方面具有比较优势，它们对于整个全球气候治理体系功能的发挥至关重要，而且有些治理功能只有通过正式的政府间协调才能实现。这些功能包括：制定、实施和履行重要的规范和原则，

① Kenneth W. Abbott. The Transnational Regime Complex for Climate Change, *Environment & Planning C*: *Government & Policy*, 2012, 30 (4), pp. 571 – 590.

② Michele Betsill, Navroz K. Dubash, Matthew Paterson, Harro van Asselt, Antto Vihma, and Harald Winkler. Building Productive Links between the UNFCCC and the Broader Global Climate Governance Landscape, *Global Environmental Politics* 15: 2, May 2015, doi: 10.1162/GLEP_a_00294.

③ IPCC: *Climate Change* 2014: *Mitigation of Climate Change. Contribution of Working Group III to the Fifth Assessment Report of the Intergovernmental Panel on Climate Change.* Cambridge University Press, Cambridge, United Kingdom and New York, NY, USA, 2014, P. 1013.

设定宽泛的治理目标并推动国家实现其气候承诺；彰显气候变化问题在国际议程上的重要性；推动南北之间的资金流动；为应对气候变化的行动和支持创立透明度规则等。[①]

其次，从制度设计特征上来看，以《公约》为基础的政府间多边气候协议相比于其他治理安排具有更高的普遍性、合法性和权威性。一是普遍性。《公约》缔约方有197个，这个数量远远大于其他气候治理安排的参与方数目，使《公约》成为最具普遍性的国际多边条约之一，与气候变化问题的全球性具有很高的匹配度。二是具有更高的合法性和权威性。《公约》进程尽管有时存在着效率低下的缺陷，但是它以国际条约作为基础，一直遵循着缔约方驱动，公开、公正和透明的程序，并且以"公平""共同但有区别的责任和各自能力"等作为指导原则，得到了世界上几乎所有国家的支持和参与。该进程近年来基于其在气候变化治理领域所设置的专门机构和运作体系、气候变化科学及应对途径的专业知识、对道义原则的坚持等，成为全球气候治理领域首要的和最具权威性的制度安排。

以《公约》为基础的多边协议是国际气候治理体系的核心构成部分。它主要由一系列政府间多边气候变化协议构成，其核心要素是有关全球气候治理的基本原则与规则。它们是由全球190多个国家通过联合国气候变化谈判达成的，对相关行为体在应对气候变化问题方面的行为起到重要的调节和规范作用。

《公约》在1992年6月举行的联合国环境与发展大会上获得公开签署（当时有153个国家和欧共体正式签署，即154个缔约方），此后于1994年生效。《公约》迄今有197个缔约方，包括了联合国的全部193个成员国，以及2个观察员国之一的巴勒斯坦；《公约》的其他缔约方还包括作为经济一体化组织的欧盟，以及纽埃和库克群岛两个国家，联合国的另一个观察员国梵蒂冈也是《公约》的观察员国，因此《公约》在全球气候治理机制中具有最高的普遍性。

《公约》作为全球广泛接受的国际法，是全球气候治理体系的基石，对全球气候治理具有重要意义。它首先确认存在着气候变化问题，其前言指出："承认地球气候的变化及其不利影响是人类共同关心的问题"，"各缔约国担忧的是人类活动已经大幅度增加了大气中温室气体的浓度，这种情况增强了温室效应，平均而言将引起地球表面和大气进一步增温，并可能对自然生态系统和人类产生不利

---

① Michele Betsill, Navroz K. Dubash, Matthew Paterson, Harro van Asselt, Antto Vihma, and Harald Winkler: Building Productive Links between the UNFCCC and the Broader Global Climate Governance Landscape, *Global Environmental Politics* 15：2，May 2015，doi：10.1162/GLEP_a_00294.

影响……我们必须下决心为当代和后代保护气候系统"。① 1994 年《公约》生效的时候，有关气候变化的科学证据比现在要少得多，因此《公约》确认气候变化问题对该问题的全球治理具有非常重大的意义。事实上，《公约》在这方面学习了国际社会应对臭氧层耗损的《蒙特利尔议定书》的做法：即使存在着科学上的不确定性，但是各国为了人类的安全利益联合起来行动。② 其次，《公约》确立了全球气候治理机制的最终目标，奠定了该机制的基本法律框架和指导原则，确立了一系列的程序和机构，为联合国气候变化谈判的进一步开展提供了制度框架。同样重要的是，《公约》标志着由此开启的全球气候治理路径试图在经济发展与限制温室气体排放之间达到微妙的平衡。在 20 世纪 90 年代初，经济发展对发展中国家来说尤为重要。《公约》考虑到"发展中国家在全球排放中所占的份额将会增加，以满足其社会和发展需要"，然而为了实现《公约》的最终目标，《公约》旨在帮助发展中国家以不损害经济进步的方式限制温室气体的排放。这种试图同时发展经济与应对气候变化的双赢解决方案此后在《京都议定书》中也得到了体现。

《京都议定书》于 1997 年 12 月 11 日在《公约》第 3 次缔约方会议上获得通过，有关该议定书履行的具体规则在 2001 年的《公约》第 7 次缔约方会议上通过，也称"马拉喀什协定"。《京都议定书》最终于 2005 年 2 月 16 日生效。《京都议定书》是《公约》下的多边气候协议，它的生效对于国际社会限制温室气体的排放、缓解全球气候变化具有重要的意义。它首次对发达国家规定了具有法律约束力的减排温室气体的目标和时间表，被看作建立全球温室气体减排机制的重要步骤，是对《公约》的重要补充和扩展，使国际社会对气候变化的治理达到一个高峰，体现了国际社会试图更加有效地应对全球气候变化问题的持续努力。2012 年 12 月 8 日，《京都议定书多哈修正案》通过，就《京都议定书》第二承诺期（2013～2020 年）作出安排，体现了该议定书所确立的制度安排的连续性。遗憾的是，《多哈修正案》迄今为止尚未生效，包括欧盟、英国、法国、德国、日本等在内的许多发达国家都没有批准这一条约。③

《巴黎协定》是全球气候治理机制的第三个重要多边协议。该协定在 2015 年

---

① United Nations Framework Convention on Climate Change, 1992, http：//unfccc. int/files/essential_background/background_publications_htmlpdf/application/pdf/conveng. pdf.

② First steps to a safer future：The Convention in summary, http：//unfccc. int/essential_background/convention/items/6036. php. Accessed on May 20, 2016.

③ 根据《京都议定书》第 20 条和第 21 条，保存人（即联合国秘书长）收到议定书至少 3/4 缔约方的接受文书之日后第 90 天起对接受该项修正的缔约方生效。而截至 2017 年 8 月 31 日，《京都议定书》的192 个缔约方中，仅有 80 个缔约方批准了《多哈修正案》，https：//treaties. un. org/Pages/ViewDetails. aspx? src = TREATY&mtdsg_no = XXVII – 7 – c&chapter = 27&clang = _en。

12 月 12 日于《公约》第 21 次缔约方大会上获得通过，并于 2016 年 11 月 4 日生效。《巴黎协定》更加具体地提出了全球气候治理的三个目标：一是把全球平均气温升幅控制在工业化前水平以上低于 2℃之内，并努力将气温升幅限制在工业化前水平以上 1.5℃之内，同时认识到这将大大减少气候变化的风险和影响；二是提高适应气候变化不利影响的能力并以不威胁粮食生产的方式增强气候复原力和温室气体低排放发展；三是使资金流动符合温室气体低排放和气候适应型发展的路径。《巴黎协定》是在《公约》下，按照"共区"原则和公平原则，为进一步加强《公约》的全面、有效和持续实施而通过的"公平合理、全面平衡、富有雄心、持久有效、具有法律约束力的协定"①。《巴黎协定》旨在在新的时空背景下强化应对气候变化的全球行动，包含了减缓、适应、资金、技术、能力建设、透明度等各要素，"体现了减缓和适应相平衡、行动和支持相匹配、责任和义务相符合、力度雄心和发展空间相协调，2020 年前提高力度与 2020 年后加强行动相衔接"②。《巴黎协定》也传递了全球将实现绿色低碳、气候适应型和可持续发展的强有力积极信号，是全球气候治理的里程碑，也标志着全球气候治理发展到新的阶段。

在上述三个多边气候协议之外，还有一些重要的多边协议或者决议，它们是《公约》生效之后、《巴黎协定》达成之前，《公约》和《京都议定书》缔约方大会做出的决定，具有国际"软法"的性质，其意义虽然不及前三者，但是对于在《公约》框架下确定新的谈判过程，不断锁定各缔约方的阶段性共识，推动最终达成面向 2020 年后的全球气候变化协议发挥了重要作用。这些多边协议或者决议包括："巴厘岛路线图"《坎昆协议》"增强行动的德班平台""多哈通道""华沙结果""利马行动倡议"。此外《哥本哈根协议》虽然并没有在《公约》第 15 次缔约方大会上最终获得通过，在全球气候治理体系中也并不具有法律地位，但它的达成是当时背景下唯一可能取得的结果。它虽然没有完成"巴厘岛路线图"规定的任务，但仍然具有积极的意义，为此后的全球气候治理提供了政治指导。

最后，所有的《公约》外治理安排都是在《公约》生效之后伴随着《公约》进程建立的，与《公约》进程之间存在着多样的联系和互动，但都无法取代《公约》进程。以国际层次的国家间多边机制为例。自 2009 年以来，在《公约》外与气候变化相关的多边机制陆续出现，其自身的性质、与《公约》的联系紧密程度、对《公约》的影响机理各不相同。有的学者从应然的角度，将《公约》

①② 《解振华在缔约方会议闭幕全会上的发言》http://www.gov.cn/gzdt/2011-12/13/content_2019146.htm，2015 年 12 月 13 日。

进程与其他治理安排之间的联系区分为"分工"和"催化"。分工的含义是指将某些任务交给那些能够更好地执行该任务的实体，如全球环境基金；催化是指采取某些措施使其他实体能够更好地执行某项治理功能。分工可能更经常地发生在《公约》与其他政府间国际组织之间，而催化功能更多地发生在《公约》进程和跨国治理安排之间。然而实际上，分工也可能发生在《公约》进程和跨国治理安排之间，催化也可能发生在《公约》与其他政府间国际组织之间，但不管是哪种联系，《公约》进程都发挥着主导和协调作用。

三、国际治理体系的构建与变迁：理论的视角

从理论上说，国际治理体系为什么能够建立？在什么条件下能够建立？如何发生变迁？

按照西方现实主义国际关系理论，国际合作存在巨大障碍：国家的行为倾向于追求相对收益而不是绝对收益。按照这种逻辑，国际治理体系的建立和成功依赖于存在一个拥有压倒性权力资源的霸权国；霸权国愿意也有能力承担不成比例的合作成本。但从长期看，霸权国家的没落会导致国际治理体系的失效。按照这种逻辑，国际治理体系的设计会首先反映大国的利益，国际组织的决策程序会更有利于强大的成员国，例如给予它们更多的投票权或者特别投票权。这种理论虽然指出了问题的症结，但没有提供解决问题的途径。它过于贬低国际道义的作用，在理论与实践上也存在脱节。

在新自由主义看来，由于国际治理体系减少了不确定性和交易成本，稳定了国家之间的预期，从而排除了合作的各种障碍。为此，国家有兴趣建立和维持国际治理体系。国际治理体系之所以能够成立和发展，是因为国际治理体系能够发挥重要的作用，因此国家需要国际治理体系。而且，国际治理体系的成立和运作并不依赖于哪个国家作为霸权国。它得以成立的情形是国家之间的利益既非完全一致也非截然相反。如果国家的共同利益超过了对立的利益，国际治理体系更可能出现。这种理论认为，联合国体系的一国一票制有利于弱小国家结盟。而国际治理体系的实质性规范大多是过去多年间形成的，它们强调社会公平、经济公平和国家平等。国际治理体系的制度安排取决于合作的问题、国家代表的权威，但是国家对国际治理体系具有最终的控制权。

克拉斯纳在区分"原则""规范""规则"与"决策程序"的基础上，归纳了机制的三种变迁模式：第一，机制本身的变化。"原则和规范的变化是机制本身的变化。如果原则和规范被抛弃了，原有的机制就会变成一个新的机制或者消失。"第二，机制内部的变化。"只要原则和规范不变，规则和决策程序的变化就

是机制内部的变化。"第三，机制的弱化。"如果原则、规范、规则和决策程序变得不一致，或者实际的做法与原则、规范、规则和决策程序不一致，那么机制就弱化了。"①

可以说，克拉斯纳分析了国际机制，即国际治理体系核心要素的变迁模式，具有重要的借鉴意义。但是从国际气候治理体系的整体来看，上述归纳仍然集中在没有行动能力的规则系统，没有反映这种规则系统发生变迁的动因。基欧汉和奈等学者曾经从四种不同的模式解释国际机制的变迁。奥兰·扬则主张区分国际机制变迁的"内生力量"和"外生力量"。这些既有的研究成果都强调国际机制变迁的内外部环境，但是实际上国际治理体系或者国际机制内的参与方对规则系统起到了直接的推动作用，其中主要是国家，国际组织、非政府组织等也起到重要的作用。因此，只有关注这些行为体的立场和行为及其互动，才能对国际治理体系的构建和变迁进行全面的描述和解释。

总之，新自由主义对 20 世纪 70 年代以来国际治理体系的发展比现实主义理论具有更大的解释力，更关心具体的原则、规则等，但它疏离国际组织本身，无法解释国际治理体系成立后的运作。同时，与现实主义国际组织的理论一样，其理论范式是"国家中心主义"。

按照建构主义的观点，国际治理体系的成立依赖于是否存在着对价值和规范的共识。如果国际治理体系所代表的价值和规范能够被所参与的社会广泛共享，国际组织就可能出现。建构主义也认为，认知一致性对创立国际治理体系至关重要。需要解决的问题在不同的社会有不同的认知，如果对需要应对的问题存在巨大的认知差异，则很难建立一个国际治理体系。建构主义还重视社会性团体以及个人在建立国际组织过程中的地位和作用，认为它们出于利他主义、同感等，充当了规范倡导者和传播者，试图说服国家同意和遵守具体的规范。国家的要求仅仅是影响国际治理体系变迁的一个因素。国际治理体系既反映了它们得以创立的价值和规范，也影响了价值和规范的确立。国际治理体系影响国家的价值和规范、行为、利益和身份，最终影响国际体系的结构。建构主义虽然更加重视规范，但是没有从根本上解决国际治理体系的价值目标和发展方向这样的根本性问题，反映了其世界观和方法论的局限性。

从更广阔的背景来看，当前，西方国家民粹主义、民族主义、贸易保护主义有所抬头，给全球化的发展带来了不确定性。在全球治理存在赤字且西方大国参与全球治理的意愿不足的背景下，中国为全球治理体系的改革做出了新的判断和贡献。

---

① Stephen D. Krasner. *International Regimes*, Ithaca, London: Cornell University Press, 1983, pp. 2 – 5.

传统的全球治理由美国等西方国家主导，但西方国家主导的全球治理存在诸多弊端，其治理规则、运行机制存在诸多不公正、不合理之处。在自身经济增长乏力、民主制度和发展模式逐步暴露不足的情况下，西方国家参与全球治理的意愿有所下降，逆全球化有所发展。在此背景下，中国提出当前全球治理体制变革正处在历史转折点上。国际力量对比发生深刻变化，新兴市场国家和一大批发展中国家快速发展，国际影响力不断增强，是近代以来国际力量对比中最具革命性的变化。数百年来，列强通过战争、殖民、划分势力范围等方式争夺利益和霸权逐步向各国以制度规则协调关系和利益的方式演进。世界上的事情越来越需要各国共同商量，建立国际机制、遵守国际规则、追求国际正义成为绝大多数国家的共识。习近平指出："随着全球性挑战增多，加强全球治理、推进全球治理体制变革已是大势所趋。这不仅事关应对各种全球性挑战，而且事关给国际秩序和国际体系定规则、定方向；不仅事关对发展制高点的争夺，而且事关各国在国际秩序和国际体系长远制度性安排中的地位和作用。"① 因此，国际治理体系的变迁与改革是当前重大的全球治理理论和实践问题，但是什么样的国际治理体系是好的？国际治理体系应该追求怎样的价值目标？西方国际关系理论并没有明确给出回答。

四、国际气候治理体系的构建与变迁实践

国际气候治理体系的构建与变迁主要是通过国际政治进程进行的。在全球和多边层次上，主要是通过联合国气候大会。

联合国气候大会主要是指《公约》《京都议定书》和《巴黎协定》的缔约方大会。《公约》第一次缔约方大会（COP1）于 1995 年在德国柏林举行，延续至今。从 2005 年起，《公约》缔约方大会也作为《京都议定书》的缔约方大会。从 2016 年起，《公约》缔约方大会也开始作为《巴黎协定》的缔约方大会。因此，2016 年举行的联合国马拉喀什气候大会，是《公约》第 22 次缔约方会议（COP22），也作为《京都议定书》第 12 次缔约方会议（CMP12）和《巴黎协定》第 1 次缔约方会议（CMA1）。

一般而言，联合国气候大会每年轮流在 5 个联合国区域举行。联合国气候大会的规模在过去的二十多年里获得了指数级的增长。从最初小规模的工作会议演变为当前联合国主办的规模最大的年度会议，也是世界上规模最大的国际会议之

---

① 习近平：《推动全球治理体制更加公正更加合理》，http://www.xinhuanet.com/politics/2015-10/13/c_1116812159.htm。

一。与会的世界各地的各级政府官员人数不断增长，来自市民社会和新闻媒体的代表数量巨大。在 2015 年举行的联合国巴黎气候大会上，除了 196 个缔约方和 2 个观察员国①的参与外，还有 1 200 多家政府间国际组织和非政府组织，1 100 多家媒体，129 个国家元首或政府首脑出席，与会人数共约 3 万余人。

作为《公约》《京都议定书》和《巴黎协定》缔约方大会的联合国气候大会有三个主要目的：审查《公约》《京都议定书》和《巴黎协定》的履行情况；通过决议以进一步发展和履行这些条约；必要时通过新的法律工具，例如像《京都议定书》和《巴黎协定》这样包含实质性新承诺的法律文书。

联合国气候大会对全球气候治理机制的发展和变迁起到了重要的推动作用。第一，联合国气候大会是政府间气候变化谈判的主要场所，具有不可替代性。气候变化是一个规模巨大的全球性问题，性质非常复杂。全球气候治理需要全球近两百个国家共同加以应对。在这样的背景下，联合国气候大会提供了一个大多边的论坛和平台，由全球近两百个国家派出的谈判代表在这里就如何应对全球气候问题进行集中谈判，遵循了公开、公正、透明和缔约方驱动的原则，展现了其在气候变化治理领域的普遍性和权威性，是人类合作应对全球公共问题的重要实践方式。

第二，联合国气候大会推动多边气候协议的通过和生效，致力于实现全球气候治理机制的最终目标。在过去的近三十年里，缔约方大会通过了《京都议定书》《巴黎协定》这两个非常重要的多边气候协议，它们连同《公约》共同构成了全球气候治理机制的主要原则和规则体系，用以约束和规范国家的温室气体排放、鼓励和促进减缓与适应气候变化的行动及合作、规范和强化应对气候变化的国际支持等行为。联合国气候大会还不断审查《公约》及其《京都议定书》《巴黎协定》的履行情况，通过审查缔约方提交的国家信息通报和排放清单来评估缔约方采取的减排措施的效果；通过决议以进一步履行《公约》及其《京都议定书》《巴黎协定》，包括更新制度上和行政上的安排。这推动了缔约方对相关原则和规则的遵守与履行，有助于实现《公约》的最终目标。

第三，联合国气候大会的召开是一个持续和长期的过程，不断推动全球气候治理机制走向发展和完善。全球气候治理机制的建设和发展是联合国气候大会持续推动的结果。全球近两百个国家就全球气候治理机制的原则和规则进行集中谈判，既要实现国际合作应对气候变化问题，又要维护各国的国家利益，因此谈判的过程艰苦而漫长，充满争论甚至争吵。但联合国气候大会的持续召开为缔约方大会在集体决策框架内达成妥协与合作提供了可能。从 1995 年举行的《公约》

---

① 巴勒斯坦于 2015 年 12 月 18 日成为《公约》缔约方，其在巴黎会议期间仍是观察员国。

第 1 次缔约方会议，到 2022 年举行的《公约》第 27 次缔约方会议，这期间虽然也经历了挫折和低潮，但是这些会议作为讨论气候变化问题的最重要的全球多边论坛和平台，不断推动国家之间通过反复和长期谈判，达成了一系列政府间气候变化多边协议。例如，《巴黎协定》的达成是国际社会自 2009 年哥本哈根气候大会以来持续努力的结果。2010 年的联合国坎昆气候大会通过了《坎昆协议》，锁定了《哥本哈根协议》共识；2011 年的德班气候大会启动了德班平台，开启了 2020 年后全球气候治理机制的谈判进程；2012 年的多哈气候大会通过了《多哈修正案》，确定《京都议定书》第二承诺期的减排指标和 2020 年前的双轨减排模式；2013 年的华沙气候大会通过了华沙决议，请各国准备和提交国家自主减排贡献；2014 年的利马气候大会通过了利马决议，决定 2020 年之后的机制继续受《公约》原则指导。这些为 2015 年《巴黎协定》的达成，铺就了必要的道路。

在联合国外，《公约》外各种多边政治进程发挥了重要影响，并且形成与《公约》下谈判的互动。欧盟在提案中将《公约》外的合作主题和合作行动统称为"国际合作倡议"（International Cooperative Initiatives）；美国在提案中将《公约》外的行动分为三类：其他多边机制下的行动、诸边合作伙伴行动和次国家层面（主要指地方政府，也包括私人部门的行动）合作行动。总的来说，《公约》外与减缓气候变化问题相关的多边政治进程可以分为两大类：一类是既有的国家集团和国际组织，因自身发展的需求而关注气候变化问题，如二十国集团（G20）；另一类是根据《公约》下谈判议题衍生出来的新机制，如主要经济体能源与气候论坛（MEF）。

G20 起源于 G8 财政部长会议，是为应对金融危机设立的新的多边合作机制。集团成员包括中国、阿根廷、澳大利亚、巴西、加拿大、法国、德国、印度、印度尼西亚、意大利、日本、韩国、墨西哥、俄罗斯、沙特阿拉伯、南非、土耳其、英国、美国以及欧盟。每次会议的主办国可以邀请嘉宾共同参与讨论。其会议分元首峰会和部长级会议两个级别，部长级会议又包括了财政部长会议和能源部长会议。会议主要话题集中于应对金融危机、危机后重建和世界经济体制改革等。但从 2009 年匹斯堡峰会开始，G20 对气候这一议题的关注度越来越高，时至今日对推动全球应对气候变化的行动和合作做出重要贡献。

G20 成员国不仅占据全球约 2/3 的人口和 85% 的经济产出，同时覆盖了全球 80% 的能源消费量和碳排放总量。[①] 从碳排放总量来讲，大多数排放大国都是 G20 的成员国。排名前三的中国、美国和欧盟都是 G20 机制中议题提出和倡议引导的活跃参与者。从人均碳排放角度来讲，高人均排放量的发达国家与低人均排

---

① About G20，https：//www.g20.org/en/about – g20/#overview.

放量的发展中国家均得以在 G20 中实现气候相关议题的对话。G20 成员国代表了气候谈判中不同团体的立场，为有效探讨应对气候变化行动议题创造了良好的条件。从经济发展水平来看，G20 成员国既包含美国、欧盟、日本等发达国家或国家团体，又包含了中国、俄罗斯、巴西等新兴经济体，适宜探讨气候行动成本分摊问题；从资源禀赋来看，G20 成员国既有沙特、俄罗斯、美国等化石能源丰富的国家，又有日本等化石能源储备量较小的国家，适宜就能源结构转型问题进行合作。G20 成员国包含了除最不发达国家和小岛国之外几乎所有的气候谈判中的利益团体，尤其是现在或未来需要承担减排责任的国家，因此 G20 可以作为《公约》之外的辅助机制进行减排这一议题的谈判。

另一个重要的《公约》外多边机制是主要经济体能源和气候论坛（MEF），以及其接替机制 MOCA（Ministerial Meeting on Climate Action）。就成立以来的历程看，MEF 在气候变化领域扮演了三种角色：年初的 MEF 会议为当年《公约》下的谈判圈定主要内容，年底的 MEF 会议设计缔约方大会成果，同时推动主要经济体在《公约》外的技术等合作。2009 年 MEF 会议的核心目标就是促进哥本哈根会议能够取得积极进展。当年召开了 1 次领导人会议和 5 次部长级会议。部长级会议对《公约》下谈判中的几乎所有议题，包括共同愿景、减缓、适应、资金、技术等，都进行了广泛而深入的讨论，并决定由领导人峰会给出强有力的政治信号，以指导哥本哈根会议的成果方向。2015 年的会议全面讨论了将于巴黎达成的协议的内容。除了关注国家自主贡献，尤其是减缓贡献外，各方还讨论了适应、损失损害、资金、2020 年前行动、透明度等问题，重点强调了适应在巴黎会议成果中的重要作用，普遍认为应当尽早建立透明、可靠的制度约束机制。

总的来说，MEF 与《公约》下的谈判形成了一种螺旋推进的互补关系。MEF 本身并不代替《公约》下的谈判做出决定，但由 MEF 参与国形成的共识，将为《公约》下的谈判提供政治指导。例如确定当年的谈判方向和设计谈判成果框架，各方在《公约》下开展谈判促进当年谈判目标的实现，遇到各方难以在具体操作中达成一致的障碍，或达成了决议后需要推进的新问题，MEF 又将开展下一轮的政治指导，如此不断推进《公约》下的谈判取得进展。

MEF 机制自 2017 年开始停止运行，相应功能由 MOCA 取代。这主要是因为 2016 年底美国总统大选中，不支持国际合作应对气候变化的共和党人特朗普当选美国总统，并在 2017 年 6 月 1 日宣布美国将退出《巴黎协定》。作为 MEF 发起国的美国在应对气候变化立场上发生了这么大的转变，使得 MEF 机制难以为继。与此同时，原 MEF 与会经济体的代表们认为保持部长级别的应对气候变化合作交流与沟通十分重要，因此在中国、欧盟和加拿大的倡议下，MOCA 机制接替了 MEF 的职能，并分别在加拿大、欧盟召开了两次部长级会议。美国虽没有再正式派遣部长级官员参会，但仍然在参与这一进程。

第二节　国际气候治理体系的伦理追问

一、伦理与西方国际关系理论

国际关系伦理在西方国际关系学科主流理论中并未占据突出位置。对现实主义和自由主义两大传统范式来说，国际伦理处在边缘化的地位上。古典现实主义者思考的一个主题是伦理政治与权力政治之间的复杂关系。摩根索写道："现实主义坚持认为，普遍道德原则不可能以其抽象的普遍公式应用于各国的具体行动，但又认为普遍道德原则必然渗透到具体的时间地点的情况中。"① 可以说，摩根索看待国际伦理的方式与其看待"由权力界定利益"的方式是相似的，即道德与利益普遍存在于政治行动中，但不能依据抽象原则对两者的实际运用和具体内容做预先规定。经过科学行为主义与传统主义的论战后，西方主流的国际关系学者明显回避了国际伦理这个议题。这在美国学者中表现得特别明显，即多坚持价值无涉的立场，运用科学的方法描述现象、解释问题，而不是考虑伦理问题。主流的国际关系学者认为国际关系学处理的是国家生存的问题，而不是追求良善的政治生活。这种偏见使研究国内政治规范的政治理论难以渗透到国际关系学中。②

"冷战"的终结使国际关系议程发生重大变化，传统的安全问题虽然依旧存在，但全球性问题不断兴起，如气候变化、金融动荡、大规模流行性疾病等需要国际社会通力合作，共同应对。在对新的全球议题和全球治理方式进行思考的过程中，国际伦理是无法回避的。与此同时，更加多元的行为体在全球治理舞台上发挥更加重要的作用，尤其是具有较强伦理色彩的非政府组织参与到全球治理中，这为国际伦理研究提供了新的机会。

另外，就国际关系理论的发展逻辑而言，建构主义的兴起成为国际伦理研究复兴的重要推动力量。这具体表现在以下几个方面：

首先，建构主义使用的一些核心概念包含着很强的伦理内涵。规范是指对国际行为体恰当行为的共有预期，它不同于其他行为标准的最重要特征在于其涉及

① ［美］汉斯·摩根索著，卢明华等译：《争强权求和平》，上海译文出版社1995年版，第11～14页。
② 张笑天：《论国际关系学中的国际伦理研究》，载于《国际观察》2010年第4期，第28～29页。

"应然"，即对什么是合理行为的判断。文化是指规定行为体的身份、行为和彼此关系的标准，包括规范和价值等评价性标准。这些概念所强调的"恰当行为""评价标准"等，也是国际伦理研究的议题中应有之义。由此，建构主义认为国家行为不只依据"后果逻辑"，也依据"适当性逻辑"，因此建构主义在核心概念上为"将伦理带回国际关系学"开创了空间。①

其次，建构主义看待国家利益的方式突破了利益—伦理的两分法。国际伦理怀疑论者往往假定决策者明确地认识到了国家利益，国家从工具理性出发选择特定的道德立场。建构主义则认为国家的存在理由也包括价值理性；国家利益往往不是自明的、内生的或固定不变的，其偏好往往经过国际组织或非政府组织的教导、塑造和社会化而形成，其中不少组织具有伦理取向的特点。一旦这些伦理取向的组织说服国家改变对自我利益的认知，就会使伦理在国家的偏好形成和偏好排序过程中成为重要的影响因素。②

最后，国际规范的可变性意味着普遍的国际伦理具有实现的可能性。对规范变迁的研究有利于打破偏见，使国际关系学与政治伦理研究相互接近。无政府状态和主权原则是质疑国际伦理的两个前提假设，然而在建构主义者的研究中，当前国际体系的这两个构成原则都不是固定不变的，相反是具有历史偶然性和可塑性的。规范的可变性要求学者们对国际伦理进行更系统的研究。③

可以说，无论是从全球问题的解决角度，还是从学科内在发展逻辑及学科建设的角度，国际关系学都应该更深入研究国际伦理问题。建构主义虽然强调了国际伦理的可能性和限度，但是它并没有从经验研究的角度回答伦理是否起作用、起何种作用的问题。更重要的是，它对于国际关系需要什么样的伦理并无建树。这种理论的内在局限性使得它难以对全球治理的实践产生重大的影响。

"冷战"结束之后，作为全球性问题解决方案之一的世界主义伦理观日益受到关注。世界主义伦理观采纳了个体主义的一个基本预设：集体是抽象存在的，个体是具体实在的，一切伦理准则均以个体为旨归，每个人都具有同等的道德价值地位和可通约的道德责任。世界主义承认个体价值的优先地位，认为这个世界首先由个体组成，其次才由主权国家组成，国际政治仅仅是对主权国家体系的一种描述，但并不能改变世界是由个体组成的本质。因此，所谓正义就不应该是指国家间的正义，而应指个体间的正义，即人的正义。国家间的公正未必一定会导致个体间的公正，国家间的公正与个体间的公正并不存在必然的因果关系。在世界主义看来，不应由国家间秩序掩盖个体间正义，国家间秩序不是个体间正义的

---

①② 张笑天：《论国际关系学中的国际伦理研究》，载于《国际观察》2010 年第 4 期，第 28 ~ 29 页。
③ 张笑天：《论国际关系学中的国际伦理研究》，载于《国际观察》2010 年第 4 期，第 28 ~ 30 页。

构建公平合理的国际气候治理体系研究

前提，个体间正义却是国家间秩序的基础。只有充分的人的正义的存在，才能有人的衍生组织——国家与国家间的正义和秩序的存在。[①]

但是从国际政治的现实来看，各个国家对主权原则在维系国际秩序过程中重要性的认识尚存很大差异，多元化的国际政治伦理主体在道德发展水平上也存在着很大的非均衡性，这不仅导致了国际政治伦理的有限性，也决定了国际政治伦理共识的有限性。[②] 从法律上来说，个体间的公平需要由国内法进行调整，而国家间关系由国际法进行调整，主体是国家而非个人。国家主权原则承认了主权的绝对性，明确了国家间的平等关系，国际协议的基础和前提仍是实现国家利益的公平安排。[③] 从国际政治的现实出发，国际治理体系的伦理主体仍然是国家。

二、正义与国际治理体系

国际治理体系是当今国际社会应对全球性问题的主要方式。即使伦理在西方国际关系理论中并不占据核心地位，但仍然不能忽视伦理因素对国际合作的影响。事实上，新自由主义指出了国家在国际合作中遵循道义规范的动机，即国家希望获得回报和"平等"的声誉，但倾向于认为自由主义是全球治理的唯一价值取向。例如约翰·伊肯伯里（G. John Ikenberry）认为，尽管新兴国家特别是中国在崛起的同时也改变着全球治理的权力结构和观念结构，但西方自由主义的民主、法制等要素依然是成功治理的关键，因此未来不可能有一个新秩序替代现有西方世界主导的自由主义国际秩序。[④] 布坎南（Allen Buchanan）和基欧汉（Robert O. Keohane）关注的是全球治理机制合法性的公共标准，即国家同意、民主国家的一致同意以及全球性民主。他们还认为，在价值目标的保证之下，全球治理机制能提供并维护国家无法供给的收益，这会进一步增强全球治理机制的合法性。[⑤] 其他的学者则关注了全球治理中的民主，要求解决"民主赤字"问题，也强调全球治理分配的公正性，特别是要解决贫困和不平等的问题。[⑥]

---

① 李建华、张永义：《世界主义伦理观的国际政治困境》，载于《中国社会科学》2012 年第 5 期，第 43 页。

② 李建华、张永义：《世界主义伦理观的国际政治困境》，载于《中国社会科学》2012 年第 5 期，第 46 页。

③ 陈贻健：《国际气候法律秩序构建中的公平性问题研究》，北京大学出版社 2017 年版，第 22 页。

④ G. John Ikenberry. The Future of the Liberal World Order: Internationalism After America, *Foreign Affairs*, 2011, Vol. 90, No. 3, P. 63.

⑤ Allen Buchanan and Robert O. Keohane. The Legitimacy of Global Governance Institutions. *Ethics and International Affairs*, 2006, Vol. 20, No. 4, pp. 405 – 437.

⑥ Arie M. Kacowicz. Global Governance, International Order and World Order, in David Levi – Faur, ed., *Oxford Handbook of Governance*, New York: Oxford University Press, 2012, P. 696.

　　事实上，即使按照西方国际关系理论的逻辑，尤其是新自由主义理论，伦理因素，尤其是正义或者公平，仍以复杂的方式影响国际机制的创建过程、内容和有效性。下面以国际环境治理机制为例分析。

　　在全球环境治理领域，国际环境正义作为一种概念和原则，其产生既存在客观基础，也有主观基础。

　　首先，从客观上看，国际环境正义是针对国际层面上的环境非正义问题应运而生的。国际环境非正义问题突出表现在发展中国家往往过多承担了全球性环境问题带来的有害后果和应对成本。例如，尽管发达国家对造成全球气候变化问题负有更大的责任，但发展中国家对这一问题的脆弱性比发达国家更大，并且缺乏足够的资金和技术加以应对。再如，作为经济全球化的一个负效应，一些环境污染产业和有害废物从发达国家向发展中国家转移。据统计，从1989年到1994年间，从经济合作与发展组织国家向非经济合作与发展组织国家输出了2 611 677公吨有害废物。① 这对废物输入国来说是非常严重的问题，因为这些国家往往缺乏进行控制和监督废物的技术。此外，国际环境决策程序中也存在着不公正。

　　其次，国际环境正义是发展中国家对国际正义主观要求的进一步发展。国际正义问题出现在国际政治议程上已经有几十年的时间。早在谈判《联合国宪章》的时候，贫穷国家就希望在国际经济中得到更多的平等待遇。到20世纪60年代中期，发展中国家在联合国大会获得了多数的投票权，从而更有利于它们提出经济要求。但是发展中国家要求国际经济新秩序的运动取得的成果是有限的。因此，发展中国家开始把注意力集中在具体的问题领域。② 1972年的联合国人类环境会议就是在这样的背景下召开的。虽然在此次会议上，对国际正义的考虑只发挥了很小的作用，但是此次会议之后，国际正义的概念在国际环境协议中的重要性越来越突出，发达国家也逐渐把国际正义视为全球环境保护努力的组成部分。

　　对国际环境正义的考虑反映在20世纪80年代达成的国际环境规约中，如《国际海洋法》《蒙特利尔议定书》等。然而，集中反映国际环境正义概念的则是1992年的联合国环境和发展大会。在此会议上签署的协议和公约以及进行的后续谈判，使得国际正义规范在国际环境问题领域更加突出。③ 例如，《21世纪

　　① Greenpeace：The Database of Known Hazardous Waste Exports from OECD to Non - OECD Countries. 1989 - March 1994, Greenpeace, Washington, D. C. , 1994. 转引自 Michael K. Dorsey. Environmental injustice in international context. at http：//population. wri. org/pubs_content_text. cfm? ContentID = 1462.

　　② Paul G. Harris. *International Equity and Global Environmental Politics*：*Powers and Principles in U. S. Foreign Policy*, Burlington：Ashgate Publishing Company, 2001, pp. 70 - 72.

　　③ Paul G. Harris. *International Equity and Global Environmental Politics*：*Powers and Principles in U. S. Foreign Policy*, Burlington：Ashgate Publishing Company, 2001, P. 5.

构建公平合理的国际气候治理体系研究

日程》第 39 章第 1 条第 3 款规定，应该考虑到"在全球一级，所有国家，包括发展中国家，参与和协助制定关于促进可持续发展的国际法的重要性"。它指出："目前有许多关于环境问题的国际法文件和协议是未得到发展中国家的充分参与和协助而制定的，因而可能需要加以复审，以反映出发展中国家所关心的问题和利益，从而确保这些文件和协议的平衡的支配。"① 这显然是针对发展中国家在国际环境法制定程序上的不平等提出的。《生物多样性公约》也包括了众多有关国际环境平等的条款。其序言指出："进一步承认有必要订立特别的条款，以满足发展中国家的需要，包括提供新的和额外的资金和适当取得有关的技术。"② 此外，《蒙特利尔议定书》及其 1990 年修正案都规定照顾发展中国家的特殊情况，在一定条件下延迟十年执行议定书关于限制消耗臭氧层物质使用的条款，并且建立并运行了旨在向发展中国家提供财务和技术支持的实施《蒙特利尔议定书》多边基金。

　　然而，尽管国际环境正义规范已经渗透到国际环境机制之中，国际社会尚未对此进行明确的官方界定。在学术界，统一的界定也尚不存在。有的学者将其界定为：国家之间在与国际环境关系相关的收益、成本和决策权威方面进行公平和公正的分配。③ 依西方哲学传统对道德的反省，关于正义的哲学原则可以区分为两大类：义务论（deontological theories）及后果论（consequentialist theories）。义务论要求决策者采取的行动就其本身而言就是好的，而不用从行动的结果中寻求正当的理由。④ 可以说，义务论偏重行动本身的道义性，而不是结果如何及其有害性。后果论则强调结果的正当性。即认为，正义是一个结果的问题：如果一项政治决策不能给予人民最好的正义原则所能给予的某种资源、自由或者机会，则它就会导致非正义，不管产生这种决策的程序如何公正。⑤可以说，尽管义务论和后果论对结果和程序的公正性有不同的强调，但它们都表明正义应该具有分配性和程序性两方面的含义。环境正义⑥也是如此。

　　总之，可以把国际环境正义界定为：世界各国，不论其大小强弱，在国际环境政策和规约的发展、制定和实施方面得到平等的对待和富有意义的参与。平等

---

　　① 联合国《二十一世纪日程》，http：//www. riel. whu. edu. cn/ruleshow. asp？ID = 560，2004 年。

　　② 《生物多样性公约》，http：//www. riel. whu. edu. cn/ruleshow. asp？ID = 340，2004 年 1 月。

　　③ Paul G. Harris. *International Equity and Global Environmental Politics*：*Power and Principles in U. S. Foreign Policy*. Hampshire：Ashgate Publishing Limited，2001，P. 25.

　　④ T. Lambert and C. Boerner. Environmental Inequity：Economic Causes, Economic Solutions. *Yale Journal on Regulation*. Vol. 14，1997，pp. 195 - 234.

　　⑤ R. Dworkin. Integrity. in M. Fisk ed.，*Justice*，Atlantic Highlands：Humanities Press，1993.

　　⑥ 环境正义从分析的层次看可以分为国际环境正义和国内环境正义，从时间的维度看可以分为代内环境正义和代际环境正义。这里主要讨论国际层面上的代内环境正义。

的对待是指任何国家都不应该承担不成比例的有害的环境后果和解决环境问题的成本。

从这个定义可以看出，国际环境正义的目标是确保所有的国家，不论其大小和强弱，免于承担不成比例的有害的环境后果和解决环境问题的成本。从问题的范畴来看，它主要是指国际环境政策和规约的制定与实施过程。由于发展中国家与发达国家相比，应对全球环境问题的能力相对较弱，因此发展中国家对全球环境问题的脆弱性和成本分担问题成为国际环境正义的突出问题。

正如前文表明的，国际环境正义的概念确实已经成为国际环境机制本身的重要内容。对这一问题的考虑势必影响国际环境机制的创建和运作。那么，从理论上看，国际环境正义的规范如何影响国际环境机制呢？

具体来看，这主要表现在以下几个方面：第一，国际环境谈判是否考虑国际环境正义这一因素，影响国际环境机制本身的建立。如果国际环境谈判明确包含国际环境正义的因素，则它更容易创立相应的国际环境机制。正如奥兰·杨指出的，在国际制度的谈判中，参与者有充分的理由对平等问题具有真正的兴趣。其原因之一是：国际层面上的制度性谈判与大多数国内领域的立法谈判不同。前者是在达成一致的规则之下进行的。这样的谈判只有当它产生出能够被所有相关行为体或者参与者所接受的契约性规则时才能够成功。[1] 因此可以认为，如果国家谈判达成的国际环境协议明显地对其他国家不公平，则这些国家就不会接受此国际协议，国际环境机制就难以建立。国际谈判参与者在推动自己国家利益的同时，必须平等对待其他的国家，否则国际机制就难以建立起来。总之，国际正义虽然不能直接规定国际环境谈判的进程和结果，但是它确实发挥了重要的限制或者指导方针的作用[2]，至少使国家不会公然采取不公平的政策，从而提高了各国进行国际环境合作的积极性，也更有利于国际环境机制的建立。

第二，国际环境正义影响国际环境机制的创建成本和效率。国际环境谈判是国际环境机制创建过程的重要组成部分。在这个过程中，国际环境正义规范能够发挥"焦点"或者"粘合剂"的作用[3]，使得不同参与者的预期得以汇聚，并在一定程度上避免拖延分歧或者造成谈判中的僵局，从而提高国际谈判的效率，降低机制创建的成本。然而，这里的前提是，谈判参与国能够首先就

---

① 当然，那些具有结构性权力的国家可以通过提供补偿来使得其他国家同意。参见 Oran R. Young. Fairness Matters：The Role of Equity in International Regime Formation. in Nicholas Low ed.，*Global Ethics and Environment*，London：Routledge，1999，pp. 249 – 259.

② Paul G. Harris. *International Equity and Global Environmental Politics：Power and Principles in U. S. Foreign Policy*. Hampshire：Ashgate Publishing Limited，2001，P. 10.

③ Judith Goldstein and Robert Keohane. *Ideas and Foreign Policy*，Ithaca：Cornell University Press，1993，P. 25.

某个问题领域的国际正义规范本身达成共识，而不是在正式谈判具体问题之前再花费时间和资源来谈判这个问题，这样才会提高效率，促进国际环境协议的达成。反之，对国际环境正义规范的分歧本身会成为拖延国际环境谈判的重要原因。

第三，国际环境谈判中存在着信息的不确定性。这种信息不确定性的存在客观上促使国际谈判者倾向于设计符合国际正义规范的环境机制。其中的逻辑是：如果某个行为体不知道或者不能预测某项机制的运作如何随着时间的推移影响它的利益，那么它就具有较强的动机，使得建立的安排所产生的结果对每个行为体都是公平的，而不管它们在具体问题上的立场如何。否则，行为体就面临着这样的危险：它所倡导的安排以后会产生不利于自身的后果。[①] 因此，如果所有进行国际环境谈判的行为体都具有这样的动机，则对公正或者平等的考虑会在国际环境机制的创建过程中发挥重要的作用。

第四，国际环境正义规范会影响国际环境协议的生效。

在全球环境问题上，国际公平主要是指发达国家和发展中国家之间的公平，也包括每一类国家内部在收益和成本分配上的公平。进一步看，谈判达成的国际协议只有被必要数目的缔约国国内选民认为是公平的，才能获得批准，从而得以生效。在这个过程中，国家并非单一的行为体。对已经谈判达成的国际环境协议，国家内部的行为者将根据其成本和收益可能受到的影响，对此国际协议是否公平做出自己的判断，从而影响国家是否批准此项国际协议。因此，国家内部的行为者对国际环境协议是否公平的判断，间接地影响国际环境协议的生效情况，从而影响国际环境机制的创建和运作。

鉴于此，进行国际气候谈判的代表不仅要同其他国际谈判代表就正义原则和具体规则达成协议，还要考虑到这些正义规则是否被国内的选民认为是公平的，否则，国际气候变化协议的最终条款将会影响其得到国内接受的机会。

第五，关于国际公平的规范可能会内嵌于国际环境机制，并且随着时间的推移更加突出，从而影响国际环境机制的有效性。一旦国际环境正义的原则得到确定，它就会变成一种规范，独立地发挥作用，从而影响着国际环境机制的合法性和有效性。如果一项国际环境机制在大多数参与国看来体现了国际环境正义的规范，则会有更多的国家愿意遵守相关的规约，也就能够使其发挥更大的有效性。奥兰·杨指出：那些相信它们得到了平等对待，并且其核心需要得到了考虑的（国家），将会自愿地尽力使机制发挥作用。另外，那些因为被迫参与而对安排缺

---

① 参见 G. Brennan and J. M. Buchanan. *The Reason of Rules*：*Constitutional Political Economy*，Cambridge：Cambridge University Press，1985；Oran R. Young. Fairness Matters：The Role of Equity in International Regime Formation，in Nicholas Low ed.，*Global Ethics and Environment*，London：Routlege，1999，P. 254.

乏任何"主人翁"意识的国家可能会拖后腿。因此，即使是大国，在发展公平的
国际制度方面也利益攸关。[①]

从上述分析可以看出，一方面正义是构建国际治理体系时不可或缺的重要因
素，它影响国际治理体系的创建、变迁过程及其有效性；另一方面，虽然西方国
际机制理论承认正义或者公平因素的重要性，但是它对正义要素的讨论是工具性
和功利性的，不能回答这种正义因素的来源是什么，以及它应该遵循怎样的
原则。

第三节　中国的全球气候治理观：要义与基础

一、公平合理与中国的全球气候治理观

中国是全球气候治理的重要参与者。中国自 20 世纪 90 年代初就参与了全球
气候治理机制的建设，在过去的近三十年里逐渐成为该机制的核心成员，为推动
三个重要多边气候协议（即《联合国气候变化框架公约》《京都议定书》《巴黎
协定》）的达成和生效发挥了重要作用。

中国在参与全球气候治理之初，特别强调应对气候变化的国际合作应该遵循
公平合理的原则。参与全球环境治理，尤其是一些国际公约的早期经历，使中国
在 20 世纪 80 年代就认识到"以往形成的一些国际公约和有关条款常常不能充分
反映发展中国家人民的基本权利和特殊情况，对发展中国家发展经济，消除贫
困，提高他们保护环境的经济实力方面未能给予足够的关注，对全球环境问题的
责任与相应的承担义务的区分也未能充分体现公平合理的原则。对发展中国家的
资金来源和筹集机制没有明确的保证措施"。为了在国际公约中解决好这一系列
问题，中国认为发展中国家应充分阐明自己的主张和立场，主动、积极地提出建
议，以谋求合理的解决办法和措施。[②]

在上述背景下，中国国务院环境保护委员会于 1990 年 7 月 6 日通过了《关
于全球环境问题的原则立场》，提出了中国应对全球环境问题的八项原则，具体

---

① Oran R. Young. *International Governance*, Ithaca: Cornell University Press, 1994, P. 134.
② 宋健：《开拓新的发展途径——在"发展中国家环境与发展部长级会议"上的讲话》，载于《世
界环境》1991 年第 4 期，第 5 页。

包括：正确处理环境保护与经济发展的关系；明确国际环境问题的主要责任；维护各国资源主权，不干涉他国内政；发展中国家的广泛参与是非常必要的；应充分考虑发展中国家的特殊情况和需要；不应把保护环境作为提供发展援助的新的附加条件以及设立新的贸易壁垒的借口；发达国家有义务提供充分的额外资金和进行技术转让；应有发展中国家广泛有效地参与环境领域内的科学论证和国际立法。[①] 这些原则反映了中国如何通过公平合理的国际合作应对气候变化的基本观念，其中特别强调了区别发达国家与发展中国家的环境责任以及发展中国家的特殊情况。

在 1992 年 4～5 月政府间气候变化谈判会议上，发达国家最终同意在《公约》中单列基本原则条款，其中包括共同但有区别的责任和各自能力原则，但要求明确规定其中的原则只对公约缔约方起指导作用，因而不能等同于一般法律原则。[②] 可以说，"共区原则"在《公约》中的确立，是发展中国家推动、最终由发达国家和发展中国家妥协的结果，特别体现了中国等发展中国家的公平诉求。

随着国际经济政治和温室气体排放形势的变化，包括中国、印度、巴西、南非在内的"基础四国"在 2009 年的哥本哈根气候变化大会前正式形成，并自 2010 年的坎昆气候变化大会开始以"基础四国"的身份表达立场和观点，在多次谈判场合重申坚持"共区原则"。自 2012 年 6 月波恩谈判会议以来，中国、印度和其他一些阿拉伯集团的成员国、一些东南亚国家、一些非洲国家，以及一些拉美国家，包括古巴、阿根廷、委内瑞拉、玻利维亚、厄瓜多尔、尼加拉瓜等组成一个被称为"立场相近发展中国家"的集团，旨在维护"共区原则"，以及强调发达国家的历史责任。

此后，中国的全球气候治理观在坚持"共区原则"的基础上，朝着更加系统、全面的方向发展。这种全球气候治理观最终集中体现在习近平主席 2015 年 12 月出席巴黎气候变化大会开幕式上发表的题为《携手构建合作共赢、公平合理的气候变化治理机制》的重要讲话中，明确提出"各尽所能、合作共赢""奉行法治、公平正义""包容互鉴、共同发展"[③] 的治理理念。它系统地表明，中国认为全球气候变化治理机制应该体现合作共赢、公平合理、包容互鉴的价值目

---

① 《关于全球环境问题的原则立场》，1990 年 7 月 6 日通过。

② Daniel Bodansky. Draft Convention on Climate Change, *Environmental Policy and Law*, 22/1, 1992, pp. 5 – 15.

③ 习近平：《携手构建合作共赢、公平合理的气候变化治理机制——在气候变化巴黎大会开幕式上的讲话》，2015 年 11 月 30 日，巴黎。

标和制度特征。这些主张蕴含中华文化智慧，同广大发展中国家的诉求与呼声共鸣共振，形成具有鲜明中国特色的全球气候治理观。

中国的全球气候治理观，核心要义是合作共赢、公平合理。

首先，合作共赢旨在推动各国尤其是发达国家，在建设全球气候治理机制的过程中，"多一点共享、多一点担当，实现互惠共赢"。这是对一些国家在全球气候问题上功利主义思维和零和博弈思维的超越，并指出如果"希望多占点便宜、少承担点责任，最终将是损人不利己"。① 中国主张各方通力合作、同舟共济、共迎挑战，共商应对气候变化大计，维护全人类的共同利益。各国还应挖掘气候变化合作潜力，探索符合各自国情的绿色低碳发展道路。②

其次要公平合理。公平是中国的全球气候治理观的核心要素，其基本的出发点是发达国家和发展中国家的历史责任、发展阶段、应对能力都不同，因此实现公平的重要途径是"要提高国际法在全球治理中的地位和作用，确保国际规则有效遵守和实施，坚持民主、平等、正义，建设国际法治"，尤其重要的是，"共同但有区别的责任原则不仅没有过时，而且应该得到遵守"。③此外，"包容互鉴、共同发展"实际上是主张以合理的方式来加强全球气候治理机制的建设，包括"加强对话，交流学习最佳实践，取长补短，在相互借鉴中实现共同发展"，同时要"倡导和而不同，允许各国寻找最适合本国国情的应对之策"。④

合作共赢与公平合理，既是全球气候治理机制应该体现的价值目标和伦理要素，也是机制建设和完善的基本途径，两者相辅相成、相互作用。合作共赢是全球气候治理机制的根本目标，它体现了正和博弈思维，主张各方通过协商、谈判等方式，积极沟通与交流，互相配合，寻求合作最大公约数，照顾彼此利益和关切，实现互利互惠共赢。公平合理是实现合作共赢的前提条件和规范要求，主张各方通过广泛的实质性参与，以平等可行的方式分担责任、区别对待、共做贡献。只有通过公平合理的治理机制，才能实现合作共赢的目标。

可见，中国的全球气候治理观既体现了连续性和稳定性，又有所发展，从点到面，从被动到主动，从关注群体到通观全局。它直面了全球气候治理机制在建设和发展过程中需要什么样的价值目标和伦理标准的问题，以合作共赢、公平合理作为核心要义，并将之运用到治理实践，占据了全球气候治理的道义制高点。

---

①③④ 习近平：《携手构建合作共赢、公平合理的气候变化治理机制——在气候变化巴黎大会开幕式上的讲话》，2015 年 11 月 30 日，巴黎。

② 刘振民：《全球气候治理中的中国贡献》，载于《求是》2016 年第 7 期，第 56～58 页。

二、中国正义论

深度参与全球治理,推动全球治理创新,关键在于创新全球治理理念,积极发掘中华文化中积极的处世之道和治理理念同当今时代的共鸣点。随着全球化的深入发展和世界各国、各地区、各民族相互依存关系的日益加深,中国传统优秀文化积极的处世之道和治理理念越来越凸显出其时代价值,同当今全球化时代具有越来越多的契合点与共鸣点,为国际治理体系提供了重要的价值根据和伦理标准。

中国正义论是中国的全球气候治理观的思想基础。

中国正义论是由中国学者黄玉顺提出的概念。它是关于社会正义问题的中国思想传统,这传统由周公、孔子、孟子、荀子奠定基础,一直延续到明清学术中。此后两千年的继承与发展其实都没有超出他们所制定的基本理论范围。它关注的核心问题是:对于一个社会共同体来说,社会规范建构及其制度安排所依据的价值根据是什么?在中国正义论的话语中,社会规范及其制度谓之礼,正义原则谓之义。所以中国正义论的核心理论问题结构就是义→礼结构。围绕这个核心结构,中国正义论广泛讨论仁、利、知与智、乐或和等一系列范畴,形成一个广博复杂的理论结构体系。[①]

由于中国正义论关注的是社会规范及其制度,也可以说是中国古典制度伦理学。尽管制度伦理学这个称谓是近年才出现的,然而制度伦理学实际上是古今中外思想学术的一个基本的研究领域,因为任何一个族群都不可能没有制度伦理问题,因而任何一个具有思想理论形态的族群都不可能没有自己关于制度伦理的思想理论传统。同理,中国人也有自己的古典制度伦理学传统。[②]

中国正义论为中国的全球气候治理观提供了思想基础,这体现在以下三个方面:

第一,合作共赢的追求源自中国正义论中的一体之仁。

中国文化的精髓强调"和合",追求和谐、和平、合作、融合。中国的全球气候治理观中强调"合作",正是中国传统文化的体现。与此同时,中国的全球气候治理观包含着"共赢"的价值追求,它的思想来源则是中国正义论中的"一体之仁"。

中国正义论与西方正义论的一个根本区别是:前者以仁爱情感为所有一切的大本大源。一方面,利欲其实是由仁爱导致的,爱己则欲利己,爱人则欲利人,这是仁爱中"差等之爱"方面的体现;另一方面,利益冲突的最终解决也是由仁

---

①② 黄玉顺:《中国正义论的形成——周孔孟荀的制度伦理学传统》,东方出版社 2015 年版,第 2 页。

爱来保证的。儒家的仁爱观念一方面承认差等之爱的生活实情，差等之爱的自然起点就是自我，推己及人就是由"己"出发；另一方面则是超越差等之爱，追求一体之仁的实现。①

当然，西方伦理学并不是不讲仁爱；但是西方伦理学有两种传统背景：一是基于古希腊哲学以来的理性主义背景的伦理学，发展到今天，它基本上是排斥仁爱情感因素的；二是基于基督教的宗教背景的伦理学，它是讲仁爱的，但此仁爱的根基不是人自己的爱，而是上帝之爱。而在儒家看来，仁爱是人自己的情感存在；儒家甚至认为，真正的人与物本身都是由仁爱生成的："诚者，非自成己而已也，所以成物也"；"不诚无物"（《中庸》）。所以，仁爱是最本源的伦理精神。②

全球气候治理体系作为一种全球层次的制度安排，其目的在于解决全球气候治理中的利益冲突问题，进而通过合作有效应对气候变化问题。一方面中国并不否认自身的利益诉求，另一方面中国追求的是合作共赢，这恰是中国正义论中超越差等之爱，走向一体之仁的思想逻辑。唯有源自这种仁爱情感，才能提出推动构建正当和正义的全球气候治理体系。

第二，公平合理体现了中国正义论的两条原则。

黄玉顺教授指出，正义原则实际上是正义感的一种理性化表达。这种正义感属于孟子所说的"不虑而知"的良知（《孟子·尽心上》），而表现为孟子所说的"集义所生"的浩然之气（《孟子·公孙丑上》）。这里以知表示。作为一种良知的正义感，并非西方哲学所谓"先验的"原则，亦非经验主义的理智或者理性的产物，其实是人们在某种特定的生活方式下自然而然地发生的、关于行为规范及其制度安排的一种共同的生活感悟。然而，从一般的正义原则到具体的制度设计，则是需要充分的理智或者工具理性的。这里以智表示。中国正义论固然是指向必要的礼即作为群体生存秩序的制度规范的，但礼并非中国正义论的终极目标。事实上，礼的特征在于分别与差异，这种差异与分别未必能够导向群体的幸福生活。群体生活幸福的一个必要条件是群体的和谐。礼乐文化作为中国文化传统，其所追求的境界乃是在礼别异基础上的乐和同，即社会和谐。这里的乐不是狭义的音乐，而是广义的和合、中和、和谐。于是就形成了中国正义论仁→利→知→义→智→礼→乐的总体理论结构。③

中国正义论所要解决的核心问题是：社会的制度规范的建构，原则依据何在？

---

① 黄玉顺：《中国正义论的形成——周孔孟荀的制度伦理学传统》，东方出版社2015年版，第25页。

② 黄玉顺：《"全球伦理"何以可能？——〈全球伦理宣言〉若干问题与儒家伦理学》，载于《云南师范大学学报》2012年第4期，第73页。

③ 黄玉顺：《中国正义论的形成——周孔孟荀的制度伦理学传统》，东方出版社2015年版，第25～26页。

中国正义论的核心内容通过对"义"的诠释，提出两条正义原则：一是正当性原则（公正性、公平性准则）；二是适宜性原则（时宜性准则、地宜性准则）。①

正当性原则是说任何社会规范及其制度的建构必须是正当的，意味着这种制度的规范的建构必须是由仁爱出发而超越差等之爱，追求一体之仁的结果。伦理规范的建构必须是出于仁爱的。不仅如此，更确切地说，儒家所说的"仁爱"具有两个维度：一方面是"差等之爱"，即仁爱程度上的亲疏差别，"亲亲而仁民，仁民而爱物"（《孟子·尽心上》），儒家承认这是生活情感的实情；另一方面则是"一体之仁"，即"博爱"（韩愈《原道》）或"兼爱"（《荀子·成相》），儒家认为这是生活情感的普遍"推扩"，其效应是社会群体生存的和谐秩序。因此，正当性原则所要求的是：社会规范的建构，应该超越差等之爱，追求一体之仁。②

同时这种一体之仁的具体实现方式的时空条件是适宜性原则。此即《中庸》所说："义者，宜也。"适宜性原则是说：伦理规范的建构必须是适合特定生活方式的。汉语"义"最基本的语义，一是"正"（正当），一是"宜"（适宜）。《礼记·中庸》："义者，宜也。"《管子·心术上》："礼出乎义，义出乎理，理因乎宜者也。"韩愈《原道》："行而宜之之谓义。"显然，社会规范的建构仅仅出于仁爱是不够的，因为随着时空条件的变化，正当的社会规范未必就能够适宜当下特定的生活方式。事实上，世界不同文明都曾各自在历史上建立过某些社会规范，这些社会规范未必都能够适合当今社会的生活方式。③

中国的全球气候治理观的"公平"体现了其中的正当性原则。正当性原则是指任何社会规范及其制度的建构必须是正当的，意味着这种制度的规范的建构必须是由仁爱出发而超越差等之爱，追求一体之仁的结果。更确切地说，"仁爱"具有两个维度：一方面是"差等之爱"，即仁爱程度上的亲疏差别；另一方面则是"一体之仁"，即"博爱"。④"博爱"的情感使得中国的全球气候治理观超越自我利益为中心的零和博弈思维，提出正当性原则，兼顾自身利益和他国利益，实现互利互惠。

适宜性原则是指一体之仁的具体实现方式的时空条件。中国的全球气候治理观中的"合理"体现的正是这个原则。中国强调发达国家和发展中国家的历史责任、发展阶段、应对能力都不同，因此应该照顾各国国情，尊重各国特别是发展中国家在国内政策、能力建设、经济结构方面的差异，不搞"一刀切"，讲求务实有效，允许各国寻找最适合本国国情的应对之策，在相互借鉴中实现

---

① 黄玉顺：《中国正义论的形成——周孔孟荀的制度伦理学传统》，东方出版社 2015 年版，第 26 页。

②③④ 黄玉顺：《中国正义论的形成——周孔孟荀的制度伦理学传统》，东方出版社 2015 年版，第 26~27 页。

共同发展。①

第三，中国正义论的适用层次包括全球层次。

罗尔斯的正义论与中国正义论之间具有一些基本的可对应性，例如都要探讨社会规范建构即其制度安排的目的是解决利益冲突，而这是中国正义论中的"义利关系"问题。但中国正义论与西方正义论也存在着差别，如表2-1所示。区别之一是两者的适用层次不同。罗尔斯提出了两个正义原则：一是自由优先原则；二是机会平等前提下的差别原则。罗尔斯认为其正义理念适用于国内社会，而非国际社会。他是基于三个原因：一是正义的概念仅适于一个具有社会合作体系的自足社会之中，国内社会符合此条件，国际社会却并非如此；二是国际社会缺乏正义原则所需要的社会基本结构；三是正义原则的实施需要强制性的社会制度，而这也是国际社会一直欠缺的。罗尔斯本人在出版的《万民法》一书中否认自己"作为公平的正义"中的差别原则是适用于国际社会的。

表2-1　　　　　　　　　比较中国正义论与罗尔斯的正义论

要素	罗尔斯的正义论	中国正义论
正义论的论域	社会主要结构分配基本权利和义务、决定由社会合作所产生的利益之划分的方式	适用于所有一切社会规范及其制度；普遍性的制度规范，也涵盖了人与物的关系
正义论的主题	两个原则及两个优先规则（是社会规范、制度，而非规范赖以建立的更为现行的原则）	正义的社会规范及其制度是建立在正义的原则基础之上的，义（正义原则）→礼（社会规范）
正义原则的普适性	只适用于某种现代生存方式，是现代社会正义论	适用于任何时代、任何地域和任何共同体
正义论的含义	正义在很大程度上等同于公平	正义至少包括正当（公正、公平）和适宜（时宜、地宜）的语义
正义论的性质	规范伦理学	基础伦理学
正义论的适用层次	国内社会	国内社会与国际社会

资料来源：笔者根据黄玉顺：《中国正义论的形成——周孔孟荀的制度伦理学传统》，东方出版社2015年版，第7~21页制作。

作为基础伦理学，中国正义论追问所有一切社会规范及其制度何以可能。这

———

① 习近平：《携手构建合作共赢、公平合理的气候变化治理机制——在气候变化巴黎大会开幕式上的讲话》，2015年11月30日，巴黎。

也包含了国际层次的规范及其制度。中国正义论的提出者黄玉顺认为，"全球伦理"能够得以建构，其依循的原则也是正当性原则和适宜性原则。在全球层次上伦理规范的选择，必须超越爱的差等性、追求爱的普遍性，才是正当的。[①] 中国的全球气候治理观，旨在在气候变化领域的全球性治理体系层面，倡导合作共赢、公平合理的伦理原则，恰恰是中国正义论中"己欲立而立人，己欲达而达人"（《论语·雍也》）、"己所不欲，勿施于人"（《论语·颜渊》）的伦理精神在全球治理机制层面的体现，因此它是以中国正义论为思想基础的。

综上所述，构建公平合理的国际治理体系具有中国正义论的思想基础。依据中国正义论的逻辑，国际治理体系作为一种全球层次的制度安排，其目的在于解决全球治理中的利益冲突问题，达到和谐共生。构建该体系的根据和标准乃是正义，而正义意味着国际治理体系的正当性和适宜性，也就是中国正义论中"义"所蕴含的正当性原则、适应性原则。这里的正当性原则可以等同于公平原则，适应性原则则等同于合理原则。提出公平原则和合理原则的本源在于一种仁爱情感，它一方面是追求一体之仁的体现，另一方面承认了差别和差异。

三、中国国际关系理论的基础

中国学者在国际关系理论探索中，有意识地从中国的经验和视角出发，提出不同于西方理论的一般假定和方法，形成了一些具有代表性的学术成果。其中理论上比较成体系的有三个理论流派，即道义现实主义、共生理论和共治理论。

共生理论首先是一种国际社会存在模式理论。[②] 其主要观点是：共生是与斗争相对的社会行为。由于人类社会具有自然性，而共生是自然界和生物界的基本状态，因而国际社会也具有共生性，共生性成为与主体性相对的国际关系特性；全球化的深入发展造成了国际社会中的共生网络，使得共生成为当代国际社会的基本存在方式；在和平发展的时代条件下，共生能够克服西方传统的二元对立逻

---

① 黄玉顺：《"全球伦理"何以可能？——〈全球伦理宣言〉若干问题与儒家伦理学》，载于《云南师范大学学报》2012年第4期，第73页。

② 主要代表作包括金应忠：《国际社会的共生论——和平发展时代的国际关系理论》，载于《社会科学》2011年第10期；胡守钧：《国际共生论》，载于《国际观察》2012年第4期；金应忠：《共生性国际社会与中国的和平发展》，载于《国际观察》2012年第4期；杨洁勉：《中国走向全球大国和强国的国际关系理论准备》，载于《世界经济与政治》2012年第8期；任晓：《论东亚共生体系原理——对外关系思想和制度研究之一》，载于《世界经济与政治》2013年第7期；苏长和：《共生型国际体系的可能——在一个多极世界中如何建构新型大国关系》，载于《世界经济与政治》2013年第9期。苏长和：《从关系到共生——中国大国外交理论的文化和制度阐释》，载于《世界经济与政治》2016年第1期。

辑，成为国际体系与全球治理的建设原则。①

共治理论则认为：共治即共同治理，有全球共治、区域共治之分；进入 21 世纪，全球治理已成为国际关系中的本质性问题，为解决全球社会管理能力严重不足这一根本问题，共治成为新的国际政治范式；国家仍然是全球治理的核心角色，国家共同治理即合作治理是在尊重多样性、共同性的条件下，通过整合求得一致性，以国家为中心逐步让位于以国家合作共治为中心，建立正式的或非正式的合作共治体系，这是不同于"冷战"思维的新的多边主义的全球合作模式。②

清华大学阎学通教授在《道义现实主义的国际关系理论》一文中，通过发掘中国传统文化，特别是其中的国际关系思想，试图将国内政治与国际政治、外交战略等要素结合起来，将政治领导类型和国家实力作为影响国家对外战略取向的两个核心因素，把政治领导分为"无为""守成""进取"和"争斗"四类，指出"当国家实力达到主导国或崛起国水平时，道义的有无与水平高低对国家战略的作用效果，特别是对建立国际规范具有重大影响。中国应以'公平'、'正义'、'文明'的价值观为指导建立国际新秩序"③。事实上，道义现实主义所提倡的道义原则都是普适性的，而非民族性的，例如公平、正义、文明、诚信。④道义现实主义提出当代中国外交应当注重道义的作用，这对于显示中国政治领导力、顺利建立国际新秩序、实现中华民族伟大复兴具有十分重要的作用。

阎学通还指出，在当今时代，中国要实现民族复兴就需要在"正义"和"信义"两个方面超越美国。"正义"的具体表现是，中国在国际冲突中比美国更多地维护弱者的合法权益；而"信义"的表现是，中国有比美国更高的战略可靠性。"中国需要借鉴'仁、义、礼'三个中国古代概念，结合'平等、民主、自由'的现代政治概念，在世界上推行'公平、正义、文明'的价值观。"⑤ 可以说，道义现实主义发掘中国古代的国际关系思想，努力续延中国思想传统。与西方国际关系理论相比，它高举道义的大旗，倡导国际关系伦理对于理论建设的意义。

中国的全球气候治理观与中国国际关系理论的内在联系在于：

---

① 郭树勇：《中国国际关系理论建设中的中国意识成长及中国学派前途》，载于《社会科学文摘》2017 年第 5 期，第 44 页。

② 俞正梁、陈玉刚、苏长和：《二十一世纪全球政治范式研究》，复旦大学出版社 2005 年版，第 307 页。

③ 阎学通：《道义现实主义的国际关系理论》，载于《国际问题研究》2014 年第 5 期，第 102～128 页。

④ 阎学通：《公平正义的价值观与合作共赢的外交原则》，载于《国际问题研究》2013 年第 1 期，第 14 页。

⑤ 阎学通：《道义现实主义的国际关系理论》，载于《国际问题研究》2014 年第 5 期，第 127 页。

第一，"共生"和"共治"是追求合作共赢的理论前提。

在气候变化问题领域，各国之间是一种典型的共生关系状态，各国之间的斗争对该问题的解决于事无补。不仅如此，国家之间彼此共同存在着关联的利益、权利和责任。因此，各国的真正对手不是彼此，而是需要合作应对的气候变化带来的负面影响。由于气候变化问题的规模巨大，任何单个国家的努力对于该问题的解决都是杯水车薪。因此，各国只有实现共同治理即合作治理，通过正式或非正式的治理体系，才有可能有效应对全球气候变化问题。在这种理论前提下，全球气候治理体系内的各国一荣俱荣、一损俱损，只有同舟共济，追求合作共赢的价值目标，才能有效应对气候变化问题，实现共同利益和自身利益。

第二，公平合理体现了道义现实主义的理论逻辑。

中国在参与全球气候治理的长期实践中，已经成为核心的参与者、贡献者和引领者，中国提出具有道义因素的全球气候治理观对于中国推动全球气候治理机制的建设具有重大意义。中国的全球气候治理观内嵌着合作共赢与公平合理的道义因素，不仅更多地强调维护广大发展中国家的合法权益，而且强调在气候治理问题上言必信、行必果，确实体现了更高的可靠性，体现了道义现实主义的理论逻辑。

四、新型国际关系及人类命运共同体的理念基础

第一，气候变化问题是人类命运共同体的最好体现。

人类命运共同体在国际关系乃至整个世界政治中都是一个全新的概念。它在承认主权国家差异的前提下，强调人类的整体性，是差异观与整体观的有机结合。[1] 一方面，"当今世界，人类生活在不同文化、种族、肤色、宗教和不同社会制度所组成的世界里。"这体现了差异性。另一方面，当今世界与以往相比已经发生了深刻变化，"各国人民形成了你中有我、我中有你的命运共同体"。所谓"共同体"，就是"人们在共同条件下结成的集体，体现的是整体性、统一性"。[2] 在这样的世界上，各国人民有共同的利益，也担负共同的责任，所以命运攸关。习近平主席指出："人类命运共同体，顾名思义，就是每个民族、每个国家的前途命运都紧密联系在一起，应该风雨同舟，荣辱与共，努力把我们生于斯、长于斯的这个星球建成一个和睦的大家庭，把世界各国人民对美好生活的向往变

---

① 刘建飞：《新型国际关系基本特征初探》，载于《国际问题研究》2018年第2期，第22页。
② 习近平：《习近平谈治国理政》，外文出版社2014年版，第261页。

成现实。"①

气候变化是人类命运共同体的最好体现。一方面气候变化对各国产生的影响不同，各国在造成气候变化问题的责任和应对能力方面存在差异；另一方面没有一个国家能够幸免于气候变化带来的普遍和巨大的负面影响，包括极端高温、海平面上升等，因此世界各国在气候变化问题上休戚与共，应对气候变化是人类责任共同体的应尽义务。由于气候变化作为典型的全球性问题规模巨大，单个或者部分国家无法有效解决该问题，只有国际社会同心协力、共担责任，才能通过合作实现共赢。习近平在党的十九大报告中指出，我们呼吁，各国人民同心协力，构建人类命运共同体，建设持久和平、普遍安全、共同繁荣、开放包容、清洁美丽的世界。特别提到要坚持环境友好，合作应对气候变化，保护好人类赖以生存的地球家园。② 因此，构建气候变化命运共同体也是构建人类命运共同体的题中应有之义。

构建人类命运共同体为中国推动全球气候治理提供了深层次的理念基础，也为全球气候治理提供了中国的理念、话语、路径和愿景。③ 此外，"作为全球治理的一个重要领域，应对气候变化的全球努力是一面镜子，给我们思考和探索未来全球治理模式、推动建设人类命运共同体带来宝贵启示"④。

第二，中国的全球气候治理观是新型国际关系理念在气候变化领域的具体体现。

2014年11月，习近平主席在中央外事工作会议上指出："我们要坚持合作共赢，推动建立以合作共赢为核心的新型国际关系，坚持互利共赢的开放战略，把合作共赢理念体现到政治、经济、安全、文化等对外合作的方方面面。"⑤ 习近平还强调，推动建立以合作共赢为核心的新型国际关系。⑥

新型国际关系作为一种理念体现出许多新的特征，其中最突出的特征之一是其内嵌的伦理和道义因素。与旧的国际关系模式相比，新型国际关系强调相互尊重、公平正义、合作共赢。特别是，将公平正义作为新型国际关系的一个基本规

---

① 习近平：《携手建设更加美好的世界——在中国共产党与世界政党高层对话会上的主旨讲话》，2017年12月1日，北京。

② 习近平：《决胜全面建成小康社会 夺取新时代中国特色社会主义伟大胜利——在中国共产党第十九次全国代表大会上的报告》，2017年10月18日，http://politics.gmw.cn/2017-10/27/content_26628091.htm。

③ 李慧明：《构建人类命运共同体背景下的全球气候治理新形势及中国的战略选择》，载于《国际关系研究》2018年第4期，第14~16页。

④ 习近平：《携手构建合作共赢、公平合理的气候变化治理机制——在气候变化巴黎大会开幕式上的讲话》，2015年11月30日，巴黎。

⑤⑥ 《习近平出席中央外事工作会议并发表重要讲话》，2014年11月29日，http://www.xinhuanet.com/politics/2014-11/29/c_1113457723.htm。

范，具有极大的历史意义。根据这一规范，国家之间的关系不再完全延续"强权即公理"的法则，公平正义成为指导新型国际关系的核心原则。在这一原则的指导下，新型国际关系走出一条"对话而不对抗，结伴而不结盟"的国与国交往的新路径。[①] "大国之间相处，要不冲突、不对抗、相互尊重、合作共赢"；"大国与小国相处，要平等相待，践行正确义利观，义利相兼，义重于利"。[②] 正确的义利观坚持义利并举、义重于利，强调建立在国际公平正义基础上的普遍道义，是对中国传统义利观的创造性转化和创新性发展。

中国的全球气候治理观包含了合作共赢的要义，正是新型国际关系理念在气候治理领域的具体体现。它主张各治理主体在建设全球气候治理机制的过程中通力合作，通过更多的担当实现更多的共享，进而实现互惠共赢。这是对"多占便宜、少担责任"的传统思维模式的否定和超越，对全球气候治理机制的发展提供了重要的价值导向。

在新型国际关系和人类命运共同体的理念下，中国还致力于推进全球治理体系改革，推动变革全球治理体制中不公正不合理的安排。[③] 习近平还强调，要推动变革全球治理体制中不公正不合理的安排，特别是要增加新兴市场国家和发展中国家的代表性和发言权，推动各国在国际经济合作中权利平等、机会平等、规则平等，推进全球治理规则民主化、法治化，努力使全球治理体制更加平衡地反映大多数国家的意愿和利益。要推动建设国际经济金融领域、新兴领域、周边区域合作等方面的新机制、新规则，推动建设和完善区域合作机制，加强周边区域合作，加强国际社会应对资源能源安全、粮食安全、网络信息安全，应对气候变化、打击恐怖主义、防范重大传染性疾病等全球性挑战的能力。[④] 2014 年 6 月 28 日，习近平在和平共处五项原则发表 60 周年纪念大会上指出，"我们应该共同推动国际关系合理化。适应国际力量对比新变化，推进全球治理体系改革，体现各方关切和诉求，更好维护广大发展中国家正当权益"[⑤]。可以看出，推动变革全球治理体制中不公正不合理的安排，使其朝向更加公平合理的方向发展，是中国的全球治理观的重要组成部分。党的十九大报告进一步提出，"中国秉持共商共建共享的全球治理观"，"倡导国际关系民主化"，将"积极参与全球治理体系改

---

① 赵可金、史艳：《构建新型国际关系的理论与实践》，载于《美国研究》2018 年第 3 期，第 40 页。

② 《习近平出席中央外事工作会议并发表重要讲话》，2014 年 11 月 29 日，http://www. xinhua-net. com/politics/2014 – 11/29/c_1113457723. htm。

③④ 《习近平：推动全球治理体制更加公正更加合理》，2015 年 10 月 15 日，http://scio. gov. cn/31773/31774/31783/Document/1451784/1451784. htm。

⑤ 习近平：《弘扬和平共处五项原则 建设合作共赢美好世界——在和平共处五项原则发表 60 周年纪念大会上的讲话》，2014 年 6 月 28 日，http://politics. people. com. cn/n/2014/0628/c1024 – 25213331. html。

革和建设"。① "共商"即各国共同协商、深化交流，加强各国之间的互信，共同协商解决国际政治纷争与经济矛盾；"共建"是各国共同参与、合作共建，分享发展机遇，扩大共同利益，从而形成互利共赢的利益共同体；"共享"则是各国平等发展、共同分享，让世界上每个国家及其人民都享有平等的发展机会，共同分享世界经济发展成果。世界的命运应该由各国人民共同掌握，国际规则应该由各国人民共同书写，全球事务应该由各国人民共同治理，发展成果应该由各国人民共同分享。可以说，"共商、共建、共享"的全球治理理念，实际上是主张在国际合作中实现平等互惠，体现程序公平和结果公平。这进一步体现了中国新型国际关系和人类命运共同体的理念。

中国的全球气候治理观包含了公平合理的要义，就是上述诉求的具体体现。它不是对现有全球气候治理机制的否定，也不是主张对原有机制推倒重来或另起炉灶，而是通过共商共建来完善原有的制度安排，包括推动切实落实发达国家的气候资金承诺，2020 年后向发展中国家提供更加强有力的资金支持；加强能力建设机制，向发展中国家转让气候友好型技术，帮助其发展绿色经济；提高发展中国家的气候治理能力，加强适应问题的机制建设等，使气候治理的具体规则更加合理，更平衡地体现各方关切和诉求，更好地维护广大发展中国家正当权益，确保它们的发展空间，最终实现共享。

第四节　公平合理：基本内涵与核心问题

一、公平合理的基本内涵

先看公平。

从词义上看，《现代汉语字典》将公平解释为"处理事情合情合理，不偏袒哪一方面"。《管子·形势解》："天公平而无私，故美恶莫不覆；地公平而无私，故小大莫不载。"《汉书·杨恽传》："恽居殿中，廉絜无私，郎官称公平。"

英语中公平相对应的词是 fairness，《牛津词典》给出的基本含义是"the

---

① 习近平：《决胜全面建成小康社会　夺取新时代中国特色社会主义伟大胜利——在中国共产党第十九次全国代表大会上的报告》，2017 年 10 月 18 日。

quality of treating people equally or in a way that is reasonable”，即以平等或者合理的方式对待人。

在一般的意义上，公平是指居中，以合理的同等标准对待同样的人和事。它强调态度、规则、程序的统一性，其基本含义可以概括为两个方面：第一，以同样的态度对待同样的人和事；第二，人们在从事同样的社会活动时，必须遵循统一的规则和程序，不允许有任何例外者。①

从公平的性质来看，公平是特定主体对于客观事实的价值判断。但是对于公平的判定，并不取决于某一个体或者某一部分个体，而是取决于所有主体的合意。这种合意可以通过两种路径实现：一是所有主体授权权威性的第三方进行判断，并进而服从这种判定结果；二是由主体相互间通过商谈进行判定，需要各方主体提出意见，并进行意见的交换，最终实现合意，并具化出公平标准，使得公平状态得到实现。②

本书认为，公平的基本含义是平等互惠。平等在一般意义上是指人们地位相等或者在社会、政治、经济、法律等方面享有相等待遇。但在合作性实践中，平等还涉及参与者之间成本和收益的分配。互惠的一般含义是“互相给予好处”，基本含义是参与主体尽到自己的义务以获取收益。

平等和互惠都有两方面的规定，一方面是程序或者形式的，另一方面是实质方面或者结果的。程序或者形式方面的平等互惠意味着各参与主体的地位平等、机会均等，不存在强迫、欺诈或滥用其他一方意愿和认识的行为。实质或者结果方面的平等互惠意味着成本和收益的分配与各自的责任和能力相匹配，各方履行自身的义务以获取收益。需要指出的是，公平不是均等，对有差别的主体予以差别的对待，恰恰是为了实现实质上的平等；反之，对于有差别的人予以相同的对待是对公平的背离，最多仅是实现了形式上的平等。

在可持续发展的语境下，公平可以区分为代内公平和代际公平。代内公平是指同一代人，不论国籍、种族、性别、经济水平和文化差异，在要求良好生活环境和利用自然资源方面，都享有平等的权利。代际公平则是指当代人的发展不能危及和损害后代人生存和发展所需求的各种自然环境条件。

在上述分析的基础上，从国际治理体系的角度来看，公平的基本含义是指国际治理体系的建设得到各个国家的实质性参与，其具体的制度安排使得各国通过平等互惠的方式担负成本、分享收益。

从这种表述可以看出，一个公平的国际治理体系，首先，意味着其建构的过

---

① 刘晓靖：《公平、公正、正义、平等辨析》，载于《郑州大学学报》（哲学社会科学版）2009年第1期，第15页。

② 陈贻健：《国际气候法律新秩序构建中的公平性问题研究》，北京大学出版社2017年版，第20页。

程得到各国的平等参与，即它们具有相等的地位、机会和发言权，能够自由表达自己的意志、主张，而不存在被胁迫的现象。为建立国际治理体系而进行的国际谈判过程和程序应该是公开、透明和民主的。

其次，一个公平的国际治理体系意味着其具体的制度安排能够通过平等的方式分配应对全球公共问题的成本和收益。在国际层次，平等在最低意义上是指任何国家都不应该承担不成比例的全球性问题的有害后果和应对问题的成本。与发达国家相比，由于发展中国家应对全球问题的能力相对较弱，因此发展中国家对全球问题的脆弱性和成本分担问题成为突出问题，尤其是最不发达国家。但是从更大范围来看，平等的方式意味着各国参与国际治理体系的成本和收益的分配应该与各自的责任和能力相匹配。

需要指出的是，虽然各国都认可公平对于国际治理体系的必要性，但是它们对于公平的具体概念和衡量指标存在分歧。因此一个国际治理体系的成本和收益的分配方式通常是通过国际谈判寻求合意的结果。

最后，一个公平的国际治理体系应该是互惠的。国际治理体系应对的通常是全球性公共问题。通过气候变化、艾滋病等公共卫生挑战以及全球贫困等迫切问题不难看出，数亿生活标准低于每天两美元的人们的命运和发达国家人们的命运是相互交织的。因此，为了应对这些问题而建立的国际治理体系应该具有最低程度的同理心和互惠性。

应对气候变化问题有赖于不同层面上的集体行动，而这种集体行动的前提是保证各方得到公平的对待。在公平状态下，国际气候治理体系保证各国都能够从气候变化协议之中获得相应的利益，实现共赢，即所有国家都必须相信自己会因气候变化协议的签署而使自身的状况自然好转。① 在这里，互惠意味着利己和利他相联系，意味着各方需要对集体行动的挑战做出适当的贡献，并认可他人的利益。因此，"非零和思维"对于国际治理体系的运作是必需的。

再看合理。

合理的词义是"合乎道理或事理"。语出唐刘知几《史通·载言》："言事相兼，烦省合理。"《北史·斛律光传》："每会议，常独后言，言辄合理。"明张居正《进帝鉴图说疏》："覆辙在前，永作后车之戒，则自然念念皆纯，事事合理。"

合理在英文中的对应词是 reasonableness，其英文释义是 "the quality of being plausible or acceptable to a reasonable person"，即合理的或者可以接受的。

---

① ［美］埃里·克波斯纳、戴维·韦斯巴赫著，李智、张键译：《气候变化的正义》，社会科学文献出版社 2011 年版，第 9 页。

英文中的合理通常被理解为合乎理性（rationality）。从英语的解释中，可以看到合理与理性既有联系也有区别。在最初的哲学认识中，理性的就是合理的，合理的就是理性的。随着人类自我认知能力、水平和程度的提高，人们已逐渐认识到合理性并非简单地对应及等同于理性。尽管合理性与理性具有相似的词根，但合理性中原有的"理性"内容已经逐步泛化为一般意义上的"标准"的含义，理性作为合理性的唯一标准也开始被更多的标准取代。合理的内涵也有别于作为描述性概念的理性。[①] 理性是就人自身的内在本性或能力而言的，而合理是就对象之合乎秩序或合乎目的性而言的，具有公共性。理性是主体的特征，而合理性是被考察的对象的特征，是从人的目的出发对人的行为及其结果的理性评价、约束和规范。

哈贝马斯认为，传统意义上的那种全职全能的理性已经失落，理性不再是人类生活的主宰，不再是绝对真理的代名词，因为"合理的不再是世界本身呈现出来或主体设计，或从精神的形式过程中产生出来的事物的秩序，而是我们在与现实打交道时解决问题的方法"[②]。也就是说，一方面，理性不应再是人类生活的唯一标准和尺度，需要为人的自由意志和情感留出应有的空间。另一方面，随着人类理性认知程度的提高，具有实体形态的理性已经作古，其只是工具意义上和方法上的合理性而已，即被作为与"恰当的方法"同义的东西被强调。[③]

因此，合理性不仅有合理理性之解，还有合理的特性之意。前者的要点在于如何确认理性，不同时代、民族及不同的阶级与阶层对理性有不同的观念。后者则重在追问什么是合理的，表现为对事物的存在或人的活动是否应当、正当、可取、有益的认识与评价。

有的学者根据已有的研究成果和倾向，将合理性大致归纳为三种理想模式与类型：一是工具—目的的合理性，亦称工具合理性。它仅考虑达到目的工具、手段的可行性和有效性，而不考虑目的本身合理与否。二是价值合理性。它注重对目的本身的合理性进行反思，其途径是从人的价值、利益、手段及边际等考察目的合理与否。三是实践合理性。这是由马克思实践的唯物主义中所内生出的一种新的和更高的合理性的认识模式，即基于人、实践及人生的无限丰富和自由解放，对包括人的所有实践活动在目的与手段、活动与结果、长远与近期、理论与实际方面进行理性规范。从这个意义和高度着眼，可以把实践合理性理解为是人

---

① 樊勇、高筱梅：《理性之光：论发展的合理性及西部地区合理发展》，云南大学出版社 2011 年版，第 27～28 页。

② ［德］哈贝马斯：《论现代性》，引自王岳传、尚水编：《后现代主义文化与美学》，北京大学出版社 1992 年版，第 20 页。

③ 樊勇、高筱梅：《理性之光：论发展的合理性及西部地区合理发展》，云南大学出版社 2011 年版，第 24 页。

从自身的目的、需要出发，根据对客观世界所做的正确认识，进行满足人类整体和长远的利益或生存、发展需要的实践活动能力。实践合理性的目的不在于追问人"能够做什么"，而是追问人"应当做什么"和"如何做什么"。前者是人的实践能力的尺度，后者则是对人的实践能力的理性审视。[①]

在以上分析的基础上，本书认为从国际治理体系的角度看，合理的基本含义是合乎伦理、合乎规律、实践可行。对国际治理体系而言，合理性是指国际治理体系的具体制度安排既合乎国际社会所珍视的主流的价值规范，又合乎和反映国际体系的基本规律，尤其是尊重和反映国际政治及国内政治的差异与联系，考虑到国家之间事实上的差异，并且在实践上具有现实性和可行性。其中，本书特别强调可行性。可行性从维度上看，主要包括经济、政治、能力等方面。在特定的条件下，严格的经济学意义上的合理性可能是最重要的，而在其他条件下，政治方面的合理性可能起到关键作用。政治合理性是指一项特定的国际治理体系在国际政治和国内政治层次上得到接受的可行性。这种可行性主要体现在两个方面：一是国际政治层次；二是国内政治层次。国际政治层次的可行性意味着至少对以下因素的考虑：无政府状态的国际结构、主权原则、参与主体之间的权力、资源和决策权威的分配。比如，如果一项国际治理体系采取严格的自上而下的实施机制，则国家会因为担心其主权受到侵犯而拒绝接受。国内政治层次的可行性主要是指国际协议得到国内接受、批准和履行的可能性，因为国内政治能够影响国家参与、遵守国际协议的情况。能力可行性是指一项特定的国际治理体系的构建、变迁应该与相关参与主体的能力相匹配，这种能力包括但不限于对气候变化科学的评估能力、参与国际谈判的能力和履约能力、适当的经济发展水平等。如果一项多边环境协议对义务的规定超出了缔约方的能力，则这样的多边协议很难得到通过、生效或者履行。

在国际治理体系的背景下，公平与合理作为两种基本原则或者标准，既相互联系又有所区别。一个好的国际治理体系，应该是公平又合理的。两者相互补充、互相配合，缺一不可。但是无论从理论还是实证的层面，都存在着一种可能的情形，即国际治理体系公平但不合理或者合理但不公平。在已有的研究成果中，对国际治理体系的公平性探讨得比较多，但对合理性探讨得比较少。在公平合理两者之中，一方面，公平对于合理具有价值上的优先性，对于国际治理体系而言，公平是需要优先考虑的价值根据之一；另一方面，合理不可或缺，它使主权原则下的公平成为可能，否则公平原则就难以具有现实性，国际治理体系就难

---

① 樊勇、高筱梅：《理性之光：论发展的合理性及西部地区合理发展》，云南大学出版社 2011 年版，第 27～28 页。

以建立和运作。

国际治理体系的公平合理性具有以下特征：第一，社会历史性。公平合理性的标准和其他一切标准一样，都是在一定的认识、思想发展阶段和社会发展阶段下的产物，其标准受一定的物质生产方式、社会上层建筑的影响和制约，随着人类认识水平、伦理水平及社会发展水平的变化而变化。这种社会历史性也表明其具有一定的相对性。第二，开放动态性。公平合理不是先天给定、永恒不变的，而是通过具体政治、经济、科技及文化等社会环境中的社会主体行为相互协调逐渐趋于完善。简言之，其内涵、内容及标准等随社会主体间社会交往与联系的改变而变化。不仅如此，公平合理性在人类历史的纵向和横向上兼容并包着人类社会政治、经济、科技及文化的共同成果，不同主体在对公平合理性的认识、评价标准的制定上，常存在着共同点。第三，主观性。公平合理性主要是价值判断和选择问题，虽然在很大程度上受到事实认定问题的影响，但需要在特定的事实认定的背景下，对价值做出选择和协调，因此具有主观性，不同身份的参与方对其内涵和判定标准的理解不尽相同，甚至存在分歧。在国际气候谈判的背景下，公平合理的适用标准具有多样性，很难科学地证明某些公平合理的标准比其他标准更加正确。事实上，关于谈判中的公平性的各种研究表明，谈判主体倾向于援引最符合他们自己利益的公平原则。因此，只有通过谈判主体间的合意，才能确定相应的公平性标准。第四，公共性。公平合理不是就单独、国家个体间的偶然利益交换意义上而言，而是就国际治理体系结构的客观、普遍、必然意义上而言。即这个国际治理体系结构本身，能够给参与其中的国家提供一个公平合理的互动平台和背景。既不是绝对无私，也不是绝对自私，而是介乎两者之间的中道状态。其目的是达到一种制度化解决方案，以使国家可以从中找到公共问题的共同解决方法，并充分考虑彼此间的差异。

二、公平合理的国际气候治理体系：核心问题

国际气候治理体系是国际社会为了应对气候变化问题而采取的各种努力方式的总和。该体系的具体要素将在下文详细分析。从公平合理的角度考察国际治理体系，实际上是看该体系通过什么样的方式来体现平等、互惠、可行的原则和特征，其核心的问题是看该体系如何区分不同国家的责任和义务。它涵盖全球气候变化治理的全部领域和各个环节，包括减缓、适应、能力建设、支持机制，聚焦在以下三个方面的问题：责任、能力、权利。

（一）责任

与世界主义的国际关系伦理观不同，本书认为国际治理体系的伦理主体是国家，但并不必然排除非国家行为体，如企业的责任。但是相比之下，国家责任是一个更加现实的分析层次。在国家之间建立责任的因果归因要比在个人或者企业层次上更加可行。此外，国家责任是一个已经确立的原则，反映了对国家作为国际关系结构性要素的重要性的道德共识。

在气候变化领域，责任通常被认为包括两个方面的含义：一是造成气候变化的责任；二是应对气候变化的责任。

前者主要是指历史责任。历史责任是指国家对全球温室气体存量的贡献多少。《联合国气候变化框架公约》并没有明确采用"历史责任"这一术语，但是确立了世界各国之间的"共同但有区别的责任"，这暗示着气候变化的当前和历史因果责任应当在确定不同国家应对气候变化的责任方面发挥作用。[①]

从国家而不是个人或个人群体的角度来看，历史排放可以帮助确定气候变化的因果责任。但是，许多发达国家虽然承担较大的因果责任但将受到气候变化相对小的负面影响；另外，一些发展中国家承担较小的因果责任，但可能因气候变化而遭受重大的破坏。这种不对称性产生了以下公平合理的问题，即如何从正义的角度考虑当前和未来全球排放的适当水平？当代人之间的排放如何分配？以及历史排放在分配全球义务中的作用如何？

一些学者之所以主张责任不仅包括现在的排放责任，也应包括历史排放责任，其理由有三：首先，气候变化是历史排放累积的结果。其次，排放到大气中的温室气体总量必须得到限制，并因此构成了一个有限的共同资源（碳预算）。这种资源的使用者，不管是当前还是历史上，都应该对损耗这种资源和妨碍他者的使用负责。最后，历史排放产生的收益，如财富、固定资本、基础设施和其他资产，构成了一笔遗产。它部分建立在消费一种共同资源的基础上，而这种共同资源应该得到偿付。当前一代人获得的收益使其有能力进行偿付。因此，这种观点涵盖的责任概念既包括过去也包括当前。不仅如此，如果传统的发展模式和排放模式继续，一些当前累积排放较低的国家的相对责任将会在 21 世纪中叶赶上并超过当前责任较高的国家。这种预测标明，国家之间责任的相对分配会随着时间的变化而发生巨大变化。因此一种责任分配框架应该动态地反映变化的现实，

---

① IPCC. Working Group Ⅲ Contribution to the Fifth Assessment Report of the Intergovernmental Panel on Climate Change, Climate Change 2014 Mitigation of Climate Change, Cambridge University Press, 2014, P. 217.

才能贯彻伦理原则。[①]

从分配正义的角度看，责任在理论上确实既应包括现在的排放责任也应包括历史排放责任，因为如果关心个人一生中产生排放活动的利益分配，就应该包括现在人们从自己产生排放的活动中得到的利益。此外，现在的人们从出生或受孕以来就受益于过去人们的排放行为。因此，由于过去的排放量，他们生活得更好，任何分配正义的原则都应该考虑到这一点。[②]

但实际上，国际社会在这个问题上存在分歧，在适用的时候存在困境。

第一，有的国家反对考虑历史排放责任，认为由于当代人对他们祖先的行为没有影响，因此不能对他们负责；还有的观点认为当代人也可以免除责任，理由是他们并不能预料他们的排放会产生有害的后果。

第二，在国际层次确定排放的责任以分配应对的责任也面临着方法上的问题。除了关于数据获得性和可靠性的标准问题外，也有与平等相关的问题。例如，对于历史排放，应该追溯到多远的过去，存在不同的观点。一种观点认为最早应该追溯到 20 世纪 90 年代，即 IPCC 第一份评估报告发布和全球气候治理机制建立的时期。其他的观点则认为应该追溯到更早，即气候变化被最初确认为是一个问题的时期以及温室气体被认为是一个需要对之采取政策行动的污染物的时期，比如 20 世纪 60 年代或 70 年代。其他的观点则认为应该追溯到更早，例如工业化革命开始时期，因为不管是否存在关于气候变化的相关知识和国际机制，气候变化造成的损害是一直存在的。[③]

第三，从法律的角度看，历史责任是一个模糊的概念，缺乏必要的精确性。此外，责任的概念也通常与污染者付费原则紧密联系，即认为国家应该对它们排放的温室气体负责。污染者付费原则的基本目的在于"通过明确污染者对于污染预防、控制和治理等方面的责任，促进环境问题的公平解决和推动可持续发展目标的公平实现"[④]。但适用这一原则的前提是在法律上确定排放温室气体属于污染行为。但能否将温室气体排放等同于传统意义上的污染行为，仍存在法律上的争议。[⑤]

此外，每个国家排放的责任通常是指这个国家领土范围内排放的温室气体。随着国际贸易日益重要，一种观点认为国家的排放责任应该包括该国消费的国际贸易商品包含的排放。总体上看，发达国家是排放的净进口国，而发展中国家是净出口国。这也受到其他因素的影响，例如进出口碳密集产品。许多分析者认为

---

①②③　IPCC. Working Group Ⅲ Contribution to th Fifth Assessment Report of the Intergovernmental Panel on Climate Change，2014，P. 217.

④　柯坚：《污染者负担原则的嬗变》，载于《法学评论》2010 年第 6 期，第 82 页。

⑤　陈贻健：《国际气候法律秩序构建中的公平性问题研究》，北京大学出版社 2017 年版，第 45 页。

并非所有转化成责任的排放都是等同的，它们可以分为生存排放、发展排放、奢侈排放。① 这也为责任的确定带来了困难。

可以看出，责任虽然是国际气候治理体系建设过程中非常重要的一个问题，但是对于责任的基本含义和维度及其应有的地位存在分歧。从公平合理的角度看，责任问题意味着国家为应对气候变化问题做出的贡献应该与其排放责任成正比。即排放责任越大，其贡献应该越大。历史责任显然是衡量单个国家排放责任的重要指标。

（二）能　力

能力是国际气候治理体系构建过程中另一个需要考虑的核心问题。能力往往和历史责任一起被提出来，作为要求发达国家因为具有更大的能力而有义务承担更多责任的依据之一。

在全球气候治理中，能力是国家之间分配基本义务的标准之一。《公约》第3条明确规定"各自能力"是各国采取行动的依据之一。但是《京都议定书》更多地以历史责任作为依据。德班会议的决议重申了能力标准，并要求在考虑减缓行动多样性时注意"发展中国家的不同国情和各自能力"。《巴黎协定》下各国都需要基于本国的能力和国情提交自主决定的贡献。

对能力因素的考虑，既是对国家之间存在能力差异的反映，也是确保国际气候治理体系公平合理的重要维度。但是从国际气候治理体系的制度设计来看，也存在着很多有争议的问题：

首先，能力的具体内涵是什么，如何衡量能力，国际社会并没有形成明确共识。如果说责任的衡量标准相对单一，那么能力的衡量指标更为多元。国内生产总值通常被作为衡量各国能力的标准。但是应对气候变化的能力远远不止财政能力，还包括了国家应对气候变化问题的其他方面，例如科学的、技术的、行政的能力以及人力资源方面。人类发展指数是在国家收入之外需要额外考虑的能力指标。从广义上说，能力还包括减缓的潜力，即存在减少排放的技术—经济机会，例如拥有可利用的可更新能源资源或者存在高碳基础设施被取代的可能性，甚至包括碳汇、转换能源系统的能力和提高能源效率或减少能源使用的可能性等。

但实际上，应对气候变化所涉及的能力范畴要宽泛得多。在一般意义上，经济发展水平和技术水平当然可以作为国家在气候变化问题上进行合作的能力指标。因为只有经济发展才能使国家分配新的资源来进行气候变化科学研究，进行

---

① IPCC. Climate Change 2014 Mitigation of Climate Change, Working Group Ⅲ Contribution to the Fifth Assessment Report of the Intergovernmental Panel on Climate Change, 2014, P. 217.

制度安排，设置专门机构和人员进行气候治理。减缓和适应气候变化也需要运用高效、实用的技术。但是从国家参与全球气候变化治理具体的能力需要的角度看，包括四个基本的方面：气候变化的科学研究和评估能力、国际气候变化谈判能力、国家应对气候变化方案和政策的制定能力以及履行国际承诺和相关政策的能力。第一类能力包括国家理解气候变化的科学本质，评估这一问题对当地的影响及任何减缓和适应政策的社会经济含义的能力。第二类能力是指参与国际气候变化谈判的同时表达和保护国家利益的能力，具体包括议程设置、规则制定和话语能力等。第三类能力是指国家制定相应的气候变化应对方案和政策的能力，这既包括制定与气候相关政策的能力，如能源政策、环境政策等，也包括制定专门的气候变化政策的能力。第四类能力是指有效地履行减缓或者适应气候变化的国际承诺或国内政策的能力。很多时候，上述第三类能力和第四类能力是紧密联系在一起的，因为制定气候变化政策本身就是国家履行国际和国内承诺的组成部分。[①]

正因为如此，能力的衡量标准难以建立在单一的指标基础之上。即使可以使用单一指标，也存在着很大的争议。例如，即使是在国民生产总值和人均国民生产总值之间做出选择，就已经存在着较大的争议，更不用说将更多的指标包括进来。

其次，从公平合理的角度看，国际气候治理体系要考虑到国家的不同能力。这一方面体现在应该使国家为应对气候变化问题做出的贡献与其能力成正比。即能力越大，其贡献应该越大。而这种贡献不仅包括要承担自身的义务，还包括要向发展中国家缔约方提供支持与援助。但是在实际的适用过程中，那些能力最大的国家提出的义务分担方案会受到国家利益、国内政治等因素的影响，而接受支持和援助的国家需要对本国和他国的能力具有准确和动态的了解。这就使得能力标准在国际气候治理体系的适用也变得非常复杂。

（三）权利

权利首先包含发展的权利。发展权在一般意义上是指"个人、民族和国家积极、自由和有意义地参与政治、经济、社会和文化的发展并公平享有发展所带来的利益的权利"。1979年，第三十四届联合国大会在第34/46号决议中指出，发展权是一项人权，平等发展的机会是各个国家的天赋权利，也是个人的天赋权利。1986年，联合国大会第41/128号决议通过了《发展权利宣言》，对发展权

---

① 薄燕：《合作意愿与合作能力——一种分析中国参与全球气候变化治理的新框架》，载于《世界经济与政治》2013年第1期，第146页。

第二章　构建公平合理的国际气候治理体系：理论与实践

的主体、内涵、地位、保护方式和实现途径等基本内容做了全面的阐释。1993年的《维也纳宣言和行动纲领》再次重申发展权是一项不可剥夺的人权，从而使发展权的概念更加全面、系统。

《公约》承认可持续发展的权利，确认"经济和社会发展以及消除贫困是发展中国家首要的和压倒一切的优先性事项"。

发展与排放密切相关。在全球气候治理的背景下，各方争论的焦点一度是排放权的分配，即各国可以在未来一段时间内获得多大的碳排放空间。在这个问题上，平等主义理论基于所有主体享有平等的生存和发展的权利，认为可以从两个层面加以理解：一是国家层面上的平等主义，即各国享有平等的权利。二是个体层面上的平等主义，即以人均法来进行排放权的分配：每一个人不管国籍、性别、年龄、能力如何，都有权利获得同等数量的排放份额。这一排放原则得到了许多学者的赞成。印度学者阿贾韦尔和纳瑞恩认为，地球吸纳温室气体的能力属于全球公共财富，这种公共财富应以人头为基础来平等地加以分配。[1] 国际环境伦理学学会前任主席杰姆森指出："在我看来，最合理的分配原则是这样一条原则，它直接主张，每一个人都拥有权利排放与其他人同样多的温室气体。我们很难找到理由来证明，为什么作为一个美国人或澳大利亚人就有权排放更多的温室气体，而作为一个巴西人或中国人就只能获得较少的排放权利。"[2] 辛格更是明确地指出："对于大气，每个人都应拥有同等的份额。这种平等看起来具有自明的公平性……在没有别的明确标准可用来分配份额的情况下，它可以成为一种理想的妥协方案，它可以使问题得到和平的解决，而不是持续的斗争。还可以进一步论证的是，它也为一人一票的民主原则进行辩护提供了最好的基础。"[3] 但有发达国家学者对此持反对态度。美国法学家波斯纳和孙斯坦认为，在人均法之下，如果存在总量的限制，发展中国家由于大量的人口而获得较高的排放份额，发达国家就必须向发展中国家购买大量排放权，从而导致一国财富向其他国家的转移。这种转移是发达国家缔约方国内不能接受的。[4] 波斯纳等学者还认为，人均排放权并不意味着最终每个个体享有平等的排放权，排放权仍是由政府进行分配的。此外，人均排放权会激励人口较少的国家鼓励生育，并使得合理施政、推

① Anil Agarw al and Sunita Narin. Global Warming in an Unequal World: A Case of Environmental Colonialism. New Delhi: Center for Science and Environment, 1991, P. 13.

② Dale Jamieson. Adaption, Mitigation and Justice, in Walter Sinnot – Armstrong and Richard B. Howarth ed., *Perspective on Climate Change: Science, Economics*, Politics and Ethics. Amsterdam: Elsevier, 2005.

③ ［美］彼得·辛格辛格著，应奇、杨立峰译：《一个世界：全球化伦理》，东方出版社2005年版，第34页。

④ Eric A. Posner, Cass R. Sunstein. Climate Change Justice, *The Georgetown Law Journal*, 2008, Vol. 96, P. 1608.

动经济发展的政府受到隐形惩罚。[①]

也有学者认为，虽然这种从个人排放权利角度进行分配的方案是基于伦理学理由而且简单易行，但是它的政治可行性非常低。因为要这样做就需要相对于现状进行大规模的重新分配。如果以将来某个时段的人数作为分配排放份额的基数，那么，这就会激励各国想方设法增加人口。这样，人口增加的国家就会给人口不增加的国家带来额外的负担。如果以现行的人口数量作为分配的依据，那么，那些年轻人比例较高且即将进入生育高峰的国家又将处于不利的地位。这种方案也完全忽视了发达国家自工业革命以来大量排放温室气体的事实，把它们的历史责任一笔勾销了，违背了历史责任原则和"污染者付费"原则。此外也会使发展中国家面临较大的发展压力。这无疑是不公平的。[②]

与权利相接近的是需要的概念。需求的基本内涵是必须对部分国家予以特殊照顾，并对其要求和特殊情况进行优先考虑。需要主要是针对发展中国家，它假定满足贫穷人民和贫穷国家的基本需求的利益是全球性的优先问题。从《公约》前言、第8条以及有关资金技术方面的规定看，发展中国家的需求包括"实现经济可持续增长和消除贫困"、降低脆弱性以及资金和技术等方面的支助。

在上述背景下，一方面，发展中国家为了实现发展需要一定的碳空间，因此需要公平地分配这种稀缺资源；另一方面，显然发展中国家当前还无法立即减少温室气体排放需求，这里既有技术和资金成本的原因，也因为目前这些国家无法获得或难以获得减少温室气体排放的技术。当然，对碳排放空间的需求并不能等同于有权利通过排放给地球造成污染。发展中国家因为需要发展，因而需要增加排放，但这并非意味着发展中国家希望一直维持高排放的增长方式。因此，能够公平地进行可持续发展所涉及的一方面是获得碳空间，另一方面则是实现可持续发展所需的时间。向低碳和能抵御气候变化的经济及社会转变需要一定的时间，而公平原则能够提供时间来实现这种转变。对所有的发展中国家来说，有足够的时间去发展至关重要，因此它们需要处理的首要问题仍然是消除贫困和实现发展。[③]

《公约》目的部分已经反映出这两者之间的平衡，即"将大气中温室气体的浓度稳定在防止气候系统受到危险的人为干扰的水平上"。《公约》第2条中的第2句则明确界定了实现该目的所需的各种条件，包括生态、社会（粮食）和经

---

① ［美］波斯纳、韦斯巴赫著，李智、张键译：《气候变化的正义》，社会科学文献出版社2011年版，第166~173页。

② 杨通进：《全球正义：分配温室气体排放权的伦理原则》，载于《中国人民大学学报》2010年第2期，第5~6页。

③ 基础四国专家组：《公平获取可持续发展》，知识产权出版社2012年版，第4~5页。

济因素的时间范围，即实现可持续发展所需要的时间。在进行温室气体减排时，必须考虑发展的权利。正如"基础四国"部长们所强调的，"必须在可持续发展的背景下讨论公平获取碳空间的问题，可持续发展权是气候变化制度的核心，（要保证这种权利）需要采取极具雄心的资金、技术支持和能力建设行动"①。

对权利的广泛讨论还包括当代人对后代人所承担的一些道德义务以及后代人对当代人的权利。合理承认未来或过去几代人拥有相对于当代人的权利，这表明了对正义的广泛理解。后代人的基本权利包括生存、健康权和生存权，当温度超过一定水平时，这些基本权利可能会受到侵犯。然而，当代人可以通过以合理的成本限制他们的排放来减缓温度的上升。因此，当代人应该减少排放量，以履行对子孙后代的最低义务。还有的学者声称，由于代际关系的特殊性，后代人不能拥有对当代人的权利，而后代人因为今天不能行使权利而无法拥有权利。其他人则指出，非同时代人之间的互动是不可能的。②

总之，无论从学理的层面还是实践的层面，构建公平合理的国际气候治理体系，核心的问题都是在承认各国权利平等和互惠的基础上，如何通过与各国责任和能力相匹配的可行方式分配各国应对气候变化的成本和收益。

不难看出，上述讨论主要是从各国在气候治理中的义务和利益的分配角度探讨公平合理性，也被称为"分配正义"。除此之外，还存在另一种实现路径，即"矫正正义"。其基本含义是造成损害的主体有责任对受损害的一方进行修补和赔偿，使不平等状态恢复到初始的平等状态中去，这是对初次分配不公平的矫正，称为矫正正义。在气候变化的语境下，矫正正义强调发达国家的温室气体排放行为，损害了其他国家的生存与发展。对于那些受气候变化影响较为严重的国家和地区，可以根据矫正正义要求温室气体主要排放国停止危害、提供资金和技术支持以应对气候变化。发展中国家和落后地区的历史累积排放和人均排放都非常低，为解决最基本的生存和发展问题，需在一定时间内增加排放。发达国家有义务通过资金和技术转让，帮助发展中国家避免重走工业化国家高能耗、高污染的老路，提高应对气候变化的能力。因此，矫正正义不仅是发达国家对其挤占发展中国家排放空间的一种补偿，也是实现气候治理的共同目标，以及落实气候正义的需要。③

---

① BASIC. Joint statement issued at the conclusion of the Fourth Meeting of BASIC Ministers. 26 July 2010. Rio de Janeiro.

② 基础四国专家组：《公平获取可持续发展》，知识产权出版社 2012 年版，第 4～5 页。

③ 曹明德：《中国参与国际气候治理的法律立场和策略：以气候正义为视角》，载于《中国法学》（文摘）2016 年第 1 期，第 33～34 页。

三、考察方法与路径

在国际治理体系的研究中，有两种基本的研究路径。一种是规范取向的。这种路径虽然对国际治理体系的规范进行了精细的辩论和分析，但这些工作并没有将政治原则的分析与政治进程的经验理解成功地结合起来。因此虽然这些工作极具哲学上的复杂性，但其经验的基础却很薄弱，导致经过规范审视的政策仍然有可能无法实施。另一种则是经验取向的政策研究。在该领域，许多学者常常诉诸大量的经验分析，然后提出行动的建议，却对方案的规范性没有表现出应有的重视。

本书对规范研究和经验研究持有兼容并蓄的态度，其基本的研究方法是将规范研究与经验分析整合起来。一方面，对国际治理体系的探讨必须正视公平合理等规范性问题，否则有关国际治理体系的研究仍然是残缺不全的。另一方面，必须加强对国际治理体系的经验研究，考察在现实政治的约束下国际治理体系如何在国际伦理的道路上有所前进？国际治理体系如何在政治现实与伦理要求之间做出权衡？如何在多种冲突性或竞争性的伦理要求间进行取舍？这种研究通过考察国际气候治理领域的具体议题，将问题置于现实情景中，力求得出道德上合意、现实中可行的政策结论。

因此，本书的基本着眼点是对国际气候治理体系的构建做出何者为善、何者可能的分析。在此情况下，讨论集中在国际气候治理体系应该做些什么以及实际存在的治理体系如何运作。对国际气候治理体系的分析，必须将规范和经验的表述糅合为建构性的阐释。换句话说，分析该治理体系应该怎么做以及实际如何做，这些问题同等重要。

综上所述，本书在对国际治理体系应该如何做出分析的基础上，接下来将对国际气候治理体系的要素和运作做出考察。然后将依照公平合理的规范标准，对国际气候治理体系的既存安排进行评估，对未来可能的发展趋势做出预测。

考察的对象主要包括两个方面：一是国际气候治理体系的谈判和决策程序；二是国际治理体系的原则与规则。这些原则与规则主要包含在《公约》《京都议定书》和《巴黎协定》等核心的多边气候协议中。具体地说，包括"共区原则"以及在减缓、适应、资金和技术支持、能力建设、约束和激励等领域的具体规则等。

本章主要是从中国的角度出发，在国际气候治理体系已经建立并运作了近三十年的背景下，从总体上考察这一体系的公平合理性。鉴于此，根据前文对基本概念和核心问题的界定，我们的考察重点包括以下几个方面：一是现有的国际气候治理体系内蕴着怎样的公平原则和合理原则，它们的基本内涵与意义是什么。二是该体系主要采取什么形式，来适用这些原则，尤其是在减缓责任的分配这个核心的问题领域，这种方式本身经历了怎样的演变？反映了国际气候治理体系在公平合理性方面怎样的发展趋势和特征？三是考察现有国际气候治理体系在公平合理性方面存在着怎样的不足？其基本的发展趋势和前景如何？

由于公平合理的历史性、动态性、主观性和公共性等特征，对国际气候治理体系的公平合理性作出规范性评估难度是很大的。为此，除了直接的考察外，我们也借用一些间接的指标来进行评估，如普遍性、遵约情况、灵活性等。普遍性涉及参与国际气候协定的缔约方数目、地理覆盖范围或所涵盖的全球温室气体排放份额，遵约情况主要指缔约方是否遵守协定的规定，而灵活性涉及国际治理体系能否及时对变化的情况作出反映和调整。它们作为国际气候治理体系的晴雨表，能够间接反映该体系的公平合理性。

第五节　国际气候治理体系的公平合理性

一、谈判和决策程序的公平合理性

（一）谈判程序及相关机构设置

国际气候治理体系的建设过程主要通过联合国框架内的多边气候谈判进行，具体来说是联合国气候大会。联合国气候大会主要是指《公约》《京都议定书》《巴黎协定》的缔约方大会。

联合国气候大会具有高度的开放性，有助于提高全球气候治理机制的有效性。联合国气候大会本质上是一个政府间多边气候谈判的会议，国家缔约方是绝对的主角，但是联合国气候大会本身具有的开放性，使得它日益成为多元行为体参与的盛会，允许并鼓励非国家行为体的参与，自下而上地推动全球气候治理机制的发展和完善。各类政府间国际组织、非政府组织、企业、媒体等对联合国气候大会更大规模和更高程度的参与，有助于《公约》进程集合各种行为体的力量和优势，催化和创新气候治理的崭新实践形式，提高全球气候治理机制的合法性和有效性。

联合国气候大会的谈判程序和机构设置具有较高的公平性和合理性。

从程序上看，有关缔约方大会的计划连同其他的政府间进程的安排通常由秘书处与缔约方在每年五六月的会议上磋商后制定。《公约》《京都议定书》和《巴黎协定》缔约方大会通常在每年的 11 月末或者 12 月初期到中期举行，连同附属机构会议、谈判特设工作组会议以及额外的筹备会议和技术性专题讨论会，会期为两周时间。第一星期的会议一般集中在附属机构和特设工作组的技术性会议。第二星期包括一个高级别会议，各国部长们通常会发表讲话，并就会议达成的预期结果积极进行谈判。高级别会议通常旨在就主要的政治问题而不是谈判细节达成共识，并昭示《公约》进程的优先事项和确保谈判动力。在这个过程中，政治可行性成为更重要的影响因素。

在缔约方大会开始之后，缔约方选举一个主席主持会议，主席通常由主办会议的国家部长或者高级官员担任。在缔约方大会正式全会上，分别讨论议程事项问题，并通过相关的议程和组织工作。全会是《公约》《京都议定书》和《巴黎协定》的最高决策机构。缔约方大会随后会把很多议程事项送交附属机构以推动进程，解决分歧和达成协议。还有一些议程上的事项并不送交附属机构，而是由缔约方大会进一步考虑，在决议草案和结论的基础上形成反映缔约方共识的草案文本，并推动这些草案文本在缔约方大会结束时获得通过。附属机构或者缔约方大会考虑议程事项时，议题通常会送交更小的、更加不正式的工作小组，如接触组（contact groups）和非正式磋商组（informal consultations）。它们更适合于对具体的文本展开工作。在这些会议上，各国家派出的谈判代表试图就反映所有缔约方观点的决议草案达成共识。非正式小组一旦达成决议草案，就会向其中一个附属机构或者某个特设谈判组寻求批准，随后会在缔约方大会全体会议上寻求最后通过。如果缔约方不能在小的谈判组达成协议，草案文本将被提交缔约方大会进行进一步辩论。对于一些政治上敏感的事项来说，大会主席通常会组织进一步磋商，以达成最终的协议。

在缔约方大会的最终会议上，主席会呈交谈判的结果——包含有决议草案和结论的文本，在全体会议上寻求缔约方的批准和通过。缔约方大会通过的决议组成了《公约》《京都议定书》和《巴黎协定》详细的规则体系，旨在实际和有效地履行这些国际条约。

从上述谈判程序可以看出，全会充分体现了缔约方参与的普遍性和平等性，程序呈现公开和透明的特征，而采用接触组和非正式磋商组等形式有助于更加灵活和可行地谈判和磋商，能够充分反映所有缔约方的观点。对于分歧或者政治上敏感的事项，大会能够充分注意并组织持续的和进一步的磋商，这使得整个谈判过程具有较好的公平性和合理性。

从机构设置上看，缔约方大会是全球气候治理机制的最高决策机构，具有广泛的代表性和普遍性。《公约》的所有缔约方都参加缔约方大会，以审查《公约》的履行情况以及采纳的其他法律工具，并做出必要决策来推动对《公约》的有效履行。《公约》缔约方大会也作为《京都议定书》的缔约方大会，评估议定书及其决定的执行进展，并做出提高《京都议定书》实施的决定。《公约》缔约方大会从 2016 年起也开始作为《巴黎协定》的缔约方大会，它监督《巴黎协议》的履行并做出决议以推动该协定的有效履行。

在缔约方大会之下设有《公约》《京都议定书》和《巴黎协定》缔约方大会主席团。主席团通过提供建议和指导来支持《公约》《京都议定书》和《巴黎协定》的实施，内容涉及当前的工作、会议的组织和秘书处的运作等，尤其是在缔约方大会休会期间。主席团成员由联合国五大区域集团和小岛屿发展中国家提名的代表选举产生，体现了公平性。

在主席团下设有两个常设附属机构，即科技咨询附属机构和执行附属机构。前者通过及时提供与《公约》《京都议定书》和《巴黎协定》相关的科学和技术问题的信息，后者通过对《公约》《京都议定书》和《巴黎协定》履行情况的评估和审评，来支持《公约》《京都议定书》和《巴黎协定》的工作。这两个附属机构通过对科学和技术问题的科学和技术支撑以及对履约情况的专业评估和审评，保障国际气候治理体系构建和运作的技术可行性。

《公约》规定设立秘书处，其职能包括：安排缔约方会议及附属机构的各届会议，并向它们提供所需的服务；汇编和转递向其提交的报告；编制关于其活动的报告，并提交给缔约方会议；确保与其他有关国际机构秘书处的必要协调；在缔约方会议的全面指导下订立为有效履行其职能而可能需要的行政和合同安排等。《公约》秘书处在《公约》《京都议定书》和《巴黎协定》缔约方大会的指导下致力于实现《公约》的目标。

秘书处早期的主要任务是支持政府间气候变化谈判。在联合国气候大会召开期间，公约秘书处向所有参与谈判的机构提供支持，连同缔约方大会主席团，作为向大会主席提供建议的执行机构，发挥了重要的作用。《京都议定书》的生效使得秘书处朝着技术化、专业化的方向发展，例如在国家报告与审评、土地使用、土地使用的变化以及林业等方面发挥重要作用。当前秘书处很大一部分工作涉及对缔约方所报告的气候变化信息和数据的分析和评估。

总之，秘书处向《公约》谈判和相关机构提供组织上的支持和技术上的专业知识，便利有关《公约》和《京都议定书》履行的权威信息的流动，包括发展和有效履行减缓气候变化、驱动可持续发展的创新方法等。

（二）决策程序

以《公约》为基础的国际气候治理体系实行协商一致的决策程序。

"协商一致"一般是指经充分协商且无须投票而达成一般合意的一种国际组织或国际会议的表决制度。其法理解释是没有成员正式提出反对。协商一致作为一种决策程序，在全球治理的多边进程中得到广泛应用。联合国第三次海洋法会议是"协商一致"表决制度确立的标志。第三次海洋法会议议事规则附录中有这样的表述，"会议应做出各种努力用协商一致方式就实质事项达成协议，且除非已尽一切努力而达不成协商一致，不应就这种事项进行表决"。世界贸易组织在明确规定的事项（争端解决机制采用"反向协商一致"规则）外，均采取"协商一致"表决制度。可以说，《建立世界贸易组织的马拉喀什协议》是第一部明确地界定"协商一致"的国际条约。该协定第 9 条的"注 1"规定："WTO 应当继续遵循 1947 年关贸总协定奉行的由一致意见作出决定的实践。有关机构就所提交的事项作出决定时，如在场的成员未正式提出异议，则视为由一致意见作出了决定。除另有规定外，若某一决定无法取得一致意见时，则由投票决定。"

《公约》第七条第 3 款规定，"缔约方会议应在其第一届会议上通过其本身的议事规则以及本公约所设立的附属机构的议事规则，其中应包括关于本公约所述各种决策程序未予规定的事项的决策程序。这类程序可包括通过具体决定所需的特定多数"。《公约》本身已经规定的决策程序有两项：一是关于《公约》修正问题，《公约》正文第十五条第 3 款规定了关于《公约》修正的决策程序，即"各缔约方应尽一切努力以协商一致方式就对本公约提出的任何修正达成协议。如为谋求协商一致已尽了一切努力，仍未达成协议，作为最后的方式，该修正应以出席会议并参加表决的缔约方 3/4 多数票通过"。通过的修正应由秘书处送交保存人，再由保存人转送所有缔约方供其接受。二是在第七条第 2 款（K）项规定议事规则和财务规则要以协商一致的方式通过。

根据上述条款，《公约》第一次缔约方大会决定临时适用除第四十二条以外的议事规则，这是《公约》最高决策机构即缔约方大会及其附属机构的决策程序依据。迄今适用的议事规则并非正式通过的规则，缔约方一直未能就其中第四十二条"表决"的相关内容达成一致。第四十二条第 1 款表决包括 A 和 B 两个选项，其主要差别在于，A 选项保留了公约第十五条第 3 款的部分内容，即在无法协商一致时，可以以 2/3 多数票通过的方式表决，但就对财务规则以及议定书的例外通过方式仍存在分歧；B 选项要求就除财务问题以外的其他实质性问题采取协商一致的方式。

《公约》及其附属机构迄今的历次会议都是临时适用除第四十二条以外的议事规则的所有条款草案。这意味着，相关会议的决策程序一直是协商一致，即在所有实质问题上，包括财务规定、议定书通过等，都采用了协商一致的方式。尽管有第十五条的规定，但《公约》历史上从未就实质性问题进行过投票。

127

2013 年 6 月 3 日，第 38 届公约履约附属机构（SBI）召开第一次全会。俄罗斯、白俄罗斯和乌克兰称，三国此前提出增加一项议程，即"缔约大会决策程序和法律问题"，要求大会同意将此项建议正式纳入 SBI 议事日程。同日，俄罗斯通过其常驻联合国代表团，向《公约》保存机关联合国秘书长发出照会，请求其将照会附件发送给《公约》及《京都议定书》的其他缔约方。6 月 5 日，联合国将该照会附件发送各缔约方，其主要内容包括与联合国气候变化磋商与决策规则的相关内容。一是关于联合国进程和磋商的平等、透明、公平、广泛性等原则。所有国家在磋商过程中应被一视同仁地对待，有充分的、平等的发言权，不能被刻意排除在磋商之外，磋商过程应保持公平、透明、民主，缔约方是条约的主体和决策者，磋商进程应保持缔约方驱动。二是关于决策程序问题，涉及协商一致的定义与操作，多哈会议是否违背了协商一致，是否应在气候变化进程中正式引入及启动投票机制。[①]

关于第一个问题，联合国多边进程遵循了平等、公开、透明、广泛参与以及缔约方驱动的原则，是所有缔约方倡议和支持的。但如何处理决策的平等广泛参与与决策效率之间的矛盾仍然是棘手的问题。事实上，联合国多边进程从一开始就致力于兼顾公平与效率，并在磋商的组织结构和方式方面积累了不少经验，但一些缔约方，尤其是俄罗斯对决策程序及其透明度不高感到不满，认为秘书处或会议主持人的许多行动和不行动造成了许多问题。[②] 然而，这些磋商方式符合包容性、开放性和透明性的原则，最大可能地体现了全球 190 多个国家共同参与气候谈判的广泛性、普遍性，也是在目前国际政治结构下唯一具有可行性的对话方式，因此具有较高的公平性和合理性。

关于决策机制，虽然其他领域的多边进程采取了投票表决制度，但是投票机制及其实践在环境与发展领域尚属少见。投票本身意味着被诉诸投票的事宜与共识有着相当远的距离，它实质上体现的是部分共识与强制遵从，其后续执行问题也因之层出不穷。这对执行不力的多边环境与发展领域来说，无异于雪上加霜。鉴于气候变化问题的复杂性和对各方的深刻影响，在联合国多边进程中充分协商并寻求共识与一致，从而切实落实国际合作行动，这对有效应对气候变化至关重要。可以预见，协商一致在气候变化领域将继续受到绝大多数缔约方的支持与尊重。[③] 至于针对第十五条第 3 款规定的技术争论，即什么情形可以明确协商一致

① 李婷：《联合国气候变化谈判磋商与决策规则研究》，载于《气候变化研究进展》2014 年第 1 期，第 75 页。

② Proposals on decision-making process and UNFCCC amendments referred to COP 23, Marrakech, 17 November 2016.

③ 李婷：《联合国气候变化谈判磋商与决策规则研究》，载于《气候变化研究进展》2014 年第 1 期，第 77 页。

的"努力已经穷尽",恐怕难以在法理上做出统一的、绝对的界定,如何处理最终取决于缔约方的意愿与共识。

总之,就一种表决制度来说,"协商一致"克服了传统表决制度的缺陷,维护和体现了国家主权平等和民主协商原则,"保证了多边外交谈判中的决策不被占数量优势的任何国家集团所控制……协商一致坚持平等程序的同时,又允许在实践中保证多边谈判能反映参加国的地缘政治权力"①。此外,"协商一致"克服了传统表决制度的缺陷,较好地维护了国家主权平等与国际组织工作效率间的平衡,具有较大的灵活性、实用性和可行性。

中国也认为,应该坚持"协商一致"的决策机制。中国不反对通过《公约》和《京都议定书》谈判进程外的非正式磋商或小范围磋商探讨《公约》和《京都议定书》谈判中的焦点问题,推进谈判进程,但认为上述会议均应是对《公约》和《京都议定书》谈判进程的补充,而非替代。"协商一致"原则是《联合国宪章》的重要精神,符合联合国整体和长远利益,对增强决策的民主性、权威性和合法性有重要意义。因此,必须坚持"协商一致"的决策机制,在确保谈判进程公开、透明和广泛参与的前提下,以适当方式提高工作效率。②

二、《公约》及其议定书的公平合理性

截至 2022 年 12 月,《公约》共有 199 个缔约方,具有较大的普遍性,从而说明它具有较好的制度可行性。从环境有效性方面看,《公约》要求附件一缔约方到 2000 年将温室气体排放减少到 1990 年的水平上。事实上,根据各缔约方在《公约》下提交的年度温室气体清单报告数据,这些缔约方总的温室气体排放水平呈持续下降趋势,到 2000 年,附件一国家的温室气体总排放量比 1990 年水平下降了 6.0% ~9.2%,这已经超过了到 2000 年恢复至 1990 年水平的目标。之后虽然有所反弹,但直至 2015 年也没有超过 1990 年的水平。当然附件一缔约方履约的差异性也十分明显,美国、加拿大、澳大利亚、日本在 2000 年的排放分别比 1990 年增加了 13%、21%、15% 和 9%,而俄罗斯、乌克兰、保加利亚等经济转型国家同期排放分别下降了 40%、56% 和 43%。总的经济效益方面则难以

---

① Charney J. United States interests in a convention on the law of the sea: the case for continued efforts. *Virginia Journal of International Law*, No. 11, 1978, P. 43.

② 国务院新闻办公室:《中国应对气候变化的政策与行动(2011)》白皮书,2011 年,http://www.scio.gov.cn/m/ztk/dtzt/64/2/Document/1052307/1052307.htm。

做出简单和直接的评估。①

《京都议定书》有 192 个缔约方，但是在通过后又耗费了 7 年时间才得以生效。到 2011 年，附件一国家的总排放量比 1990 年的水平减少 8.5% ~ 13.6%，高于第一个承诺期集体减少 5.2% 的目标。减少主要发生在经济转型国家。但是参与第一承诺期的国家数目有限，参与第二承诺期的国家数目更少。从综合经济效益看，IPCC 第三工作组的第五次评估报告指出，《京都议定书》通过灵活的机制和国内政策选择，提高了成本效益。②

在上述背景下，下面主要分析《公约》及其《京都议定书》的公平合理性。

第一，《公约》确立了公平原则和合理原则，使国际气候治理体系一开始就包含了伦理要素。

《公约》第 3 条确立了指导原则，指出："各缔约方在为实现本公约的目标和履行其各项规定而采取行动时，除其他外，应以下列作为指导：……"纵观该条列出的 5 项内容，虽然也涉及"预防原则"等内容，但其核心内容可以主要归纳为公平原则和合理原则两大类。

（1）公平原则。《公约》第三条第 1 款明确指出："各缔约方应当在公平的基础上，并根据它们共同但有区别的责任和各自的能力，为人类当代和后代的利益保护气候系统。因此，发达国家缔约方应当率先对付气候变化及其不利影响。"可见，公平确实是《公约》所内含的一个重要原则，而"为人类当代和后代的利益保护气候系统"的表述则隐含着《公约》对代内公平和代际公平的关照。但是这一条突出强调应该公平地确立各缔约方的责任。责任在这里既包括造成气候变化的责任，也包括应对气候变化的责任。《公约》对各缔约方责任的公平区分体现在"共同但有区别的责任"的表述上。一方面，各缔约方都有保护气候系统的责任，这种共同责任的确立体现了各缔约方的互惠性，即每个缔约方都应该尽到自己的那部分责任，做出自己的那部分贡献。《公约》还在第四条第 2（a）款指出"……每一个此类缔约方都有必要对为了实现该目标而作的全球努力作出公平和适当的贡献"。另一方面，各缔约方保护气候系统的责任是有区别的，这体现了一种实质性平等。因为各缔约方的实际排放责任和应对能力不同，基于这种事实上的差异，从平等角度出发，应该使它们承担有区别的责任。因此，《公约》在责任问题上遵循公平原则具体体现在两个方面：一是指出那些对气候变化

① Working Group Ⅲ Contribution to the Fifth Assessment Report of the Intergovernmental Panel on Climate Change, *Climate Change* 2014 *Mitigation of Climate Change*, Cambridge University Press, 2014, P. 102.
② 成本和效益的估计取决于基线、折扣率、参与、泄漏、共同利益、负面影响和其他因素。Working Group Ⅲ Contribution to the Fifth Assessment Report of the Intergovernmental Panel on Climate Change, *Climate Change* 2014 *Mitigation of Climate Change*, Cambridge University Press, 2014, P. 102.

问题责任最大的国家应该承担最多的责任来应对这个问题，即"发达国家缔约方应当率先对付气候变化及其不利影响"，因为正如《公约》前言指出的，"注意到历史上和目前全球温室气体排放的最大部分源自发达国家"。二是关注发展中国家的特殊情况，因此指出："应当充分考虑到发展中国家缔约方尤其是特别易受气候变化不利影响的那些发展中国家缔约方的具体需要和特殊情况，也应当充分考虑到那些按本公约必须承担不成比例或不正常负担的缔约方特别是发展中国家缔约方的具体需要和特殊情况。"

公平原则的确立是发达国家和发展中国家在 20 世纪 90 年代初的国际气候谈判中达成妥协的结果。当时欧美等发达国家试图忽略或者不强调各国造成气候变化的历史责任与应该承担的义务之间的关系，进而要求发展中国家承担减排义务；但发展中国家强调，由于发达国家负有温室气体排放的巨大历史责任，因此应该承担应对气候变化的首要责任，而消除贫困和改善人民的生活是发展中国家的首要任务。因此《公约》确立的公平原则体现了发展中国家的公平主张。

（2）合理原则。《公约》确立的合理原则典型体现在第三条第 3、第 4 和第 5 款。一是强调应对气候变化应当遵循经济可行的原则，要讲求成本效益，确保以尽可能最低的费用获得全球效益。第 3 款指出："各缔约方应当采取预防措施，预测、防止或尽量减少引起气候变化的原因，并缓解其不利影响……同时考虑到应付气候变化的政策和措施应当讲求成本效益，确保以尽可能最低的费用获得全球效益。"《公约》在前言中还指出："认识到应付气候变化的各种行动本身在经济上就能够是合理的，而且还能有助于解决其他环境问题。"二是强调各缔约方的社会经济情况不同，为此而采取的政策和措施也不同，"保护气候系统免遭人为变化的政策和措施应当适合每个缔约方的具体情况，并应当结合到国家的发展计划中去"（第 4 款）。三是确认"应对气候变化的努力可由有关的缔约方合作进行"，这种合作也旨在进一步提高应对气候变化的可行性。四是确认应对气候变化需要缔约方具备一定的能力。为此，第三条第 5 款指出："各缔约方应当合作促进有利的和开放的国际经济体系，这种体系将促成所有缔约方特别是发展中国家缔约方的可持续经济增长和发展，从而使它们有能力更好地应付气候变化的问题。"可见，在合理原则方面，《公约》特别强调应对气候变化努力对缔约方而言应该具有经济可行性和能力可行性。

《公约》对权利的规定既体现了公平原则也体现了合理原则。一是主权权利。《公约》前言指出："回顾各国根据《联合国宪章》和国际法原则，拥有主权权利按自己的环境和发展政策开发自己的资源，也有责任确保在其管辖或控制范围内的活动不对其他国家的环境或国家管辖范围以外地区的环境造成损害。"二是排放权利。《公约》前言指出："认识到所有国家特别是发展中国家需要得到实现可持续的社会和经济发展所需的资源；发展中国家为了迈向这一目标，其能源消耗将需要增加，虽然考虑到有可能包括通过在具有经济和社会效益的条件下应用新技术来提高能源效率和一般地控制温室气体排放。""发展中国家的人均排放仍相对较低；发展中国家在全球排放中所占的份额将会增加，以满足其社会和发展需要。"三是可持续发展的权利。《公约》前言指出："申明应当以统筹兼顾的方式把应付气候变化的行动与社会和经济发展协调起来，以免后者受到不利影响，同时充分考虑到发展中国家实现持续经济增长和消除贫困的正当的优先需要。"原则的第三条第 4 款一方面指出："各缔约方有权并且应当促进可持续的发展"，另一方面也强调地宜原则，即"保护气候系统免遭人为变化的政策和措施应当适合每个缔约方的具体情况，并应当结合到国家的发展计划中去，同时考虑到经济发展对于采取措施应付气候变化是至关重要的"。

可以看出，《公约》既包含了公平原则也包含了合理原则。《公约》作为国际气候治理体系的基石，从一开始就确立了基本的价值目标和伦理基础，使其带有公平合理的基本特征。

第二，《公约》及其《京都议定书》通过将缔约方区分为附件一国家和非附件一国家来适用公平合理原则，但其适用方式随着排放格局的变化而日益受到质疑。

如前所述，国际气候治理体系适用公平合理原则的核心问题是如何区别对待不同的缔约方。《公约》的基本路径是将所有缔约方区分为两大类国家群组，即《公约》附件一国家与非附件一国家，并在此基础上规定不同的责任和义务。

第一类是附件一缔约方，共 43 个，包括澳大利亚、奥地利、白俄罗斯、比利时、保加利亚、加拿大、克罗地亚、塞浦路斯、捷克共和国、丹麦、欧洲共同体（欧盟）、爱沙尼亚、芬兰、法国、德国、希腊、匈牙利、冰岛、爱尔兰、意大利、日本、拉脱维亚、列支敦士登、立陶宛、卢森堡、马耳他、摩纳哥、荷兰、新西兰、挪威、波兰、葡萄牙、罗马尼亚、俄罗斯联邦、斯洛伐克、斯洛文尼亚、西班牙、瑞典、瑞士、土耳其、乌克兰、大不列颠及北爱尔兰联合王国、美利坚合众国。这 43 个缔约方包括 1992 年经济合作与发展组织的工业化国家与经济转型国家。其中附件一国家中的经合组织成员国又被称为附件二缔约方，但不包括正在朝市场经济过渡的国家。《公约》规定的附件二国家包括澳大利亚、奥地利、比利时、加拿大、丹麦、欧洲共同体（欧盟）、芬兰、法国、德国、希腊、冰岛、爱尔兰、意大利、日本、卢森堡、荷兰、新西兰、挪威、葡萄牙、西班牙、瑞典、瑞士、大不列颠及北爱尔兰联合王国、美利坚合众国。

第二类是非附件一缔约方，有 154 个，大部分是发展中国家。《公约》将一些发展中国家确认为对气候变化的负面影响尤其脆弱的国家，包括小岛屿国家，有低洼沿海地区的国家和有干旱和半干旱地区、森林地区和容易发生森林退化的地区的国家，有容易遭自然灾害地区的国家，有容易发生旱灾和沙漠化地区的国家，有城市大气严重污染地区的国家，有脆弱生态系统包括山区生态系统的国家，以及对应对气候变化措施的潜在经济影响感觉更加脆弱，如其经济高度依赖于矿物燃料和相关的能源密集产品的生产、加工和出口所带来的收入，和/或高度依赖于这种燃料和产品的消费的国家。被联合国列为的最不发达国家也在《公约》下受到特别关注。《公约》敦促缔约方在资金和技术转让活动方面充分考虑这些国家的特殊情形，并且最不发达国家缔约方可自行决定何时第一次提供有关履行的信息。

《京都议定书》延续了《公约》区分缔约方的做法，为附件一国家规定了具有约束力的减排目标和时间表，而非附件一国家自愿采取减排行动并得到发达国家资金、技术和能力建设的支持。其中列入附件一的缔约方需要承担量化减排承诺指标。这些国家包括澳大利亚、奥地利、比利时、保加利亚、加拿大、克罗地亚、塞浦路斯、捷克共和国、丹麦、爱沙尼亚、欧洲共同体、芬兰、法国、德国、希腊、匈牙利、冰岛、爱尔兰、意大利、日本、哈萨克斯坦、拉脱维亚、列支敦士登、立陶宛、卢森堡、马耳他、摩纳哥、荷兰、新西兰、挪威、波兰、葡萄牙、罗马尼亚、俄罗斯联邦、斯洛伐克、斯洛文尼亚、西班牙、瑞典、瑞士、乌克兰、大不列颠及北爱尔兰联合王国、美利坚合众国。其中加拿大已经于2012年12月15日正式退出了《京都议定书》，也就不再是附件一缔约方，而美国从未批准《京都议定书》，自然也就不是法律上有效的附件一缔约方。

总之，在《公约》和《京都议定书》下，通过将所有的缔约方区分为"附件一缔约方"和"非附件一缔约方"，奠定了区别对待缔约方的基础。在此基础上，《公约》和《京都议定书》强调附件一缔约方和非附件一缔约方分别承担不同的义务，特别强调附件一缔约方、附件二缔约方（不包括经济转轨的发达国家）、附件一国家（包括经济转轨的发达国家）应该承担首要的责任，由此来适用"共区原则"，体现公平合理性。

可以说，《公约》及其《京都议定书》适用公平合理原则的基本方式是把国家区分为两大类。缔约方的责任和能力在规范上被视为区分不同缔约方类别的相关因素。这种对国家群组的二分法是对国家类属的一种简化，一方面它确认了附件一国家与非附件一国家之间事实上的差异，另一方面假定附件一国家内部和非附件一国家内部具有相似性（如气候变化上的历史责任、发展水平、能力等），因此应当承担类似的义务。在当时的国际政治、经济背景和排放格局下，由两方构成的谈判阵营在实践中相对而言更容易区分，能够简化多边气候变化谈判格局，以平等互惠的方式适用公平原则和合理原则，使得《公约》和《京都议定书》的通过与生效具有必要的可行性，进而在其具体的制度安排和规则设计中体现了实质性平等的特征。

此后于 2007 年达成的《巴厘行动计划》使用"发展中国家"和"发达国家"而不是"附件一国家"和"非附件一国家"的术语来区分不同的缔约方，因此，它在一定程度上改变了《公约》和《京都议定书》对缔约方的区分逻辑，以新的区分为基础，为新的谈判创造了机遇。但对缔约方"二分法"的实质并未改变。在"巴厘岛路线图"确立的双轨谈判的基础上，发展中国家可能承担的承诺义务在《公约》轨道内加以明确，"《京都议定书》之附件一国家的进一步承诺"在议定书框架内进行协商。《哥本哈根协议》则保留了附件一国家和非附件一国家的区别，但同时也提出了发达国家与发展中国家的分类方式。发展中国家中最脆弱的国家（最不发达国家、小岛国家和非洲）受到特殊关注，它们可优先获得资助。《坎昆协议》确认了这种区别。

但是随着新兴国家的经济快速发展和排放量的迅速增加，欧美等发达国家强调发展中大国与其他发展中国家尤其是最不发达国家的差异性，认为不能再在原来的国家群组二分法基础上适用"共区原则"，而是应该在发展中国家内部进行区别对待。但一些发展中大国拒绝在发展中国家之间实行区别对待（除了更脆弱的发展中国家类型，如小岛国家和最不发达国家），要求在谈判过程中坚持对附件一国家和非附件一国家的区分。尽管附件一缔约方为此持续施加压力，但附件一缔约方和非附件一缔约方之间的明确分界线自 1992 年以来并没有实质性的更新。

第三，《公约》及其《京都议定书》通过自上而下的方式分配减排责任和目标，适用公平原则与合理原则。在《公约》确立的公平原则及合理原则指导下，在区分缔约方类别的基础上，《京都议定书》通过自上而下的方式来制定具体的规则。

《公约》规定了全球气候治理的最终目标，即将大气中温室气体的浓度稳定在"防止气候系统受到人为干扰的水平"。如果说《公约》旨在"鼓励"各国采取政策和措施减排温室气体，那么《京都议定书》作为进一步加强减缓的步骤，对附件一缔约方（主要是发达国家和集团）规定了具有约束力的减排目标和时间表，即从 2008 年到 2012 年，各附件一国家个别或共同地确保将其温室气体排放量比 1990 年的水平至少降低 5%，但是各个附件一国家承担不同的减排承诺。这具体体现在《京都议定书》核心的第三条。首先，《公约》附件一缔约方关于排放量限制和削减指标的承诺是具有法律约束力的。其次，具有法律约束力的减排指标适用于《京都议定书》附件 A 所列的一组气体，即二氧化碳、甲烷、氧化亚氮、氢氟碳化物、全氟化碳和六氟化硫。再次，承诺期是从 2008 年到 2012年。最后，各工业化国家个别或共同地确保将其温室气体排放量比 1990 年的水平至少降低5%，但是各个工业化国家承担不同的减排承诺。其中欧盟整体、美国和日本分别减少8%、7%和6%，而允许澳大利亚、冰岛和挪威分别增加8%、10%和1%，俄罗斯、乌克兰和新西兰则保持不变。《京都议定书》为发达国家规定的量化减排指标是全经济范围的绝对减排。

关于发展中国家的参与问题，《京都议定书》规定，具有法律约束力的承诺只适用于发达国家，而将发展中国家作出类似承诺一事留到未来讨论。但是《京都议定书》的一些条款所涉及的活动也关系到发展中国家的参与问题。例如，清洁发展机制是发展中国家履行项目活动以减少排放、提高碳汇的重要渠道。此外，《京都议定书》第十条规定：所有缔约方，考虑到它们的共同但有区别的责任以及它们特殊的国际和区域发展优先顺序、目标和情况，在不对未列入附件一的缔约方引入任何新的承诺，但重申依《公约》第四条第1款规定的现有承诺并继续促进履行这些承诺以实现可持续发展的情况下，应该采取包括制订有效的国家方案以及区域方案在内的众多措施。此外，在《京都议定书》下，包括发展中国家在内的各缔约方参与三个灵活机制①的实际减排量都得到监督，交易量得到准确记录。

可以说，《京都议定书》在自上而下规定减排义务时进行了两种区分：一是为发达国家和发展中国家规定了性质不同的减排义务，使工业化国家承担了具有约束力的减排义务，而将发展中国家作出类似承诺一事留到未来讨论。二是在发达国家内部进行区分，并为其规定不同的减排目标。

《京都议定书》对附件一缔约方和非附件一缔约方不同减排义务的分配是国际谈判的结果。它代表了一种国际气候合作的自上而下的方式，是一种为两类不同国家规定不同减排义务以实现实质性平等的规则系统。这对于鼓励当时各国尤其是发展中国家参与并维持国际气候合作，提高国际气候治理机制的公正性、合法性、普遍性、有效性具有重要意义。然而，美国认为"共区原则"有违公平原则，是带有歧视性的条款，因为所有的缔约方没有得到相同的对待。可见，美国追求的是一种绝对平等和形式平等，而《京都议定书》是建立在实质平等的原则之上的。

《京都议定书》要求各缔约方主要通过国家措施来实现其目标，但是也建立了前述提及的三个灵活机制。这三个机制可以说是《京都议定书》在全球减排温室气体努力进程中的制度创新。其基本的出发点是利用市场力量来推动绿色投资，以成本有效地减少温室气体排放，可以说是合理原则的体现。

2012年12月8日，《京都议定书多哈修正案》通过。内容包括就《京都议

---

① 三个灵活机制指联合履约机制（JI）、排放贸易机制（ETS）和清洁发展机制（CDM）。

定书》第二承诺期作出安排，为《公约》附件一缔约方规定量化减排指标，使其整体在 2013～2020 年承诺期内将温室气体的全部排放量从 1990 年的水平至少减少 18%。但是《多哈修正案》第二承诺期量化减排承诺的缔约方构成已经不同于第一承诺期。此外，该修正案对缔约方在第二承诺期内报告的温室气体清单进行了修正，增加了三氟化氮，对一些需在第二承诺期更新的具体事项的条款也进行了修正。

总之，《京都议定书》通过国际层次自上而下的方式来适用公平原则与合理原则，制定分担减排义务的规则。其关键是在基于国家排放的历史责任和根据发展需要减少排放的能力之间取得平衡。基本路径是从期望的温度目标开始，计算剩余的碳预算，按照公平合理分配预算的原则，相应地计算每个国家的份额，并进一步形成多样化的预算分配方案。这种路径认定这种分配既是公平可取的，也是可能的。

第四，《公约》及其《京都议定书》适用公平合理原则的方式受到挑战。

随着发展中国家尤其是发展中大国温室气体排放量的继续大幅增长和经济快速发展，以及发达国家出现经济危机，欧美自 2008 年以来在联合国多边气候变化大会上，多次强调应该动态解释、修改或者重新适用"共区原则"，强调中国等发展中大国在应对气候变化问题上承担新的、共同的减排义务。为此，欧美国家一方面否认或者淡化发达国家的历史排放责任，强调发展中大国的现实和未来责任；提出发展中大国从气候责任上来看已经是"主要排放者""最大的温室气体排放者"，从未来看也是温室气体排放的主要来源，继而推动全球气候变化机制从根据历史累积排放界定历史责任的制度安排，转向根据将来的集体责任来削减排放。另一方面，欧美国家强调发展中大国的能力发生了变化，已经不是传统意义上的"发展中国家"，而是介于发达国家和发展中国家之间的"新兴大国""主要经济体"，因此主张对发展中大国的国家类属进行重新定位，从"附件一国家"与"非附件一国家"或者"发达国家"和"发展中国家"的区分转向对"主要经济体"和最不发达国家的区分，进而使发展中大国承担更多的减排义务。

中国等发展中国家则多次强调应该维护《公约》原则特别是"共区原则"，认为欧美国家对该原则进行重新或者动态解释的实质，是修改现有的谈判轨道和气候制度安排，推动建立包括所有主要排放国，但对发达国家有利的全球减排框架。中国还强调新规则的制定一定不能打破既定的《公约》原则，《公约》原则应该发挥行动指南的作用。为此，中国坚持对"附件一国家"与"非附件一国家"、发展中国家与发达国家的区分；认为"共区原则"是相对于公约"附件一国家"与"非附件一国家"而言的，从指向上看不仅包括经济方面，还包括历史责任方面。

欧美等发达国家与中国等发展中大国对"共区原则"的不同解读，一方面是由这个原则本身所具有的模糊性与抽象性决定的，另一方面是由于在新的国际政治和经济形势与排放格局下，欧美与中国对发展中大国的减排责任和能力的评估不同，前者希望通过重新解释"共区原则"使后者承担更多的减排义务与责任，而后者认为发展中大国在气候变化问题上责任和能力的增加并不意味着与发达国家差距的实质性减小，适用"共区原则"的历史和科学基础并未发生根本改变。在上述背景下，"共区原则"近年来在国际气候治理体系中的地位有被弱化和淡化的趋势。有的西方学者甚至认为，德班气候大会达成的"一揽子"协议与《哥本哈根协议》和《坎昆协议》最大的不同之处在于，后者明确重申了《公约》核心的原则，如公平原则和"共区原则"，而德班"一揽子"协议没有提及这些基本的原则。尽管可以说在德班平台上的新进程是在《公约》下启动的，其原则和条款自动适用，但是在 20 多年的国际气候谈判中，首次在一个关键的决议中没有提及"共区原则"也是非常微妙的。在此后于多哈与华沙气候变化大会上达成的一系列决议只是笼统地表明参照《公约》"原则"，但是没有特别指出参照"共区原则"。①

这些分歧此后一直存在，关于公平原则和"共区原则"的争论本身成了联合国气候变化谈判的重要障碍。在《巴黎协定》的谈判过程中，不少缔约方在其提交的提案中都提及公平原则。一些学者统计了 160 个缔约方和 11 个谈判小组提交的提案，发现它们提到 1 799 次公平原则。②总的来说，非附件一缔约方比附件一缔约方更频繁地提及公平问题。在 10 个最频繁提及公平原则的单个参与者中，只有瑞士是附件一国家，而巴西、中国、印度和"立场相近国家"（LMDC）排名第二到第四。这表明，发展中国家比发达国家更关心公平问题，而且它们的许多公平原则直接参照了《公约》。③

相关分析还表明，一些通常被认为对缔约方自身利益很重要的因素，如历史排放量和支付能力，并不是气候谈判中影响公平观念的主要决定因素。相反，一个国家是否列在《公约》的"附件一国家"中，即它是否被分类为"发达国家"或"发展中国家"才是最强的影响因素。这一发现表明，缔约方分类深刻地影响了不同缔约方支持哪种公平观念。其中的一个重要原因是附件一国家在《公约》中与义务挂钩，而非附件一与权利挂钩，这意味着非附件一国家受益于这种分类

---

① Robert Falkner. The Paris Agreement and the new logic of international climate politics. *International Affairs*, 2016, Vol. 92, No. 5, pp. 1107 – 1125.

②③ Vegard Tørstada and Håkon Sælen, Fairness in the climate negotiations: what explains variation in parties' expressed conceptions. *Climate Policy*, Vol. 18, No. 5, 2018, pp. 642 – 654.

的延续，而附件一国家受益于分类的取消。① 因此，缔约方支持哪种公平原则其实是与自身的"身份"，即附件一国家还是非附件一国家密切相关的。可以说，附件一和非附件一国家对不同的公平原则的偏好，是一个难以按照传统的治理结构解决的重要问题。

三、《巴黎协定》的公平合理性

《巴黎协定》作为国际气候治理体系的重要核心协议，既适用了《公约》的公平合理原则，又在具体的适用路径方面实现了新的突破和创新。

第一，《巴黎协定》坚持了"共区原则"，延续了国际气候治理体系公平合理的特征。

"共区原则"作为一个明确术语在《巴黎协定》中一共出现了 4 次。其前言部分指出，"根据《公约》目标，并遵循其原则，包括以公平为基础并体现共同但有区别的责任和各自能力的原则，同时要根据不同的国情"。第二条第二款指出："本协定的执行将按照不同的国情体现平等以及共同但有区别的责任和各自能力的原则"。第四条第三款指出："各缔约方下一次的国家自主贡献将按不同的国情，逐步增加缔约方当前的国家自主贡献，并反映其尽可能大的力度，同时反映其共同但有区别的责任和各自能力。"第十九款规定：所有缔约方应努力拟定并通报长期温室气体低排放发展战略，同时注意第二条，根据不同国情，考虑它们共同但有区别的责任和各自能力。《巴黎协定》的透明度和遵约机制的统一规则体系，也体现了"共区原则"。《巴黎协定》第十三条第一款指出，"设立一个关于行动和支助的强化透明度框架，并内置一个灵活机制，以考虑进缔约方能力的不同"。该条款还指出："透明度框架应为发展中国家缔约方提供灵活性，以利于由于其能力问题而需要这种灵活性的那些发展中国家缔约方执行本条规定"，"同时认识到最不发达国家和小岛屿发展中国家的特殊情况，以促进性、非侵入性、非惩罚性和尊重国家主权的方式实施，并避免对缔约方造成不当负担"。这些规则都典型体现了针对发展中国家，尤其是最不发达国家和小岛屿发展中国家的区别待遇。

这些条款和表述意味着，《巴黎协定》坚持和体现了"共区原则"，该原则是指导 2020 年后国际气候治理体系的基本原则和构成要素。它也意味着在新的国际政治、经济和排放格局下，《公约》缔约方就"共区原则"的地位和适用又

---

① Vegard Tørstada and Håkon Sælen, Fairness in the climate negotiations: what explains variation in parties' expressed conceptions. *Climate Policy*, Vol. 18, No. 5, 2018, pp. 642 – 654.

一次达成了妥协，在某种程度上解决了它们自 2008 年以来围绕着"共区原则"的重大分歧。

《巴黎协定》坚持"共区原则"，实际上是坚持了对发达国家与发展中国家缔约方之间不同责任和义务的区分，这延续了该项国际机制"区别对待"或者"不对称承诺"的基本特征。《巴黎协定》第九条第三款明确规定，"发达国家缔约方应当继续带头，努力实现全经济绝对减排目标。发展中国家缔约方应当继续加强它们的减缓努力，应鼓励它们根据不同的国情，逐渐实现全经济绝对减排目标"。这意味着发展中国家当前根据国情，仍可采用不是全经济尺度的、部分温室气体的非绝对量减排或限排的目标，比如单位 GDP 二氧化碳排放强度下降的相对减排目标。在资金问题上，《巴黎协定》第九条第一款也规定，"发达国家缔约方应为协助发展中国家缔约方减缓和适应两方面提供资金，以便继续履行《公约》下的现有义务"，并"鼓励其他缔约方自愿提供或继续提供这种支助"，进而明确了发达国家为发展中国家适应和减缓气候变化出资的义务。

《巴黎协定》坚持"共区原则"，具有重要的科学、伦理和制度意义。从科学的角度说，对该原则的坚持反映了全球气候变化问题的科学本质对发达国家承担历史责任的要求。因为温室气体在大气中的累积是一个长期的历史过程，而这是一个基本的科学事实。因此，"共区原则"发挥指导作用的历史和科学基础都还存在。从伦理的角度看，它既强调全球共同应对气候变化的必要性，又承认和尊重了当今世界发达国家与发展中国家仍然存在巨大差距的事实。虽然发达国家和发展中国家在气候变化问题上的责任和能力自《公约》生效以来发生了巨大变化，但是从总体上看发展中国家与发达国家在经济发展水平、所处发展阶段和减排能力上的差距依然显著存在，发达国家以较少的人口占比在历史累积排放总量和人均量上仍然占有支配地位，因此保持对发达国家和发展中国家的区分，并坚持和体现"共区原则"，能够使国际气候治理机制继续体现公平和实质性平等的制度特征，并继续对机制内具体规则的制定发挥重要的指导作用。这对于保证发展中国家缔约方继续参与国际气候治理机制的积极性以及缔约方的普遍性，也至关重要。

《巴黎协定》坚持"共区原则"，也有助于提高该项国际协议的履约水平。"共区原则"的核心是从公平的角度出发，给予那些特定的国家以特别或者优惠的待遇，不管是基于它们不同的责任还是能力。这不仅仅是一个伦理和价值问题，还与国际气候治理体系的实际运作效果密切相关。国家只有在认为它们得到了平等的对待之后，才会有意愿参与到国际治理体系中，进而考虑提高它们的贡献水平。对于发展中国家来说，以对称承诺为基础的国际气候治理机制将会严重限制它们获取可持续发展的能力，也会进一步限制它们的履约能力和水平。《巴黎协定》通过坚持"共区原则"体现出来的制度设计特征承认和照顾了各国的不同国情，尊重了各国特别是发展中国家在国内政策、能力建设、经济结构方面的差异，从而有助于提高各缔约方履行相关承诺的积极性，改变目标行为体的行为，进而保障国际气候治理体系的有效性。

《巴黎协定》坚持"共区原则"，保障了《公约》在国际气候治理体系中的权威和主渠道地位，表明当前国际气候治理体系正在发生的变迁不是国际气候治理体系本身的变迁，不是对原有国际气候治理体系的否定，而是体系内部的变迁。由于《巴黎协定》明确表明遵循《公约》原则，"包括以公平为基础并体现共同但有区别的责任和各自能力的原则"，并进一步明确了它和《公约》的关系，即《协定》是为了落实《公约》强化行动的法律文件，这就保证了原有国际气候治理体系的权威性和稳定性，打破了一些国家希望抛弃《公约》另搞一套的企图。

《巴黎协定》重申遵循"共区原则"，也为中国继续公平合理地参与全球气候变化治理提供了制度保障。中国虽然在"国家自主贡献"中提出将于 2030 年左右使二氧化碳排放达到峰值并争取尽早实现，宣布设立 200 亿元人民币的中国气候变化南南合作基金，但中国作为发展中国家的定位在未来相当长时段内不会改变。《巴黎协定》坚持"共区原则"，有助于中国以此为法律和原则基础，从自身国情出发，坚持发展中国家定位，在参与国际气候治理的过程中，把维护中国利益同维护广大发展中国家共同利益结合起来，坚持权利和义务相平衡，努力使国际气候治理体系更加平衡地反映大多数国家的意愿和利益。[①]

第二，《巴黎协定》坚持了对缔约方的区分，但具体的区分方式发生了新变化。

《巴黎协定》明确表明要遵循"共区原则"，但在"包括以公平为基础并体现共同但有区别的责任和各自能力的原则"后面增加了"同时要根据不同的国情"。"根据不同的国情"最早出现在中美 2014 年发布的气候变化联合声明中，"利马气候行动呼吁"（The Lima Call to Climate）则强调缔约方承诺达成一项反映"共区原则"的 2015 年协议，其具体的条款是"根据不同的国情"。此后的《中美元首气候变化联合声明》《中欧气候变化联合声明》和《中法元首气候变化联合声明》都重申了这一点。"根据不同的国情"可以被理解为对"共区原则"的解释引入了动态的因素，因为随着国情的变化，国家之间共同但有区别的责任也会发生变化；国家的各自能力是与不同的国情相联系的，也会随着国情的

---

① 薄燕：《巴黎协定坚持的共区原则与国际气候治理机制的变迁》，载于《气候变化研究进展》2016 年第 3 期，第 246～247 页。

变化而变化。总体上看，这个要素意味着《巴黎协定》区分缔约方的方式出现了新变化。

《巴黎协定》没有明确提及《公约》的附件国家，只是提及发达国家、发展中国家、最不发达国家、小岛屿发展中国家等国家类别。这意味着《协定》对发达国家与发展中国家的基本区分仍然保留，各方义务和权利基本延续了《公约》的安排。但是《协定》在强调各方要遵循包括"共区原则"在内的《公约》原则的基础上，特别提出要"根据不同的国情"，这体现出对国家个体差异性的重视。在此基础上，《巴黎协定》更加强调发展中国家内部国家群组的差异性，尤其是那些最不发达国家、小岛屿发展中国家的脆弱性。这一方面延续了该项国际治理机制原有的区别对待的公平特征；另一方面"区别"不仅是指对不同的国家群组的区别，更是扩展为对参与国际气候治理体系的单个国家的区别。

可以说，国际气候治理体系内原有的简单的二元区分，被更为复杂和多元的区分方式所代替。在保持国家群组区分的方式外，《巴黎协定》使单个国家自己决定它们在"国家光谱"上所处的位置，可以说是一种"自我区分"。"自我区分"的方式在实践中更加实用，在一定程度上超越了对附件一国家和非附件一国家（或发达国家和发展中国家）的身份争论，展现了更多的灵活性，并为以新的方式分配减排责任和义务作出准备。

第三，《巴黎协定》的具体规则以自下而上的方式适用公平合理原则。

《巴黎协定》的规则体系涵盖了减缓、适应、损失损害、资金、技术、能力建设、透明度及全球盘点等主要内容。这些具体的规则体现和反映了"共区原则"。例如，在减缓方面，《巴黎协定》第三条要求："作为全球应对气候变化的国家自主贡献，所有缔约方将保证并通报第四条、第七条、第九条、第十条、第十一条和第十三条所界定的有力度的努力，以实现本协定第二条所述的目的。所有缔约方的努力将随着时间的推移而逐渐增加，同时认识到需要支持发展中国家缔约方，以有效执行本协定。"第四条第三款规定："各缔约方下一次的国家自主贡献将按不同的国情，逐步增加缔约方当前的国家自主贡献，并反映其尽可能大的力度，同时反映其共同但有区别的责任和各自能力。"第四款要求："发达国家缔约方应当继续带头，努力实现全经济绝对减排目标。发展中国家缔约方应当继续加强它们的减缓努力，应鼓励它们根据不同的国情，逐渐实现全经济绝对减排或限排目标。"第五款规定："所有缔约方的努力将随着时间的推移而逐渐增加，同时认识到需要支持发展中国家缔约方，以有效执行本协定。"此外，第四条第十九款规定："所有缔约方应努力拟定并通报长期温室气体低排放发展战略，同时注意第二条，顾及其共同但有区别的责任和各自能力，考虑不同国情。"

但是，与《京都议定书》自上而下体现"共区原则"不同，《巴黎协定》的

141

减缓规则体系主要是按照自下而上的方式体现该原则。

在减缓方面，该协定第四条第二款、第三款规定："各缔约方应编制、通报并保持它计划实现的下一次国家自主贡献。缔约方应采取国内减缓措施，以实现这种贡献的目标"；"各缔约方下一次的国家自主贡献将按不同的国情，逐步增加缔约方当前的国家自主贡献，并反映其尽可能大的力度，同时反映其共同但有区别的责任和各自能力"。这种新的减缓规则意味着，虽然所有缔约方都应该共同做出国家自主贡献，但各国应根据自己的国情、自己的发展阶段和能力自下而上决定自己应对气候变化的行动和公平的减排贡献。这种新的区分模式有很大的包容性，可以动员所有的国家采取行动，从而增强参与的广泛性与普遍性，也有助于各缔约方切实有效地履行它们的减排承诺。此外，《巴黎协定》规定各国需要在 2020 年前对国家自主贡献的实施情况进行跟踪报告和适度更新设置，是一种通过程序设计的方式来约束各国达标而非强制目标分配的模式。该协定通过设置五年综合盘点来实现对目标完成效果的评估，也不同于原有的事前设定目标的做法。

上述规则是国际气候治理体系内区别待遇的性质和程度逐渐演变的结果。"自下而上"的减排方式最早在哥本哈根气候大会上提出。《坎昆协议》规定了发达国家和发展中国家自下而上提交的减缓承诺，但这些承诺的性质并不一样：对发达国家来说是全经济范围的量化的减排指标（quantified economy-wide emission reduction targets），对发展中国家来说是全国范围内适当的减缓行动（nationally appropriate mitigation actions）。《坎昆协议》虽然保留了对发达国家和发展中国家二分的结构，但是允许缔约方各自的减排承诺在水平和形式上有所不同。在达成《巴黎协定》的过程中，缔约方也在通过谈判和决议来探讨如何在该协议中实现区别对待。在华沙召开的《公约》第 19 次缔约方会议邀请各缔约方准备和提交"国家自主贡献"。在利马举行的《公约》第 20 次缔约方会议指导缔约方在提交"国家自主贡献"时应该提供的信息。华沙和利马达成的协议都强调"国家自主贡献"，实际上支持了一种"自我区别"的方法。《巴黎协定》则把这种自下而上适用"共区原则"的减缓规则以具有法律约束力的国际协定的方式规定下来。

可以说，在大多数方面，《巴黎协定》代表着国际气候治理体系在架构上向自下而上的正式转变。这种治理体系的架构旨在避免自上而下的国际分配与协调，提高国家的灵活性。各国有权作出自己的承诺，决定其性质和时间，重点在于促进透明度，而不是惩罚性遵守。《巴黎协定》作为一个整体具有法律约束力，但减缓数量承诺本身并不具有法律约束力。

从各缔约方实际提交的国家自主减排贡献来看，采取了各种形式。一些国家提交了比照正常情况减少排放的承诺，一些国家提交了降低排放强度（单位 GDP 温室气体排放量）的承诺，另一些国家则提交了绝对净减少排放量的承诺。自主贡献的内容由国家自主决定，而不是国际谈判的结果。它们是"贡献"而不是"承诺"，软化了法律色彩。因此自主减排贡献集中体现了《巴黎协定》内嵌的自下而上的治理结构。

《巴黎协定》通过自下而上的方式适用公平合理原则，是对自上而下方式的超越。从前巴黎时代国际气候治理体系的建设来看，按照自上而下的方式适用公平合理原则，就要运用碳预算的概念。即如果人类想要实现低于 2℃ 的目标，则排放到大气中的碳的累积量必须是有限的。但是其中超过一半的碳自工业化以来已经排放，可以排放的碳的数量已经不足 1 万亿吨。如果要满足低于 2℃ 的愿望，这个数量还会进一步减少。在这个前提下，国际社会面临的一个主要挑战是如何公平地分配这个预算。这面临着巨大的困难。

在这种背景之下，《巴黎协定》选择通过自下而上的方式来适用公平原则与合理原则，以取代或者避免通过自上而下区分承诺时对公平的一般性争论。该协定确立了低于 2℃ 的全球温控目标，但避免实施碳排放预算，绕过了关于碳预算的规模、分配原则和公平份额问题。《巴黎协定》还提升了国家在确定气候贡献方面的灵活性和酌处权，鼓励更广泛的参与。反过来，更广泛的参与有助于提升集体贡献的力度。这也使得《巴黎协定》的规则具有可持续性。

第四，《巴黎协定》由缔约方自主决定其贡献的公平性与合理性，更具可操作性。

《巴黎协定》规定的提交国家自主减排承诺的标准中，有一项具体规定，即它将表明如何"根据其国情，公平和雄心勃勃，以及它如何为实现《公约》第四条规定的目标作出贡献"。这种设计的创新之处在于，缔约方自主决定其承诺的公平合理性，而不是通过谈判过程和由此产生的责任区分来进行。尽管这很有可能被缔约方加以利用——因为没有任何国家承认或将承认其贡献不公平或不具抱负，或承认其没有适当地促进实现《公约》的目标，但这种对自身贡献公平性的自我评估和自我证明也是对国际气候治理体系中已有的公平合理原则的承认和尊重。几乎每个缔约方都详细说明其对公平的自我认知的事实也突出了公平原则得到广泛支持的程度，即使人们认为这些原则不可能趋同。①

联合国气候变化谈判的历史表明，缔约方对于公平的观念并不相同，有时相互排斥、互相竞争，对于公平本身的分歧甚至加剧了谈判的僵局。因此用一种在

---

① Nicholas Chan. Climate Contributions and the Paris Agreement：Fairness and Equity in a Bottom - Up Architecture. *Ethics & International Affair*，2016，Volume 30，No. 3，pp. 291 - 301.

特定国际政治情形下实用的方式适用公平合理原则至关重要。《公约》秘书处编写的综合报告，对已经提交的国家自主减排贡献进行了评估，从公平的角度重新审视了这种标准的多样性，包括"责任和能力；排放份额；发展和/或技术能力；减缓潜力；减缓行动的成本；进展程度或超出当前努力水平的延伸程度；与目标和全球目标的联系"。同时，报告还强调了这样一种观点，即原则和标准的具体结合是不可能趋同的："没有一个单一的指标能够准确反映公平性或缔约方努力的全球公平分配。"① 大量的例子证明了这些公平概念的多样性，而尊重和体现这种多样性使得公平原则更具可操作性。

同样重要的是，《巴黎协定》适用公平合理原则的过程更多强调了各国国情的重要性。《公约》的综合报告总结了各国为证明其贡献的公平性而列举的各种情况，包括消除贫穷和提高生活水平的需要；人口结构和城市密度；地方或区域性经济的影响；经济发展和当前产业结构（如能源密集型或能源优势型产业的份额；或者是化石燃料生产国或出口国；能源组合及相关限制；经济多样化进程；对全球粮食和能源安全供应链的依赖；对区域和全球发展波动的敏感性；国家的大小和地理；气候合作自然资源捐赠，包括用于可再生能源；对气候变化影响的脆弱性，包括对气候敏感部门的依赖性，例如农业、旅游和水等）。可以看出，在这个自下而上的架构中，缔约方的气候治理努力和贡献力度不是由国际碳预算背景下的公平性决定的，而是由单个国家的具体情况的公平性决定的。国情已经成为公平和减排力度的重要考量因素，正如《公约》秘书处所说："国家决定缔约方按照自己的国情做出贡献的程度。"②

这也增强了合理性。在微妙和脆弱的国际环境中应对气候变化问题，最重要的是以最可行的方式订立多边协议的条款，使得国家能够进行合作而不是抵制合作。国家通常会在认为能够从合作中获取收益的情况下进行合作。《巴黎协定》规定各国根据国情自主做出公平合理承诺加审评的方式更容易获得政治共识，得到国家的支持，建立了一种推动持续性合作的结构。它将随着时间的推移获得动力，能够更加持久、有效。

第五，《巴黎协定》使得国际社会对国家自主减排贡献公平性的评估更加可行。

在《巴黎协定》下，缔约方通过自下而上的方式自主确定国家自主贡献，其公平性到底如何更容易引起国际社会的争论和辩论，得到不同来源的评估，来确定其是否真正是公平的和雄心勃勃的。这些评估和争论可能更多是非正式的。事

①② Nicholas Chan. Climate Contributions and the Paris Agreement: Fairness and Equity in a Bottom - Up Architecture. *Ethics & International Affair*, 2016, Volume 30, No. 3, pp. 291 - 301.

实上，市民社会的各种行为体已经在国际和国内两个层次开展这种批评。例如，一份由非政府组织联合发布的评估报告认为，所有主要发达国家的减排雄心都远远低于其公平份额。依据这份报告，那些在气候雄心和公平份额之间有着最明显差距的国家包括：俄罗斯，其自主贡献对其应该担负的公平份额的贡献为零；日本的自主贡献约占其公平份额的 1/10；美国的自主贡献约占其公平份额的 1/5；欧盟的自主贡献仅占其公平份额的 1/5 多一点。大多数发展中国家作出了超过或大致满足其公平份额的减缓承诺：巴西的自主贡献约占其公平份额的 2/3，中国的贡献则超过了其公平份额。[①]

事实上，各国可能越来越多地开始对彼此的承诺进行类似的批评，尽管是以非正式的方式。对某个国家自主减排贡献公平性的批评和公开讨论可能不会导致该国修改其所承诺的贡献，但它们确实表明，在自我区别的自下而上的背景下，开始出现一种不同的情形，即单个国家贡献的公平和合理性既由自身决定，也更容易得到国际社会的关注，国家贡献的质量和内容将更容易得到国际社会的讨论和评估。

综上所述，从国际气候治理体系的整体来看，《巴黎协定》在构成和机理上都更加丰富。《公约》及其《京都议定书》更加注重减缓，而《巴黎协定》既关注减缓也关注适应，涵盖了新的议题，并建立了华沙损失和损害国际机制。最重要的是，《巴黎协定》对全球气候治理进程面临的复杂性做出了回应，注重挑战的"政治本质"。它所确立的自下而上的架构首要目标是解决政治可行性的问题。国家自主减排贡献所具有的灵活性能够克服两分法的政治"瓶颈"。它承认缔约方个体的自主性，允许它们根据自身的国情公平合理地确立其贡献。与指令性指标相比，它提供了一种有利的制度性环境，规定了明确和客观的程序，能够使国际社会共同塑造整体的气候治理努力形式。[②]

四、现有体系公平合理性的困境

尽管现有的国际气候治理体系表现出公平合理的特征，并且其内在的治理结构经历了巨大的演变，但该体系在公平合理性方面仍然存在着困境，具体表现如下：

第一，《巴黎协定》采取的自下而上的自我区分方式弱化了"共区原则"。

---

① ActionAid, APMDD, CAN South Asia et al. *Fair shares: A civil society equity review of INDCs.* Report, November 2015. http://civilsocietyreview.org/report.

② Idil Boran. Principles of Public Reason in the UNFCCC: Rethinking the Equity Framework, *Science and Engineering Ethics.* No. 23, 2017, pp. 1253 – 1271. DOI 10.1007/s11948 – 016 – 9779 – 9.

　　基于谈判各方对"共区原则"的深刻分歧，如果没有自下而上的自我区分方式的引入，《巴黎协定》很可能就不会通过。从这个角度看，这种新的治理结构显然有助于打破《巴黎协定》谈判过程中的僵局。但是从发展中国家的角度来看，它弱化了"共区原则"。

　　自下而上的实质是自我区分，但是在无政府状态的国际社会，国家未必能根据自身真实的责任和能力进行自我区分。相反，对经济利益的考量很可能比对发达国家和发展中国家的区分更能左右缔约方减少温室气体排放的意愿。尽管自我区分允许有意愿的国家超越其在《巴黎协定》下的义务，但鉴于经济发展和环境退化之间的复杂关系，如果国家认为承担减排义务会导致经济的放缓，就可能不愿意这样做。因此，自我区分方式在很大程度上代表了由国家利益驱动的责任分担模式，而非出于集体减排力度的需要。

　　显然，自我区分的方式会使发达国家与发展中国家阵营的界限日趋模糊，使得多边气候谈判中的利益格局更加复杂，尤其是会出现发达国家与发展中国家混合组建的谈判集团，进而模糊国际气候治理体系对不同类别缔约方责任和义务的区分，增加具体规则谈判和落实的不确定性。这为强化发展中大国的责任和义务提供了依据，也为发达国家不能有效履行相应的责任和义务提供了借口。从《巴黎协定》具体的规则体系来看，它对于减缓、资金、透明度、全球盘点、遵约机制的规定，强调了所有国家的共同行动，淡化了发达国家的历史责任，强调了发展中国家未来的责任。这实际上是对"共区原则"的核心，即区别对待的削弱。

　　第二，没有真正解决发达国家和发展中国家之间的差异与分歧。

　　与《公约》及其《京都议定书》不同，《巴黎协定》没有提及《公约》对缔约方的分类。由于对缔约方的分类一度成为联合国气候变化谈判中阻碍公平原则趋同的最明显障碍，《巴黎协定》显然成功避开了谈判中的根本性矛盾。然而，《巴黎协定》确实多次提到"发达国家"和"发展中国家"，因此引入了比以前更加微妙和模糊的区别。这反映了附件一缔约方的诉求。此外，附件一国家和非附件一国家都必须每五年提交国家自主确定的贡献。在这个过程中，要求各方证明自己的贡献是"公平和雄心勃勃的"。因此，《巴黎协定》对公平合理原则的适用方式虽然更容易获得支持，但是它们在实施上也面临着更大的困难。

　　《巴黎协定》虽然以新的方式动态地适用了"共区原则"，但是并没有真正解决发达国家和发展中国家之间的分歧，并且这种分歧仍然非常明显地存在。在后巴黎时代的谈判中，看似技术性的讨论遇到了"障碍"，部分也是由于这个原因。事实上，各国在如何确定气候行动的优先次序方面有着非常不同的看法。对于许多发展中国家来说，当务之急是确保立即向遭受洪水、风暴或其他灾害伤害的居民提供援助。在此之后，应该加强适应行动及其机制建设，以便更好地为未来的风险做好准备。对它们来说，适应是比减缓更具优先性的问题。而发达国家对减缓措施更感兴趣，其次是透明度。因此，各国谈判者在后巴黎时代不得不继续处理这个问题。即使附件一国家和非附件一国家的分类作为一种范式已经被减弱，它仍然可能以新的方式呈现出来。

《巴黎协定》的另一个显著变化是对"历史责任"的淡化。历史责任的淡化导致了《巴黎协定》的减排责任模式更多地趋向了"未来责任"和"共同责任"，即各缔约方均通过国家自主贡献承担减排义务，自主决定其力度和雄心。这实际上弱化了发达国家作为全球气候变化主要贡献者的伦理责任。

北京师范大学的董文杰教授和他的团队利用耦合的地球系统模式，揭示不同国家的温室气体排放对全球气候变化的作用。他们 2012 年的研究指出，发达国家应该对碳排放造成的全球气候变化承担约 2/3 的历史责任，发展中国家承担约 1/3 的历史责任。当时发达国家的减排承诺对于减缓未来气候变暖仅有 1/3 的作用，相反地，发展中国家承诺减排却有着 2/3 的作用。[①]

此后，荷兰气候变化研究专家指出，发展中国家快速的工业化已经使得发达国家和发展中国家集团的碳排放量格局发生了巨大的变化。他们质疑此前的研究没有包含近期（2006～2011 年）排放的影响，可能严重低估了发展中国家的气候变化历史责任。为此，董教授团队再次利用地球系统模式，研究了 2006～2011 年碳排放趋势对气候变化历史责任归因的影响。研究表明：这一时期的碳排放使发达（发展中）国家的气候变化责任减小（增大）了 1%～2%，对长期的责任归因影响很小。2014 年董教授团队重新梳理了对碳循环的认识，首次将陆地和海洋对二氧化碳的吸收作用纳入责任归因的考虑中。研究发现，作为历史上的"排放主力"，发达国家的责任被地球的固碳机制削弱了。发达国家排放的碳多，溶入海水中以及被植被吸收的也多。由此，新研究很好地解释了排放责任的"3 倍"与致暖贡献率的"2 倍"之差。[②]

巴黎气候大会结束后，针对以往研究没有考虑其他重要的温室气体这一问题，董教授团队再次开展数值模式试验，研究了二氧化碳、甲烷和氧化亚氮综合影响下的气候变化责任，进一步指出：发达国家和发展中国家 1850～2005 年的温室气体排放对气候变化的贡献率分别是 53%～61% 和 39%～47%。考虑到甲

[①] Ting Wei et. al. Developed and developing world responsibilities for historical climate change and CO_2 mitigation. *PNAS*, 2012, Volume 109, No. 32, pp. 12911–12915.

[②] Ting Wei, Wenjie Dong, W. P. Yuan, X. D. Yan, and Y. Guo. Influence of the carbon cycle on the attribution of responsibility for climate change. *Chinese Science Bulletin*, 2014, Volume 59, No. 19, pp. 2356–2362.

烷和氧化亚氮的影响后，发达国家仍然是历史气候变化的主要贡献者。[①]

尽管气候模式及其所用的外强迫存在一定的不确定性，但是中国科学家的一系列研究均表明，工业革命以来发达国家仍然是近百年全球气候变化的主要责任者。因此可以说，《巴黎协定》弱化或者淡化了发达国家在温室气体排放问题上的历史责任。

第三，减排目标的强化与减排模式弱化的并存。

《巴黎协定》面临的另一个困境是减排目标强化与减排模式弱化的并存。

《巴黎协定》重申了"把全球平均气温升幅控制在工业化前水平以上低于2℃之内，并努力将气温升幅限制在工业化前水平以上1.5℃之内"的目标，进一步强化了减排的雄心，但是其自下而上的自主减排模式虽然照顾了缔约方主体的广泛性和减排的灵活性，更具合理性，但对减排力度来说实际上是一种弱化。各缔约方目前所做出的自主减排承诺不能实现2℃目标，更远低于1.5℃目标。即使所有国家都履行了自主减排贡献的承诺，世界也有可能受到破坏性的升温3℃或更高温度的影响，这极有可能使全球气候系统陷入灾难性的失控变暖。[②]

由于缺乏《京都议定书》下的具有约束力的减排机制，这种趋势仍可能进一步加强，实际的减排效果更加不可控。虽然《巴黎协定》的另一个关键因素是"全球盘点"，但是如何从足够雄心勃勃和公平的角度进行评估，仍然面临巨大的挑战。

可以说，国家自主贡献的模式以合理性或者可行性作为优先考虑的问题。基于各国不同的公平观点和标准难以协调，国家自主贡献更多强调"各自能力原则"和各国国情的差异性，以确保这种模式的合理性和实用性，从而保证其政治上的可接受性，但是越过了责任划分的前提，历史责任被淡化，也没有提供"共区原则"的具体适用标准，伦理因素被淡化。从某种程度上说，它作为安排模式的合理性的提高，是以削弱公平性为代价的。

第四，现有体系对适应问题领域的建设不够。

减缓与适应是国际气候治理体系内应对气候变化问题的两大基本途径。但是与减缓相比，对适应问题的谈判进展缓慢、成果有限。从1992年通过的《公约》直至2007年的第13次缔约方会议之前，适应问题只是气候谈判的一个附属性问题，在相当长的时间内并未得到充分重视。从第13次缔约方会议开始，适应问

---

① Ting Wei, Wenjie Dong, Qing Yan, et al. Developed and Developing World Contributions to Climate System Change Based on Carbon Dioxide, Methane and Nitrous Oxide Emissions. Advances in Atmospheric Sciences, 2016, Volume 33, No. 5, pp. 632–643. Ting Wei, Wenjie Dong, B. Y. Wu, S. L. Yang, and Q. Yan：《近期碳排放趋势对气候变化历史责任归因的影响》，载于《科学通报》2015年第7期，第674~680页。

② ActionAid, APMDD, CAN South Asia et al. *Fair shares：A civil society equity review of INDCs.* Report, November 2015, http://civilsocietyreview.org/report.

题被提到了与减缓同等重要的地位。在巴厘岛会议上，虽然适应议题的紧迫性和重要性开始得到缔约方的认可，但发达国家和发展中国家在适应行动的具体方面还存在较大分歧，比如适应行动何时开展、如何开展，尤其是适应的资金、技术应主要由谁来承担。[①] 2010 年《公约》第 16 次缔约方大会中，各缔约国就制定适应气候变化的体制性安排，帮助受气候变化影响的最弱势国家达成一致，建立了坎昆适应气候变化框架。该框架于 2011 年在第 17 次缔约方会议上启动，建立了专门适应委员会，启动了绿色气候基金，为适应行动提供资金支持，并建立了一个技术机制。这标志着国际社会对适应领域从观念上的重视过渡到真正的实践。此后的多哈会议进一步重申和明确了气候变化适应议题的重要性。2015 年通过的《巴黎协定》在适应部分设立了与全球温升目标相联系的全球适应目标，明确了对发展中国家的适应支持，并确定了具有一定法律约束力的全球适应信息通报和 5 年周期的全球盘点。在损失损害部分，《巴黎协定》锁定了《公约》下的华沙损失损害国际机制，并基本确定了一个各国通过可持续发展和国际合作共同解决损失损害问题的框架。

但是，《巴黎协定》仍然没有解决缔约方之间关键性和实质性的分歧，尤其是在原则方面。虽然《巴黎协定》的前言和第二条写入了"共区原则"，并且适应条款也维持了对发达国家与发展中国家的区分，但是该条款并未明确写入"共区原则"，因此在适应领域如何适应公平原则与合理原则，这是一个悬而未决的问题。

在适应问题上，获得对适应行动的支持是发展中国家的核心关切，也是公平合理原则的重要体现。在这个问题上，77 国集团加中国的共同立场是要求发达国家为发展中国家的适应行动提供长期的、不断年增加的、可预测的、新的和额外的资金、技术和能力建设的支持。但发达国家为了减少出资义务，只同意为特别脆弱国家，如小岛屿国家和最不发达国家提供资金支持，并要求其他有意义或者有能力的国家也为特别脆弱国家的适应行动提供支持。此外，《巴黎协定》的有关条款仅模糊提及发展中国家的适应行动需要持续和增强的支持，而通过资金条款明确规定发达国家应为协助发展中国家的适应行动提供资金并带头筹集气候资金，以履行其在《公约》下的现有义务，并实现资金在减缓和适应上的平衡分配。然而《巴黎协定》没有明确发达国家必须提供的资金数量，仅提出发达国家继续它们到 2025 年的集体筹资目标，并要求协定缔约方大会在 2025 年前考虑设立一个新的、不低于每年 1 000 亿美元的集体筹资量化目标。由于决定缺乏充分

---

① 居辉、韩雪：《气候变化适应行动进展及对中国行动策略的若干思考》，载于《气候变化研究进展》2008 年第 5 期，第 258 页。

磋商，语言模糊，很难由此完全确定新的资金量化目标是否限于发达国家，也未提及适应应得到的资金规模。①

总之，《巴黎协定》虽然设计了2020年后全球气候治理的宏观框架，但仍有很多技术性工作亟待完成，有许多关键性和实质性分歧并未得到有效解决。此后国际社会的关注点将转向具体实施规则的谈判。如何在技术细则的谈判中贯彻《公约》的原则和条款，避免在技术细节问题上背离《协定》的公平原则与合理原则，仍然是今后国际气候谈判中的主要挑战。

---

① 陈敏鹏等：《巴黎协定适应和损失损害内容的解读和对策》，载于《气候变化研究进展》2016年第3期，第251~257页。

第三章

国际气候治理体系中的能力建设

气候变化给人类社会发展带来了严峻挑战，要应对这一挑战，需要世界各国的通力合作。正如巴巴拉·沃德和雷内·杜博斯所指出的："人类的生存有赖于整个体系的平衡和健全。要解决世界性的环境问题，不是靠一个国家，甚至也不是靠几个国家或集团所能独自解决的，它需要全球的决心和协调一致的行动。"①

在知识经济时代，国内社会经济的可持续发展以及国际社会的政治经济等各方面的交往与合作，都必须注重能力建设，不断构建和创新社会制度、组织机制、管理机构和实施能力等方面的主体能力，以适应社会发展的需要和未来挑战。在环境问题日益严重影响人类发展的形势下，国际社会已达成共识，即只有不断加强各国，特别是发展中国家应对气候变化的能力，才能有效解决全球气候变化问题，实现人类社会的可持续发展。

第一节 国际气候治理中的能力建设：一般性分析

提升发展中国家能力建设是国际社会共同应对气候危机，促进形成公平合理、合作共赢国际气候治理体系的重要议题和前提性问题。首先，能力建设有助

---

① ［美］巴巴拉·沃德、雷内·杜博斯：《只有一个地球》，石油化学工业出版社 1981 年版，第 275 页。

于减缓气候变化对发展中国家的不利影响；其次，能力建设是发展中国家不断提升履约能力的客观保障；最后，能力建设是提升发展中国家在国际气候谈判中法律地位和话语权的基础条件。因此，系统梳理和分析国际气候治理中能力建设的进展及相关规定更显得极为必要。

一、能力建设的必要性及其内涵

能力建设，是指不同主体为实现一定目标而不断提高和完善其能力的系统工程。从主体上来看，它包括国家能力建设、人的能力建设、政党能力建设、政府能力建设等；从内容上来看，它包括政治能力建设、经济能力建设、文化能力建设、社会能力建设、环境资源能力建设等；从表现形式上来看，它包括政策能力建设、法治能力建设、执行能力建设等。能力建设涉及很多内容，长期以来，特别是自 20 世纪 80 年代中期以来，有关国家能力与国家能力建设的理论一直是学界关注的重点，如国家学派围绕国家能力和国家能力建设，强调现代国家（其代表是中央政府），无论是工业化国家或发展中国家，都是国内社会演变、经济发展、政治变革和国际互动的独立和主要的驱动者。[①] 随着国家能力问题成为现代政治研究和法律理论研究的重要议题，一系列国际政治经济和环境问题也都牵涉能力建设方面的内容。

（一）国家在应对气候变化问题上存在能力差异

通常来说，各国因 GDP、人均排放和技术水平等不同，导致其在应对气候变化的能力上也存在较大差异。一般而言，GDP 越高，人均排放越多；技术水平越发达的国家，其应对气候变化的能力也越强。下面，拟以 GDP、人均排放和技术水平三个指标来论证国家应对气候变化的能力差异。

1. 应对气候变化的能力与 GDP

课题组以国际能源署（IEA）公布的 1990～2015 年的 CO_2 排放数据，以及世界银行统计的 1990～2015 年的各国 GDP 数据为基础，采用协整理论对各国的 CO_2 排放与 GDP 之间的关系进行了量化研究。[②] 结果表明：发达国家通过 GDP 的增长驱动了 CO_2 的排放量增长，而发展中国家则是通过 CO_2 排放量增长来拉

[①] Peter B. Evans, Dietrich Rueschemeyer, and Theda skocpol. *Bringing the State Back In.* New York：Cambridge University Press，1985.

[②] 王谋：《世界排放大国 CO_2 排放和 GDP 的格兰杰因果分析及其对国际气候治理的影响和意义》，载于《气候变化研究进展》2018 年第 3 期，第 303～309 页。

动 GDP 的增长。可见，控制或减少 CO_2 的排放量，对发达国家和发展中国家来说，具有不同的意义。

由此，不难分析，欧盟和美国等发达国家因经济发展迅速，CO_2 排放量已日趋稳定，减少 CO_2 排放对其经济发展的影响相对较小，因而在应对气候变化上将更为灵活，能力较强；而发展中国家的经济正在发展之中，仍处于碳存量的累积阶段，减少 CO_2 排放对其经济发展的影响较大，不确定性的风险也随之增加，因而在应对气候变化上能力较弱。这一分析结果很好地证实了发达国家和发展中国家在应对气候变化的能力上确实存在着明显的差异性。

2. 应对气候变化的能力与人均排放

根据环境库兹涅茨曲线（Environmental Kuznets Curve，EKC）理论，国家的碳排放总量高峰与人均碳排放峰值的时间往往能够重合。一般来说，当国家的经济发展时，首先跨越的是碳排放强度的高峰阶段，并进入工业化阶段，而在工业化阶段中，国家的碳排放强度开始下降，而人均碳排放和碳排放总量会呈现出上升趋势。只有当该国的工业化水平达至某一程度时，人均收入达到某个基点，则该国便可以跨越人均碳排放的高峰阶段，并进入后工业化阶段。[1]

换言之，在工业化水平较高的国家，人均碳排放量会明显多于工业化水平较低的国家，且大致呈现出正相关的关系。而正处于工业化进程中的国家则依然需要消耗能源，以满足国内人民的基本需要，因此，虽然其人均排放量较少，但其人均排放的增长率却呈现出上升的趋势，且明显高于工业化国家的人均排放增长率。在此情形下，相较于工业化国家而言，处于工业化进程中的国家在控制人均排放率上较为困难，导致其应对气候变化的能力也相对较弱。事实上，工业化国家的人均排放量更多，在降低人均碳排放上有更多空间，因而其应对气候变化的能力也相对较强。

3. 应对气候变化的能力与技术水平

总体来看，国家的技术水平可以从四个方面来促进 CO_2 减排。[2] 一是提高传统化石能源的利用效率，以降低本国的碳排放总量；二是优化能源结构，增加新型能源和可再生能源的比重；三是推动产业结构调整，降低高能耗产业的比重；四是通过碳捕获与封存技术，将大气中的 CO_2 进行地质或海底封存。[3] 一般来说，国家的技术水平与其经济发展程度是正相关关系，也即发达国家的技术水平

---

[1]　石红莲：《低碳经济时代中美气候与能源合作研究》，武汉大学博士学位论文，2010 年，第 30 ~ 34 页。

[2]　李国志：《基于技术进步的中国低碳经济研究》，南京航空航天大学博士学位论文，2011 年，第 52 ~ 56 页。

[3]　冯帅：《碳捕获与封存的国际法规制研究》，法律出版社 2018 年版，第 1 ~ 12 页。

往往要高于发展中国家的技术水平，因此，发达国家在 CO_2 的减排上要比发展中国家有优势得多，应对气候变化的能力也会更强。

正是由于不同国家应对气候变化的能力存在着明显差异，因此，在全球气候治理语境下，如何加强能力建设也就成为国际社会面临的重大现实问题之一。

（二）国际社会对应对气候变化能力建设的认识

气候变化能力建设是 20 世纪 90 年代初进入国际社会视野的，它是国家能力建设的重要组成部分。由于气候变化问题的复杂性和严重性，发达国家和发展中国家就应对气候变化问题的能力建设进行了一系列的研究和谈判，并达成了基本共识，这对进一步加强应对气候变化国际合作具有重要的作用和意义。

1. 能力建设在应对气候变化问题中的提出

能力建设源于经济学和政治学的概念，从经济学的角度来看，能力建设强调要把资源、人力、资本、知识、信息等因素有机协调，实现资源配置的效率最大化；从政治学的角度来看，能力建设强调通过公共政策的制度和实施维护国家主权与安全并促进社会经济可持续发展。随着能力建设强调通过公共政策的制定和实施维护国家主权与安全并促进社会经济可持续发展，能力建设越来越成为各个领域的话语焦点。

在当今时代，气候变化问题是政府不可回避的话题，随着国际环境合作的不断加深，各国政府在不同程度上就应对全球气候变化问题制定实施相关公共政策和参与国际合作。不同国家关于气候变化问题的各方面能力现状存在差异，在应对全球气候变化的能力需求上也各有侧重。1992 年 6 月，联合国环境与发展大会通过《21 世纪议程》，首次提出能力建设主要体现在发展一国在人力资源、科学技术、组织机构和综合资源等各个方面的能力。同时大会上通过的《公约》以及1997 年《公约》缔约方大会通过的《京都议定书》进一步明确能力建设是指由发达国家提供资金和技术，以提高发展中国家适应气候变化和参与国际气候合作的能力。[①] 历次《公约》缔约方大会也就能力建设问题进一步作出了详细的规划和实施战略。

2. 国际条约对应对气候变化能力建设的认识

国际条约中对气候变化能力建设的共识，是一个逐步明晰和不断完善的过程。《21 世纪议程》先提出能力建设是一个国家在人员、科学、技术、组织、机构和资源方面的能力发展。而应对气候变化能力建设的相关内容也体现在《公

---

① 国家气候变化对策协调小组办公室、中国 21 世纪议程管理中心：《全球气候变化——人类面临的挑战》，商务印书馆 2005 年版，第 212 页。

约》和《京都议定书》中，特别是发达国家要在应对气候变化能力建设中给予发展中国家支持的规定，这是应对气候变化能力建设的重要内容。该内容在《公约》的几次缔约方大会和 2007 年"巴厘岛路线图"中得到了进一步的补充和发展。

第一，《21 世纪议程》率先提出了"促进发展中国家能力建设的国家机制和国际合作"。在发展与环境的目标下，《21 世纪议程》非常重视通过国际合作和共同努力来实现人类社会的可持续发展。由于各国和各地区的不同情况、能力和优先考虑，能力建设一方面要建立公平合理的国际贸易体制，针对发展中国家给予单独的、非歧视性的优惠贸易政策以促进资源配置优化和可持续发展。另一方面要对发展中国家提供足够的财政资源，以支付这些国家为处理全球环境问题和加速可持续发展而采取行动所引起的增额成本。鼓励发展中国家制定和实施有助于可持续发展的经济政策，并强调发展中国家相关政策改革，必须在全国范围内大力推进提高公共行政、中央银行业务、税务行政、储蓄机构和金融市场等领域的能力。

第二，《公约》明确了"共同但有区别的责任"原则，为应对气候变化的能力建设奠定了国际合作基础。《公约》序言中要求各个国家在应对全球气候变化问题上，根据其共同但有区别的责任、自身能力以及社会和经济条件，尽可能地进行最广泛的合作，来有效支持和鼓励发展中国家应对气候变化能力建设，并在具体条款中，就一般承诺和具体承诺，特别是资金、保险和技术转让等行动帮助和提高发展中国家应对气候变化能力建设。《公约》第九条第 d 款还专门规定，设立附属科技咨询机构就有关气候变化的科学计划和研究与发展展开国际合作，以及就支持发展中国家自身能力建设的途径和方法提供咨询。

第三，《公约》缔约方大会就发展中国家应对气候变化能力建设作出一系列规定，进一步促进应对气候变化能力建设的国际合作与发展。《公约》规定 1995 年开始每年召开一届缔约方大会，第 3 次会议通过的《京都议定书》设立了联合履约机制、排放贸易机制和清洁发展机制三种灵活机制，就温室气体排放的能力建设方面形成了基本方针、执行方案、资金援助、技术合作与转让、教育培训等方面的共识。1999 年第 5 次缔约方大会第一次就发展中国家能力建设作出单独决定，强调了财政资源和技术转让的重要性，明确了能力建设的国家主权原则。其最重要的意义在于列出能力建设的清单，明确能力建设的具体内容和执行措施，即机构能力建设、清洁发展机制建设、人力资源开发、技术转让、国家通讯、适应气候变化、公众意识、协调与合作、改善决策九大领域，对以后的应对气候变化能力建设具有重要的指导意义。2001 年第 7 次缔约方大会进一步就发展中国家能力建设作出专门决定，更加详尽地规定了发展中国家应对气候变化能力建设的框架、宗旨、目标和范围以及具体进程，并且把能力建设的九大领域扩充到十五项内容。在此基础上，就应对气候变化能力建设的认识已经基本达成共识，其宗旨是帮助发展中国家更好地履行《公约》和参与《京都议定书》的进程。第 7 次缔约方大会为气候变化的能力建设奠定了扎实的发展基础，为进一步开展气候变化能力建设国际合作形成了发展机制和实施路径，具有重要的历史意义。

3. 各国对应对气候变化能力建设的认识

由于各国的社会经济和科技发展水平不同，应对气候变化能力建设的发展阶段和关注重点也有很大差异，这体现出全球气候变化问题的复杂性、长期性以及国家利益之间的博弈过程，其中欧盟、美国、日本、印度和巴西应对气候变化之能力建设颇具代表性。

（1）欧盟。

一般来说，欧盟由于自身经济发展程度很高，落后工业总体上已经进行了改革，在气候变化问题上的发言权较大。但是，欧盟内部在减排问题上仍然存在不少分歧，这也成为欧盟试图主导气候变化问题的主要障碍。2007 年欧盟提出在 2020 年之前要减少 20% 的废气排放，但这样一个减排的数额在各成员国之间如何分配是欧盟内部还没有解决的问题。例如波兰表示，如果各国都平等地分担这个减排数额，那在经济上比老成员落后的状况就将难以改善。

尽管欧盟成员国的经济发展程度不同，导致其在应对气候变化上必须综合考虑各成员的经济发展，但是，由于多数成员国在地理位置上比较接近，邻近大西洋或北海，因此，其很容易受到气候变化问题的影响，这一客观现实在很大程度上又迫使欧盟不得不采取相关行动加强其应对气候变化的能力。

为了平衡成员国利益，并有效应对气候变化，欧盟先后发布了促进可再生能源发展的 ALTENER 规划、关于锅炉能源效率的 92/42 指令、关于家用电器能源效率的 96/57/EC 指令、欧洲气候变化计划（EPCC）、欧盟"气候行动与可再生能源综合计划"等政策性文件，并启动了碳排放权交易机制。[①] 虽然控制温室气体排放量将会增加欧盟各成员国的经济负担，但总的来说，它减少了欧盟对外的能源依赖，使欧盟的能源结构更加优化，并从本质上加速了技术的升级，提高其整体竞争优势。这也正是欧盟应对气候变化之能力的具体反映。

（2）美国。

一方面，美国是温室气体排放大国，其在应对气候变化的能力方面，重视清洁能源的开发和利用，强调应对气候变化技术的国际合作与协助，注重发挥市场

---

① 曾文革、冯帅：《欧盟碳排放权交易立法新趋势与中国应对》，载于《中华环境》2018 年第 9 期，第 39～42 页。

作用来促进气候政策的有效实施。另一方面，特朗普宣布退出《巴黎协定》也说明，其在应对气候变化方面始终是以国家利益为先。拜登上台以来，在国际层面宣布重新加入《巴黎协定》，国内层面颁布了以"清洁能源计划"为核心，内容涉及气候政策、环境政策、能源政策在内的"一揽子"计划。同时，在政治诉求层面，将"环境正义"作为应对气候变化的关键词，推进能源转型过程中保障弱势群体利益，实现公正过渡。[①] 但是，拜登却将中国视为其潜在的竞争对手，谴责中国对煤炭过度依赖，并指责中国通过"一带一路"转移碳污染，这将直接影响中美合作的不确定性。

从客观上来说，如前所述，美国作为发达国家之主要代表，其在应对气候变化的能力上拥有众多优势，但由于其现有执政理念与应对气候变化之思路相悖，因此，它应对气候变化的能力建设也将受到相当影响。

（3）日本。

日本由于国内资源匮乏，能源自给率低，对天然气、石油和煤炭几乎都依赖于进口。作为岛国，其国土海拔较低，临海城市人口密度较高，气候变化对日本的国土安全、粮食产量等均产生严重影响。基于此，日本极为重视并发挥政府在能源安全中的指导作用，加大对能源安全的投入，提倡节省能源，加强新能源开发，放宽能源限制。

通过发布《资源有效利用促进法》《地球温暖化对策推进法》《新气候变化计划》《能源政策基本法》《建立循环社会基本法》等立法和政策性文件，日本展现了其应对气候变化的决心和努力，在气候变化的国际合作上总体态度较为积极，充分显示了其应对气候变化之能力。

（4）印度。

印度和中国同为发展中国家和人口大国，近年来其经济保持了高速增长，但强势的经济增长的背后是大量的能源消耗。在能源结构方面，印度和中国相似，都是以煤为主，因此，污染物和温室气体排放在此阶段必然会有所增加。为此，印度在能源领域实施了一系列可持续发展法律措施，做到在扩大和保障能源供应的同时，降低能源使用的碳强度以实现减少温室气体排放的双重目标。[②]

总体来说，印度通过国内"气候行动计划"，以太阳能和可再生能源为核心，构建并完善国家能源发展战略，但遗憾的是，该行动计划没有制定减排指标，这主要是由其应对气候变化的能力较弱导致的。由此可以认为，印度的国内"气候行动计划"的影响力虽然很有效，但它至少反映了印度在应对气候变化上的一贯

---

① 肖兰兰：《拜登气候新政初探》，载于《现代国际关系》2021年第5期，第41～50页。

② 张利军：《印度能源战略的特点及启示》，载于《红旗文稿》2006年第23期，第34～36页。

立场——"有心无力"。

（5）巴西。

作为南美洲最大的发展中国家，巴西的减排态度一直都很积极。在促进水电以及其他可再生能源的电力开发、节约用电、提高车辆燃油效率、增加天然气消费比例以及努力控制森林砍伐等方面，巴西的气候变化白皮书（2007 年）详细阐述了其为减缓气候变化正在实施的各种长期性政策和措施。

事实上，多数发展中国家均在优先发展经济的基础上着力减少温室气体的排放。但是，考虑到发展中国家仍在工业化的进程之中，经济的持续快速增长需要能源的支撑。因此，这些国家即使在应对气候变化上一直较为关注，但往往陷入了"经济发展"与"应对气候变化"之两难抉择中，导致它们应对气候变化的能力无法得到明显提升。

（三）应对气候变化能力建设的含义与主要内容

应对气候变化能力建设的内容是随着国际气候谈判的不断深化而发展的，就其内涵而言，应对气候变化能力建设是围绕着《公约》和《京都议定书》的气候政策框架进行制度完善和缩小国际差距的进程。从当今国际气候合作与谈判的最新进展来看，明确气候能力建设的内涵和外延具有重要时代意义。

1. 应对气候变化能力建设的含义

《公约》第 7 次缔约方大会在第 5 次缔约方大会的基础上，通过了关于发展中国家能力建设的框架性文件，并在能力建设的目的中进一步明确了"要继续帮助发展中国家有效履行和参与《公约》的进程，并促进这些国家的可持续发展"的宗旨。《21 世纪议程》作为实现可持续发展的具有法律约束力的文件，将能力建设定义为："在人员、技术、组织、机构、资源等层面的能力建设。"以《公约》《京都议定书》《巴黎协定》为核心的国际气候法律制度将能力建设概括为：发达国家向发展中国家提供资金支持和技术援助，帮助发展中国家提高适应气候变化的能力和参与国际气候治理的能力。[①] 根据 IPCC 第三次评估报告的术语表，能力建设是指向发展中国家和经济转型期国家提供技术技能和机构运转能力支持，使其从各方面适应、减缓气候变化。[②] 而落实到国内，应对气候变化的能力建设，则主要是国家在公共政策的限度范围内，有效制定国家政策、执行国家政策，推进和实现应对气候变化的生态文明的目标。

---

① 国家气候变化对策协调小组办公室、中国 21 世纪议程管理中心：《全球气候变化——人类面临的挑战》，商务印书馆 2005 年版，第 212 页。

② 张坤民、潘家华、崔大鹏主编：《低碳经济论》，中国环境科学出版社 2008 年版，第 676 页。

首先，从应对气候变化能力建设的内容来看，公共政策的范围决定了能力建设的结构框架，以适应应对气候变化的国家能力建设的需求。能力建设在气候变化中的过程，首先是政府作为公共管理的主体在一定范围内汲取公共资源和配置，运用资源适应环境政策的需要的过程。各个国家的资源开发和整合的现状是不同的，从应对气候变化的角度来说，就是为了解决全球变暖问题，政府具有支撑作用的资源有哪些。这既包括硬件方面的权力资源、财力资源、人力资源、信息资源等，也包括软件方面的文化资源、权威资源、制度资源等。而能力建设在此主要体现为开发、吸收、运用和整合这些资源的能力。

其次，从应对气候变化能力建设的效力来看，环境政策的执行效力取决于其制度设计以及贯彻和实施环境政策的能力。决策理论的代表人物西蒙强调，管理就是决策，公共政策在政府管理中起着至关重要的作用，其涉及面广、影响面大、后果严重，直接决定了国家建设的合理性、正当性和可持续性。在应对气候变化方面，能力建设主要体现为政府能否科学制定环境政策和有效执行环境政策的能力。由于气候变暖的危害越来越大，各种灾难和危机出现的可能性不断增强，能力建设在当前气候变化的国际环境下，其保证公共利益和社会安全的危机管理能力显得尤为重要。

最后，从应对气候变化能力建设的目标来看，应对气候变化能力建设要以合法性和权威性为原则，充分体现开展能力建设所应遵循的指导方针。能力建设是建立在合法性的基础上的。因此，能力建设在应对气候变化中一方面体现为政府本身的可持续发展；另一方面体现为满足人类社会可持续发展的需求。《公约》和《京都议定书》就能力建设的目的明确指出要帮助发展中国家更好地履行《公约》和参与《京都议定书》的进程，并促进其可持续发展。

2. 应对气候变化能力建设的主要内容

通过《公约》缔约方大会的不断谈判和协调，应对气候变化能力建设涉及的领域有了更加明晰的拓展，这对指导发展中国家加强能力建设、应对气候变化具有重要的指导价值。根据缔约方大会一系列的决定来看，应对气候变化能力建设主要有以下方面的内容。

一是机构能力建设。包括加强国家级气候变化《公约》主管部门能力建设，以增强其对气候变化综合协调的能力；加强有关学术、研究机构和非政府组织的能力建设。

二是清洁发展机制的建设。包括建立实施清洁发展机制所需要的机构；清洁发展机制项目识别、制定和设计；项目活动的监测、核实、审计和证实；建立标准以评估项目是否符合可持续发展要求；项目谈判技巧；通过清洁发展机制示范项目加强能力建设，包括成本评估和长短期的风险评估；数据的获得和分享。

159

三是人力资源的开发。包括设立奖学金鼓励高水准的正规培训、专业培训和非正式培训等；建立专家库；开展有关气候变化科学性、影响评估、脆弱性和适应性以及政策分析的研究；开展实施计划的专门研讨会；与缔约方之间交流项目；将气候变化纳入教学课程；地方、国家、区域和国际水平的网络联系和协调。

四是技术开发与转让。包括适当的技术的识别和评估；涵盖硬件的技术信息需求的转让；技术转让的障碍分析；以及交流合作计划；研究与系统观测，包括气象、水文和相关的气候服务。

五是国家通讯和信息通报。包括地方排放因子的开发；数据收集、分析和归档；建立技术援助专家组；脆弱性和适应性评估分析，包括模型、方法选定、报告等；建立信息与网络，包括建立数据库；建立国家信息通报平台，及时沟通和协助相关信息服务；建立温室气体排放清单，包括排放数据库管理，收集、管理和利用数据的系统，排放因素等。

六是适应气候变化。包括开发适应性项目指南；国家气候变化项目；极端天气事件的案例研究，以及研究报告的整理和散发；海洋方面的能力建设和加强，如海岸地区的管理；传统知识、技能和实践的确认和促进，以增强适应性。

七是教育、培训和公众意识。包括制订提高公众意识的计划；编制提高公众意识的材料；开展公众意识研讨会；提高公众参与和协商的程度。

八是协调与合作。包括制订个人、社区、地方、政府、非政府、国家和地区层级在内的协调计划；提高各层级的参与程度；加强各层级之间的相互联系与学习。

九是改善和提高决策能力。包括增强意识和提高知识水平；提高研究、信息及决策水平；将气候变化政策纳入国家发展的战略和规划；协助参与国际谈判等。

3. 应对气候变化能力建设的主要特点

从各国参与气候变化国际合作的实践以及国内相应制度安排和执行来讲，气候变化能力建设呈现出以下特点。

一是应对气候变化能力建设主要以发展中国家为实施对象。从《21世纪议程》到《公约》缔约方大会，关于能力建设的实施对象主要是发展中国家，帮助其应对气候变化问题并提升相应的能力，其中能力建设的范围也主要以涉及发展中国家急需解决的国内外问题为主，如技术转让、合作机制、机构能力等基础发展要求。

二是应对气候变化能力建设以国家主权和国家需要为基本原则。应对气候变化问题的国际合作建立在"共同但有区别的责任"原则基础上，能力建设也始终以此为指导原则，强调发展中国家的实际需要和实际情况，在能力建设方面不能强加不适当的责任和义务，必须以发展中国家的现有条件为基础，充分考虑发展中国家的现实需要。

三是应对气候变化能力建设以节能减排为主要目标。能力建设涉及的范围很广，包括技术、资金、人才培养等方面，宗旨是实现《巴黎协定》所规定的温控目标。世界各国在"共同但有区别的责任"原则基础上，加强节能减排方面的合作，避免造成气候危机和维护气候安全。

四是应对气候变化能力建设以发展综合能力为主要手段。能力建设在广义上是制度的完善和执行力的提升，应对气候变化能力建设同样是一个广阔的合作领域，其不仅有关气候政策的完善，同时也是关注技术研究与转让、市场机制、贸易政策、人才培养等各个方面的综合系统。这也说明发展中国家应对气候变化能力建设本身也是社会经济发展的需要。

二、能力建设与公平合理的国际气候治理体系

全球气候变暖的趋势加剧，将导致生态系统的严重破坏、水资源的不稳定以及极端天气和气候事件频发。气候变化问题不是个别国家就能够解决的，其未来发展趋势和严重后果决定了只有在全球范围内有效达成适应性对策，确保各个国家相应的制度建设，提高效率加强履行环境保护职能，才能减缓气候变化的趋势，维护人类社会的可持续发展。[①]

(一) 能力建设在国际气候治理中的必要性

1. 国际气候治理的复杂性需要能力建设来解决

全球变暖对人类社会的影响是全方位、多尺度和多层次的，其给各国的社会经济发展造成的灾害损失是难以估计和无法挽回的。例如全球变暖造成农业生产的不稳定性增加，改变了农业生产格局，增加了粮食危机发生的可能性。冰川大面积消融造成海平面上升，破坏了海岸带生态系统和水资源等。极端高温天气事件越来越多，造成疾病蔓延，甚至导致死亡等。在 1972 年联合国环境大会、1974 年联合国粮食大会和资源大会等许多国际会议上，世界各国普遍达成共识，即气候变化对粮食安全和水资源造成较为恶劣的影响，给人类生存环境带来严峻挑战。世界气象组织发布的《2022 年全球气候状况》指出：面对气候变化和人

---

① 国家的权威性体现在国家能力建设的既定目标获得整个社会的普遍价值认同，制定和实施气候变化的适应性对策既是法定权力范围内政府合理配置资源的自主行为，同时也是增强应对气候变化全方位协调与合作的理性选择。

口增长，我们面临的气候风险前所未有。洪水、热浪、干旱已经影响了数百万人，并造成大量的财产损失。气候变化问题已经从一个环境问题转变为全球范围的政治问题和经济问题，从长远来看，无论是在国际层面上还是单一的国家层面上，都必须提高适应气候变化的国家能力，才能有效解决气候问题，降低气候变化的风险。

2. 国际气候治理中的国家利益需要能力建设来支撑

气候变化问题是世界各国面临的共同问题，关系到人类的前途和命运，影响着每一个国家的政治权益和社会发展。首先，制度缺失和缺陷是限制和影响国家权威性及国家意志的主要因素，公共政策的正义性、适当性既能够保证国家意志转化为社会意志，同时维护了政府协调社会关系、促进各阶层利益整体和谐的基本秩序。从公共意义上看，生态环境属于人类赖以生存的公共物品，气候变化对生态环境的严重破坏从根本上损害了社会公共利益、整体利益和长远利益。现代政治体制以具有公共代表性的政府为主体，其制定和实施气候变化适应性对策是体现国家能力建设合法性和强制性的有效方式。

3. 国际气候治理的政治性要求国家能力全面提升

气候变化问题是一个涉及环境、政治、经济等诸多领域的综合性全球问题。随着气候变化的影响日益明显，控制温室气体的排放等环境保护措施成为国际合作谈判的重要主题，气候变化问题的复杂化、政治化已经成为不可回避的全球性问题。联合国气候变化谈判充分表明气候变化问题成为一个涉及政治、经济、外交等方面异常错综复杂的综合性问题。一方面，国际、国内社会普遍呼吁采取全球行动以控制和减缓气候变化，对国家决策和能力建设产生了极大影响；另一方面，国际国内政治斗争增强了气候变化的外部性问题，发达国家和发展中国家之间的政治和经济利益调整与分配成为影响国家能力建设的重要因素。

（二）能力建设是构建公平合理国际气候治理体系的核心内容

早在 2006 年，世界银行前首席经济师尼古拉斯·斯特恩就运用经济学方法作出一份关于气候变化问题的专门报告（又称"斯特恩报告"），对气候变化进行重新审视。报告指出：在经济学上，迄今为止规模最大、范围最广的市场失灵现象是气候变化。因此，需着眼于长期性、全球性，将风险和不确定因素摆在首位，并考虑将发生重大变化的可能。从环境经济学的角度来看，综合各方面因素，加强能力建设是降低气候变化损失的最有效率的手段，也是实现效率最大化的最佳路径。① 在此过程中，有"区别"的责任应是公平合理的国际气候治理体

---

① 曾文革等：《应对全球气候变化能力建设法制保障研究》，重庆大学出版社 2012 年版，第 26 页。

系构建之出发点和核心。

第一，能力建设中的资金援助，是构建公平合理的国际气候治理体系的重要保障。

尽管发达国家和发展中国家就气候变化对人类社会的严重影响有共同的认识，但是在政治利益和经济利益的冲突下，气候变化行动的障碍是不可回避的事实。一方面气候变化已经使发展中国家经济和社会发展遭受挫折。如果气候变化没有缓解，即温升 3~4℃ 甚至更多的话，就会极大地增加这些事件的风险和成本。发展中国家适应气候变化的挑战将尤为严峻，因其技术条件和经济能力受限，适应气候变化能力较弱，更加容易受到气候变化的影响。但是，对于发达国家工业化水平的提升，其受到的气候影响不易估算。因此，气候变化问题的全球性特征，其影响是无边界的，需要全社会共同应对和管理。在国际气候法律制度安排下，全球应当采取公平、高效原则，通过合作加强技术交流与创新，实现降低减排费用和提高减排效率的双赢，使得资金援助成为公平合理的国际气候治理体系构建之重要保障。

第二，能力建设中的技术支持，是构建公平合理的国际气候治理体系的有效途径。

温室气体减排是减缓全球变暖的最重要措施之一，世界各国应该在共同的政策框架下，加强合作与谈判，明确减排政策框架的目标和较强的执行能力与适应能力，积极创新温室气体排放交易机制，通过多种灵活的方式实现温室气体的减排，由强有力的政策驱动创新，最终减少各国经济的碳密度。各国政府也应鼓励就碳价格确立、技术政策调整以及减排行动障碍的消除搭建科学有效的气候变化合作平台。可见，碳价格是气候变化政策制定的最重要基础，要通过税务、贸易或制度来间接规定一个合理的碳价格，促使投资从高碳模式转向低碳模式，提高减排效率。然而，要实现所需的排放量大幅削减的目标，研发各种低碳技术是关键。私营领域在研发和技术推广上扮演着主要角色，但政府和业界更加紧密的协作也将进一步刺激低碳技术的广泛发展，降低成本。因此，创新低碳技术政策，加大发达国家对发展中国家的技术支持力度，并鼓励私营部门、行业与政府加强低碳技术合作，推动电力、供暖和交通向低碳技术转化，也就成为公平合理的国际气候治理体系构建之有效途径。

第三，能力建设中的适应性政策，是构建公平合理的国际气候治理体系的必然选择。

根据"斯特恩报告"，大量证据显示，忽略气候变化问题最终将严重损害社会经济的发展。人类活动将直接影响气候变化，并会对经济和社会活动带来重大风险，甚至可能危及人类安全。气候变化是一项长期战略，尽早行动可付出最小的减排成本，进而保障人类赖以生存的家园。尽早采取行动，加强应对气候变化的适应性政策建设将对公平合理的国际气候治理体系之构建具有极其重要的意义。为促进减少排放的适应性政策本身就是一种投资，是一种为了避免在现在和未来几十年里由于气候变化造成严重后果的风险所必需的成本。"斯特恩报告"强调通过采取强有力的减缓政策应对气候变化风险的成本要比应对其不利影响后果所采取的成本高很多，因此从源头上减缓气候变化是一项具有高回报率的投资行动。除此之外，如果投资明智的话，还可以产生非常广泛的增长和发展机会。如果要实现这个目标，就必须让政策带来良好的市场信号，克服市场失灵问题，并把保证公平和缓解风险作为核心。[①]

与此同时，建立健全的气候变化国家方案是促进各国经济社会可持续发展、着力增强生态建设和环境保护的国家能力的基本法律责任。既要重视从源头减缓温室气体排放，如积极开发利用清洁能源（太阳能、风能、生物质能等）；同时也要增强适应气候变化的韧性能力，如植树造林、退耕还林、大力发展绿色农业、保护海洋环境等，从减缓和适应层面推动人与自然和谐发展。必须切实加强区域发展、城市建设、重大工程等的气候承载力评价和气候影响评估，把人类活动对自然生态系统的影响降低到最低限度，努力使经济社会发展与气候变化系统相适应。[②]

除此之外，在应对气候变化问题上，考虑到发展中国家仍然以经济和社会发展及消除贫困为主要任务，《公约》规定发达国家应该率先采取行动，兑现其在《公约》中的承诺。一方面，发达国家带头减少温室气体的排放，按照《京都议定书》的规定使温室气体排放恢复到较早的水平。并且发达国家应该采取实质性减排措施而不是扩展交易机制来规避自己的减排义务。另一方面，在能力建设层面，发达国家向发展中国家提供技术援助和资金支持，积极向发展中国家提供无害技术，加强技术合作和供给，提升发展中国家气候治理能力。在此方面，无论在《京都议定书》时代还是《巴黎协定》时代，发达国家几乎没有任何实际行动以促进向发展中国家的技术转移及增强发展中国家的自生能力和技术。可以说，实现发达国家实质性减排任重道远，2009 年签署的《哥本哈根协议》也仅原则性地规定了发达国家的减排目标，而整个国际社会面临的最大挑战是，如何将该协议中的政治意愿变成具有法律约束力的国际法文件。这才能代表实质性减排进入一个转折性阶段。

需要指出的是，气候变化问题的全球性质需要所有国家尽可能广泛地合

---

① 曾文革等：《应对全球气候变化能力建设法制保障研究》，重庆大学出版社 2012 年版，第 34 页。
② 曾文革等：《应对全球气候变化能力建设法制保障研究》，重庆大学出版社 2012 年版，第 35 页。

作。但是，一直以来在国际气候谈判中，发展中国家面临的压力都是在不断增大的。由于发展中国家将占未来能源增长的75%，南北利益问题成为减排义务争论的焦点，如果发展中国家不能加快自身应对气候变化的能力建设，加强国际环境合作，适度控制温室气体排放，在未来的气候变化谈判中将越来越处于被动的地位。

第二节　国际气候治理体系中能力建设机制的产生与发展

长期以来，各国特别是发展中国家认为，温室气体超量排放引起气候变暖的主要责任在于发达国家，因此发达国家有责任也有实力在提高发展中国家应对气候变化能力建设方面给予各种帮助。从《公约》《京都议定书》到《巴黎协定》，能力建设逐渐成为国际气候治理体系中不可或缺的组成部分，并不断得到发展。

一、《公约》确立了发达国家的义务

在应对气候变化国际法律制度下，能力建设对于发展中国家来说是履行公约义务的重要条件。

（一）《公约》对发展中国家能力建设的引入

《公约》本身对发展中国家的能力建设问题并没有作出专门章节的规定，但主体内容对该问题有了一定的涉及，在重视和提高发展中国家应对气候变化的能力方面和对发展中国家的政策优待方面是一个良好的开端。《公约》由序言、26条正文和两个附件组成，具有法律约束力。其中正文中的"目标、原则和承诺"是公约的核心内容。

1.《公约》的序言目标与能力建设

序言部分主要对缔约方所达成的一些基本共识进行了重申，主要的共识有：一是承认地球正在遭受的气候变化问题是人类共同关心的问题；二是公约的制定将特殊考虑发展中国家的现实发展需要，发达国家应该对气候变化承担主要责任；三是肯定气候变化是全球性问题，根据共同但有区别的责任原则，所有国家都有责任并依自身的社会条件、经济能力，广泛开展各类合作，同时积极参与国际谈判。在实质上，共同但有区别的责任原则在序言的表述中被肯定为气候变化

国际合作的基础，这一点也是支持发展中国家能力建设的基础。

《公约》第二条规定了制定公约的最终目标："将大气中温室气体的浓度稳定在防止气候系统受到危险的人为干扰的水平上。这一水平应当在足以使生态系统能够自然地适应气候变化、确保粮食生产免受威胁并使经济发展能够可持续地进行的时间范围内实现。"可以看出，《公约》实际上并没有确立明确的具有法律约束力的目标，这和各缔约方的相互矛盾、相互妥协有密切的关系，也是为了这一框架性质的公约能够达成并通过，以便为日后的进一步工作奠定良好基础。

2. 《公约》的基本原则与能力建设

《公约》的第三条规定了5条原则。这五条原则对于指导发展中国家的能力建设来说，也同样适用，目的是指导各缔约方采取履约行动。第一条是共同但有区别的责任原则，要求发达国家缔约方应当率先应对气候变化及其不利影响。第2条是要充分考虑发展中国家特别是易受气候变化影响的发展中国家的具体需要和特殊情况。第3条是风险预防原则，要求所有缔约方积极采取各种预防措施，缓解因各种原因引起对气候变化的不利影响。第四条是可持续发展原则，要求各缔约方有权并且应当促进可持续的发展。第五条是关于建立一个有利和开放的国际经济体系原则，要求各缔约方加强国际合作，促进国际经济体系更加开放，进一步促进缔约国特别是发展中国家缔约方的可持续发展，提高发展中国家应对气候变化的能力。这五条原则的设定除了要积极建立相互合作的经济关系外，同时通过"各缔约方有权并且应当促进可持续的发展"表达出发达国家和发展中国家之间相互折中的意愿，另外其中规定的"共同但有区别的责任原则"是首次在国际条约中明确使用，具有里程碑式的意义。

3. 《公约》规定的缔约方承诺与能力建设

《公约》的第四条关于缔约方的承诺问题，包括10款内容。这些承诺为发达国家和发展中国家规定了有区别的义务，承诺分为一般性承诺和具体承诺，其中的一些内容可被视为能力建设的早期框架性内容，也充分体现了发达国家与发展中国家在应对气候变化问题上共同但有区别的责任原则。

第一，适用于所有缔约方的一般性承诺体现责任的共同性。

一般性承诺适用于包括发达国家和发展中国家在内的所有缔约方，它们是定性的而非定量的。一般性承诺包括：用缔约方或以一定的方法编制、定期更新、公布温室气体清单；制定、执行、公布和经常地更新国家计划和国家战略，应对气候变化，实现温室气体源的人为排放与汇的清除之间的平衡状态；在所有相关部门，包括能源、工业、运输、林业和废物管理等部门，要加强科研合作促进发展，加强可持续的管理，积极制订综合管理计划应对气候变化；通过合作的方式，促进各方面信息的交流，包括关于气候系统、气候变化的信息，关于各种应对战略的信息，以及这些应对战略带来的经济、社会后果，特别是在科学、技术、工艺、社会、经济、法律等方面；鼓励公众在此过程中的广泛参与，加强与气候变化有关的教育、培训和提高公众意识；向缔约方会议提供有关履行的信息。

第二，两个附件缔约方的具体承诺体现责任的区别性。

具体承诺根据不同国家类型而相应承担不同的履约义务。《公约》有两个附件，两个附件的缔约方组成不同。附件一缔约方包括了经济合作与发展组织成员国（24个）、欧洲共同体、向市场经济过渡的国家（11个）。附件二缔约方包括经济合作与发展组织成员国（24个）和欧洲共同体。《公约》规定的具体承诺主要就附件一和附件二缔约方作出的。

《公约》第四条第2款规定了关于附件一缔约方的具体承诺，主要有：积极制定相应的国家政策，采取措施限制人为的温室气体排放，保护和增强其温室气体库和碳汇，减缓气候变暖；缔约方要在时间和内容上提供更严格的国家报告，包括减缓温室气体源的人为排放和增加碳汇等相关政策和措施的详细信息；缔约方应协调相关的经济和行政措施，并查明和定期审查它们导致温室气体排放增加的政策和实践，应使其温室气体的人为排放恢复到1990年的水平等。

《公约》第四条第3款、第4款和第5款规定了附件二缔约方的具体承诺，主要有：缔约方应提供新的和额外的资金，以帮助发展中国家缔约方应对气候变化，包括编制国家清单以及履行其他一般性承诺所需要的增加性的费用；提供新的和额外的资金，以帮助特别易受气候变化影响的发展中国家、不发达国家缔约方应对气候变化，包括应对所有由于气候变化引起的不利影响所需要的费用；采取所有可行的方法，尽可能促进发展中国家缔约方，通过向其转让环境友好的技术，促使其提高应对气候变化的能力。

在这些关于承诺的条款中，规定《公约》附件二的缔约方的具体承诺的内容实际上就是关于支持发展中国家能力建设的条款，只不过在文字上没有正式出现"能力建设"这一术语。

第三，资金机制的设立成为履行承诺和进行能力建设的前提条件。

《公约》在第四条的第8款和第9款中，谈到了关于履行承诺时，各缔约方应如何进行资金、技术转让等行动——履行本条各项承诺时，各缔约方应充分考虑按照本公约需要采取哪些行动，包括与提供资金、保险和技术转让有关的行动，以满足发展中国家缔约方由于气候变化的不利影响和/或执行应对措施所造成的影响，对极易遭受气候变化不利影响的国家应给予更多的关注，帮助其提高应对能力从而顺利履行公约承诺。

《公约》进而在接下来的部分建立了一个向发展中国家提供资金和技术支持，使其能够履行公约义务的资金机制，第十一条规定："兹确定一个在赠予或转让基础上，提供资金，包括用于技术转让的资金的机制。"这个资金机制的建立将是发展中国家具备履约能力的重要前提条件，联合国将委托一个或多个现有的国际实体负责该机制的维护。目前，全球环境基金（GEF）作为《公约》的资金机制，帮助发展中国家开展双赢项目，既有利于减缓温室气体排放，也有助于创造经济效益。[①] 1996 年《公约》第 2 次缔约方大会上通过了同 GEF 的谅解备忘录，规定了各自的职责和义务。资金机制的建立实质上就是对发展中国家能力建设的支持。

第四，附属科技咨询机构的职责与能力建设。

《公约》中使用"能力建设"这一术语的条款是第九条第 d 款，这也是《公约》中仅有的一处出现"能力建设"的条款。第九条规定设立附属科技咨询机构，该机构主要负责向缔约方大会和大会的其他附属机构提供关于科学和技术的专业信息咨询；同时该机构应开放供所有缔约方参加，由政府代表组成，并应具有多学科性质；该机构应定期向缔约方大会报告其所有工作情况。其中附属科技咨询机构的一项职责为："在缔约方会议指导下和依靠现有主管国际机构，就有关气候变化的科学计划和研究与发展的国际合作，以及就支持发展中国家自身能力建设的途径与方法提供咨询。"这一项职责的目的是帮助发展中国家缔约方针对应对气候变化在技术转让、国家信息通报以及资金援助等方面的能力建设。

总体来看，《公约》是关于全球应对气候变化问题的综合性的框架性文件，并不是专门规定发展中国家或经济转型国家能力建设问题的法律文件，同时又是最早的关于气候变化问题的国际公约，还有待于进一步深化内容和完善运行机制。但对于发展中国家能力建设确实是一个良好的开始，国际社会从此对于能力建设也给予了必要的关注。

（二）《公约》中"能力建设"的成就

第一，《公约》的核心内容体现了共同但有区别的责任原则的基本精神，这

---

① 全球环境基金（Global Environment Facility，GEF），成立于 1990 年 11 月，由世界银行、联合国开发计划署和联合国环境规划署共同管理。作为一个国际基金组织，GEF 主要是以赠款或其他形式的优惠资助，为受援国针对气候变化、生物多样性、国际水域和臭氧层损耗四个领域以及与这些领域相关的土地退化方面项目进行资金支持和技术援助，以取得全球环境效益，促进受援国有益于环境的可持续发展。它是《生物多样性公约》《联合国气候变化框架公约》和新近签署的《持久性有机污染物公约》的临时资金机制。

是发展中国家的公平价值观的集中体现。《公约》比较全面地考虑了发展中国家的需要。尽管发展中国家没有得到全部想要的资金转让，但《公约》重申了发展中国家优先发展的重要性以及经济增长的必要性。《公约》没有为发展中国家设置任何排放量的限制值，对它们提交报告的要求放得比较宽松，并要求发达国家支付编制国家报告所需的费用。[①] 这些规定对发展中国家能力建设尽管不是专门性的规定，但却给予了关键性的支持。

第二，《公约》是一个框架性的造法条约，为日后国际社会应对气候变化的政策和措施设计留下广阔的空间，也为发展中国家的能力建设预留了进一步发展和完善的空间。《公约》的框架性是不可避免的，这并非制定者的随意。由于在制定《公约》时的科学水平限制，气候变化的确切原因和解决办法还不够准确，为了日后对其作出调整，《公约》就只作了框架性的规定。在《公约》的目标、义务等方面都体现出了这一点。而《公约》要产生实效，就必须充实这个非常宽泛笼统的框架。不论是应对气候变化的总体性规定还是加强发展中国家能力建设的规定，都要在这一框架下不断地发展和完善，通过每年一次的缔约方大会逐步形成系统的、详细的、规范的和可操作性的法律文件内容。

二、《京都议定书》对能力建设进行了细化和延展

《京都议定书》共有 28 条和两个附件。附件 A 列出了温室气体的组成部分和缔约各国与温室气体减排有关的各个行业部门；附件 B 列出了发达国家及个别经济转型国家缔约方量化的限制或减少排放的承诺比值。

(一)《京都议定书》及其附件的主要内容体现能力建设的要求

《京都议定书》的制定是在《公约》第 3 次缔约方大会上，有关能力建设的专项决定是在第 5 次和第 7 次缔约方大会中作出的。《京都议定书》签订时没有专门的章节规定有关发展中国家能力建设的内容，其本身主要关注发达国家的温室气体减排时间安排和减排的量化目标及义务，对于发展中国家没有引入除《公约》义务以外的任何新任务，即没有规定发展中国家的任何减排温室气体的义务。对于发展中国家为了"减缓"和"适应"气候变化而要提高其能力的问题，《京都议定书》所涉内容并不多。

第一，《京都议定书》明确"共同但有区别的责任原则"以加强国际合作。

共同但有区别的责任原则是气候变化领域，发达国家和发展中国家根据自身

---

① 梁西主编：《国际法》，武汉大学出版社 2006 年版，第 261 页。

的不同能力水平，承担共同但有区别的应对气候变化的责任的根本依据。发达国家和发展中国家在减缓和适应气候变化上都要承担责任，但责任的多少因不同的应对能力而有所不同，这样才是实质的公平。《京都议定书》在第十条中这样规定："所有缔约方，考虑到它们的共同但有区别的责任以及它们特殊的国家和区域发展优先顺序、目标和情况，在不对未列入附件一的缔约方引入任何新的承诺……"这说明《议定书》重申了这一国际环境法基本原则，同时还明确了不会对非附件一国家（即发展中国家）增加任何新的减排责任，也包含了关于发展中国家能力建设方面的基本原则要求，延续了《公约》的精神。

第二，《京都议定书》对能力建设做出了具体规定。

《京都议定书》关于发展中国家能力建设的规定集中在第十条和第十一条。

第十条主要包括：应对气候变化国家方案的制定和更新、促进技术合作、人才机构的建设和提高公众参与度。其中第a、b两款是关于制定和更新国家应对气候变化方案的规定，要求方案详细且具备可操作性，主要涉及能源、运输和工业部门以及农业、林业和废物管理；第c款是关于向发展中国家提供更多的机会以便环保类科学技术的转让，包括制定政策和方案，通过技术合作的方式来完成，以此提高发展中国家应对气候变化的能力；第d款是关于与各个缔约方加强在科学技术研究方面的合作，包括发达国家和发展中国家，促进发展和加强本国能力，目的是能够有能力对气候变化的不利影响等做出准确的判断，完善国际及政府间研究观测系统；第e款中明确用到"能力建设"一词，强调了加强各缔约方在人才和机构能力方面的建设，进行该方面人才和机构的交流或调派，特别是为发展中国家培训该领域相关专家；同时在国家层级展开公众参与活动，使公众获得有关气候变化的信息，提高公众意识。

第十一条主要规定了《公约》附件二所列发达国家缔约方和其他发达国家缔约方在支持能力建设方面应当采取哪些措施。其中第a款要求这些发达国家提供新的和额外的资金，以支付经议定的发展中国家制订国家方案的费用；第b款要求发达国家向发展中国家缔约方提供其所需要的资金，包括技术转让的资金，以支付经议定的国家方案中所包含的承诺的具备可操作性的应对措施费用，还包括发展中国家在《公约》第十一条所规定的国际实体具体要求下，根据该条议定所要采取措施的全部增加费用。

资金和技术转让是发展中国家能力建设中的关键环节，《京都议定书》为确保这些应对措施和资金技术的转让能够得以实现，在第十一条中再次强调了"要充分考虑到资金流量应充足"，"责任的承担要在发达国家缔约方之间适当分摊"，以及《公约》资金机制的经营实体"应比照适用于本款的规定"，这些都说明《京都议定书》和《公约》一脉相承。

（二）"京都三机制"对能力建设的要求

《京都议定书》除明确了各国在减排温室气体方面应担负的责任外，最重要的是提出促进实现减排目标的四种方式。在《京都议定书》第六条、第十二条、第十七条中具体规定为：

（1）发达国家之间可进行排放额度买卖的"排放权交易"。难以完成减排指标的国家可花钱从超额完成的国家买入其超出的额度。

（2）以"净排放量"来计算各国的排放数额。即可从各国实际排放量中扣除森林所吸收的二氧化碳数量。

（3）采用绿色开发模式，促进发达国家与发展中国家合作，达到共同减排的效果。

（4）可采取"集团方式"减排，如欧盟各成员国可作为一个整体，只要总量实现排放任务即可。[①]

第1种方式被称为"排放贸易机制"，第2种方式为"清洁发展机制"，第3、4种方式为"联合履约机制"。这三种机制便是《京都议定书》规定的富有创造性的三种灵活机制。

在三种机制中，"排放贸易机制"和"联合履约机制"只能在《公约》附件一国家之间进行。"清洁发展机制"是唯一在附件一国家和非附件一国家之间合作进行的履约机制，该机制要求发达国家通过提供资金和技术的方式，与发展中国家开展项目级的合作，在发展中国家进行既符合可持续发展政策要求，又产生温室气体减排效果的项目投资，由此换取投资项目所产生的部分或全部减排额度，作为其履行减排义务的组成部分。因此清洁发展机制对于提高发展中国家应对气候变化能力建设有着重要的意义。

清洁发展机制之所以被视为最具潜力的履约机制，是因为该减排机制的减排成本相比其他两种机制最小。发达国家的绝大部分生产技术已经处于世界先进水平行列，因此它们想要实现减排的承诺是比较困难的，其减排成本远比发展中国家大得多，一般会高出5~20倍。清洁发展机制最大的优势在于它允许发达国家以转移资金、技术等方式，帮助发展中国家提高能源利用效率，改善可持续发展能力，以此相应地抵消发达国家的承诺减排义务，另外还为发达国家节省了减排成本，是一个双赢的机制。

非附件一国家不承担国际法约束的减排义务，可以通过清洁发展机制从附件一国家获得资金技术，以在非附件一国家领土上实施的项目为依托，提高能源利

---

① 周洪钧：《〈京都议定书〉生效周年述论》，载于《法学》2006年第3期，第125页。

用率，产生"经核证的减排量"（CERs），附件一国家购买这些 CERs 抵减本国的温室气体减排义务。随着《京都议定书》的实施，二氧化碳减排当量已经成为一种有价商品在世界碳交易市场上流通。

清洁发展机制都是以在非附件一国家领土上实施的项目为基础，这些项目或者是非附件一国家自己实施的，或者是附件一国家和非附件一国家合作实施的，而这些项目的批准由清洁发展机制项目执行委员会进行。通常 CDM 项目应满足以下条件：（1）项目所涉及的所有成员国都已正式批准；（2）项目的实施能够推进东道国的可持续发展；（3）能够缓解气候变化，并且产生的效益是实在的、可测量的、长期的；（4）与任何无此 CDM 项目条件下相比，该 CDM 项目能够产生额外的减排量。

除了对项目本身有要求外，参与 CDM 的国家必须满足一定的资格标准。很多发展中国家看到了该机制的发展前景，纷纷支持和开发该机制项目。清洁发展机制项目都是跨国运行，各国的经济社会环境多样化，为了保障项目的平稳进行，执行委员会对所有想要参与 CDM 的成员国做了三点要求：自愿参与 CDM；建立国家级 CDM 主管机构；批准《京都议定书》。同时对附件一工业化国家给予更加严格的规定：按照《京都议定书》第三条的规定，完成分配的排放义务；构建国家一级的温室气体排放评估体系；构建国家一级的 CDM 项目注册机构；向 CDM 执行委员会提交年度清单报告；建立账户管理系统以便提供温室气体减排的交易平台。

CDM 可选择的项目领域主要集中在：新能源和可再生能源领域、节能与提高能效领域、甲烷回收利用领域、燃料替代领域、化工废气减排领域和造林与再造林的碳汇项目领域。[①] 另外有一条特别规定：禁止附件一国家利用核能项目产生的 CER 来达到其减排目标。因此只要项目能够达到温室气体减排、回收和吸收的效果，都有资格成为 CDM 项目，进而获得来自国际社会的资金和技术援助。

清洁发展机制是双边合作项目实施或单方项目实施，这些项目的实施由执行理事会负责监管，执行理事会对《京都议定书》缔约方大会负责，理事会成员由来自各大洲的专家组成，一般为 10 人。执行理事会不负责具体的审查工作，而是将具体的项目审查权授予独立的经营实体，这种经营实体审查各缔约方申报的 CDM 项目，对项目产生的额外的减排量进行核实，之后签署减排信用文件证明，这些额外的减排量就是"经核证的减排量"。这些经营实体大多是私人性质的审计和会计师事务所、能够独立守信地完成减排量评估的咨询公司和法律事务所。

---

① 李静云、别涛：《清洁发展机制及其在中国实施的法律保障》，载于《中国地质大学学报》（社会科学版）2008 年第 1 期，第 44～49 页。

构建公平合理的国际气候治理体系研究

执行理事会除了对 CDM 项目审查负责外，还要管理 CDM 项目运行活动的注册登记，对经营实体证明的减排量进行签发，建立管理账户用于管理征收的适应性资金和其他费用，给项目东道国的缔约方注册 CER 账户用以定期管理等。

CDM 项目运行程序基本分为 7 步。一是对可能成为潜在的 CDM 项目进行设计和描述；二是该设计和描述的项目须由所涉及的国家批准；三是执行理事会对项目的申请书进行审查登记；四是开始进行 CDM 项目融资，保证其运行所需的资金；五是由执行理事会授权的经营实体对 CDM 项目实施监测，从项目运行开始之时起；六是由指定的经营实体对 CDM 项目产生的"核证的减排量"进行核实和认证，并提供信用文件证明；七是 CDM 执行理事会（CDM EB）根据经营实体的证明文件向项目产生的额外的减排量签发 CER。[①]

以上 7 个步骤的核心是减排量的核实和认证。如果 CDM 项目没有经过指定的经营实体对额外的减排量进行专业的和精确的审计，那就不可能实现 CER 在国际碳市场上的交易。因此项目开始运作后必须随之制作监测报告，以便估算项目产生的可能的 CER 并提交核实。

核实步骤由经营实体独立完成，经营实体必须查明项目产生的额外的减排量是否满足该项目原始批准书标明的原则和条件，并对追踪监测报告上的减排量进行核定。经过认真详细的核查之后，经营实体须提交一份报告，对该 CDM 项目产生的 CER 的数量予以确认。

认证步骤由执行理事会进行。认证就是对核实后的 CDM 项目产生的经核实的减排结果的书面报告，另外认证报告还包含了申请签发 CER 的申请书。执行理事会接到申请的 15 天内，若没有任何相关方提出重新审查的要求，即可指令 CDM 登记处签发 CER。

清洁发展机制项目已成为全球旨在减缓气候变化的国际合作手段的最炙手可热的措施之一。作为世界上清洁发展机制的最大东道国之一，印度从 2003 年到 2011 年总投资项目达 2 295 个，占世界 CDM 项目总数的 1/4。在 CDM 项目投资总数上，印度是仅次于中国的国家，截止到 2020 年 12 月，印度共注册了 1 686 个 CDM 项目，位居全球第二。[②]清洁发展机制是南北国家政府、企业、研发机构合作的重要内容，在全部注册的项目中，高达 83.35% 的 CDM 项目为新能源和可再生能源项目。[③]

---

① 吕学都、刘德顺主编：《清洁发展机制在中国》，清华大学出版社 2005 年版，第 165～168 页。

② 曹莉、刘琰：《联合国框架下的国际碳交易协同与合作——从〈京都议定书〉到〈巴黎协定〉》，载于《中国金融》2022 年第 23 期，第 79～80 页。

③ 陈林、万攀兵：《〈京都议定书〉及其清洁发展机制的减排效应——基于中国参与全球环境治理微观项目数据的分析》，载于《经济研究》2019 年第 3 期，第 55～71 页。

根据数据显示，2020 年亚洲及太平洋地区的 CDM 项目数量占全球比重最大，为 86%；其次为南美洲，占全球的 9%。①

中国自加入《京都议定书》后，一直在积极开展 CDM 项目，并制定了相应的管理办法。2004 年颁布了《清洁发展机制项目运行管理暂行办法》，2005 年随之颁布了正式的《清洁发展机制项目运行管理办法》。由于清洁发展机制项目对发展中国家非常有利，能够产生巨大的收益，越来越多的中国企业都在尝试申请 CDM 项目，CDM 项目在中国发展迅速，几乎每个月都有几十个新增项目。2009年 11 月，中国 CDM 项目数量也赶超了印度，成为项目减排当量和项目数量均为第一的发展中国家。截至 2016 年 8 月 23 日，国家发展和改革委员会批准的全部 CDM 项目共计 5 074 项；截至 2017 年 8 月 31 日，已获得 CERs 签发的全部 CDM 项目为 1 557 项。②

清洁发展机制是提高发展中国家应对气候变化能力的重要途径。《京都议定书》三机制的减排方式，并没有采用一味强调减排而抑制这些国家经济发展需要的极端方式，而是采取：一方面，可以通过提高能源使用效率，从而减少自身对环境资源的需求，削减排放量，即联合履约和排放贸易机制；另一方面，也是相对简单的办法，不改变经济发展对能源的需求量，也不采取自行削减排放的措施，而是在环境资产交易市场上购买所需的排放量，即清洁发展机制。这为发展中国家带来了难得的机遇。

《京都议定书》的清洁发展机制的规定和实施，除了最终要达到在全球范围内减少温室气体总量的目标外，在该机制运行的过程中，发达国家先进的环保技术将在原则上无偿地引入发展中国家，这也能为发展中国家提高能力建设提供充足的资金，还可对发展中国家提高能力建设间接地进行人才培训和机构建设。从目前几个发展较快的发展中国家的温室气体排放情况来看，由于这些国家正处于高速发展的阶段，同时这些国家的环保技术和资金支持也还与发达国家存在着一定差距，因此 CDM 就有可能将这些国家在环保方面的劣势转化为优势。其中最大的优势是，发展中国家可以通过 CDM 获得巨额的融资机会。通常情况下，CDM 的一个项目能够帮助企业拿到大约几百万欧元的额外资金支持，大大降低企业开发项目的融资风险，提高利润率。据预测称，发达国家为完成其在《京都议定书》下的承诺，在 2008 ~ 2012 年的 5 年时间里，每年需要通过 CDM 项目购买约 2 亿 ~ 4 亿吨二氧化碳当量的温室气体。这将需要开展大量的 CDM 项目才

---

① 数据来源于《2020 年中国清洁发展机制（CDM）行业投资分析报告——市场深度调研与未来前景研究》。

② 该数字来源于 CDM 项目数据库系统中公布的数据。参见：http://cdm. ccchina. org. cn/NewItemTable. aspx，访问日期：2019 年 3 月 9 日。

能够达成目标。

中国作为温室气体排放量最多的发展中国家，目前的减排潜力很大；中国作为最大的发展中国家，由于低廉的劳动力成本、较好的政策环境与经济发展潜力，在 CDM 的卖方市场中具有较强的竞争力。世界银行的研究表明，中国将可以提供世界清洁发展机制所需项目的一半以上，约合 1 亿～2 亿吨二氧化碳当量的温室气体。这既能给中国带来巨大的经济收益，同时又可引入发达国家先进的环保生产技术和人才资源。

（三）《京都议定书》明确了支持发展中国家能力建设的资金机制

《京都议定书》具体规定了支持发展中国家能力建设的资金机制，主要内容规定在第十一条。第一，发达国家缔约方和其他发达缔约方向发展中国家提供新的和额外的资金支持，以促进其履行第十条（a）项所述《公约》第四条第 1 款（a）项规定的现有承诺而招致的全部费用；第二，发达国家缔约方和其他发达缔约方向发展中国家提供技术转让所需资金，以促进其履行《公约》第四条第 1 款规定的现有承诺。这些现有承诺是在共同但有区别的责任原则指引下，由发达国家缔约方适当分担减排成本，同时考虑到发展中国家的资金流量和可预测的必要性。《公约》缔约方会议相关决定中对受托经营《公约》资金机制的实体所作的指导，包括本议定书通过之前议定的那些指导，应比照适用于本款的规定。该条还对发展中国家所需要的用来进行能力建设的资金和技术转让的资金进行了阐述。

《公约》创立了委托全球环境基金运作管理的信托基金，在赠与或转让的基础上提供包括用于技术转让的资金。信托基金通过适应战略重点试验方案（SPA）为适应计划提供资金支持。[1]《公约》第 7 次缔约方大会上的第 5 号决定对提供给发展中国家的适应性资金给予了扩展。不仅对全球环境基金作出了如何进一步适用适应性资金的附加指南，还开拓了三种新的资金来源，并由全球环境基金来负责运作管理。一是气候变化特别基金（Special Climate Change Fund），主要用在减缓和适应两个方面，重点支持领域包括能源、废弃物管理、技术转移和适应等，但目前仍未具体开始运作，不过石油输出国已经开始了积极的关注与参与。二是最不发达国家基金（Least Developed Countries Fund），只用于最不发达国家，重点支持领域包括国家适应行动方案的制订、完善国家气候变化秘书处机构、培训专业人员的谈判能力等，且目前已经开始运作。三是适应性基金

---

[1] 张梓太、张乾红：《论中国对气候变化之适应性立法》，载于《环球法律评论》2008 年第 5 期，第 60 页。

（Adaptation Fund），与前两种资金不同的是，该基金不是《公约》下的而是《议定书》下的资金渠道，资金的来源是清洁发展机制项目收益的 2% 和其他的自愿捐助，且已经开始运作。[①]

（四）《京都议定书》确立了支持发展中国家能力建设的技术转让

《京都议定书》第十条 c、d 项是对能力建设在技术转让与合作方面的正式规定。具体规定如下：（c）通过合作方式，开发有益于环境的专有技术，并采取一切行动资助研发该项技术，同时向发展中国家提供技术援助和支持，通过政府、企业、私有部门共同合作创造有利于环境的技术。（d）在技术研究和科学数据方面，形成具有体系化的观测系统并发展成为完整的数据库，通过系统监测来应对气候系统相关的不确定性和气候变化的不利影响，加强对相关观测系统方案的研究工作，提升国际、国家、政府层面的监督能力。

这些技术转让主要通过清洁发展机制的项目来实现，主要领域集中在新型能源的开发利用技术、提高能源利用效率的技术和增强碳汇的技术方面。《京都议定书》要求附件一国家通过国际合作的方式向发展中国家转让这些技术，包括这些技术实施所需要的资金，或者合作开发新的技术，帮助发展中国家建立数据库、制订相关适应性的方案。发展中国家经过多年的努力，在环保、低碳技术领域已有了长足的进步。中国在低碳技术领域收到了巨额投资。根据《京都议定书》的"清洁发展机制"，发达国家可通过资助发展中国家的减排项目，帮助自己达到减少碳排放的指标。这些项目包括风力发电机、从下水道获取甲烷以及用于过滤工厂烟囱内有害工业气体的技术。

（五）《京都议定书》发展了"能力建设"

首先，《京都议定书》提高了对发展中国家能力建设的关注度。

《京都议定书》本身对"能力建设"并没有给出明确界定，仅在个别条款中使用了"能力建设"一词，而且将能力建设仅仅限定在技术转让、国家信息通报、资金援助以及人才培训等方面，并没有就什么是能力建设进行系统的解释。但这些个别的条款却向国际社会发出了一个信号：在世界应对气候变化这一问题时，《京都议定书》对发展中国家的能力建设正在给予逐步增多的关注，是一个良好的开端。发展中国家能否切实履行条约的义务是至关重要的。它们为《公约》的缔约方大会在以后的会议上进一步就能力建设问题展开议题讨论和谈判打

[①] 姜冬梅、张孟衡：《中国适应气候变化的国际资金机制》，载于《世界环境》2006 年第 5 期，第 73 页。

下了基础，以至于在之后的《公约》第 5 次和第 7 次缔约方大会上分别作出了专门针对发展中国家能力建设的决定，提高了此类问题的重视程度，使之逐渐成为谈判中主要议题之一。后续的各次缔约方会议上陆续制定的关于能力建设的单项规定，为发展中国家加紧自身应对气候变化能力建设带来了机遇。

其次，推动低碳技术和高能效技术的发展。

发展中国家能力建设的技术转让涉及的绝大部分类型都属于能源行业，能源行业也是产生温室气体最多的领域。因此，相关能源技术的创新必然是时代要求。

相较于《公约》而言，《京都议定书》对发达国家缔约方提出强制减排的要求，具有强制约束力。政府和相关企业需加强对低碳技术的研发和投入，通过资金分配促进低碳技术的发展。随着碳排放指标的强制规定，所有高排放企业不得不考虑低碳技术研发和运用，由此推动了"低碳技术市场"的形成，大大促进低碳产业发展。与此同时，由于"学习效应"，低碳技术在降低成本的同时，增强了技术自身的吸引力，使得市场前景更为广阔。主要影响在于推动政府和市场对低碳技术的支持和研发运用，推动"低碳技术市场"良性发展，增强发展中国家核心竞争力。①

三、《坎昆协议》提出了"量化支持目标"

2010 年 11 月 29 日至 12 月 10 日，《公约》第 16 次缔约方会议暨《京都议定书》第 6 次缔约方会议在墨西哥海滨城市坎昆举行，其间达成了不具法律约束力的《坎昆协议》（Cancun Agreements）。在第一部分，《坎昆协议》重申了所有缔约方对长期合作行动的共同愿景，且这个愿景是以均衡、综合和全面的方式处理缓解、适应、资金、技术开发和转让以及能力建设问题，并要求发达国家发挥表率作用，开展要求较高的减排工作，并按照《公约》的相关规定，为发展中国家缔约方提供技术、能力建设和资金资源。此外，《坎昆协议》还将"适应"气候变化和"缓解"气候变化置于同等优先地位，认为应当完善适当的体制安排，以加强适应行动和支助。

（一）《坎昆协议》中能力建设的内容

在第四部分，《坎昆协议》对资金、技术和能力建设作了细致安排。②

---

① 刘东民：《〈京都议定书〉对能源技术创新与扩散的影响及企业的战略回应》，载于《世界经济与政治》2001 年第 5 期，第 18 页。

② Cancun Agreements 2010，https：//unfccc.int/process/conferences/pastconferences/cancun - climate - change - conference - november - 2010/statements - and - resources/Agreements.

在"A. 资金"议题中，《坎昆协议》通过 95～112 段的文字描述，对发达国家给发展中国家的资金援助进行了规定："95. 发达国家集体承诺，在 2010～2012 年期间通过国际机构提供金额接近 300 亿美元的新的和额外的资源，包括林业和投资，这种资源将在适应和缓解之间均衡分配。适应方面的供资将优先提供给最脆弱的发展中国家，诸如最不发达国家、小岛屿发展中国家和非洲"。"97. 决定应按照《公约》的相关规定，为发展中国家缔约方提供额度增加的、新的和额外的、可预测的和适足的资金，为此要考虑到特别易受气候变化不利影响的发展中国家缔约方的迫切和眼前需要"。"99. 根据《巴厘岛行动计划》第 1 (e) 段，向发展中国家缔约方提供的资金将来自各种不同来源，其中既有公共来源也有私人来源，既有双边来源也有多边来源，还包括替代型的资金来源"。"102. 决定设立一个绿色气候基金，作为《公约》第十一条之下资金机制的一个经营实体，由缔约方会议与绿色气候基金作出安排，确保基金对缔约方会议负责并在缔约方会议指导下运作，使用专题供资窗口支持在发展中国家缔约方开展的项目、方案、政策和其他活动"等。①

在"B. 技术"议题中，《坎昆协议》通过 113～129 段来对发达国家给予发展中国家的技术支持进行了规定："113. 决定加强技术开发和转让行动的目标是支持缓解和适应行动，以实现充分执行《公约》"。"115. 进一步决定依照国际义务，加速技术周期各阶段的行动，包括技术的研究、开发、演示、部署、推广和转让（在本决定中，下称"技术开发和转让"），以支持缓解和适应行动"。"120. 决定《公约》之下可以考虑的优先领域可包括：（a）发展和加强发展中国家缔约方的内生能力和技术，包括合作研究、开发和演示方案；（b）部署和向发展中国家缔约方推广无害环境技术和诀窍；（c）增加技术开发、部署、推广和转让方面的公共和私人投资；（d）为采取适应和缓解行动部署软技术和硬技术；（e）改进气候变化观测系统和相关信息管理；（f）加强国家创新体系和技术创新中心；（g）制订并执行缓解和适应国家技术计划"。"123. 决定气候技术中心应推动一个由国家、区域、部门和国际技术、网络、组织和举措形成的网络，以期在以下职能方面有效吸收该网络参与者的有效参与：（a）根据发展中国家缔约方的请求：①就确定技术需要以及实施无害环境技术、做法和工序提供咨询意见和支持；②促进为各种方案提供信息、培训和帮助，以加强发展中国家的能力，从而找出技术备选办法、作出技术选择，以及保持、运用和改造技术；③推动根据所确定的需要在发展中国家缔约方迅速采取的行动来部署现有技术；（b）通过

---

① Cancun Agreements 2010, https：//unfccc. int/process/conferences/pastconferences/cancun－climate－change－conference－conference－november－2010/statements－and－resources/Agreements.

构建公平合理的国际气候治理体系研究

与私营部门、公共机构、学术和研究机构进行协作，激励和鼓励开发和转让现有和新兴的无害环境技术以及南北、南南和三角技术合作机会；（c）推动一个由国家、区域、部门和国际技术中心、网络、组织和举措形成的网络，以便：①加强与国家、区域和国际技术中心及相关国家机构的合作；②促进公共和私人利害关系方结成国际伙伴关系，以便加速发明无害环境的技术并向发展中国家缔约方传播；③根据发展中国家缔约方的请求，为之提供国内技术援助和培训，以便支持发展中国家缔约方所确定的技术行动；④激励建立结对中心安排，促进南北、南南和三角伙伴关系，以期鼓励合作研究和开发；⑤确定、帮助和推广开发国家驱动的规划的分析工具、政策和最佳做法，以支持传播无害环境技术；（d）开展履行其职能所需的其他活动"等。①

在"C. 技术"议题中，《坎昆协议》通过 130～137 段来对发展中国家的能力建设进行了规定："130. 决定应当加大向发展中国家缔约方提供的能力建设支助，目的是酌情加强国家以下、国家或区域各级的能力、要考虑到性别方面，对实现充分、有效和持续地执行《公约》作出贡献，途径除其他外包括：（a）加强各级相关机构，包括联络点及国家协调机构和组织；（b）加强信息收集、分享、管理网络，包括通过南北、南南和三角合作；（c）在所有各级加强气候变化信息通报，教育、培训公众意识；（d）加强综合办法和各种利害关系方参与相关社会、经济和环境政策和行动；（e）支持在缓解、适应、技术开发和转让、获取资金方面确定的现有和新出现的能力建设需要"。"131. 还决定发展中国家缔约方加强能力建设行动所需要的资金应由《公约》附件二所列缔约方和其他能够这样做的缔约方通过现有的资金机制和任何未来的经营实体提供，以及酌情通过各种双边、区域和其他多边渠道提供"。"132. 鼓励发达国家缔约方按照'《公约》附件一所列缔约方国家信息通报编制指南，第二部分：《气候公约》国家信息通报报告指南'，继续通过国家信息通报报告其为发展中国家能力建设提供支助的情况"等。②

（二）《坎昆协议》中能力建设的成就

相较于《公约》和《京都议定书》而言，《坎昆协议》对能力建设的考虑更为具体和全面，且在《坎昆协议：能力建设框架》中对发展中国家的能力建设框架执行情况做了系统梳理和分析。③ 其认为，缔约方在 2009 年 9 月至 2010 年 8

①② Cancun Agreements 2010, https: //unfccc. int/process/conferences/pastconferences/cancun – climate – change – conference – november – 2010/statements – and – resources/Agreements.

③ Synthesis report on the implementation of the framework for capacity-building in developing countries. Note by the secretariat.

月期间提交的材料中报告的能力建设活动，涵盖能力建设框架中确认的全部 15 个优先需要领域。缔约方报告了能力建设相关活动在质量和数量上的推进，但提出要充分执行能力建设框架仍存在挑战。自源文件提交以来可能已经开展了进一步活动，因此该报告的活动汇编未必反映了取得的所有进展，故应视为指示性的。与此同时，在该文件中，缔约方重申了支持各种与气候变化能力建设有关的行动，包括发展个体和机构分析能力的活动，如影响预测和脆弱性评估、监测和观测、替代发展办法的风险评估和成本效益分析等。在《坎昆协议：能力建设》文件中，其对《公约》和《京都议定书》中的能力建设活动进行了全面审查和审议。

在这些文件的基础上，《坎昆协议》首次确立了量化的资金援助和技术支持的目标，也即：（1）为了提高透明度，要求发达国家缔约方在 2011 年、2012 年和 2013 年 5 月之前向秘书处提交为履行以上第 95 段所述承诺而提供资源的信息，以便汇编为一份资料文件，包括发展中国家缔约方获得这些资源的方式；（2）要求发达国家缔约方承诺争取达到在 2020 年之前每年为解决发展中国家的需要而共同调动 1 000 亿美元的目标；（3）要求在目前、2012 年之前和 2012 年以后促进与加强国家和国际合作行动，开发和向发展中国家缔约方转让无害环境技术，以支持缓解和适应工作，从而实现《公约》的最终目标；（4）强调通过《公约》之下的长期合作行动问题特设工作组在 2011 年继续对话的重要性，包括就适应框架、资金和技术机制等事项开展对话，以期缔约方会议第 17 届会议作出决定，使技术机制在 2012 年充分运作。①

四、《巴黎协定》扩展了能力建设实施的国家主体

2015 年 12 月 12 日，巴黎气候变化大会通过了具有法律约束力的全球气候协议——《巴黎协定》，为 2020 年以后全球应对气候变化的行动作出安排。该协定已自 2016 年 11 月 4 日起正式生效。在《巴黎协定》中，应对气候变化的能力建设有了新的发展。

（一）《巴黎协定》中能力建设的直接规定

在"通过《巴黎协定》主席的提案第——/CP. 21 号决定草案"（以下简称"草案"）中，能力建设的内容有了纵深发展。为了有效落实能力建设的相关条

① Cancun Agreements 2010, https：//unfccc. int/process/conferences/pastconferences/cancun – climate – change – conference – november – 2010/statements – and – resources/Agreements.

款，草案决定设立"巴黎能力建设委员会"，并在第 72～84 段就相关活动的内容进行了明确。

具体内容为："72：决定设立巴黎能力建设委员会，目的是处理发展中国家缔约方在执行能力建设方面现有的和新出现的各种问题，以及进一步加强能力建设工作，包括加强《公约》之下能力建设活动的连贯性和协调力。73：决定巴黎能力建设委员会将管理和监督以下第 74 段所述工作计划。74：还决定启动 2016～2020 年工作计划，包括开展下列活动：（a）评估如何通过合作加强《公约》下设立的开展能力建设活动的现有机构之间的协同增效，并避免重复工作，包括与《公约》下和《公约》以外的机构合作；（b）查明能力方面的差距和需要，并就如何填补这些差距提出建议；（c）促进开发和推广实施能力建设的工具和方法；（d）促进全球、区域、国家和次国家层面的合作；（e）查明并收集《公约》下设立的机构所开展的能力建设工作中的良好做法、挑战、经验和教训；（f）探索发展中国家缔约方如何能够随着时间和空间的推移，逐步自主建设和保持能力；（g）确定在国家、区域和次国家层面加强能力的机遇；（h）促进《公约》下相关进程和倡议之间的对话、协调、合作和连贯性，包括为此就《公约》下设立的机构的能力建设活动和战略交流信息；（i）就维护和进一步开发基于网络的能力建设门户网站向秘书处提供指导。75：决定，巴黎能力建设委员会每年将聚焦加强能力建设技术交流的某一个领域或主题，以便了解在某一特定领域切实开展建设能力的最新成功进展和挑战。76：请附属履行机构安排巴黎能力建设委员会的年度会期会议。77：又请附属履行机构在对能力建设框架执行情况进行第三次全面审查时拟定巴黎能力建设委员会的职权范围，同时考虑到以上第 75、76、77、78 段和以下第 82、83 段，以期作为建议就此事项提出一份决定草案，供缔约方会议第二十二届会议审议通过。78：请缔约方在 2016 年 3 月 9 日之前就巴黎能力建设委员会的成员问题提出意见。79：请秘书处将以上第 78 段所述提交材料汇编成一份杂项文件，供附属履行机构第四十四届会议审议。80：决定，对巴黎能力建设委员会的投入除其他外将包括：提交的材料、能力建设框架执行情况第三次全面审查的结果、秘书处关于发展中国家能力建设框架执行情况的年度综合报告、秘书处关于《公约》及其《京都议定书》下设机构开展的能力建设工作的汇编和综合报告、关于德班论坛的报告以及能力建设门户网站。81：请巴黎能力建设委员会就其工作编写年度技术进展报告，并向与缔约方会议届会同时举行的附属履行机构届会提供这些报告。82：又请缔约方会议第二十五届会议（2019 年 11 月）审议巴黎能力建设委员会的进展、延期需求、效力和加强问题，并采取其认为适当的任何行动，以期就按照本协定第十一条第 5 款加强能力建设的体制安排，向作为《巴黎协定》缔约方会议的《公约》缔约方会议

181

第一届会议提出建议。83：请所有缔约方确保在能力建设贡献中适当考虑《公约》第六条以及本协定第十二条所反映的教育、培训和宣传方面。84：请作为《巴黎协定》缔约方会议的《公约》缔约方会议第一届会议探讨促进提供培训、开展公众宣传、公众参与和公众获取信息的方式，以便加强本协定下的行动。"①

可见，草案中的能力建设规定，是为适应发展中国家在执行能力建设条款中的新需要，而"巴黎能力建设委员会"的设立及其年度会期会议的举行，均是为发展中国家的能力建设所服务的。

《巴黎协定》以硬性条款形式将"能力建设"议题囊括在内，且对各成员方有效。除在第九条、第十条将资金援助和技术支持作为加强能力建设的两种路径之外，该协定在第十一条专门制定了"能力建设"条款，共计5项内容。这5项内容为：第一，《巴黎协定》特别强调"最不发达国家和易受气候变化影响的特别脆弱国家"，对其应当加强技术开发、气候资金支持、提供教育和培训支持，同时需要及时通报能力建设支持情况，增强透明度；第二，针对发展中国家的能力建设应当由国家驱动并符合国家现实需要，加大缔约方在国家、次区域和地方层面的支持力度；第三，通过合作形式，提高发展中国家缔约方的履约能力；第四，无论是多边、区域还是双边采取的能力建设活动，都应当定期汇报和进行通报。发展中国家缔约方也应当定期通报执行本协定的行动和进展情况。第五，加强本协定下的体制机制建设，增强执行力。作为《巴黎协定》缔约方会议的《公约》缔约方会议应在第一届会议上审议并就能力建设的初始体制安排通过一项决定。②

虽然《巴黎协定》在国家自主贡献层面强调共同减排原则，但是在能力建设层面再次强调了发达国家向发展中国家，特别是最不发达国家和易受气候变化影响的国家提供资金、技术、教育、透明度等相关援助的规定，并指出应当尽快制定相关体制机制，增强发达国家向发展中国家能力建设的执行力。

（二）《巴黎协定》中国家自主贡献对能力建设的触及

应当说，《巴黎协定》相较于以往全球气候协议的创新之处在于，其一改"自上而下"的减排方案，转而采取了"自下而上"的减排方案。这主要体现在了国家自主贡献（Intended Nationally Determined Contributions，INDC）的创设中。事实上，INDC在某种程度上也反映了《巴黎协定》对能力建设的关注。

---

① Adoption of The Paris Agreement, Proposal by the President Draft decision –/CP. 21.
② *The Paris Agreement* 2015, https：//unfccc. int/process – and – meetings/the – paris – agreement/the – paris – agreement.

构建公平合理的国际气候治理体系研究

《巴黎协定》相关条款都蕴含着对能力建设的规定。第一，《巴黎协定》第三条中提道："认识到发展中国家缔约方有效执行本协定的现实情况"；第二，第四条提道："考虑到发展中国家实现碳达峰需要较长时间，需要在平等基础上，实现温室气体源的人为排放和汇的清除之间的平衡。"第三，缔约方所提供的国家自主贡献报告应根据不同国情，逐步加大国家自主贡献减排的力度；同时，缔约方应尽其最大减排力度，并反映其有区别的责任和能力。第四，发达国家应该带头实现减排，同时，应向发展中国家提供资金、技术支持。第五，最不发达国家和小岛屿发展中国家可编制和通报反映它们特殊情况的关于温室气体低排放发展的战略、计划和行动。第六，所有缔约方应努力拟定并通报长期温室气体低排放发展战略，同时注意第二条，根据不同国情，考虑它们共同但有区别的责任和各自能力。[①]

据统计，截至 2016 年 6 月 30 日，已有超过 190 个国家或地区正式提交了 INDC，给出了详细的中、短期减排目标和方式，这成为履行《巴黎协定》减排措施的重要组成部分。[②] 在《巴黎协定》中，INDC 有利于帮助不同国家在兼顾其发展程度和能力建设的基础上，制定符合本国国情的气候减缓目标及具体的减排义务，这是气候正义价值的体现。应当说，该机制为长久以来"南北"双方的减排分歧提供了一种可行性路径，兼顾公平、合理和效率等价值取向，不仅为国家之间气候合作的加强奠定了制度基础，更通过要求世界各国形成有针对性的气候治理体系，而对发展中国家的能力建设作了一定考量。因此，能力建设已不仅仅体现在传统的资金援助和技术支持上，其在具有创新性意义的 INDC 中也有了一定的作为空间。

（三）《巴黎协定》中"能力建设"的发展

应当说，《巴黎协定》中的能力建设条款是对已有成果的突破和创新，具有重要的进步意义。

第一，在《公约》框架体系内坚持了共同但有区别的责任原则。在巴黎气候变化大会召开之前，国际社会一直有一种担忧，即"共区原则"是否会被"优惠待遇"原则或"差别待遇"原则所取代，抑或"共区原则"是否会被重释以致仅强调"共同责任"而忽视"区别责任"。这种观点从德班世界气候大会结束后便已开始形成，在 2014 年利马世界气候大会为《巴黎协定》通过而讨论"国

---

① *The Paris Agreement* 2015，https：//unfccc.int/process – and – meetings/the – paris – agreement/the – paris – agreement.

② 曾文革、党庶枫：《〈巴黎协定〉国家自主贡献下的新市场机制探析》，载于《中国人口·资源与环境》2017 年第 9 期，第 112～119 页。

家自主贡献"议题时而达至顶峰。然而，从《巴黎协定》的能力建设条款来看，其在第十一条第一款和第三款中明确指出，发达国家缔约方应当加强对发展中国家缔约方能力建设的支助，表明《巴黎协定》仍是在《公约》体系下达成的，并将发达国家与发展中国家区分开来，认为发达国家仍是加强能力建设的施予方，而发展中国家是加强能力建设的主体和接收方，这正是"共区原则"的应有之义，也是实现气候正义的必然选择。

第二，能力建设条款在《公约》和《京都议定书》都仅出现过一次，由于发达国家和发展中国家的立场不同及政治博弈，同时涉及发达国家需要提供资金和技术支持，该条款一直没有得到切实履行并成为历届气候变化大会博弈的重要内容。《巴黎协定》第十一条对能力建设专门进行了规定，不仅重申了发达国家应当向发展中国家提供支持的原则，同时还规定了能力建设的具体内容，包括技术开发、推广、应用；资金援助；教育培训；以及信息通报的内容。除此之外，还规定了能力建设可以通过多边、区域、双边的形式进行，赋予发展中国家定期通报行动和措施的权利。相较于《公约》和《京都议定书》，《巴黎协定》关于能力建设条款的规定较为全面且具体，但其履行进展仍然值得考究。因此，可以说，在有法律约束力的成果中，《巴黎协定》的能力建设条款无疑是对已有文件成果的细化和深入。[①]

但是，也应当注意的是，《巴黎协定》更加强调对小岛屿国家特别是最不发达国家的支持和援助，隐约对发达国家与发展中国家的"南北国家二分法"进行调整，逐渐削弱对中国在内的发展中国家的能力建设规定。同时表明：能力建设的实施者已开始逐渐从"发达国家"转向"发达国家 + 发展中国家"（其中的"发展中国家"，尤指"发展中大国"）。

五、后巴黎时代的"能力建设"进程及展望

在 2016 年的马拉喀什气候变化大会和 2017 年波恩气候变化大会中，缔约方分别做了能力建设的相关报告。

2016 年"巴黎能力建设委员会主席提出的结论草案"中，提出了三点结论："第一，附属履行机构（履行机构）商定，巴黎能力建设委员会 2017 年的第一个重点领域或主题是根据《巴黎协定》执行国家自主贡献方面的能力建设活动。第二，履行机构还商定，将邀请以下资金机制经营实体和《公约》下设机构的代

---

① 曾文革、冯帅：《巴黎协定能力建设条款：成就、不足与展望》，载于《环境保护》2015 年第 24 期，第 39 ~ 42 页。

表参加与附属机构第四十六届会议（2017年5月）同时举行的巴黎能力建设委员会第一次会议：(a) 全球环境基金；(b) 绿色气候基金；(c) 适应委员会；(d) 最不发达国家专家组；(e) 融资问题常设委员会；(f) 技术执行委员会。第三，履行机构还商定，将请在《公约》下设立的其他机构和资金机制经营实体的代表确定就巴黎能力建设委员会的工作相关具体活动酌情开展协作的代表，尤其鼓励气候技术中心与网络的一名代表参加巴黎能力建设委员会的第一次会议。"

而在同届大会上的"对《京都议定书》之下发展中国家能力建设框架执行情况的第三次全面审评第 -/CMP. 12 号决定草案"中，其要求："2. 请缔约方继续执行《京都议定书》之下发展中国家能力建设框架，为此应：(a) 在开发项目时全程加强与所有利害关系方的磋商；(b) 增强利害关系方发现、吸引、申请和管理各类公共和私人资金的能力；(c) 强化联络与信息共享，包括在发展中国家之间，尤其是通过南南合作这样做；(d) 借助区域合作中心强化指定国家主管部门的能力。"与此同时，该草案还要求："3. 还请缔约方审议如何改善当前能力建设活动、最佳做法和经验教训之影响的报告工作以及如何在相关进程中予以反馈，从而加强能力建设活动的执行；4. 还请所有缔约方合作加强发展中国家缔约方执行《京都议定书》的能力，请发达国家缔约方加强对发展中国家能力建设行动的支助；5. 请有关政府间组织和非政府组织及私营部门、学术界和其他利害关系方继续将第 29/CMP. 1 和第 6/CMP. 4 号决定所载能力建设需求范围纳入各自的工作方案；6. 决定结束对《京都议定书》之下发展中国家能力建设框架执行情况的第三次全面审查，并在附属履行机构第五十二届会议上启动第四次全面审查，以期在作为《京都议定书》缔约方会议的《公约》缔约方会议第十七届会议上完成审议；7. 请各缔约方、观察员和其他利害关系方在 2017 年 3 月 9 日前就第 3/CP. 7 号决定确立、将于附属履行机构第四十六届会议（2017年 5 月）上开展、作为《京都议定书》缔约方会议的《公约》缔约方会议第十三届会议（2017年 11 月）上完成的经济转型期国家能力建设框架执行情况第四次审查提出意见。"

随后，2017 年"巴黎能力建设委员会的年度技术进展报告"中涵盖了 2017 年 5 月举行巴黎能力建设委员会第一次会议至 2017 年 8 月期间委员会的工作。其中包括关于巴黎能力建设委员会第一次会议以及关于巴黎能力建设委员会成员的资料，并载有巴黎能力建设委员会的议事规则和工作模式，以及巴黎能力建设委员会 2017～2019 年滚动工作计划，包括巴黎能力建设委员会执行工作计划所取得的进展。报告中还列入了关于巴黎能力建设委员会 2017 年重点领域或主题落实情况的资料，以及巴黎能力建设委员会提出的建议，供附属履行机构酌情审议并转交缔约方会议。具言之，该报告指出："19. 作为对《公约》之下发展中国家能力建设框架执行情况的第三次全面审评的一部分，缔约方会议第二十二届会议请巴黎能力建设委员会在管理 2016～2020 年能力建设工作计划时：（a）将注重性别问题、人权以及土著人民的知识等跨领域问题纳入考量；（b）将发展中国家能力建设框架执行情况第三次全面审评工作的成果纳入考量；（c）将此前围绕能力建设指标开展的工作纳入考量；（d）酌情推动和探求与《公约》及《巴黎协定》下其他工作范围涵盖能力建设的组成机构之间的联系；（e）推动和探求与《公约》及《巴黎协定》之外的从事能力建设活动的机构之间协同增效、加强协作；（f）参考《公约》及《巴黎协定》下的所有能力建设举措、行动和措施以及现有的报告任务，将加强能力建设活动相关报告工作的办法纳入考量，以实现连贯一致和协调配合"、"30. 在履行机构第四十六届会议期间，巴黎能力建设委员会联合主席会见了绿色气候基金董事会联合主席查希尔·费卡（Zaheer Fakir）先生以及高级别全球气候行动倡导者伊尼亚·塞鲁伊拉（Inia B. Seruira-tu）先生和哈吉玛·艾希提（Hakima El Haite）女士，以提供关于巴黎能力建设委员会的工作，包括关于其工作计划的资料。31. 巴黎能力建设委员会第一次会议请秘书处探求技术解决办法，以确保所有成员充分参与巴黎能力建设委员会的所有活动。对此，秘书处通过电话会议尽可能协助了巴黎能力建设委员会闭会期间的工作。32. 巴黎能力建设委员会在第一次会议之后开展的工作包括完成了滚动工作计划、设立和组成了工作组、编写和发布了两次提交材料的呼吁、编写了为期一天的关于重点领域的技术交流的总结以及这一领域进一步的技术工作"、"39. 巴黎能力建设委员会商定分析所提交材料的内容，并确定可上传至能力建设门户网站进行信息共享的与执行国家自主贡献方面的能力建设活动有关的信息。由于巴黎能力建设委员会已商定明年围绕相同的重点领域或主题开展工作，对关于 2017 年重点领域或主题的提交材料的分析将进一步指导巴黎能力建设委员会 2017 年剩余时间以及 2018 年的工作"。

与此同时，在"巴黎能力建设委员会 2017 年度技术进展报告"中，巴黎能力建设委员会指出："第一，强调发展中国家缔约方在实施能力建设活动时解决现有的和新出现的能力建设空白和需要的重要性；第二，赞赏巴黎能力建设委员会第一年开展的工作；第三，欢迎巴黎能力建设委员会 2017 年度技术进展报告 1，并注意到其中所载的建议""第七，鼓励巴黎能力建设委员会在实施工作计划时查明具备相关专长、工具和资源的机构和其他利害关系方，包括《公约》下设立的机构，并与这些机构和利害关系方合作；第八，注意到巴黎能力建设委员会决定 2018 年将继续落实有关《巴黎协定》下国家自主贡献的 2017 年重点领域或能力建设活动主题；第九，请附属履行机构使下一届德班论坛的主题与 2017～2018 年巴黎能力建设委员会的重点领域或主题相吻合，同时注意到委员会 2017

年技术进度报告中所载建议；第十，请秘书处协助找出能更好地照顾到巴黎能力建设委员会闭会期间工作的通讯模式"。

从 2016 年和 2017 年的气候变化大会上关于"能力建设"的报告中不难看出，后巴黎时代的"能力建设"将主要围绕《巴黎协定》而展开，但是其并未有实质性的突破，而是在《巴黎协定》能力建设条款的基础上进行了细化和具体化。这些报告仅为"决议"，不具国际法上的约束力，因而其在具体落实时需要各国际机构和缔约方的相互配合。由于发展中国家的能力建设问题迟迟未能解决，因此，可以预见，未来几年，在气候变化大会上，仅从条文内容来看，"能力建设"恐难有进一步发展。当然，后续的大会报告仍将继续推动能力建设行动的实施。

为了更清晰地展示能力建设逐渐发展的轨迹，现对其内容和特点进行简要梳理和归纳，详见表 3 - 1。

表 3 - 1　　　　　　　　　能力建设的发展轨迹

	能力建设的主要内容	能力建设的主要特点
《公约》	开始引入"能力建设"一词，并在序言目标、基本原则、缔约方承诺（资金援助、技术支持）等方面有了初步的涉及	体现了共同但有区别的责任原则的基本精神；确立了发达国家向发展中国家提供支持的义务；为发展中国家的能力建设预留了发展和完善的空间
《京都议定书》	在第十条和第十一条中要求发达国家对发展中国家的资金和技术进行援助；在"京都三机制"中要求提高发展中国家应对气候变化的能力	对能力建设进行了细化和延展；提高了对发展中国家能力建设的关注度；有力地推动了低碳技术和高能效技术的发展
《坎昆协议》	在"技术"议题中进行了细致描述，认为资金和技术是发展中国家能力建设之根本	首次确立了量化的资金援助和技术支持的目标；对《公约》和《京都议定书》中的能力建设活动进行了全面审查和审议
《巴黎协定》	在第十一条制定了"能力建设"条款，强调了发达国家需要定期对发展中国家提供能力建设支助；在 INDC 中开始关注发展中国家的能力建设	坚持了共同但有区别的责任原则；在已有成果基础上细化了能力建设议题的条文设计；扩展了能力建设实施的国家主体

续表

	能力建设的主要内容	能力建设的主要特点
后巴黎时代的相关决议	巴黎能力建设委员会作相关报告、布置相关活动	主要围绕《巴黎协定》展开，是在《巴黎协定》能力建设条款的基础上进行的细化和具体化

第三节　国际气候治理中能力建设的不足

一、不足的表现

近年来国际社会始终关注并致力于提高应对气候变化的能力建设，以期在气候变化减缓、适应以及基础科学研究及服务等方面努力提升，服务应对气候变化的国际气候治理工作。总体来看新形势下，应对气候变化能力尚不能充分满足国际社会各界各行业不断增长的服务需求，在科学研究、气候变化适应以及减缓、国家和全球层面气候治理的相关能力建设方面均与理想水平存在差距。

（一）缺乏对能力建设的清晰、统一的界定

尽管近年来国家能力建设受到国际社会的广泛关注，无论是在政府间的联合国框架下的气候治理体制进程中，还是在非政府间国际组织，或是其他多、双边的国际气候治理相关制度与机制，都已经成为高层密集磋商的重要议题，然而，现有国际气候治理体系之下的能力建设内涵界定的碎片化与模糊性已经成为一个普遍现象。其碎片化不仅体现在能力建设内涵的分散化，也体现在行为主体的多元不确定趋势上，或者说能力建设界定伴随国际气候治理多中心趋势，以及有序、无序并行状态显现出非体系化属性。其界定模糊性不仅体现于其能力建设内涵与外延的不确定，同样受到非单一国际管治体制，甚或非单一国际机制主导的影响，进而呈现出一种由具有不同治理范围、不同规则属性与不同中心问题调整形成的"拼接物"性质。

正是由于全球气候治理体系能力建设领域出现了相互重合的解决该问题的制度、机制或规范，它们围绕对能力建设本身的界定（如成因、影响程度和性质）、能力建设义务或责任的认定（如谁应该对该问题负责）、能力建设问题解决的方

式等各种相关问题形成了重合但不统一的状态：它们之间或者相辅相成、相互促进，或者相互抵触、相互冲突。

以《公约》为核心的联合国框架下的气候治理，从艰难的政府间气候谈判开启，试图促成一种全面一体化的对主权国家具有法律约束力的全球减排行动安排。但是，关于能力建设的问题《公约》并没有特别的一个章节，只是在第 9 条第 d 款中使用了"能力建设"一词，也只对能力建设的范围进行了限定，包括技术转让、国家信息通报、资金援助以及人才培训等方面，但并没有给"能力建设"下定义和做系统的解释。

《京都议定书》虽然在关于发展中国家能力建设的问题上比《公约》前进了一大步，但也仅仅是给予"能力建设"特别的关注，提高对发展中国家应对气候变化带来的能力重视，在具体内涵上仍为后续谈判留下较大空间。

《坎昆协议》基于其对《京都议定书》第二承诺期的存续问题进行商讨的宗旨，加上发达国家缔约方和发展中国家缔约方之间的论争加剧带来协议法律约束力的缺乏，导致能力建设议题虽有了"质"的发展却在具体界定方面依然难有作为。

《巴黎协定》第十一条中将能力建设表述为一种以便利采取有效的适应和减缓等气候变化行动，便利技术开发、推广和部署，便利气候资金、教育和培训的获得，便利公共宣传的有关方面，以及便利透明、及时和准确的信息通报为目的，以国家为驱动，以（从《公约》下能力建设活动中）获得的经验教训为指导，以国家需要为依据的，促进缔约方自主参与，包括国家、次国家和地方层面贯穿各领域和注重性别问题的有效和迭加的进程。[①] 同时，联合国框架下的气候治理体系也在后续的磋商谈判中为能力建设安排了执行机构、实施细则、落实计划、发展中国家行动或资助进展的定期信息通报等具体体制的建立。然而，一方面，基于适当体制的建立仍处在较早阶段，其具体内涵有待进一步的谈判确定。另一方面，联合国法律体制下的能力建设是否包括信息通报与适当体制的建立在内的所有措施也很难确定。

实际上，现有国际气候治理体系除了联合国框架下的多边治理体制之外，在其他政府间以及非政府间的多、双边渠道亦存在多种涉及气候治理的制度和机制。特别是联合国框架之外气候治理机制的井喷增长以及国际组织越来越多地参与气候变化问题治理（例如 G8/7、G20 和 APEC 正越来越多地深入气候变化相关问题）。尽管这些治理体制或涉及影响全球气候变暖的臭氧层气体管治（蒙特

---

① *The Paris Agreement* 2015，https：//unfccc. int/process - and - meetings/the - paris - agreement/the - paris - agreement.

利尔议定书）的减缓行动，或涉及气候项目（多边发展银行）、雏形碳基金（世界银行）的气候资金获取，或涉及清洁能源与能源治理（G20）的技术开发、推广和部署，存在与联合国法律体制能力建设目标在事实上的重合，但都缺乏对能力建设内涵的清晰界定。同时，国际社会多个气候集团或多种行为体搭建的气候治理机制不仅呈现出规模、性质以及领域上一致性的缺乏，并且在能力建设相关措施的采用上也未能建立与联合国体系能力建设的联系。无论是在政府间的联合国框架下的治理体制进程中，还是在其他气候治理的制度和机制中，都很难找到能力建设的正式目标、建设框架、行为路径、能力维度（例如世界银行将国家职能建设分为了最低职能、适中职能与积极行动职能三个维度）的统一、清晰的界定。

（二）缺乏对能力建设阶段性目标的具体规定

后巴黎时代的国际气候治理体制在结构上形成了以联合国框架下机制为基础，分散化、网络化的制度体系，在"自下而上"确立行动目标方面以及"自上而下"开展核算、遵约领域达成了体系化规则建立的一致决定，确定了主权国家透明度报告义务，并将"1.5℃温控目标"引入全球气候治理的目标中，为能力建设推动全球减缓与适应行动目标指明了前进方向。但是，后巴黎时代的国际气候治理体系既没有达成阶段性共同目标，也未能建立经济去碳化的约束性措施，主权国家各自订立五花八门的目标，这都导致最终难以形成协同一致的全球行动。

《公约》本身没有规定具体和量化的减排目标，只是规定附件一缔约方应制定国家政策和采取相应措施，减缓气候变化的模糊规定。《公约》多是采用宣言的形式和督促式的方法，这种非硬性的要求和规定很难约束发达国家履约。同时，也未就资金机制达成可操作性的具体协议，无法保障发达国家向发展中国家提供资金保障，进而无法促进发展中国家共同参与减排。

《京都议定书》虽然规定了附件一国家具体的减排目标和时间表，但是对不履约国家并没有规定惩罚措施和具体的实施细则，导致履约效果大打折扣。可以看出《京都议定书》第十八条有意提到不遵守的原因、类型、次数等，但也仅仅是列出了指示性清单，如何判断不履约行为以及如何处罚不履约行为等相关机制和程序都没有提到，仅仅提出了一些十分有限和原则性的要求。

联合国框架下的气候治理机制通过《巴黎协定》确定了资金目标与减缓、适应目标的一致地位，全球非政府组织、行业性或学术性社会团体，甚至私人都已广泛参与其中。但能力建设阶段性目标的缺乏，导致全球气候治理能力建设难以形成参与者的行动协同，进一步影响减排计划的可行性、资金供给的有效性与减排行动的成功率，最终造成不能减轻全球气候变化严重威胁的后果。

欧盟与美国的行动进展实际上在相当程度上表明了其对"共区原则"的弱化与能力建设阶段性目标的模糊，试图借此冲淡"共区原则"的适用。这一点在《巴黎协定》的达成中可窥一二。同时，《巴黎协定》实施细则的后续谈判发展，明确能力建设义务或责任的区分和程度认定等各种相关问题，能力建设进程目标的实现等仍有较大的不确定性。

国际气候治理在主体上走向以主权国家为主、公共主体和私人主体的多元化"共治"之路；在过程上体现了科学研究、政治安排、市场行为三个环节的循环互动。参与主体不断增加，气候治理主题也被嵌入许多多边、双边议题中。

尽管《巴黎协定》要求，"发达国家缔约方应当继续带头，努力实现全经济绝对减排目标，发展中国家缔约方应当继续加强自身的减缓努力，鼓励根据各自国情，逐渐实现全经济绝对减排目标[1]"；且已经明确提出资金要求，表示"发达国家缔约方应为协助发展中国家缔约方减缓和适应两方面提供资金，以便继续履行《公约》下的现有义务[2]"，且"鼓励其他缔约方自愿提供或继续提供这种支助[3]"，澄清了支撑发展中国家适应与减缓行动资金力量缺口的发达国家义务。然而，发达国家不愿承担定量责任。同时，"1.5℃温控目标"作为联合国框架下的多边治理体制设立的目标，也是《巴黎协定》第十一条便利采取适应与减缓行动的能力建设的进程目标。然而，现有国际气候治理体系缺乏对能力建设进程的阶段性目标的具体规定，能力建设难以形成协同与竞争的良性互动效应，难以把握能力建设进程的阶段性目标方案，或是指导目标的最终达成。

（三）缺乏对能力建设执行的强制性措施

联合国框架下气候治理系统的温度控制目标要求各主权国家在切实履行有关承诺之外，还应为全球通过投资可再生能源、补贴新能源过渡至低碳经济的资金等能力建设提供支持。然而，《公约》缔约国仍存在各国政府不完全履行承诺的第二义务缺失与资金义务不履行责任划分不明的风险，既没有精确的措施也没有足够的权威对不同能力建设活动发生的效果进行评估，尽管认识到"市场机制"的巨大潜力，但缺乏通过市场机制明确资金供应的相应措施；尽管突出了长期目标的制定作用，但缺乏短期目标与时间表；允许各个国家自愿实行减排措施，缺乏工业化国家的排放限制规定，更没有强制执行条约的细则。换言之，联合国框

---

[1] 《巴黎协定》第四条第四款。
[2] 《巴黎协定》第九条第一款。
[3] 《巴黎协定》第九条第二款。

架下的多边治理体制正面临着缺乏资金责任机制和强制履约机制等问题。对于违反或背叛能力建设义务者没有任何惩罚手段，这导致体系目标难以顺利按期达成。目前联合国框架下的多边治理体制仍缺少国际社会在后续的相关谈判中促成履约和监督机制的建立手段，从而难以保证广泛筹集资金。确保五年一次的国家自主贡献审核，完成《巴黎协定》的后续实施与监督工作，才能使《巴黎协定》1.5℃控温预期目标顺利达成。

《公约》仅是一项框架公约，其目标的实现依赖于《京都议定书》《巴黎协定》及其实施细则等"一揽子"条约文件带来的具体执行力。但实际上，不仅《巴黎协定》的可执行性非常弱，此前发达国家对《京都议定书》也没有完全兑现承诺，甚至有些国家退出了，有些国家虽然没有退出却表示不参加第二承诺期的减排目标，而 2009 年哥本哈根气候变化大会上，发达国家已经作出承诺，为发展中国家应对气候变化提供到 2020 年每年 1 000 亿美元的资金支持，但迄今为止，它们尚未成功履行这一承诺。但由于当前国际气候治理体系对于违反或背叛能力建设义务者没有任何惩罚手段，因此这些违反公约和协定的行为，并没有什么严重的法律后果。从这个角度来看，虽然各国之间已经签署了许多国际气候公约和协定，但能否有效地执行这些国际气候公约和协定是国际环境法面临的真正挑战之一。世界贸易组织的规则是可执行的，因为它有仲裁机构，通过贸易制裁，世界贸易组织规则得以有效实施。而当前全球治理体系执行机构的匮乏、裁决机制的缺失，带来能力建设强制执行力的缺失。从这个角度来看，不管是联合国框架下的多边治理体制还是联合国框架以外的治理体制，都缺少一个裁判机制，即应设立一个中立的第三方进行裁决，例如，国际气候法庭或国际气候仲裁庭解决盘点、检评中的争议；缺乏履约担保机制，即可通过履约担保机制支付履约保证金，以实现气候协定的执行。

二、主要缘由

从全球气候框架公约框架体系的成果与执行看，国际气候治理能力建设的影响力并未完全有效地发挥出来，部分能力建设条款亦遭遇落实危机。主要原因在于以下几个方面：

（一）发达国家缺乏政治意愿

国际气候治理政治推动力赤字不仅已经出现，并且难以得到补充，领导力量的缺失可能带来气候治理推动力量长期的缺乏。领导力不足导致国际气候治理体系缺乏国家能力建设的凝聚力。

虽然欧盟等发达国家，始终在国际气候治理体系磋商谈判中保持着领先地位，也在实质上积极推动国际气候治理谈判①，然而，在国际气候治理体系国家能力建设的总体进展和整体效益方面，缺少发达国家强有力和公认的领导也是一个无可争辩的事实。特别是，在以《公约》《京都议定书》《巴黎协定》为核心的国际气候治理机制之外，以八国集团、二十国集团为代表的区域型气候治理机制不断显现，更是增加了气候变化能力建设谈判的分化与重组，在诸如资金援助机制、技术开发与转让机制、教育培训机制等问题上的碎片化都表明，缺乏发达国家政治领导意愿，越来越多地影响国家能力建设的进程发展。

从《公约》到《巴黎协定》，都坚持了发达国家有对发展中国家在应对气候变化行动方面给予资金资助的义务，这也正是能力建设的重要资金支持来源。尤其在马拉喀什缔约方大会上，以资金支持和技术转让为内容的扶持性环境被纳入能力建设 15 项内容之一，并在为促进《公约》第四条第 5 款的执行中提出建立一个有效的关于技术信息的网络系统，以促进有利于技术转让的扶持性环境建设。其后，在 2007 年的巴厘缔约方大会上，通过的第 3/CP. 13 号决议重申了该框架内容，提出"进一步确认发达国家向发展中国家提供技术支持和转让"②，并要求 GEF 基金给予资金支持③。进而经过《哥本哈根协议》《坎昆协议》《德班协议》的重点关注，发展为 GCF 建设。但是，对于温室气体排放具有历史责任的发达国家，在拿出更多资金帮助发展中国家实现经济转型方面始终缺乏意愿，《巴黎协定》的自愿原则也给予发达国家继续的行动倚仗。尽管在《巴黎协定》实施细则讨论中，获得了部分国家在资金资助方面的进展，但各国的行为并不具备持久性，发达国家的资金支持仍旧缺乏可预测性。

发达国家这一政治意愿的缺乏，直接导致很难将能力建设议题与强制资金措施议题在谈判中捆绑推进。这一政治意愿的缺失，从发达国家始终坚持交叉性观念，认为能力建设的内容已经在减缓、适应、资金、技术等要素下有所涉及，不宜作单独议题并设立机制，反对能力建设议题在公约下的范围扩大的谈判态度也可窥见一二。其中，以美国和日本为首的伞形集团坚决反对任何形式的能力建设机制的达成，立场尤为坚决，而欧盟尽管没有提出坚决反对，但也未表现出任何支持。磋商谈判之中发达国家共同反对"两分"理念，最终导致《巴黎协定》

---

① 李慧明：《生态现代化与气候谈判——欧盟国际气候谈判立场研究》，山东大学博士学位论文，2011 年。

② 何华：《应对气候变化中的知识产权问题研究》，世界图书出版社 2013 年版，第 148 页。

③ 郭锦鹏：《应对全球气候变化——共同但有区别的责任原则》，首都经济贸易大学出版社 2014 年版，第 253 页。

在此方面的区分不如《公约》。① 尽管美国受其国内的减排政策影响，对全球气候治理领导力表现出消极态度，无法像欧盟那样自居全球气候变化的引领者，成为全球气候博弈的重要一方，也很难掌握全球气候进程的主导权，但美国在气候变化领域依然扮演决策的重要角色，并一贯希望在国际气候进程中充分体现其意志和利益，其气候外交立场和政策也直接影响全球气候治理进程。② 巴黎会议期间，由太平洋中部岛国马绍尔群岛发起的"雄心联盟"，包括欧盟、美国、非洲、加勒比海和太平洋国家在内，在气候谈判中团结一致③，致力于向发展中排放大国施加压力，把矛盾聚焦在中国等发展中大国。④ 这都体现出发达国家在联合国框架下的多边治理体制中对发展中国家能力建设支持意愿的缺乏。同时，在联合国主渠道之外的国际气候治理体制中，美国等发达国家倡导通过二十国集团（G20）等解决氢氟碳化物、甲烷等气候变化问题，强化在《蒙特利尔议定书》、主要经济体能源与气候论坛（MEF）等发达国家主导机制的影响力，主动发起和参与创立各主渠道外机制，如气候和清洁空气联盟（CCAC）等。然而在这些机制中发达国家所施加的控制力和影响力都绕过了发展中国家气候治理能力建设制度化的支持意愿。

（二）发展中国家对能力建设的需求不明

除了发达国家缔约方对能力建设需求存在多元认识，或反对减缓、适应、资金、技术等领域的内容在能力建设需求上重复，或保持中立态度，发展中国家缔约方本身对能力建设的理解也千差万别。尽管能力建设对发展中国家来讲，是其应对气候变化的基本前提，无论是采取减缓还是适应行动，或是取得透明、有效的国家信息通报等领域的支持⑤，均需要提高其应对气候变化的能力。但是，一些缔约方将能力建设整体需求的满足作为自主减排承诺实现的前提条件；一些缔约方认为能力建设在为《公约》内相关进程提供信息与展示缔约方的适应努力之外，还具有展现增强交流、学习和对适应理解提升的需求；部分参与国认为能力建设需求包含识别发展中国家适应优先领域和需求并促进发达国家和国际社会对发展中国家适应行动支持工具的内容；非洲集团更明确

---

① 陈敏鹏、张宇丞、刘硕、李玉娥：《〈巴黎协定〉特设工作组适应信息通报谈判的最新进展和展望》，载于《气候变化研究进展》2018 年第 2 期，第 191～200 页。

② 周冯琦、刘新宇、陈宁等：《中国新能源发展战略与新能源产业制度建设研究》，上海社会科学院出版社 2016 年版，第 10 页。

③ 皮利塔·克拉克、迈克尔·斯托瑟德：《美国试图建立更强气候联盟孤立中国》，http：//www. Ftchinese. Com/story/001065220。

④ 于宏源：《环境变化和权势转移——制度、博弈和应对》，上海人民出版社 2011 年版，第 137 页。

⑤ 郭日生、彭斯震主编：《碳市场》，科学出版社 2010 年版，第 11～12 页。

提出能力建设需求就是帮助发展中国家识别需要发达国家支持的具体领域以及机会的观点。部分发展中国家希望能像其他议题一样，通过在《公约》下设立能力建设的国际机制，改善发达国家通过《公约》渠道开展的能力建设支持存在的仅限于项目支持、缺乏连续性、区域不平衡和不能审评等诸多问题，从而协调支持性资源，有效帮助发展中国家以国家驱动为主真正提高其国内应对气候变化的能力。

在这种背景下，《公约》也逐渐开始对发展中国家和经济转型国家的能力建设给予关注，给国际社会一个明确的态度，个别条款还为"能力建设"打开了谈判的大门。《京都议定书》履约机制规定但不够细致，哥本哈根会议总体上确认了"共区原则"，规定发达国家采取强制的减排行动，相对应地，发展中国家则进行适当的减缓行动。[①] 发达国家所做出的减排承诺根据现行的和未来的标准既能够量化公开，又可以核实反馈。"发展中国家适当的减缓行动"将由秘书处在附件二中予以注册。[②] 但在"国家自主贡献"问题上，《巴黎协定》未区分发达国家与发展中国家；在"行动和支助透明度"问题上，《巴黎协定》也将"有能力的"发展中国家拉入发达国家阵营，主张建立单一体系，可以看出，"共区原则"受到弱化。另外，在序言、第九条第四款和第十三条第二款中，《巴黎协定》试图将发达国家和发展中国家的二元划分悄悄转向发达国家、发展中国家、最不发达国家和小岛屿发展中国家的三元划分。[③] 在该模式下，发达国家依然需要对发展中国家提供支助，但是"有能力"的发展中国家也应适当对最不发达国家和小岛屿发展中国家提供支助。可见，发达国家与"有能力"的发展中国家所承担的区别责任已有合拢迹象，表明在某些情形下，"共区原则"确实存在着弱化的趋势。[④] 尽管《巴黎协定》重申了《公约》确立的"共区原则"，但发展中国家在巴黎会议上与发达国家就此展开的谈判实际上是"退让"了。[⑤]

发展中国家对能力建设需求中的成本估算也存在差异，部分缔约方认为无须主动计算并主动在方案中说明具体资金需求、用处、来源等信息；部分缔约方则将能力建设需求进一步发展到国内或国外的资金来源期望、资金数额的预期估算模型或理论基础，并在气候资金方面达成支出、获取的详细规划，认为应提供一个高规范水平的资金信息。[⑥] 实际上，发展中国家本身对能力建设议

---

① 张玉玲：《坚持共同但有区别的责任原则》，载于《光明日报》2009年12月17日。
② 张建新：《能源与当代国际关系》，上海人民出版社2014年，第437页。
③ 李海棠：《新形势下国际气候治理体系的构建——以〈巴黎协定〉为视角》，载于《中国政法大学学报》2016年第3期。
④ 曾文革、冯帅：《巴黎协定能力建设条款：成就、不足与展望》，载于《环境保护》2015年24期。
⑤ 何建坤：《〈巴黎协议〉新机制及其影响》，载于《世界环境》2016年第1期，第16~18页。
⑥ 樊国主编：《碳金融市场概论》，西南师范大学出版社2014年版，第124页。

题的未来机制设置不清晰，实现目标也不一致，其具体表现在会议提案中可窥见一二。正是由于前述对能力建设需求的不同理解，导致在谈判过程中，发展中国家也没能统一力量促使发达国家回应发展中国家在能力建设议题上的诉求。

（三）能力建设议题本身的技术性和专业性

正是由于能力建设议题本身的技术性与专业性，导致能力建设内涵的难以界定和能力建设措施的难以监督。一方面，能力建设必然与国际社会的其他问题，譬如国际社会的经济问题有所交织。这体现在微妙的气候谈判关系中，如欧盟和美国主张将中国等发展中大国纳入强制性减排阵营，从而在能力资金发展援助、国际金融流动甚至碳市场贸易政策中相互影响；中国和欧盟极力反对美国退出《巴黎协定》；中国和美国坚决抵制欧盟提出的航空碳税机制等。这也体现在能力建设议题的磋商谈判目的安排中，发达国家谈判方与发展中国家谈判集团之间，甚至发展中国家谈判成员内部都难以达成统一，立场相近的发展中国家谈判集团在能力建设议题上要求发达国家加大在能力建设相关履约活动方面对发展中国家的支持力度，然而原来的发展中国家谈判集团中的非洲国家与小岛国等谈判方已转而致力于最不发达国家额外支持的获取。另一方面，任何重大国际减排措施或适应政策所带来的国内外生产模式或消费形式的变化都不可避免地深刻影响到各主权国家的经济社会实践，甚至在各主权国家的发展方式与后果层面产生必然的影响。能力建设议题本身的技术性与专业性带来各国气候利益的博弈和气候立场的差异，并常常导致发达国家声称能力建设重在信息交流与知识经验分享等思想与信息层面的交流，试图绕开能力建设行动，避免给予对发展中国家在实质方面的人员或资金支持，而发展中国家坚持能力建设在气候变化中具有不可或缺的重要地位，特别是对于发展中国家减排行动而言。从能力建设议题本身的技术性与专业性带来各国气候利益的博弈和气候立场的差异来看，基于谈判各方在能力建设专业性与技术性问题上的不同认识与需求，后巴黎时代的国际气候治理能力建设议题进程面临前行的未知与艰难。

（四）气候变化治理体制的复杂性与交叉性

无论是在狭义层面的全球气候治理特定领域，还是在广义层面的全球气候治理相关领域，气候变化治理体制的复杂性与交叉性已经成为一个不可否认的事实。

气候变化治理体制的复杂性与交叉性体现在多种体制松散地联结，各制度之间没有清晰的等级划分等。联合国框架下的国际气候治理法律体制本身包括《公约》《京都议定书》和《巴黎协定》，以及正式基金机制与非约束性的政治协议等。从狭义上讲，全球气候治理在联合国法律体制之外，还涉及管治影响气候变暖的损耗臭氧层气体的《蒙特利尔议定书》，由加利福尼亚州碳排放交易体系与次国家采购规则等组成的次国家行动，由多边发展银行"主流"气候项目、世界银行的雏形碳基金与清洁能源和适应基金等组成的多边发展援助，由多边开发银行发起的适应倡议项目，以及 IPCC、国家评估与国际组织气候治理领域规则等内容。其中，《蒙特利尔议定书》作为履行最佳的国际环境公约之一，已得到广泛认可，并且通过《〈蒙特利尔议定书〉基加利修正案》，将氢氟碳化物（HFCs）的生产和消费量削减超过 80%，因为氢氟碳化物的致暖能力约达二氧化碳的 4 000 倍，这样截至 2050 年，将减少 800 亿吨或更多的二氧化碳当量排放，截至 2100 年避免全球升温 0.5℃。这对于实现联合国框架下国际气候治理体系下的 2℃ 长期目标至关重要。从广义上讲，气候变化治理还应该包括金融市场规则中跨边界排放交易管治、知识产权与投资规则中清洁能源条款、国际贸易体制中边界关税调整行动以及核技术适应控制条款等气候规制所要求的相关性、支持性规则的领域。

仅就《巴黎协定》达成的自主贡献进展而言，其量化评估上的复杂性，也可能导致各国在减缓行动上难以充分施行。在各国自主减排贡献的折算上，发达国家与发展中国家的减缓类型诉求不同，发达国家按统一方式量化减缓贡献，但是发展中国家减缓折算的方式则更加多元，因此缺乏一个能够将国家自主贡献量化折算的标准，从而能够更加公平地评估各方的减排贡献。而且，由于缔约国采用自主申报减排目标的气候治理机制，对于以往的减排成果在纳入新机制时需要谈判和协商，因此，在同一框架公约之下的两种不同全球气候治理机制的过渡与协调仍然具有不确定性，这也导致各国在减缓行动上难以充分落实。这些问题的出现对公平合理的国际气候治理体系之建构无疑是不利的。

通常来说，某一问题领域所涉的管治主体与体制规则数量越大，其责任归属越困难，解决路径越不明朗，该问题领域的复杂性与交叉性程度也就越高。鉴于全球气候治理体制的等级不清、核心不明，其治理结构的复杂性与交叉性程度相较其他环境问题可能更深和更为严重。

气候变化治理体制的复杂性与交叉性问题已经引起学界的关注。一些学者认为由于气候变化问题本身具有多样性，其本身内涵、外延或中心点难以确定，加之复杂的国际经济利益、国际权力博弈、不同的国际理念或主张与气候变化问题相互交织，造成当前国际全球气候治理正在形成一种均衡、综合体系上的困难，反而表现为多中心、多领域、内容相互交叉、联系或加强的"气候变化治理体制复合体"。①

尽管气候变化的治理离不开各主权国家对国内外能源市场的干预，但即使面对共同威胁，各主权国家也难以达成一致的互信而共同抵抗威胁，更何况各主权国家各自的威胁并不相同，面对这种情况，一致行动中的个体往往为了赢得各自利益，最大限度地使用各种方法促使其他行动参与体更多地付出，甚至会采取扬言或真正的退出集体化行动以威胁和逼迫其他行为体。② 所以，气候变化治理制度的碎片化、复杂化、去中心化、强烈交叉性都成为当今全球气候变化治理面临的重大结构性难题与挑战，基于气候变化这一问题本身的复杂性与交叉性，很难延续在国际气候治理体制中所有国家参与的局面，也很难实现国际社会团结一致的全球行动。

第四节　能力建设机制的发展目标

一、公平合理国际气候治理体系下能力建设的目标

（一）需进一步明确能力建设的内涵

能力建设尚未发展成为一个明确界定的发展实践领域，并且在不同国家和部门条件下，在满足不同需求的情况下建立了知识体系。一些学者将能力建设仅仅看成是个人层面与技能发展和培训有关的人力资源问题③，虽有不少学者认为能力建设不局限于此，但能力建设的内涵究竟是什么，很少有学者专门研究和分析。他们似乎认为能力建设概念如何并不影响发展实践。因此，能力建设也就逐渐变得宽泛和模糊，无所不包。但总体上，能力建设主要指涉组织和机构对于现有绩效的改进，包括公共部门的改革、机构能力的发展、制度建设和管理能力的

---

① Robert O. Keohane and David G. Victor. *The Regime Complex for Climate Change*, The Harvard project on International Climate Agreements, Discussion Paper No. 10 – 33, 2010, Robert O. Keohane and David G. Victor. The Regime Complex for Climate Change, Perspectives on Politics, 2010, Vol. 9, No. 1, pp. 7 – 23.

② Raymond Clementon. *The Two Sides of the Paris Climate Agreement*: *Dismal Failure or Historic Breakthrough.* Journal of Environment & Development, 2016, Volume 25, No. 1, pp. 3 – 24.

③ Ruth Alsop and Bryan Kurey. *Local Organizations in Decentralized Development*: *Their Functions and Performance in India*, The World Bank, 2005.

提升。近些年来，各种发展组织逐渐开始塑造能力建设的体系和内容，使得能力建设的评价和监督变得具有可操作性。从 20 世纪 50 年代以来的国际发展合作的演变看，能力建设可以说是"制度建设""机制强化""人力资源开发""制度经济学"等概念的先行者。① 能力开发和能力建设可被视为各种前体概念的融合，包括"制度建设""机制强化""人力资源开发""组织发展""社区发展""可持续发展""制度经济学"等。"能力建设"作为一个包罗万象的术语，实际上有利于"汇集大量利益相关者的整合力量"，以及学科和援助目标，但同时，由于内涵宽泛和模糊，这一概念在实践中易于成为一项口号，而不是用作严谨的开发工作的术语。

国际气候治理体系下的能力建设的内涵同样不甚明晰和具体，能力建设在当前仍呈现为一系列碎片化和交叉性的活动。明确能力建设的内涵对于推动独立的能力建设国际机制形成尤为关键，有助于增强能力建设活动的有效性，实现国际气候治理体系下的资金、技术、人力、制度等资源的有效利用。此外，能力建设议题的出现和突出源于国家在应对气候变化上能力不等，进而在国际气候治理体系下的权利义务不相匹配，而能力建设内涵不明确使得这一点在很大程度上被屏蔽，发达国家对发展中国家，特别是对受气候变化脆弱的国家在应对气候变化上的义务和责任不能直接具体地得以反映。因而，国际气候治理体系下能力建设的有效性和国家应对气候变化的能力提升首先有赖于能力建设内涵的明确。

1. 能力建设应以发展中国家诉求为根本

能力建设作为一项国际气候合作议题，其主要目的在于改善发展中国家减缓和适应气候变化的能力，通过国际合作实现气候变化关联的资金、技术、制度、人力等资源的流动、分享和利用，增强发展中国家参与国际气候治理的能力，从而促进国家履行在国际气候治理体系下的义务和目标。《巴黎协定》创建的"巴黎能力建设委员会"将处理发展中国家在实施能力建设方面现有和新出现的差距与需求作为其主要目的。② 发展中国家的能力状况和需要是国际气候治理体系下能力建设的首要关怀，因而，能力建设的内涵指的首先便是发展中国家能力建设的需求，即发展中国家相对发达国家的能力建设差距以及发展中国家内部不同的能力建设诉求。《巴黎协定》确立"国家自主贡献"作为缔约方参与国际气候治理的义务模式。这一体现着国家对全球温室气体排放的不同影响和应对气候变化的各自能力的新义务模式，表明缔约方在国际气候治理体系下担负的义务和责任存在差异，以及国家自主贡献实现发展中国家差别责任的制度化。相应地，后

---

① Morgan，P. *The concept of capacity*. European Centre for Development Policy Management. 2006，http：// preval. org/fies/2209. pdf.

② FCCC/SBI/2016/8/Add. 1，P. 3.

《巴黎协定》时代，能力建设将旨在促进履行和实现国家自主贡献，能力建设的不同诉求将首先反映在缔约方的国家自主贡献上，因而也是发展中国家差别责任的内容。遗憾的是，《巴黎协定》第十一条第三款只言明，"发达国家缔约方应当（should）加强对发展中国家缔约方能力建设的支助"，依据国际条约文本的习惯用语，唯有"shall"代表着一项国际法律义务，"should"显然表示一种建议。① 因而，《巴黎协定》实质上并未直接体现发达国家对发展中国家能力建设的法律义务，在以发展中国家能力建设诉求为根本上有所减损。

2. 能力建设应是一项国际合作机制

能力建设应当是国际气候治理体系下的一项国际合作机制，这样一项合作机制主要目的在于识别和评估发展中国家能力建设差距和需要，发掘鉴别在区域、国家和地区层面增强能力建设的机会和潜力，为促进发展中国家能力建设的资金、技术、制度和人力等资源有效流动与利用创造信息交换和经验分享的平台。因此，国际体系下的能力建设并不是依附于现有的资金机制、技术机制的援助项目或活动，其有独立运行和自成一体的机制和目标。2015 年通过的《巴黎协定》决议文件指出，能力建设应当首先识别和发现国家在能力建设上的差距与需要，进而提出应对方法。其次，能力建设要促进实施能力建设的工具方法的发展与传播。最后，归纳和搜集《公约》体系下其他机构在能力建设上的有益实践和经验教训。② 可见，作为一项国际合作机制，能力建设应体现如下内涵：其一，国际气候治理体系下的能力建设是一个集信息交换与行动指导和支持于一体的机制，虽然过程中少不了资金援助和技术支持，但总体上独立于资金和技术机制，能力建设的监督和运行应当独立于《公约》体系下的其他实体和机构。其二，能力建设的国际合作应是多层次的合作，强调多元主体的参与，但应当强调国家驱动。具体而言，能力建设差距和需求的信息需要国家依照本国国情和各自能力整理及提交，换言之，这一国际机制发现和评估能力建设差距依赖于国家的反馈，相应地，这一机制在行动指导和规划上也应立足于国家的现实需要，即依据国家优先计划与事项。能力建设没有标准公式，需要按照国别进行，符合发展中国家的具体需要和条件，反映该国国内可持续发展战略。能力建设机制的运行需要《公约》体系内外的实体和机构，包括公私实体提供支持和便利，也需要媒体和公众的积极参与，这一合作应当在国际、区域、国家、次国家多个层面开展。其三，能力建设的国际机制是一项意在实现对缔约方问责的机制，不仅要识别和鉴定发展中国家能力建设的差距和需要，还要评估其能力建设的实施和进步状况，这要

---

① Daniel Bodansky. *The legal character of Paris agreement*, Review of European, Comparative & International Environmental Law, Feb 2016. available at：https：//ssrn. com/abstract = 2735252/.

② FCCC/CP/2015/10/Add. 1. para. 73.

求能力建设机制存在科学合理的评估标准和程序。现阶段，独立的能力建设国际机制在《公约》体系下尚未建立起来。但纵观能力建设在国际气候治理体系下的演变轨迹，从《公约》至《巴黎协定》，能力建设最明显的变化便是从最初的以项目为导向的活动向着当下《公约》体系下自成一体的机制逐渐转变，建立一项"能力建设国际机制"亦是国际气候治理未来的努力方向。

3. 能力建设应是人力、制度和机构的建设

能力建设侧重于人力资源、制度和机构三方面的能力建设。就人力资源而言，主要便是自《公约》以来一直强调的教育和培训。教育和培训是能力建设的基础和前提，由于气候治理的跨领域和交叉性，从事气候治理相关领域的人员需要一定的专业背景和技能，诸如从事温室气体排放监测、报告、核证需要一定的从业资格，温室气体排放交易行业有相当的准入门槛，能源审计等一些行业还需要跨专业背景，对从业人员的知识和技能有很高要求，项目规划和设计也需要具有一定理论储备和科学素养的专业人员从事，这均有赖于教育和培训，促进气候治理相关领域较为完整的专业梯队的形成是制度建设和机构能力建设的基础。机构能力建设便是组织人力和其他资源实现特定目标的组织和机构，包括履行特定职权的政府机构以及建立对话和协商的非政府组织。通常而言，机构能力建设是建立在人力资源充足的基础上，在相关领域新设或组合特定的机构承担实现相应目标的任务和工作。合理科学的机构能力建设决定着运行的效率，避免庞杂和臃肿的组织机构，出现权责冲突和重复。制度能力建设更为复杂，主要指规范和指导能力建设的法律、政策、标准、方法以及其他规范。诸如，温室气体排放总量控制法规、排放监测、报告与核证的标准和规则，温室气体排放交易规则和程序等。发展中国家能力建设薄弱和差距最明显的亦是制度能力建设，一些国家不重视制度能力建设，只强调人力和机构的开发，致使能力建设的实施和运行缺乏依据，能力建设目标未能实现，空留名目繁多的组织机构。

（二） 能力建设目标的设定

资源稀缺和对现有资源的竞争性要求正在推动国家和全球发展界寻求确保最大限度地发挥干预措施的方法。此外，国际社会越来越普遍希望加强问责制和提高透明度以实现更有效的发展援助，这促使人们呼吁改进对援助项目绩效的衡量。近年来若干侧重于"结果导向"的全球举措与活动逐渐开展，包括千年发展目标已经形成的 17 项可持续发展目标，这样的目标甚至覆盖到 2030 年。此外，在一系列关于援助实效的高级别会议上，捐助机构和伙伴国家致力于更加注重结果，并将"管理成果"作为发展合作的指导原则之一。① 显然，制定衡量结果的要素和指标已成为发展有效性的优先主题。经济合作与发展组织（OECD）将指标界定为，"参数，或从参数导出的值，其指向/提供关于现象/环境/区域的状态的信息，所述现象/环境/区域的状态具有延伸超出与参数值直接关联的显著性的意义。"② 这个定义指出，指标提供了现象的总结信息，可以简化的形式传达给干预的不同利益相关者。它们大多是与投入、产出、结果有关的指标，以及作为干预领域的直接和间接长期变化的影响③，效率、有效性和可持续性指标也可用于监测和评价干预措施的有效性。

能力建设目标或指标的设定有益于《巴黎协定》第十一条的落实，特别是国际层面针对能力建设尚未形成统一的内涵界定，其工作范围亦宽泛模糊。目标和系列指标的设定对有效性和有效率的能力建设开展尤为必要，代表着"结果导向"发展合作和实践理念的贯穿。同时，设定能力建设目标有助于能力建设的评估和监督，可促进《巴黎协定》第十四条全球盘点机制的实施和操作。能力建设目标的设定也可以成为检验不同类别能力建设模式的决定性因素。但是，衡量能力建设的成功或其效力是极具挑战性的，因为它涉及有形和无形，或绝对和灵活的成果。提供援助的开发机构常常对如何评估干预的结果感到困惑，而这些干预往往不能产生具体的可测量的结果。由于受援国缺乏对这些干预措施的自主权，能力建设在历史上一直不能有效和可持续。令人欣喜的是，《巴黎协定》第十一条强调了能力建设受援国的自主性，一个真正的伙伴关系，其受援国可以领导并控制能力建设方案的设计和执行，可以确保这些努力的所有权。问题是如何衡量这种伙伴关系和自主权，以确保这些举措的可持续性。由于应对气候变化的能力建设是一个新领域，因此制定适当和稳健的度量或指标需要采用边干边学的方式进行严格的应用研究，目的是为发展中国家，特别是最不发达国家建立一个可持续的能力建设系统，这将使它们能够有效地应对气候变化。基于此，能力建设指标需要考虑到受援国的现实情况，保障它们对于能力建设活动的自主权。在能力建设目标的设定上，可以包括一系列资源投入和产出的指标。具体而言，其一，能力建设的投入指标，包括投入的自然资源、人力和财政资源，为项目所在地能力建设方案分配的预算。其二，能力建设产出指标，指能力建设活动投入所产生的商品和服务，诸如在适应性能力建设中计算接受适应性能力培训的公众人数。

①　OECD. *OECD framework for environmental indicators*. Paris：OECD, 2013.

②　OECD. *OECD core set of indicators for environmental performance*，Environment Monographs # 83，Paris：OECD，1993.

③　S. Holzapfel. *Presenting results in development cooperation*：*Risks and limitations*. Briefig Paper 4. Bonn：German Development Institute/DIE. 2014.

其三，结果指标，表示评价干预产出的短期和中期影响，诸如计算能够利用新学到的技能应对气候变化影响的适应培训的公众人数比例。其四，影响指标，能力建设活动直接或间接干预产生的长期影响，诸如受影响农民的生计多样化、收入增加等。其五，能力建设的效率指标，表示每单位产出所需的投入的比率，诸如提供适应性培训所需的资金数额。其六，能力建设的有效性指标，表示产出和产出单位或影响的比率，诸如，适应性能力培训能够使得民众生计多样性和收入增加的份额。其七，能力建设的可持续性指标，用于评价在干预举措结束后，随着时间推移结果或影响的持续性，诸如适应培训方案在地方和国家两级的制度化，并在外部资金和其他支持结束之后能够继续进行。[1]

（三）能力建设监督体系的形成

能力建设监督体系的建立存在若干问题，首先，监督的内容，即能力建设的哪些活动应纳入监督，如果说是以能力建设最终成果的有效性为监督内容，这样一项监督早于2001年的《马拉喀什协定》中就有提及，被称为"能力建设执行有效性的监测"[2]。这一活动于2002年由《新德里工作方案》明确由缔约方会议附属科学技术咨询机构（SBSTA）负责能力建设工作进展的审查，具体于2004年进行工作进展的中期审查，审查的内容主要是缔约方通过能力建设取得的成就、经验以及现存的差距和障碍。[3] 以及在2012年《多哈工作方案》中明确按照"知识—态度—常规/行为"方式开展对能力建设对公众意识影响的监测和调查。[4] 但如果监督是以具体的能力建设活动合法性的监督，诸如能力建设活动是否有违反受援国法律政策、侵犯当地人权、违反程序正当、腐败情形等，这样的活动事实上是"事中监督"而应当在具体项目活动周期内开展。其次，监督主体。就能力建设的进展监测和审查，起初是由附属科学技术咨询机构承担，后来到2005年，考虑到能力建设是缔约方履行《京都议定书》的前提和基础，即遵约的基础活动，因而能力建设的进展交由附属执行机构（SBI）审查。[5] 2015年《巴黎协定》建立了"巴黎能力建设委员会"（PCCB），负责处理发展中国家能力建设的差距和需要以及能力建设活动的一致性和协调问题[6]，因此，能力建设进展的审查职权或将逐渐出附属执行机构向巴黎能力建设委员会

① P. Shyamsundar：*Poverty and environment indicators.* Environmental economic series；No. 84. Washington, DC：World Bank. 2002.

② FCCC/CP/2001/13/Add. 1，P. 19.

③ FCCC/CP/2002/7/Add. 1，P. 30.

④ FCCC/CP/2012/8/Add. 2，P. 23.

⑤ Subsidiary Body for Implementation，https：//unfccc. int/process/bodies/subsidiary – bodies/sbi.

⑥ FCCC/SBI/2017/11，P. 3.

过渡。最后，如何监督。对于能力建设执行有效性或进展的审查，一贯做法是由附属执行机构邀请受援国就情况进行评估，这样的评估不仅依赖于受援国的信息通报，而且需要审查主体事先对执行活动存在客观标准和基准。如果是能力建设活动合法性的监督，则需要利害关系方尽可能广泛地参与，并建立申诉机制。

　　能力建设的监督体系应当是综合合理性、有效性和合法性的监督。能力建设的合理性首先应当是用于能力建设的资金的公平配给、技术的合理推广和部署。《巴黎协定》能力建设条款特别强调小岛屿国家和最不发达国家的应对气候能力脆弱性以及能力建设上的优先性，而这些国家在国际层面的资源分配和获取能力大多颇为局限，因而，能力建设监督首要监督的是发展中国家在能力建设资源获取上的公平合理性，而这依赖于国家的信息通报，建立能力建设的国家和区域网络与机构，加强国家和能力建设委员会的信息交换。能力建设的合理性还包括干预的举措和活动是符合受援国发展计划和国情，即确保能力建设是由国家驱动的。能力建设的有效性即项目执行中资源投入和目标实现的效率和有效性，以及可能存在的风险，诸如能力建设对于发展中国家履行本国自主贡献的影响，这一层监督可借助一些事先制定的效率、有效性、影响的指标和目标进行事后评估，也可以在项目开始后，对于影响和风险持续跟踪与报告。能力建设的合法性涉及对能力建设项目中利害关系方的利益保护，这一层监督当然需要利害关系方的参与，而这又应当以能力建设的透明度和申诉机制为基础。能力建设的透明度是包含在《巴黎协定》建立的透明度框架内的，该协定第十三条明确，透明度框架的目的是明确各缔约方在第十一条（能力建设）下的气候行动方面提供和获取的支助，并尽可能地反映所提供的累计资金支助的全面概况，以便为第十四条下的盘点提供信息。[1] 该条明确缔约方的能力建设收支情况的通报和盘点、评估及能力建设的透明度。能力建设的透明度实施的最大障碍在于发展中国家的通报能力，《协定》第十三条第2款为发展中国家参与透明度框架保留了灵活性，这一灵活性源于缔约方肯认发展中国家的能力不同。然而，这一灵活条款成为发展中国家的"挡箭牌"，谈判中，许多发展中国家提出它们在跟踪和确定能力建设、资金、技术方面的获取以及与需求的差距上往往存在障碍。[2] 然而，缺乏国家对能力建设的信息通报，所谓盘点、评估的任何监督活动都难以开展。

---

① 《巴黎协定》第十三条第六款。

② Mizan R. Khan，J. Timmons Roberts，et al. *The Paris framework for climate change capacity building.* Routledge，2018，P. 209.

二、实现公平国际气候治理体系的必然选择

(一) 发展中国家共同的能力建设诉求

　　大多数发展中国家属于热带和亚热带地区,预计受气候变化影响严重影响的地区有:非洲、亚洲、拉丁美洲和小岛屿国家。贫困加剧了这些地区的环境变化:1990~1998年,97%的与自然灾害有关的死亡发生在发展中国家。所有自然灾害中有90%与气候、天气和水有关。其中,不少国家国民的生存和生计高度依赖气候资源而对气候变化极为敏感,诸如撒哈拉以南非洲的农业,其中高达90%是雨水灌溉,占地区就业的70%,占国民生产总值的35%。[①] 然而,这些区域中的大多数国家严重缺乏应对气候变化的能力,不少国家在极端气候事件中更是连基本的生存与安全都难以保障。发展中国家最贫穷的居民,特别是最不发达国家(LDCs)的最贫穷居民,已经在努力应对当前的极端天气事件和气候变化。2004年,由于一年一度的亚洲夏季降水过多导致孟加拉国遭受严重洪灾,造成600多人死亡,2 000多万人流离失所。气候冲击的频率越来越高、程度越来越严重,正在不断侵蚀发展中国家的应对能力。这些数据都在提醒国际气候治理的行动者们一个事实,即发展中国家在应对气候变化能力建设上的普遍诉求。而这一问题长久处于无解状态正是国际气候治理体系陷于"公平性"问责的主要原因。

　　发展中国家受气候变化影响相对敏感和脆弱,而且能力建设落后,这一类国家在国际气候治理中有着包括资金、技术和制度等能力建设支持和资助的普遍要求。发展中国家应对气候变化的首要能力障碍是对于气候变化的观测,进而影响对风险的认知能力。为了使各国更好地了解当地的气候,从而能够预测当地的气候变化,它们必须有充分且发达的国家系统观测网络,以及对其他全球和区域网络可用数据的访问权限。地方、国家和区域各级的能力建设对于使发展中国家适应气候变化至关重要。利益相关者和资助者必须认识到科研院所的作用。需要加强对机构能力建设的支持,包括建立科研机构以及水文气象网络。为所有国家和利益攸关方提供培训,有助于制定和实施相关能力建设工具,从而促进地方和国家政府的行动。研讨会和专家会议的与会者强调需要进行能力建设,培训和提高公众意识以及建立和加强环境和部门机构的国际支持,有助于增强其适应能力,

---

　　[①] 《灾害对长期粮食安全和脱贫的影响——政策含义》,https://www.fao.org/3/Y8936c/Y8936c00.htm。

进而实施复杂性行动。通过《公约》体系下的国际机构以及区域组织进行国际协调的能力建设和培训被认为对推进所有地区的气候变化适应至关重要，可以通过多边和双边渠道来加强对体制建设的支持。

（二）发展中国家有区别的能力建设诉求

发展中国家能力建设的普遍诉求是在《公约》确立的"南北国家二分法"基础上，将未承担强制减排义务的发展中国家归为一类，原因在于发展中国家经济发展水平且能力建设水平受限。除此之外，发展中国家的经济发展、人口结构、资源开发和利用并非一成不变，这些都影响着一国的温室气体排放，因而国家对气候变化的贡献是变化着的，国家应对气候变化的能力也会有所改变。国际气候治理以排放影响为主要归责因子的笼统二元划分不尽合理。随着一些发展中大国的经济增长以及一些石油生产大国的资源开发利用，排放影响不断攀升，减排的约束和控制压力也在迫近，这些国家将成为继发达国家之后承担减排义务的第二梯队的国家。这些国家对于气候变化有一定的观测能力，也具备一定的抵御气候变化风险与危害的能力，但政府在科学管理、制度建设以及技术方案上却较为落后，降低温室气体排放和抵御气候变化风险的有效性与合理性不够，一些政府主导的减缓气候变化行动反而会产生负面影响。不仅如此，发展中国家的制度建设不足也会妨碍国际气候治理的集体行动，诸如，缺乏温室气体排放监测、核查与报告的制度和规则致使国际层面的排放数据难以统计核算，一些发展中国家在温室气体排放上缺乏企业信息披露政策，政府管理透明度不足，也会同样使得国际温室气体排放核算统计遭遇障碍。这一类掌握一定应对气候变化能力的发展中国家在技术和制度的能力建设上有着特殊诉求。同时，一些经济体量大的发展中国家是未来全球减缓的主力，诸如，中国与印度作为温室气体排放量第一、第二位的发展中国家，减排潜力很大，但由于一些技术落后、制度环境有待进一步改善，缺乏技术与制度上的良性诱导因子，经济发展模式难以转变，长久存在传统高耗能、低效率的生产模式。因而，这一类国家需要汲取已成功转变低碳经济增长模式国家的治理经验。

发展中国家中，具有观测气候变化系统的国家毕竟占少数，有一定能力抵御气候变化风险和危害的国家更是凤毛麟角，大部分发展中国家既缺乏感知气候变化风险与危害的能力，在防范风险和抵御危害上更是望尘莫及。小岛屿发展中国家和最不发达国家在能力建设上应当给予优先照顾，包括脆弱生态系统地区、高人口压力的偏远地区、脆弱经济的低收入贫穷国家、土地退化和沙漠化地区、缺少自然灾害早期预警的国家、粮食安全缺乏保障的国家等。这些国家主要集中在非洲和拉丁美洲以及太平洋地区。在格拉斯哥气候大会上，非洲国家代表反复强调早期预警与系统性观测的重要性，并且指出包括非洲在内的 60% 的地区和国家无法获得气候预测服务。因而，这一类国家在能力建设上有着更为急迫的需要，而且往往需要包括资金、技术和制度在内的系统完整的支持和辅助。这一类发展中国家应优先在国际气候治理体系下获得能力建设的支持和资助。随着全球气温逐年攀升，气候变化正威胁着一些小岛屿国家、雨林国家的生存与安全，这些国家中有不少都是发展中国家。而这些国家往往应对气候变化的能力严重困窘，在辅助能力建设的资金和技术上有着特殊诉求。发达国家应提供额外的财政和技术资源，协助此类国家，特别是最不发达国家和小岛屿发展中国家，包括及时获得的财政和技术资源。以协调和及时的方式响应发展中国家。

三、体现国际气候治理体系合理性的主要方式

（一）国家驱动的能力建设

国家驱动的能力建设是 2001 年缔约方会议确立的能力建设框架的一项方针。具体是指并不存在一个万能的能力建设公式，能力建设必须是国家驱动的，解决发展中国家的具体需要和条件，并反映其国家可持续发展战略、优先事项和倡议。① 它主要是由发展中国家根据《公约》的规定进行的，充分考虑国家已有的能力、正在计划和进行的活动与方案。发展中国家执行与《公约》有关的能力建设活动及其有效参与《京都议定书》进程的准备工作应以发展中国家已经开展的工作为基础，以及在多边和双边支持下开展的工作组织。

能力建设是一个持续、渐进、反复的过程，其实施应以发展中国家的优先权为基础，根据发展中国家的具体国情，以有效、高效、综合和程序化的方式开展能力建设活动。国家驱动开展的能力建设活动应酌情最大限度地发挥《公约》与其他全球环境协定之间的协同作用。能力建设应当"边学边做"，一些示范项目可用于识别和学习发展中国家需要进一步开发的具体能力。发展中国家已有的机构和组织在支持能力建设中发挥着重要作用，这样的组织可以结合传统技能、知识和实践，为发展中国家提供适当的便利的服务和信息共享。因此，如果可能和有效，能力建设应动员国家、区域、次区域的机构或私营部门在发展中国家现有进程的基础上催生内生能力。利用发展中国家机构的服务，促进南南合作，尽可能有效地支持国家、区域和次区域各级的能力建设活动。为了促进信息的合作与交流，发展中国家应与相关机构合作，确保相关区域、次区域和部门共同应对能

---

① FCCC/CP/2001/13/Add. 1.

力建设需要。国家协调机制、协调实体和机构在确保国家和区域各级协调方面发挥重要作用，并可作为协调能力建设活动的焦点。能力建设应改善现有工作的协调和有效性，促进多元主体参与和对话，包括各级政府、国际组织、民间社会和私营部门。

《巴黎协定》确立了国家自主贡献的新履约模式，国家驱动的能力建设将更为关键。这体现在所有缔约方为通报、编制、更新以及履行本国自主贡献所需要的能力建设。2016年缔约方会议设立"巴黎能力建设委员会"，其首要任务就是为缔约方编制、通报国家自主贡献进行能力建设的指导，包括为执行国家自主贡献而开展的所有能力建设活动，向缔约方和非缔约方等利害关系方提供这一资料，以确保分享关于支持执行国家自主贡献的有关能力建设活动的信息，包括提供能力建设的需要，有关利害关系方、最佳做法和经验教训的详细情况。巴黎能力建设委员会还将致力于加强与参与的各利害关系方，包括学术界和私营部门的协作，例如通过邀请各利害关系方提交资料并就其采取后续行动；分析执行国家自主贡献方面的能力建设需要和差距，并有可能就如何进行能力差距和需要评估以及如何增强缔约方执行国家自主贡献的能力建设努力提出指南建议。①

（二）适应能力建设

1. 适应能力的内涵

适应对于应对气候变化在近年来的国际气候治理体系中越发关键，2010年建立于《公约》体系下的"坎昆适应框架"表明在应对气候变化上，适应必须放在等同于减缓温室气体排放的同等位置。"坎昆适应框架"支持缔约方确立和发展本国适应计划，以应对气候变化带来的风险以及探寻气候变化关联的潜在的行动或机遇。通常在没有强有力的政府引导减缓措施的情况下，全面地设计和实施适应性的战略与措施则更为多见。鉴于气候变化的影响是无边界的，某些城市正在主动尝试制定应对措施。诸如，纽约气候变化城市小组推行的沿海适应计划②，伦敦气候变化适应战略③等。尽管一些城市在适应方面取得了进展，但伦敦和纽约等国际都市可能认识到气候变化对其经济竞争力构成威胁，在大多数城市活动中，适应性并未牢固地嵌入其中。因此，研究机构和能力建设组织正在形成越来越丰富的科学知识框架和实用见解，以支持创建适应对策。诸如，英国气候影响方案，旨在建设适应气候变化能力的综合计划，涵盖的主题包括管理适应

---

① FCCC/SBI/2017/11.

② C. Rosenzweig, W. D. Soleck. *Developing coastal adaptation to climate change in the New York City in frastructure-shed: Process, approach, tools, and strategies.* Climate Change, No. 106, 2011, pp. 93 – 127.

③ *Greater London Authority*, http://www.london.gov.uk/sites/default/files/Adaptation – oct11.pdf.

对策的发展过程、案例研究以及利益相关者参与。[①]

适应能力是联合国政府间气候变化委员会确立的概念，具体指政府、企业和居民以及相关机构和系统为气候变化危害做准备和减轻潜在风险并利用任何新兴机会的能力。与其相近似的"脆弱性"则是指系统暴露于气候变化的危害和敏感度的水平，诸如气候变暖引发的极端天气事件、海平面上升或生物多样性变化对于特定地区的危害和影响。气候变化的风险水平取决于气候灾害的程度、不同系统和受影响体的脆弱性以及适应能力。因而，政府和组织建设及增强适应能力需要将当地气候变化脆弱性考虑在内，才可保障政策的有效性，减少管理和技术上的漏洞，降低政策和行动的风险。适应能力包括行动者调整气候变化影响的吸收和恢复的能力，以及利用适应气候变化可能产生的新机会的能力。适应能力取决于影响其适应能力的国家、社区和地区的特征，但也存在一些共同的决定适应能力的特征，诸如，收入水平和平等分配；资源的依存度、可及性和分配；气候变化影响和适应的信息准入；气候变化风险的知晓和观念；技术能力和技术适应的选择范围；土地、水、生物多样性等环境因素；适应的组织和建制能力；决策的透明度和参与等。

2. 适应能力的建设

发展中国家应将适应措施纳入其国家行动计划和/或国家环境行动计划，作为实施适应的第一步。国家适应行动方案通过建立和加强现有的应对战略，帮助在地方和社区一级建立适应能力。发展中国家的国家适应行动方案进程应扩大到其他发展中国家，以帮助这些国家建立适应规划和实施的能力。

通过相关研讨会推动、政府部门协作和立法变化有助于将适应气候变化纳入未来政策。建议跨部门委员会可以帮助将适应纳入政策。这方面的例子包括加勒比适应气候变化规划项目，该项目为加勒比地区制定了气候变化情景并计算了潜在的损失。继该项目之后，加勒比地区正在开展一项综合适应方案，其中包括将气候变化与灾害管理社区结合起来的气候变化适应项目，以及适应气候变化特别方案。研讨会上提到的能力建设面临的挑战之一是适应活动的外部支持，包括发展国家信息通报，是短期的和以项目为基础的，通常采用单一任务方法而不是长期方案方法。在项目下创建的工作组显示出提供技术和科学支持的巨大潜力，需要通过更好地传播信息和建立最佳实践来发挥其潜力。例如，建立联系气候适应网络，以帮助社区、政策制定者、从业者和学者分享有关适应气候变化的经验和知识。

促进不同利益相关者之间的公开对话，特别是在未来不确定的情况下，可以

---

① UKCIP. https：//www. ukcip. org. uk/.

通过沟通和共享建立信任。沟通在各级气候变化适应工作中发挥作用；在建立多政府协议的对话中，需要通过积极的舆论来引入国家政策，以便在地方一级实施新的做法。但是，在地方一级建立适应能力似乎是最复杂和最具挑战性的。无论是在社区、家庭还是个人层面，建立本地适应能力都需要将人们从"旧方式"引入新流程。适应工作要求社区实施新的做法和想法，承担风险并进行实验。应对气候变化的适应能力的一个关键方面是信息和资源可以在多层次治理框架中得到共享，合作对于在适当的空间范围内战略性地识别风险和适应优先事项至关重要。

（三）跨领域问题相关的能力建设

能力建设的跨领域性质使能力建设变得具有挑战性。关于能力建设和能力建设框架实施有效性的信息不容易汇总，因此很难进行定量和定性分析，并就加强能力建设的实施得出一般性结论。在相关的提交缔约方会议的国家报告中，能力建设活动不仅在能力建设专题的章节中报告，而且在其他章节中也有报告，例如与适应关联的活动、减缓或开发和技术转让有关的章节中。此外，由于能力建设通常被纳入促进低碳、气候适应性发展的项目和计划中，因此，能力建设常常横跨不同议题和领域。在发展中国家中，由于政策制定者对气候变化问题的兴趣不足，一些非附件一缔约方报告了将气候变化考虑纳入国家可持续发展战略存在的困难。组织针对政策制定者和政府官员的关于提高贫困、粮食安全和气候变化之间相互联系的认知和意识有利于气候变化政策与行动的开展和激活。将气候变化适应纳入可持续发展和减贫战略规划的必要性是非附件一缔约方提出的最常见建议之一。其他建议包括：通过制定适当的监管框架和有效的气候信息系统，加强国家和地方机构管理气候风险的能力；开发和推广适应技术和创新；加强研究人员、生产者和政策制定者之间关于气候风险管理和有效适应战略的沟通。近年来，一些发展中国家在建立政策制定者应对关键部门和主题领域气候变化问题的能力方面逐渐取得了进展，同时认识到需要不断进行能力建设，以改进决策和决策进程，包括加强政策制定者对气候变化与减贫和粮食安全等可持续发展有关的认识，并提高其有效参与国际谈判的能力。

应加强与气候变化外的其他领域的联系，包括国际气候治理逐渐注意到的与气候变化关联的社会问题，包括性别、人权、土著人民的知识、城市等。气候变化的战略与政策应该在不同领域中综合考虑，以期做出更为合理的决策和行动。相应地，加强跨领域的气候变化关联议题的磋商和协调尤为关键，这要求建立跨领域的信息共享机制和提高决策透明度。应对气候变化引起的更广泛领域的能力建设需求，诸如人力资源；机构间协作和协调；信息收集、管理、存储和交换；

国家和国际资金；土地利用和规划；综合生态系统、植物保护和保护区管理；社区自然资源管理；监测等。

第五节　能力建设机制的推动路径

一、推动能力建设机构进一步向前发展

以经济合作与发展组织的经济组织发展援助委员会（DAC）在 1992 年里约峰会后提出的"环境能力发展"概念为基础，"气候能力"指的是个人、团体、组织和机构应对气候问题的能力，作为实现可持续发展的一系列努力的一部分。[①]从国家能力需求的角度来看，气候能力包括三个方面：气候科学和评估；气候战略和政策的制定与实施；以及国际气候谈判。[②] 气候能力可以在三个不同的层面评估：个人层面、组织或机构层面和系统层面。个人层面涉及所有相关的实际和潜在的参与者，例如政策制定者、谈判者、私营部门和当地人口。因此，个人气候能力取决于人力资源的可用性、技能和绩效。组织层面的气候能力侧重于整体组织绩效和管理能力。例如，组织层面的具体气候能力包括一个对气候变化或组织内特定气候"单位"具有特定任务的组织的存在。系统性水平侧重于创造"有利环境"，即组织和个人运作的整体政策、经济状况、监管水平和问责框架。正式和非正式组织之间的关系和进程及其任务在这方面发挥着重要作用。

（一）组织与机构能力建设

在应对气候变化能力建设中，组织和机构能力建设带有一定程度的根本性，因为一个完善、科学、合理、高效和统一的组织与机构管理体制对于协调和整合各部门及各领域的温室气体排放控制行动都具有重要作用。而且加强组织和机构能力建设，是《公约》第 5 次和第 7 次缔约方大会就能力建设所形成的两个专项决定中对发展中国家的能力建设提出的首要要求。

中国政府自 2007 年建立专门应对气候变化的工作小组，在工作机制上，"应

---

① OECD：*Donor assistance to capacity development in environment*，Paris，1995.

② A. Sagar. *Capacity development for the environment：A view from the south，a view from the north*，in Annual Review of Energy and Environment，2000，No. 25，pp. 377 – 439.

211

对气候变化"与"能源节约"工作纳入新建立的"国家应对气候变化及节能减排工作领导小组"①，由国务院总理直接领导，取代先前的"国家气候变化对策协调小组"，实现"节能"与"减排"的协同治理。在应对气候变化综合性机构能力建设得到基本保障的情况下，应当促进解决组织和机构存在的管理级别较低，以及职权分散、权责不清、各部门间缺乏有效协调等弊端，从而有效应对《巴黎协定》时代低碳发展战略的要求。党的十八大，国务院机构改革方案对能源管理体制进行改革，撤销国家能源局，能源开发规划职能划入环境资源部，将能源价格监管职能划入新成立的能源监督管理总局。这在一定程度上改变了能源管理机构级别较低、职权分散的窘境，能源管理体制进一步向集中统一的宏观能源管理模式发展。下一步应推动《能源法》等单行法律的制定与实施，促进相关职能部门的权限划分和相互协调，保障能源管理体制改革的顺畅运行。

能力建设不应仅仅在国家层面，还应向地区和社区覆盖和扩展。《巴黎协定》第十一条第二款明确：能力建设，应当由国家驱动，并在国家、次国家和地方层面展开。气候变化紧密关联经济社会发展的各层面，难以依赖在中央管理体制下统一控制和协调，应当更加依赖于地方层面的作为。在当前管理体制下，虽然这可能具有挑战性，但与各级利益攸关方合作建立有效的体制，组织和个人能力至关重要。政府应参与国家和国家以下各级，并得到自治或独立机构、学术界、非政府组织和私营部门的支持。这一点尤为重要，因为在实施过程中，许多项目受到领导或员工频繁变动以及缺乏系统部署人力资源的影响。这导致决策和实施本身的延迟，导致培训和能力建设的重复。确保政府和相关机构领导力的一项具有挑战性但又重要的任务是通过建立新机构，指导和加强新的和现有的机构以及培训利益攸关方，提高各级的认识，使能力建设具有包容性。② 政府应当加强与高校、科研院所的合作，它们能以较低的成本用于收集和分析数据，并以系统和可持续的方式提供教育和培训。以社区为基础的项目确保以地方或区域为背景，并利用内生的制度、文化和结构来建立优势。这不仅意味着实现可持续和环境目标，而且意味着满足包括土著社区在内的当地社会、文化和经济需求，同时尽量减少不利环境和社会影响的风险。

（二）气候战略和政策的能力建设

首先，尽快制定和实施一部综合性的应对气候变化法。当前应对气候变化的

---

① 详见《国务院关于成立国家应对气候变化及节能减排工作领导小组的通知》。

② IFPS Technical Assistance Project，*Capacity Building of Institutions in the Health Sector：Review of Experiences in Uttar Pradesh，Uttarakhand and Jharkhand*，2012.

组织和机构、政策与措施繁多，横跨各个领域，但缺乏一部综合性的应对气候变化法，致使诸多政策和措施缺乏法律支撑难以展开，诸多组织和机构的行为与活动都因缺乏法律依据而面临合法性问责，这大大限制了政府在应对气候变化上的作用。

其次，中国需要制定长期、可持续的气候资金和技术援助的管理与维护战略，以及每项措施的具体行动计划，以保持气候援助和投资的有效性。经验表明，一旦投资者的资金或执行机构的支持中止，许多项目都失败了，这与大多数发展中国家没有良好的管理体制或技术基础设施相关。这种失败可能会破坏最佳和最适当的技术或技术援助。这在中国也非常明显，清洁发展机制的资助最终未能形成正向的激励和改变，反而因当地缺乏维护和管理而加重失序。

再次，中国应依据本国国情制定低碳发展战略。《巴黎协定》第四条第十九款明确所有缔约方应努力拟定和通报长期温室气体低排放发展战略，即低碳发展战略。低碳转型和发展是工业国家应对气候变化无法避免的路径，《巴黎协定》对所有缔约方拟定和通报低碳发展战略的要求体现了全球驱动的低碳发展战略的转型，标志着国际气候治理在一种更宏观视野下审视气候变化的转向。中国现阶段正面临着经济转型的要务，从高耗能、重污染的低质量发展向高效率和绿色的可持续发展模式转变。中国应努力在产业结构调整、能源结构转变、零碳城市建设、生产技术的变革与创新中寻求经济发展与减缓气候的政策耦合，而只有在国家层面拟定低碳发展战略才可以引导宏观经济的各个领域和行业走向低碳转型道路。

最后，中国应在传统环境政策上与应对气候变化耦合。气候变化与传统环境问题不尽相同，在成因、影响和后果上都较传统环境问题更具不确定性。然而，一些传统环境污染同样会产生气候变化的效应，诸如空气污染产生的大气温室气体排放上升效应。因此，气候变化的因应之策可以在传统环境污染的改善中获得协同效应。诸如，中国应加强大气污染防治和温室气体排放控制的协同治理。

（三）监测、评估和信息的能力建设

科学的监测、评估能力建设至关重要，对于气候变化影响的了解有助于及早制定和实施预防及补救措施，并根据风险的变动来监测和评估影响及补救措施决策的有效性。科学评估应当从国家层面到地方层面，保证全面覆盖，才能确保对宏观风险的知晓和更为综合的措施的运用。建设和更新科学评估能力建设对于一国参与国际谈判尤为重要，那些对本国气候变化影响和风险了然于胸的国家自然不会被大国的强势话语权干扰和影响。最后，科学评估的能力建设也有助于促进公众对气候变化的了解和知晓，在一定程度上发挥着传播和教育的作用。国内缺

乏公众对气候行动的认识和支持很大程度上源于气候变化的科学评估较为落后，气候变化风险的相关信息较为匮乏。目前，国内气候变化的信息、专家和研究机构较为分散，主要以高校和科研院所居多，政府层面主要是国家气象局负责气候变化的影响评估和监测。完善国内气候变化科学评估的能力建设，首先需要建立或加强适合实现国家气候变化目标的永久性体制安排和有利环境。在气候变化综合性国家战略层面部署科学评估的能力建设，依此，设立或加强独立的科学和技术研究所就更为顺畅和容易，为决策过程提供信息，同时确保决策和监管框架以证据为基础，依靠科学和技术数据。

温室气体排放信息的能力建设是政府管理、预测本国温室气体排放不可或缺的能力建设。发展中国家也承担着编制温室气体排放清单的国际义务，中国应当借助编制温室气体排放清单加强本国信息管理的能力建设。首先，建立管理温室气体清单编制可持续系统，以提升定期管理国家温室气体排放清单的机构能力。其次，政府应大力支持和资助采集及编制温室气体排放清单的组织机构，在收集数据、开发分析方法和记录清单过程方面应寻求域外的技术援助，遵循《公约》体系下建立的国际标准。

二、中国推动能力建设合作的路径

（一）推动创建"能力建设国际机制"

一些缔约方呼吁在协定中设立一个新的能力建设机构或委员会，以履行当前体制结构中未设想的职能或任何现有机构未有效开展的职能。诸如，建立或指定专门机构，负责协调、监测、分析和审查提高缔约方气候能力建设工作一致性和有效性。这样的机构旨在促进《公约》体系内外开展能力建设的机构之间的协调和一致性；监测、分析和审查能力建设工作的有效性；以及《公约》体系下所有机构为满足发展中国家的确定需求所取得的进展；向缔约方会议提供关于如何加强能力建设和最佳做法的建议；制定加强能力建设实施的方式，包括通过区域、国家和国内地区的专家网络。[①] 这样的作用可以通过新设"能力建设机构"，诸如委员会或专家组担负，也可选择《公约》体系下现有的专门机构，诸如专家咨询小组、气候技术中心与网络等机构来负责。除此之外，较为"保守"的方案便是不再建立或指定新的能力建设机构，而是加强《公约》下每个现有专门机构的任务，为其工作专门制定能力建设战略，并改进对其能力的监测，分析和审查建设活动。

---

① UNFCCC. 2011. Decision1/CP. 17.

《巴黎协定》第十一条第五款明确"能力建设"的适当体制安排，包括《公约》下为服务于本协定所建立的有关体制安排，加强能力建设，以支持对本协定的履行。《巴黎协定》有意建立能力建设机制，并在后续谈判中建立加强能力建设体制结构所需的系统和程序。中国可以在《巴黎协定》的后续谈判中支持和推动"能力建设机制"议题，应当提出和界定"能力建设机制"。这种能力建设机制本质上可以作为能力建设体制框架结构，并以客观或长期目标为指导。正如《公约》所理解的那样，机制本身并不一定是一个机构，相反，它可以成为为机构创建框架及其在特定主题领域中发挥作用的手段。提出和定义"能力建设机制"旨在要求所有缔约方采取更多行动时，认识到能力建设的重要性。中国在缔约方谈判中就能力建设体制应围绕以下几点：第一，加强《公约》下现有专门机构和实体开展能力建设活动的一致性和协调性。第二，强调《公约》体系外的有关组织通过有力的监测和报告，为《公约》下专门机构、实体及执行机构组织和实施能力建设提供全面的数据。第三，"能力建设国际机制"应建立监测、分析和审议程序，分析关于能力建设的信息，以确定和分享最佳做法，并提出加强国家能力建设体制、行政和立法安排的建议；通过增加和更有针对性的资金，确定资源缺口以及填补这些差距的需求和方法，向缔约方会议提出值得分享和推广的良好实践和有效经验。第四，能力建设国际机制应创设加强能力建设的规则，对专门机构组织和实施能力建设以及国家加强本国能力建设有明确的指导。第五，能力建设国际机制应有促进国家间和区域间能力建设合作网络化的规范。

（二）《公约》体系外的多边合作

在《公约》体系外，中国应当在区域和多边合作机制中渗透与气候变化关联的环境治理能力建设、支持气候治理能力建设的资金与技术援助。首先，中国应有效实施和扩大南南合作议程，以支持《巴黎协定》和《2030年可持续发展议程》的实施。借助"南南气候变化合作基金""南南合作援助基金"和"南南合作与发展研究院"等组织和实体拓展能力建设合作活动。根据《中国应对气候变化的政策与行动》白皮书显示：2011年以来，中国为近120个国家的2 000多名应对气候变化领域的专家和人员提供技术培训和学习交流机会。2021年，中国与28个国家建立了"一带一路"绿色发展伙伴关系倡议，结合各国国情共同应对气候变化。

其次，在"一带一路"倡议下寻求建立沿线国家的能力建设多边合作论坛。"一带一路"倡议是中国有史以来提出的最大的国际倡议，将绿色基础设施建设作为绿色合作的核心内容。同时，中国强调"一带一路"倡议的绿色愿景。中国应当在"一带一路"倡议下提出和发起与气候变化关联的环境治理能力建设论坛。除此之外，亚洲基础设施投资银行（AIIB）由 57 个国家的创始股东成员支持，以及总部设在上海的金砖国家新开发银行，是中国在"一带一路"倡议下领导的两大国际金融机构，致力于"一带一路"沿线国基础设施建设的投融资。两家银行都将自己定位为"绿色"的。鉴于在国内发展绿色金融体系的努力，中国应该释放在亚洲基础设施投资银行和金砖国家新开发银行业务层面建立绿色金融框架的潜在动力。两大银行应在基础设施投资中渗透气候关联环境治理能力建设的行动和合作，诸如基础设施贷款应当明确透明度和问责的能力建设规则与标准，强化将公众参与和申诉的能力建设作为获得投资和贷款优惠的条件。

（三）《公约》体系外的双边合作

针对《公约》体系外的合作，中国应加强与近年来在国际气候治理中积极行动者的合作，诸如南非、巴西等。同时，也不应放弃与长期在国际气候治理中拥有重大影响力的行动者的合作，诸如欧盟与美国。中国应加强与欧盟以及其他大型新兴经济体的密切合作，通过积极合作和实地行动，保持《巴黎协定》实施和履行的势头。《巴黎协定》要在未来几年内取得全面成功，需要所有缔约方采取行动。一方面，尽管正在进行的《公约》谈判起伏不定，但仍需要有足够强大的政治承诺来维持国际层面的势头。中国和欧盟应该在国际上更加明显地履行对《巴黎协定》的共同承诺。另一方面，各国的国家自主贡献不仅需要在国内得到尊重，它们的雄心也需要国际层面的定期审查和加强。中国和欧盟应在第一次全球盘点中发挥重要作用，提出更加雄心勃勃的国家自主贡献目标。鼓励中国与欧盟合作，特别是欧洲主要国家——法国、德国、北欧国家等，共同发挥领导作用。欧盟对国际气候谈判议题的领导和影响举足轻重。中国唯有加强与欧盟的紧密合作，在国际谈判中推动和引导"能力建设国际机制"的议题谈判才会更加顺畅。同时，在《公约》体系外与欧盟合作，无疑会加快中国国内能力建设的步伐，诸如中国—欧盟碳交易项目，致力于加强中国国家碳市场的制度和能力建设。① 除了与整个欧盟合作外，中国的战略合作还应包括与重要的欧洲国家密切合作，特别是法国、德国、北欧国家等。诸如，中德合作项目——中国排放交易体系能力建设由德国国际合作机构和中国国家发展和改革委员会执行，组织中国和德国三方专家交流排放交易领域的知识和经验。② 中国与欧盟及其会员国的密切合作会进一步吸引美国的参与。

---

① European Union External Action：*EU – China Cooperationon Emission Trading in China*：*Achievements and Lessons.* https：//eeas. europa. eu/generic – warning – system – taxonomy/404 _ en/15469/EU – China% 20Cooperation% 20on% 20Emission% 20Trading% 20in% 20China；% 20Achievements% 20and% 20Lessons.

② 中国排放交易体系能力建设项目，https：//ets – china. org/zh – hans/。

第四章

国际气候治理体系的约束机制与激励机制

习近平总书记在巴黎气候变化大会开幕式上指出："我们应该创造一个奉行法治、公平正义的未来。要提高国际法在全球治理中的地位和作用，确保国际规则有效遵守和实施。"[1] 2017 年在联合国日内瓦总部的演讲[2]和 2018 年新年贺词[3]中，习近平总书记都指出，中国将积极履行应尽的国际义务和责任，信守应对全球气候变化的承诺。而在中共十八届中央政治局第三十五次集体学习时指出："我们要积极参与全球治理，主动承担国际责任，但也要尽力而为、量力而行。"[4] 在 2018 年全国生态环境保护大会上指出，共谋全球生态文明建设，深度参与全球环境治理，形成世界环境保护和可持续发展的解决方案，引导应对气候变化国际合作，是中国在新时代推进生态文明建设必须坚持的一项原则。[5]

这表明积极应对气候变化，维护以《公约》《京都议定书》《巴黎协定》及其缔约方会议决定等国际法为基础的全球气候治理体系，将是中国推进生态文明

---

① 习近平：《携手构建合作共赢、公平合理的气候变化治理机制——在气候变化巴黎大会开幕式上的讲话》，载于《习近平谈治国理政》（第二卷）外文出版社 2017 年版，第 527~531 页。

② 习近平：《共同构建人类命运共同体——在联合国日内瓦总部的演讲》，载于《习近平谈治国理政》（第二卷）外文出版社 2017 年版，第 537~549 页。

③ 习近平：《二〇一八年新年贺词》，新华社，http://www.xinhuanet.com/politics/2017-12/31/c_1122192418.htm，2018 年 12 月 31 日。

④ 习近平：《提高中国参与全球治理的能力——在主持中共十八届中央政治局第三十五次集体学习时的讲话要点》，载于《习近平谈治国理政》（第二卷）外文出版社 2017 年版，第 448~450 页。

⑤ 习近平：《坚决打好污染防治攻坚战，推动生态文明建设迈上新台阶——在全国生态环境保护大会上的讲话》，新华社，http://www.xinhuanet.com/politics/leaders/2018-05/19/c_1122857595.htm，2018 年 5 月 19 日。

建设、构建人类命运共同体战略的重要组成部分。而维护这一国际气候治理体系，其核心一方面在于体系内制度设计的科学性与合理性；另一方面还在于体系内的制度能够约束和激励各方履行在这一体系下各自的义务，共同提高体系的有效性。

第一节 约束机制与激励机制：必要性与国际气候治理背景

一、约束与激励机制对全球治理体系的作用

全球治理是指在没有世界政府的国际体系中，以主权国家为核心的各个行为体的共同合作，通过谈判协商建立正式的制度和非正式的安排，协调各自利益和政策，以应对全球化时代人类社会所面对的各种跨国和国际挑战，并支持各个国家实现国家治理水平提升的活动[1]，是治理主体建立一定的治理模式，以规则或机制等治理手段，规范各参与行为体的行为，管理全球性事务，解决全球性问题[2]。全球治理主要有以下基本特征：一是其实质是以全球治理机制为基础，而不是以正式的政府权威为基础；二是全球治理存在一个由不同层次的行为体和运动构成的复杂结构，强调行为者的多元化和多样性；三是全球治理的方式是参与、谈判和协调，强调程序的基本原则与实质的基本原则同等重要；四是全球治理与全球秩序之间存在着紧密的联系，全球秩序包含那些世界政治不同发展阶段中的常规化安排，其中一些安排是基础性的，而另一些则是程序化的。

在各治理主体参与全球治理的过程中，由于其自身特色以及在国际体系中的不同地位，体现出三种不同的治理模式：一是国家中心治理模式。即以主权国家为主要治理主体的治理模式。具体地说，就是主权国家在彼此关注的领域，出于对共同利益的考虑，通过协商、谈判而相互合作，共同处理问题，进而产生一系列国际协议或规制。全球气候治理主要就是这种模式。二是有限领域治理模式。即以国际组织为主要治理主体的治理模式。具体地说，就是国际组织针对特定的

---

[1] 陈志敏：《国家治理、全球治理与世界秩序建构》，载于《中国社会科学》2016 年第 6 期，第 14 ~ 21 页；吴志成：《全球治理对国家治理的影响》，载于《中国社会科学》2016 年第 6 期，第 22 ~ 28 页；张宇燕：《全球治理的中国视角》，载于《世界经济与政治》2016 年第 9 期，第 4 ~ 9 页。

[2] 吴志成：《全球治理对国家治理的影响》，载于《中国社会科学》2016 年第 6 期，第 22 ~ 28 页；刘雪莲、姚璐：《国家治理的全球治理意义》，载于《中国社会科学》2016 年第 6 期，第 29 ~ 35 页。

领域（如经济、环境等领域）开展活动，使相关成员国之间实现对话与合作，谋求实现共同利益。联合国环境署就属于这种模式。三是网络治理模式。即以非政府组织为主要治理主体的治理模式。具体地说，就是指在现存的跨组织关系网络中，针对特定问题，在信任和互利的基础上，协调目标与偏好各异的行动者的策略而展开的合作管理。全球气候治理在 20 多年的发展后，除了以《公约》体系为代表的国家中心治理模式外，也逐渐形成了包括以与其他国际条约和国家组织互动、次国家行为体和非国家行为体参与等为特征的混合治理模式。

尤论上述哪种模式，都存在一个共性特征，即这些治理都不可能建立起凌驾于主权国家之上的政府威权结构，因此其治理规制只能通过各方谈判协商产生，其治理效果也只能取决于规制的设计是否完善以及治理主体是否善意履行其相应义务。即便是相对严格的国际法体系，其最初、最基本的原则之一也是"条约必须遵守"（pacta sunt servanda）。因此，如何在治理规则的设计时，安排适当的约束机制督促治理主体善意履行其义务，安排适当的激励机制鼓励和帮助治理主体有效履行其义务，则是所有全球治理体系必须慎重考虑的问题。

二、当前以国际法为核心的国际气候治理体系

人为活动造成的气候变化是人类有史以来最大的市场失灵的结果，具有长期性、全球性、不确定性和潜在巨大规模的特征，必须依赖全球合作才能解决[①]，形成了全球治理在近三十年来关注的新领域，国际法、国际关系等学科都对全球气候治理做出了学术回应。

根据联合国条约库[②]，目前国际气候变化多边条约共有 5 项，如表 4 - 1 所示。

表 4 - 1　　　　　　　　　国际气候变化多边条约

条约	达成日期	签署方	生效日期	缔约方
联合国气候变化框架公约（United Nations Framework Convention on Climate Change）	1992 年 5 月 9 日	165	1994 年 3 月 21 日	197

① Stern N. *The Economics of Climate Change*：*The Stern Review*. Cambridge，New York，Melbourne，Madrid，Cape Town，Singapore，Sao Paulo：Cambridge University Press，2007；邹骥、傅莎、陈济等：《论全球气候治理——构建人类发展路径创新的国际体制》，中国计划出版社 2015 年版。

② UN Multilateral Treaties Deposited with the Secretary - General，https：//treaties. un. org/Pages/ParticipationStatus. aspx？ clang = _en，2018 - 11 - 11.

续表

条约	达成日期	签署方	生效日期	缔约方
联合国气候变化框架公约京都议定书（Kyoto Protocol to the United Nations Framework Convention on Climate Change）	1997 年 12 月 11 日	83	2005 年 2 月 16 日	192
联合国气候变化框架公约京都议定书附件 B 修正案（Amendment to Annex B of the Kyoto Protocol to the United Nations Framework Convention on Climate Change）	2006 年 11 月 17 日	不适用	未生效	30
京都议定书多哈修正案（Doha Amend-ment to the Kyoto Protocol）	2012 年 12 月 8 日	不适用	2020 年 12 月 31 日	147
巴黎协定（Paris Agreement）	2015 年 12 月 12 日	195	2016 年 11 月 4 日	183

资料来源：联合国条约库，https：//treaties. un. org/Pages/ParticipationStatus. aspx? clang = _en。

与此同时，自 1995 年《公约》第 1 次缔约方会议召开以来，到 2018 年卡托维茨大会之前，《公约》缔约方会议（COP）、《京都议定书》缔约方会议（CMP）和《巴黎协定》缔约方会议（CMA）分别已经通过了 444 项、161 项和 2 项，共607 项决定，其中一些决定为缔约方履行条约规定了实施细则，例如 COP 第 1 次会议的第 2 号决定规定了如何审评发达国家的国家信息通报，CMP 第 1 次会议的第 14 号决定规定了"京都单位"的标准电子报表格式等。这些条约与决定共同构成了各国在以国际法为基础的国际气候治理体系中的原则和规则体系。

（一）国际条约

在全球气候治理的条约和决定中，处于母法地位的造法性条约是《联合国气候变化框架公约》；为推进《公约》的实施，各国又通过谈判达成了《京都议定书》和《巴黎协定》，以及许多项确立缔约方应对气候变化具体权利和义务的缔约方会议决定。

《公约》是 1990～1992 年在联合国大会建立的政府间谈判委员会（Intergov-ernmental Negotiating Committee，INC）下谈判达成的。

在《公约》的谈判和达成前，1988 年世界气象组织和联合国环境规划署共同成立了政府间气候变化专门委员会（IPCC），就气候变化相关的自然科学、影响和风险、适应和减缓的机遇等问题进行定期评估，向各国决策者提供决策的科学依据。IPCC 于 1990 年发布了第一次综合评估报告。在第三卷中，学界回应了第 44 届联合国大会的相关决议①，一致认为应当达成一个气候变化框架公约，并且这一公约应当参照《保护臭氧层的维也纳公约》模式，包括原则、义务等内容，同时为激励尽可能多的国家参与，这一公约应当允许各国在不同的时间框架内采取行动，而解决对发展中国家的资金支持和技术转移也是必要内容。IPCC 基于学界的研究，为各国决策者们提出了一份"气候变化框架公约可能包括的要素"文件，包括 10 个部分：前言、定义、义务、机构、研究与系统观测、信息交流与报告、技术研发与转移、争端的解决、法律程序、附件和议定书等。在每个部分中，IPCC 识别出了本部分可能的要点和需要谈判解决的问题。

基于 IPCC 的这些建议，1990 年 12 月联合国大会决定组建政府间谈判委员会，开启关于全球气候变化国际条约的谈判。② 到 1992 年，各国通过谈判达成了《联合国气候变化框架公约》，达成了国际社会共同应对气候变化的第一次政治共识，并进而成为国际法。

《公约》作为在科学指导下形成的全球应对气候变化政治共识具有举足轻重的意义。首先它确认存在着气候变化问题，其前言指出："承认地球气候的变化及其不利影响是人类共同关心的问题"，"各缔约国担忧的是人类活动已经大幅度增加了大气中温室气体的浓度，这种情况增强了温室效应，平均而言将引起地球表面和大气进一步增温，并可能对自然生态系统和人类产生不利影响……我们必须下决心为当代和后代保护气候系统"。其次，《公约》确立了全球气候治理机制的最终目标，奠定了该机制的基本法律框架和指导原则，确立了一系列的程序和机构，为联合国气候变化谈判的进一步开展提供了制度框架。然而限于科学认知和国际政治博弈，《公约》并没有给出明确的应对气候变化量化目标和实现路径。这也使得 IPCC 有了持续性工作的基础：为国际社会设定合作应对气候变化路径提供科学支撑，而全球气候治理的规则体系也在科学发展的不断进步中得以不断调整演进，如图 4-1 所示。

IPCC 于 1995 年完成了第二次评估报告，该报告的核心是阐释《公约》第 2 条的有关科学技术信息，以及关于平等和确保经济持续发展的问题。报告还肯定了《公约》附件一缔约方率先承担应对气候变化责任的意愿，以及应加强全球合作尤其是支持发展中国家的战略。报告进一步肯定了在国际层面依靠市场手段进行减排的必要性。尽管这些研究还十分初步，但这些研究成果推动了发达国家率先采取阶段性量化减排指标进行全经济范围量化减排，同时推进向发展中国家提

---

① 主要包括第 44/207 号决议 "Protection of global climate for present and future generations of mankind" 和第 44/228 号决议 "United Nations Conference on Environment and Development"。

② UNGA：*Protection of global climate for present and future generations of mankind*. United Nations General Assembly，Resolution 45/212，1990.

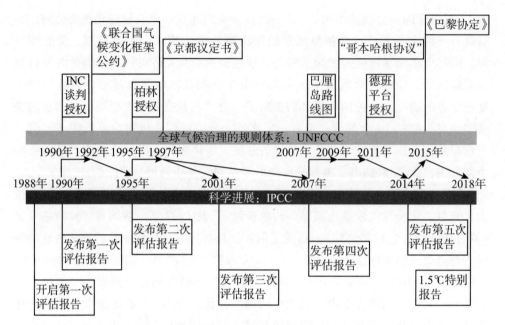

图 4 - 1　全球气候治理规则体系与科学进展的互动

资料来源：笔者自制。

供资金与技术支持，建立基于市场手段的灵活减排合作机制。这些都成为 1997 年国际社会谈判达成的《京都议定书》的核心内容。

《京都议定书》于 1997 年 12 月 11 日在《公约》第 3 次缔约方会议上获得通过，有关该议定书履行的具体规则在 2001 年的《公约》第 7 次缔约方会议上通过，也称"马拉喀什协定"。《京都议定书》最终于 2005 年 2 月 16 日生效。《京都议定书》是《公约》下的多边气候协议，它的生效对于国际社会限制温室气体的排放、缓解全球气候变化具有重要的意义。它首次对发达国家规定了具有法律约束力的减排温室气体的目标和时间表，被看作建立全球温室气体减排机制的重要步骤，是对《公约》的重要补充和扩展，使国际社会对气候变化的治理达到一个高峰，体现了国际社会试图更加有效地应对全球气候变化问题的持续努力。2012 年 12 月 8 日，《京都议定书多哈修正案》通过，就《京都议定书》第二承诺期（2013～2020 年）作出安排，体现了该议定书所确立的制度安排的连续性。遗憾的是，《多哈修正案》2020 年 12 月 31 日才正式生效。①

---

① 根据《京都议定书》第 20 条和第 21 条，保存人（即联合国秘书长）收到议定书至少 3/4 缔约方的接受文书之日后第 90 天起对接受该项修正的缔约方生效。而截至 2018 年 10 月 19 日，《京都议定书》的 192 个缔约方中，仅有 117 个缔约方批准了《多哈修正案》，详见 https：//treaties. un. org/Pages/ViewDetails. aspx？src = TREATY&mtdsg_no = XXVII - 7 - c&chapter = 27&clang = _en。

《京都议定书》建立了发达国家率先分阶段量化减排的模式，并建立了基于碳排放权交易市场的灵活机制以帮助发达国家实现量化减排目标。然而仅仅是发达国家的量化减排，无法实现《公约》第二条的目标，因此 IPCC 第三次和第四次评估报告除了进一步深化对气候变化科学、影响和适应的研究评估外，更侧重于完善全球量化减排评估模型与情景。在 IPCC 第五次评估报告的推动下，国际社会在 2015 年底达成了《巴黎协定》，协定的核心是广泛参与和加大行动力度。

《巴黎协定》是全球气候治理机制的第三个重要多边协议。该协定在 2015 年 12 月 12 日于《公约》第 21 次缔约方大会上获得通过，并于 2016 年 11 月 4 日生效。《巴黎协定》重申了《公约》所确定的"公平、共同但有区别的责任和各自能力原则"，更加具体地提出了全球气候治理的三个目标：一是把全球平均气温升幅控制在工业化前水平以上低于 2℃之内，并努力将气温升幅限制在工业化前水平以上 1.5℃之内，同时认识到这将大大减少气候变化的风险和影响；二是提高适应气候变化不利影响的能力并以不威胁粮食生产的方式增强气候复原力和温室气体低排放发展；三是使资金流动符合温室气体低排放和气候适应型发展的路径。《巴黎协定》是在《公约》下，按照"共区原则"和公平原则，为进一步加强公约的全面、有效和持续实施而通过的"公平合理、全面平衡、富有雄心、持久有效、具有法律约束力的协定"[1]。《巴黎协定》旨在在新的时空背景下强化应对气候变化的全球行动，包含了减缓、适应、资金、技术、能力建设、透明度等各要素，"体现了减缓和适应相平衡、行动和支持相匹配、责任和义务相符合、力度雄心和发展空间相协调，2020 年前提高力度与 2020 年后加强行动相衔接"[2]。《巴黎协定》也体现了世界各国利益和全球利益的平衡，传递出了全球将实现绿色低碳、气候适应型和可持续发展的强有力积极信号，是全球气候治理的里程碑，也标志着全球气候治理发展到了新的阶段。

（二）缔约方大会决定

在上述三个已生效的国际气候变化多边条约之外，全球气候治理机制还有一些重要的多边协议或者决议，它们是《公约》《京都议定书》和《巴黎协定》缔约方大会做出的决定，具有国际"软法"的性质，其意义虽然不及前三者，但是对于在《公约》框架下确定新的谈判过程，不断锁定各缔约方的阶段性共识，推动最终达成面向 2020 年后的全球气候变化协议发挥了重要作用。这些典型的多边协议或者决议包括："巴厘岛路线图"（The Bali Road Map）、《坎昆协议》（The Cancun Agreements）、"增强行动的德班平台"（The Durban Platform for En-

---

①② 解振华在缔约方会议闭幕全会上的发言，2015 年 12 月 13 日。

hanced Action）、"多哈通道"（The Doha Climate Gateway）、"华沙结果"（Warsaw Outcomes）、"利马行动倡议"（Lima Call to Action）。此外，《哥本哈根协议》虽然并没有在《公约》第 15 次缔约方大会上最终获得通过，在全球气候治理体系中也并不具有法律地位，但它的达成是当时背景下唯一可能取得的结果。它虽然没有完成"巴厘岛路线图"规定的任务，但仍然具有积极的意义，为此后的全球气候治理提供了政治指导。

缔约方大会决定的谈判方向和达成，同样受到科学进展的影响。其中 IPCC 第四次评估报告中一个被广泛引用的情景就是发达国家 2050 年排放量比 1990 年降低 80% ~ 95%，同时发展中国家的排放量显著偏离基准情景，如表 4 - 2 所示。

表 4 - 2　　　　　附件一和非附件一缔约方 2020/2050 年
相对 1990 年的减排需求

情景	集团	2020 年	2050 年
450×10^{-6} CO_2 - 当量	附件一	减排 25% ~ 40%	减排 80% ~ 95%
	非附件一	拉美、中东、东亚、中亚显著偏离于基准情景	所有发展中国家显著偏离基准情景
550×10^{-6} CO_2 - 当量	附件一	减排 10% ~ 30%	减排 40% ~ 90%
	非附件一	拉丁美洲、中东、东亚偏离基准情景	多数地区偏离基准情景，尤其是拉丁美洲、中东
650×10^{-6} CO_2 - 当量	附件一	减排 0 ~ 25%	减排 30% ~ 80%
	非附件一	维持基准情景	拉丁美洲、中东、东亚偏离基准情景

资料来源：IPCC：*Climate Change* 2007 - *Mitigation of Climate Change*，*Contribution of Working Group* Ⅲ *to the Fourth Assessment Report of the IPCC*（Cambridge，New York，Melbourne，Madrid，Cape Town，Singapore，São Paolo，Delhi：Cambridge University Press），2007，P. 776.

IPCC 的科学评估最终推动在 2007 年《公约》缔约方大会达成的"巴厘岛路线图"中，形成了所有国家都应当制定低碳发展战略和制定适当减缓目标的政治共识，并开启了发达国家和发展中国家如何制定并实施减排和其他应对气候变化措施的谈判。这一谈判最终形成了 2009 年的《哥本哈根协议》，并在 2010 年《坎昆协议》中得到缔约方大会认可。

如果说《公约》建立了所有国家都要应对气候变化的基本立场和规则，《京都议定书》基于当时的国家政治经济和排放情景建立了发达国家率先量化减排的制度安排，那么"坎昆协议"则是明确了发达国家和发展中国家都要开展强化的，尤其是可量化减排行动以及强化履约透明度的进程，到《巴黎协定》则是对既有机制的进一步强化，除了延续国家自主的减排和适应机制外，进一步强化了透明度的制度安排，建立了旨在鼓励各国加大力度的全球盘点机制，并以鼓励发达国家之外其他国家也提供资金支持的模式，在立场上增强了对发展中国家的支持，但是也将发展中国家对发展中国家提供支持纳入了国际法框架。

第二节　国际气候治理体系的约束机制

国际气候治理体系的约束机制主要是指为参与各国设定义务、追踪进展、评估成效和实施惩罚的一套规则体系。政治进程不形成条约，因此不存在设定义务和实施惩罚的规则，但一些政治进程包含了自愿承诺、信息报告和审议等程序，如 G20 框架下中、美两国完成的化石燃料补贴同行审议报告等。国际法体系存在较为完整的约束机制。在国际气候治理体系中，尤其是在国际气候变化法框架下，约束机制主要表现在对各缔约方设定义务的约束、信息报告和追踪履约进展的约束，以及对履约成效评估并采取相应后果的约束三类。

一、《联合国气候变化框架公约》的约束机制

《公约》作为"框架"性条约，对于各缔约方权利、义务和程序性规则的设定也相对粗略，相应地，《公约》下的约束机制在后续的子条约和缔约方会议决定中得以完善。《京都议定书》和《巴黎协定》的约束机制将在后续章节单独分析，此处仅分析《公约》本身及其缔约方会议决定建立的约束机制。

（一）缔约方义务设定

《公约》对于缔约方义务的设定主要是通过其第四、五、六条和第十二条，以及后续缔约方会议决定做出的规定。

《公约》第四条是设定缔约方义务的核心，包括其第 1 款为所有缔约方设定的义务，第 2 款为附件一缔约方设定的义务，第 3、4、5 款为附件二缔约方设定的义务，如图 4－2 所示。

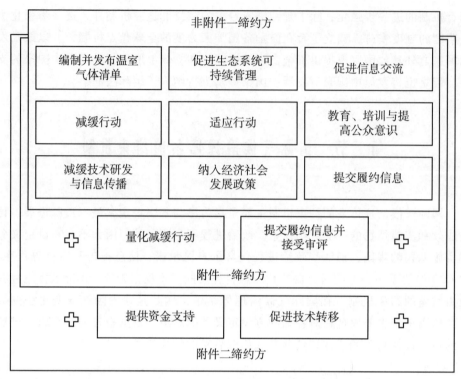

图 4 − 2　《公约》为不同类型缔约方设定的义务

资料来源：笔者自制。

　　对于非附件一缔约方而言，《公约》为其设定的义务主要是第四条第 1 款为所有缔约方设定的行动义务，以及第十二条为所有缔约方设定的信息报告义务，包括按照缔约方会议决定的方法学编制和发布国家温室气体清单、开展减缓行动、促进减缓技术研发和信息传播、促进生态系统可持续管理、开展适应行动、将应对气候变化的考虑纳入经济社会发展政策、促进应对气候变化信息交流、开展应对气候变化的教育培训和提高公众意识、提交第十二条所规定的履约信息等。

　　对于附件一缔约方，除了履行上述与非附件一缔约方一致的义务外，还需要根据第四条第 2 款规定开展量化减缓行动，其目标是"至本十年末使二氧化碳和《蒙特利尔议定书》未予管制的其他温室气体的人为排放"，"个别地或共同地使二氧化碳和《蒙特利尔议定书》未予管制的其他温室气体的人为排放回复到1990 年的水平"。同时，附件一缔约方提交的履约信息还需要接受国际审评。

　　对于附件二缔约方，除了履行上述附件一缔约方承担的所有义务外，还需要根据第四条第 3、4、5 款，为发展中国家提供应对气候变化的资金和技术转移支持；其中，提供技术转移支持的对象包括所有非附件二缔约方。

　　然而《公约》并未就缔约方需要采取多大力度的减缓、适应、支持等义务做出规定，这就给后续的规则制定留下了很大的空间。在《京都议定书》为附件一缔约方设定量化减排义务后，发达国家开始要求发展中国家也要承担量化减排义务，在 2007 年第 13 次缔约方会议上形成了"巴厘岛路线图"，要求作为《京都议定书》缔约方的发达国家缔约方继续按照《京都议定书》规则承担"自上而下"的绝对量化减排承诺，《公约》所有发达国家缔约方在《公约》下承担可比的、可测量、可报告、可核实（measurable，reportable and verifiable，MRV）的量化减排承诺，同时发展中国家缔约方也在《公约》下实施可 MRV 的"国家适当减缓行动"（nationally appropriate mitigation actions，NAMAs）。

　　"巴厘岛路线图"的这一安排未能在预期的 2009 年第 15 次缔约方会议达成一致，《公约》下的相应安排在 2010 年第 16 次缔约方会议上得到了决定，即发达国家缔约方承诺承担全经济范围量化减排目标（quantified economy – wide emission reduction targets，QEERTs），发展中国家提出 NAMAs，并向《公约》秘书处提出，载列于秘书处汇编的目标登记文件。在这一要求下，除土耳其外的所有附件一缔约方都向联合国通报了 2020 年 QEERTs[1]，其中因福岛核事故后限制核电等原因，日本于 2013 年 11 月 29 日调低了减排目标[2]；中国、印度、巴西、南非、马尔代夫、不丹等 48 个发展中国家也先后向联合国通报了将实施的 NAMAs[3]。主要经济体的 QEERTs 和 NAMAs 如表 4 – 3 所示。

表 4 – 3　　主要经济体在"坎昆协议"下的减排目标与行动

缔约方	目标/行动类型	基年/基准线	目标年	碳减排目标值	覆盖气体	覆盖部门
澳大利亚	绝对排放量	2000	2020	减 5%	所有温室气体	所有部门
加拿大	绝对排放量	2005	2020	减 17%	所有温室气体	所有部门
欧盟	绝对排放量	1990	2020	减 20%	所有温室气体	所有部门
日本	绝对排放量	2005	2020	减 3.8%	所有温室气体	所有部门
俄罗斯	绝对排放量	1990	2020	减 15% ~ 20%	所有温室气体	所有部门

①　UNFCCC：*Compilation of economy-wide emission reduction targets to be implemented by Parties included in Annex I to the Convention*. FCCC/SB/2011/INF. 1，2011.

②　UNFCCC：*Compilation of economy-wide emission reduction targets to be implemented by Parties included in Annex I to the Convention*. FCCC/SB/2014/INF. 6，2014.

③　UNFCCC：*Compilation of information on nationally appropriate mitigation actions to be implemented by Parties not included in Annex I to the Convention*. FCCC/AWGLCA/2011/INF. 1，2011.

续表

缔约方	目标/行动类型	基年/基准线	目标年	碳减排目标值	覆盖气体	覆盖部门
瑞士	绝对排放量	1990	2020	减 20%	所有温室气体	所有部门
美国	绝对排放量	2005	2020	减 17%	所有温室气体	所有部门
巴西	相对 BAU	BAU 情景	2020	减 36.1% ~ 38.9%	所有温室气体*	所有部门*
智利	相对 BAU	BAU 情景	2020	减 20%	所有温室气体*	所有部门*
中国	碳强度	2005	2020	减 40% ~ 45%	CO_2	不明
哥伦比亚	政策行动	无	2020	无	不明	能源与林业行动
埃塞俄比亚	政策行动	无	2020	无	不明	能源、农业、林业、废弃物部门行动
印度	碳强度	2005	2020	减 20% ~ 25%	CO_2	不包括农业
马尔代夫	绝对排放量	无	2020	净零排放	所有温室气体*	所有部门*
墨西哥	相对 BAU	BAU 情景	2020	减 30%	所有温室气体*	所有部门*
韩国	相对 BAU	BAU 情景	2020	减 30%	所有温室气体*	所有部门*
新加坡	相对 BAU	BAU 情景	2020	减 16%	所有温室气体*	所有部门*
南非	相对 BAU	BAU 情景	2020	减 34%	所有温室气体*	所有部门*

注：*通报不明确，但应作此理解；对于同时提出有条件和无条件目标的国家，此处仅汇总无条件目标；BAU 即"照常发展"情景。

资料来源：UNFCCC, 2014, FCCC/SB/2014/INF.6; UNFCCC, 2011, FCCC/AWGLCA/2011/INF.1。

根据最新温室气体清单数据，欧盟提前 4 年实现了 2020 年减排目标，其 2020 年计入和不计林业与土地利用变化的温室气体排放量相较 1990 年分别下降了 36.1% 和 34.3%，如图 4 - 3 所示。欧盟成员国中德国、匈牙利、希腊、丹麦等多国下降均超过欧盟整体水平。受新冠疫情影响，美国 2020 年排放量相较于 2019 年大幅下降 9%，勉强实现 2020 年减排目标；加拿大距离目标实现差距较大。新西兰则不论是否计入林业和土地利用变化，都出现排放量增长，距离减排 5% 的目标差距很大。澳大利亚计入林业和土地利用变化，已达成减排目标；若不计则出现排放量大幅增长，未能实现目标。俄罗斯提出的 2020 年减排目标是比 1990 年减排 15% ~ 20%，而实际上，俄罗斯 2010 年计入和不计林业与土地利用变化的排放量分别比 1990 年低 50.1% 和 31.1%，近年来随着经济恢复，温室气体排放量上升，但到 2020 年排放量也仍分别比 1990 年低 52% 和 35.1%。

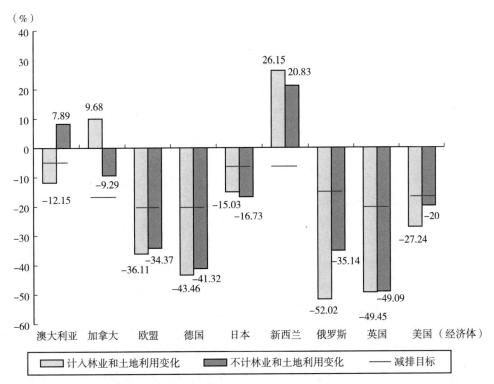

图 4 - 3　主要发达经济体 2020 年目标实现进展

资料来源：UNFCCC 清单数据库，2023。

"巴厘岛路线图"实际上开启了所有国家都要做出量化减排承诺的先河，这也是《巴黎协定》"国家自主贡献"机制的早期探索。尽管在这一阶段，作为《京都议定书》缔约方的发达国家在议定书下承担的仍是"自上而下"的量化减排承诺，其减排目标载列于《京都议定书》附件 B，与议定书本身具有同等法律效力，但是这些国家在《公约》下做出的 QEERTs 承诺仍属于依据缔约方会议决定做出的政治性承诺；而对于不是《京都议定书》缔约方的发达国家缔约方①，其承诺的 QEERTs 如何与其他发达国家缔约方"可比"，成为后续谈判的焦点问题，但最终也没有得到解决；对于发展中国家而言，自主提出 NAMAs，并载列

---

①　当时仅为美国，在 2012 年加拿大退出《京都议定书》后，也包括加拿大。

于秘书处管理的汇编文件中，实际上与后来《巴黎协定》下的做法十分类似。2010 年发展中国家提出的 NAMAs 体现了各国依据各自国情自主决定减缓目标的特征，其提出的 NAMAs 包括许多类型，如类似于发达国家的全经济范围量化减排目标、碳中性目标、相对于"照常发展"情景的减排目标、单位 GDP 碳排放强度目标、非化石能源比例提高目标、林业碳汇增长目标等可量化目标，也有的国家提出了一系列的减缓政策行动作为 NAMAs。

在适应行动方面，无论是《公约》还是缔约方会议决定，都没有确定过缔约方应当开展何种适应行动。这一方面是因为各国国情差异巨大，导致各国需要开展的适应行动多元化；另一方面也在于科学界并没有对适应行动给出类似于减缓气候变化行动的核心在于减排温室气体一样的概念界定，导致各国对于适应行动的理解也有很大分歧，无法为制定国际规则提供必要的科学支撑。

在提供支持方面，以美国为首的发达国家在 2009 年哥本哈根会议上提出了在 2010~2012 年联合提供 300 亿美元"新的、额外的"快速启动基金以支持发展中国家应对气候变化，同时到 2020 年每年动员不低于 1 000 亿美元资金帮助发展中国家开展实质性的减缓行动和提高透明度。[①] 虽然"哥本哈根协定"并未得到缔约方大会认可，但是发达国家在哥本哈根做出的这一承诺，成为 2010 年第 16 次缔约方会议决定的成果。然而这一承诺由于没有在发达国家之间分解成为个体承诺，因此在后续的谈判和进展评估中，这一目标始终难以与发达国家的国别出资挂钩。与此同时，由于国际社会一直没有明确的气候变化支持资金定义，这导致哪些资金能计入这 300 亿美元或 1 000 亿美元，各方始终存在分歧；更为显著的是，2010 年这一项决定，将《公约》第四条第 3 款确定的附件二缔约方有义务提供资金支持，改成了发达国家缔约方动员资金支持发展中国家，在义务承担对象和行为属性上都做出了改变。

（二）履约信息报告与审评机制

在当今气候谈判中广为使用的"透明度"（transparency）一词，作为谈判用语最早见于 2009 年的"哥本哈根协定"。然而在《公约》下的实践中，人们常说的"透明度框架"并没有标准的界定。从既有的实践看，《公约》体系下使用过不同的术语和工具来落实透明度相关安排，例如《公约》本身使用的是"通报"（communication）和"考虑"（consideration），《公约》缔约方会议决定所制定的指南常用"报告"（reporting）和"审评"（review），第 13 次缔约方会议引入了"测量、报告、核实"（measuring, reporting and verification, MRV）的提

---

① UNFCCC：*Copenhagen Accord*. Decision 2/CP. 15, 2009.

法，第 16 次缔约方会议又发明了"国际评估与审评"（international assessment and review，IAR）和"国际磋商与分析"（international consultation and analysis，ICA），第 17 次缔约方会议又发明了"报告、监测、评价"（reporting，monitoring and evaluation，RME），到《巴黎协定》则使用了"信息提供、审评与考虑"（providing information，review and consideration）。大致说来，上述各种术语和工具可以分为四大类：一是获得信息，无论是通过直接监测还是数学测算；二是将信息报告给国际社会；三是核实信息的质量；四是基于这些信息开展各种评估。

《公约》第 12 条明确规定了各缔约方需承担履约信息报告的义务，第 4 条第 2 款规定了附件一缔约方提交的信息需接受审评。这是《公约》体系下透明度机制的缘起。《公约》本身对履约信息报告与审评的规定如表 4 - 4 所示。

表 4 - 4　　　　　　　《公约》本身对透明度的规定

	所有国家	发达国家	发展中国家
通报（报告）	Art. 12.1 + 4.1（j）： ● 清单； ● 实施《公约》的步骤； ● 其他信息	Art. 12.2 + 12.3 + 4.2（b）： ● 政策措施； ● 政策效果； ● 向发展中国家提供的支持	Art. 12.4： ● "可以" 通报：所需的需求。 Art. 12.7： ● 通报活动应得到支持
考虑（审评）	Art. 10.2（a）： ● 整体效果评估*	Art. 10.2（b）： ● 与上述 12.2 条相关的信息。 Art. 4.2（b–d）： ● 与 4.2（b）条相关的信息； ● 清单； ● 行动的充分性	没有要求

*注：实践中，这一条款从未被作为授权被正式引用过。

自《公约》第 1 次缔约方会议以来 20 余年间，缔约方会议陆续通过的一系列决定，尤其是在"巴厘岛路线图"谈判授权下，确立了《公约》体系下测量、报告、核实的具体规则，如表 4 - 5 所示。

表 4 – 5　　　　　　　　《公约》下的透明度国际规则指南

		发达国家	发展中国家
测量	清单	IPCC 1996，2000，2006，2013	IPCC 1996，2000
报告	清单	3/CP.5，18/CP.8，24/CP.19	无单独规定
	国家信息通报	A/AC.237/55，9/CP.2，4/CP.5	10/CP.2，17/CP.8（含清单信息）
	坎昆工具	双年报告：1/CP.16，2/CP.17，19/CP.18，9/CP.21	双年更新报告：1/CP.16，2/CP.17
审评	清单	6/CP.5，19/CP.8，13/CP.20	无
	国家信息通报	2/CP.1，23/CP.19，13/CP.20	无
	坎昆工具	国际技术审评：2/CP.17，13/CP.20	国际技术分析：2/CP.17
多边审议	坎昆工具	多边评估：2/CP.17，	促进性信息交流：2/CP.17

注：加下划线的为现行适用的指南。

从表 4 – 5 可以看出，在过去的 20 多年间，《公约》下的透明度国际规则发生了明显的演变。这些规则及其演变主要有三个特征：

第一，发达国家相应的透明度规则比发展中国家更加细致。发达国家有单独的国家温室气体清单报告和审评指南，需要按照指南提交年度温室气体清单报告，并接受年度国际专家审评；而发展中国家的温室气体清单信息仅需作为国家信息通报或双年更新报告的一部分进行报告，并且只是在 2014 年之后，作为双年更新报告部分内容的国家温室气体清单报告才接受国际专家组的技术分析。发达国家提交的国家信息通报需接受国际专家组审评，而发展中国家的国家信息通报不需要接受审评。

第二，发达国家相应的规则更新频率比发展中国家高。在清单编制方法学方面，截至 2020 年，发达国家的温室气体清单报告指南已经更新 4 版（最新 2019 年版本为 2006 年指南修订版本），自 2015 年起已经全部采用 IPCC2006 版温室气体清单方法学进行清单编制①，而发展中国家在《公约》下仍可采用 IPCC1996

---

① UNFCCC：*Revision of the UNFCCC reporting guidelines on annual inventories for Parties included in Annex I to the Convention*. Decision 24/CP.19，2013.

版方法学和 2000 版"优良做法"来编制国家温室气体清单。发达国家国家信息通报指南也更新了 4 版,第 4 版在 2019 年第 25 次缔约方会议上通过。[①] 发展中国家方面,国家信息通报报告指南只更新过 1 次,各国在实践中使用的是 2002 年缔约方会议决定通过的指南。[②] 发达国家相应的审评指南也进行了多次修订。

第三,发达国家和发展中国家的透明度规则呈对称趋同的演变趋势。在 2010 年达成的"坎昆协议"以前,发展中国家提交的履约信息报告不需要审评,且提交频率没有确定的安排;而"坎昆协议"确定了发展中国家每 4 年提交一次国家信息通报,每 2 年提交一次双年更新报告的安排,且双年更新报告需要接受国际磋商与分析,这使得发展中国家与发达国家都承担了每 4 年提交一次国家信息通报,每 2 年提交一次双年报告/双年更新报告,且双年报告/双年更新报告需接受国际评估与审评/国际磋商与分析的规则,而国际评估与审评/国际磋商与分析都由技术专家组审评和缔约方多边审议两步骤组成[③],形成了明显的对称性和趋同的趋势。

学术界关于气候变化领域透明度的研究主要聚焦于《公约》下的机制安排及其谈判进展。MRV 作为透明度的主要手段,虽然在《公约》中就有类似的概念,但其作为谈判议题引起关注,始于 2007 年"巴厘岛路线图"。多数研究认为《公约》下的 MRV 体系应当得到强化[④],但是对于如何强化则有许多分歧。有人主张应当建立自上而下的统一透明度体系,包括统一的 MRV 和核算规则[⑤];也有人主张应当建立一种具有更大灵活性的、包罗万象的强化的透明度体系[⑥]。而当 2010 年第 16 次缔约方会议达成的"坎昆协议"建立起了发达国家和发展中国家二分的 MRV 体系后,研究更多地开始考虑如何细化这一体系的内容,例如国

① UNFCCC:*Revision of the UNFCCC reporting guidelines on national communications for Parties included in Annex I to the Convention*. FCCC/CP/2019/13/Add. 1,2019.

② UNFCCC:*Guidelines for the preparation of national communications from Parties not included in Annex I to the Convention*. FCCC/CP/2002/7/Add. 2,2002.

③ 国际评估与审评、国际磋商与分析在用词上形成了刻意的区分,在实际操作中也有微妙区别,但大体上十分相似。

④ Winkler, H. *Measurable, reportable and verifiable: the keys to mitigation in the Copenhagen deal. Climate Policy*,2008,No. 8,pp. 534 – 547;Fransen, T., H. McMahon, S. Nakhooda *Measuring the way to a new global climate agreement. WRI Discussion paper*. World Resources Institute,2008.

⑤ Hare, W., C. Stockwell, C. Flachsland, S. Oberthur. *The architecture of the global climate regime: a top-down perspective. Climate Policy*,2010,No. 10,pp. 600 – 614.

⑥ Fransen, T. *Enhancing Today's MRV Framework to Meet Tomorrow's Needs: The Role of National Communications and Inventories. WRI Discussion paper*. World Resources Institute,2009;Breidenich, C., D. Bodansky. *Measurement, reporting and verification in a post – 2012 climate agreement*. Washington, Pew Center on Global Climate Change,2009.

际评估与审评和国际磋商与分析的范围、频率、输入、输出等。①

总的来说，《公约》下的透明度规则体系是通过不断发展演变的过程逐步建立的，趋势是透明度规则不断得到强化，并且随着发展中国家在《公约》下承担义务的增加和其能力的不断提高，其在透明度的义务方面逐渐向发达国家靠拢。② 这些增加的义务，与此前"缔约方义务设定"一节提到的缔约方承担义务的变化是一致的，尤其是表现在发达国家与发展中国家承担量化减缓目标的变化上。

（三）履约进展评估机制

《公约》第十条规定了对履约进展进行评估。这一评估分为两类，一是根据第十条第2（a）款规定，评估全球采取的应对气候变化行动是否符合最新科学评估要求；二是根据第十条第2（b）款规定，评估发达国家缔约方根据其在第四条第2（a）和2（b）款下做出的量化减排承诺是否充分的问题。

《公约》第1次缔约方会议在1995年开展了上述第二类评估，并做出了《公约》第4条第2（a）和2（b）款不充分的结论，相应地，缔约方会议决定启动一个新的谈判进程，即"柏林授权"（Berlin Mandate），其核心是为发达国家缔约方制定量化减排目标，以使发达国家在《公约》第四条第2（a）和2（b）款下做出的量化减排承诺更加充分，符合最新科学评估结论。"柏林授权"的谈判形成了《京都议定书》。

《公约》第16次缔约方会议在2010年达成的"坎昆协议"中认可了将全球平均气温升高控制在工业化前2℃以内的目标，并决定对这一全球应对气候变化的集体目标和行动进展进行评估。这一评估在2013~2015年期间开展，但是评估并未得出任何量化结果，也没有建立新的谈判授权或者给缔约方提出新的义务。

总的来说，《公约》本身规定了要对履约进展开展评估，并且要参考最新科学评估结论进行，IPCC作为全球公认的应对气候变化科学和政策评估集大成者，一直为国际气候治理和各国的应对气候变化行动提供科学支撑，但是在多边的国际博弈实际操作中，《公约》提出的这种评估很难得出量化结论，尤其是对于减排、出资等力度不足和应该由谁来弥补这些不足的定量评估。因此在实践中，这种评估逐渐演变为各方交流经验和各自进展，而很难实现《公约》当初的意图。

---

① Ellis, J., G. Briner, Y. Dagnet and N. Campbell. *Design Options for International Assessment and Review (IAR) and International Consultations and Analysis (ICA). OECD Climate Change Expert Group Paper*, 2011.

② Tian Wang, Xiang Gao. *Reflection and Operationalization of "Common but Differentiated Responsibilities and Respective Capabilities". Principle in the Transparency Framework under International Climate Change Regime. Advances in Climate Change Research.* 2018, Volume 9, No. 4, pp. 242 –253.

构建公平合理的国际气候治理体系研究

二、《京都议定书》的约束机制

各国政府和学术界普遍认为《京都议定书》开创了一种"自上而下"为缔约方设定义务并约束监督的模式。这种模式主要由两部分组成，一是设定量化义务，二是制定统一规则。

(一) 缔约方义务设定

与《公约》不同，《京都议定书》最大的特征就是在国际法律条约中为缔约方设定了量化减排义务。这是由其谈判授权决定的。如前所述，关于《京都议定书》谈判的"柏林授权"明确要求要为发达国家缔约方设定量化减排义务，以便使发达国家在《公约》第四条第 2 (a) 和 2 (b) 款下做出的量化减排承诺更加充分，同时"柏林授权"也明确要重申各方在《公约》下的义务，但不再为发展中国家缔约方引入新的义务。这就导致《公约》第 3 次缔约方会议在京都达成的最终成果，仅仅为发达国家缔约方设定了量化减排义务，而成为一个偏向一方的国际协议。也正因为预见到如此结果，美国国会参议院在谈判当年就以 95∶0 的表决结果，禁止美国政府加入《公约》下任何只对发达国家设定量化减排义务的协议，因为美国认为这将严重损害美国的国家利益。①

《京都议定书》以其附件 B 为作为《公约》附件一缔约方的发达国家缔约方设定了量化减排义务 (Quantified emission limitation or reduction commitment, QELRCs) 和统一核算规则。这些 QELRCs 有四个主要特征。

第一，QELRCs 是以一个时间段平均每年的排放量作为计算依据的，这与发达国家根据《公约》下"坎昆协议"做出的 2020 年单年量化减排承诺不同。在《京都议定书》下，设定 QELRCs 的时间段被称为"承诺期"。《京都议定书》第三条设立了第一承诺期，即 2008 ~ 2012 年，随后于 2012 年第 8 次《京都议定书》缔约方会议 (The Conference of the Parties serving as the meeting of the Parties to this Protocol, CMP) 达成的《京都议定书"多哈修正案"》中将第二承诺期设定为 2013 ~2020 年。因此，附件 B 列出的 QELRCs 是发达国家缔约方在 2008 ~ 2012 年这 5 年间，平均每年需要比基准年减排的量；而《京都议定书"多哈修正案"》附件 B 列出的 QELRCs 则是发达国家缔约方在 2013 ~2020 年这 8 年间，

---

① U. S. Senate: *A resolution expressing the sense of the Senate regarding the conditions for the United States becoming a signatory to any international agreement on greenhouse gas emissions under the United Nations Framework Convention on Climate Change.* 105*th Congress* (1997 – 1998). S. Res. 98, 1997.

平均每年需要比基准年减排的量。

第二，QELRCs 涵盖所有排放部门和《京都议定书》确定的所有温室气体种类。与各国在"坎昆协议"下的承诺不同，《京都议定书》下的量化减排承诺其涵盖的排放部门和温室气体种类是"自上而下"确定的，不能像在"坎昆协议"下可以自主决定涵盖部分排放部门和温室气体种类。根据《京都议定书》附件 A 规定，第一承诺期涵盖的温室气体种类包括二氧化碳（CO_2）、甲烷（CH_4）、氧化亚氮（N_2O）、氢氟碳化物（HFCs）、全氟化碳（PFCs）和六氟化硫（SF_6），涵盖的排放部门则包括能源部门、工业部门、溶剂和其他产品的使用部门、农业部门、废弃物管理部门，土地利用、土地利用变化和林业部门的排放及其核算在《京都议定书》第三条第 3、4 款进行了规定。在《京都议定书"多哈修正案"》中，附件 A 增加了三氟化氮（NF_3）作为需要减排的温室气体。

第三，QELRCs 不完全是相对基准年的减排额度，也有的国家被允许在一定额度内增加排放。在《京都议定书》附件 B 中，澳大利亚被允许增加 8% 的排放，冰岛被允许增加 10% 的排放，挪威被允许增加 1% 的排放，而新西兰、俄罗斯、乌克兰被允许将排放量维持在基准年水平，这主要是考虑到发达国家缔约方各国的国情、产业结构、发展阶段等有所不同，因此也做了一定的区别对待。而在《京都议定书"多哈修正案"》，尽管这种区别对待仍然存在，如表 4-6 所示，但是所有列入附件 B 的 QELRCs 都需要比基准年减排。

表 4-6　　　　《京都议定书》附件 B 规定的量化减排承诺

缔约方	第一承诺期量化减排承诺	第二承诺期量化减排承诺
澳大利亚	108	99.5
白俄罗斯	无	88
加拿大	94	不适用
欧盟*	92	80
冰岛	110	80
日本	94	无
哈萨克斯坦	无	95
列支敦士登	92	84
摩纳哥	92	78
新西兰	100	无
挪威	101	84
俄罗斯	100	无

续表

缔约方	第一承诺期量化减排承诺	第二承诺期量化减排承诺
瑞士	92	84.2
乌克兰	100	76

*注：欧盟包括其所有成员国：奥地利、比利时、保加利亚、克罗地亚、塞浦路斯、捷克、丹麦、爱沙尼亚、芬兰、法国、德国、希腊、匈牙利、爱尔兰、意大利、拉脱维亚、立陶宛、卢森堡、马耳他、荷兰、波兰、葡萄牙、罗马尼亚、斯洛伐克、斯洛文尼亚、西班牙、瑞典、英国（2020年正式脱欧），其中在《京都议定书》达成时的1997年，原欧洲共同体仅包括15个国家，但除克罗地亚在《京都议定书》附件B中承诺的QELRCs是95%、匈牙利和波兰是94%外，其余后续陆续加入欧盟的成员国的QELRCs均是92%。

第四，根据《京都议定书》第四条，欧盟作为整体承担QELRCs，并在内部根据欧盟立法进行责任分担。在第一承诺期，欧盟整体承担了8%的减排义务，并将这一目标在成员国之间进行了分解，其中卢森堡需减排28%，为最多，其次是德国，需减排21%，而葡萄牙可增排27%，为增幅最多。在第二承诺期，欧盟整体承担了20%的减排义务，但对于内部目标分解的方法进行了调整。欧盟将第二承诺期QELRCs分为欧盟排放交易机制（EU-ETS）覆盖部门和非EU-ETS覆盖部门，再依据不同的原则分解到各成员国。对于EU-ETS覆盖部门，排放总量比2005年降低21%，其中88%的排放许可总量根据各国2005年排放份额分配，10%用于补贴欧盟中的欠发达国家，2%用作奖励；对于非EU-ETS覆盖部门，排放总量比2005年降低10%，各国获得的排放许可与人均GDP挂钩，人均GDP高的国家减排额度也高。[①]

在《京都议定书》下，所有的附件B缔约方都采用统一核算规则，即都采用议定书第3.7条规定的目标设定方式[②]，都采用第五条规定的IPCC清单编制方法，都计入通过《京都议定书》第六、十二、十七条所认可的联合履约机制、清洁发展机制和排放贸易机制净买入的国际碳市场机制单位，并按照议定书第3.3和3.4条计入土地利用和林业部门人为活动导致的排放净变化量。

对比《京都议定书》第一承诺期和第二承诺期，第二承诺期虽已经在2012年多哈会议上确立，但其在法律性质、减排目标、灵活机制使用、实施阶段等方

---

① Commission of the European Communities：*Package of implementation measures for the EU's objectives on climate change and renewable energy for 2020*. Brussels，SEC（2008）85/3，2008.

② 《京都议定书》第四条专门规定了按照第3.1条采取共同履行承诺的国家集团，如欧盟的额外核算要求。

面，与第一承诺期有着显著的不同。①

（二）履约信息报告和审评机制

《京都议定书》下的履约信息报告和审评机制是根据第五、七、八条建立的，针对的对象都是《公约》附件一缔约方。其中第五条规定了测算国家温室气体清单的方法学；第七条规定附件一缔约方需按照 CMP 通过的报告指南，在按照《公约》下要求提交国家温室气体清单报告和国家信息通报时，提交《京都议定书》下的履约报告补充信息；第八条规定附件一缔约方根据上述第七条提交的信息需接受国际专家组技术审评。第七条和第八条还明确规定，附件一缔约方按照《京都议定书》要求提交的补充信息和接受的审评，将与其在《公约》下提交的信息和接受的审评一并开展。

根据第七条要求，CMP 在第 1 次缔约方会议时决定通过了《京都议定书》第七条信息报告指南。② 指南中确定的履约报告补充信息主要包括：根据《京都议定书》第三条第 3、4 款产生的土地利用、土地利用变化和林业部门排放源或吸收汇信息，参与《京都议定书》第六、十二、十七条所建立灵活履约机制的相关信息，根据《京都议定书》第五条建立的国家清单体系信息、国家登记簿相关信息，如何落实《京都议定书》第三条第 14 款即减轻本国减排行动对发展中国家的社会经济造成不利影响的信息等。其中也重申应报告与履行《公约》下减缓、适应、技术开发与转让、提供资金支持等信息，但由于这些信息本就是附件一或附件二缔约方在《公约》下应报告的，因此并不构成额外的履约报告义务。

根据第八条要求，CMP 在第 1 次缔约方会议时也决定通过了《京都议定书》第八条信息报告指南。③《京都议定书》下的审评指南与《公约》下的指南有两处显著不同。一是审评的报告不仅有附件一缔约方的年度国家温室气体清单报告、国家信息通报，还有根据缔约方会议第 13/CMP. 1 号决定提交的《京都议定书》履约初始信息报告，申请恢复参与灵活履约机制资质的报告、承诺期履约完成报告等。二是《京都议定书》下的审评可以提出"履约问题"（Question of implementation，QoI），这是议定书下特殊的机制安排，一旦审评专家组在审评报告中提出 QoI，就将自动触发遵约机制，这是《公约》下没有的。

从履约实践看，除美国没有批准《京都议定书》，不称其为缔约方外，所有

---

① 高翔、王文涛:《〈京都议定书〉第二承诺期与第一承诺期的差异辨析》，载于《国际展望》2013年第 4 期，第 7 ~ 41 页。

② UNFCCC：*Guidelines for the preparation of the information required under Article 7 of the Kyoto Protocol.* Decision 15/CMP. 1，2005.

③ UNFCCC：*Guidelines for review under Article 8 of the Kyoto Protocol.* Decision 22/CMP. 1，2005.

列入《京都议定书》附件 B 的缔约方都按时提交了第一承诺期履约初始信息报告，并接受了审评，共 38 份。白俄罗斯自 2006 年起申请列入附件 B，并提交了履约初始信息报告，但由于其申请修正《京都议定书》的修正案一直未能生效，因此无法在《京都议定书》下对其开展履约信息审评。在第一承诺期，除了加拿大于 2012 年正式退出《京都议定书》外，其余所有列入《京都议定书》附件 B 的缔约方都提交了相应的国家温室气体清单报告、国家信息通报、《京都议定书》履约补充信息、履约完成报告等，并且接受了相应审评。然而在第二承诺期，除了已经退出的加拿大外，白俄罗斯、日本和俄罗斯也没有提交第二承诺期履约初始信息报告，其中日本和俄罗斯在《京都议定书"多哈修正案"》附件 B 中没有承诺 QELRCs。[①] 其余包括哈萨克斯坦在内的 38 个《京都议定书》缔约方提交了第二承诺期的履约初始信息报告。在第一承诺期完整承担 QELRCs 的 37 个缔约方，都提交了承诺期履约完成报告。自 2010 年提交的温室气体清单开始涵盖第一承诺期排放量数据以来，在后续 5 年间，包括加拿大在内的相关缔约方共提交年度温室气体清单报告 188 份[②]；根据缔约方会议决定，附件一缔约方应于 2010 年 1 月 1 日前提交第五次国家信息通报，2014 年 1 月 1 日前提交第六次国家信息通报，尽管有部分国家延迟提交，但这两次共收到列入《京都议定书》附件 B 的《公约》附件一缔约方国家信息通报 79 份。[③]

（三）遵约机制

《公约》第十三条虽然要求建立机制解决与履行有关的问题，并在第 1 次缔约方大会设立了"第十三条特设小组"（Ad Hoc Group on Article 13，AG13）开

---

① 数据出处：UNFCCC：*Reports to facilitate the calculation of the assigned amount（'initial reports'）for the second commitment period*（2013 - 2020），https：//unfccc. int/process/transparency - and - reporting/reporting - and - review - under - the - kyoto - protocol/second - commitment - period/initial - reports.

② 2010 年、2011 年、2012 年国家温室气体清单报告各 38 份，自 2012 年底加拿大正式退出《京都议定书》后，该缔约方不再提交《京都议定书》下的补充信息，因此 2013 年、2014 年《京都议定书》下的国家温室气体清单报告各 37 份。

③ 在 2006 年 1 月 1 日应提交第四次国家信息通报时，澳大利亚尚未批准《京都议定书》。克罗地亚于 2007 年 2 月 1 日提交了第二、三、四次联合国家信息通报。乌克兰在 2009 年 12 月 29 日提交了第三、四、五次联合国家信息通报。卢森堡在 2010 年 2 月 14 日提交了第二、三、四、五次联合国家信息通报。哈萨克斯坦自 2009 年起才申请被列为《京都议定书》附件 B 缔约方，在 2013 年 12 月 24 日提交了第三、四、五、六次联合国家信息通报。马耳他和塞浦路斯分别于 2010 年和 2013 年才成为《公约》附件一缔约方，在《京都议定书》第二承诺期才被列入附件 B，其中马耳他在 2014 年 4 月 9 日提交了第三、四、五、六次联合国家信息通报。加拿大在 2012 年 12 月正式退出《京都议定书》。详见 https：//unfccc. int/process/transparency - and - reporting/reporting - and - review - under - the - convention/national - communications - and - biennial - reports - annex - i - parties/national - communication - submissions/fourth - national - communications - and - reports - demonstrating - progress - under - the - kyoto.

展谈判①，但是各方的谈判始终没有达成一致。直到 1997 年《京都议定书》达成，并在其第十八条设立了遵约机制，AG13 的工作自然终结。

《京都议定书》第十八条规定，"作为本议定书缔约方会议的《公约》缔约方会议，应在第一届会议上通过适当且有效的用以断定和处理不遵守本议定书规定的情势，包括就后果列出一个示意性清单，同时考虑到不遵守的原因、类别、程度和频度"。按照这一规定，缔约方会议在第 27/CMP.1 号决定中确定了遵约机制的细则。但是与第十八条规定所不同的是，按照规定，这一机制应以"议定书修正案的方式予以通过"，但是第 27/CMP.1 号决定并未提出议定书修正案，而遵约机制后续就在这一决定的授权下开展工作。

尽管在《京都议定书》遵约机制开展工作的十余年间，从未发生过对发展中国家缔约方的遵约审查，但是就第十八条和第 27/CMP.1 号决定来看，这一机制并不仅仅针对发达国家缔约方。第十八条规定，遵约机制针对的是"断定和处理不遵守本议定书规定的情势"，而《京都议定书》第十条重申了缔约方在《公约》下的义务，并将其作为缔约方在《京都议定书》下的义务，因此，如果有缔约方没有遵守这些义务，就应触发第十八条建立的遵约机制。同时，在第 27/CMP.1 号决定为遵约委员会赋予工作授权时，对于强制执行事务组，其授权十分明确，仅针对《公约》附件一缔约方；而对于促进实施事务组，其授权要求事务组在"共区原则"的前提下，为缔约方实施议定书提供咨询和便利，并促进缔约方履行其在议定书下的义务，这就表明促进实施事务组的工作权限不仅局限在针对附件一缔约方，也可以针对非附件一缔约方。

在实际操作中，《京都议定书》遵约委员会从成立至今 10 余年来，从未对非附件一缔约方开展过遵约审议，这主要有两方面原因。一是《京都议定书》只为发达国家设置了量化减排义务，也只要求发达国家履行相应的报告与审评义务，使得遵约机制的实际审议操作集中到了发达国家缔约方。二是第 27/CMP.1 号决定明确，触发遵约机制有三种途径：（1）国际审评专家组在审评报告中提出 QoI；（2）缔约方自己提出要求；（3）其他缔约方提出针对另一缔约方的 QoI，而过去 10 余年间，由于发展中国家在《京都议定书》下没有报告和审评的义务，因此不存在国际审评专家组在审评报告中提出 QoI 的情况，与此同时，也从来没有发展中国家自己提出过促进遵约的需求，也没有任何缔约方提出需要促进某一发展中国家缔约方遵约，因此《京都议定书》的遵约机制运行 10 余年来，没有针对发展中国家履约的案例。

---

① UNFCCC：*Establishment of a multilateral consultative process for the resolution of questions regarding the implementation of the Convention*（*Article* 13）. Decision 20/CP.1，1995.

《京都议定书》达成时，在其附件 B 下承担量化减排或限排承诺的《公约》缔约方共有 39 个。由于《京都议定书》的缔约方以及在其附件 B 下承担量化减排或限排承诺的缔约方陆续发生变化，因此遵约委员会对缔约方是否遵约的审议也在动态变化。

美国一直没有批准《京都议定书》，不是缔约方，因此遵约委员会不对其开展审议。

澳大利亚在《京都议定书》生效后的 2007 年 12 月 12 日才批准，但仍在第一承诺期开始之前；加拿大于 2011 年 12 月 15 日提交了退出《京都议定书》的文件，其退出于 2012 年 12 月 15 日生效，因此遵约委员会在第一承诺期对这两个国家履行情况的审议与其作为《京都议定书》缔约方的时间一致。

自《京都议定书》设立遵约机制以来，在整个第一承诺期，遵约委员会共受理与遵约相关的履行问题 16 起，涉及 21 个附件 B 缔约方，其中：促进事务组受理 7 起，涉及 17 个缔约方；强制执行事务组受理 9 起，涉及 8 个缔约方。加拿大和乌克兰各涉及 3 起履行问题，其中加拿大所涉履行问题均由遵约委员会主席团根据事务组职责分配给促进事务组受理；乌克兰所涉履行问题 1 起由促进事务组受理，另外 2 起由强制执行事务组受理。

《京都议定书》第一承诺期已于 2012 年结束，并于 2017 年完成了所有缔约方的履约核算。结果表明，所有承担量化减排目标的缔约方都完成了履约，如图 4-4 所示。其中，奥地利、丹麦、冰岛、意大利、日本、列支敦士登、卢森堡、新西兰、挪威、斯洛文尼亚、西班牙、瑞士 12 个缔约方依靠灵活履约机制实现履约，其余缔约方都将自身排放量控制在了排放配额允许的范围内。

在第一承诺期履约完成审议中，唯一一个触发遵约委员会审议的缔约方是乌克兰。2016 年 4 月 8 日，国际审评专家组在对乌克兰的承诺期履约完成报告进行审评时，提出了两个 QoI。① 一个是乌克兰的承诺期履约完成报告提交时间太迟，且报告中的数据与国际交易志（International transaction log，ITL）中的数据不一致；另一个是乌克兰在第一承诺期的排放总量，超出了其在国家登记簿留存账户（retirement account）中总的排放许可数。2016 年 4 月 19 日，遵约委员会根据授权，将这一问题分配给强制执行事务组审议。根据第 13/CMP.1 号决定第 62 段和第 27/CMP.1 号决定第 15 节，遵约委员会对此问题进行了审议。审议发现问题的关键在于乌克兰的国家登记簿工作异常，导致其无法与 ITL 链接以记录《京

---

① UNFCCC: *Report on the individual review of the report upon expiration of the additional period for fulfilling commitments*（*true-up period*）*for the first commitment period of the Kyoto Protocol of Ukraine*. FCCC/KP/CMP/2016/TPR/UKR，2016.

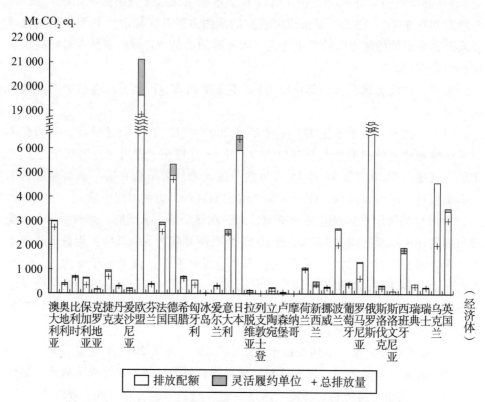

图 4 - 4 《京都议定书》第一承诺期量化减排目标履约情况
资料来源:《京都议定书》遵约委员会网站各缔约方履约核算报告。

都议定书》第六、十二、十七条下的灵活履约机制单位跨国转移,也无法向其留存账户提供充分的排放许可。据此,遵约委员会依据第 27/CMP. 1 号决定第 15 节第 1 ~ 4 段,在 2016 年 6 月 20 ~ 21 日初步确定拟宣布乌克兰没有遵约,并且采取了暂停其参与灵活履约机制资格、要求提出整改方案的措施,并最终在 9 月 7 日做出了这一决定。而对于乌克兰是否能实现第一承诺期减排目标的问题,尽管国际审评专家组审评报告指出乌克兰的留存账户上没有排放许可,但由于乌克兰在第一承诺期的总排放量仅为 19.99 亿吨二氧化碳当量,远低于其根据《京都议定书》附件 B 获得的 46.04 亿吨二氧化碳当量配量单位 (assigned amount unit, AAU),因此遵约委员会很难就此依据第 27/CMP. 1 号决定第 15 节第 5 段,得出乌克兰不能实现第一承诺期减排目标的决定,并采取相应不遵约措施。根据遵约委员会的决定,乌克兰在 2016 年 12 月 5 日提出了整改计划,并分别于 2017 年 3 月 30 日和 7 月 3 日提交了整改进展报告。秘书处在 2017 年 8 月 31 日发布了乌克兰的最终履约核算报告。[①] 报告显示，乌克兰已经在其国家登记簿留存账户中提供了足额的排放许可，如表 4－7 所示。在审议相应报告后，遵约委员会在 9 月 6 日宣布乌克兰已经实现了遵约。

表 4－7　　　《京都议定书》第一承诺期乌克兰最终履约核算

指标	数量（吨二氧化碳当量）
基准年排放总量	920 836 933
《京都议定书》附件 B 载列排放控制目标	100%
配量单位（AAU）	4 604 184 663
温室气体排放总量	1 999 434 250
国家登记簿留存账户中排放许可	1 999 434 250
其中：AAU	1 999 434 250
其余	0
排放许可余额	2 001 641 263
其中：AAU	2 001 107 853
其余（排减量单位 ERU）	533 410

资料来源：UNFCCC. 2017. FCCC/KP/CMP/2017/CAR/UKR.

三、《巴黎协定》的约束机制

与《京都议定书》不同，各国政府和学术界普遍认为《巴黎协定》确立了一种缔约方"自下而上"承担义务，并得到统一规则约束监督的模式。这种模式主要由两部分组成：一是缔约方自行提出"国家自主贡献"；二是缔约方通过谈判制定统一规则，主要包括与透明度、遵约和全球盘点机制相关的规则。

（一）缔约方义务设定

自《公约》达成以来，国际社会一直在探索和持续构建有效的减缓气候变化国际合作模式。然而对发展模式是否能实现低碳转型的信心缺乏，决定了国际社会在谁应该承担多大的减缓责任方面进行了持久斗争，即便《京都议定书》建立起了"自上而下"为发达国家确定减排目标的模式，但其实施效果也未能尽如人

---

① UNFCCC：*Final compilation and accounting report for Ukraine for the first commitment period of the Kyoto Protocol.* FCCC/KP/CMP/2017/CAR/UKR，2017.

意。① 在 2013 年底波兰华沙举行的第 19 次《公约》缔约方会议上，各国同意启动"国家自主贡献意向"（intended nationally determined contributions，INDC）的准备工作②，基本确认了各国"自下而上"自主提出应对气候变化目标的新规则。最终《巴黎协定》第三条规定所有缔约方都应实施国家自主贡献（nationally determined contributions，NDC），包括第四、七、九、十、十一、十三条涉及的内容，即包括减缓、适应、资金、技术、能力建设和透明度，确认了各国"自下而上"提出的承诺模式。

"自下而上"模式实际上承袭于"坎昆协议"下各国提出 2020 年减缓行动许诺的模式，但是其区别在于"坎昆协议"下，发达国家提出 QEERTs 和发展中国家提出 NAMAs 是一个明显"二分"的体系，而《巴黎协定》下各国提出 NDC 则是一个统一体系。

"自下而上"模式主要依靠全球各国自愿提出应对气候变化的国别行动或目标，再汇总形成全球共同行动或目标，并有可能伴随着对于目标及其执行的评估和力度提升的相关机制与进程，由此确立各国应对气候变化的权利、责任和义务，进而推进应对气候变化的国际合作，最终实现公约目标。这种模式往往具有机制非强迫和非侵入的特征，各国所提出的行动和目标往往多元化，更易于吸引各方积极参与；但由于缺乏统一核算规则，缺乏对目标力度的指导和强制性要求，因此难以保证行动的整体力度，各国间的政治互信与积极互动也有待进一步增强。③

早在《巴黎协定》达成之前，各方根据缔约方会议决定，陆续自 2015 年起向联合国通报。在《巴黎协定》达成后，一些国家更新了 INDC，并作为 NDC 重新提交，而国际社会普遍将所有的 INDC 和 NDC 作为《巴黎协定》下的第一轮 NDC。截至 2023 年 1 月，194 个缔约方（共 198 个缔约方）提交或更新了其 NDC。④ 主要经济体 NDC 中的减缓内容（以 NDC 初次提交版本为准）如表 4 - 8 所示。

---

① IPCC：*Introductory Chapter*. In：*Climate Change* 2014：*Mitigation of Climate Change. Contribution of Working Group* Ⅲ *to the Fifth Assessment Report of the Intergovernmental Panel on Climate Change*. ［Victor D.，Zhou D.，Mohamed Ahmed E. H.，Dadhich P. D.，Olivier J.，Rogner H.，Sheikho K.，and Yamaguchi M.（eds.）. IPCC，Geneva，Switzerland. 2014］. P. 33；IPCC：*International Cooperation*：*Agreements and Instruments*. In：*Climate Change* 2014：*Mitigation of Climate Change. Contribution of Working Group* Ⅲ *to the Fifth Assessment Report of the Intergovernmental Panel on Climate Change*. ［Stavins R.，Zou J.，Brewer T.，Grand M. C.，den Elzen M.，Finus M.，Gupta J.，Höhne N.，Lee M.，Michaelowa A.，Paterson M.，Ramakrishna K.，Wen G.，Wiener J.，Winkler H.（eds.）. IPCC，Geneva，Switzerland. 2014］. pp. 6，59 - 62.

② *UNFCCC*：Further advancing the Durban Platform. *Decision* 1/*CP*. 19，2013.

③ Dai Xinyuan. *Global regime and national change. Climate Policy*，2010，No. 10，pp. 622 - 637；Olmstead Sheila，Stavins Robert. *Three Key Elements of a Post* - 2012 *International Climate Policy Architecture. Review of Environmental Economics and Policy*，2012，Volume 6，No. 1，pp. 65 - 85.

④ UNFCCC. *NDC registry*，https：//www4. unfccc. int/sites/ndcstaging/Pages/Home. aspx，2019 - 01 - 09.

表4-8　主要经济体的国家自主贡献（减缓内容）

缔约方	目标类型	基年/基准线	目标年	碳减排目标值	覆盖气体*	覆盖部门	国际碳单位	林业和土地部门排放核算
澳大利亚	绝对量减排	2005	2030	26%~28%	七种	所有部门	可能计入	IPCC清单方法
加拿大	绝对量减排	2005	2030	30%	七种	所有部门	计入	"净净法"和基于木材产品的方式
欧盟	绝对量减排	1990	2030	至少40%	七种	所有部门	不计入	待谈判确定，但不晚于2020年
新西兰	绝对量减排	2005	2030	30%	七种	所有部门	待定	待定
新西兰	碳预算	1990	2021~2030	11%	七种	所有部门	待定	待定
日本	绝对量减排	2013	2030	26%	七种	所有部门	计入	待谈判确定
日本	绝对量减排	2005		25.4%				
俄罗斯	绝对量减排	1990	2020~2030	25%~30%	七种	所有部门	不计入	IPCC清单方法
瑞士	绝对量减排	1990	2025	35%	七种	所有部门	计入	IPCC清单方法
瑞士	绝对量减排	1990	2030	50%				
瑞士	碳预算	1990	2021~2030	年均35%				
美国	绝对量减排	2005	2025	26%~28%	七种	所有部门	不计入	"净净法"和基于木材产品的方式
巴西	绝对量减排	2005	2025	37%	六种	所有部门	计入	IPCC清单方法
智利	碳强度	2007	2030	30%，无条件	六种	林业和土地部门另计	计入	IPCC清单方法
智利	碳强度	2007	2030	45%，有条件				

续表

缔约方	目标类型	基年/基准线	目标年	碳减排目标值	覆盖气体*	覆盖部门	国际碳单位	林业和土地部门排放核算
中国	碳强度	2005	2030	60%~65%	二氧化碳	不明	不明	不明
中国	峰值	—	2030年左右,尽早	—				
哥伦比亚	相对BAU	BAU情景	2030	20%,无条件 30%,有条件	六种	所有部门	计入	IPCC清单方法
多米尼加	绝对量减排	2010	2030	25%,有条件	三种	所有部门	可能计入	IPCC清单方法
埃塞俄比亚	相对BAU	BAU情景	2030	64%	三种	所有部门	计入	待谈判确定
斐济	相对BAU	BAU情景	2030	30%	CO_2	能源部门	计入	不包括
印度	碳强度	2005	2030	33%~35%	不明	不明	不明	不明
马尔代夫	相对BAU	BAU情景	2030	10%,无条件 24%,有条件	CO_2、CH_4	能源、废弃物部门	不明	不明
墨西哥	相对BAU	BAU情景	2030	25%,无条件 40%,有条件	六种+黑碳	所有部门	不计入 计入	IPCC清单方法
墨西哥	碳强度	2013	2026	40%,无条件			不计入 不计入	
墨西哥	峰值年	—	—	—				
秘鲁	相对BAU	BAU情景	2030	20%,无条件 30%,有条件	三种	所有部门	不计入	不明

续表

缔约方	目标类型	基年/基准线	目标年	碳减排目标值	覆盖气体*	覆盖部门	国际碳单位	林业和土地部门排放核算
韩国	相对 BAU	BAU 情景	2030	37%	六种	所有部门，林业待定	计入	待定
新加坡	碳强度	2005	2030	36%	六种	所有部门	不计入	量少可忽略
	峰值年	—	2030 年左右	—				
南非	绝对量控排	2025~2030	—	3.98 亿~6.14 亿吨	六种	所有部门	不明	IPCC 清单方法
	峰值	—	2020~2025	—				
图瓦卢	绝对量减排	2010	2025	60%	CO_2，CH_4	电力部门	不计入	不包括
						能源部门		
	定性目标	—	2025	—		农、废部门		
越南	相对 BAU	BAU 情景	2030	8%，无条件 25%，有条件	六种	不包括工业部门	不明	不明
	碳强度	2010		20%，无条件 30%，有条件				
津巴布韦	人均碳排放相对 BAU	BAU 情景	2030	33%	三种	能源部门	计入	不包括

注：*三种是指二氧化碳、甲烷和氧化亚氮，六种是指前三种加上氢氟碳化物、全氟化碳、六氟化硫，七种是指前六种加上三氟化氮。BAU 即"照常发展"情景。

资料来源：UNFCCC，NDC 登记簿，2018 年。

247

在减缓领域，各国贡献的形式不同。发达国家的 NDC 延续了 QEERTs 的做法，一般均采用单一年份绝对量化减排目标的形式，但也有新西兰、瑞士等个别国家同时采用《京都议定书》附件 B 式的碳预算模式；欧盟虽然没有承诺碳预算的模式，但由于其内部将继续实施碳排放权交易政策，因此必然也会制定和实施碳预算。发展中国家有的延续了 NAMAs 的做法，如中国、印度、韩国、墨西哥等，但中国和墨西哥同时也提出了碳排放达峰类型的目标。巴西和南非则改变了 NAMAs 中使用的相对"照常发展情景"（BAU）减排模式，改为绝对量化减排或控排目标，与发达国家一致。马尔代夫的 NAMAs 提出 2020 年净零排放，但在 NDC 中改成了相对 BAU 减排类型，并且 BAU 情景表明其 2020 年排放量达到 200 万吨，无法实现净零排放。墨西哥、韩国、秘鲁、越南、斐济、埃塞俄比亚、哥伦比亚、津巴布韦等发展中国家采用了相对 BAU 减排的形式。

多数国家采用了 2030 年作为贡献目标年，但由于美国采用了 2025 年作为目标年，并且这一信号已经在 2014 年放出，因此一些国家也采取了灵活的方式设定减排目标，例如瑞士以 2030 年作为减排目标年的同时，也提出了 2025 年减排预期。一些国家还在其 NDC 中提出了 2050 年的远期目标，例如欧盟提出 2050 年比 1990 年减排 80% ~ 95%，美国提出 2050 年减排 80% 或者更多，瑞士提出 2050 年比 1990 年减排 70% ~ 85%，挪威提出 2050 年实现碳中性，墨西哥提出 2050 年比 2000 年减排 50% 等。

在目标涵盖部门方面，几乎所有缔约方的减缓目标均涵盖所有经济部门。在目标涵盖的温室气体种类方面，发达国家的减排目标都包括《京都议定书》规定的所有 7 种温室气体。发展中国家涵盖的温室气体种类有所差异，如中国的量化承诺目标中仅涉及二氧化碳；非洲的埃塞俄比亚和津巴布韦、拉丁美洲的秘鲁、多米尼加只承诺了常见的 3 种温室气体（二氧化碳、甲烷、氧化亚氮）减排目标；墨西哥则不仅涉及了除三氟化氮之外的 6 种受控温室气体，而且还提出了黑碳这一短寿命气候污染物的减排目标。

然而在核算方式方面，《巴黎协定》与《京都议定书》最大的不同在于，《巴黎协定》没有统一核算规则。伴随着"国家自主贡献"的是国家自主的核算规则。2018 年第 24 次缔约方会议谈判达成的《巴黎协定》国家自主贡献核算导则，仅提出了基本要求，包括：（1）核算进展与最终成效核算采用的方法学必须与通报 NDC 时提出的方法学一致；（2）核算方法中涉及的温室气体清单数据必须按照《巴黎协定》透明度实施细则①的规定执行；（3）应尽量涵盖本国所有的

---

① UNFCCC：*Modalities, procedures and guidelines for the transparency framework for action and support referred to in Article 13 of the Paris Agreement.* Decision 18/CMA. 1，2018.

排放源、吸收汇、排放活动，且涵盖范围不能缩减；（4）需要报告本国用于核定减缓政策措施进展的方法学；（5）制定了"适应行动和经济多元化行动的减缓效益核算导则"；（6）要求使用"参数一览"（structured summary）的形式进行核算信息报告。表4-9比较了《巴黎协定》与《京都议定书》减缓目标和核算规则的异同。

表4-9　《巴黎协定》与《京都议定书》减缓目标和核算规则的异同

		《巴黎协定》	《京都议定书》
目标	数值	自主确定，需报告	附件B确定
	参考基准	自主确定，需报告	第三条第5款确定
	时间框架	自主确定，需报告	第三条第1款确定
	涵盖温室气体种类	自主确定，尽量全面，不倒退，需报告	附件A确定
	涵盖排放部门	自主确定，尽量全面，不倒退，需报告	附件A确定
核算规则	清单数据	《巴黎协定》透明度实施细则	第五条第2、3款及相应决定确定
	特别活动数据	有	有
	i. 林业和土地部门活动数据	自主确定，需报告	第三条第3、4、7款及相应决定确定
	ii. 碳单位国际转移数据	自主确定是否涵盖，核算方法仍在谈判	第六、十二、十七条及相应决定确定
	iii. 适应行动和经济多元化行动的减缓效益	自主确定，需报告	无
	政策行动效果	自主确定，需报告	无
	进展与最终成效核算公式	自主确定，需报告	第三条第1、7、8款，第六、十二、十七条及相应决定确定
其他信息	国家体系	自主确定，需报告	第五条第1款及相应决定确定
	目标制定过程	自主确定，需报告	不报告，谈判确定
	对目标公平性和力度的阐述	自主确定，需报告	不报告，谈判确定
	本国目标对《公约》目标的贡献	自主确定，需报告	不报告，谈判确定

在《巴黎协定》下，各国自主确定减缓目标的数值、参考基准、时间框架、覆盖温室气体种类和排放部门，而这些在《京都议定书》下全部都由议定书本身的条款和附件以国际条约的形式已经确定。

在核算规则方面，《巴黎协定》只对减缓目标涉及的温室气体排放清单数据进行了统一规定，要求按照《巴黎协定》透明度实施细则执行，即所有缔约方都应采用 IPCC 2006 版（及其后续更新）的温室气体清单编制方法学进行编制，并采用 IPCC 第五次评估报告（及其后续更新）提出的百年尺度全球增温潜势（global warming potential，GWP）将其他种类温室气体折算为二氧化碳当量。而其他相关数据，如林业和土地部门活动数据、碳单位国际转移数据的测量与核算等，除了碳单位国际转移仍在谈判尚未最终确定外，其余的都由各国自行决定，并公开、透明地向国际社会披露即可。相应地，《巴黎协定》下各国减缓目标的进展与最终成效核算公式也由各国自主确定。

而《京都议定书》不仅"自上而下"确定了《公约》附件一缔约方的减排目标，也在第五条第 2、3 款及相关的 CMP 决定中确定了温室气体清单测量的方法学，在第三条第 4、5、7 款及相关的 CMP 决定中确定了林业和土地部门活动数据测量的方法学，在第六、十二、十七条及相关的 CMP 决定中确定了碳单位国际转移数据的测量、报告与核算，相应地，根据第三条第 1、7、8 款和第六、十二、十七条及相应决定，如第 13/CMP.1 号决定，确定了各方减排目标最终成效的核算公式，即：

$$f = E_b \times B\% \times n + \Delta C - \sum_{i=1}^{n} E_i$$

其中，f 是减排目标遵约核算函数，$f \geq 0$ 则履约成功，$f < 0$ 则未能成功履约。$E_b \times B\% \times n$ 即为该缔约方在某一承诺期获许的排放量，称为配量单位（assigned amount unit，AAU）；E_b 为基准年排放量，根据《京都议定书》第三条第 7 款，这一排放量应为该缔约方 1990 年的全部附件 A 温室气体排放量，其中对林业和土地部门排放的计算需按照本款调整，同时根据第 5 款，经济转型国家的基准年可以不是 1990 年，根据第 8 款，各方在计算氢氟碳化物、全氟化碳和六氟化硫时，可以采用 1995 年的排放量；B 为《京都议定书》附件 B 所载列的目标数值；n 为第三条第 1 款确定的某一承诺期年数；ΔC 为净购入用于履约的《京都议定书》碳单位，包括 AAU、根据《京都议定书》第六条产生的排减量单位（emission reduction unit，ERU）、根据第十二条产生的核证的排减量（certified emission reduction，CER）和根据第三条第 3、4 款产生的清除量单位（removal unit，RMU）；E_i 为该缔约方在某一承诺期内某一年的实际排放量。从这里可以看出，在《京都议定书》下，不仅最终成效核算公式是统一规定的，其中使用到的各种

参数、单位也都是统一规定的。

在此之外,《京都议定书》还统一规定了对国家体系的要求,主要是考虑到对上述清单数据、各种碳单位、国际转移的管理一致性;而《巴黎协定》则要求各国自行建立国家体系,并做出相应报告。

而由于在《巴黎协定》下各国的减缓目标及其核算规则都由各国自主决定,因此衍生出国际社会对国别目标制定过程、公平性、力度,及其对《公约》第二条整体目标贡献的关注,所以《巴黎协定》下的国家自主贡献信息和核算规则要求各国通报这些信息,而这些要求是在《京都议定书》下没有的。

NDC机制对于全球气候治理制度的影响无疑是深远的,尤其体现在对于国家承诺与行动的性质改变上。多样性的、主要根据自身对于其责任与能力判断而自主提出的NDC,实际上已经打破了发达国家和发展中国家在《公约》及《京都议定书》框架下关于各国责任、与责任相对应的承诺和行动的"二分法"规则。

"共区原则"和公平原则是国际气候治理制度的核心原则。将发达国家历史上的排放责任和应尽义务,与发展中国家未来的发展诉求与排放空间需要协调起来,将发达国家的技术、资金优势,与发展中国家亟待提高的能力以及全球应对气候变化的整体需要联系起来,最终以附件一与非附件一区别发达国家与发展中国家共同但有区别地承担应对气候变化的承诺与行动,是《公约》体系下"不对称承诺"的典型规则,也符合"共区原则"和公平原则。

《公约》及《京都议定书》,以及在2007~2012年"双轨谈判"时期的全球气候治理制度,要求发达国家缔约方率先采取行动,承担量化减排承诺或行动,并且《公约》附件二的发达国家还需要向发展中国家提供其开展行动所需的支持(资金、技术和能力建设等);发展中国家缔约方在得到发达国家支持的情况下,采取适当的减缓行动;发达国家和发展中国家所需做出的承诺和开展的行动,本身还具有不同的法律性质和约束力。

然而在以NDC进程为代表的"自下而上"模式中,《哥本哈根协议》虽然不具有法律效力,但最先提出了发达国家和发展中国家共同做出减缓许诺的规定,并在2010年达成的《坎昆协议》中得到了确认。"二分法"下发达国家和发展中国家"有所区别的责任"及其相对应的不对称承诺和行动,已经趋同为在"自下而上"模式下,发达国家与发展中国家自主地、共同地、不分先后地,甚至是在不论是否得到理应获得支持的情况下,在同一个谈判授权的轨道中提出,与"共区原则"相对应的"不对称的承诺"形成显著区别。在《巴黎协定》下,各方"共同但有区别的责任"不再是按照《公约》附件一和非附件一的缔约方分类来落实,而是在承担共同责任的同时"区别各表",并且在承担责任时更加侧重于各国对"各自能力"的理解。

251

（二）透明度机制

《巴黎协定》基于《公约》框架下 20 余年来的实践，在为发展中国家提供必要灵活性、向发展中国家提供履约和相应能力建设支持的基础上，强化了对各缔约方行动与支持透明度的要求，形成了"强化的透明度框架"。在 2018 年底举行的第 24 次《公约》缔约方会议暨《巴黎协定》第 1 次缔约方会议第 3 次续会上，各方就《巴黎协定》透明度实施细则达成了一致意见，形成了《〈巴黎协定〉第十三条行动与支持透明度的模式、程序和指南》①（简称《新指南》），并就《公约》体系下现行的透明度履约工作如何与《新指南》相协调作出了相关安排。至此，2020 年后气候变化国际条约下各缔约方需遵循的透明度制度正式建立，其"通用 + 灵活性"的模式、程序和指南对各缔约方，尤其是发展中国家缔约方应对气候变化相关信息统计、报告、审评和多边审议提出了新的要求。

1. 强化透明度的必要性

既有研究均认为透明度问题在全球治理（特别是气候治理）中具有极其重要的作用。透明度制度化与国际协议的履约责任具有强关联性。通过确立透明度原则实现对缔约方履约的约束，被视为可以完成国际制度一整套机制流程的基础条件。乔纳森·福克斯认为，透明度与问责概念密切相关，两者的结合形成治理的合法性。杰西·奥苏贝尔（Jesse Ausubel）和大卫·维克特（David G. Victor）认为，透明度原则带有数据可核查条款，使得国际合作可能在谈判和执行过程中更成功，建立能够影响国家行为的规范，并提升制度的有效性。② 莱纳·莫斯利（Layna Mosley）认为，发达国家将经济危机的问题主要归结为信息、透明度和新兴市场腐败等问题，应对这些因素需要推动透明度制度化的政策措施。③ 欧文·格林（Owen Greene）提出，全球治理缺乏有效监管的问题一直是影响国际合作的重要原因，核查是评估履约情况的一项程序，它与国际环境机制的关系相当密切④，核查过程包括监督、数据收集和信息分享，以及对各方履行责任的分析。

以透明度促进治理（transparency for governance）也成为全球治理规则制定中

---

① UNFCCC：*Modalities, procedures and guidelines for the transparency framework for action and support referred to in Article 13 of the Paris Agreement.* Decision 18/CMA. 1, 2018.

② Jesse Ausubel, David G. Victor. Verification of International Environmental Agreements. *Annual Review of Energy and the Environment*, 1992, Volume 17, No. 1, pp. 2 – 3.

③ Layna Mosley. Regulating Globally, Implementing Locally: The Financial Codes and Standards Effort. *Review of International Political Economy*, 2010, Volume 17, No. 4, P. 737.

④ Owen Greene. International Environmental Regimes: Verification and Implementation Review. *Environmental Politics*, 1993, Volume 4, No. 2, P. 157.

的主要考量①，主要强调透明度原则的工具性作用。透明度原则制度化的基本逻辑具有简洁性。透明度、包容性和正当性已经成为当前全球治理的基本规范，分别指获取信息的权利（透明度）、参与的权利（包容性）与诉诸司法的权利（问责制），三者之间的逻辑关系十分清楚、密切。②国际机制理论一直将透明度视为机制有效性的一个重要因素，当前，全球治理已经在实践中反映了这种基本的治理逻辑关系。透明度机制可能衍生出三种履行方式：奖励措施、内部制裁以及公开批评。虽然问责分为正式问责和非正式问责这两种类型，但无论是哪种机制下的强制与激励，都需要透明度作为前提。

《巴黎协定》与《公约》和《京都议定书》都不同，尤其需要强化透明度来确保其实施。与《公约》相比，《巴黎协定》明确提出了可量化的集体行动目标，即"把全球平均气温升幅控制在工业化前水平以上低于2℃以内，并努力将气温升幅限制在工业化前水平以上1.5℃以内"，尽管不是直接的全球温室气体排放控制目标，但是政府间气候变化专门委员会（IPCC）已经就控制全球温室气体排放和实现温升控制目标之间建立起了典型排放路径关系③；与此同时，《巴黎协定》又采用"自上而下与自下而上相结合"的国家自主贡献模式，对国家自主贡献的性质、程序要素等做出规定，但减缓行动的力度由各国自主决定，这与《京都议定书》完全"自上而下"为缔约方做出量化减排承诺目标规定不同④，而《巴黎协定》的促进履行和遵约机制也不能像《京都议定书》遵约机制一样对未实现量化减排承诺的缔约方追责。在这种情况下，《巴黎协定》要实现量化的集体目标，就必须要求各缔约方对国家自主贡献负责，并且不断提高行动力度，而这又只能是基于透明度的政治性问责，而不可能是法律性问责。⑤因此，强化透明度成为确保《巴黎协定》体系有效的基础和关键。⑥

① Ronald B. Mitchell. Transparency for Governance: The Mechanisms and Effectiveness of Disclosure-based and Education-based Transparency Policies. *Ecological Economics*, 2011, Volume 70, No. 11, pp. 1882 – 1890.

② Kenneth W. Abbott. Trust but Verify: The Production of Information in Arms Controls Treaties and Other International Agreements. *Cornell International Law Journal*, 1993, Volume 26, No. 1, pp. 1 – 58.

③ 傅莎、邹骥、张晓华、姜克隽：《IPCC第五次评估报告历史排放趋势和未来减缓情景相关核心结论解读分析》，载于《气候变化研究进展》2014年第5期，第323~330页。

④ 高翔：《〈巴黎协定〉与国际减缓气候变化合作模式的变迁》，载于《气候变化研究进展》2016年第2期，第83~91页。

⑤ Kong Xiangwen. Achieving Accountability in Climate Negotiations: Past Practices and Implications for the Post – 2020 Agreement. *Chinese Journal of International Law*, 2015, Volume 14, No. 3, pp. 545 – 565.

⑥ Daniel Bodansky. The legal character of the Paris Agreement. *Review of European Community & International Environmental Law*, 2016, Volume 25, No. 2, pp. 142 – 150; Harald Winkler, Brian Mantlana, Thapelo Letete. Transparency of action and support in the Paris Agreement. *Climate Policy*, 2017, Volume 17, No. 7, pp. 853 – 872; Lavanya Rajamani. Ambition and Differentiation in the 2015 Paris Agreement: Interpretive Possibilities and Underlying Politics. *International and Comparative Law Quarterly*, 2016, Volume 65, No. 2, pp. 1 – 25.

强化透明度在《巴黎协定》谈判过程中就已经逐渐成为主要国家的政治共识。近年来，气候谈判各主要缔约方均对透明度原则持接纳态度，改变了以往在此问题上的对立态势。① 2014 年达成的《中美气候变化联合声明》就提出建立中美气候变化工作组，并共同启动温室气体数据的收集和管理等倡议。② 2015 年 9 月达成的《中美元首气候变化联合声明》③ 和 11 月达成的《中法元首气候变化联合声明》④ 表明中国、美国、法国进一步确认了在国际气候变化法体系下强化透明度安排的立场，强调巴黎气候大会谈判成果需要包含强化的透明度体系，以建立相互间的信任和信心，并支持进行报告和审评以促进成果的有效实施。最终，《巴黎协定》建立了"强化的透明度框架"（enhanced transparency framework），并由各缔约方按照授权在卡托维兹完成了实施细则的谈判。

2. 《巴黎协定》透明度体系的建立与强化透明度的具体要求

《公约》第十二条明确规定了各缔约方需承担履约信息报告的义务，第四条第 2 款规定了附件一缔约方提交的信息需接受审评。这是《公约》体系下透明度机制的缘起。为此，国际社会在 1994 年制定了"附件一缔约方第一次国家信息通报指南"⑤，成为国际气候变化条约下第一份与履约透明度相关的决定。

在过去的 30 余年间，《公约》下的透明度规则发生了明显的演变。这些规则及其演变主要表现在发达国家相应的透明度规则比发展中国家更加细致，发达国家相应的规则更新和强化频率比发展中国家高，发达国家和发展中国家的透明度规则呈对称趋同的演变趋势。⑥ 这些透明度规则演变至今，基本可分为 3 个时间段。其中，第一时间段为 2011 年以前，又可以分为两个小阶段，即考虑到 1997 年《京都议定书》达成、2005 年通过相应实施细则，因此可以对第一个阶段按照《京都议定书》的要求再次划分，总共形成四个阶段；需要指出的是，实际上这些实施细则只适用于发达国家缔约方（见表 4 - 10）。

---

① 董亮：《透明度原则的制度化及其影响：以全球气候治理为例》，载于《外交评论》2018 年第 4 期，第 106 ~ 131 页。

② 外交部：《中美气候变化联合声明》，https：//www.fmprc.gov.cn/web/ziliao_674904/1179_674909/t1128903.shtml，2019 年 1 月 19 日。

③ 外交部：《中美元首气候变化联合声明》，https：//www.fmprc.gov.cn/web/ziliao_674904/1179_674909/t1300787.shtml，2019 年 1 月 19 日。

④ 新华社：《中法元首气候变化联合声明》，http：//news.xinhuanet.com/world/2015 - 11/02/c_128386121.htm，2019 年 1 月 19 日。

⑤ UNGA. *Guidelines for the preparation of first communications by Annex I Parties* (*Annex to decision 9/2*) // *Report of the Intergovernmental Negotiating Committee for a Framework Convention on Climate Change on the Work of Its Ninth Session Held at Geneva from 7 to 18 February* 1994 A/AC. 237/55. United Nations General Assembly, 1994, pp. 30 –40.

⑥ Tian Wang, Xiang Gao. Reflection and Operationalization of " Common but Differentiated Responsibilities and Respective Capabilities" Principle in the Transparency Framework under International Climate Change Regime. *Advances in Climate Change Research*, 2018, Volume 9, No. 4, pp. 242 –253.

表 4－10

国际气候变化条约下透明度规则的演变

主要履约内容		1994～2011 年		2011～2018 年		2018 年以后	
		发达国家	发展中国家	发达国家	发展中国家	发达国家	发展中国家
报告	独立清单	（1）	无	（1）	无	（1）	自愿提交（1 或 2）
	清单信息	纳入 NC（不定）	纳入 NC（不定）	纳入 BR（2）和 NC（4）	纳入 BUR（2）和 NC（4）	纳入 BTR（2）和 NC（4）	纳入 BTR（2）和 NC（4）
	减缓行动	纳入 NC（不定）	纳入 NC（不定）	纳入 BR（2）和 NC（4）	纳入 BUR（2）和 NC（4）	纳入 BTR（2）和 NC（4）	纳入 BTR（2）和 NC（4）
	排放情景	纳入 NC（不定）	无	纳入 BR（2）和 NC（4）	无	纳入 BTR（2）和 NC（4）	自愿纳入 BTR（2）
	适应行动	纳入 NC（不定）	纳入 NC（不定）	纳入 NC（4）	纳入 NC（4）	纳入 NC（4）；自愿纳入 BTR（2）	自愿纳入 BTR（2）
	提供支持	纳入 NC（不定）	不适用	纳入 BR（2）和 NC（4）	不适用	纳入 BTR（2）和 NC（4）	自愿纳入 BTR（2）
	收到支持	不适用	自愿纳入 NC（不定）	不适用	自愿纳入 BUR（2）和 NC（4）	不适用	自愿纳入 BTR（2）和 NC（4）
审评	独立清单	（1）	无	（1）	不适用	（1）	（1 或 2）
	清单信息	提交就审评	无	TER（2）	TA（2）	（2）	（2）
	减缓行动	提交就审评	无	TER（2）	TA（2）	（2）	（2）
	排放情景	提交就审评	无	TER（2）	不适用	（2）	提交就审评（2）
	适应行动	提交就审评	无	（4）	无	（4）	无
	提供支持	提交就审评	不适用	TER（2）	不适用	（2）	自愿接受审评（2）
	收到支持	不适用	无	不适用	TA（2）	不适用	无

255

续表

主要履约内容		1994~2011年		2011~2018年		2018年以后	
		发达国家	发展中国家	发达国家	发展中国家	发达国家	发展中国家
独立清单		无	无	MA (2)	不适用	(2)	提交就审议 (2)
清单信息		无	无	MA (2)	FSV (2)		(2)
减缓行动		无	无	MA (2)	FSV (2)		(2)
多边审议	排放情景	无	无	MA (2)	不适用	(2)	提交审议 (2)
	适应行动	无	无	无	无	可自愿作为 NDC 进展一部分 (2)	
	提供支持	无	不适用	无	不适用		提交就审议 (2)
	收到支持	不适用	无	不适用	FSV (2)	不适用	提交审议 (2)

注：括号中的数字 (n) 表示频率，即每 n 年一次；BR 为双年报告，BUR 为双年更新报告，NC 为国家信息通报，BTR 为双年透明度报告；TER 为技术专家审评，TA 为技术分析，MA 为多边评估，FSV 为促进性信息交流；NDC 为国家自主贡献。

　　第一阶段是 2005 年以前，发达国家和发展中国家在《公约》体系下承担"共同但有区别"的信息报告和审评义务。其主要特征是发达国家需提交年度温室气体清单报告，并接受国际审评，同时按缔约方会议规定的日期提交国家信息通报，同样接受国际审评；而发展中国家在获得资金支持的前提下，按缔约方会议规定的日期提交国家信息通报，其中包括温室气体清单基本信息，但不接受审评。这一阶段发达国家相应的报告和审评指南最早分别在 1994 年、1995 年制定，发展中国家的报告指南最早在 1996 年制定。

　　第二阶段是 2005 ~ 2011 年，在第一阶段的规则之上，作为《京都议定书》缔约方的发达国家还需要承担额外的报告和审评义务。其主要内容是对参与《京都议定书》的初始信息、履行条约义务的补充信息、按照条约开展的土地利用和林业活动信息、参与条约灵活机制的信息、实现承诺目标的总结信息等进行报告，并接受审评。在这一阶段，发展中国家和不是《京都议定书》缔约方的发达国家，其遵循的透明度规则与第一阶段相同。《京都议定书》下的报告和审评规则在 1997 年达成的《京都议定书》中做出了规定，实施细则在 2005 年制定。

　　第三阶段是 2011 ~ 2018 年，在第一、二阶段的规则之上，发达国家和发展中国家分别强化承担每两年一度的信息报告和审评义务，主要内容是清单、减缓和支持的信息。这一阶段的特征是发达国家和发展中国家开始承担对称性的报告和审评义务，并且开始接受国际多边审议。在具体规则中，发达国家和发展中国家需要提交的报告载体和接受国际审评、参加多边审议的名称不同，但除了在提供支持方面两者存在天然区分外，其余内容和程序基本类似。这一阶段的规则在 2010 年达成的《坎昆协议》中做出了规定，实施细则在 2011 年缔约方会议通过的《德班协议》中制定，并在后续完善。

　　第四阶段是 2018 年以后，作为《巴黎协定》缔约方的国家将继续在《公约》下承担与第一阶段相同的义务，同时在该协定下按照通用的模式、程序和指南承担强化的透明度义务；不是《巴黎协定》缔约方的国家则继续在《公约》下承担上述第一、三阶段的义务。这一阶段的特征是发达国家和发展中国家承担的报告、审评和多边审议义务进一步趋同。这是因为《巴黎协定》为发达国家和发展中国家设定了更加趋同的实质性义务，如都要承诺和实施国家自主贡献、开展减缓和适应行动等，在提供资金方面也形成了发达国家必须、同时鼓励其他国家也向发展中国家提供资金支持的新规则。《京都议定书》虽然从法律上说仍然存在，缔约方应继续履行其义务，但由于没有任何缔约方提出建立第三承诺期，因此在 2020 年第二承诺期到期后，缔约方完成第二承诺期实现目标的总结信息报告和审评，上述第二阶段建立的透明度体系实际上终结。这一阶段的规则在 2015 年达成的《巴黎协定》中做出了规定，实施细则在 2018 年缔约方会议通过，按要求将在 2024 年之前实施。

与第三阶段相比，第四阶段在《巴黎协定》下强化的透明度义务主要包括如下四点：

第一，清单和资金报告方法学强化。《巴黎协定》实施细则规定，所有缔约方都要用 IPCC 于 2006 年制定以及后续更新的国家温室气体清单方法学编制清单。在此之前，根据相应的报告指南修订，发达国家自 2015 年起已经全面使用了这一方法学；而发展中国家的报告指南虽然仍规定使用 1996 年版的 IPCC 清单方法学，但实际上已经有包括中国在内的不少发展中国家自愿全面或部分使用了 2006 年版的方法学。[①] 在资金报告方法学方面，发达国家自第三阶段起按照《德班协议》制定的指南和后续标准化报表报告其向发展中国家提供资金支持的信息。在一轮报告实践后，缔约方会议于 2015 年修订了报表。《巴黎协定》透明度实施细则进一步改进了资金报告方法学，强化了对相应参数定义和假设的报告，引入了"赠款当量"（grant-equivalent）等新概念和方法，强调避免重复计算，并将通过双边渠道、多边渠道提供的资金支持与公共资金撬动的资金支持分列。

第二，清单报告频率强化。《巴黎协定》透明度实施细则规定，所有缔约方都要提供连续年度的国家温室气体清单时间序列，其中发达国家应提供自 1990 年以来的序列，发展中国家至少需要提供国家自主贡献基准年和从 2020 年起的序列；作为履约灵活性，发展中国家可以每两年提交一次清单，但每次需报告连续两年的数据。在此之前，发达国家从上述第一阶段开始就已经报告连续的时间序列；而按照《新指南》要求，发展中国家自第三阶段开始才提供隔年的时间序列，但实际上，南非、巴西、印度、墨西哥、韩国、新加坡等许多发展中国家在第三阶段就开始报告年度时间序列。

第三，报告内容的详细程度强化。《巴黎协定》下透明度规定强化了清单、国家自主贡献进展和发展中国家收到支持以及对支持需求的报告细则。要求报告清单的关键源分析、不确定性分析等信息；以"参数一览"的形式报告国家自主贡献关键参数的定量和定性信息，并提供排放情景预测；采用与提供资金报告方法学对称的做法，鼓励发展中国家按照获得支持的项目名称、时间、部门、金额、支持渠道、资金性质、支持效果等参数进行报告。在此之前，除了"参数一览"外，发达国家相关报告指南已经提出了上述与其相关的要求；而这些对于发展中国家而言都是新增的内容，但实际上，中国、南非、巴西等许多发展中国家已经在之前的国家信息通报中报告了清单不确定分析、排放情景预测等内容。尽

---

① Ellis J., Wartmann S., Moarif S., et al. Operationalising selected reporting and flexibility provisions in the Paris Agreement. *Climate Change Expert Group Paper No.* 2018（3）. Paris：OECD，2018.

管发展中国家收到的支持和对支持的需求一直都是自愿报告内容，但之前的报告指南过于简略，只提出了这一报告主题，而未给出具体指导。这导致在实践中发展中国家报告的信息往往内涵不清、用途不明、不具有可比性，难以用于核实发达国家提供的资金信息，也难以贡献于评估全球气候变化资金支持的全貌。总的来说，第四阶段强化的报告内容为发展中国家引入的新增报告项目比发达国家更多，但发展中国家在履行这些报告义务时都具有灵活性。

第四，强化了多边审议的内容。新规定将提供、收到支持和支持需求的信息都纳入了多边审议的范围。在此之前，发达国家自第三阶段开始的多边评估进程不涉及提供支持的内容，而发展中国家的促进性信息交流则可以包括收到支持和对支持需求的信息。本次将提供支持的信息纳入多边审议，有利于国际社会理解发达国家向发展中国家提供支持的规模、内涵、用途等，提高透明度和关注度。

3. "灵活性"是落实强化透明度框架的保障

《巴黎协定》明确要求，强化的透明度框架应通过《新指南》来具体落实，同时为需要灵活性的发展中国家提供"灵活性"（flexibility），原则上确立了需于2018年底通过指南的大致轮廓。然而，如何理解"通用"和"灵活性"一直是谈判中的焦点问题，其中就包括如何利用《公约》下现行指南和经验。《公约》现行报告和审评体系一直遵循"二分"原则，即对附件一国家和非附件一国家实施两套标准，但先后经历了"严格二分"和"并行二分"两个时期。在1992～2009年的"严格二分"时期，虽然《公约》要求所有缔约方都需提交年度温室气体清单和国家信息通报，但其后的决议对附件一国家和非附件一国家的报告内容、范围、频率和审评形式作出了不同的要求。其中，附件一国家需每年提交温室气体清单，每4年一次提交国家信息通报，两者都需要接受国际专家组审评；而非附件一国家仅需不定期提交包括温室气体清单的国家信息通报，不需要接受审评。此后随着国际谈判和排放格局的变化，国际社会普遍认为发展中国家需要承担更多的责任和义务，因此在2010年通过的《坎昆决议》中，新增了对发达国家和发展中国家的双年报告和审评体系，虽然还是两套并行体系，但在报告和审评的模式与安排上已经采取了对称的形式，建立了"并行二分"的体系，与原"严格二分"体系基本采取了简单叠加模式，除对发达国家的信息通报与双年报的技术审评在组织形式上共同开展以外，年度清单、信息通报和双年报/双年更新报的报告和审评均遵循不同的指南。由于信息通报与双年报/双年更新报在报告内容方面存在一定重叠，因此面临着重复报告和重复审评的问题，为各方都带来了较大负担。

《新指南》在《巴黎协定》确定的"通用＋灵活性"原则指导下，开启了"共同强化"的新时期。新规则一方面取代了"坎昆协议"下的"并行二分"体系，不再刻意遵循两套规则，而是在形式上统一要求各方均提交透明度双年报并接受审评；另一方面与《公约》下原有的"严格二分"体系进行深度融合，明确提出每4年一次提交的国家信息通报与每两年提交一次的透明度双年报重叠年份可作为一份报告提交，且年度清单和国家信息通报的报告与审评都将遵循最新通过的指南开展，极大地便利了报告的准备和审评的开展。发达国家和发展中国家的区分在原有"严格二分"体系下得以保留，同时在"共同强化"的新体系中通过灵活性来体现。

CMA 关于透明度的决议及其附件中共出现了43处灵活性[1]，除援引协定原文及重申为发展中国家提供灵活性之外，为发展中国家提供的实质灵活性共有16处，如表4-11所示，包括温室气体清单报告气体、时间序列，关键源定义、不确定性分析、完整性评估、质量保证和质量控制、减缓政策措施实施效果、温室气体排放预测、专家审评的形式和步骤等。《新指南》还明确要求灵活性应由发展中国家"自主决定"，其适用条件和改进框架不被审评。除通过灵活性条款体现发达国家和发展中国家能力不同外，《新指南》中的部分条款还体现了两者义务的区别，如在为发展中国家提供的支持信息方面，发达国家必须按照《新指南》报告且接受国际专家审评，而其他国家则鼓励按照《新指南》报告且不必接受国际专家审评。

表4-11 《巴黎协定》实施细则中设定的"灵活性"条款

报告或审评条款	条款中的"通用"	条款中的"灵活性"部分
II.C.2 清单关键源分析	排放占比加总至95%的排放源为关键源	排放占比加总至85%的排放源为关键源（意味着在同等条件下关键源更少）
II.C.4 清单不确定性分析	对清单不确定性开展定量分析和定性描述	可仅对清单不确定性作定性描述
II.C.5 清单完整性评估	清单总量的0.05%或500千吨以下的排放源可不计算	清单总量的0.1%或1 000千吨以下的排放源可不计算
II.C.6 质量保证和质量控制	必须制定质量保证和质量控制计划	鼓励制定质量保证和质量控制计划
	必须按照IPCC指南开展质量保证和质量控制计划	鼓励按照IPCC指南开展质量保证和质量控制计划

---

① UNFCCC. Modalities, procedures and guidelines for the transparency framework for action and support referred to in Article 13 of the Paris Agreement. Decision 18/CMA.1, 2018.

构建公平合理的国际气候治理体系研究

报告或审评条款	条款中的"通用"	条款中的"灵活性"部分
Ⅱ.E.2 清单报告气体	必须报告七种气体：二氧化碳（CO_2）、甲烷（CH_4）、氧化亚氮（N_2O）、氢氟碳化物（HFCs）、全氟化碳（PFCs）、六氟化硫（SF_6）和三氟化氮（NF_3）	必须报告三种气体：二氧化碳（CO_2）、甲烷（CH_4）、氧化亚氮（N_2O）。其余气体如满足以下条件也需报告：已经报告的气体、自主贡献包含的气体和市场机制包含的气体
Ⅱ.E.3 清单报告时间序列	1990 年以来的连续年度清单	2020 年以来的连续年度清单
	清单最近年份应为报告年份 2 年内	清单最近年份应为报告年份 3 年内
Ⅲ.D 政策措施	必须报告政策措施的温室气体减排效果	鼓励报告政策措施的温室气体减排效果
Ⅲ.F 温室气体预测信息	必须报告温室气体预测信息	鼓励报告温室气体预测信息
	预测年份应至少到提交年份 15 年后	预测年份可只覆盖自主贡献时间
	预测方法学和假设较为详细	可自主选择较为宽泛的方法学和假设
Ⅶ.C.2 审评形式	需在特定情况下接受到访审评（频率原则上为 5 年一次）	可自愿接受到访审评
Ⅶ.C.2 审评步骤	专家审评前需在 2 周内回答初审问题	专家审评前需在 3 周内回答初审问题
	专家审评初稿发来后需在 1 个月内回复意见	专家审评初稿发来后需在 3 个月内回复意见
Ⅷ.C 多边审议步骤	需在多边审议开始 1 个月前提供书面回复	需在多边审议开始 2 周前提供书面回复

　　灵活性和区分的条款反映了发达国家和发展中国家义务与能力的不同。相比发达国家，发展中国家在制度能力、技术能力和国际经验三方面都有较大欠缺。[①]一是在制度能力方面，大部分发达国家通过立法或政府间书面协议确定权责义务，并委派专人负责数据收集和报告撰写工作，实现了清单编制和国家报告的机制化和常态化，能够较好地应对国际社会的报告和审评要求；相比之下大部分发

---

　　① Tian Wang, Xiang Gao. Reflection and Operationalization of "Common but Differentiated Responsibilities and Respective Capabilities" Principle in the Transparency Framework under International Climate Change Regime. *Advances in Climate Change Research*, 2018, Volume 9, No. 4, pp. 242 – 253.

展中国家的清单编制还停留在项目制的组织方式上，依赖全球环境基金（GEF）的赠款项目，资金申请、批复以及到账的时间周期较长，同时大部分发展中国家公共管理能力相对落后，缺乏长期系统的温室气体排放数据和气候政策行动资料，面临着资金、人员和政府间协调等多方面挑战，尚未像发达国家一样建立一整套完善、稳定和高效清单编制工作机制。二是在技术能力方面，美国、德国和澳大利亚等发达国家早于21世纪初期就已开发了国家温室气体清单信息系统，其中澳大利亚的国家温室气体清单编制从输入数据、估算排放量到清单报告编写和通用表格生成均在信息系统中完成，极大地提高了清单编制效率和质量[①]；虽然包括中国在内的部分较为先进的发展中国家也在积极建立温室气体数据库，但极少达到发达国家全面支撑清单编制的要求。三是在国际经验方面，大部分发达国家都已提交了20余年的温室气体清单、第七次国家信息通报和第三次双年报，并有丰富的接受国际审评的经验，而发展中国家方面，仅有45个国家提交了第一次双年更新报，25个国家提交了第二次双年更新报，与发达国家差距明显。

由于处于不同的发展阶段、遵循不同的法律和政治制度，发展中国家的能力不足可能体现在法律基础薄弱、工作机制不畅、人资物保障不足等诸多方面，且只有缺乏能力的国家自身才最有权利评判这一能力是否不足，灵活性自主决定正是充分尊重了发展中国家国情和能力不同的客观事实。与此同时，灵活性不被审评则是充分遵循《巴黎协定》的促进性和非侵入性，审评专家可通过发展中国家的简短澄清，明确知晓发展中国家在何处条款适用了灵活性以及适用灵活性的原因，并在随后的审评中与发展中国家共同识别能力建设需求。专家识别的能力建设需求可帮助发展中国家不断优化改进点、提高报告质量和透明度。另外，其"通用"条款也为发展中国家最终需达到的标准指明了方向，事实上，许多能力较为先进的发展中国家可自愿放弃灵活性条款，如自愿接受到访审评，以适用更严格的透明度要求。此外，新规则重申的"不倒退"的原则适用于所有缔约方，无论是发达国家还是发展中国家，一旦开始达到某一报告标准，就应维持并不断提高。因此，灵活性条款既为发展中国家履约提供了可行的"起始点"，其与专家审评、自主改进框架的内在联系和"不倒退"原则又为发展中国家不断提高报告质量提供了保障。

4. 新规则的优势与不足

CMA明确要求各方应从2024年起开始按照《新指南》提交第一次透明度双年报，并接受相应的专家审评的促进性多边评议，《新指南》将有助于各方报告

---

① Australia: *National Inventory Report* 2015, *the Australian Government. Submission to the UNFCCC*. https://unfccc.int/process/transparency - andreporting/reporting - and - review - under - the - convention/greenhouse - gasinventories/submissions - of - annual - greenhouse - gas - inventories - for - 2017, 2017.

更加透明、可比的信息。首先,《新指南》要求所有国家都采用 IPCC2006 年方法学编制国家温室气体清单,第一次统一了清单的"度量衡",可极大便利各国排放量的加总和比较。其次,《新指南》在提供和收到的支持部分都相比现行指南有较大细化,其中提供的支持报告信息纳入了资金方法学相关议题的谈判成果,其科学性、可比性和透明度要求均比现行指南有较大提高。再次,第 18/CMP.1 号决议对《巴黎协定》下透明度新规则与《公约》现行报告与审评规则的关系作出了相应安排,明确其发达国家在《公约》下提交的年度清单均按照《新指南》进行报告和审评,避免了不同年份采用不同指南的不合理现象,与此同时,在信息通报与透明度双年报共同提交的年份,缔约方可只交一份"联合报告",其中重叠内容(温室气体清单、减缓措施及其效果、适应行动、提供和收到的支持信息等)均采用《新指南》进行报告,《新指南》未覆盖的内容(如信息通报中的研究与系统观测)仍按信息通报指南进行报告,对该"联合报告"的审评也按《新指南》开展,避免了现行做法下信息通报与双年报/双年更新报内报告信息重叠又遵循不同指南给缔约方、审评专家和秘书处带来的困难。最后,新规则明确提出"灵活性"由发展中国家"自主决定",专家审评仅帮助其识别能力建设需求和改进点,且未对"灵活性"适用设置相应的时间限制,为发展中国家根据各自国情在国内采取改进措施提供了充分的"自由裁量权",即使能力十分不足的国家也可运用"灵活性"适用新规,提高了发展中国家自主参与的主观能动性。

然而,新规则在未来实施过程中仍将面临较大挑战。

其一,强化的透明度机制意味着更多的报告和审评任务,无论是对需要履约的缔约方还是组织审评的秘书处都将带来较大挑战。预计至 2024 年底,所有发达国家和部分较为先进的发展中国家都将如期提交第一次透明度双年报,秘书处将至少收到 60 份左右的透明度报告,且按照《新指南》规定,发达国家提交的第一次透明度双年报需接受到访审评,按现行经验,秘书处至多在一年内可安排一半的发达国家完成到访审评,其余可能需要在次年才能完成。发展中国家方面,按照现行 BUR 提交和接受技术分析的经验,如表 4－12 所示,部分未能在 2024 年提交第一次双年报的发展中国家可能会在 2025 年、2026 年陆续提交,并于 2026 年开始还将陆续提交第二次双年报。因此,假设发达国家自 2024 年起每两年都会按时提交透明度双年报,并在第一次提交和第三次提交后需接受到访审评①,发展中国家在强化的透明度框架下提交 BTR 的数量应较 BUR 有显著提高,且随着时间推移,其按时提交的数量不断增多,预计 2024～2030 年每年提交和

---

① 《新指南》要求对发达国家的到访审评不低于 5 年一次。

需审评的报告数量如表 4 - 13 所示，到 2030 年，一年内可能有上百个国家的报告需接受审评。此外，所有报告还需在《公约》附属机构会议期间开展多边审议，按每个国家 45 分钟左右估算，需要在每次附属机构会议期间安排 3 整天的多边审议才能在一年内完成 60 个国家的多边审议。该"强化"的透明度框架的负荷量可见一斑，其对秘书处和审评专家工作量的要求将是现行框架的数倍。

表 4 - 12　　　　　发展中国家提交 BUR 和接受技术分析统计

	2014 年	2015 年	2016 年	2017 年	2018 年	合计
1BUR 提交数量	10	12	14	3	6	45
2BUR 提交数量	/	/	3	11	11	25
3BUR 提交数量	/	/	/	/	2	2
开展技术分析的报告	/	14	20	12	11	57
参加促进性信息分享的国家	/	/	20	15	12	47

表 4 - 13　　　　缔约方在"强化"透明度框架下报告和审评数量预测

	2024 年	2025 年	2026 年	2027 年	2028 年	2029 年	2030 年
发达国家							
BTR 提交数量	44	0	44	0	44	0	44
需开展审评的报告	/	22 到访	22 到访，22 集中	22 集中	22 集中	22 到访	22 到访，22 集中
发展中国家							
1BTR 提交数量	20	25	30	10	10	10	5
2BTR 提交数量	/	/	30	40	20	10	10
3BTR 提交数量	/	/	/	/	40	50	20
4BTR 提交数量	/	/	/	/	/	/	50
需开展审评的报告	/	45	60	50	70	70	85

其二，现行体系下报告数据和信息过时的弊端未得到根本解决。一方面在多边审议时大部分发达国家将提供两年前的信息，发展中国家则将提供 2~3 年前的信息，不利于各方分享最新经验。另一方面，其报告信息，尤其是温室气体清单的滞后性将对全球盘点提出一定挑战。目前全球盘点分为"信息输入—技术评估—盘点产出"三个步骤，以 2028 年即将开展的第二轮盘点为例，将在 2027~2028 年完成信息输入，届时可从透明度体系获取的最新报告将是 2026 年底各国提交的 BTR，对于发达国家，其清单信息数据为 2024 年，对于发展中国家则为

2023 年，无论是对于盘点全球温室气体排放、自主贡献进展还是政策措施成效，时效性上仍存在不足。

其三，"强化"的透明度框架未能匹配"强化"的履约支持。透明度新规则对发展中国家提出了"强化"的透明度要求，尤其在清单方面要求发展中国家从 2024 年起全面采用 IPCC 2006 年指南，报告年度温室气体清单信息并对自主贡献基年进行回算，按 IPCC 方法学开展相应的关键源分析、完整性评估、质量保证和质量控制等，相比现行要求都有较大提高。然而，在为发展中国家提供支持方面，新规则仅从要求全球环境基金（GEF）优化申请流程、延长发展中国家咨询专家组（CGE）授权等方面回应了发展中国家部分诉求，但未安排任何额外的资金支持。唯一为发展中国家履行"强化"透明度要求提供额外支持的便是《巴黎协定》中建立的"透明度能力建设倡议"（CBIT），但其无论是资金规模还是可持续性方面均无法为发展中国家履约提供全面的资金支持，截至 2018 年 9 月底，CBIT 共募集 6 160 万美元，已支出 5 830 万美元支持了 44 个发展中国家增强透明度的能力项目，平均每个项目 132.5 万美元[1]，而中国、印度、巴西在 GEF 下申请的单次国家信息通报项目均在 600 万美元以上[2]，因此可断定 CBIT 下的支持对于未来发展中国家两年一次的报告和审评任务来说远远不足。可以预计未来对于发展中大国，其申请 GEF 全额赠款的难度将不断增大，而同时又将面临越来越繁重的报告与审评义务。

（三）促进履行和遵约机制

《京都议定书》建立的遵约机制是否仅仅适用于《公约》附件一缔约方在条款和实践中都存在分歧，但一般认为《京都议定书》的遵约机制仅适用于附件一缔约方。《巴黎协定》则直接建立了针对所有缔约方的促进履行和遵约机制。这种变化是因为发达国家和发展中国家缔约方在《京都议定书》下承担"二分"的义务，而在《巴黎协定》下承担类似的义务，这种承担义务模式的变迁，导致遵约审查形式上形成了从"二分"到统一的变迁。与此同时，《京都议定书》建立的遵约机制既重视促进履行的功能，也重视不遵约惩罚的功能，而《巴黎协定》只继承了前者。

---

[1] Global Environment Facility. *Progress Report of the Capacity-building Initiative for Transparency*. GEF/C. 55/Inf. 12. November 30，2018，http：//www. thegef. org/sites/default/files/documents/EN_GEF. C. 55. Inf_. 12_CBIT. pdf.

[2] UNFCCC. *Information provided by the Global Environment Facility on its activities relating to the preparation of national communications and biennial update reports*. FCCC/SBI/2017/INF. 10，2017，https：//unfccc. int/sites/default/files/resource/docs/2017/sbi/eng/inf10. pdf.

在"德班平台"的谈判授权中，最初并没有要求就是否建立遵约机制开展谈判。"德班平台"谈判授权明确，该特设工作组应考虑的事项包括减缓、适应、资金、技术开发与转移、行动与支持的透明度、能力建设。[①] 在后续谈判中，基于各方提案和意见，缔约方会议在 2014 年首次整理可能的最终谈判成果时，加入了促进履行和遵约机制、整体进展审评（即后来的全球盘点）以及程序性和机制性安排等内容。[②]

在 2014 年缔约方会议整理出来的各方观点中，对于是否和如何建立促进履行和遵约机制有四种观点：（1）由缔约方会议设立机制，并确定相应程序；（2）缔约方会议仅设立相应机制，具体实施程序待定；（3）通过强化透明度来促进履行和遵约，包括利用《公约》第十三条设立的多边审议机制；（4）不需要建立专门机制，但各方都基本认同如果建立这一机制，则该机制应当是专家委员会形式的、非对抗性、非司法性的机制。《巴黎协定》最终在第十五条中设立了促进履行和遵约机制，并且明确这一机制由一个专家委员会来实施，是促进性、透明、非对抗性、非惩罚性的。《巴黎协定》还确定将由后续谈判来制定促进履行和遵约机制的相应程序。这些条款基本上回应了上述四种观点。

然而在 2014 年整理的观点中，各方还对促进履行和遵约的一些细节进行了讨论。

一是机制针对的义务类型。共同点在于，各种观点都认同缔约方在《巴黎协定》下的减排和信息报告义务应纳入促进履行和遵约范畴。区别在于如何界定减缓义务的履行，是概括而论，还是要对减缓目标的实施成效进行审查。另一区别在于适应、提供支持等义务是否要纳入范畴，各方有不同观点。

二是机制针对的缔约方。各方观点基本分为两类，一类认为应针对所有缔约方，另一类认为仅针对发达国家缔约方的减缓和提供支持义务。

三是机制或委员会的构成。一种观点认为应当建立强制执行和促进履行两个事务组，类似于《京都议定书》的遵约机制，但前者针对发达国家减排和提供支持义务的遵约，以及承诺全经济范围量化减排目标的发展中国家的遵约，后者帮助发展中国家履行义务。其他观点都认为不必建立两个职能有区分的事务组，但有的观点认为该机制应同时具有促进履行和遵约功能，有的认为只能有促进履行的功能，还有的认为应具有预警、促进履行和遵约功能。

四是对于机制的相应程序，各方提出的要点包括委员选举、机制的触发条件、操作程序、国际碳市场的参与资格、机制可采取的措施和实施后果、机制与

---

① UNFCCC. *Establishment of an Ad Hoc Working Group on the Durban Platform for Enhanced Action*. Decision 1/CP. 17, 2011.

② UNFCCC. *Lima Call for Climate Action*. Decision 1/CP. 20, 2014.

缔约方会议的关系等。其中对于机制触发条件的考虑，一种观点是由透明度机制下的国际审评专家组提出 QoI，这借鉴了《京都议定书》遵约机制的做法。而对于措施和实施后果，有的观点认为只能有促进性措施，有的观点认为对于发达国家可以有惩罚性措施，有的观点认为对于持续出现的不遵约问题可以有惩罚性措施，还有的观点认为应当侧重于为发展中国家提出和实施自主贡献提供帮助。

这些问题实际上成为《巴黎协定》达成以后，"《巴黎协定》特设工作组"下遵约议题谈判的主要内容。

在 2018 年《公约》第 24 次缔约方会议和《巴黎协定》第 1 次缔约方会议第 3 次续会上达成的促进履行和遵约机制实施细则（以下简称"实施细则"）[①] 中，各方就机制的目的、原则、性质、功能与范围、机制安排、机制的触发与操作程序、可采取的措施和产出、对系统性问题的考虑、必要信息的来源、与缔约方会议的关系、委员会秘书处等问题达成了一致。

在机制安排上，实施细则明确了《巴黎协定》的促进履行和遵约机制由一个委员会来实施，不分事务组。实施细则也规定了委员会的选举事项等问题。实施细则没有规定委员会是否只能针对某一类型的义务开展工作，但是从触发机制的相应规定来看，委员会可考虑缔约方应履行的任何义务。实施细则规定委员会可针对任一缔约方开展工作，除《巴黎协定》已对不同缔约方规定了不同义务外，不另行区分发达国家或者发展中国家，但是在工作中应考虑最不发达国家和小岛屿发展中国家的特殊国情和能力不足，以及《巴黎协定》及其透明度实施细则为发展中国家提供的灵活性。

在机制的触发条件方面，各方经过激烈谈判最终确定了四种触发方式：一是由缔约方自发启动；二是由秘书处启动；三是由委员会启动，四是由缔约方会议启动。各种启动方式针对的内容不尽相同，如表 4 - 14 所示。

表 4 - 14 　　《巴黎协定》促进履行和遵约机制的启动方式

启动主体	针对缔约方	针对履约内容	附加条件
某一缔约方	自身	任何条款的履约	无
秘书处	任一缔约方	提交 NDC（第四条第二、八、九、十三款）、提交强制性履约报告（第十三条第七、九款）、参与促进性多边审议（第十三条第十一款）、发达国家提交资金双年预报（第九条第五款）	无

---

① UNFCCC：*Modalities and procedures for the effective operation of the committee referred to in Article* 15，*paragraph* 2，*of the Paris Agreement.* Decision 20/CMA.1，2018.

续表

启动主体	针对缔约方	针对履约内容	附加条件
委员会	任一缔约方	所提交强制性履约报告中持续出现的严重违背报告指南（第18/CMA.1号决定）问题	征得该缔约方同意
	缔约方群体	多个缔约方存在的系统性履约问题	无
缔约方会议	缔约方群体	多个缔约方存在的系统性履约问题	无

其中秘书处启动所涉及的履约内容基本是"是/否"型内容，如是否提交NDC，是否提交透明度条款下的强制性履约报告，是否参与促进性多边审议，发达国家缔约方是否提交资金双年预报等。

然而在"是/否"之外，所提交NDC的信息报告是否符合相应导则要求，则需要一定的定量或定性审评，这是目前实施细则中没有明确的。《巴黎协定》全面强化了对缔约方履约的透明度要求，除了第十三条建立的"强化透明度框架"对履约的信息报告、审评和参与多边审议进行了规定，并要求CMA制定相应的《新指南》外，在第四条、第七条、第九条、第十一条都提出了新的广义的透明度要求，如表4-15所示。

根据《巴黎协定》，提交NDC信息是第四条第二款规定的强制性义务，每5年提交一次是第四条第九款规定的强制性义务，按照CMA通过的导则提交这些信息则是第四条第八款规定的强制性义务。这一项与发达国家提供资金支持信息一样，在所有的履约透明度要求中具有最大的法律强制力。第九条第七款规定了发达国家必须每2年按照第十三条第十三款确定的透明度《新指南》报告已提供给发展中国家的资金支持信息。

第四条第十三款规定所有缔约方要为自己提出的NDC负责，并且在核算时必须遵循CMA通过的导则，但是因为核算方法虽然是一个信息报告项，但又贯穿于NDC的制定、实施、完成全过程，因此不存在频率问题。

《巴黎协定》对适应信息的报告，发展中国家自愿提供支持、支持需求和收到支持的报告都没有做强制性安排，虽然CMA都通过了相应的指南或导则，但因为这些报告义务是非强制性的，因此是否遵循这些指南或导则也没有强制性规定。

《巴黎协定》虽然在第十一条第四款给向发展中国家提供能力建设支持的缔约方设定了强制性的信息报告要求，但是并未要求为之制定报告指南，也就不存在遵循指南的法律强制力问题。

比较有意思的是，各方都认为透明度条款是《巴黎协定》中的核心条款之一，认为透明度是《巴黎协定》规则体系中最重要的规则，但是《巴黎协定》

表4-15　《巴黎协定》提出的履约透明度要求

	法律属性	频率	是否有相应指南/导则	遵循指南的法律强制力
国家自主贡献信息	强制（§4.2）	每5年一次（§4.9）	4/CMA.1	条约强制力（§4.8）
国家自主贡献核算方法	强制（§4.13）	不适用	4/CMA.1	条约强制力（§4.13）
适应信息通报	非强制（§7.10）	无规定	9/CMA.1	无强制力
资金支持预报（发达国家）	强制（§9.5）	每2年一次（§9.5）	12/CMA.1	无强制力
资金支持预报（发展中国家）	非强制（§9.5）	每2年一次（§9.5）	12/CMA.1	无强制力
已提供的资金支持报告（发达国家）	强制（§9.7/§13.9）	每2年一次（§9.7）	18/CMA.1	条约强制力（§9.7）
已提供的资金支持报告（发展中国家）	非强制（§9.7/§13.9）	每2年一次（§9.7）	18/CMA.1	无强制力
已提供能力建设支持报告	强制（§11.4）	无规定	无	不适用
温室气体清单报告	强制（§13.7）	每2年一次或不低于每2年一次（1/CP.21）（18/CMA.1）	18/CMA.1	决定强制力（18/CMA.1）
国家自主贡献进展报告	强制（§13.7）	每2年一次（18/CMA.1）	18/CMA.1	决定强制力（18/CMA.1）
适应行动信息	非强制（§13.8）	无规定	18/CMA.1	无强制力
支持需求和收到支持的报告	非强制（§13.10）	无规定	18/CMA.1	无强制力
参与促进性多边审议	强制（§13.11）	不确定，取决于信息报告及其审评（18/CMA.1）	18/CMA.1	决定强制力（18/CMA.1）

注：§表示《巴黎协定》的条款。

269

本身确定了发达国家和发展中国家共同但有区别的强化透明度义务，确定了要由CMA通过强化透明度框架的模式、程序和指南，但是并未规定各方要遵循这一指南来进行报告、参与国际审评和促进性多边审议。虽然第18/CMA.1号决定规定，各方应按照这一模式、程序和指南强化透明度，但这使得各方遵循透明度《新指南》成为由缔约方决定规定的强制性义务，而不是条约规定的义务。这就导致《巴黎协定》实施细则中，促进履行和遵约委员会对各方所提交强制性履约报告中持续出现的严重违背报告指南问题的审查，只能在征得当事缔约方同意的前提下才能开展，而与上述"是/否"型内容的遵约审查不同。

2018年CMA达成的实施细则并未确定所有的促进履行和遵约实施细节。缔约方会议决定授权由促进履行和遵约委员会自行确定其他细节问题。这些细节问题将决定《巴黎协定》促进履行和遵约机制是否能够得到有效实施。这些问题主要包括：

时效性：是否以及如何确定遵约宽限期，即与透明度相关要求的时间截止线相比，何时应启动遵约审议和相应措施。一般而言，对于缔约方何时应提交报告，缔约方会议都会做出相应规定，如第18/CMA.1号决定规定，各方应不晚于2024年12月31日提交第一次"双年透明度报告"。但是按照《京都议定书》下的惯例，如果某个缔约方没有在截止日期前提交强制性报告，遵约委员会不会立即启动遵约程序。例如根据2002年举行的《公约》第8次缔约方会议第4/CP.8号决定，《公约》附件一缔约方应于2006年1月1日前提交其第四次国家信息通报。按照规定，作为《京都议定书》缔约方的《公约》缔约方，其在《京都议定书》第七条下的补充信息与国家信息通报一体提交。截至2006年1月1日，在当时的37个《京都议定书》附件B缔约方中，只有比利时、丹麦、爱沙尼亚、立陶宛、荷兰、斯洛伐克、瑞典、瑞士如期提交了第四次国家信息通报。鉴于此，南非代表"七十七国集团加中国"于2006年5月20日左右[①]向秘书处提交了提案，要求遵约委员会审议关于这些缔约方"履行《京都议定书》第3条第1款"的问题，触发了《京都议定书》生效以来开展的第一次遵约审议。而在2010年1月1日和2014年1月1日提交第五次和第六次国家信息通报的截止日期时，也都有附件一缔约方没有如期提交。2010年7月《京都议定书》遵约委员会召集会议讨论了这一问题，并向当时还没有提交报告的摩纳哥发出了信函；与之类似，2014年3月遵约委员会讨论了这一问题，并在4月再度向摩纳哥发出了信函。这表明，在实际操作中，并不是缔约方错过了提交报告的截止日

---

① 南非的原始提案暂未获得，但从提案中涉及拉脱维亚（2006年5月24日提交报告）而未涉及英国（2006年5月15日提交报告）可知，南非的提案时间当介于两者之间。

期，遵约程序就立即启动，一般都有几个月的缓冲期，如上述案例中，存在 4 ～ 7 个月的缓冲期。然而在《巴黎协定》下，由于强制性报告是每两年提交一次，如何确定缓冲期，使得缔约方既有一定时间解决各种未尽事宜，又不影响下一轮报告的准备和提交，是《巴黎协定》促进履行和遵约委员会需要讨论确定的。

持续性：如何定义缔约方持续违背透明度《新指南》。根据促进履行和遵约机制实施细则，在征得当事缔约方同意的情况下，委员会可以就该缔约方持续性违背透明度《新指南》的问题，采取促进履行的措施，但是并未定义什么叫"持续性违背"。在《公约》体系的透明度机制下，按照 2014 年第 20 次缔约方会议达成的审评指南修订稿①，自 2015 年对附件一缔约方的年度温室气体清单报告专家审评起，审评报告将明确列出连续 3 次及以上出现的与报告指南违背的问题。由于附件一缔约方的国家温室气体清单报告是年度提交，因此在接受上一年度报告审评的同时，一般已经启动了本年度的报告的编写工作，在审评报告正式完成前，新一轮的清单报告已经基本成型，因此再结合审评意见大幅度修改的可能性比较小。这就导致同一个问题再度出现的可能性很大。这也是在审评指南修订时，将"持续性"定为连续 3 次及以上的原因，以便于给缔约方考虑审评意见完善报告留出基本的时间。而对于那些很难在短时间内改善的问题，例如完善国家质量保证/质量控制体系、更新国家排放因子等，审评报告会在列表显示连续 3 次及以上出现的问题的同时，指出这些问题的改进进展，如已解决、正在解决、尚无进展等。《巴黎协定》下透明度报告的问题在于强制性履约报告的提交频率默认为每两年一次，因此如果是连续 3 次出现的问题，就意味着跨越了 6 年的时间，如果委员会在这时才启动促进履行程序，其时效性就会大大降低；而如果出现 2 次就触发履行程序，又有可能出现上述所说的来不及完善解决的客观问题，在一定程度上干扰当事国自主采取措施完善的积极性。这是委员会需要讨论决定的问题。

严重性：如何定义哪些问题属于严重违背透明度《新指南》。无论是《巴黎协定》下的透明度、促进履行和遵约实施细则，还是在《公约》和《京都议定书》下的实践，都没有对"严重"（significant）进行定义或者示例。从既有经验看，专家审评发现的问题一般包括：漏报信息项、笔误、对数据和信息的描述不易理解、数据和信息明显错误、对关键源分析等透明度《新指南》中列出的方法学使用失当、对清单数据透明度和保密性平衡的把握、《京都议定书》履约单位的报告和管理系统维护等。在《京都议定书》体系下，如果审评专家组认为国家

---

① UNFCCC. *Guidelines for the technical review of information reported under the Convention related to greenhouse gas inventories, biennial reports and national communications by Parties included in Annex I to the Convention.* Decision 13/CP. 20, 2014.

清单和履约报告中存在有可能导致该缔约方无法履约的问题，应该以 QoI 的方式提出，并触发遵约机制启动，如前所述。然而自《京都议定书》生效以来，作为《京都议定书》缔约方的《公约》附件一缔约方共提交了 115 份国家信息通报，521 份国家温室气体清单报告，但是专家审评报告累计仅仅提出过 10 次 QoI，涉及 9 个缔约方，其中乌克兰分别在 2011 年和 2016 年收到过两次 QoI。但这并不是说发达国家在信息报告中不存在问题，相反，在每次审评报告中，审评专家都以建议（recommendation）和鼓励（encouragement）① 的形式来指出该缔约方报告中存在的问题，并提出改进意见。在一份国家温室气体清单报告的审评报告中，建议和鼓励项目有时高达上百条。这表明审评专家对什么是影响履约的严重性问题并没有严格的标准，并且在实际操作中往往十分谨慎。

系统性：《巴黎协定》实施细则提出，缔约方会议以及促进履行和遵约委员会可以识别提出多个缔约方在履约时存在的系统性问题。这类问题是《公约》和《京都议定书》下没有的。然而细则并没有明确什么叫系统性问题，有多少个缔约方存在类似的问题就可以称为系统性问题，这给实际操作带来了困难。与之或可作为借鉴的是《京都议定书》下遵约委员会审议的第一个案例，即南非作为"七十七国集团加中国"主席，要求遵约委员会审议若干发达国家没有如期提交第四次国家信息通报的问题。按照缔约方会议决定，附件一缔约方应于 2006 年 1 月 1 日前提交第四次国家信息通报，但在南非 5 月 20 日左右向遵约委员会提出不遵约审议要求时，当时仍有奥地利等 14 个缔约方没有提交国家信息通报，占到全部应该提交缔约方的 39%。然而这一案例仅仅是表象，没有如期提交报告的国家，其背后的原因可能千差万别。这一案例在遵约委员会促进实施事务组审理，但事务组没有详细讨论各国未能按期提交的原因，最后也没有得出结论。与之相比较，发展中国家在《公约》下如期提交国家信息通报或者双年更新报告的更少。如果把这种问题作为系统性问题，可以预见的是，促进履行和遵约委员会将很难展开审议，得出科学、可行的结论和措施。

频率性：《巴黎协定》及其实施细则为缔约方规定的强制性义务，有的有明确的频率要求，如每 5 年提交或更新一次国家自主贡献信息，每 2 年提交一次透明度双年报告等，但有的没有明确的频率要求。《巴黎协定》第十三条第十一款规定了每个缔约方都要参与 FMCP 的强制性义务，但是并没有明确参与 FMCP 的频率和次数。缔约方是每次提交透明度双年报告、接受国际专家组审评后，就应参加 FMCP，还是只要参加过一次 FMCP 就算履行了这项强制性义务，目前在协

---

① recommendation 针对强制性报告义务，即在报告指南中用 shall 规定的义务；encouragement 针对非强制性报告义务，即在报告指南中不用 shall，而用 should、may、encourage 等规定的义务。

定及其实施细则中都没有规定。这使得遵约委员会在实施促进履行和遵约机制细则时，还需要制定更进一步的定量和定性标准。

第三节　国际气候治理体系的激励机制

人类大量使用化石燃料是大气二氧化碳浓度增加的主要原因。与一般环境污染物不同，温室气体排放造成的环境问题将影响全球，而不是形成局地环境问题。全球气候变化的影响具体到某一地点或某一人群，可能并不显著，考虑到自然的耐受性和人类依靠科技适应的力量，除了面临海平面上升威胁的岛屿和加速消融的冰川外，这种不显著性对于人类社区来说可能是普遍的；甚至对于有的国家而言，温室气体排放造成的气候变化对该国造成的净影响可能是有利的。温室气体排放对本国居民的影响甚微，是其外部性难以解决的核心。因此，在缺乏超越国家主权的"全球政府"干预的情况下，即便国际气候治理体系建立了约束机制，但约束机制必然缺乏足够的强制力，因而全球任何一个排放国和污染者都不会主动承担这一外部成本，势必造成温室气体的过量供给。与此同时，发展中国家由于在发展阶段、发展模式，发展所需的人力、资金、技术、机制等方面存在很大不足，有效应对气候变化，履行其在国际气候变化条约下的义务受到很大局限。因此如何激励各国自觉、有力度地应对气候变化就成了国际气候治理体系需要重点考虑的问题。在20余年的实践中，国际气候治理体系基本上形成了两大类履约激励机制，一是对发展中国家的支持机制，二是鼓励各方积极行动的灵活履约机制。

一、对发展中国家提供履约支持的机制

国际支持是国际气候治理必不可少的要素。由于发达国家和发展中国家对于气候变化负有共同但有区别的责任，而且发达国家拥有相对较高的经济社会发展水平和应对气候变化的资金、技术、知识、机构等能力，因此在提供国际支持方面，国际法也为这两类国家设立了有区别的义务。

（一）　国际条约对支持发展中国家的规定及其变迁

《公约》第四条第3、4、5款明确为列于附件二①的发达国家（集团）缔约方

① 即列于《公约》附件一缔约方名单中的西欧、北欧、北美发达国家，以及欧洲共同体（欧盟）。

设定了向发展中国家提供资金和技术支持的强制性义务；同时第四条第 5 款也鼓励其他缔约方开展技术转让活动，这就将技术转移的提供方扩展到了所有国家，但技术转移的强制性义务仍仅属于附件二缔约方。《公约》第 5 次缔约方大会决定①指出："能力建设是发展中国家有效参加《公约》和《京都议定书》进程的关键所在"，要求对现有的能力建设活动和方案作全面评估，制定一个符合具体国情的进程；随后在第 7 次缔约方大会上，正式建立了"发展中国家能力建设框架"②。这是国际社会开展气候变化国际资金、技术和能力建设支持行动的根本基础。

《京都议定书》作为落实《公约》的第一个里程碑式法律条约，侧重于发达国家缔约方如何落实履行其在《公约》下的法律义务，在为《公约》附件一缔约方设定量化减排规则的同时，也强调了其履行资金支持的义务，集中表现在第十一条第 2 款。然而《京都议定书》第十条第 c 项对国际技术合作的规定表明，国际技术合作的侧重点在于推动全球各国开展技术合作、促进各国的技术开发，而不仅仅是强调发达国家对发展中国家的技术转移；向发展中国家转移技术的义务则延续了《公约》的规定。

《巴黎协定》第九条、第十条、第十一条分别规定了资金、技术和能力建设的相关内容，包括对发展中国家的支持。第九条规定了各缔约方在协定下相应的资金支持权利和义务，其中最重要的是第 1 款和第 2 款，分别设定了发达国家向发展中国家提供资金支持的强制性义务，同时鼓励其他国家向发展中国家提供资金支持。第十条规定了各缔约方在协定下相应的国际技术合作权利和义务，但并未明确谁将承担这些义务。第十一条规定了各缔约方在协定下相应的能力建设国际合作权利和义务，要求所有缔约方加强能力建设合作，尤其是发达国家应当为发展中国家能力建设行动提供支持，但同时又将提供能力建设支持的国家泛化，指出所有缔约方都可以提供相应的支持，并且提供支持的缔约方都应定期报告相关信息。这些都反映了《巴黎协定》基于《公约》及其缔约方决定所确定规则的变迁。

《公约》《京都议定书》和主要为了解决能力建设支持问题的几项缔约方会议决定（见表 4-16）对气候变化国际资金支持提供方，即列于《公约》附件二的缔约方的规定十分明确；同时规定"发展中国家缔约方"有资格获得资金支持，但是《公约》并未定义谁是"发展中国家缔约方"，"发展中国家缔约方"是否等同于"非附件一缔约方"，这为后续的资金支持造成了一定的困扰。而在关于能力建设支持的几项决定中，缔约方会议决定为经济转型国家提供与能力建设相关的资金支持。这使得在后续的实践中，虽然国际社会默认非附件一缔约方

---

① UNFCCC. *Capacity-building in developing countries（non - Annex I Parties）*. Decision 10/CP. 5，1999.
② UNFCCC. *Capacity-building in developing countries（non - Annex I Parties）*. Decision 2/CP. 7，2001.

表 4-16　缔约方在国际气候变化条约下与履约支持相关的权利和义务

	资金支持		技术支持		能力建设支持	
	提供方	获得方	提供方	获得方	提供方	获得方
《公约》	附件二缔约方	发展中国家	附件二缔约方、其他缔约方	所有其他缔约方	无	无
《京都议定书》	《公约》附件二缔约方	发展中国家	附件二缔约方、其他缔约方	所有其他缔约方	无	无
《巴黎协定》	发达国家，鼓励其他国家	发展中国家	不明	发展中国家	发达国家*	发展中国家
第 10/CP.5 号和第 2/CP.7 号决定	《公约》附件二缔约方	发展中国家	无	无	《公约》附件二缔约方	发展中国家
第 11/CP.5 号和第 3/CP.7 号决定	《公约》附件二缔约方	经济转型国家**	无	无	《公约》附件二缔约方	经济转型国家**

注：*但所有向发展中国家提供能力建设支持的缔约方都有义务报告相应事项；**经济转型国家即列入《公约》附件一但是未列入附件二的国家。

275

就是"发展中国家",但是事实上,一些发达国家也对一些属于附件一缔约方的国家提供了气候变化国际资金支持,而一些发达国家也以人均 GDP 等其他标准将一些传统上认为的发展中国家排除在资金支持的范围外。

《巴黎协定》对提供资金支持缔约方的规定也很明确,但是与《公约》和《京都议定书》相比发生了重大变化,一是为发达国家缔约方设定了提供资金支持的义务,而不是《公约》和《京都议定书》针对的附件二缔约方;二是鼓励其他缔约方提供资金支持。就第一点看,这里形成了与上述"谁是发展中国家"类似的问题,即"谁是发达国家"的问题。而第二点则类似于《公约》对技术支持的规定,除了为一部分缔约方设定强制性义务外,还明确鼓励其他缔约方如此做。《巴黎协定》中有不少无主语条款,设定了义务,但是并未明确其承担主体,第十条第 6 款就是如此,这也与《公约》和《京都议定书》的做法不同。

(二) 国际条约下建立的支持机构与机制

气候变化国际资金支持的体系涉及资金筹措、资金到位、资金管理和资金支配等问题,以支持应对气候变化的减缓和适应行动,伴随着《公约》的发展,经历了从无到有、从简到繁,从完全被托管到开始走向独立的过程,如图 4-5 所示。

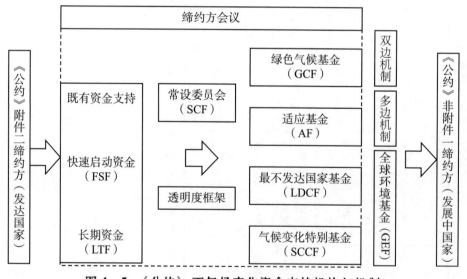

图 4-5 《公约》下气候变化资金支持机构与机制

资料来源:薄燕、高翔:《中国与全球气候治理机制的变迁》,上海人民出版社 2017 年版。

《公约》第十一条建立了一个"在赠予或转让基础上提供资金,包括用于技术转让的资金的机制"，并决定该机制的经营委托给一个或多个国际实体负责。此外，《公约》还规定发达国家缔约方可通过双边、区域性和其他多边渠道提供并由发展中国家缔约方获取与履行《公约》有关的资金。1994 年，全球环境基金（Green Climate Fund，GEF）被确立为气候变化国际资金支持机制的运营实体。1997 年通过的《京都议定书》确立了清洁发展机制等三个灵活机制，其部分收益用于支持发展中国家应对气候变化的行动，创新了资金来源。2001 年《公约》缔约方大会通过的《马拉喀什协定》成立了气候变化特别基金（Special Climate Change Fund，SCCF）和最不发达国家基金（Least Developed Countries Fund，LDCF）。2007 年通过的"巴厘岛路线图"决定在《京都议定书》下成立适应基金（Adaptation Fund，AF）。2009 年的《哥本哈根协议》虽然因没有被缔约方大会通过而不具有法律效力，但它提出了快速启动资金（Fast – Start Finance，FSF）和长期资金（Long – Term Finance，LTF）机制，并提出成立绿色气候基金（Green Climate Fund，GCF）。绿色气候基金在随后的 2010 年缔约方大会《坎昆协议》中得以建立。与绿色气候基金同时建立的，还有资金常设委员会（Standing Committee on Finance，SCF），用以协助缔约方大会履行在《公约》资金机制方面的职能，包括改进气候变化融资的一致性和协调性，实现资金机制的合理化，调集资金，以及向发展中国家缔约方所提供支持的测量、报告和核查。为促进发达国家履行提供资金支持的义务，强化资金支持透明度，《坎昆协议》还在既有的发达国家和发展中国家"国家信息通报"基础上，建立了发达国家"双年报告"与发展中国家"双年更新报告"制度，强化了对国际资金支持的报告与审评。

自《公约》达成并实施以来，国际社会陆续建立了以"技术需求评估"（Technology Needs Assessment，TNA）、"技术执行委员会"（Technology Executive Committee，TEC）和"气候技术中心与网络"（Climate Technology Centre and Network，CTCN）为核心的机制和机构，协助《公约》缔约方会议执行有关技术转移支持问题。《巴黎协定》第十条也明确提出要"建立一个技术框架，为技术机制在促进和便利技术开发与转让的强化行动方面的工作提供总体指导，以实现本条第一款所述的长期愿景，支持本协定的履行"。2018 年卡托维茨气候大会达成的缔约方会议决定[①]表明，这一机制仍将依托于 TEC 和 CTCN 运行，要求其加强协同性，但是并未就如何促进其协同统筹做出安排。

在《公约》第 7 次缔约方大会时，各方通过了较为系统的发展中国家和经济

---

① UNFCCC. *Technology framework under Article 10, paragraph 4, of the Paris Agreement.* Decision 15/CMA. 1, 2018.

转型国家能力建设框架，用以指导各方开展能力建设行动。该框架虽然并未形成任何的专门机构和机制来负责协调、推动发展中国家和经济转型国家能力建设行动，以及发达国家向发展中国家提供能力建设的支持，但为各国提供了行动指导。《公约》第 17 次缔约方大会决定①要求开展能力建设对话，每年举行一次会议，旨在将发展中国家减缓和适应气候变化行动相关能力建设涉及的各利益相关方聚集到一起进行沟通对话，填补信息缺口，从而向发展中国家提供能力建设方面的支持。《公约》第 21 次缔约方大会决定以缔约方按各区域推选专家组成"巴黎能力建设委员会"②，规定巴黎能力建设委员每年聚焦加强能力建设技术交流的某一个领域或主题，以便了解在某一特定领域切实开展建设能力的最新成功故事和挑战。

（三）向发展中国家提供支持的实践

1. 资金支持

《公约》及其《京都议定书》要求且仅要求列入《公约》附件二的发达经济体缔约方向发展中国家提供应对气候变化的资金支持，这体现了在资金支持方面发达国家和发展中国家有区别的义务。

然而与减缓承诺不同，对于资金支持，《公约》和《京都议定书》及其缔约方会议决定都从未给附件二缔约方设置过量化出资目标，甚至从未定义过什么叫"气候变化资金支持"，也没有定义过《公约》第四条第 3 款提及的"新的、额外的"支持应当如何核算。在实际履约中，发达国家自行定义这些核心概念，使得《公约》下发达国家提供资金支持的信息难以做到可比和准确。

发达国家履行《公约》第四条和《京都议定书》第十一条的义务，完全是凭借"条约必须善意履行"的国际法准则。即便对于设置了遵约机制的《京都议定书》，由于发达国家并未做出量化资金承诺，因此除非某个附件二发达国家完全没有给发展中国家提供资金支持，否则遵约委员会也无法介入该缔约方提供资金支持的行为。这也是遵约委员会自 2006 年运行以来，从未就作为《京都议定书》缔约方的《公约》附件二缔约方提供支持问题开展审议的原因。

在美国的推动下，发达国家在 2009 年的《哥本哈根协定》和 2010 年达成的《坎昆协议》中提出了到 2020 年前实现向发展中国家提供和动员年资金支持1 000 亿美元的集体承诺。虽然这里看似提出了量化目标，但是一方面这一目标

① UNFCCC. *Outcome of the work of the Ad Hoc Working Group on Long-term Cooperative Action under the Convention.* Decision 2/CP. 17，2011.

② UNFCCC. *Paris Committee on Capacity-building.* 2017，http：//unfccc. int/cooperation_and_support/capacity_building/items/10251. php.

是集体目标，无法评估衡量附件二缔约方个体的出资努力；另一方面，如前所述，由于缺乏对这 1 000 亿美元资金核算方法的界定，因此国际社会始终存在发达国家声称已经提供了接近甚至超过 1 000 亿美元的资金，但发展中国家却并不认可的情况。因此，无论是 2010 年以前还是以后，发达国家在提供资金支持问题上虽然有义务，也不逃避义务，但是履行义务的程度完全取决于政治意愿和量力而行。

根据《公约》下 SCF 的报告①，2016 年，发达国家整体通过公共渠道向发展中国家提供的年均气候变化资金支持为 336 亿美元，多边资金机制提供 24 亿美元，多边开发银行提供 255 亿美元，撬动私人部门资金投入 157 亿美元。

尽管发达国家提供资金支持的报告与核算有诸多问题，但是发达国家在提供资金报告方面逐渐完善核算方法学和报告格式，值得肯定。一方面，发达国家在 OECD – DAC 体系下建立并不断完善"里约标记法"等科学方法；另一方面，在《公约》下通过谈判提出了"双年报告"资金报表②，并在应用一段时间后提出了修订③，且授权进一步开发资金核算方法学，而在《巴黎协定》实施细则达成了更加科学的资金支持透明度报告规则④。

尽管非附件二缔约方没有提供资金支持的义务，但一些非附件二缔约方也自愿通过多边、双边渠道向其他国家提供应对气候变化的支持，得到了国际社会的肯定，其中典型的是韩国。

根据韩国 2017 年提交的第二次"双年更新报告"⑤，韩国在 2014 年宣布向绿色气候基金捐资 1 亿美元，向气候变化相关多边机制实际捐资 3 670 万美元，通过双边等渠道向 34 个发展中国家提供了 62 802 493 美元应对气候变化赠款，2015 年和 2016 年提供的双边赠款也分别达到 6 700 万美元和 3 900 万美元，向气候变化相关多边机制实际捐资分别达到 6 091 万美元和 7 666 万美元。

更重要的是，韩国建立了以总理为首的国际发展合作委员会，指导国家的对外援助工作，并且明确赠款由外交部负责、国际合作署执行，而优惠贷款由战略与财政部负责、进出口银行执行，各相关部门参与对外援助工作的国家体系。在这样

---

① SCF. 2018 *Biennial Assessment and Overview of Climate Finance Flows Report*，2019.

② UNFCCC. *Common tabular format for "UNFCCC biennial reporting guidelines for developed country Parties"*. Decision 19/CP. 18，2013.

③ UNFCCC. *Methodologies for the reporting of financial information by Parties included in Annex I to the Convention*. Decision 9/CP. 21，2015.

④ UNFCCC. *Modalities，procedures and guidelines for the transparency framework for action and support referred to in Article 13 of the Paris Agreement*. Decision 18/CMA. 1，2018.

⑤ Government of the Republic of Korea. *Second Biennial Update Report of the Republic of Korea under the United Nations Framework Convention on Climate Change*，2017.

的体系支撑下，韩国做到了与附件二缔约方类似的提供资金信息透明度报告。

2. 技术支持

与气候资金类似，气候友好技术也缺乏定义，但一般来说可从减缓和适应气候变化两方面的目标效果进行归类。减缓技术也就是常说的低碳技术，其中最核心和应用面最广的是能源技术，包括在各个部门应用的化石能源清洁高效利用、可再生能源、核电、节能和提高能效、电网和能源系统优化、碳捕集利用与封存技术等，也包括优化能源管理、规划等软技术。

由于能源技术往往具有战略利益，因此其技术转让往往极具政治敏感性[1]；另外，由于低碳技术往往具有较好的市场前景、商业价值高，技术开发方对知识产权的关注度极高，因此在《与贸易有关的知识产权协议》（TRIPs）管辖下，知识产权既成为推动低碳技术研发的动力，也成为妨碍技术转让的阻力。[2][3]

与减缓技术不同，各方对适应气候变化的定义、判别等存在认识上的差异，各国需要适应气候变化影响的领域也不同。其中防旱抗涝、气象预警等适应气候变化的技术，往往难以在短期获得收益，甚至无法直接获得收益，因此更加无法吸引商业技术转移，在公共资金支持不足的情况下，适应气候变化技术向发展中国家转让就更加困难。

TNA 机制自 2001 年启动以来，已有 85 个发展中国家开展了应对气候变化的技术需求评估，其中包括中国，以及蒙古国、哈萨克斯坦等中亚国家，伊朗、黎巴嫩等西亚国家，巴基斯坦、斯里兰卡等南亚国家，泰国、老挝等东南亚国家，克罗地亚、马其顿等中东欧欠发达国家，南非、贝宁等非洲国家，玻利维亚、智利等拉丁美洲国家，萨摩亚、塞舌尔等小岛屿发展中国家等。这一项目机制仍在继续推进，将覆盖更多的发展中国家。

TNA 是一项大规模的国情研究项目机制，对于帮助发展中国家识别应对气候变化的技术需求起到了巨大作用，已经有 26 个国家将 TNA 提出的技术解决方案融入了其依照《巴黎协定》要求提出的"国家自主贡献"。然而 TNA 是从受援国的角度出发，识别受援国需要的技术，并进行优先度排序；《公约》体系下尚未开展从援助国角度出发，从技术可转移性方面进行的分析，也没有建立起联系援助国与受援国的技术转移方案，更没有构建起相互促进技术研发与转移的交互性机制，使得目前的 TNA 仅仅停留在研究和国情报告的层面，没有及时有效发

---

① 裴卿、王灿、吕学都：《应对气候变化的国际技术协议评述》，载于《气候变化研究进展》2008年第 5 期，第 261～265 页。

② 王灿、蒋佳妮：《联合国气候谈判中的技术转让问题谈判进展》，引自《应对气候变化报告（2014）——科学认知与政治交锋》，社会科学文献出版社 2014 年版，第 50～66 页。

③ 尹锋林、罗先觉：《气候变化、技术转移与国际知识产权保护》，载于《科技与法律》2011 年第 1 期，第 10～14 页。

挥技术转移的作用。

3. 能力建设支持

由于 2001 年马拉喀什气候大会缔约方会议决定列举了编制国家信息通报、制定国家气候变化方案、开展气候变化研究与系统观测等 15 个能力建设支持的具体领域，并且随着应对气候变化行动的开展，各国又识别出碳市场基础设施建设等一些新的能力建设领域，因此发达国家向发展中国家提供能力建设援助的内容相对比较清晰。

但是，能力建设的支持往往不能直接反映在碳减排量等直接量化指标上，也难以评估能力建设项目的实施效果，因此援助的提供和获益双方难以在项目预期效果和项目实施成效上达成一致。发展中国家强调发达国家所提供的能力建设援助程度和规模与发展中国家应对气候变化行动的需求仍存在巨大差距，实质性作为甚少；而发达国家认为已经为发展中国家的能力建设提供了很多的资金和技术支持，也产生了很大的成效，发展中国家的能力建设已经得到很大改观。[1]

二、灵活履约机制

气候变化在经济学家眼里属于环境经济学的范畴。环境经济学认为，许多环境问题都是市场失灵的结果。这种失灵可能源于外部性——一项交易的成本和收益没有完全反映在市场价格上。这时政府的主要职能就是纠正这样的负外部性。政府通常可以采用的政策主要有产权安排、规制（命令—控制）、征税和补贴、可出售的许可证（排放权限额交易）等。

自 20 世纪 70 年代开始，美国将基于产权理论的排污权交易用于大气污染源管理，逐步建立起系统的排污权交易政策和体系。基于对环境经济学和二氧化硫排放权限额交易应用的拓展，理查德·桑德尔（Richard Sandor）[2] 于 1992 年提出了碳排放权限额交易的概念，成为后来应对气候变化国际实践中的重要内容。

IPCC 第二次评估报告在提出发达国家率先减排的同时，也提出了设置灵活履约机制帮助发达国家履约的设想，这一设想在《京都议定书》中得到了采纳。

---

① 胡婷、张永香：《联合国气候谈判中的能力建设议题进展和走向》，引自《应对气候变化报告（2014）——科学认知与政治交锋》，社会科学文献出版社 2014 年版，第 75～82 页。

② Sandor Richard. *Combating global warming：study on a global system of tradeable carbon emission entitlements.* Geneva：United Nations Conference on Trade and Development，1992.

（一）《京都议定书》为发达国家设立的灵活履约机制

《京都议定书》第六条、第十二条、第十七条分别建立了联合履约机制[①]、清洁发展机制和排放贸易机制，作为《公约》非附件一缔约方履行其在《京都议定书》附件 B 下承担量化减排承诺的灵活履约机制。联合履约机制是指，一个《公约》附件一缔约方产生的额外的减排量被用于另一个附件一缔约方履行其在《京都议定书》附件 B 下的量化减排义务。清洁发展机制与联合履约机制类似，只不过其减排量产生在非附件一缔约方。排放交易机制则是指附件一缔约方之间可以通过市场交易的手段出售或获得任何一种在《京都议定书》下可以用作履行量化减排义务的合法单位。

这些合法单位包括根据《京都议定书》第三条第 1 款分配的配量单位（Assigned Amount Unit，AAU）、根据第六条产生的排减量单位（Emission Reduction Unit，ERU）、根据第十二条产生的核证的排减量（Certified Emission Reduction，CER）和根据第三条第 3、4 款产生的清除量单位（Removal Unit，RMU）。

使用灵活履约机制有一些先决条件，例如第六条第 1 款第 c 项规定，"缔约方如果不遵守其依第五条和第七条规定的义务，则不可以获得任何减排量单位"，相应地，如果遵约委员会认定某一缔约方没有遵守条约规定，则可以暂时终止其使用灵活履约机制的资格，直到其改正为止，再行恢复。

而 JI 和 CDM 机制产生 ERU 和 CER 也有一个先决条件，就是"额外性"。从理论上说，额外性是指根据 ERU 或 CER 东道国的应对气候变化政策，原本不会实施这一减排或增汇项目，而是出于《京都议定书》灵活履约机制的目的实施的项目，才能符合额外性的要求，才能获得 ERU 或 CER 的签发。然而事实上因为各国的气候政策，甚至项目所在具体地点的气候政策差异太大，很难为判断额外性设定统一的量化标准，因此《京都议定书》及其缔约方会议决定建立联合履约机制指导委员会（Joint Implementation Supervisory Committee，JISC）和清洁发展机制执行理事会（Executive Board of the Clean Development Mechanism，CDM EB），由缔约方按区域推选出的专家委员对项目产生的减排量是否符合《京都议定书》要求进行审批。

使用灵活履约机制履约还有一个理论上的限制条件：根据《京都议定书》第十七条规定，使用其他缔约方获分配的 AAU 或者产生的 ERU、CER、RMU 来实现本缔约方在《京都议定书》附件 B 下的减排承诺，应当仅仅作为本缔约方国内减排努力的补充。然而《京都议定书》及其缔约方会议决定都没有就如何判断

---

① UNFCCC. *Implementation of Article 6 of the Kyoto Protocol*. Decision 10/CMP. 1，2005.

"补充性"做出规定。如果使用灵活履约机制单位履约的比例超过50%，或许会触发该缔约方是否遵约的讨论。

（二）《京都议定书》灵活履约机制的实践

在《京都议定书》第一承诺期履约实践中，如前文"遵约机制"部分所述，奥地利、丹麦、冰岛、意大利、日本、列支敦士登、卢森堡、新西兰、挪威、斯洛文尼亚、西班牙、瑞士12个缔约方依靠灵活履约机制实现履约。从使用灵活履约机制的程度看，卢森堡使用的灵活履约机制单位总量相当于其允许排放总量的26.8%，在各国中最高，也即是说卢森堡超排了26.8%，但是由于有灵活履约机制，该国从别的缔约方或者碳市场购买了足够的合法履约单位，实现了履约。利用灵活履约机制程度较高的还有冰岛（26.1%）、奥地利（20.6%）、新西兰（20.4%），如图4-6所示。尽管这些比例较高，卢森堡和冰岛都超过了1/4，但是遵约委员会仍没有就这些国家利用灵活机制履约是否满足"补充性"提出异议。

在帮助发达国家履约的同时，《京都议定书》建立的灵活履约机制也激励了发展中国家和部分发达国家采取更有力度的减排行动。自2007年开始签发CER以来，截至2019年1月31日，CDM执行理事会（CDM EB）在第一承诺期共签发CER 14.8亿吨二氧化碳当量，其中中国获得的签发量最多，为8.7亿吨，占全部的59.1%；第二承诺期已签发5亿吨，其中仍是中国获得的签发量最多，为2.1亿吨，占比略有下降，为42.6%[1]，如图4-7所示。

学术界对灵活履约机制的作用存在不同看法。[2]

积极评价包括由于存在灵活履约机制，促进了《京都议定书》在早期吸引了发达国家和发展中国家批准条约，做出减排承诺；通过实施CDM和JI机制，帮助能力相对较弱的国家，尤其是发展中国家开展了大量应对气候变化能力建设；大幅度促进了全球，尤其是发展中国家可再生能源产业的发展等。

消极评价包括没有对非附件一缔约方卖出的减排量进行规定，导致这些缔约方虽然已经卖出了减排量，但在完成本国在《公约》下2020年的NAMAs目标时仍将其计入在内，形成了全球重复计算；CDM机制产生的正面效益集中在中国、印度、巴西等少数几个发展中国家，对其他发展中国家不公平；市场交易机制增加了减排成本；难以量化评价减排成本的减低是由于排放交易，还是由于可再生

① UNFCCC. *Units issued as at 31 January* 2019. http：//cdm. unfccc. int/Registry/index. html.
② Michael Grubb. Full legal compliance with the Kyoto Protocol's first commitment period-some lessons. *Climate Policy*，2016，Volume 16，No. 6，pp. 673-681.

能源等技术快速进步导致的成本下降；灵活履约机制在第一承诺期对全体附件一缔约方履约的贡献其实很小；由于经济转型、经济危机带来的排放量骤减，对市场稳定性和主动减排动力造成影响的问题没有解决等。

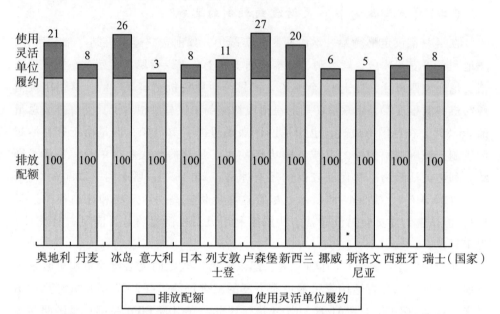

图 4 - 6 《京都议定书》第一承诺期使用灵活履约机制履约情况

资料来源：《京都议定书》遵约委员会网站各缔约方履约核算报告。

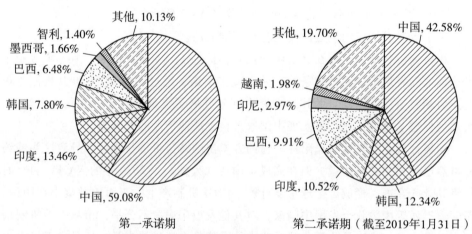

图 4 - 7 清洁发展机制签发 CER 情况

资料来源：《京都议定书》CDM 登记簿。

（三）《巴黎协定》灵活履约机制

《巴黎协定》第六条对缔约方使用灵活机制履约建立了三种机制，分别是第2款建立的合作实施机制（cooperative approaches）、第4款建立的可持续发展机制（sustainable development mechanism）和第8款建立的非市场机制（non-market approaches）。

合作实施机制在一些国家已经有先例。这些国家通过双边或多边协议规定在缔约国之间开展合作减排。一般来说在这些国家中有一个或几个明确的减排量净买方，其余是净卖方。减排或增汇的项目与《京都议定书》下的 CDM、JI 机制允许项目类似或根据协议增减。与 CDM、JI 机制相比，其好处在于相应的规则、报告和核实、履约程序等，由当事各方决定即可，避免了在联合国下达成多边协议的困难，并且避免了建立中央登记系统（如《京都议定书》国际交易志）的交易和履约成本。其不利之处在于，如果全球存在许多个这样的系统，而各个系统之间规定的核算规则不一致，则将导致各系统产生的减排量不可比，影响全球减排进展的评估。《巴黎协定》的合作实施机制要求参与方必须是协定的缔约方。然而《巴黎协定》并未规定缔约方能否与非缔约方开展类似机制，获得从非缔约方产生的减排量来实现自身的国家自主贡献，因为《巴黎协定》下国家自主贡献由各国自行提出，其目标核算规则也由该国自行决定，这与《京都议定书》不同。因此，如果存在这种情况，则《巴黎协定》整体的减排效果将存在"碳泄漏"的可能。

可持续发展机制则与《京都议定书》下的灵活履约机制类似，其核心是采用统一核算规则并建立中央登记系统。与《京都议定书》不同的是，由于所有缔约方在《巴黎协定》下都有提出并实施国家自主贡献的义务，因此在协定下不存在 CDM 类似的机制，也不存在重复计算问题。

非市场机制是在 2015 年《巴黎协定》达成以前，玻利维亚等一些发展中国家提出的概念，强调应该通过资金支持和技术转让，帮助缔约方实施国家自主贡献，而不是将减排量作为交易标的和履约途径。然而这种非市场机制的概念，与现行的资金和技术支持机制有何区别？非市场机制的功能、实施对象、实施手段如何？提出这些概念的国家并未给出明确的说法。在《巴黎协定》实施细则的谈判中，也尚未明确。

第四节　约束机制与激励机制的公平性和合理性

对公平的感知从来就是一个主观判断，很难对其设定客观、可量化的指标体系加以评判。国际气候治理体系约束机制与激励机制是否公平，也需要放到特定的时间段、国际政治经济演变格局中看；不同的主体从各自角度和立场看，对这些机制是否公平的认知也不尽相同。

一、约束机制与激励机制的公平性

（一）基于历史责任的公平性

如前所述，国际气候治理语境下的气候变化是人类历史上、当前、未来所排放温室气体在地球大气中累积的结果，因此探讨国际气候治理机制的公平性需要有历史责任的视角。

1."共区原则"的确立与既有约束和激励机制的不对称性

"共区原则"是全球应对气候变化的基本原则，是应对气候变化公平性的基本体现。[①]

"共同"是指在伦理正义和法理上，地球上每个公民对全球共有的大气资源和生态服务都拥有正当的权利，同时也应共同关切和担负保护全球气候系统的责任和义务。这是因为全球气候系统作为一个完整的不可分割的整体，是人类共同的生存和发展环境，是全人类的共有资源，它的整体性和相互依存性要求在当前地球气候和生态系统面临着"可造成严重或不可逆转的损害的威胁"时，任何国家和个人，不论能力、既往责任、强弱、贫富、种族、地域等方面的差异，均有责任采取行动"把大气中的温室气体浓度稳定在使气候系统免受危险的人为干扰的水平上"。

"有区别"则强调了缔约方之间在气候变化人为责任上的现实不同以及相应的应承诺的减缓义务的根本区别。大气中温室气体浓度的不断增加及人为的气候变化是多年来温室气体排放逐步积累的结果，鉴于各缔约方，尤其是附件一缔约方和非附件一缔约方之间，在造成人为气候变化的历史和当前责任上存在根本的有区别的责任，这必然要求它们应承担的缓解全球气候变化的相关义务也要有根

---

① 王一鸣等：《全球气候变化与中国中长期发展》，中国计划出版社 2013 年版。

本的区别，具体表现在两组缔约方之间承担的义务性质、方式、幅度的不同以及承诺的时间先后次序。

"各自的能力"则是指在根据历史和当前责任来区别确定各缔约方的减排承诺目标或减缓行动的性质和方式的前提下，还要顾及各缔约方之间由于国情、发展阶段、资源基础、科技水平和社会管理能力等相关因素的差别酌情增减其义务的幅度大小。

在气候变化人为责任问题上，《公约》明确承认"历史上和目前全球温室气体排放的最大部分源自发达国家"。发达国家数百年来的工业和能源活动一直无限制地排放大量的温室气体超出了地球的自净能力，这些排放至今仍驻留在大气层中并造成了大气温室气体浓度的累积上升和气候变暖。而发展中国家的排放量一直相对较低，尤其在人均排放和历史累积排放方面远低于发达国家。因此，发达国家缔约方应该为全球气候变化承担最主要的责任。

基于这一共识，《公约》和《京都议定书》在20世纪末设定的约束机制规定，所有缔约方都要承担减缓、适应等应对气候变化的义务；但是在承担义务，尤其是减缓义务的形式和设定模式上，发达国家和发展中国家之间形成了不对称的义务，即因为发达国家承担最主要的责任，同时拥有较强的能力，因此率先承担量化的强制性减排义务；而发展中国家承担减缓义务的性质、幅度等具有更加多元性和一定程度的自愿性，符合发展中国家责任相对较小且能力较弱的特点。

同样，在激励机制方面，由于发达国家的历史责任，包括其在历史上对发展中国家的殖民导致的发展中国家资源被掠夺、发展水平落后、能力欠缺，因此发达国家在《公约》和《京都议定书》下承担向发展中国家提供资金、技术、能力建设支持的义务，也形成了发达国家与发展中国家的不对称体系。

2. "共区原则"的动态演进和约束与激励机制的演变

温室气体累积排放是一个随着时间推移逐渐变化的过程。一方面，学术界对于温室气体在大气中的停留时间及其造成温室效应的累积效果存在争议，对《公约》达成以前"法不溯及既往"是否能够免除发达国家在工业化时期排放温室气体造成地球气候变化的观点存在分歧，因此对于各国历史累积排放相应责任的计算存在不同意见；另一方面，随着发达国家陆续进入"后工业化"发展阶段，能源消费下降、低碳能源大量开发，使其在《公约》达成后的时期内，温室气体排放总体呈现下降趋势，而处于快速工业化阶段的发展中国家排放则急剧上升。因此，作为"共区原则"基础的国别历史累积排放这一科学参数发生了很大的演变。

从全球温室气体排放看，在《公约》达成的20世纪90年代初，发达国家年二氧化碳排放总量远高于发展中国家，如图4-8所示；然而到了《巴黎协定》

达成的 2015 年，这一相对形势已经发生了明显变化。

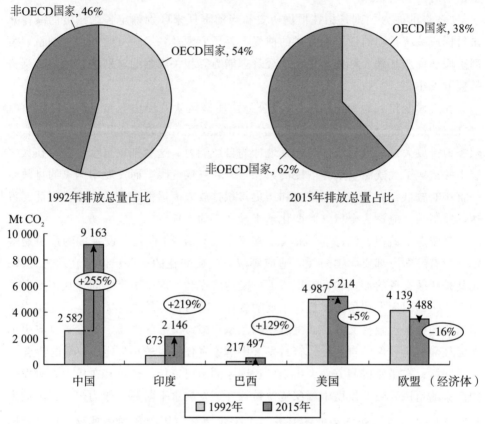

图 4 - 8　1992 年与 2015 年二氧化碳排放总量对比

资料来源：BP，2018.

　　1992 年时，以 OECD 成员国为代表的发达国家，以全球 20% 的人口排放了全球 54% 的二氧化碳；而到 2015 年时，OECD 成员国以全球 17.5% 的人口排放了全球 38% 的二氧化碳，发展中国家排放的二氧化碳总量已经大幅度超过发达国家。从主要国家看，中国 1992 年的排放量大约仅为美国的一半，而到 2015 年，中国的排放量已经超过欧盟和美国的总和。即便是人均排放量指标，在 1992 年到 2015 年这 23 年中，随着中国经济持续增长、能源大量消费，中国人均排放量逐年增加；而同时欧盟主要国家实现了低碳转型，人均排放量逐渐降低，到 2015 年中国的人均排放量已经接近欧盟水平，如图 4 - 9 所示。

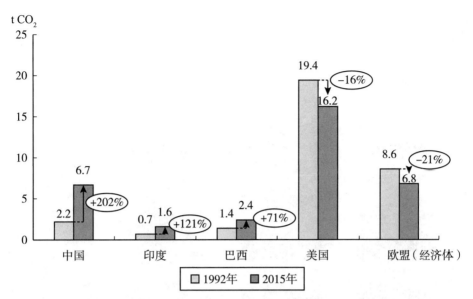

图 4 - 9   1992 年与 2015 年人均二氧化碳排放量对比

资料来源：BP，2018；世界银行，2018.

在经济领域同样如此。按照世界银行统计不变价计算，1992 年中国 GDP 仅占全球的 2.6%，相当于美国的 11%；而到了 2015 年，中国 GDP 占全球的比重已经达到 11.8%，相当于美国的 53.4%。而经济、文化、政治相对实力的上升，又给中国等发展中大国带来了日益提升的话语权。[①]

发达国家认为，发展中国家，尤其是发展中大国对全球温室气体排放的贡献已经显著增加，经济实力也得到显著增长，因此既有责任也有能力在国际气候治理中承担更多的义务，至少是与发达国家可比的义务。

中国等发展中大国认为，造成全球气候变化的是历史累积温室气体排放，发达国家在这一方面的贡献仍然显著高于发展中国家，人均历史累积排放更远高于发展中国家平均水平。而发展中国家近年来虽然经济发展水平得到快速提升，但仍有许多地区面临严峻的脱贫形势，与发达国家的差距也并未显著缩小，因此无论从责任还是能力看，都无法承担与发达国家可比的义务。实际上在历史累积排放问题上，中国等发展中大国也已追赶甚至超过许多发达国家，如图 4 - 10 所示。

---

① Worldbank：Data_GDP（constant 2015US$），https：//data. worldbank. org/indicator/NY. GDP. MK-TP. KD，2021 - 10 - 09.

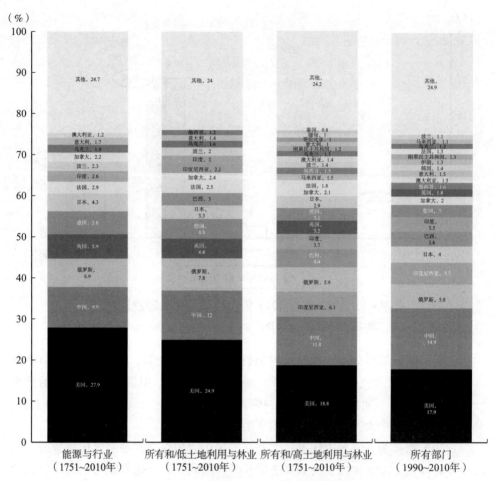

图 4 – 10　主要国家历史累积排放对比

资料来源：IPCC，2014（第五次评估报告第三工作组第一章）.

在这种情况下，《巴黎协定》在设定约束机制与激励机制时，发生了与《公约》和《京都议定书》显著不同的演变。尽管《巴黎协定》继承了《公约》确立的"共区原则"，但是对于缔约方责任的"区别"没有再延续《公约》和《京都议定书》将一部分缔约方列入某一个附件，与其他缔约方截然"二分"的模式，而是采取了发达国家率先、其他国家也要承担的"有区分"模式。这种有区分模式不仅体现在缔约方减缓义务设定的约束机制、履约信息报告和审评的约束机制方面，也体现在提供支持的激励机制方面，但是在遵约评估的约束机制和灵活履约机制方面，则更多地体现了共同性，形成了更加显著的演变。

与此同时，《巴黎协定》第二条还将从《公约》附件二缔约方向非附件一缔约方提供资金支持以应对气候变化，扩展为所有国家都要"使资金流动符合温室气体低排放和气候适应型发展的路径"，将其作为与减缓、适应相并列的全球目标。虽然协定并未将其作为任何缔约方的义务进行表述，但这实际上已经体现了对《公约》所建立的约束和激励机制的演变。

总的来说，在国际气候治理体系中，发达国家总体上希望发展中国家承担更多的责任和义务。一些发达经济体，如欧盟等，继续坚持承担自己应尽的义务，率先减排并为发展中国家提供应对气候变化的支持，但同时由于相对国情的变化，也希望有能力的发展中国家尽可能多承担应对气候变化的责任；也有一些发达国家，如美国等，将发展中国家与发达国家承担可比的责任和义务作为政治斗争和遏制发展中国家发展的工具，尤其是在相对国情已发生显著变化的"后巴黎"时期，这一倾向越发明显。

（二）基于现实责任的公平性

应对气候变化需要所有国家、所有人的努力已经在科学上和政治上形成共识，那么在国际气候治理体系中承担应对气候变化的义务，除了要依据不同国家的历史责任和现实能力外，也要重视各国的现实责任，尤其是考虑到各国当前的行动，会影响未来的地球气候变化。

1. 科学要求下，约束与激励机制促进各国参与国际气候治理

将全球温升控制在 2℃ 以内是建立在科学评估基础上的重大政治决策，需要全球各国采取行动和措施，共同维护集体决策的成果。IPCC 从第二次评估报告起，就不断探讨对《公约》目标的科学解释。基于科学评估报告，欧盟理事会首次提出将"全球地表平均温度升幅控制在工业化前水平以上低于 2℃ 之内"作为全球应对气候变化的目标。[①] 2006 年，时任英国首相经济顾问的斯特恩爵士发布了《气候经济学斯特恩报告》（*The Economics of Climate Change：The Stern Review*），对应对气候变化对策进行了成本效益的经济学分析，成为选择温升控制目标的重要理论支撑之一。在不断深化的自然科学、社会科学研究支撑下，各国政府和多个国家集团逐渐统一认识，形成了 2℃ 温升控制目标的共识。《巴黎协定》最终将"把本世纪末全球平均温度上升幅度控制在不超过工业化前水平 2℃ 之内，并力争不超过 1.5℃ 之内"确定为全球行动目标。这表明，全球温升控制目标是一个建立在科学评估基础上的全球性政治共识，这一目标为全球应对气候变化提供了明确行动方向。为了实现这一目标，所有的国家和社会机构都需要采

---

① EU Council of Ministers. *Community strategy on climate change – Council conclusions*. Luxembourg：European Union，1996.

取积极的措施应对气候变化。[①]

实现全球温升控制目标要求各国加快行动、加强合作，不能只依靠发达国家承担量化减排义务。各种科学评估表明，实现 2℃ 以内的温升控制目标，各国必须采取强有力的政策措施，尽可能早地实现能源体系的净零碳化转变，进行发展模式和生活方式的低碳转变。本世纪中叶全球温室气体排放总量要下降一半左右，下半叶要实现全球温室气体的净零排放，这个转变的难度很大。实现目标的可能性目前仍然存在，但距时间窗口所剩时间已经不多了，行动紧迫性日益提高。多个国家已经逐渐采取了应对气候变化措施，开始认真减缓温室气体排放。各国按照《巴黎协定》要求提出了自己的"国家自主贡献"行动目标和方案，但目前的承诺行动如果不能尽快加强，2100 年全球温升将很可能达到 3.0 ~ 3.2℃，远远超出 2℃ 目标的减排要求。[②] 人类社会面临的风险明显加剧。各国必须加快和增强减排行动，才可能抓住时间窗口，实现应对气候变化的共同目标。

2. 发展阶段不同，约束与激励机制体现发达国家和发展中国家区别仍十分必要

与社会经济发展同步出现的温室气体排放，其来源和规模与发展阶段密切相关。发达国家和发展中国家处于不同的发展阶段，工业化、信息化和现代化水平差距很大，因此其应对气候变化，尤其是减缓排放方面的任务有很大区别。国际气候治理体系下的约束与激励机制也应当有所区别。

发达国家已经实现工业化，在"后工业化"时期必须尽快实现低碳转型发展，大幅减少温室气体排放。发达国家自工业革命以来大量排放二氧化碳等温室气体，对当前的全球气候变化负有主要历史责任和很大的现实责任，发达国家需要继续率先减排，尽快实现低碳转型发展。

世界主要发达国家都在向低碳发展转变，转型路径各有特点，欧洲明显走在了前列。根据《公约》秘书处温室气体数据库数据[③]，欧盟 28 国 2015 年的温室气体排放量合计已经比 1990 年下降了 23.7%，已经提前完成欧盟在《坎昆协议》中承诺的 2020 年比 1990 年减排 20% 的目标。低碳发展需要坚定的政治意愿和社会共识以及法律基础，而在德国、英国、法国以及北欧，积极应对气候变化的社会和政治基础已经基本形成，绿色低碳发展转化为强劲的内部驱动力。欧盟和许多欧洲国家在管理体系机制、经济结构、能源结构、技术研发、公众意识等方面都开展了积极探索，并且取得了显著成效，低碳转型已经取得了初步成效，积极的远期目标已经确立并逐步实现。

---

① 周大地、高翔：《应对气候变化是改善全球治理的重要内容》，载于《中国科学院院刊》2017 年第 9 期，第 1022 ~ 1028 页。

② United Nations Environment Programme. *The emissions gap report* 2016. Nairobi, Kenya：UNEP, 2016.

③ UNFCCC. *Greenhouse gas inventory data*，http：//di. unfccc. int/time_series.

美国低碳转型明显落后于欧洲。《公约》秘书处温室气体数据库表明，2007
年美国温室气体排放总量达到峰值，比 1990 年增长了 15.5%，2015 年美国排放
量比 2007 年下降了 10.4%，但仍高于 1990 年水平，明显没有达到《公约》要
求。奥巴马总统气候政策措施的核心——"清洁电力计划"，也仅能使 2025 年化
石能源燃烧的二氧化碳排放比 2005 年减排 14.6%[1]，其承诺的 2025 年实现全经
济范围温室气体减排 26%~28% 的目标能否实现仍有待观察。特朗普总统退出
《巴黎协定》，废除"清洁电力计划"等气候政策，受到美国国内众多地方政府
和产业界的反对，这一时期的倒退行为使得美国明显丧失信义，成为消极因素。
拜登总统上台后美国重返《巴黎协定》，颁布一系列气候新政，旨在重新构建美国
在全球气候治理中的领导力，抢占绿色低碳产业竞争新高地。从过往历程看，美国
两党政治格局变化导致其气候政策摇摆不定，美国低碳转型走向的不确定性较大。

发达国家在低碳转型发展方面出现的巨大分化，给全球气候治理格局增添了
新变数。国际气候治理体系的约束机制应当加强对发达国家的约束，才能确保发
达国家率先实现大幅度的减排。

发展中国家必须尽快实现低碳创新发展，不能寄希望于发达国家承担所有的
责任，也不应当以还需要发展空间为由，继续走发达国家走过的高能耗、高污
染、高排放老路，或是等待别的国家总结出低碳发展的合适道路。

按照世界银行统计，多数发展中国家还处于欠发达状态，有些国家人均 GDP
尚不足 500 美元，有的年人均二氧化碳排放还不到 0.05 吨，但也有个别国家已
经超过美国的人均排放水平。[2] 中国等新兴国家，已经在经济总量上进入世界经
济前列，同时也成为主要排放大国。发展中国家作为一个整体，随着经济社会的
快速发展，其温室气体排放总量和增量都已经明显超过发达国家。许多发展中国
家期望尽快发展起来以摆脱贫困，实现社会发展和人民生活水平的提高。发展中
国家能否实现绿色低碳发展，开始对全球气候变化起着决定性的作用。

迄今为止，还没有一个发达国家，特别是主要的经济大国完成了经济发展模
式的低碳转型，实现了低碳发展。即使欧盟内部一些走在转型前列的国家，也还
是处在离起点近、离终点远的位置上。发达国家没有给发展中国家带来既能实现
快速发展，又能大幅减缓温室气体排放的现成模式。发达国家是在实现高碳发展
后向低碳转轨，而发展中国家如果学习发达国家这样的发展模式，必将重复高碳
发展的老路。如何开拓绿色低碳发展新模式，是所有发展中国家面临的重大挑
战。发展中国家如果能够实现绿色低碳发展，就有可能实现"蛙跳"式发展，越

[1] U. S. Energy Information Administration. *Annual Energy Outlook* 2017 *with projections to* 2050. Washington
DC：U. S. Department of Energy，2017.

[2] World Bank. *The World Bank database*，http：//data. worldbank. org/indicator.

过传统高碳路径，加快缩小与发达国家的技术和经济差距。也只有这样，世界才能在全球经济不断发展、人民生活水平不断提高，更多国家和人民享受到发展成果的同时，实现全球碳排放总量尽早达峰并较快下降，使得全球 21 世纪后半叶实现零碳排放，从而实现全球应对气候变化的共同目标。

发达国家中，许多欧洲国家以及日本、美国、加拿大等国已经走出了不同的能源和排放路径。许多欧洲国家和日本在实现现代化过程中的最高人均能耗、人均碳排放水平远低于美国和加拿大，形成了与高碳的"美加情景"所不同的相对低碳"欧日情景"发展路径。这表明"高碳发展"并不是实现现代化的必由之路。[①] 发展中国家应当吸取发达国家的经验教训，积极主动开展政策干预，转变发展方式，降低经济发展伴生的碳排放。通过制定和实施积极的应对气候变化、减缓温室气体排放的政策和措施，就可以在相对低的能源、资源消费基础上，实现更可持续的发展。世界的低碳技术发展迅速，已经可以助力实现比"欧日情景"更加低碳的发展前景。

因此，发达国家和发展中国家总的来说在实现低碳发展的目标上处于不同阶段、拥有不同任务、需要不同路径。国际气候治理体系应当认识到这一重要区别，为发达国家和发展中国家设立不同的约束与激励机制，不能完全用一把尺子衡量所有国家应对气候变化的努力，也不能对所有国家提出完全相同的要求。尤其是对于发展中国家而言，继续得到应对气候变化的资金、技术、能力建设支持，是十分必要的。

二、约束机制与激励机制的合理性

国际气候治理体系下的约束机制与激励机制是否合理或者需要如何完善使其更加合理，存在多种分析角度。通俗地说，这些国际法体系下机制的存在，其本身说明合法性和政治接受度得到了缔约方的认可，所以需要观察和分析的应该更加侧重于其治理效果。

（一）基于国际法实施效果的合理性

1. 促进缔约方个体履约

"条约必须遵守"原则是缔约方个体履约的基础。在此之上建立的约束机制和激励机制起到的都只是促进作用。

---

① 杜祥琬：《应对气候变化进入历史性新阶段》，载于《气候变化研究进展》2016 年第 2 期，第79～82 页。

促进缔约方个体履约的第一点是要求缔约方设定履约目标。由于全球气候变化及其应对具有坚实的科学基础，有可量化的行动目标，因此无论是《京都议定书》建立的"自上而下"机制，还是《坎昆协议》与《巴黎协定》建立的"自下而上"机制，其首要目的都是在于促进缔约方设定目标，尤其是量化减排目标，以便使其应对气候变化的行动朝着正确的方向前进，并且逐步加大力度，最终实现全球共同目标。从效果看，《京都议定书》为《公约》附件一缔约方设定了量化减排目标，但美国没有接受这一目标，加拿大先接受后又拒绝了这一目标；《坎昆协议》下，所有的发达国家缔约方都自愿提出了 2020 年量化减排目标承诺，48 个发展中国家缔约方提出了 2020 年的减缓行动，其中多数具有可量化的目标；在《巴黎协定》，几乎所有缔约方都提出了国家自主贡献，多数包括可量化的减缓行动目标。

促进缔约方个体履约的第二点是要求所有缔约方报告履约信息。由于应对气候变化的全球性，为了解彼此的行动进展，建立国际气候治理体系下的互信，真实、及时、准确报告履约信息十分必要。自《公约》规定所有缔约方都应报告履约信息，并通过缔约方会议决定设立具体规则以来，所有 197 个缔约方均提交履约信息报告；在《京都议定书》下，由于提交信息报告以及信息报告的质量直接与遵约机制挂钩，因此在遵约机制的督促下，所有发达国家缔约方都提交了履约信息报告。由于履约信息报告，尤其是其中涉及的温室气体清单编制与报告具有很强的技术含量，需要一定的能力才能完成，因此尽管 152 个发展中国家缔约方提交了履约信息报告，但报告的次数、质量差异很大。可以预见，尽管提交履约信息报告在《巴黎协定》下也是强制性义务，按规定所有缔约方都将于 2024 年以前提交第一次履约信息报告，但是由于能力不足，可能有相当多的发展中国家难以满足这一要求，或者报告质量不高。

在激励机制方面，如前所述，有 12 个缔约方在《京都议定书》第一承诺期通过利用灵活履约机制实现了遵约，发挥了激励机制的作用。CDM 机制的开展，也帮助不少发展中国家获得了减排温室气体所需的部分资金和技术，为这些国家实现 2020 年国家适当减缓行动起到了促进作用。而在提交履约信息报告的发展中国家中，大多数国家通过 GEF 获得了资金支持，并且通过 CGE 能力培训和双边合作等，提高了清单和履约信息报告能力，《公约》下的支持机制发挥了作用。

在遵约机制这种相对最严格的约束机制方面，《京都议定书》设定的遵约机制，在学术界被认为是各种多边环境条约中最强有力的履约保障机制。[①] 它设立

---

① 苟海波、孔祥文：《国际环境条约的遵约机制介评》，载于《中国国际法年刊》2005 年，第 156～169 页。

了事前、事中、事后、下一轮事前、事中、事后的连续循环机制，通过预警、提供咨询与协助、发出不遵约通告、实施不遵约后果等，帮助和促使缔约方遵约。在第一承诺期，除了加拿大选择在承诺期结束前实现了正式退出外，所有的缔约方都实现了遵约。这在一定程度上证明了遵约机制的设计原理，即通过提供咨询协助和实施不遵约后果，敦促缔约方在回归遵约和退出条约中做出自己的选择。①

2. 促进缔约方集体履约

国际气候治理体系中的"集体履约"包括两类情况。

第一类是国际条约的整体目标，如《公约》第二条载列的"本公约以及缔约方会议可能通过的任何相关法律文书的最终目标是：根据本公约的各项有关规定，将大气中温室气体的浓度稳定在防止气候系统受到危险的人为干扰的水平上。这一水平应当在足以使生态系统能够自然地适应气候变化、确保粮食生产免受威胁并使经济发展能够可持续地进行的时间范围内实现"。与之类似的还有《巴黎协定》第二条，如"把全球平均气温升幅控制在工业化前水平以上低于2℃之内，并努力将气温升幅限制在工业化前水平以上1.5℃之内，同时认识到这将大大减少气候变化的风险和影响"。这一类整体目标不是以缔约方义务的形式设定的，而是"本公约/协定各缔约方""兹协议如下"所认同的，因此也应得到全体缔约方的遵守。

第二类是国际条约及其缔约方会议决定为一部分特定缔约方设定的义务。如《京都议定书》第三条第1款，为《公约》附件一缔约方设定的在第一承诺期集体减排幅度不低于5%的量化目标；《坎昆协议》为发达国家缔约方设定的到2020年每年动员不低于1 000亿美元资金支持发展中国家应对气候变化的集体目标等。

当前的约束与激励机制和促进集体履约之间尚未直接挂钩。这是因为约束机制约束的是具体的每一个缔约方，而激励机制也没有建立起看得见摸得着的针对所有缔约方的激励。

约束机制中与促进集体履约关系最近的是国别目标设定机制，尤其是在《巴黎协定》设立全球盘点机制后，要求各缔约方在设定下一轮国家自主贡献时，应参考全球盘点的结论，这使得全球盘点发现的全球减排力度、资金支持力度、技术研发规模、透明度报告质量等不足，得以在新一轮全球各国的国家自主贡献中反映，通过提高国别力度来促进集体履约的更进一步。然而目前尚未确定全球盘点将如何影响新一轮国家自主贡献的提出，是否有相应的强制性约束，因此这还

① Jon Hovi, Camilla Bretteville Froyn, Guri Bang. Enforcing the Kyoto Protocol: can punitive consequences restore compliance? *Review of International Studies*, 2007, No. 33, pp. 435–449.

需要观察。

激励机制中既有的支持机制，只是单方面地要求发达国家向发展中国家提供支持，完全依靠发达国家善意履约，没有考虑如何动员发达国家扩大资金支持规模，难以促进其集体履约；原本的 CDM 机制在一定程度上起到了鼓励发达国家增加向发展中国家提供减排温室气体资金的效果，但由于这样的投资是追求 CER 和其他商业回报的，因此用于 CDM 项目投资的资金不能被看作发达国家履行提供资金支持的义务。

（二）基于应对气候变化效果的合理性

国际气候治理的最终目的，是实现全球各国在制定《公约》时确定的共同目标。《公约》的目标包括减缓和适应两部分，国际气候治理体系也一直强调减缓与适应并重。减缓和适应往往针对不同的领域、部门，所采取的政策手段也有差异，行动效果的表征也不同。减缓行动往往立竿见影，能够按照科学的方法立即计算出减排量，并且贡献于长期的全球温升控制效果；适应行动则往往需要较长时间才能逐渐显现效果，难以估算效益，但却又是许多国家，尤其是受气候变化影响严重的发展中国家当下迫切所需。因此，合理的国际气候治理体系应当在减缓和适应两方面，都能有效促进相应行动产生效果。

1. 促进个体和集体减排

控制全球气温升幅的核心是减缓和减少温室气体排放。《京都议定书》设定的"自上而下"减排目标设定机制、强制性报告和审评机制、遵约机制等约束，以及灵活履约机制等履约激励措施，为全球合作应对气候变化模式做出了有益的探索。

《京都议定书》第一承诺期虽然以全部履约的成绩结束，然而《京都议定书》模式在促进个体和集体减排方面有两个明显不足。一是只对发达国家设立了量化减排目标，这也是该议定书近年来被学界和发达国家批评的一点；二是为发达国家设定的集体目标偏低，不符合科学要求。如前文"缔约方大会决定"部分所述，IPCC 在第四次评估报告中提出《公约》附件一缔约方应当在 2020 年实现比 1990 年减排 25% ~ 40% 的整体目标，然而《京都议定书"多哈修正案"》中，仅要求附件一缔约方整体比 1990 年减排至少 18%。尽管这两个数值的内涵不同，前者是 2020 年当年数，后者是 2013 ~ 2020 年年均数，但发达国家总体上已经实现排放量稳步下降，而根据《公约》秘书处温室气体数据库[1]数据，不包括美国、加拿大在内的所有《公约》附件一缔约方，其整体排放量在 2012 年就已经

---

[1] UNFCCC. *Greenhouse gas inventory data*，http：//di. unfccc. int/time_series.

比 1990 年下降了 18%，这表明《京都议定书"多哈修正案"》提出的整体目标值偏低，难以对缔约方整体减排起到约束或激励作用。

而在《京都议定书》机制下，虽然从形式上看，发达国家承担的量化减排目标是"自上而下"设定的，但从谈判过程看，这些目标实际上也是"自下而上"由各个发达国家缔约方自行提出来的，这与《坎昆协议》《巴黎协定》下减排目标的提出机制其实一样。这就导致国际社会对各国提出减排目标的力度其实并没有任何约束，也难以做到激励，从而使得所有国家的国家自主贡献减排目标汇总之后，与 IPCC 识别出的全球减排路径存在很大的减排努力差距。

2. 促进个体和集体适应

适应问题一直是国际气候治理体系关注的焦点问题。各国都采取了适应行动，在国家履约报告中有所反映。《公约》《京都议定书》《巴黎协定》也都对适应问题十分关注，但是国际社会对适应问题的重视程度、开展的行动始终不如减缓行动。这里面的原因是多样的。

第一，这三个条约的强制性义务设定机制，都没有为缔约方开展适应行动设定具体的义务，尤其是可量化的义务。这是因为各国国情差异大，面临的气候变化影响和风险不同，无法设定统一的适应行动领域和目标。《巴黎协定》提出了全球适应目标的概念，但是在科学上如何界定，在实践中如何落实，还有待讨论。

第二，履约信息报告机制中没有提出适应行动的报告方法学。与温室气体清单需采用 IPCC 制定的清单编制方法学不同，如何评估适应行动效果，迄今为止没有任何统一方法学。这导致各国在报告适应行动时灵活性相对较大，各自可以选取自己认为属于适应行动的内容报告，报告的详略程度、是否报告量化信息等都由各国自行决定，缺乏约束力和指导性。

第三，有不少发达国家认为适应行动是各国各自的行动，而减缓行动由于直接决定全球温室气体排放量的多少，会通过气候变化影响其他国家，因此对于其他国家的适应行动并不关注，只关注将对其产生间接影响的减缓行动，包括在向发展中国家提供资金支持时，也倾向于支持减缓行动而不是适应行动。这使得各国开展适应行动缺乏来自国际社会的支持。

第四，适应行动往往涉及基础设施建设，投资大、周期长、见效慢，且成效不容易量化评估，难以产生可量化的经济效益回报，具有较强的公益性。因此无论是本国还是国际资金，都不倾向投资于适应行动。国际气候治理体系中对适应行动的支持、激励机制欠缺。

（三）基于政治产出的合理性

国际气候治理体系建立的约束与激励机制，不仅有助于缔约方履行其在国际气候变化条约下的义务，也有助于各国自身的国家治理和国际气候治理合作模式的改善。

1. 促进个体善治

当前国际气候治理体系，除了为发达国家设定强制性地向发展中国家提供资金支持义务外，其余实质性义务在很大程度上都充分尊重各国自主的选择，包括采取何种类型的减排目标、力度多大、实施周期多长，采取哪些适应气候变化的政策措施等。但是在这一体系下设立的程序性义务，尤其是强制性的国家履约报告和审评义务，在很大程度上提高了履约各国国内的治理能力。

在国际气候变化条约下的报告和审评机制，一般来说只是规定了履约各国需要报告什么内容、使用何种方法学，但是并不干涉各国自行决定通过建立何种国内体制机制、信息收集、科学研究体系，去获得报告这些内容所需要的数据信息和编制报告。少有的例外是在《京都议定书》下，缔约方会议决定"自上而下"规定了附件一缔约方参与灵活履约机制的相应国家体系建设要求，以及与国际交易志的实时链接要求。这是因为《京都议定书》建立了全球通用的碳排放交易市场机制，参与这一机制的各方必须确保在其中流通的交易标的物具有同样的价值。

由于温室气体排放源和汇涉及能源、工业、农业、林业、废弃物管理等多个部门，而能源部门的排放又涉及能源生产、工业生产、交通、第三产业、居民等各个国民经济部门，各国根据自己的国情建立和完善信息统计和报告体系，有助于国家及时获得国民经济社会发展决策所需的信息。此外，对于希望在国际社会中发挥更大作用的国家，按照国家履约报告要求，逐渐建立国际合作信息统计和报告体系，也有助于其政府做出国际合作方面的决策，更好地发挥国际合作的作用，树立负责任大国的形象。

2. 促进集体善治

在过去近三十年间，国际气候治理体系发生了显著变迁，这一变迁总的趋势是促进集体善治。

一方面，国际气候治理的思想从对抗性，逐渐转为合作性。《公约》谈判之初，发达国家和发展中国家作为截然对立的两大集团，在"偿还气候变化欠债"思想的主导下，形成了附件一与非附件一缔约方不同的非对称型义务体系。而随着低碳发展理念的形成和传播，国际气候治理发生了从"自上而下"到"自下而上"模式的变化。各国逐渐认识到低碳发展并不是不允许温室气体排放，而是将减排温室气体、保障能源安全、增强市场竞争力和提高生产力、确保居民充分享用负担得起的能源几个核心目标一体化的发展理念。这一理念在世界银行前首席经济学家尼古拉斯·斯特恩于2007年正式出版的《气候变化经济学——斯特

299

恩报告》中得到系统性阐述。尽管诺贝尔经济学奖得主威廉·诺德豪斯与斯特恩在气候变化的代际影响和当前决策关系问题上理解不一，但是都认同低碳发展是解决全球气候变化问题的根本途径。《气候变化经济学——斯特恩报告》对英国、欧盟等发达经济体，以及包括中国在内的许多发展中国家推动向低碳发展转型起到了重要作用。

低碳发展的核心是减少人为活动导致的温室气体排放。减排责任分担始终在国际气候治理中处于核心地位。对于减排责任分担，定性地说，公认的基本原则是要考虑引起气候变化的责任、发展的需求、减排的能力、公平的安排，但是定量地看，很难确立一个统一的、科学的指标体系和分配方法学，而且国际政治博弈的固有规律也决定了很难在多边体系下形成有效的"自上而下"责任分配。以欧盟为首的发达经济体在看到国际排放、经济形势发生显著变化后，对《京都议定书》建立的只对发达国家"自上而下"分配减排责任的模式表示了不满。一部分发达经济体，如欧盟、瑞士，希望继续坚持"自上而下"模式，但将其应用到所有国家；另一部分发达国家，如美国，则希望摆脱"自上而下"的束缚，建立"自下而上"自主行动的模式。与此同时，发展中国家也持不同主张。受气候变化影响严重、迫切希望看到全球大幅度减排的小岛屿国家、最不发达国家等支持"自上而下"为所有国家设定严格减排目标的模式；而经济增长迅速、对能源消费需求快速增长的发展中国家则希望确保较为宽松的发展环境，支持"自下而上"模式。最终，在美国的强力推动和中国等发展中大国的呼应下，以 NDC 为核心的"自下而上"国际气候治理模式得以确立。实际上自《坎昆协议》要求发达国家自行提出 QEERTs 和发展中国家提出 NAMAs 开始，各国根据国情自行提出减缓行动和目标的理念就得以实践，NDC 只是标志着这一"自下而上"模式在国际条约中得到了确认。而《巴黎协定》在《公约》第二条所设立最终目标的基础上，明确了各国在减排温室气体、适应气候变化、推动低碳融资方面的目标，建立了着眼于全球合作应对气候变化进展的全球盘点机制，这都表明《巴黎协定》更加注重应对气候变化的共同努力，而不是对抗性地评估指责谁应当承担多大的责任，以及有没有兑现落实。

另一方面，国际气候治理体系虽然仍以联合国框架下的国际谈判来做出决策，然而近年来随着治理思想的转变，多边决策效果也有所改善。在国际气候谈判的历史上，早期在 2000 年，后来在 2009 年发生过两次因发达国家和发展中国家立场冲突严重，导致谈判没有一致通过达成决定的情况。2000 年《公约》第 6次缔约方会议在荷兰海牙没有达成一致，没有形成任何决定，缔约方 2001 年 7月在《公约》秘书处所在地德国波恩加开了第 6 次缔约方会议续会，通过了相应决定。2009 年《公约》第 15 次缔约方会议在丹麦哥本哈根召开，原计划应完成

"巴厘岛路线图"谈判，形成 2012 年后、2020 年前国际气候治理体系的规则制度安排，但由于主办国在程序上没有保证公开透明，导致许多发展中国家不承认该次会议最重要的成果——《哥本哈根协定》，因此相应的内容被留待后续继续谈判，并在 2010 年于墨西哥坎昆召开的第 16 次缔约方会议上做出了决定。与 2000 年不同的是，一方面，除了《哥本哈根协定》外，哥本哈根缔约方会议就其余问题做出了决定，并非将所有问题都留待后续会议；另一方面，哥本哈根会议以及《哥本哈根协定》并未完成"巴厘岛路线图"提出的所有谈判任务，其中与《京都议定书》第二承诺期相关的问题，直到 2012 年多哈会议时才完成。

相比之下，近年来随着各国最高领导层重视应对气候变化，通过各种政治宣言、双边声明等，为联合国气候谈判提供政治指导，使得备受各方关注的巴黎气候变化会议最终取得了成功。《巴黎协定》并没有解决所有的问题，在缔约方会议决定中就为后续的实施细则谈判设定了时间表。而在 2018 年底，各方又在充分谈判后，除了极个别问题外，达成了"一揽子"的《巴黎协定》实施细则，并没有出现谈判完不成而延期的情况。这种先解决最重大政治问题，再逐步解决技术细节问题的模式，也为全球治理提供了新的模式借鉴。

三、既有约束与激励机制的不足

（一）体现公平性的不足

2017 年 6 月 1 日，时任美国总统特朗普宣布美国将退出《巴黎协定》，其重要理由之一是认为《巴黎协定》没有要求中国承担与美国一样的减排义务，并且中国和印度仍然作为发展中国家享有获得支持的权利，这对美国不公平。[①] 这虽然只是美国一家，甚至只是特朗普总统和一部分美国人的观点，但也说明当前国际气候治理的约束与激励机制存在公平性上的不足。

第一，机制的设立难以明确展现公平性。无论是约束机制还是激励机制，其对不同缔约方做出共同和有区别的规则安排时，都没有明示其依据如何，尤其是这种机制安排是否公平。这就导致在机制形成后，有些国家或者人士会以对公平的不同感知为由来反对。然而在国际规则的制定过程中，尤其是通过国家间多边谈判达成的规则，很难设定一个各方都认可的标准来衡量机制安排是不是公平。

---

① Donald Trump. *Statement by President Trump on the Paris Climate Accord*. Washington D. C.：The White House，2017 – 06 – 01，https：//www. whitehouse. gov/the – press – office/2017/06/01/statement – president – trump – paris – climate – accord，2018 – 04 – 07.

这一方面因为国际机制的公平可以从不同的角度去阐释，不同国家甚至不同执政者站在不同立场上会有不同的选择，就像奥巴马执政时期，美国认为《巴黎协定》是公平的，否则也不会签署和批准协定；另一方面也在于公平的衡量很有可能是动态变化的，就像《公约》达成时，各国对于附件一和非附件一缔约方的划分认为是公平的，因此普遍接受了《公约》，但是在就《巴黎协定》进行谈判时，发达国家和一些发展中国家就认为当年划分附件一的标准已经不适用于当前形势，继续按照《公约》附件一和非附件一缔约方的"二分"来制定规则不能体现公平性。因此，理论上在机制设立时就决策公平性的判据进行明示，或许有助于科学决策，但是在政治实践中，这种做法可能很难实施。

第二，既有约束机制和激励机制都是在国际气候变化法体系下的机制，无法对非缔约方产生效果，因此可能存在非缔约方"搭便车"的情况。就像美国拒绝批准、加拿大退出《京都议定书》，但《京都议定书》实施的减排效果，这些国家仍然能分享红利。从人的感知看，没有参加《京都议定书》的国家是不承担量化减排和提供支持义务的，对于排放量对全球影响不大的南苏丹等国，国际社会不会介意这些国家"搭便车"。然而对于应当在条约约束机制下承担义务的国家，以及按照现实责任来看对全球影响很大的国家，如果"搭便车"，就会产生不公平。当前的约束和激励机制无法解决这一问题。

第三，既有激励机制难以有效解决部分发展中国家最紧迫的支持需求。当前的支持机制中，除支付发展中国家定额的代表参与《公约》下机制的相关活动外，资金机制一般采取项目申报制，而许多发展中国家，尤其是能力特别欠缺的发展中国家往往难以成功撰写项目申报书并获得资助；技术机制目前仅开展了专家论坛、TNA 项目等活动，无法推动气候友好技术真实地向发展中国家转移；能力建设机制多为专家论坛和部分短期国际集中培训，在识别和解决特定发展中国家能力建设需求方面发挥的作用尚不足。而灵活履约机制中的 CDM 机制属于项目制，由投资方自行选择其认为合适的东道国和项目，而由于项目前期论证、中期实施和后期申请 CER 审批需要较长的周期和成本投入，因此这就导致投资环境较好的、减排潜力大的、回报有保障的项目会得到资金和技术，而这种项目往往存在于社会经济发展水平相对较高的发展中大国，如上文显示的中国、印度、巴西、智利、墨西哥、韩国等，相比之下，许多非洲国家、小岛屿国家等参与的 CDM 项目很少，难以得到有效的支持。

（二）合理性方面的不足

当前国际气候治理体系下的约束与激励机制虽然在总体上促进了各缔约方的履约、促进了科学要求的落实和国家与国际治理善治的进步，但是在执行过程中还存在不少问题。

第一，现行机制无法对不可量化的义务进行评估，因此也难以起到约束或促进作用。除了《京都议定书》为发达国家设定的量化减排目标外，现行条约为缔约方设定的义务中，没有别的量化目标。而对于非量化目标，如发达国家应向发展中国家提供资金支持，由于缺少具体的数量，这一目标就成了"是/否"型目标，承担这种义务的缔约方哪怕只向发展中国家提供了一分钱，那也是履行了义务，遵约机制就失去了意义；当然，在这种情况下，履约信息报告机制将通过透明的信息披露，将缔约方的行为公之于众，形成无形的舆论压力，使得缔约方不可能出现用一分钱履约的情况。

第二，现行机制对缔约方是否遵约的评估时滞过久。按照现行机制和技术能达到的水平，发达国家在一年过完后，第2年下半年一般才能获得上一年全年的能源、工业、农业、林业、废弃物管理等基础统计数据信息，第三年上半年才能完成基于这些统计数据的国家温室气体清单编制和报告，下半年才能完成全部的履约信息报告，到第4年1月1日前提交，并于第4年接受国际技术专家审评，审评报告在第4年下半年完成后，在第5年上半年才能开启遵约审议，下半年遵约委员会可以做出裁决，如果缔约方有异议，要到第5年年底的缔约方会议才能做出最终决定。这导致遵约评估的实效性，甚至是透明度规则中国际技术专家审评的实效性较差，遵约委员会或者专家审评发现报告中的问题时，这一问题往往已经被缔约方自己发现并且改正了，或者是这一问题已经无法改正了。对于发展中国家，按照现行的履约信息报告机制，国家温室气体清单报告的数据可以是4年前的数据，这就又比发达国家的实效性迟滞了两年。

第三，现行机制难以落实向缔约方履约能力不足提供支持的问题。现行约束与激励机制中有五种发现缔约方能力不足和能力需求的途径。一是缔约方自行在国别履约报告中提出自己的资金、技术和能力需求，包括在《坎昆协议》建立的发展中国家NAMAs登记簿中登记需求；二是缔约方在国际技术专家审评或分析时，通过与专家的讨论，可以识别自身存在的资金、技术和能力需求；三是在遵约委员会审议时，可以通过与缔约方、审评专家、相关支持机制的对话，以及跨国比较，帮助缔约方识别资金、技术和能力需求；四是缔约方在参与研讨、对话、培训活动时，可以借鉴他国经验，识别自身需求；五是缔约方可以通过参与TNA等项目，发挥国内和外部专家力量，识别履约需求。然而在识别出需求后，当前的约束与激励机制都未能将支持与这些需求挂钩，这就导致这些需求难以得到满足，从而阻碍能力不足的缔约方有效履约。

第四，对于"有前提"的义务和承诺目标，当前约束与激励机制难以发挥作用。如在《公约》体系下，根据第四条第7款，"发展中国家缔约方能在多大程度上有效履行其在本公约下的承诺，将取决于发达国家缔约方对其在本公约下所承担的有关资金和技术转让的承诺的有效履行"，这在一定程度上成为一些发展中国家不善意履约的借口。根据《公约》网站显示，第一次双年更新报告的提交截止时间为2014年，但截至2019年，155个发展中国家缔约方中仍有110个缔约方未提交双年更新报告。① 虽然提交双年更新报告只是《坎昆协议》作为缔约方会议的要求，不是《公约》本身规定的强制性义务，《公约》体系下对发展中国家不履约也缺乏约束，而许多发展中国家在谈判和讨论中也以缺乏能力、缺乏支持为理由来解释不履约的原因。又如一些国家根据《坎昆协议》提出2020年减排目标，既包括无条件目标，也包括有条件目标。澳大利亚提出了2020年无条件减排5%；如果达成的全球协议无法实现将全球大气中二氧化碳浓度稳定在450ppm，但排放大国承诺实质性排放限制目标，其中发达经济体做出与澳大利亚可比的承诺，且整体比1990年减排15%～25%，在这种情况下，澳大利亚将承诺减排15%；如果全球达成有雄心的协议，保证将全球大气中二氧化碳浓度稳定在450ppm或更低，发达经济体整体减排25%以上，发展中大国明确宣布峰值年，且整体偏离BAU 20%以上，全球碳市场充分发展，在这种情况下，澳大利亚将承诺减排25%。然而在实际实施过程中，无论是在对国家履约报告的专家审评、依据《坎昆协议》开展的国际多边评估，还是在《公约》体系下的官方对话中，澳大利亚都从未正面回应过如何理解其设定的条件是否达到，该国是否将调高目标的问题。当前的约束与激励机制对这样的情况也缺乏应对措施。

第五，在当前的约束与激励机制下，缔约方有可能出于各种目的，积极善意履约，完成条约规定的义务，如提出国家自主贡献等，但这并不代表科学要求就能得到满足。虽然《巴黎协定》下缔约方必须提出国家自主贡献，并且发达国家应当提出、发展中国家应当努力逐步提出全经济范围量化减排目标，然而《巴黎协定》并没有规定缔约方必须实现国家自主贡献目标，这也就为通过约束机制提出预警、实施不履约后果带来了法律上的障碍。此外，国家自主贡献由各国自行提出，其国别目标的力度是否能够满足科学要求难以评估，而整体力度不能满足科学要求已经成为事实，但是却又无法将这一力度缺口分摊到各国。这两个问题导致现行约束与激励机制难以确保各国的减排目标有力度，获得实现，并且不断提高，直至实现科学对全球应对气候变化提出的要求。

此外，合法退约也是当前约束与激励机制无法管辖的问题。由于《公约》《京都议定书》和《巴黎协定》都明确规定了缔约方可以退出条约，并且规定了

---

① UNFCCC, Biennial Update Report submissions from Non – Annex I Parties, Rs？ gclid = CjwKCAjw0ZiiBh BKEiwA4PT9z6f7Syqz3UPFyfu6E5820FvQDTAbNi5oVXe2fk4 – 8eaAzAZ96uCakBoCAsIQAvD_BwE, 2020 – 01 – 01.

明确的程序，这就导致缔约方在对这些条约感到不满时，可以选择依据条约规定的程序，合法地退出条约，从而逃避约束。

第五节　构建更加公平合理的约束机制与激励机制

国际气候治理体系经过了近三十年的发展，已经建立起了一套成熟的机制。虽然这些机制得到了世界各国的认可，国际气候变化条约的缔约方也在积极善意履约，但是随着国际政治经济形势和科学技术的发展，这些机制一直处于不断演变中，一次次达成新的政治平衡。尽管《巴黎协定》已经取得了最近的一次政治平衡，其公平性与合理性得到各方广泛认可，但从国际气候治理体系来说，《公约》《京都议定书》和《巴黎协定》演变至今仍有改进的空间。

一、《巴黎协定》生效后的新发展

（一）国际气候治理体系的目标尚未实现

国际气候治理体系通过约束机制与激励机制，敦促和帮助缔约方履行其在条约下的义务，实现气候治理的最终目标。根据《公约》，这一目标应当是一个可持续发展的目标，而不能仅仅理解为减排温室气体。

促进实现科学评估提出的应对气候变化目标是国际气候治理体系的核心任务。作为国际气候治理机制，其核心任务是使全世界能够应对气候变化带来的挑战，通过减缓气候变化，使变化的影响降到人类能够适应的范围内，同时增强人类和经济社会系统的适应能力，应对已经发生的气候变化带来的不利影响。

与其他国际环境治理体系不同，由于气候变化治理涉及国民经济社会发展的方方面面，因此更具备促进可持续发展的可能性。人类活动最重要的温室气体排放源是化石能源的利用，而能源利用与国民经济和社会发展各行各业都有密切关系；适应气候变化的基本途径是提高公众意识、制度体系建设和基础设施建设，这些也都是国民经济和社会发展的基本内容。国际气候治理机制要着眼于帮助所有国家找到并实现最适合自己的低碳排放、高气候韧性发展道路，要通过创新、普及清洁能源和节能技术，提高信息化和智能化水平促进社会生产力进步，优化国际产业分工、贸易和交通布局，增强公众教育、卫生、防灾减灾能力，改善全世界人民的生活水平。国际治理体系不能干涉国家主权，但也不能只停留在要求各国提出看似有力度的目标、规划，然后就不闻不问、各凭本事，最后目标实现不了就来不及了。

（二）国际气候治理体系的原则将继续动态适用

国际气候治理仍有必要以国际法为主渠道，尊重国家主权的原则，仍将是国际气候治理体系的基础。尽管气候变化是全球性问题，任何一个地方的温室气体排放都将通过气候变化的影响作用到地球上的所有地方，但是就人类社会的组织形态而言，在可以预见的未来，尚不可能离开国家和政府，因此采取应对气候变化的措施仍需要政府来推动，从而离不开国家主权的范围。

《公约》确定的国际气候治理体系原则并未过时，尤其是"共区原则"，仍将指导未来国际气候治理体系下的各种规则。但是如同过去近三十年一样，《公约》确定的原则仍将随着国际形势的变化，由各国进行动态的解读，并根据动态解读达成的新的政治平衡，指导制定新的国际规则。

（三）各方围绕《巴黎协定》实施细则的谈判

在 2015 年《巴黎协定》达成的同时，《公约》缔约方大会就确定了需就协定实施细则开展谈判，明确了新的谈判授权，建立了"《巴黎协定》特设工作组"（Ad Hoc Working Group on the Paris Agreement，APA），主要就国家自主贡献的特征、信息与核算导则，透明度模式、程序和指南，全球盘点相关问题，促进履行和遵约委员会工作模式和程序完善等问题开展谈判。在 2016 年 5 月举行的第一次 APA 会议上，适应信息通报导则也被纳入谈判议题。

除此之外，与资金、技术、能力建设等相关的问题，以及与国家自主贡献登记簿等相关的问题，分布在《公约》缔约方大会、附属履行机构和附属科技咨询机构下进行谈判，形成了"一揽子"谈判议题，如表 4-17 所示。

表 4-17　　　　　《巴黎协定》实施细则谈判议题

《巴黎协定》条款	COP	APA	SBI	SBSTA
4. NDC/减缓		信息与核算导则	登记簿、时间框架	
			应对措施对别国经济的影响	
6. 市场机制				合作实施机制、可持续发展机制、非市场机制

《巴黎协定》条款	COP	APA	SBI	SBSTA
7. 适应		适应信息通报导则	登记簿	
			机制安排、需求评估、认可努力、适应相关支持的融资方法学、评估适应支持充分性和有效性的方法学	
8. 损失损害	华沙机制			
9. 资金	双年预报、长期出资目标	适应基金服务于《巴黎协定》		资金核算方法学
10. 技术			技术机制定期评估	技术框架
11、12. 能力建设	机制安排		教育、培训、公众参与	
13. 透明度		模式、程序和指南		
14. 全球盘点		信息来源和模式		
15. 促进履行和遵约		模式和程序		

注：COP 指《公约》缔约方大会，APA 指《巴黎协定》特设工作组，SBI 指《公约》附属履行机构，SBSTA 指《公约》附属科技咨询机构，NDC 指国家自主贡献。

资料来源：笔者根据相关资料整理。

这些谈判基本上围绕《巴黎协定》如何落实的细则，因此国外常将这"一揽子"谈判称为"规则汇编"（Rulebook）。实施细则对于条约的落实十分重要，正如《京都议定书》第 1 次缔约方大会就议定书的实施，确立了排放许可分配、林业活动核算、市场机制单位报告、国家报告审评、遵约机制程序等诸多规则，使得议定书得以顺利实施。

《巴黎协定》实施细则的谈判自 2016 年开启，到 2018 年底于波兰卡托维兹结束，达成了"一揽子"成果，同时也仍然留下了一些悬而未决或需要进一步谈判解决的问题，如市场机制单位的使用、NDC 登记簿的功能、透明度统一报表和报告大纲、促进履行和遵约委员会工作规程等。这些问题将在后续谈判中陆续完成，以便为《巴黎协定》具体条款的正式实施准备好完备的规则。

二、约束机制与激励机制发展趋势与挑战

(一) 当前的约束与激励机制解决不了全球行动差距问题

在《巴黎协定》达成前后，许多研究分析就表明，该协定建立的"自下而上"模式无法实现全球气候治理的共同目标。[①] 从温室气体减排方面看，全球 2℃ 温升目标能否实现取决于能否将其落实为各国具体减排目标。[②] 巴黎气候大会前后，各国依据自身国情，积极主动提交和批准了 NDCs，针对 2020 年后减缓和适应气候变化做出承诺。《公约》秘书处报告指出，以当前 NDCs 情景模式预测，2030 年全球温室气体排放量将达到 50 亿吨；联合国环境规划署（UNEP）指出，2030 年排放的温室气体，较实现 2℃ 温升（ >66% 概率）的目标情景，将多排放 $11 \sim 13.5Gt\ CO_2 - eq$[③]；按照 NDCs 的减排力度，2100 年全球温升将达到 $2.6 \sim 3.1℃$。[④] 荷兰环境评估署（PBL）分析了 25 个国家/地区 NDCs 情景与现有政策情景的差距，发现仅有 9 个国家/地区在现有政策情景下可以实现 NDC 目标[⑤]。

美国随意退出《巴黎协定》体现了当前约束机制的有限性。作为国际法，《巴黎协定》第二十八条规定了两种缔约方可选退出程序：其一为直接退出协定，但必须在协定生效三年后才能实施，再满一年才能生效；其二为退出《公约》则自动视为退出本协定。[⑥] 美国总统特朗普在 2017 年 6 月 1 日正式宣布将退出《巴黎协定》，展现消极政治意愿，使全球原本已经不足的集体减排力度进一步出现赤字。在全球碳排放固定且分配方式固定的条件下，美国不同程度地退约或不履

---

① Fawcett A. A., Iyer G. C., Clarke L. E. Can Paris pledges avert severe climate change? *Science*, 2015, Volume 6265, No. 350, pp. 1168 – 1169; IEA. *Energy and climate change, world energy outlook special report.* Paris, France, 2015.

② 王利宁、陈文颖：《全球 2℃ 温升目标下各国碳配额的不确定性分析》，载于《中国人口·资源与环境》2015 年第 6 期，第 30 ~ 36 页；王利宁、陈文颖：《不同分配方案下各国碳排放额及公平性评价》，载于《清华大学学报：自然科学版》2015 年第 6 期，第 672 ~ 677 页。

③ UNEP. *The Emissions Gap Report* 2016. Nairobi, Kenya: United Nations Environment Programme (UNEP), 2016.

④ Rogelj, den Elzen M., Höhne N. Paris Agreement climate proposals need a boost to keep warming well below 2℃. *Nature*, 2016, No. 543, pp. 631 – 639.

⑤ PBL. *Greenhous gas mitigation scenarios for major emitting countries*: 2017 *update*, http://www.pbl.nl/en/publications/greenhouse – gas – mitigaiton – scenarios – for – major – emitting – countries – 2017 – update.

⑥ Bradley CA., Goldsmith JL. Presidential Control over International law. Harvard Law Review. 2018, Volume 131, No. 5, pp. 1203 – 1297; 李慧明：《特朗普政府"去气候化"行动背景下欧盟的气候政策分析》，载于《欧洲研究》2018 年第 5 期，第 43 ~ 60 页；吕江：《从国际法形式效力的视角对美国退出气候变化〈巴黎协定〉的制度反思》，载于《中国软科学》2019 年第 1 期，第 10 ~ 19 页。

行减排义务，可为自身获得较大碳排放空间，同时挤压其他地区实现 NDC 和 2℃
目标的碳排放空间。① 从法律上讲，美国虽然退出《巴黎协定》，但仍然有法律
义务提供《公约》规定的资金支持②，其退出和拒不出资的影响不仅限于资金支
持金额本身。其负面示范效应可进一步蔓延至全球市场，打击私营部门投资信
心。③ 尽管美国总统拜登选择重返《巴黎协定》，但美国的退出行为已给《巴黎
协定》后续实施和全球温控目标实现造成实质性、不可预估的影响。

（二）约束与激励机制变迁的核心是要不要继续保持区分

延续《公约》和《京都议定书》的约束机制与激励机制，《巴黎协定》设定
的约束机制与激励机制主要包括缔约方义务设定机制、透明度机制、促进履行和
遵约机制，以及向发展中国家提供支持的机制、灵活履约机制等。

自从《公约》诞生后，全球气候治理机制总的发展趋势是发达国家在率先承
担义务的同时，要求发展中国家承担越来越多的义务；尤其是随着发展中大国国
力的提高，发达国家甚至一些其他发展中国家也要求发展中大国逐渐承担与发达
国家可比的义务。约束机制与激励机制的变迁也反映了这样的趋势，在《巴黎协
定》中也充分体现了这一趋势，如前文所述。

以美国退出《巴黎协定》为例。美国总统特朗普宣布将退出《巴黎协定》，
其表面上的理由就是美国在《巴黎协定》下承担的义务与其他国家，尤其是中国
相比不公平。这些所谓的"不公平"主要表现在三个方面：美国承诺绝对量化减
排目标，而中国仅承诺碳排放强度下降的相对减排目标，在排放达峰之前，中国
的排放量还可以继续上涨；美国在《巴黎协定》下有向发展中国家提供资金支持
的义务，而中国仅仅被鼓励提供支持；美国和中国在履行《巴黎协定》的程序性
义务，尤其是履行广义的透明度义务④时可能存在区分。

由于《巴黎协定》建立了"自下而上"的国家自主贡献模式，各国自行决
定希望采取的行动、模式及其力度，因此在 2015 年《巴黎协定》达成后，各方
无法在谈判中就国别行动及其力度问题开展讨论，转而把关注的焦点集中在缔约
方的程序性义务上。如表 4 - 18 所列出的谈判议题，几乎都是程序性问题，即便

---

① 戴瀚程、张海滨、王文涛：《全球碳排放空间约束条件下美国退出〈巴黎协定〉对中欧日碳排放
空间和减排成本的影响》，载于《气候变化研究进展》2017 年第 5 期，第 428 ~ 438 页。

② 赵行姝：《美国对全球气候资金的贡献及其影响因素——基于对外气候援助的案例研究》，载于
《美国研究》2018 年第 2 期，第 68 ~ 87 页。

③ 傅莎、柴麒敏、徐华清：《美国宣布退出〈巴黎协定〉后全球气候减缓、资金和治理差距分析》，
载于《气候变化研究进展》2017 年第 5 期，第 415 ~ 427 页。

④ 即与测量、核算、报告、审评、评估、审议相关的各种义务，如国家自主贡献的通报、适应信息
通报、《巴黎协定》第十三条的透明度程序、第十四条的全球盘点评估、第十五条的遵约审议等。

是对于国家自主贡献，谈判中谈的也是通报国家自主贡献时，应当提交哪些信息，其中的核算方法如何规定和报告；适应的谈判焦点也是适应信息通报应当报告的内容以及报告的形式，而对于各国应当采取何种适应行动、如何向发展中国家提供适应行动的支持等，都成了未能解决的问题，留待后续继续讨论；关于资金的谈判，确定了资金支持事后报告的核算方法，以及事前报告的安排，而对于应当向发展中国家提供多少资金、提供什么性质的资金、通过什么渠道提供等问题，则也是留待后续谈判解决。

表 4 - 18　　《巴黎协定》国家自主贡献实施细则谈判主要焦点问题

焦点问题	LMDC	中国	美国	欧盟	结果
如何反映区分	写成发达国家/发展中国家两本导则	写成发达国家/发展中国家两本导则	一本通用导则	一本通用导则	一本通用导则
导则覆盖要素	全要素	全要素	仅减缓	仅减缓	内容默认适用于减缓，但不排除其他要素
导则详略程度	越简单越好	宜粗不宜细	都可	按 NDC 类型分别制定可适用的导则	指标参数较详细，但没有按类型分
导则适用时间	第二轮 NDC 及以后	第二轮 NDC 及以后	都可	第一轮 NDC 的更新开始	第二轮及以后，强烈鼓励第一轮更新时使用

注：LMDC 指立场相近发展中国家集团；NDC 指国家自主贡献。
资料来源：笔者整理。

在这些程序性义务的谈判中，中国和美国基本上代表了立场的两端：中国和"立场相近发展中国家"集团等部分发展中国家，要求《巴黎协定》的实施细则反映发达国家和发展中国家的区分；而美国则代表了发达国家和小岛屿国家、最不发达国家、"艾拉克集团"等发展中国家，在绝大多数方面要求建立统一通用的实施细则体系。

在国家自主贡献的谈判中，主要焦点问题和谈判方立场如表 4 - 18 所示。对于区分问题，在谈判中主要是中国和 LMDC 要求要按发达国家和发展中国家制定"二分"的两个信息和核算导则，其他国家则支持制定一个通用的导则，最终结果是形成了一个通用的导则。对于《巴黎协定》第四条所指 NDC 包含的要素，在谈判中主要是中国和 LMDC 要求 NDC 的信息和核算导则覆盖减缓、适应、资金、技术、能力建设等全要素，其他国家则主张聚焦减缓。实际上，由于《巴黎协定》有专门的第七、九、十、十一条解决适应、资金、技术、能力建设问题，如果此处也就这些问题制定信息和核算指南，则会与其他议题重复，且适应、技术和能力建设也很难进行核算。最终结果是在卡托维茨大会做出的决定正文中不排除非减缓的内容，但是导则本身基本上是按照减缓的思路制定的；同时，对于适应、资金支持等内容，导则中的某些要素也是可以适用的，比如基准年、目标等。关于导则的详细程度，中国和 LMDC 认为有简略规定即可，欧盟和环境完整性集团（EIG）则认为必须针对不同类型的 NDC 做出细致的规定，才能保证各国提交的 NDC 能够为外界所理解，且避免或能够识别潜在的国际重复计算。最终谈判结果介于两者之间，有比较丰富的指标参数体系，但是也没有按照不同类型的 NDC 制定导则。关于适用时间问题，在谈判中主要是中国和 LMDC 要求从第二轮 NDC 开始适用，认为第一轮 NDC 已经经历了各国的国内行政或立法程序，再行修改不易；其他多数国家则支持在 2020 年更新第一轮 NDC 时就可以适用，以实现清晰理解 NDC 的目的。最终结果是各方同意从第二轮 NDC 通报时适用，但是强烈鼓励各国在 2020 年更新第一轮 NDC 时就适用。

另一项各方高度关注的谈判是关于透明度的模式、程序和指南。主要焦点问题和谈判方立场如表 4 - 19 所示。

表 4 - 19　　　《巴黎协定》透明度实施细则谈判主要焦点问题

焦点问题	LMDC	中国	美国	欧盟	结果
如何反映区分	写成发达国家/发展中国家两本指南	要有区分	一本指南，可落实协定的表述	一本指南，可以有区分	一本指南，以不同法律属性和灵活性为区分
灵活性谁决定	自主	自主	设定外部标准	自主	自主
灵活性是否需要自辩	不用	可明示和澄清	要自辩	要自辩，至少要澄清	明示和澄清
灵活度反映在何处	全面	具体可操作	具体可操作，尽量少	具体可操作	具体可操作

续表

焦点问题	LMDC	中国	美国	欧盟	结果
灵活性如何退出	不用提	自主，取决于能力提高	明确退出时间	自主，取决于能力提高	能力提高的时间预期
清单方法学和灵活性	自主	自主+全面灵活性	IPCC2006，无灵活性	IPCC2006+具体灵活性	IPCC2006+具体灵活性
NDC信息和审评	自主+不审评	自主+不审评	制定透明度导则+审评	根据NDC导则+不审评	根据NDC导则+不审评
发展中国家出资报告和审评	没有观点	自主+不审评	必须报告+按方法学+审评	自主报告+审评	自主+自愿审评
到访审评	没有观点	发达国家必须同意，发展中国家灵活	必须统一	发达国家必须同意，发展中国家灵活	发达国家必须同意，发展中国家灵活

注：LMDC指立场相近发展中国家集团；NDC指国家自主贡献；IPCC2006指政府间气候变化专门委员会于2006年制定的国家温室气体清单编制方法学指南。

资料来源：笔者整理。

在透明度议题上，各方的分歧主要反映在三个方面：第一，是不是需要在透明度的《新指南》中反映发达国家和发展中国家的区分；第二，如何反映《巴黎协定》赋予发展中国家的履约灵活性；第三，技术操作中的分歧。

在是不是需要反映区分的问题上，发展中国家普遍认为需要反映，但是在如何反映方面，发展中国家内部也有分歧。立场相近发展中国家认为应该按照《公约》下的既有做法，为发达国家和发展中国家建立两套相互独立的透明度模式、程序和指南。其他多数发展中国家认为有必要反映发达国家和发展中国家的区分，但是可以在一套指南中体现，而不必建立两套指南；这一主张也得到欧盟等一些发达国家的赞同。而美国等其他发达国家则认为《巴黎协定》在缔约方义务设置时已经反映了区分，第十三条也对发达国家和发展中国家履约的强制性进行了区分，如发达国家"应"报告向发展中国家提供支持的情况属于强制性义务，而发展中国家"应当"报告则体现了非强制性；同时美国认为《巴黎协定》不存在发达国家和发展中国家的区分，只有"那些依能力需要灵活性的发展中家"和其他国家的区分。

在灵活性如何应用方面，发展中国家普遍认为是否需要灵活履约，应由发展中国家根据自己对履约能力的判断，自行决定其适用。其中立场相近发展中国家认为，既然发展中国家应自行判断是否需要灵活性，那么就不必在透明度指南中就可以采用何种程度的灵活性进行规定，而是在决定和指南中明示发展中国家可自行掌握。发达国家和其他发展中国家对此表示反对，认为如果有国家可以任意灵活履约，那么国际规则就形同虚设，各国履约报告之间将缺乏可比性，尤其是在排放量、提供和获得支持的数量方面，将难以确保清晰、透明和可比；这些国家认为，应在《新指南》中明确就具体哪些条款可以适用何种程度的灵活性进行规定，以便于有需要的发展中国家照章办事。此外，对于如何判断某一发展中国家是不是"依能力需要灵活性"的发展中国家，美国和其他主要发达国家认为该国需要自辩，即证明其确实依能力有需要，欧盟表示至少该国应该在报告中指出何处适用了灵活性，以及相应的能力欠缺；发展中国家则认为自辩有较强的侵入性，违背了《巴黎协定》第十三条明确规定的"非侵入性"原则。而对于发展中国家何时不再适用灵活性规定，美国要求为此设定一个明确的截止时间，如在第三次双年透明度报告提交之后就不再适用，之后全球各国就将采用完全相同的透明度指南；发展中国家则认为透明度相关能力的提高，很难确保在一个明确的时间范围内实现，因此主张根据自身能力提高的规划和获得支持的情况来考虑何时可以退出灵活履约；发展中国家的主张也得到了欧盟等一些发达国家的认同。

而在技术操作中，是否统一采用 IPCC 2006 清单编制方法学，以及是否需要额外灵活性，是各方争论的焦点。美国认为 IPCC 2006 清单编制方法学已经通过设计不同难度层级的方法学，为各国使用其编制清单提供了足够的灵活性，不必再额外规定灵活性；多数发展中国家则认为，IPCC 的灵活性仅仅针对编制方法，并不是针对报告的要求，因此需要在报告年份、报告频率、报告气体品种、报告部门多少、不确定性分析等方面给予发展中国家灵活性；欧盟和多数发达国家也支持发展中国家的主张，认为对于发展中国家而言，有一个从易到难、逐渐完善的过程，不可能让发展中国家一步到位达到发达国家的水平。在国家自主贡献信息的报告和审评方面，发达国家主张在透明度指南中制定报告指南，尤其是按照不同的国家自主贡献类型制定报告指南，并且所报告的信息应接受国际专家组审评；中国等发展中国家则认为对于国家自主贡献本身的信息报告指南，已经有其他议题专门在谈，不必重复，且各国在双年透明度报告中只需引用每五年或十年一度通报国家自主贡献时的信息即可，不必每次都重新报告一遍，且作为国家自主贡献本身的信息，《巴黎协定》并未授权对其开展专家审评，需要审评的仅仅是国家自主贡献进展的信息。在提供支持的信息报告与审评方面，所有国家都认同发达国家应报告其提供的支持，应按照缔约方大会通过的方法学进行报告，且应接受国际专家组审评；但对于发展中国家提供的支持，美国认为也应报告，且应按照同样的方法学报告，并接受审评，中国则认为根据《巴黎协定》，此类报告不是强制性义务，因此也不应强制采用同样的方法学和审评。在到访审评方面，中国认为 2015 年的缔约方大会决定已经明确，发展中国家是否接受到访审评具有灵活性；美国则认为所有国家要么都必须接受到访审评，要么都可以不接受，必须保持一致；欧盟则主张应当保持现行到访审评的做法，尤其是对于每一轮国家自主贡献的第一次报告和最后一次报告，应强化审评，但是应给予发展中国家是否接受到访审评的灵活性。

总的来说，在《巴黎协定》达成后，各方分歧的焦点以政治分歧居多，核心体现在要不要反映发达国家和发展中国家的区分；此外也有许多技术分歧，这决定着《巴黎协定》是否能够顺利实施。所有国家都表示了愿意积极实施《巴黎协定》，愿意不断提高实施效果、信息透明度、增进交流，但是主流的意见是这对于发展中国家而言，需要一个过程，尤其是需要伴随着国际社会给予的资金、技术和能力建设支持。

第五章

非国家行为体与构建公平合理的国际气候治理体系

第一节 城市与构建公平合理的国际气候治理体系

国际气候治理的主体是主权国家，但地方政府因其在全球治理中的特殊地位同样是国际气候治理的重要参与者。而地方政府与国际气候治理体系公平性与合理性建设的核心问题就是，如何在地方政府减排中体现"共同但有区别的责任"原则。该研究部分认为，这里的公平性即地方政府在参与国际气候治理过程中如何体现共同的减排义务。原因在于，地方政府，特别是大城市是全球温室气体排放的最终贡献者，所有地方政府，特别是大城市都不能逃避这一义务。合理性则是在承担这种义务时采取哪种合理的方式进行减排，即体现出不同地方政府在减排时的区别。不能以统一标准要求所有地方政府，必须考虑发展中国家地方政府在获得资金、技术、知识、基础设施建设和改造等方面的合理诉求。目前关于次国家行为体参与国际气候治理的研究更多集中在发达国家地方政府，对于发展中国家地方政府参与国际气候治理的能力、途径和效果等问题关注不够，因此难以解决国际气候治理体系在地方政府层面的公平性与合理性问题，这也是本章希望改进的地方。

作为地方政府参与国际气候治理的制度基础之一，《巴黎协定》的诸多条款

315

明确规定了其合法地位，并支持其发挥自身特点积极参与其中。在国内层面，各国宪法规定城市作为地方政府参与国际气候治理的根本法律依据。虽然单一制国家的地方政府不如联邦制国家对外交往权力大，但仍然拥有执行中央政府外交政策参与对外合作的权力。在动力方面，大城市，特别是沿海大城市既是温室气体的主要排放源，又是气候变化导致自然灾害的直接受害者，比如海平面上升和飓风。因此，越来越多的地方政府愿意主动加入国际气候治理行列。在公平性方面，必须考虑发展中国家地方政府参与国际气候治理的能力、途径和效果，不能以发达国家地方政府参与国际气候治理的能力和途径简单套用，更要强调对发展中国家地方政府，特别是小岛屿国家等气候脆弱型国家地方政府适应气候变化威胁能力的提升。

地方政府参与国际气候治理体系的合理性体现在参与途径的多样性上，既有多种类型的城市气候联盟，也有单个城市减排经验的扩散。中美建立的减排先锋城市联盟开创了发达国家地方政府与发展中国家地方政府合作减排的新模式，是对国际气候治理公平性与合理性的贡献。而中欧环境治理地方伙伴关系项目虽然不直接涉及气候治理，但也为发达国家地方政府与发展中国家地方政府气候合作提供了有益参考。另外，许多发展中国家地方政府为适应气候变化威胁和执行中央政府政策，也开始主动促进经济转型，在经济发展中减少温室气体排放。中国诸多资源型城市比如兰州、山西省多个依赖煤炭产业的城市等都进行了积极探索。而像镇江这样的东部中等城市更是取得了较大成果，成为巴黎气候大会的明星城市。地方政府参与国际气候治理的合理性，必须体现在发达国家地方政府与发展中国家地方政府之间找到合理的合作方式，其中之一便是中欧城市之间的分类合作。将城市分为核心城市、转型城市和中小城市，在彼此间建立合作关系，这样既可以发挥各自城市减排的特点，相互借鉴经验，又可以避免"一刀切"，用一种经验要求所有城市，北京和伦敦在此方面提供了有益的参考。

除要求发达国家增加对发展中国家地方政府的帮助外，发展中国家地方政府之间也应该自助提升国际气候治理的公平性。中印作为两个最大的发展中国家，同时又是温室气体排放大国，理应在此方面做出表率。2018 年 4 月两国领导人会晤开创了两国关系新阶段，这为中印地方政府加强气候合作提供了新机遇。而亚太地区则集中了温室气体排放较大的大都市，特别是许多发展中国家面临城市化压力，如何在"一带一路"合作倡议下，将该地区产业转型与低碳减排紧密结合是提升国际气候治理公平性与合理性的重要内容。

总之，城市促进国际气候治理体系的公平性和合理性与其他主体的最大不同就在于其多样性。让多样的城市共同参与实质性减排就是公平性的体现，根据这种多样性在不同类型城市间建立切实可行的气候合作关系就是合理性的体现。

一、城市应对气候变化的动力与公平性

（一）城市减排的动力：温室气体排放源与气候安全威胁

联合国人类住区规划署发布的《城市与气候变化：全球人类住区报告 2011》显示，尽管城市只占全球陆地面积的 2%，却贡献了全球 75% 的温室气体排放。全球温室气体排放的主要来源中，能源供给排放占 26%，交通排放占 13%，商用和住宅排放占 8%，废弃物排放占 3%。[①] 而这些排放活动主要集中在都市区，这些事实证明大都市已经成为当代世界温室气体排放的主要来源。

在排放大量温室气体的同时，城市也受到气候变化的严重威胁，这也构成了城市参与国际气候治理的必要性。IPCC 2014 年的气候变化综合报告显示，预估气候变化将增加城市地区的人群、资产、经济和生态系统的风险，包括热应力、风暴、极端降水、内陆和沿海洪水、山体滑坡、大气污染、干旱、水资源短缺、海平面上升和风暴潮带来的风险，并且具有很高信度。对于那些缺乏必要基础设施和服务或者居住在暴露地区的人们来说，这些风险会被放大。[②] 以中国经济发达的长江三角洲城市群为例，气候变化对该地区的交通、水和能源安全都会带来严重威胁。在交通方面，由于高温日数增多，造成交通事故明显增加。夏季交通事故的发生与高温关系密切，高温容易使人急躁、激动，易使司机和行人的机敏度和判断力下降，还会造成交通工具和交通设施的恶化，包括沥青软化引起的承载能力降低、汽车爆胎和自燃等，从而酿成交通事故。研究表明，日最高气温 ≥ 35℃ 的日均交通事故指数高于夏季日均交通事故指数。[③]

气候变化带来的极端降水也对长三角城市交通带来威胁。以上海为例，由于濒临东海，地处北亚热带南缘，易受台风、暴雨、洪汛和天文大潮的影响，市区暴雨内涝灾害屡屡发生。因受城市热岛效应、全球变暖、海平面上升以及地面沉降等众多因素交互影响，上海市区的暴雨更呈现历时短、强度大、局部性等特点，极端降雨事件频发。虽然城市河道水网密布，但受到低洼地势和潮汐顶托影响，城市自然排水能力很弱，加之一次暴雨过程的降水量常常超过排水设计标准，若降雨强度过大、持续时间过长，雨水无法及时排走，极易造成内涝灾害，

---

① 《城市与气候变化：全球人类住区报告 2011》，第 10 ~ 13 页。
② IPCC：《气候变化综合报告 2014》，http：//www. ipcc. ch/pdf/assessment – report/ar5/syr/SYR_AR5_FINAL_full_zh. pdf，第 69 页。
③ 《长三角城市群区域气候变化评估报告》，气象出版社 2016 年版，第 53 ~ 70 页。

使地面积水倒灌进地下空间。

水安全方面，未来长三角地区发生大洪涝的可能性增大。气候变化还会影响区域水资源的变化，温度升高 1℃ 引起当地水资源的减少量相当于降水量减少 3.3% 引起的水资源减少量。同时，伴随气候变化和经济发展，长三角地区城市供水能力显现不足。该地区人均当地水资源量为 774.90 立方米，仅为全国平均水平的 1/3，其中江苏和上海人均只有 245.85 立方米[①]，属于水资源紧缺地区。在沿海垦区和海岛，水资源紧缺矛盾更加突出。

此外，气候变化导致的降水减少加剧了长三角城市的干旱状况。2003~2004 年上半年，浙江省遭遇了新中国成立以来罕见的严重干旱。2003 年 4~12 月全省平均降雨量为 850 毫米，较常年同期偏少 34%，为新中国成立以来最低值。全省干旱程度为 20~50 年一遇。2004 年 1~7 月份全省平均降雨量为 720 毫米，比多年平均降雨量少 33%。受降雨偏少影响，舟山、玉环、洞头、慈溪、温岭、乐清、义乌等地水库蓄水比上年同期减少 25%~64%，姚江水位最低时仅为 0.71 米。旱灾对城市、工业基地等影响较大，包括海岛在内，宁波、义乌、永康、慈溪、温岭、乐清等共 20 余个城市出现供水告急情况，具体见表 5-1。

表 5-1 　　　　　　　　　　长三角各年代平均干旱指数

年代	20 世纪 60 年代	20 世纪 70 年代	20 世纪 80 年代	20 世纪 90 年代	21 世纪初
干旱指数	4.9	4.3	3.0	3.7	4.6

资料来源：《长三角城市群区域气候变化评估报告》，气象出版社 2016 年版，第 61 页。

2011 年 1~5 月，浙江全省平均降水量 281 毫米，较常年偏少 53%，为 1951 年以来最小值。舟山、湖州、宁波等地出现旱情，全省因旱情出现供水困难人口达 37 万人。

在能源安全方面，以上海电网负荷为例，气温成为其电负荷曲线的主要决定因素，夏季用电高峰出现持续高温或出现极端高温天气，则空调制冷负荷的迅猛增长将造成上海电网用电负荷的大幅攀升。夏季除日最高气温 ≥35℃ 以外，日最低气温 ≥28℃ 的持续出现也对用电负荷有重要影响。据调查，夏季温度每升高 1℃，上海电网的用电负荷将增加 70×10^4 千瓦，在较高的基础温度下用电负荷增加的幅度可能更大。[②]

可见，都市区，特别是滨海都市区容易受到气候变化带来的极端天气影响，这也是城市参与气候变化全球治理的重要动力。

[①②] 《长三角城市群区域气候变化评估报告》，气象出版社 2016 年版，第 53~70 页。

（二） 城市与国际气候治理的公平性建设

自 2008 年金融危机以来，世界就出现逆全球化趋势。金融危机中保护主义抬头，危机之后难民危机爆发，加剧欧盟内部矛盾，最终导致英国脱欧。特朗普总统执政后，直接采取系列逆全球化政策，其中就包括宣布退出《巴黎协定》。新冠肺炎疫情暴发加剧了逆全球化趋势，全球化与全球治理陷入困境。实际上，《巴黎协定》所谓自下而上的减排模式本身就是国家主义和保守主义回归的表现，即单纯依赖国际机制减排的模式被打破，全球问题需要主权国家各自应对，全球治理也相应回归到国家治理，这是全球治理的倒退还是发展？研究国际气候治理体系的公平性与合理性必须厘清这一理论问题。

国际气候治理的成功最终还是要回归多元行为体共同治理的本源，单纯依靠主权国家中央政府很难真正落实《巴黎协定》的目标。原因在于，一方面，中央政府任务太多，难以聚焦气候变化问题。中央政府的责任是全国性的，在政策选择上要在地区、议题、难易程度等各方面保持平衡。因此，相对于宏观经济调控、就业、社会稳定等议题而言，气候变化很难处于中央政府政策清单的最前列。另一方面，气候变化的影响和应对方式又依地域不同表现出极大差异，这进一步增加了中央政府在全国乃至全球层面应对气候变化的难度。在此背景下，多元行为体对中央政府治理的补充作用就显得十分必要，其中地方政府首当其冲。特朗普当选总统时，并不意味着美国将不再是国际气候治理的领导者，因为气候治理的动力很大程度上来源于州政府，比如加利福尼亚州，不仅为美国其他州，而且为其他国家树立了应对气候变化的榜样。[①]

目前关于城市参与全球气候治理的研究仍然聚焦于从理论上论证其合法性，从政策上分析发达国家城市参与国际气候治理的方式，缺少对于公平性的关注。所谓城市参与国际气候治理的公平性，是指发展中国家城市是否具备参与国际气候治理的能力，以及参与之后的效果如何。比如美国和欧洲城市参与国际气候治理的途径是直接在全球气候谈判中发表立场、影响决策。但是，绝大多数发展中国家，特别是小岛屿国家，连国家代表在全球气候谈判的发言中都被忽视，作为地方政府的城市更是难以获得国际社会的足够重视。所以，对于地方政府，特别是城市参与国际气候治理的研究应该逐渐从过去以发达国家城市为中心转移到对于发展中国家城市的关注上，主要从能力、途径和效果三个方面展开。

第一，发展中国家参与国际气候治理的能力。这包括经济能力、知识能力和

---

① Where to next for the global fight against climate change? http：//www. politico. eu/sponsored – content/where – to – next – for – the – global – fight – against – climate – change/，2016 年 12 月 20 日。

组织能力三个方面。经济能力又包括经济实力和产业转型的能力两个维度，知识能力则包含对于气候治理的知识创新能力和知识转化能力，组织能力包含组织城市联盟的能力和使规范成功扩散的能力，具体见表5-2。

表5-2　　　对于发展中国家城市参与国际气候治理的能力维度

一级指标	二级指标	具体内容
经济能力	经济实力	以 GDP 为核心的经济综合实力
	产业转型能力	传统产业向低碳产业转型的能力
知识能力	知识创新能力	自身大学和科研院所对于气候治理知识的创新能力
	知识转化能力	将理论知识向政策和产业实践转化的能力
组织能力	组织城市联盟的能力	在全球气候谈判中组织发展中国家，以及发展中国家与发达国家城市气候联盟的能力
	规范扩散的能力	将气候治理公平性的规范向国际社会扩散，以获得国际社会支持的能力

资料来源：笔者自制。

经济能力的首要指标是以 GDP 为核心的城市综合经济实力，尽管 GDP 不能代表一切，但经济规模的大小仍然能衡量一个经济体在全球治理中的影响力。经济能力的第二个维度是产业转化能力。经济规模只是结果，还需要深入经济结构，考察发展中国家城市对于高碳产业的依赖度。有些发展中国家城市经济规模庞大，但高度依赖高碳产业，这种类型的城市实际上参与国际气候治理的能力并不高。因此需要国家与社会合作帮助其实现经济转型。

知识能力的首要指标是发展中国家城市是否具有创新气候治理知识的能力，可以考察该城市拥有的大学和科研院所中与气候治理有关的专业水平。如果专业水平较高，则说明能力较强。其次是知识转化能力。理论知识需要转化为产业和政策实践才具有意义。发展中国家城市关于气候治理知识的创新同样如此，如果转化能力较弱，同样缺乏参与全球气候治理的能力。

组织能力首先是发展中国家城市是否具备像发达国家城市那样在全球范围内组织发展中国家城市气候联盟的能力，以此增强在全球气候谈判中的影响力。其次，发展中国家城市是否能够将气候治理公平性的规范成功扩散到国际社会，使更多行为体内化此规范，更关注并给予发展中国家城市在适应气候变化中以帮助。

第二，发展中国家城市参与国际气候治理的途径。在该领域国际气候治理体系的非公平性主要体现在，发达国家城市气候联盟门槛较高，发展中国家城市难以参与。因此，要提高公平性就需要建立发展中国家城市自己的气候联盟。同时，还要建立发展中国家城市与发达国家城市间的双边或者多边气候合作途径。中美建立的减排先锋城市联盟在此方面做出了开创性的贡献，可以进一步扩展到中欧、中日城市间。另外，这些联盟还需要提升在国际气候谈判中的立场协调能力，能够让代表发展中国家城市的声音进入会议程序并提升分量。能够积极与发展中国家地方开展气候合作的发达国家地方政府往往更加灵活务实，比如美国加州政府，所以可以凭借此机会提升发展中国家地方政府的影响力。

第三，发展中国家城市参与国际气候治理的效果。公平性如何最重要的还是气候治理的效果，对于发展中国家城市而言尤其如此，因为公平性更多体现在具有短期效应的适应方面。气候治理中的减缓是长期效应，需要在几十年后才能知道温度是否上升，而适应是短期效应，能够在短期看到特定国家是否能够适应气候变化带来的自然环境变化。这也是为什么发达国家，特别是欧洲国家如此热衷于设定减排目标，而疏于对适应的承诺和投资。国际气候治理的公平性改进，必须从效果上考察是否在短期内提升了发展中国家城市，特别是小岛屿国家城市这样的气候脆弱型主体适应气候变化的能力。因为气候变化已经在改变着自然系统，并给相关城市造成极大的危害。这种效果导向的治理应该成为未来提升国际气候治理公平性的重要标准，以此改变目前重减缓、轻适应的情况。

二、城市与国际气候治理体系的合理性：多样的减排方式

（一）多边城市气候联盟

城市气候联盟是在全球和区域范围内，各国城市间建立的以应对气候变化为目标的城市共同体，这是城市之间通过多边合作方式参与国际气候治理的主要方式。城市气候联盟的约束性强弱不等，但相比于正式的全球减排公约而言都具有松散性和非正式性的特点，更多依赖联盟成员的主观承诺减少所在城市的温室气体排放。目前全球范围的城市气候联盟主要有世界大都市气候先导集团；世界地方环境行动理事会；城市气候保护网络；气候变化世界市长委员会；国际气候；克林顿气候行动计划；市长契约计划等。地区范围的城市气候联盟主要有欧洲城市网络；欧洲气候联盟；欧洲能源城市；欧洲市长公约；亚洲清洁空气中心；亚洲城市气候变化应对网络；北九州清洁环境倡议联盟；C40 城市气候领导小组等。概括起来，这些城市气候联盟参与国际气候治理的方式包括：（1）促进跨国城市减排；（2）直接游说国家或国际组织官员，针对特定部门，设立办事处，比如欧盟地方事务委员会，与特定官员建立并保持联系；（3）发布研究报告和提供

技术指导，提供智力支持；（4）在国际会议提出倡议，批评反对气候治理者；（5）从国家和超国家机构获得资金，支持成员减排；（6）促成其他城市与联盟间合作；（7）与其他国际组织合作。[①]

中国城市在城市气候联盟中的活动日益活跃，并受到国际社会认可。比如2016年12月2日，为期3天的第六届C40城市气候领导小组（简称"C40"）市长峰会在墨西哥首都墨西哥城落下帷幕，来自伦敦、纽约、首尔、悉尼等90多个城市的市长及高级政府官员出席，中国的武汉市受邀出席并介绍在应对气候变化方面的经验与探索。C40是全球大型城市为采取行动减少温室气体排放而成立的机制，由83个城市成员组成。武汉是国内继香港、北京、上海之后，与深圳同时加入的第5个C40成员城市。C40市长峰会每两年举办一次，该组织强调城市在塑造全球可持续发展中的主要角色，为此评选100个应对气候变化案例，目的在于为应对气候变化选出最具代表性的解决办法，为C40成员国提供借鉴。此次峰会上，武汉市公共自行车项目入围交通类提名，并与新能源大楼、海绵城市、古田新城等项目一起，入选2016年全球100个应对气候变化案例。武汉公共自行车项目自2015年4月至今，累计开通运营站点913个，投放公共自行车2.3万辆。日均骑行量已突破10万次，累计骑行量突破2 300万次，成功实现骑行武汉三镇。新能源大楼指的是位于光谷的武汉新能源研究院大楼"马蹄莲"，因广泛应用光伏发电、中水回用、智能电网等节能环保技术，在中国绿色建筑评价标准中获得最高级。在海绵城市建设领域，武汉是全国首批海绵城市建设试点城市，2016年底完工10万平方米。古田新城则是武汉老工业基地绿色转型的样本。[②]

总体来看，多边城市气候联盟参与国际气候治理的优势表现在，可以集中智力资源，以灵活多样的方式、迅速的行动进行有针对性的减排，由此弥补中央政府间谈判议而不决、决而不行的问题。同时，城市联盟真正是自下而上的减排，从底层体现不同城市在应对气候变化方面的诉求。

但是，多边城市气候联盟在国际气候治理方面也表现出明显的弱势。首先就是资金实力有限，最终还是要依靠国家和超国家机构的支持才能运行，因此行动多限于倡议、呼吁、技术指导等方式。同时，目前的城市气候网络主要集中在发达国家，对发展中国家城市关注不够。发达国家和发展中国家城市间的联盟，即使有也多是发达国家主导合作方式和议题，发展中国家被动接受。另外发展中国家间的城市气候联盟更少，而发展中国家的城市才是国际气候治理中最困难的群

[①] 参看王玉明、王沛雯：《跨国城市气候网络参与全球气候治理的路径》，载于《哈尔滨工业大学学报》2016年第3期，第114~120页。

[②] 《武汉亮相C40城市气候市长峰会4样本获肯定》，载于《湖北日报》2016年12月4日。

体。因为它们既有高速发展的繁重任务，又缺少能力实现经济转型，于是往往只能按照传统方式发展，最后陷入发展—排放—发展的恶性循环。所以，如何将发展中国家的城市更好地纳入国际气候治理体系，是关乎其公平性和合理性的核心问题。最后，目前的多边城市联盟对不同城市特性的针对性不够，比如没有针对不同城市的人口规模、产业结构等建立更加具有功能性的联盟合作关系，只是笼统地在所有城市间开展合作，这就会使不同城市间产生合作的非对称性，由此阻碍合作的顺利进行。比如，对于传统大型工业城市而言，其产业转型的路径是不适合中小城市的。因为前者需要大型产业的替代才能维持发展需要，而后者更需要集成、密集、高效的服务型产业。同样，小型城市可以通过鼓励自行车出行减少排放，因为城市规模小，交通距离较近。但大型城市的距离显然不适合大规模鼓励自行车出行，必须依赖复杂的公共交通体系，比如地铁和轻轨，而小规模城市，特别是地形独特的小城市并不适合"上天入地"的大规模城建。因此，以城市间的共通性为基础开展减排合作，是目前多边城市气候联盟可以改进的地方。

（二）城市单独减排与经验扩散

巴黎气候大会之后，许多城市都开始制定减排方案，比如雷克雅未克的目标是在 2040 年前实现碳中和[1]；纽约的目标是到 2050 年将排放减少 80%[2]。柏林[3]、哥本哈根[4]和悉尼[5]等城市也开始对化石燃料撤资。

城市减排的经验扩散方面首先是中国的江苏省镇江市，该市总面积 3 840 平方千米，常住人口 322 万[6]，在中国只能算是小规模城市，却率先在全国提出 2020 年达到碳排放峰值的目标，并为此首创"生态云"城市碳排放核算与管理

---

① Reykjavík aims to be carbon neutral by 2040, http：//www. iclei. org/details/article/reykjavik – carbon – neutral – by – 2040. html，2016 – 11 – 3.

② OneNYC：Mayor de Blasio Announces Major New Steps to Dramatically Reduce NYC Buildings' Greenhouse Gas Emissions，http：//www1. nyc. gov/office – of – the – mayor/news/386 – 16/onenyc – mayor – de – blasio – major – new – steps – dramatically – reduce – nyc – buildings – greenhouse，2016 – 11 – 3.

③ Berlin pulls funds out of fossil fuel companies，http：//gofossilfree. org/press – release/berlin – pulls – funds – out – of – fossil – fuel – companies/，2016 – 11 – 3.

④ Copenhagen to drop all fossil fuel investments，http：//www. thelocal. dk/20160201/copenhagen – to – drop – all – fossil – fuel – investments，2016 – 11 – 3.

⑤ City of Sydney council to divest from fossil fuels regardless of election result，https：//www. theguardian. com/environment/2016/sep/06/city – of – sydney – council – divest – fossil – fuels – regardless – election – result，2016 – 11 – 3.

⑥ 《镇江概览》，镇江市人民政府网站：http：//www. zhenjiang. gov. cn/zhenjiang/csgk/202011/60ea401f00f54b288d3b906f05ee08bc. shtml，2023 年 3 月 14 日。

平台。通过运用云计算、物联网、智能分析、地理信息系统等先进信息化技术，整合多部门数据资源后，镇江可以全面、直观地掌握温室气体排放状况。2012年以来，镇江全面实施了包括优化空间布局、低碳建筑、碳汇建设、低碳生活方式等在内的九大低碳行动，并细化为126项目标任务。近几年，镇江累计投入260多亿元，对市区26座山体进行生态修复，对全市235座山体全面加强保护，对主城区"一湖九河"进行全面治理。2012年来，镇江累计关闭化工企业347家，淘汰落后产能企业161家。一大批企业因"减排倒逼"而转型升级，却因此获得长足发展。2014年镇江实现地区生产总值3 252.4亿元，比上年增长10.9%，实现了生态环境和经济质量"比翼齐飞"。联合国城市与气候变化特使布隆博格表示，镇江是应对气候变化的先锋城市，如果其他城市都能像镇江一样做出努力，"那么我们的未来将会完全不同"。①

另一个值得肯定的减排城市是中国兰州。在2015年的巴黎气候变化大会上，兰州作为中国唯一的非低碳试点城市应邀参会，与国内外嘉宾分享大气污染治理做法和低碳城市建设愿景，并荣获联合国气候变化框架公约组织秘书处、中国低碳联盟、美国环保协会、中国低碳减排专家评审委员会联合颁发的"今日变革进步奖"。当年的"今日变革进步奖"旨在鼓励具有变革意义的低碳创新城市所进行的开拓性探索，鼓励城市和企业低碳创新，促进全球低碳可持续发展。兰州获得这一奖项，主要在于以大气污染治理的工作创新和突出成效，进行了低碳城市建设的积极实践，对国内外同类城市治理大气污染具有重要借鉴意义。

这几年，兰州大气治污用"笨"办法狠抓落实。整个兰州市区被划成1 482个网格，逐一落实减排责任。所有重点排污企业实行干部24小时驻厂监察，1 296台锅炉全部进行煤改气。2013年以来，因为治污不力问责近千名干部，一批治污得力的干部获提拔重用。现在，兰州市每个格子里有多少台燃煤炉子、每台炉子"吃"多少煤，能精确到个位数。重拳治污之下，兰州市能源结构迅速优化，城市布局逐渐合理，为科学治污腾挪出空间。2015年兰州GDP比2009年翻了一番多，治污不但没有影响发展，还给城市带来转型机遇。② 正如中国气候变化事务特别代表解振华所说，兰州作为一个曾经卫星上看不到的城市，现在环境质量大大改善，老百姓非常满意了，这个变化太大了。还如世界银行高级局长艾迪·瓦斯奎兹所说，兰州大气污染治理探索具有标志性意义，世界银行将关注兰州，并择机到兰州实地考察，寻求项目合作和资金支持的切入点。③

兰州作为典型的资源型和发展中城市，曾经面临能源结构不合理、大气污染

---

① 郑晋鸣、张玲：《建设低碳城市的镇江之路》，载于《光明日报》2015年12月17日。
② 任钦：《兰州样本》，载于《经济参考报》2017年1月6日。
③ 崔亚明：《巴黎气候大会传来"兰州声音"》，载于《兰州晨报》2015年12月14日。

极其严重的局面，能够在非低碳试点城市的情况下，充分结合自身特点，实现发展与治污的平衡，不仅为中国，也为世界广大发展中国家城市提供了一个良好样本，成为中国城市低碳发展经验扩散的成功案例。

三、不同发展水平城市气候合作的合理性

（一）中欧多层气候合作[①]

1. 中欧多层气候合作的非对称性

中欧气候合作远不止在中国与欧盟之间展开，而是形成了中国与欧盟超国家机构、成员国和社会主体三个层次叠加的多层气候合作架构。气候合作的目标被层层分解，最终实现需要成员国政府与社会行为体的合作，2015 年气候变化《巴黎协定》签订后中国与这三个层次行为体的合作也在密集展开。但是，《巴黎协定》的成就无法掩盖自 2009 年联合国哥本哈根气候大会以来的中欧分歧。虽然之后中欧气候关系有所修复，但这一矛盾反映的深层制度根源仍然存在，其根源就是看上去宏大、精巧、全面，实际上却复杂、脆弱，且具有不对称性的中欧多层气候合作架构，这源于欧盟的多层治理结构。

多层治理是欧洲一体化实践中主权国家行为体与非国家行为体在决策权博弈过程中形成的制度结果，本质上是现代国家治理体系在国际层面的延伸。欧盟作为当今世界一体化程度最高的区域性国际组织，已经形成了诸多超国家机构，这与各成员国中央政府、地方政府和社会行为体形成了至少三个层次的多层治理结构。马克斯和胡格认为，多层治理不同于国家中心的治理结构，而是超国家机构、政府间机构、民族国家的中央政府、地方政府和各种非政府组织在多个层次上形成了相互依赖、功能互补及能力重叠的独特决策机制。其特点有三个：第一，决策能力被不同层次的行为体分享，而不是被主权国家垄断；第二，集体决策将使单个国家很大程度上丧失对决策的控制；第三，多层治理在政治领域是相互联系，而非嵌套状的。[②] 这一结构是欧盟在一体化的同一性与各成员国多样性之间的平衡，目的是在享受一体化收益的同时，利用各种治理手段应对一体化过程中出现的新问题。这些问题不是传统的政治统治方式可以解决的，必须在政府

---

① 本部分内容作为阶段研究成果写入论文《中欧多层气候合作探析》，载于《国际展望》2017 年第 1 期。

② Gary Marks, Liesbet Hooghe and Kermit Blank. European Integration from the 1980s: State - Centric v. Multi - level Governance. *Journal of Common Market Studies*, 1996, Volume 34, No. 3, P. 346, 372.

和社会行为体间建立起协商机制，平等听取各方意见，特别是让某些领域具有专业知识和能力的行为体参与到治理过程中。

比如在欧盟气候治理过程中，技术专家始终是气候变化治理的权威来源，在欧盟气候决策机制的体现就是以"国际环境问题工作组——气候变化小组"（Working Party on International Environment Issue，Climate Change，WPIEI - CC）负责欧盟对外气候决策的基础性工作。该机构由各国环境部中主管气候的官员组成，但也会根据具体情况成立一些非正式的专家组。同时，WPIEI - CC 也表现出诸多的政治性。首先，由于成员国环境部长希望避免理事会会议上的直接冲突，因而 WPIEI - CC 成为维护成员国利益和消除分歧的首要阵地。其次，成员国参加 WPIEI - CC 的官员都会出于自身的部门利益考虑而积极推动气候政策的发展。他们除了维护本国的利益外，还具有使欧盟成为国际气候谈判领导的共同意愿。[①] WPIEI - CC 的意见最终将交由欧盟环境部长理事会做出决策，这一机制起到连接成员国与超国家机构的作用，将成员国利益诉求反映到欧盟理事会的决策中。根据穆拉弗切克研究欧盟决策的自由政府间主义理论，欧盟决策基于成员国的国家偏好，它是成员国内部各利益集团博弈的结果，具有确定性和动态性[②]，即利益集团通过国家平台间接影响欧盟决策。穆拉弗切克认为，这一过程中单边选择能力、建立替代联盟能力、议程联系能力更强的国家将更可能影响欧盟决策方向。[③] 因此，欧盟对外气候政策首先是成员国内部各利益集团在成员国政府层面的利益综合，然后由 WPIEI - CC 反映到欧盟层面，实现各成员国利益的第二次综合。但各成员国的偏好和影响决策的能力都不同，欧盟层面的最终决策是由在气候问题上较为积极，且影响决策力量较强的国家主导。

具体来看，欧盟成员国关于气候问题的态度基本可分成三类。第一类包括丹麦、荷兰、德国、芬兰和瑞典等，它们对环保问题一贯比较关注，国内有强大的环境保护组织和绿色政党，在经济上也能够承担新能源开发的成本和节能减排带来的压力；第二类包括爱尔兰、比利时、西班牙、葡萄牙、意大利和希腊，是政策态度相对滞后的成员国，国内能源气候政策立法欠缺，主要移植欧盟的法规，属于被动参与的角色；第三类包括法国等一些国家，本身对新能源开发和气候变

---

① Oriol Caosta. Who Decides EU Foreign Policy on Climate Change? Actors, Alliances and Institutions, in Paul G. Harris ed., *Climate Change and Foreign Policy: Case Studies from East to West*, Routledge, 2009, pp. 135 - 137. 转引自傅聪：《欧盟应对气候变化的全球治理：对外决策模式与行动动因》，载于《欧洲研究》2012 年第 1 期，第 68 页。

② Andrew Moravcsik. Preferences and Power in the European Community: a Liberal Intergovernmentist Approach. *Journal of Common Markete Studies*, Vol. 31, No. 4, 1993, P. 24.

③ Andrew Moravcsik. A New Statecraft? Supranational Entrepreneurs and International Cooperation. *International Organization*, Spring 1999, P. 288.

化的态度较为积极，处于上述两类国家的中间状态。[①] 可见，法国、德国是应对气候变化较为积极的成员国。同时，按照穆拉弗切克影响欧盟决策能力的单边选择、建立替代联盟、议程联系三个变量，这两国由于人口、经济总量位居欧盟前两位，所以不依赖联盟单边行动的能力、建立符合自身偏好的替代联盟的能力和联系其他议程讨价还价的能力都较强，因此也是影响欧盟决策能力较强的成员国，这使得欧盟最终的气候政策更容易反映两国偏好。

除成员国层面以外，欧盟多层气候治理机制还直接将绿党、环境利益集团等非国家行为体的利益诉求直接纳入欧盟决策程序的参考中。比如 1989 年绿党所做的欧盟晴雨表调查在议会中得到史无前例的支持，并成为第四大党。长期以来，欧盟还特别注重引导利益集团和非政府环境组织参与气候治理。比如欧洲环境局、世界自然基金、交通与环境、国际鸟类保护组织、绿色和平组织、欧洲地球之友、欧洲气候网络等影响力较大的环境组织，常常通过倡议、聚焦公众注意力、游说与抗议等方式培育并传播生态价值与规范，逐步成为地方民众实现环境治理的一股黏合剂。[②] 同时，欧盟内部多样化的环境组织还可以通过参与专家委员会的方式直接影响欧盟决策。[③] 在这一治理结构下，丹麦、荷兰、芬兰和瑞典等北欧国家虽然人口和经济总量在欧盟成员国中并不靠前，但由于绿党和环境组织势力强大，同样可以直接影响欧盟气候政策的制定。最后，欧盟层面的气候政策必然主要反映这些要求积极应对气候变化，同时又能够而且愿意承担应对成本的国家的偏好，表现在国际气候谈判领域就是过于超前的减排目标。

中国与欧盟多层气候合作的非对称性就表现在，中国在国际合作时是作为一个单一制国家的整体参与，而且仍然是发展中国家，能源结构中煤炭占据绝对优势。而欧盟是一个多层治理结构，决策的主导权主要依赖成员国博弈。所以欧盟内部虽然也有发展中成员国，但作为一个整体，其气候政策却更多代表了经济水平接近或者已经进入后现代阶段的成员国利益，这些国家无论是能源结构、消费习惯还是低碳经济转型的成本都远远优于中国。从能源结构看，2014 年欧盟积极应对气候变化的主要成员国的煤炭消费量占世界消费量的比重都低于 2%，而中国则占到 50.6%。从目标看，根据《可再生能源中长期发展规划》和《国家应对气候变化规划（2014—2020）》，中国应对气候变化的目标是到 2020 年可再

① European Commission. A European Strategic Energy Technology Plan COM（2007）723final，转引自严谨、姜姝：《债务危机下的欧盟能源气候政策——多层治理的视角》，载于《当代世界与社会主义》2013年第 3 期，第 125 页。

② 曹德军：《嵌入式治理：欧盟气候公共产品供给的跨层次分析》，载于《国际政治研究》2015 年第 3 期，第 72 页。

③ 胡爱敏：《欧盟多层治理框架内欧洲公民社会组织的政治参与》，山东大学博士学位论文，2010年，第 93 页。

生能源占能源消费总量比重为 15%①，单位国内生产总值二氧化碳排放比 2005 年下降 40% ~ 45%，非化石能源占一次能源消费的比重达到 15% 左右。② 而欧盟制定的 2020 年应对气候变化目标是三个 20%，即可再生能源占能源消费总量比重达到 20%，单位 GDP 能效提升 20%，温室气体在 1990 年基础上减排 20%。在这一约束下，欧盟积极应对气候变化主要成员国的可再生能源占比目标在 20% 上下浮动，但除荷兰外其他都高于中国（见表 5 - 3）。2014 年《中美气候变化联合声明》中，中国公布的 2030 年应对目标是在 2030 年左右二氧化碳排放达到峰值且将努力早日达峰，并计划到 2030 年非化石能源占一次能源消费比重提高到 20% 左右。③ 而 2015 年欧盟制定的 2030 年目标是温室气体排放量要在 1990 年基础上减少 40%，可再生能源占总能源消费的比重达到 27%。④ 可见，无论是碳减排目标还是可再生能源目标，中国都远低于欧盟，更远低于欧盟积极应对气候变化的主要成员国。即使这样，中国为实现能源体系转型仍然付出了不小的代价。中欧能源结构比较见表 5 - 3。

表 5 - 3　　欧盟积极应对气候变化主要成员国与中国能源结构比较　　单位：%

行为体	煤炭消费占世界比重（2014 年）	可再生能源占总能源比例的目标（2020 年）
丹麦	0.1	30
芬兰	0.1	38
法国	0.2	23
德国	2.0	18
荷兰	0.2	14
瑞典	0.1	50
中国	50.6	15

资料来源：《BP 世界能源统计 2015》，http：//www. bp. com/content/dam/bp - country/zh-cn/Publications/2015SR/Statistical% 20Review% 20of% 20World% 20Energy% 202015% 20CN% 20Final% 2020150617. pdf，第 32 ~ 33 页。根据 European Commission, EU Climate Action, National Action Plans，http：//ec. europa. eu/energy/node/71 数据整理，2016 年 5 月 17 日。

---

① 《可再生能源中长期发展规划》，第 18 页，http：//www. sdpc. gov. cn/zcfb/zcfbghwb/200709/W020140220601800225116. pdf，2016 年 5 月 17 日。

② 《国家应对气候变化规划（2014 - 2020）》，第 5 页，http：//www. sdpc. gov. cn/zcfb/zcfbtz/201411/W020141104584717807138. pdf，2016 年 5 月 17 日。

③ 《中美气候变化联合声明》，载于《人民日报》2014 年 11 月 13 日第 2 版。

④ European Commission, Climate action - emission reduction, http：//ec. europa. eu/priorities/energy - union - and - climate/climate - action - emission - reduction_en，2016 年 5 月 17 日。

如果不能有效应对这种不对称性，哥本哈根气候大会上的严重分歧还会出现在未来的中欧气候合作中。比如，2015 年 6 月中欧领导人峰会上达成的《中欧气候变化联合声明》中强调："双方注意到其各自宣布的到 2030 年的应对气候变化强化行动，作为中国为一方、欧盟及其成员国为另一方实现《公约》第 2 条所规定目标而计划做出的国家自主决定贡献。双方的自主贡献与其他各方宣布的自主贡献一起，构成实现全世界所必需的绿色低碳发展长期努力的重要步骤。双方计划继续在《公约》下共同努力于未来提高力度。"[①] 这实际是对双方根据自身情况独立设置减排目标的共识。但是，就在本次会议上，欧盟仍然不满足对于中国来说已经非常高的减排目标，还希望中国进一步提高。欧盟委员会主席容克就明确表示："我们的减排目标是比 1990 年减少 40%，我非常欢迎中国能够对同样的目标承担起责任。"[②] 从根本上看，这实际是在用欧盟内部已经进入后现代阶段经济水平的成员国标准来要求中国这样一个正在高速现代化的发展中国家。这种在应对气候变化目标和能力上的严重不对称性根本上源于中欧制度的不对称性，即欧盟是以多层结构与中国的单层结构合作，因此中国的应对之策应该是以多层对多层，将气候合作的主体充分向下延伸，提升地方政府在中欧气候合作中的地位。

2. 城市分类与中欧多层气候合作的潜力

气候变化是典型的全球性问题，直接威胁的对象就是城市，比如纽约、上海等沿海大城市就直接面临全球变暖导致的海平面上升的威胁。这需要各国中央政府通过联合国等正式机制商谈全球减排协议，但由于全球谈判利益方太多，达成实质性减排协议并真正落实耗时太长，所以同样需要各国城市之间直接进行合作应对威胁，以提高气候治理的效率。"在《公约》机制下，'自上而下'的气候谈判模式难以协调各国的不同诉求，尤其是自哥本哈根会议后，主权国家之外的诸多行为体（如跨国城市网络）提出了许多对未来可持续发展具有重大影响的行动倡议，在实践向度上诠释了全球气候治理的实验主义转向。随着全球气候治理参与主体的多元化，以城市为代表的一些重要的次国家行为体，在全球气候治理体系中逐渐活跃，地位也逐渐上升。"[③] 与国家间合作不同，城市作为次国家行为体可以解构国家的同一性。从纵向看，同一国家内部具有不同发展水平和产业结构的城市，中央政府总是要考虑大多数城市的利益。但从横向看，不同国家具

---

① 《中欧气候变化联合声明》，载于《人民日报》2015 年 7 月 1 日第 3 版。

② 《美媒：欧盟望中国制定更严格气候变化目标》，环球网，http://world. huanqiu. com/exclusive/2015－06/6807616. html，2016 年 5 月 17 日。

③ 庄贵阳、周伟铎：《非国家行为体参与和全球气候治理体系转型——城市与城市网络的角色》，载于《外交评论》2016 年第 3 期，第 139～140 页。

有相同或类似发展水平与产业结构的城市间，就具有了合作的合理性。这种中央政府合作与城市合作并行的双层气候治理模式一大优点是，可以考虑不同国家不同城市发展的不对称性，让具有相同特点的城市建立合作关系，更有针对性地制定减缓和适应气候变化政策，避免发展中国家和发达国家作为整体因为发展阶段不同导致的利益分歧。中欧气候合作的不对称性就是发展中国家与发达国家因为不同发展阶段产生分歧的典型例子，为此中国应该以多层对多层，将与欧盟气候合作的权力更多向下延伸到城市，依据不同城市在应对气候变化和发展低碳经济中的特色与欧盟成员国相应城市进行合作，以此弥补中国中央政府与欧盟多层结构气候合作中的不足。

基于此种思考，中欧之间可以在一些特定城市间建立起气候合作渠道，一方面可以让中国城市学习欧洲城市治理气候变化的经验，同时相互合作共同发现兼顾气候与发展的机遇。这里的前提是，合作城市间应该在城市规模、城市功能、产业结构等方面具有相似特点，这样才能有效避免中欧气候合作中因为发展阶段不同带来的不对称性。目前中国与欧盟成员国间已经开展了一些地方政府的气候合作，比如由中国国家发展和改革委员会应对气候变化司与德国国际合作机构2012年开始实施的中德应对气候变化地方能力建设项目，旨在加强中国应对气候变化地方能力建设，涉及中国的江西、湖北、吉林、陕西等省份。但目前这种合作形式局限在发达国家为中国省份的相关人员进行培训，不具备长期性，难以深入。将来可以考虑的方式是参考友好城市的合作，即在中欧不同类型城市之间建立城市气候伙伴关系，搭建长期稳定的合作关系，以产业为依托，在这些城市之间实现气候命运共同体，携手推进发展方式转型。中欧城市气候伙伴关系建立的关键是找准不同城市的类型，目前可以考虑的是中心城市、传统产业转型城市和小规模低碳城市三种类型。

第一类气候伙伴城市是中心城市，比如中国的北京、上海，欧盟的巴黎、柏林等。这类城市的特点是第三产业在产业结构中比重较大，有着较好的低碳经济发展基础。但是都属于功能集中的大都市区，北京、上海分别是中国的政治和经济中心，巴黎和柏林的政治经济影响也远不止于法德两国，而是覆盖全欧盟，因此都具有中心城市的功能特征，面临人口密集、交通堵塞、排放严重的"大城市病"，具有进一步优化产业结构，疏解城市功能的共同需要，可以相互借鉴。比如在萨科奇任巴黎市长期间，就实施了以"低碳"为理念的大巴黎计划，包括"紧凑性"和"均衡性"相互补充的规划理念，使巴黎更有效地利用现有土地，同时通过绿化带形式严格限制都市区的无限扩张，让巴黎成为一个更紧凑、更集中、更高效、市中心与郊区发展更为均衡的城市。在交通方面则从"密集型"向灵活的"轻便型"转变，完善现有的放射状的交通网络，并辅以环状网络作为补充，因地制宜地采用有轨电车和有轨无轨混合等交通工具，最终目的是提高效率，降低污染并尽量降低和减少人们对于小汽车的依赖。同时降低巴黎对生态的占有，扩大能源利用方式的多样化和多利用可再生能源。^① 这些行动正是当前北京、上海疏解城市功能需要借鉴的经验。

第二类气候伙伴城市是传统产业转型城市，比如中国的沈阳、武汉、成都、重庆，德国的多特蒙德、埃森、杜伊斯堡、波鸿等鲁尔区城市。这些城市的共同特征是钢铁、石化、汽车、能源等传统重化工业占据城市经济的主要比重，也是各自国家工业化过程中的主要动力，但造成了较为严重的工业排放污染。伴随第三产业的发展，这些城市逐渐衰落，需要实现传统产业的升级改造，并大力发展新兴产业，一方面保持经济增长速度，另一方面减少污染。德国鲁尔区在此方面取得了一些经验，该区单个城市在煤钢产业转型过程中受制于严重的路径依赖，但在鲁尔地区协调的规划下进行了较为成功的产业创新。2002年，鲁尔乡镇联盟发布《鲁尔前景——鲁尔区结构政策项目》，通过对本区域有优势或未来有发展潜力的12个产业领域进行扶持，促使其更积极地参与本区域发展模式的重塑，这一口号为"优势强化"的结构政策依托产业集聚模型，尝试从以下三个方面来实现其政策目标：第一，随着煤钢复合体在结构性危机下的逐渐消亡，传统制度的路径依赖和锁定效应不断减弱，区域发展的主要问题不再是解构旧的发展模式，而是如何建构新的发展模式。因此，煤钢复合体中发展出来的优势与特色部门，如能源、水供应与处理、环境保护、物流、健康产业和机械制造等，日益成为区域发展内生潜力的依托，是新增长结构中关键的组成部分。第二，优势产业的创新与发展依赖于区域内各行为主体依托产业链建立的互动网络，如何有效促进区域内政府、研究与教育机构、相关企业及诸如咨询和风险投资等服务业，以及不同地区的相互合作与协调，是这一战略的核心任务。第三，实践表明，各相关行为主体的空间集聚是优势产业链得以形成的必要条件。因此，通过工业园等形式引导各个优势产业的空间集聚是实现这一战略最直观和主要的手段。^② 中国的沈阳、武汉、成都、重庆等传统产业转型城市可以借鉴鲁尔区经验，加强各自区域内产业政策协调，实现传统产业和新兴产业的共同发展。

第三类气候伙伴城市是小规模低碳城市，比如中国的镇江，欧盟成员国荷兰的阿姆斯特丹和丹麦的哥本哈根等。这些城市的特征是在中国和欧盟范围内属于人口规模较小、城市功能不够集中的非中心城市，但小而精，产业转型成本较低，所以在发展低碳经济方面已经积累一定的经验。比如哥本哈根市区面积86.4

① 黄辉：《大巴黎规划视角：低碳城市建设的启示》，载于《城市观察》2010年第2期，第32~34页。

② Kommunalverband Ruhr（KVR）（Hrsg.），Perspektive Ruhr，S. 3–7. 转引自胡琨：《德国鲁尔区结构转型及启示》，载于《国际展望》2014年第5期，第73~74页。

平方千米，人口 79 万①，却是世界著名的低碳城市，提出到 2025 年将碳排放降低到零。为此哥本哈根出台了系统的低碳发展措施，其中就包括在 2015 年实现 50% 的自行车出行②，这对于中国这样的自行车大国来说颇具借鉴意义。长江三角洲地区作为中国经济最发达的地区，一些小规模城市也在发展低碳经济方面积累了经验，比如前述江苏省镇江市。这些中小城市间可以结合各自产业结构探索不同于特大城市、中心城市、传统工业城市的低碳发展道路。比如由于城市规模不大，以自行车为代表的零排放人力交通工具更容易实现，不需要大规模工业支撑城市经济，更多依赖会展、旅游、IT、咨询等现代服务业，人口较少带来居住用能减少，更利于发展风能、太阳能、潮汐能、生物质能等可再生能源。

总之，经过多年努力，中欧之间已经形成紧密的气候伙伴关系。但是，这种关系受制于欧盟的多层治理结构，在双方气候合作中带来了不对称性。一方面中国作为单一的发展中国家，以发展为首要任务，向低碳经济转型的成本较高，无法设置过于激进的减排目标。另一方面，欧盟对外气候政策受到内部要求积极减排成员国及其地方政府和社会主体影响，减排目标过于超前。其结果就是，中国作为发展中国家实际是在和法国、德国，以及北欧等后现代国家进行气候合作，双方减排目标和能力相去甚远，由此才会导致 2009 年哥本哈根气候大会上的激烈冲突，至今仍然没有完全消除。这也是尽管中欧战略矛盾没有中美之间显著，并在气候合作领域早于中美开始，却没有中美气候合作进展顺利的原因之一。中欧气候合作需要克服由于欧盟多层治理结构带来的不对称性问题，一种可能的途径就是以多层对多层，将中欧气候伙伴关系向下延伸，在中国和欧盟成员国之间寻找更具有相似性的城市，包括城市规模、发展水平、经济结构等，比如中心城市、传统产业转型城市、小规模低碳城市等，并在这些相似城市间建立气候伙伴关系。这一方法的好处是相似城市更容易在应对气候变化方面交流互鉴，避免由于发展水平不同而造成的不对称性。总之，中欧多层气候合作应当是双向的，中欧双方都应将权力向下延伸，释放地方政府以及社会主体参与合作的能量，这样中欧气候伙伴关系才能保有持续动力。

3. "中欧环境治理项目地方伙伴关系项目" 的启示

中欧环境治理项目地方伙伴关系项目（EGP）是欧盟支持中国政府在环境公共治理领域开展合作的项目，项目额度为 1 500 万欧元。2009 年，欧盟同商务部签署财政协议，指定环境保护部（环保部）为项目主管单位，环保部经济与环境政策研究中心为实施单位。项目实施期为 2010 年 12 月至 2015 年 12 月。项目总

---

① 《哥本哈根市》，北京市人民政府对外事务办公室网站，http://wb.beijing.gov.cn/home/yhcs/sjyhcs/sj_oz/sj_oz_gbhg/sj_oz_gbhg_csgk/201912/t20191227_1523092.html，2022 年 4 月 19 日。

② 董小君：《低碳经济的丹麦模式及其启示》，载于《国家行政学院学报》2010 年第 3 期，第 122 页。

构建公平合理的国际气候治理体系研究

体目标为改善中国环境治理，为此项目设置了四大核心主题：环境信息公开、公众参与环境规划与决策、环境司法和企业环境责任。项目地方层面主要针对四大主题在地方开展创新性环境治理方式实践试点。地方层面包括 15 个地方伙伴关系项目，试点地遍布全国多个省市，由欧盟机构与项目所在地政府部门联合开展，各项目实施期为两年左右。以"公众参与环境规划与决策"模块中的"嘉兴模式中的公众参与环境治理及其在浙江的可推广性（嘉兴模式项目）"为例。该项目主办方是浙江省环境宣传教育中心（CEECZJ），合作伙伴为荷兰国际社会质量协会、英国格拉斯哥大学、英国利兹大学、浙江大学和浙江工商大学，项目期为 2012 年 9 月至 2015 年 3 月。该项目的背景是，为了在环境治理方面建立一个广泛的公众参与渠道，中国政府已经进行了形式多样的社会实践。最初是世界银行与中国政府在 2000 年启动"社区圆桌对话"项目，主要在健康、医疗、交通和安全等领域展开。有了这些经验，2006 年原国家环保总局及其下属机构发起的"社区圆桌对话"项目在许多城市启动。这些试点项目取得了良好的效果并且加强了民主环境理念。然而，"社区圆桌对话"的实践仅仅关注地方性的环境问题，而没有在国家层面进行制度设计。在这样的背景下，浙江省嘉兴市提出了一个公众参与环境治理的模式并因为其广泛的关注和当地居民参与决策的模式获得了推广。"嘉兴模式"是由嘉兴环保联合会、市民环保检查团、专家服务团和生态文明宣讲团组成的组织体系。

为此，该项目设定的总体目标是分析"嘉兴模式"的政策创新，并推动浙江省公众参与环境治理这种新颖方式的发展，以此来加强全国公众参与环境治理的意向。具体成果包括：（1）培训项目：为非政府组织、环保管理人员、绿色学校教师、社区环保志愿者和企业环境管理人员开展 12 次培训，共计超过 1 000 人参加。参与培训各方对公民的环境权利和义务有更加明确的认识，推动环境保护公众参与制度的执行，尤其是对环保 NGO 与政府对话的能力提升了，如协助政府开展污水治理等。（2）公众论坛：在浙江省各个城市举办环境保护公众参与论坛（在浙江省 11 个市举办 11 场论坛）。邀请当地环保部门、非政府组织、媒体、企业以及专家探讨如何建立政府—公众—企业的信任机制，同时介绍推广中欧环境治理项目进展情况和"嘉兴模式"。（3）国际会议：举办 3 个国际会议，其中一个在英国格拉斯哥大学，主要是在国内外传播嘉兴模式的理念。（4）可见度：本项目已在报纸和网站上被报道超过 200 次。在专业期刊上发表了 10 篇相关文献，促进"嘉兴模式"蕴涵的理念的传播。（5）政策转化：已给省政府领导递交政策建议报告 4 次，均获得批示。积极为《浙江省综合治水工作规定》建言献策，促使社会参与成为规章的单独章节；并推动浙江省环境保护厅出台《建设项目环境影响评价公众参与和政府信息公开工作的实施细则（试行）》。（6）研究报告：

333

5 本研究报告正在出版，同时还包括 4 份递交给当地政府的建议。(7)"嘉兴模式"的复制：全省 10 个城市复制"嘉兴模式"。浙江省各地都按照"嘉兴模式"体现的理念来开展制度设计和实践探索。①

"中欧环境治理项目地方伙伴关系项目"虽然不是专门针对气候变化治理的，但仍然可以得出一些启示。在优势方面，它体现了发达国家对发展中城市的援助性合作，并且选择城市合理，涉及多种类型，特别是涉及中国广大中西部的中小城市，至少在形式上体现了对发展中城市环境治理的公平性。同时，该项目囊括了大学、科研机构、企业、地方政府、公众的共同参与，体现多元主体参与的合理性。但是，该项目最大的问题是涉及的发达国家城市并不多，主要是发达国家的科研机构和高校帮助中国中小发展中城市治理环境问题，并且多涉及宣传和信息公开方面，较少关注实质性的环境政策优化、技术革新，以及最为核心的发展与环境如何平衡的问题。在此过程中，非常容易出现发达国家知识群体主导议题设置，中国城市只是被动接受者的现象。更严重的是，环境民主观念在欧洲深入人心，所以在要求信息公开化的过程中，发达国家知识群体容易借环境问题隐射中国的相关问题，这种环境合作带来的政治问题在国外环境 NGO 的活动中屡见不鲜，值得未来中外城市开展气候合作时引起重视。

（二）中美地方政府气候合作②

中美许多城市都是较大的温室气体排放源，因此地方政府合作对于中美减排具有非常重要的实质性意义。奥巴马政府时期，两国启动气候智慧型/低碳城市倡议，并于 2015 年 9 月在洛杉矶举行了第一届中美气候智慧型/低碳城市峰会。来自中国北京市、四川省、海南省、深圳市、武汉市、广州市、贵阳市、镇江市、金昌市、延安市、吉林市等省市的领导，和美国加利福尼亚州、洛杉矶市、休斯敦市、康涅狄格州等地的州长、市长均现身会场参与气候事务的讨论和《中美气候领导宣言》的签订。国家发展和改革委员会、北京市政府等 9 个单位与美方对口合作单位签署了低碳发展合作协议或谅解备忘录。北京、四川、深圳、洛杉矶、西雅图、盐湖城等 14 个城市（省、州）的政府领导就推动绿色低碳发展的进展、成效和经验做了主题发言。峰会还围绕低碳城市规划、碳市场、低碳交

---

① 《中欧环境治理项目地方伙伴关系项目成果展示》，http：//www.ecegp.com/files/1/中欧环境治理项目地方伙伴关系项目成果展示 2015.pdf，第 12～13 页。
② 本部分内容作为阶段研究成果写入论文《多元共生：中美气候合作的全球治理观创新》，载于《世界经济与政治》2016 年第 7 期。

通、低碳建筑、低碳能源和适应气候变化等主题组织举办。[①]

第二届中美气候智慧型/低碳城市峰会于 2016 年 6 月 7 日在北京开幕。在开幕式上，中美地方政府、研究机构、非政府组织和企业等签署了 27 项低碳发展合作协议或谅解备忘录。此次峰会围绕城市达峰和减排最佳实践、绿色金融与低碳城市投融资、构建气候韧性城市、碳排放权交易等主题举办了多场分论坛，邀请政府、企业、研究机构等社会各界人士深入探讨气候智慧型/低碳城市建设相关问题。中方还举办了"低碳城市成就展"和"低碳技术与产品展"，全面展示中国在低碳城市建设和技术领域的突出成果。第二届中美气候智慧型/低碳城市峰会为中美双方搭建了务实有效的交流合作平台，标志着两国携手应对气候变化的合作机制逐步走向常态化，为构建中美新型大国关系、推动两国可持续发展和全球气候变化多边进程做出了积极贡献。[②]

中美双边城市气候合作的优势首先是，在两国温室气体排放最多的国家间形成小范围合作，发挥关键国家的引领作用，提高合作效率，避免多边城市合作中利益协调的困难。其次，中美形成发展中城市和发达城市合作模式，更具代表性。多边城市气候合作最成功的地区是欧盟，但其主要代表发达城市，目标要求过高，难以起到示范作用。中美城市合作分别代表发展中国家和发达国家，在类型上更平衡，对两类国家城市都具有示范意义，因此更具有普遍价值和推广意义。最后，可以在不同治理模式间相互借鉴。中美城市代表了两种不同发展理念，中国城市更依赖政府和行政手段推动产业转型减排，美国城市更依赖市场机制，两者互有优劣，彼此合作可以实现优势互补，融合出更具普遍意义的治理模式。

美国在特朗普政府时期退出《巴黎协定》后，中美地方政府继续气候合作的一大前提是，中国中央政府已经表现出应对气候变化的强烈意愿，比如虽然逆全球化和新冠肺炎疫情危机使全球治理陷入困境，但中国国家主席习近平仍然在 2020 年 9 月举行的第七十五届联合国大会一般性辩论上的讲话中宣布，"中国将提高国家自主贡献力度，采取更加有力的政策和措施，二氧化碳排放力争于 2030 年前达到峰值，努力争取 2060 年前实现碳中和"[③]。在单一制国家结构下，中国的地方政府将受到这些目标的硬约束，积极开展包括对外合作在内的各种节能减排工作。美国方面，诸多地方政府已经表达了坚定捍卫《巴黎协定》的立场，其

---

① 林雪艳：《第一届中美气候智慧型低碳城市峰会在洛杉矶开幕》，国际在线，2015 年 9 月 16 日，http：//news. cri. cn/gb/42071/2015/09/16/8011s5104913. htm，2020 年 11 月 15 日。

② 安蓓、陈炜伟：《第二届中美气候智慧型/低碳城市峰会开幕》，新华网，2016 年 6 月 7 日，http：//www. xinhuanet. com/politics/2016–06/07/c_1119007554. htm，2020 年 11 月 15 日。

③ 习近平：《在第七十五届联合国大会一般性辩论上的讲话》，载于《人民日报》2020 年 9 月 23 日第 3 版。

中加利福尼亚州最为积极。2002 年的电力危机和乔治·W. 布什政府退出《京都议定书》是该州推行气候政策改革的契机①，其改革的重要经验是，虽然市场可以在环保科技的应用方面取得不错成效，但低碳经济所依赖的某些重要方面，比如对土地利用的支持必须获得政府合作。同时，在美国，应对气候变化的政治改革动力主要来自州政府和区域层面，而非国家层面。② 新世纪初期担任州长的阿诺·施瓦辛格对目前加利福尼亚州的气候政策起到了基础性的作用。该州已经建立了较为完善的管制与排放贸易机制，为企业投资于清洁技术和开发削减温室气体排放的技术革新提供了激励。在此基础上，加利福尼亚州政府还建立了加利福尼亚气候投资项目（California Climate Investments），旨在为居民提供可负担的住房、更多的低碳出行选择、零排放汽车、创造就业、节能与节水、绿色社区等，这些投资的 35% 流向了较弱势和低收入的社区中。州政府将通过管制与排放贸易获得的资金存储在温室气体减排基金中（Greenhouse Gas Reduction Fund, GGRF），用于更好地实现加利福尼亚全球变暖应对法案（California Global Warming Solutions Act of 2006）的目标。自 2006 年该法案生效以来，立法机构已向州政府相关机构拨付了 34 亿美元用于执行减少温室气体排放的各种项目，主要包括交通和可持续社区、清洁能源与提高能效以及自然资源和废物回收利用。③

正因为拥有如此良好的气候治理制度和政策基础，加利福尼亚州成为特朗普政府退出《巴黎协定》后最为积极与中国地方政府延续气候合作的美国州政府之一。2017 年 6 月，加州州长布朗访华出席第八届清洁能源部长级会议期间，与中国科技部部长万钢正式签署《中国科技部与美国加州关于推动低碳发展与清洁能源合作的研究、创新和投资谅解备忘录》，承诺与中国政府加强清洁能源合作，推动清洁能源技术进步，以共同应对气候变化带来的挑战。这一备忘录还被列入当年通过的《首轮中美社会和人文对话行动计划》。作为政府气候合作的实践者，中国企业也积极行动。万向集团收购美国新能源电池生产企业 A123，比亚迪在加州扩建北美地区最大的电动大巴工厂，尚德电力、保利协鑫等太阳能发电企业赴美投资等都是其中的成功案例。④ 布朗州长在访华期间还与北京、江苏、深圳、成都等中国地方政府签署了气候合作框架协议。这些协议的成果以"加州—中国清洁能源基金"投资者联盟成果的形式，在 2018 年 9 月加州召开的全球气候行

① Roger Karapin. *Political Opportunities for Climate Policy*: *California*, *New York*, *and the Federal Government*, New York: Cambridge University Press, 2016, P. 163.

② ［美］彼得·卡尔索普：《气候变化之际的城市主义》，彭卓见译，中国建筑工业出版社 2012 年版，第 106 页。

③ About California Climate Investments, http://www.caclimateinvestments.ca.gov/about – cci, Access on 8th Jan, 2018.

④ 周舟、张莹：《综述：中美气候合作仍有潜力》，载于《光明日报》2017 年 11 月 29 日第 14 版。

动峰会上正式宣布。成果显示，北京的中建投资本管理有限责任公司、国家电力投资集团、TAAC Capital Limited、中关村大街运营管理公司等企业已成功完成加州—北京清洁能源基金的投资认购意向的签署。中建投资本管理有限责任公司首期规模为 10 亿元人民币和 1 亿元美元（大约 7 亿元人民币），将对加州的先进储能、智能电网和电动汽车等清洁能源领域进行投资。此外，江苏、深圳和成都也分别宣布了投资意向性文件。这些基金协议的宣布，预示着加州和中国各地方政府正式启动了清洁能源领域的商务合作，该合作旨在引导中国的优良资本投资加州的优秀新能源企业，通过海外股权投资和国内技术项目落地的形式，深入开展加州同中国在应对气候变化方面的合作。[①]

共同应对气候变化也成为 2018 年 9 月举行的中美省州长论坛的主要论题之一。加州州长布朗、纽约州长英斯利等发起成立了美国气候联盟。布朗州长在本次会议上表示，中国和美国虽然面对不同的社会和文化背景，但人类制造出来的科技产品现在带来了气候问题，大家共同面对处于非常危险阶段的气候变化问题，中美两国地方政府有共同的意向来阻止这些问题的发生。"合作之路是我们唯一的出路。"布朗说，加州希望和中国一起，与中国的科技机构合作。本次会议认为，中美省州之间的对话与合作，为中美两国地方政府在气候合作领域的政策、创新、投资和金融提供了平台。中美省州将通过对话致力于为清洁技术创新、气候经济以及气候相关的金融合作提供路径。[②]

加州与中国的气候合作还延伸到科研领域。2019 年 9 月，已经卸任的布朗州长发起成立了加州—中国气候研究院，挂靠在加州大学伯克利分校法学院和自然资源学院，将运用其资源和专业知识，推进低碳交通和零排放车辆、碳定价、气候适应和恢复力、可持续土地使用和气候智能农业、碳捕获和储存，以及长期气候目标的制定和政策执行等领域的研究与国际合作。同时，研究院与中国清华大学气候变化与可持续发展研究院签署合作备忘录，双方计划开展的合作重点包括碳中和的技术与政策、碳市场推广与试点合作、基于自然的解决方案、具有多重影响的综合效益研究和零碳交通等。[③]

未来，中美地方政府应该延续这种已有的气候合作，并不断扩大范围，将更多省市州纳入合作轨道，体现出最大发达国家和最大发展中国家在地方政府气候合作领域的示范作用。中美地方政府气候合作形式多样，体现了全球气候治理多

---

① 孙秋霞：《"加州 – 中国清洁能源基金"投资者联盟取得多项成果》，中国新闻网，2018 年 9 月 15 日，http：//www. chinanews. com/cj/2018/09 – 15/8628414. shtml，2020 年 10 月 23 日。

② 邓圩：《中美省州对话气候变化问题：合作是我们唯一的出路》，人民网，2018 年 9 月 13 日，http：//world. people. com. cn/n1/2018/0913/c1002 – 30290897. html，2020 年 10 月 24 日。

③ 唐凤：《中美合作开展气候研究》，载于《中国科学报》2019 年 10 月 8 日第 2 版。

元主体的特征。同时，中美两国地方政府经济规模较大、公共资源充足，避免了非政府组织合作资源不足的弊端，也有利于规避非政府组织利用全球气候治理对主权国家的过度解构。中美地方政府气候合作机制还可以从以下三个方面进行完善。一是加强两国智慧型/低碳城市有针对性的合作对接。中美智慧型/低碳城市的合作关系由中美气候变化工作组领导建立，开创了地方政府共同应对气候变化的新模式。但是，参与政府的实质性双边和多边合作仍然缺乏，特别是有针对性的合作对接不够。二是加强两国地方政府与产学研气候合作的协同效应。三是加强两国地方政府在全球气候谈判中的协调配合。

四、发展中国家城市与国际气候治理体系的合理性[①]

(一) 新兴经济体城市气候合作：中印城市气候合作

中国国家主席习近平与印度总理莫迪于 2018 年 4 月在中国武汉的会晤全球瞩目，会晤虽然是非正式的，但两国领导人却充分表达了对双边关系及其全球意义的共识。习近平提出应从战略上把握中印关系的大局，并认为两国应共同做好双方下一阶段合作规划。在 2018 年 6 月举行的上海合作组织青岛峰会上，中国国家主席习近平在会见印度总理莫迪时指出："一个多月前，我同总理先生在武汉成功举行非正式会晤，达成重要共识。两国和国际社会都对这次会晤予以积极评价，关注和支持中印关系发展的积极氛围正在形成。中方愿同印方一道，以武汉会晤为新起点，持续增进政治互信，全面开展互利合作，推动中印关系更好更快更稳向前发展。"[②] 可见，两国领导人的武汉会晤已经成为中印关系新起点，这为双方气候合作提供了新机遇。中国和印度分别是世界第一和第二人口大国，第一和第三温室气体排放国，第二和第七大经济体，因此两国合作共同削减温室气体排放和实现发展方式向低碳转型对于气候变化《巴黎协定》目标的实现十分关键。

党的十九大后，中国的现代化进程进入新时代，以供给侧结构性改革为抓手建立现代化经济体系是这一进程的基础。党的十九大报告在"贯彻新发展理念，建设现代化经济体系"部分的第一条就是"深化供给侧结构性改革"，指出"建

---

① 该部分内容分别作为阶段性成果写入论文《中印关系新阶段下的两国气候合作：路径选择与全球意义》，引自《复旦国际关系评论》（2021）和《人类命运共同体视角下的亚太区域气候治理：观念与路径》，载于《区域与全球发展》2018 年第 1 期。

② 广江、赵成：《习近平会见印度总理莫迪》，载于《人民日报》2018 年 6 月 10 日。

设现代化经济体系,必须把发展经济的着力点放在实体经济上,把提高供给体系质量作为主攻方向,显著增强我国经济质量优势"。而在"加快生态文明体制改革,建设美丽中国"部分,第一条便是"推进绿色发展",指出要"加快建立绿色生产和消费的法律制度和政策导向,建立健全绿色低碳循环发展的经济体系"。① 从广义上理解,低碳发展是一种新型的生产方式和生活方式,包含了绿色发展、循环发展的内容,引导人类通过可持续的发展路径迈向一个更高的文明形态——生态文明。② 低碳经济作为低碳发展的基础,其核心内容包括低碳产品、低碳技术、低碳能源的开发利用。低碳技术涉及电力、交通、建筑、冶金、化工、石化等部门以及在可再生能源及新能源、煤的清洁高效利用、油气资源和煤层气的勘探开发、二氧化碳捕捉与封存等领域开发的有效控制温室气体排放的新技术。③ 可见,低碳经济作为绿色环保的实体经济,是连接供给侧结构性改革和建设美丽中国的重要纽带,建立和完善有利于低碳经济发展的体制机制,大力发展低碳实体经济已经成为新时代中国改革进程的重要内容,其中实现 2020 年和 2030 年非化石能源占一次能源消费比重分别达到 15% 和 20% 的能源发展战略目标就是硬约束。根据中国国家发展和改革委员会发布的《可再生能源发展"十三五"规划》,中国为实现这两个目标制定了 2020 年可再生能源开发利用主要指标,其中发电总目标是 56 188 吨标准煤/年,包括水电 36 875 吨标准煤/年,并网风电 12 390 吨标准煤/年,光伏发电 3 673 吨标准煤/年,太阳能热发电 590 吨标准煤/年,生物质发电 2 660 吨标准煤/年。④

莫迪总理自 2014 年领导人民党执政以来立志于建立一个"新印度",在 2017 年 8 月 15 日印度独立日面向全国的讲话中,莫迪总理提出希望在 2022 年实现这一目标。⑤ 尽管"新印度"构想的实现充满挑战,但值得肯定的是,自这一概念提出后莫迪政府取得了一系列成果,无论是环境问题的改善还是经济的持续增长都证明"新印度"有着独特的生命力。⑥ 值得注意的是,在"新印度"建设中,既增加电力供应又注重环境保护是一项主要内容,这也意味着大力发展可再

---

① 《决胜全面建成小康社会 夺取新时代中国特色社会主义伟大胜利——在中国共产党第十九次全国代表大会上的报告(2017 年 10 月 18 日)》,载于《人民日报》2017 年 10 月 28 日。

② 杜祥琬等:《低碳发展总论》,中国环境出版社 2016 年版,第 4 页。

③ 吴晓青:《关于中国发展低碳经济的若干建议》,引自张坤明、潘家华、崔大鹏主编《低碳经济论》,中国环境科学出版社 2008 年版,第 21 页。

④ 中国国家发展与改革委员会:《可再生能源发展"十三五"规划》,第 9 页,http://www.ndrc.gov.cn/zcfb/zcfbtz/201612/W020161216659579206185.pdf。

⑤ PM addresses nation from the ramparts of the Red Fort on 71st Independence Day, 15th August 2017, http://www.pmindia.gov.in/en/news_updates/pm-addresses-nation-from-the-ramparts-of-the-red-fort-on-71st-independence-day/? comment = disable.

⑥ 王瀚浧:《莫迪的"新印度"面临巨大困难》,载于《文汇报》2018 年 1 月 13 日。

生能源将是未来印度能源产业的重要目标。同样是在 2016 年 12 月，印度政府发布的《印度电力规划（草案）》显示，截至 2016 年 3 月 31 日，印度主要可再生能源的装机容量分别是太阳能 6 762.85 兆瓦、风能 26 866.66 兆瓦、生物质能 4 946.41 兆瓦、小水电 4 273.47 兆瓦，总计 42 849.38 兆瓦，计划到 2022 年前分别提升到太阳能 100 吉瓦、风能 60 吉瓦、生物质能 10 吉瓦和小水电 5 吉瓦，总计 175 吉瓦，占能源总需求的 20.35%，到 2027 前达到能源总需求的 24.2%。① 可见，发展可再生能源，实现低碳减排与经济增长的平衡已经成为中印两国国内发展的重要规划，双方应该在两国关系的新阶段将这两项国内规划有效对接，激发两国企业、科研院所、大学、社会组织等多元行为体的潜能，打造扎实的低碳实体经济和前沿技术，使之助力气候合作成为构建中印新型国际关系的支柱之一。

中印都是十亿级人口的大国，而且国家面积大，地方多样性特征明显，这使得地方政府成为两国发展中的重要推动力量。中国虽然是单一制国家，但中国改革开放就是从给予地方政府政策空间进行实验开始，成功后再逐渐向全国推广，因此充分发挥地方政府的积极性，以点带面是中国现代化建设的一条基本成功经验。在 2018 年 5 月中央外事工作委员会第一次会议上，习近平主席特别强调了地方外事工作对推动对外交往合作、促进地方改革发展的重要意义，指出"要在中央外事工作委员会集中统一领导下，统筹做好地方外事工作，从全局高度集中调度、合理配置各地资源，有目标、有步骤推进相关工作"②。这为中国地方政府对外交往提供了新的制度和政策支持。印度是联邦制国家，宪法赋予地方政府的权力比单一制国家大。因此，两个大国合作应该充分重视地方政府的作用。在特朗普政府宣布退出《巴黎协定》后，美国众多地方政府就明确表达了反对意见，表示将继续遵守《巴黎协定》的承诺，由此吸引了国际社会对地方政府在全球气候治理中作用的关注，中美地方政府气候合作也成为特朗普政府时期两国延续奥巴马总统与中国建立的气候合作"遗产"的基础。同样，中印关系进入新阶段后也应发挥地方政府在气候合作中的作用，这需要依托两国地方政府已经建立的经贸合作关系。

中印领导人武汉会晤本身就体现出地方政府在两国关系新阶段中的价值。正如时任中国外交部副部长孔铉佑介绍，此次非正式会晤选在武汉的原因之一，就是武汉与印度地方交往日益密切，经贸合作不断扩大。同时，莫迪总理到访过北

---

① Government of India Ministry of Power, *Draft National Electricity Plan*, December 2016, p. 6.9, p. 6.11, p. 6.13., http：//www.cea.nic.inreportscommitteenepnep_dec.pdf.

② 《加强党中央对外事工作的集中统一领导　努力开创中国特色大国外交新局面》，载于《人民日报》2018 年 5 月 16 日第 1 版。

京、广州、西安、杭州、厦门等中国城市，武汉之行将进一步增进他对中国的了解。① 可见，邀请莫迪总理访问中国不同地域的代表性城市已经成为增进中印关系的途径之一，武汉是新一次实践。2017 年武汉与印度双边贸易额 11.05 亿美元，同比增长 61.08%。进口额 7 210.75 万美元，同比增长 35.46%；出口额 10.33 亿美元，同比增长 63.24%。武汉的宝武钢铁集团有限公司、武汉烽火国际技术有限责任公司、武汉华工激光工程有限责任公司等企业在印度都有投资项目，武汉企业在印度承接工程项目 12 个，合同总额 6.2 亿美元，涉及钢铁冶金、燃煤电站设计施工项目等。② 中国西南地区省市如四川、重庆、云南等与印度地方政府贸易和投资关系更加密切。因此，中印地方政府气候合作可以从钢铁、石化、冶金、煤电等传统高排放产业入手，提高这些项目的能源效率和清洁化水平。同时，两国人口和交通密集，产业结构相近的大城市之间可以建立有针对性的合作关系，共同探寻大都市减排的治理途径。比如中国的上海、武汉、成都、重庆和印度的孟买都属于制造业发达城市，特别是汽车产业都是各自的支柱产业之一，而且都拥有具备一定环境科学研究实力的高校。因此，前述加强两国核心低碳技术产学研联合研发的合作途径就可以先在这些城市落实。通过地方政府搭建平台，在汽车企业和高校间建立实质性合作关系，共同研发具有共同知识产权的新能源汽车产品。而像深圳和班加罗尔这样以高新技术产业为主的大城市，更应该走在两国地方政府气候合作的前列，在产业升级和节能减排方面为其他城市做出示范。中印作为新兴经济体，一方面是因为取得了现代化建设的显著成绩，但另一方面也是因为还存有相当数量的贫困人口和地区，以及较低的城市化，所以并未进入发达国家行列，仍然属于发展中国家。因此，两国地方政府气候合作不同于发达国家主要集中在城市，还应该充分考虑农村和贫困地区在发展与减排之间的平衡关系问题。联合国粮食及农业组织 2014 年的数据显示，农业、林业和渔业的排放量在过去五十年里翻了一番，如果不加大减排力度，到 2050 年或将再增加 30%。2004～2014 年，与农业有关的温室气体排放中 44% 来自亚洲，其次是美洲、非洲、欧洲和大洋洲，分别占 25%、15%、12% 和 4%。③ 根据世界银行数据，2016 年印度的农村人口达到 8.85 亿④，中国的农村人口为

---

① 李宁：《习近平将同印度总理莫迪举行非正式会晤》，载于《人民日报》2018 年 4 月 25 日第 1 版。

② 刘舒、王晓颖：《武汉与印度双边贸易额去年增 6 成，贸易合作仍大有可为》，载于《长江日报》2018 年 4 月 25 日。

③ 郑南：《粮农组织首次公布温室气体农业排放数据》，载于《联合国新闻》2014 年 5 月 5 日，https：//news. un. org/zh/audio/2014/05/305052。

④ World Bank Data, India rural population, https：//data. worldbank. org/indicator/SP. RUR. TOTL？locations = IN&view = chart，2017 年 10 月 20 日。

5.96 亿①，这使得减少农业排放仍然是两国减少温室气体排放总量的主要任务之一。另外，2016 年印度农村人口中能够使用电力的人数占农村总人口的比例仅为 77.63%。② 尽管中国的这一比例达到 100%③，但两国同样面临在庞大农村人口中如何大幅降低可再生能源发电使用成本，提高使用效率的问题，否则农村人口只是通电而用不起电。因此，农村和贫困地区如何实现发展与减排的平衡应该成为中印地方政府气候合作的重点之一。

（二）亚太地区城市气候合作

美国在特朗普政府时期宣布退出《巴黎协定》给亚太区域气候合作制造了障碍，如何在该区域内结成气候命运共同体就必须发挥次国家行为体的作用。城市是人类活动排放二氧化碳的主要源头，因此应对气候变化要以建立低碳城市为载体。APEC 成员内的发展中国家大多正在经历城镇化，在此过程中如何更加科学规划，使城镇建设更好地与自然和人类活动协调甚至融合，应该成为 APEC 论坛的内容。可以考虑建立 APEC 低碳城市建设与市长论坛，让区内有低碳城市建设成功经验的市长与大家分享智慧。发达国家城市应更主动了解发展中国家城市发展的现实状况，发展中国家也应结合自身情况有取舍地向发达国家城市学习，而不是照抄照搬。另外，发达国家许多城市也在经历转型阵痛，比如美国底特律这样的汽车城。在经济结构转型和应对气候变化的背景下，以传统高耗能产业为主的大城市风光不再，必须面对向更加低碳环保产业转型的现实，因此与发展中国家可以有许多共同语言。可以尝试专门设立类似城市市长的分论坛，让美国芝加哥、底特律，中国的长春、沈阳、武汉等传统重工业城市市长聚集一堂，商讨向低碳城市转型的路径选择。美国特朗普政府宣布退出《巴黎协定》后，美国地方政府，包括多个州和城市都明确表示将继续执行《巴黎协定》相关条款，这为亚太区域内城市之间的气候合作提供了重要前提。

第一，政策协调。即在次于国家层面的地方政府层面展开城市减排目标和措施的协调，虽然不能超越国家目标的大框架，但也可以根据城市自身特点设定减排目标。这里的关键是，国家的目标需要顾及全国所有范围，因此妥协的空间较小，但大城市往往经济发达，却困于环境压力所以更愿意减排，因此在与其他大

---

① World Bank Data, China rural population, https：//data. worldbank. org/indicator/SP. RUR. TOTL? locations = CN&view = chart，2017 年 10 月 20 日。

② World Bank Data, India Access to electricity, rural（% of rural population），https：//data. worldbank. org/indicator/EG. ELC. ACCS. RU. ZS? locations = IN&view = chart，2017 年 10 月 20 日。

③ World Bank Data, China Access to electricity, rural（% of rural population），https：//data. worldbank. org/indicator/EG. ELC. ACCS. RU. ZS? locations = CN&view = chart，2017 年 10 月 20 日。

城市合作中更愿意达成合作意愿。第二，联合研发。可以发挥大城市科研实力较强的特征，进行联合研发，共同开发应对气候变化的低碳技术并实现知识产权共享。这里的重要前提是亚太区域内大学和科研机构的实力强大，既有美国、加拿大、日本、韩国、新加坡这些发达国家的世界一流大学和科研机构，也有排名迅速上升的中国等新兴国家大学和科研机构，具备了研发先进低碳技术的可能。第三，经验共享。某些亚洲区域内城市已经在发展低碳经济方面取得了成效，比如在巴黎气候大会上广受关注的中国镇江市。可以鼓励这些城市与其他城市交流经验，探索更符合亚洲特色的低碳城市发展模式。第四，资金支持。在绿色气候基金框架下，充分利用亚洲基础设施投资银行、亚洲开发银行等区域金融机构的资金，建立亚太地区的区域性绿色气候基金，专门服务于特定城市低碳经济发展。围绕这四大功能，在亚太地区建立城市气候联盟，联盟各成员负责人将伴随相关科研、产业、财政和金融部门的定期会晤，提供稳定的政策和智力支撑。

城市之间的气候合作相较于国家之间更体现出治理方式的多样性特征，因此应该深入到不同城市在交通、能源、建筑规划等具体项目的治理方式中，不断协调彼此差异，找到合作的最大公约数。[①] 亚太区域城市之间的气候合作更需要重视这一点，因为该区域同时包括了大量发展中国家城市和发达国家城市，不同的发展水平、治理模式、价值观念等因素，都构成了亚太城市气候联盟建立的障碍。著名发展经济学家谭崇台教授领导的团队对发达国家早期发展与当今发展中国家的经济发展进行了比较研究，在对两类国家经济发展中的资源、环境与经济发展的比较分析中发现，发达国家早期发展过程中的工业化和城市化已经对环境造成破坏，但当时的环境问题并没有成为阻碍其经济发展的要素。但是今天发展中国家由于经济发展中的人口急剧膨胀、工业化和城市化等，使其在经济发展过程中面临日益严重的生态体系失衡、环境污染和全球气候变暖等环境问题，这类问题的存在一方面降低了发展中国家经济发展的速度和质量，另一方面增加了其经济发展的成本。[②] 值得注意的是，气候变化不同于普通环境问题，而是涉及全人类的重大生存问题，所以在人类命运共同体的视角下，无论是发达国家及其城市，还是发展中国家及其城市，都必须以转变发展方式加以应对，这就为双方合作提供了条件。不仅如此，不同类型城市间还可以在治理方式上相互借鉴。亚太区域的发展型国家曾经通过改变市场激励方式、降低风险、提供创新观、冲突管

---

① Bruce Katz. The Complex Interplay of Cities, Corporations and Climate, https://www.brookings.edu/blog/metropolitan–revolution/2017/12/08/the–complex–interplay–of–cities–corporations–and–climate/, last access: 25 December 2017.

② 谭崇台主编：《发达国家发展初期与当今发展中国家经济发展比较研究》，武汉大学出版社2008年版，第317～318页。

理等职能，开辟出一条不同于发达国家的工业化道路。^① 在应对气候变化的经济转型过程中，亚太区域内的发展型国家同样可以发挥这些优势，弥补单纯依靠市场力量促进高碳排放产业转型的不足。

对照发展型国家，亚太区域城市气候联盟的建立要突出发展型的制度主义。所谓发展型制度主义，是指发展中国家和城市，或者主要以发展中国家和城市为主的群体内，由于发展需要不断变化带来的制度产生、发展和完善的制度建构路径，其首要特征就是以满足发展中国家和城市的特定发展需要来设计制度，而非照搬发达国家的机制建构路径。以此理论对比亚太和欧盟的城市气候联盟，前者在减排目标和措施上肯定比后者温和，因为亚太区域内发展中城市更加集中，主要任务是发展，而该区域内发达国家也以伞形国家集团为主，其城市能源结构以化石能源为主，所以亚太区域城市气候联盟的制度设计会更加兼顾发展与减排的关系。气候问题的本质是发展，目前的全球气候谈判仍然是以发达国家的理念和方法为主导，发展中国家处于被动地位，以此建立的国际气候治理体系也难言公平合理。亚太城市气候联盟的制度建构就是要在发展中国家集中的亚太区域城市间尝试建立联合减排机制，逐渐形成与欧盟城市气候联盟相互补充的区域性机制，并逐渐向亚太区域的排放贸易体系（ETS）过渡，最终扩散到国际气候治理体系中，提高该体系的公平合理性。

亚太城市气候联盟的发展型制度主义以人类命运共同体思想为依托，体现在低碳经济时代，亚太区域内的发展中国家城市和发达国家城市都面临发展方式转型的压力，彼此结成一个不可分割的命运共同体，在此过程中国家权力将发挥必要作用，因为发展型国家成功的关键就是全面理解权力作为社会资源这个概念的核心。^② 城市作为次国家行为体，与非国家行为体的最大区别就是，前者依然是国家公权力的象征，只是层次比中央政府低，属于国家权力在不同层次的划分。而跨国组织等非国家行为体则不属于国家权力组织。因此，亚太城市气候联盟首先还是要体现国家权力在低碳经济时代城市产业转型中的作用。比如，国家权力可以加快低碳经济所需要的能源、交通等基础设施建设速度，这是地方政府相对于跨国组织和企业在进行跨国气候治理时更感兴趣的领域^③，强行打破传统产业的路径依赖，为低碳产业成长清除障碍，促进传统产业转型升级。同时，国家权力还能更大规模投资于产业转型过程中的人力资源积累，培养更多低碳技术研

① ［美］查莫斯·约翰逊：《发展型国家：概念的探索》，引自［美］禹贞恩编：《发展性国家》，曹海军译，吉林出版集团2008年版，第58页。

② ［美］阿图尔·科利：《国家引导的发展——全球边缘地区的政治权力与工业化》，朱天飚、黄琪轩、刘骥译，吉林出版集团2007年版，第24页。

③ Harriet Bulkeley et al. *Transnational Climate Change Governance.* Cambridge University Press，2014，P. 30.

发、生产、管理等方面的急需人才，促进转型过程中失业人员的再就业培训，降低产业转型对整体经济造成的冲击程度等。尽管这种经济转型方式与亚太区域内西方发达国家的自由市场主义相对，但出于面对气候变化威胁的共同命运，双方可以通过相互借鉴不断完善各自发展模式，在亚太区域整体经济转型方面形成合力。未来 APEC 机制中可以考虑增设城市对话机制，与能源、环境、科技、企业等其他相关议题建立联系，促进亚太区域城市气候联盟的建立。

第二节　跨国公司与构建公平合理的国际气候治理体系①

全球气候变化治理无疑是一项需要多国协作的集体行动，集体行动问题中常见的"搭便车""公用地悲剧""猎鹿博弈"等现象也频现于全球气候多方治理实践中。参与各方气候治理能力的不均衡，治理意愿和治理能力的不匹配，凡此种种更需要一个公平合理的国际气候治理体系，以便充分调动参与主体的积极性和挖掘其潜在治理潜力。作为全球气候治理实践的非国家参与主体，跨国公司在缓解全球温室气体排放中无疑扮演着不容忽视的角色，自 20 世纪 90 年代以来，跨国公司的气候治理历程经历了从早期的质疑抵制到后来的调整适应再到今天的深度参与，同时全球气候治理体系（治理模式）也经历了三次变迁，从《公约》下的共识性治理到《京都议定书》"自上而下"的义务治理再到《巴黎协定》后的"自下而上"自主贡献式治理，两者之间是否存在着某种因果关系，即全球气候治理制度体系的变迁是否及怎样影响了跨国公司参与气候治理的意愿和方式，而跨国公司的治理实践反过来是否及怎样塑造了全球气候治理制度框架的设计，这一"一体双面"的问题显然值得我们去探究。党的十八大后，推动和引导全球气候治理体系朝着公平合理的方向前行，日益成为中国负责任大国形象在国际舞台上的重要尝试，笔者认为全球气候治理体系公平性、合理性的完善，离不开对全球气候治理体系已往实施的总结评估，跨国公司 20 世纪 90 年代后同步于全球气候体系变迁的行为演进，可谓恰好为这一评估提供了事实依据，厘清两者之间的内在逻辑关系，不仅有助于理解全球气候治理非国家主体（跨国公司）的气候治理行为逻辑，也有益于明晰全球气候治理制度体系公平性、合理性构建中跨国公司的角色或作用，进而助力更具针对性地提出中国方案。

---

① 该部分前期阶段性成果《跨国公司气候治理实践的演进差异与内在逻辑》，刊载于王逸舟等编：《国际关系理论：前沿问题和新的路径》，上海人民出版社 2018 年版，第 429～454 页。

一、跨国公司与国际气候治理体系的双向互动

（一）气候风险与气候制度双重影响下的跨国公司

全球温室气体的过度增长离不开工业革命以来人类经济社会发展大量燃烧化石燃料的事实，气候问题的缓解终将有赖于人类能源消费结构的根本性调整——对传统的能源结构、经济发展模式和消费方式的彻底变革。[①] 作为全球经济活动的参与主体，跨国公司无疑贡献了全球温室气体总量的较大份额，据刊载于美国《科学》2016年的一项研究表明，全球人为碳排放总量几乎2/3份额源自90余家公司企业，其中排放额排名前8位的大公司所排放的碳占自工业革命以来全球化石燃料使用而产生的碳排放总量的20%。[②] 位列排放大户之余，跨国公司也依托巨大的经济体量、先进的研发科技和遍布全球的分支机构，成为减缓全球气候变暖实践中一支不可忽视的力量。20世纪90年代以来，全球气候变暖引发的气候灾难和国际社会不断收紧的排放压力，双双促使跨国公司不得不在自然环境风险、制度约束、成本减排、企业营利之间寻求某种平衡或突破。对跨国公司而言，参与气候治理既是适应外在制度环境、预防气候灾难、回应社会关切；也意味着短期内增加企业成本以及未来收益难以预期；同时更蕴含着通过低碳创新，赢得市场先机，跨国公司气候治理实践的多重动机可谓深受外在环境变迁的影响。

回顾跨国公司20世纪90年代以来的全球气候治理实践，不难清晰发现多数跨国公司气候治理行为与全球气候治理体系制度变迁有着某种程度的呼应，从90年代初面对《公约》"治理目标模糊、减排任务繁重、约束激励几无"下的普遍抵制，到面对《京都议定书》"治理目标明确、减排任务不均、约束强激励弱"下的承认全球变暖事实和被动参与减排，再到"治理目标明确、减排任务趋匀、约束强激励强"下的主动研发清洁能源，捕捉低碳发展市场先机。据"碳信息披露项目"（Carbon Disclosure Project）2010年对全球500强企业调查显示，自"碳信息披露项目"诞生10年来，跨国公司应对气候变化的广度和深度有了显著的提升，由2003年首次披露时近50%的参与度到2010年82%的参与度，而且

---

① 张海滨：《气候变化正在塑造21世纪的国际政治》，载于《外交评论》2009年第6期，第10页。

② Douglas Starr. Just 90 companies are to blame for most climate change, this "carbon accountant" says. *Science*, August 25, 2016, http：//www. sciencemag. org/news/2016/08/just－90－companies－are－blame－most－climate－change－carbon－accountant－says.

越来越多的跨国公司对气候治理的认知从风险主导转为机遇主导。①

环境经济责任联盟（Ceres）在 2006 年度发布的《公司治理与气候变化》报告指出，全球变暖引起的极端干旱、洪涝、海啸等极端气候灾害，国际社会不断强化的减排低碳规则等日趋收紧的外在压力，迫使跨国公司不得不正视气候变化与公司商业之间深层次的财务联系，不得不立即采取相应行动，管控气候风险和捕捉新的市场机遇，克服短期顾虑着眼长期发展。② 与此同时，全球气候系统对全球不同地区经济社会影响的差异性事实，也造成了参与各方在治理意愿、偏好排列、成本收益预期等问题上态度迥异，气候改善福利收益的无法隔离，促使"少投入、多收益"的理性主体更倾向于"搭便车"而非分担"减排成本"③，因此在环境风险、市场竞争、制度约束、舆论关注促使跨国公司开启气候治理实践的四大外部因素中，气候治理制度对理性主体——跨国公司的影响最为有力也最为关键。

（二）国际气候治理体系对跨国公司气候治理行为的影响

国际气候治理体系主要指以《公约》《巴黎协定》、"碳排放权交易体系"（ETS）等为代表的国际层面的气候治理协定、制度。国际气候治理制度作用下的跨国公司气候治理实践实质上是跨国公司利益偏好、发展理念重塑的动态过程。作为一个理性行为体，跨国公司在启动气候治理进程之前，无疑将反复掂量其间的成本和收益、风险和机遇，这一过程可概括为其气候治理认知和治理意愿。气候治理认知体现为跨国公司对气候问题严重性和紧迫性的认识，对国际社会推进气候治理的决心，以及公司参与气候治理的利弊乃至实施何种气候治理战略的判断；而气候治理意愿则体现为跨国公司参与气候治理的主动性和积极性。那些对气候治理呈正向认知的跨国公司，其气候治理意愿无疑也更为积极，具体治理实践的广度和深度也更为突出，反之亦然。④ 跨国公司对气候治理的认知和意愿并非无源之水，其参与气候治理的各种权衡均不得不置于全球地区国家层面的制度体系中进行，跨国公司所在国家的经济与产业政策、社会文化价值等，无

① 参见 Carbon Disclosure Project，*Global 500 Report*，2010 pp. 7 - 8. UNGC，UNEP，Oxfam and WRI：*A Caring for Climate Report—Adapting for Green Economy：Companies，Communities and Climate change*，2011，P. 27.

② 参见 Douglas G. Cogan. *Corporate Governance and Climate Change：Making the Connection.* Boston Ceres，2006，pp. 11 - 15.

③ 王瑞彬：《国际气候变化机制的演变及其前景》，载于《国际问题研究》2008 年第 4 期，第 59 页。

④ 复旦大学薄燕教授在分析国家行为体全球气候治理时曾提出"合作意愿与合作能力"的分析框架，认为国家参与气候治理的方式方略是治理意愿和治理能力共同影响的产物。文章认为跨国公司巨大的经济体量和先进的研发科技，使得其主观层面的治理认知与意愿，较其治理能力更为重要。参见薄燕：《合作意愿与合作能力：一种分析中国参与全球气候变化治理的新框架》，载于《世界经济与政治》2013 年第 1 期，第 141 ~ 146 页。

不影响着其气候战略的选择。[①]

相比于跨国公司的气候治理认知和意愿，气候治理制度主要指存在于国家内或国家间的对跨国公司气候治理行为有着约束规范引导作用的正式或非正式的社会规则，它既包括存在于全球地区国家层面应对气候变化的显性的正式规则，如《公约》《京都议定书》《巴黎协定》等，也包括一系列为公众所支持并具约束效用的"未文本化"的隐性非正式规则。[②] 这些社会规则传递着特定时间内国际国内社会的气候治理观念，构成了跨国公司履行气候治理责任的法律依据，成为生成其相应治理认知和意愿的最大动力。类似于新自由制度主义代表人物罗伯特·基欧汉（Robert O. Keohane）笔下国际制度"降低交易成本、供给合作信息、减少不确定性和稳定行为预期"的三大功能[③]，气候治理制度一方面基于经济理性，制约规范着跨国公司的气候治理实践，通过供给信息、稳定预期影响着跨国公司参与气候治理的利弊判断和治理意愿，促使其对企业经营战略做出调整，履行相应的气候治理责任；另一方面基于行为正确，示范引导着跨国公司的气候治理实践，通过厘清未来气候治理发展趋势和人类经济社会发展方向，影响或塑造跨国公司对气候治理的认知判断和企业发展理念，使气候治理成为企业未来发展不可或缺的一部分。2009 年哥本哈根大会前后，许多跨国公司希冀《哥本哈根协议》能够对中长期减排目标更加明确，清晰传递有关气候政策节奏、方向等长期信息，以便企业投资决策[④]，由此可以看出气候治理制度在跨国公司气候治理实践偏好选择中的重要分量。

跨国公司气候治理实践背后折射出其气候治理认知和治理意愿，气候治理认知和意愿又于具体的制度环境中生成。但气候治理制度在引导塑造气候治理认知和治理意愿时，却需要揭示一个介于之间的动态过程或因果作用机制，即气候制度何以能够改变企业/公司针对气候治理的认知意愿进而调整其行为。鉴于制度本身的"约束规范"和"示范引导"两大功能，我们将这一介于气候治理制度

---

① 参见 David L. Levy and Ans Kolk. Strategic Responses to Global Climate Change: Conflicting Pressures on Multinationals in the Oil Industry. *Business and Politics*, Vol. 4, No. 3, 2002, P. 289.

② 学术界关于制度的定义可谓众说纷纭，此处关于气候治理制度的界定综合借鉴了复旦大学唐世平教授与罗伯特·基欧汉关于"制度"的认识。唐世平认为制度本质上是规制化的观念集合体，体现为条文和非条文的社会规则，约束并塑造着人与人之间的互动行为。参见唐世平：《制度变迁的广义理论》，沈文松译，北京大学出版社 2016 年版，第 4～7 页。罗伯特·基欧汉将制度定义为"行为的一般模式、范畴或特殊的人为安排，不论这种安排是正式的还是非正式的。"参见［美］罗伯特·基欧汉：《局部全球化世界中的自由主义、权力与治理》，门洪华译，北京大学出版社 2004 年版，第 172～177 页。

③ 罗伯特·基欧汉（Robert O. Keohane）关于国际制度促进国家间合作的三大功能分析，详见 Robert O. Keohane: *After Hegemony: Cooperation and Discord in The World Political Economy*. Princeton University Press, 1984, pp. 85 - 110.

④ 参见 Carbon Disclosure Project, *Global 500 Report*, 2010, P. 8.

与跨国公司气候治理认知、治理意愿及之后治理实践之间的作用过程抽象概括为
"约束—激励"作用机制。无论国际层面或国家层面的气候治理制度体系，均通
过"约束—激励"机制向跨国公司传递着国际社会或所在国家的气候治理决心和
治理观念，影响着跨国公司应对气候变化的认知和意愿，进而推动其选择特定气
候治理认知和意愿下的治理战略（见图 5 – 1）。

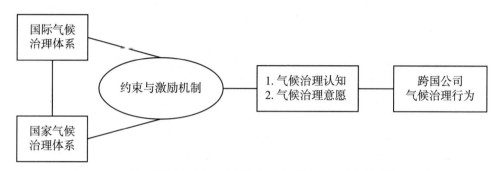

图 5 – 1　气候治理制度与跨国公司气候治理实践关系作用图
资料来源：笔者自制。

　　"约束—激励"作用机制实质上是气候治理制度两大功能的动态展现，正是
通过"约束—激励"作用过程，国际/国家层面气候治理制度所承载的信息内容
得以为跨国公司所感知到，基于规避损失、谋求收益的经济理性行为体天性，跨
国公司将基于气候治理制度内容中不同的"约束与激励"程度①，生成同步于制
度要求的气候治理认知和治理意愿，选择至少不被制度惩罚的气候治理实践。所
以，对跨国公司气候治理实践演进差异起决定作用的并非气候治理制度内容的变
化，而在于制度所承载内容的"约束与激励"效用，那些气候治理制度"约束"
和"激励"均强的时期或国家和地区，跨国公司的气候治理实践也相对主动和远
瞻。理清国际/国家气候治理制度与跨国公司气候治理实践之间的传导路径，明
晰气候治理制度是如何作用于跨国公司气候治理实践，自然也就从理论上回应了
跨国公司不同时期不同特征气候治理实践背后的决定因素——气候治理制度。

　　全球气候治理体系反映了人类社会特定时段对气候变化危害及应对的观念集
合。全球气候变暖于 20 世纪 70 年代进入人类公众视野，90 年代成为国际社会普
遍关注的焦点议题之一，这也折射出人类对气候问题的科学性、风险性及治理紧
迫性的认识是一个由浅到深、由表及里动态发展的过程。人类社会关于气候变化
的认识发展过程，外在体现为气候治理制度的历史变迁，而变迁中的气候治理制
度亦衍生出不同效用的"约束—激励"机制，影响着跨国公司的气候治理主观偏

---

　　①　假定气候制度的功能效用等值于其实际运转过程中的功能效用。

好（认知和意愿），如果外在的气候治理制度的"约束—激励"效用强，那么它将坚定跨国公司参与气候治理的决心，促使其将更多的资金技术投入到应对气候变化领域，着眼持续提升公司应对气候变化能力，不仅满足于"节能减排增效"的短期治理，更着眼于低碳产品研发、企业发展和盈利方式的低碳转型等中长期治理措施，反之亦然（见表5-4）。总之，全球气候治理体系的变迁决定了跨国公司参与气候治理实践是一个不断演进深化的过程，而跨国公司在权衡短期经济社会收益利弊之余，也逐步着眼于公司未来利益、发展方式的重塑。

表5-4　　不同的作用机制下跨国公司的气候治理实践选择偏好

气候治理制度	约束效用（强）	约束效用（弱）
激励效用（强）	认知到低碳商机；治理意愿强；捕捉低碳发展先机导向下的气候治理实践	认知到气候治理给企业带来的潜在商机；治理意愿较强；结合企业特色自主导向下的气候治理实践
激励效用（弱）	权衡下参与治理利大于弊；被动参与治理；应付型气候治理实践	强调气候治理对企业的负面效应；缺少气候治理意愿；质疑和抵制气候治理

注：就全球气候治理制度变迁历程而言，其整体约束力一直呈增强走势，但由于部分国家，如美国，气候治理的摇摆和国内利益集团的反对，这些国家的气候治理制度更多展现出"约束弱、激励强"的特征，此外，部分发展中国家气候治理制度在2007年"巴厘路线图"达成后也曾呈现出类似特征。

资料来源：笔者自制。

需要指出的是，当今国际舞台上参与全球气候治理主体仍为国家行为体，所以国际气候治理制度体系主要规定的是国家在缓解全球气候变暖中的责任义务，具体的适用于跨国公司的气候治理规则更多时候由国家层面的气候治理制度做出，因此在国际气候治理制度与国家气候治理制度之间存在着一个影响力的传导。显然，那些影响力传导顺畅的国家和地区的跨国公司所面临的制度约束或激励，无疑强于那些影响力传导缓慢的国家和地区的跨国公司。以同为对气候治理敏感行业的大型跨国公司英国石油公司（BP）与美国的埃克森美孚公司（Exxon Mobil）为例，其1990年以来的气候治理实践偏好的变化，典型反映了两大区域各自气候治理制度变迁的影响痕迹。作为全球气候联盟的成员，英国石油公司与美国的埃克森美孚公司在20世纪90年代大部分时间里都质疑和抵制着《公约》呼吁下的全球温室气体减排。但到1997年《京都议定书》达成前后，英国石油公司却转变立场，不再质疑气候变暖的科学性和抵制企业的减排责任，相反设立到2010年公司温室气体在1990年基础上减少10%的目标，主动拥抱气候治理。BP气候治理意愿和治理行为从消极到积极的变化离不开母国地区（欧盟、英国）

不断收紧的气候治理规则。作为《京都议定书》签署批准地区（国），欧盟出台了一系列旨在减少温室气体排放、促进清洁能源开发和提高能源效能的政策，逐步形成覆盖成员国的统一的气候治理政策法规，欧盟层面气候治理制度的约束效用与激励效用双双走强，2005年生效的碳排放交易体系（ETS）更是推动欧盟创建起世界上规模最大的碳市场。① 反观这一时期的埃克森美孚公司，由于受退出《京都议定书》及缺少全国统一的有约束力的气候治理政策法规的影响，其参与气候治理的意愿较英国石油公司大为消极，在《京都议定书》达成前后频繁重申企业参与气候治理的高额成本代价，质疑"共同但有区别原则"指导下的治理效果。2000年以来，欧盟逐渐形成了以碳排放交易体系为代表的"碳交易"治理模式，美国则采取了以芝加哥气候交易为代表的自愿性治理模式，如果梳理对比两大公司这一时期的气候治理实践特征，不难发现英国石油公司气候治理实践中"碳价格"的部分日益凸显，而同期埃克森美孚公司气候治理实践则聚焦于减少排放与提升企业效能同步的科技治理。②

（三）跨国公司对国际气候治理模式的反向作用

跨国公司并非被动地接受着国际气候治理制度体系的信息，简单进行着以"减排节能增效"为目标的气候治理实践。相反，自其一开始涉足气候治理领域起，便利用多国经营的特殊优势、雄厚财力、市场前沿信息、科技研发能力及在国际国内双重层面的广泛政治影响，一方面不断强调应对气候变化而来的企业经营成本和对气候变暖科学论证的疑虑，反对抵制不利的气候治理规则；另一方面集合起相对多数的赞成力量，游说政府和政府间组织出台有利于自身的气候治理规则。③ 无怪乎，有学者将来自跨国公司的压力视为影响国际气候治理体系内容改革的另一只重要的推手。④

因人类社会对气候问题认知的不完整，全球气候治理制度自诞生之日起便不断随着气候科学的进步和人类认识的变化而变迁演进，气候治理制度的动态变迁

① 参见 European Union. *The European Union Explained Climate Action*, 2014, P.11, https://europa.eu/european-union/topics/climate-action_en.

② 关于两大公司气候治理实践的演进历程参见其公司网站，英国石油公司（BP）网站：http://www.bp.com/en/global/corporate/sustainability/climate-change/our-climate-change-history.html；埃克森美孚公司（Exxon Mobil）网站 *Corporation Citizenship Report*: *Managing climate change risks*, http://corporate.exxonmobil.com/en/community/corporate-citizenship-report/managing-climate-change-risks.

③ 参见 Christopher Wright and Daniel Nyberg. *Climate Change, Capitalism and Corporation*: *Processes of Creative Self-Destruction*, Cambridge University Press. 2015, pp.149-150. 另见汤伟：《环境外交与城市创新》，山东人民出版社2012年版，第110~153页。

④ 何彬：《美国退出〈巴黎协定〉的利益考量与政策冲击——基于扩展利益基础解释模型分析》，载于《东北亚论坛》2018年第2期，第109页。

351

也为跨国公司影响全球气候治理制度或治理模式创造了难得契机。制度变迁本质上是一个观念竞争和规则制定权争夺的过程，也是一个从众多观念中择取少数并将其固化为制度的过程，变迁过程通常由特定制度安排观念的产生、政治动员、规则制定权的竞争、制定规则及规则的合法化、稳定化五阶段组成。① 跨国公司正是通过气候治理制度变迁这一动态过程来实践着对全球气候治理制度的导向偏好塑造，通过媒体宣传、发布科研报告等进行政治动员，普及跨国公司的气候治理理念，培育代言其气候治理理念的压力团体，将有利于跨国公司的气候治理理念植入全球气候治理制度或国家气候规则中，将不可测的全球气候风险，逐步转化为公司企业所熟悉的市场风险、声誉风险、环境风险等日常风险管控过程，用一种环境和经济收益双赢方式来进行气候治理（见图 5 - 2）。

图 5 - 2　跨国公司塑造全球气候治理逻辑图

资料来源：笔者自制。

　　诚然跨国公司并非国际气候治理制度的直接作用主体，与国家缔约方直接参与气候谈判、讨价还价的气候制度内容相比，跨国公司的影响要间接得多，其影响全球治理制度"约束/激励"导向的实践一方面表现为与国际组织的互动，通过对东道国或母国（主要是母国）参加国际气候谈判代表施加影响，使其反对将有损跨国公司的气候提案上升为缔约国家必须遵守的国际气候治理法规；另一方面表现为与国家行为体的互动，直接影响东道国或母国国内的补贴政策、扶持项目、减排举措等气候治理法规。《京都公约》强制义务减排的失落及之后自主贡献模式的兴盛，背后均有着跨国公司的身影，克里斯托弗·赖特（Christopher Wright）和丹尼尔·尼伯格（Daniel Nyberg）两位学者将跨国公司对气候治理规则的影响形象地比喻为"位置之争"，一则通过国际论坛或国内媒体不断强调应对气候变化而来的企业经营成本增加，以及通过对气候变暖科学证据的质疑来抵制不利的气候治理规则；二则通过游说政府组织、媒体宣传、资助智库、利益联盟等进行政治造势，影响母国国内法规和对外气候谈判的立场走向。②

　　总而言之，全球气候治理体系与跨国公司气候治理行为之间的动态关系构成

---

　　① 唐世平：《制度变迁的广义理论》，沈文松译，北京大学出版社 2016 年版，第 3、60 页。

　　② 参见 Christopher Wright and Daniel Nyberg. *Climate Change，Capitalism and Corporation*：*Processes of Creative Self - Destruction*. Cambridge University Press，2015，pp. 149 - 150.

了一幅跨国公司参与全球气候治理的双重逻辑图：气候治理制度通过"约束—激励"作用机制改变着跨国公司的气候治理认知和治理意愿，促使跨国公司在不同的历史时期展现出不同的气候治理行为；而作为全球气候治理的重要参与主体，跨国公司也通过气候治理制度变迁过程不断将自身的气候治理理念引入气候治理制度中来，塑造着以气候治理模式为代表的国际气候治理体系（见图 5 - 3）。

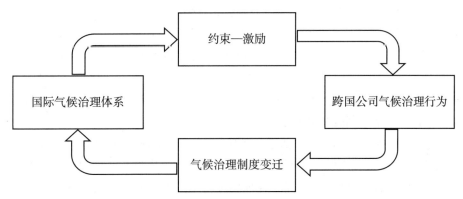

图 5 - 3　跨国公司与国际气候治理体系双重逻辑

资料来源：笔者自制。

二、跨国公司温室气体减排与国际气候治理体系的公平性

国际气候治理体系的公平性主要体现在平等参与、"共区原则"下的责任分担和可持续发展三个方面，核心要义在于作为全球公共问题的气候治理，其治理成本和治理责任应公正地分配于与气候问题相关但治理能力不同的主体中，所有相关主体应机会均等地参与到国际气候治理制度的创建过程中来，保证形成的全球气候治理体系能够吸纳各方意见。责任分担与可持续发展则分别对应着全球气候治理所要达成的短期目标和长期目标，就联合国框架内的国际气候治理制度体系而言，跨国公司一直以非缔约方的身份承担着国际气候治理体系发展变迁下的减排责任。因此与为缔约方设定的量化减排目标相比，国际气候治理体系对跨国公司的责任义务主要体现为行为规范或经营方式的设定[1]，经由气候治理制度承载内容约束/激励效用的调整，改变着跨国公司生产经营活动的外在制度环境，促使其不得不做出适应性改变，主动承担起缓解全球气候变暖中的减排责任。

---

①　Patchell Jerry and Hayter Roger. How Big Business Can Save the Climate: Multinational Corporations Can Succeed Where Governments Have Failed. *Foreign Affairs*, Vol. 92, No. 5, 2013, P. 18.

（一）《公约》以来的"非缔约方"减排责任

虽然在全球层面，《公约》等国际气候治理制度并未规定"非缔约方"主体之一——跨国公司明确的减排责任，但在地区层面或者缔约方国家层面，跨国公司却无可争辩地承担了减排温室气体的义务，如欧盟"碳排放权"市场交易制度体系下，欧盟的跨国公司有着明确的碳排放额，超过分配数目后的额外份额则必须通过市场购买取得。事实上，对跨国公司而言，远比具体减排目标影响深远的是国际气候治理制度外在法律制度、社会舆论环境的改变，由于跨国公司巨大的政治影响力，国家层面很难出现不利于跨国公司的量化减排目标，而来自国际/国家制度层面的压力、动力却影响着跨国公司的企业经营理念。梳理从《公约》到《巴黎协定》代表性国际气候治理制度文本内容，可以清晰地发现国际气候治理体系正是通过不断增强外在制度约束和减排激励来规范着跨国公司的气候治理实践（见表 5 - 5）。

随着人类社会对气候变暖问题及其环境、经济、社会影响科学性认知的不断提升，国际气候治理体系公平性、合理性难题逐步得到兼顾，对非缔约方——跨国公司责任的责任规定，也从最初《公约》中的提高环保意识到《京都议定书》中六大温室气体、四大行业部门的具体减排，再到《"巴厘岛"行动计划路线图》中包括温室气体减排在内，适应、技术、资金等全面气候治理，最后到《巴黎协定》中参与气候治理制度内容的讨论、落实。尤其在以强制减排为特征的"京都模式"转变为以意愿减排和定期盘点为特征的"巴黎模式"后，国际组织、缔约方国家逐渐认识到跨国公司等非国家行为体在协助国家达成气候减缓和气候适应等长期目标中的潜在价值，《巴黎协定》专门开辟非国家行为体平台也表明 UNFCCC 开始把跨国公司等非国家行为体视为推进后续气候行动的核心动力，而非先前缔约方气候治理行动的补充。[①] 实际上，自 20 世纪 90 年代开启气候治理实践之旅以来，跨国公司承担的全球温室气体减排的责任主要集中于三个方面：一是公司产品生产销售运输过程中的温室气体减排，二是清洁科技研发、资金投入下企业生产经营方式的低碳转型，三是公平合理有效气候治理制度、治理方式的尝试推广，上述三个方面的责任既体现在公司内部、上下游产业链和经营行业中，也体现在积极响应国家温室气体减排规定，参与东道国或母国清洁能源研发、推广等实践中。

---

① Thomas Hale. All Hands on Deck: The Paris Agreement and Non - state Climate Action. *Global Environment Politics*, 2016, Vol. 16, pp. 12 - 14.

表 5 – 5　国际气候治理制度关于非缔约方的气候治理责任相关内容表述[①]

国际气候治理制度文件	非缔约方（跨国公司）的减排责任	
	约束效用内容	激励效用内容
联合国气候变化框架公约	（1）缔约方以立法的形式进行气候环境治理，将气候治理纳入国家经济发展计划中去。 （2）缔约方（尤其是发达国家）不应以科学上的没有完全确定性而推迟出台气候治理措施。 （3）缔约方"共同有区别"原则下减排，发达国家优先采取灵活措施进行减排，发展中国家发展经济、消除贫困优先于温室气体减排。 （4）重点关注矿物燃料生产、使用、出口行业的减排	（1）促进与气候变化有关的教育、培训，提高公众环保意识。 （2）鼓励非政府组织积极参与到气候治理中来
京都议定书	（1）附件一发达国家有法律约束力的减排责任，非附件一发展中国家有推动经济社会可持续发展的义务。 （2）明确二氧化碳、甲烷等六种需要减排的温室气体。 （3）明确能源、工业、农业和废物处理四大部门生产、运输和分配过程中温室气体排放的减缓。 （4）限制和减少"航海"和"航空"行业的温室气体排放。 （5）减少和消除所有温室气体排放部门违背《公约》目标的市场缺陷、财政激励、税收和关税免除及补贴	（1）为私有部门创造有利环境以促进和增进环境技术方面的转让和获得。 （2）允许碳排放额交易。 （3）开展科学技术研究进行合作，减少与气候变化相关认识的不确定性和提高应对气候变化能力。 （4）缔约方制订、执行、公布和定期更新有减缓气候变化的措施，增加气候治理的透明度

---

① 参见 *United Nations Framework Convention on Climate Change*（1992），https：//unfccc. int/resource/docs/convkp/conveng. pdf；*Kyoto Protocol to the United Nations Framework Convention on Climate Change*（1997），https：//unfccc. int/resource/docs/convkp/kpeng. pdf；*Bali Action Plan*（2007），https：//unfccc. int/resource/docs/2007/cop13/eng/06a01. pdf；*Copenhagen Accord*（2009），https：//unfccc. int/resource/docs/2009/cop15/eng/11a01. pdf；*The Paris Agreement on Climate Change*（2015），https：//unfccc. int/resource/docs/2015/cop21/eng/l09r01. pdf.

355

续表

国际气候治理制度文件	非缔约方（跨国公司）的减排责任	
	约束效用内容	激励效用内容
"巴厘岛"行动计划路线图	（1）发达国家减排承诺和减排行动应可衡量、可报告和可核实。 （2）强化国家/国际层面减缓气候变化的治理行动，适应气候变化和气候治理负面结果的能力，减少气候灾害发生的风险	（1）从适应、减缓、技术、资金四个方面全方位提高缔约方的气候应对能力。 （2）发达国家以可衡量、可报告和可核实的方式给予发展中国家技术、资金和能力建设支持。 （3）增强"洁能技术"开发和转让能力，促进环保技术的研发与推广。 （4）加大对气候减缓、适应和技术合作的资金和投资支持力度
巴黎协定	（1）确立温室气体减少2℃目标并力争1.5℃目标。 （2）缔约方自下而上的自主贡献减排和全球盘点机制。 （3）发达国家努力实现全经济绝对减排目标，发展中国家根据不同国情，逐渐实现全经济绝对减排或限排目标。 （4）认识到气候变化对人类和地球构成可能无法逆转的威胁，呼吁开展广泛国际合作有效应对气候变化	（1）资金流动应符合温室气体低排放和气候适应型发展路径。 （2）鼓励私营部门参与执行国家自主贡献，奖励和便利缔约方授权下私营部门参与减缓温室气体排放。 （3）促进缔约方与非缔约利害关系方开展广泛密切合作，包括城市、民间社会、私营部门等，加强气候减缓和适应行动。 （4）运用国内政策、碳定价等工具鼓励非缔约利害关系方参与温室气体减排。 （5）鼓励非缔约利害关系方积极参与气候治理，鼓励非国家行为体在气候行动门户网站上登记气候治理行动。 （6）为非缔约利害关系方高级代表提供有效、高级别的参与全球气候治理制度变革讨论、建议平台

资料来源：根据五项国际气候治理制度文件内容整理而得。

（二）20世纪90年代以来跨国公司气候治理实践的三次演进

自1992年以《公约》为代表的全球应对气候变暖治理制度诞生以来，全球气候治理模式经历了从《公约》为主导的共识性治理，到《京东议定书》"共区原则"下"历史责任＋各自能力"为特征的"自上而下"的强制性治理再到《巴黎协定》坚持"共区原则"基础上"历史责任＋各自能力＋不同国情"为特征的"自下而上"自主贡献治理的历史变迁。[①] 相对应于全球气候治理制度的三次变迁，跨国公司20世纪90年代以来的气候问题治理实践（温室气体减排和低碳转型）也呈现出时段性的演进特征。

1.《公约》共识性治理模式下的迟疑抵制

1992年6月，联合国环境与发展大会上达成的《公约》标志着全球气候治理制度初步形成，《公约》明确"将大气中温室气体浓度稳定在防止气候系统受到危险的人为干扰水平上"，确立各缔约国履行气候治理责任的五项原则，在共同但有区别责任的基础上，要求各缔约国依据国家和地区发展优先顺序、目标和情况，积极参与温室气体减排。[②] 虽然《公约》在推动国际社会气候治理共识的形成上起到了积极作用，但由于缺少具体的减排标准和治理规定，《公约》主导下全球气候治理制度呈现出"约束弱、激励弱"的特征，加之这一时期国际社会对气候治理认识的巨大分歧，"尚没有足够证据证明目前气温是最适合人类的气温，且因缺少气温上升造成经济损失的具体数值，气候变暖及其影响的严重性可能受某些行业利益影响而被夸大"[③]。迟疑和抵制顺理成为这一时期跨国公司对全球气候治理的认知。

由埃克森、德士古、英国石油、壳牌等大型跨国石油公司1989年成立的全球气候联盟（GCC）无疑是跨国公司抵制全球气候治理的典型事件。全球气候联盟（GCC）通过发布科研报告，质疑联合国政府间气候变化专门委员会（IPCC）关于全球气候变暖证据的科学性，强调应对气候变化对国家经济的负面影响及缺少发展中国家参与下的徒劳，利用各种渠道游说国会政府，阻止约束力的气候治理规则出台。[④] GCC的《21世纪气候行动议程》更是指出，《京都议定书》规定的目标和时间不具有现实性。[⑤] 在加拿大，30多家严重依赖进口石油、天然气的商业公司和工业协会组成"加拿大应对环境保护联盟"（Canadian Coalition for

---

① 朱松丽、高翔：《"巴黎气候协议"关键问题及其走向分析》，载于《气候变化》2015年第10期，第15页。

② 参见《联合国气候变化框架公约》第二条、第三条、第四条，1992年。

③ 茅于轼：《气候变暖与人类的适应性：气候变化的物理学和经济学分析》，载于《绿叶》2008年第8期，第43~45页。

④ Ans Kolk and David Levy. Winds of Change: Corporate Strategy, Climate Change and Oil Multinationals. *European Management Journal*, 2001, Vol. 19, No, 5, pp. 503 – 504.

⑤ 刘东民：《〈京都议定书〉对能源技术创新与扩散的影响及企业的战略回应》，载于《世界经济与政治》2001年第5期，第72页。

Responsible Environmental solutions），于 2002 年集体举行倡议行动，公开指责接
受《京都议定书》对于加拿大经济的破坏性影响。[①] 全球气候治理制度约束和激
励效用的不足，使得跨国公司对气候治理的认知更多聚焦于成本增加但未来前景
不明，经济理性驱使必然造成其治理意愿消极、治理实践被动。

2.《京都议定书》"自上而下"义务治理模式下的调整适应

随着 20 世纪 90 年代后期公众环保意识的提高，全球气候变暖及其危害性越
来越为国际社会所认同，1997 年在京都举行的《联合国气候变化框架公约》第 3
次缔约方会议上通过了《京都议定书》。鉴于《公约》的松散，以《京都议定
书》为代表的全球气候治理制度"约束力"显著增强：一是明确二氧化碳、二
氧化硫等六种温室气体的气候治理内容。二是设立了具体的减排目标，规定在
2008～2012 年"第一承诺期"内"附件一"的经济发达国家要在 1990 年温室气
体排放基准上至少减少 5%[②]，减排目标具有国际法上的"约束力"，"非附件
一"的发展中国家在发达国家气候技术和资金的支持下参与减排。三是启动了灵
活减排方式。为促进缔约方积极参与减排，《京都议定书》同时建立了排放贸易
机制（IET）、联合履约机制（JI）、清洁发展机制（CDM）三种相对灵活的履约
机制。四是组织网络日趋严密。形成了以联合国为核心的国际气候治理平台，主
要包括《公约》《京都议定书》一年一度的缔约方会议及其秘书处，联合国环境
规划署、世界气象组织等，积极协调着国际社会气候治理协议的实施和治理规则
议程的设定。[③]

虽然《京都议定书》开启了国际社会"自上而下"约束性气候治理时代，
但由于不同国家和地区对《京都议定书》的态度差异，如美国 2001 年退出该议
定书，加拿大、日本等国也表示不会参与《京都议定书》"第二承诺期"任务，
"自上而下"的全球气候治理制度存在明显的效用洼地。面对国际气候治理制度
"约束强、激励弱"及不同地区间效用差异的特征，跨国公司的气候治理认知表
现为参与中观望，一改先前的迟疑抵制，开始主动减排温室气体，这一时期附件
一发达国家中越来越多的跨国公司开始设立减排目标（见表 5 - 6），主动履行企
业减排义务。但这一时期跨国公司的气候治理意愿一般，治理实践更多是回应国
家气候治理法规和公众舆论的关注。与其成为气候治理制度的治理对象，不如转
而成为气候治理实践的参与者，可谓是《京都议定书》时代大部分跨国公司的气
候治理认知，全球气候联盟（GCC）在 BP（1996 年退出）、壳牌（1997 年退

[①] 参见 Burkard and Dink Matten. Business Responses to Climate Change Regulation in Canada and Germany：
Lessons for MNCs from Emerging Economies. *Journal of Business Ethics*, 2009, Vol. 86, No. 2, pp. 248 – 249.

[②] UNFCCC. *Kyoto Protocol to The United Nations Framework Convention on Climate Change*, 1998, P. 3.

[③] 王瑞彬：《国际气候变化机制的演变及其前景》，载于《国际问题研究》2008 年第 4 期，第 58 页。

出）、德士古（2000 年退出）等核心成员的退出后影响甚微，并于 2001 年停牌。在加拿大，商业团体虽然在 2002 年后仍在重申其对联邦政府实施京都目标计划带来的高企成本的担忧；但到了 2005 年底，商界在给政府总理信中呼吁采取气候行动，主要跨国公司领袖（加拿大铝业集团、庞巴迪、壳牌加拿大、鹰桥、家得宝加拿大）一致承认《京都议定书》内跨国公司的减排责任。[①]

表 5 - 6 部分跨国公司温室气体减排目标

跨国公司	减排目标	基准年限	目标年限	减排区域
佳能	10%	2000	2008	操作现场
可口可乐	0 排放	2004	2015	全系统生产流程
英特尔	20%	2007	2012	全球范围
沃尔玛	20%	2005	2012	现存的超市和所有的分配中心
特易购	50%	2006	2020	全球现存的超市和分配中心
高露洁	5%	2002	2010	全球范围
西夫韦（Safeway）	6%	2000	2011	美国

资料来源：Doug Cogan, et al. *Corporate Governance and Climate Change：Making the Connection.* Boston：Ceres，2008，P. 27，引用内容有所调整。

3. "自下而上" 自主贡献气候治理模式变迁下谋求低碳转型的主动应对

《巴黎协定》标志着全球气候治理制度开始进入 "自下而上" 的国家自主贡献时代。虽然《巴黎协定》舍弃了《京都议定书》中对 "附件一" 国家法律约束力的减排义务，但其发达国家与发展中国家共担责任、共同行动的履约举措及全球盘点机制等内容，促使其更具执行力[②]，更加契合当下的全球气候治理实际，有效缓解了《京都议定书》达成初期全球气候治理制度国家层面传导不畅的问题。

在 "自下而上" 自主贡献气候治理模式下，国际气候治理制度的约束和激励效用并未同步走弱，相反呈现走强趋势，其约束效用方面表现为：一是随着《公约》框架外全球气候治理机制的不断成熟，不满于《公约》气候治理框架内的众口难调，许多国家开始寻求框架外的双边或多边气候治理合作，如 2006 年在美国倡导成立的 "亚太清洁发展与气候伙伴关系"，中国、美国、加拿大、欧盟、

[①] 参见 Burkard and Dink Matten. Business Responses to Climate Change Regulation in Canada and Germany：Lessons for MNCs from Emerging Economies. *Journal of Business Ethics*，2009，Vol. 86，No. 2，P. 249.

[②] 参见王伟光、郑国光主编：《应对气候变化报告》（2016），社会科学文献出版社 2016 年版，第 4 ~ 9 页。

日本等国之间达成的《气候变化联合声明》。二是中国、美国、欧盟等温室气体排放大国、经济发达国家在《京都议定书》后期开始深度参与气候治理，提出有约束力的减排目标和出台经济社会生态转型法案。同时，全球气候治理制度激励效用方面则体现为：一是 2008 年金融危机后，各国开始不断出台鼓励企业公司参与可再生能源和低碳技术研发的奖励性措施，希冀通过低碳发展走出金融危机，气候治理进一步具有了经济低碳转型商机的题义，2009 年欧盟投资 10 亿美元用于支持 6 个碳捕捉和封存项目，以促进该技术的商业化；美国、澳大利亚等国开始大幅实施可再生能源交易市场，推动可再生能源的发展。① 二是全球碳排放交易市场的不断壮大，便利企业以更加灵活的方式参与到气候问题应对中来，根据"国际碳行动伙伴组织"（ICAP）2016 年度数据，截至当年，全球共有 17 个"碳排放权"交易体系（ETS），遍及北美、欧洲、亚洲、大洋洲四大洲的 35 个国家、13 个省份和 7 个城市，占全球 GDP 的 49%。②

可以说，《公约》框架外气候治理制度的深度发展和《巴黎协定》"自下而上"自主贡献治理模式两者共同编织起后京都时代约束和激励效用双双走强的全球气候治理制度网，《京都议定书》时代的制度洼地效应得到有效缓解。这无疑促使跨国公司认识到参与气候治理和未来全球经济低碳转型是大势所趋，认识到参与气候治理不仅是趋利避害，更是行为正确，气候应对直接关乎公司市场收益。2015 年 9 月 18 日，美国环境保护署（EPA）公布大众汽车在排放测试时存在舞弊现象，消息爆出立即引发了当年度广为关注的大众"柴油门丑闻"，后果之一便是大众汽车的股价从 9 月 18 日的近 170 美元一路跌至 9 月 22 日的逼近 100 美元，直至 9 月 23 日后大众 CEO 宣布汽车召回股价才有所回升。③

这一时期，跨国公司气候治理意愿较前期更为主动，应对气候变暖也越来越为公司高层所重视，治理实践更多着眼于企业低碳转型等长期治理，表现为从公司边缘战略转变为核心战略，从被动的"生态遵从"进入主动"生态优势"，从试探性研发到大手笔投入绿色技术，从遵守最低环境规制要求到采取高于当地标准，从孤军奋战到重视与利益相关者合作。④ 据联合国全球契约组织对全球 152 个国家 41 个产业部门气候治理调查后于 2015 年发布的报告显示，在受访的 750

① 参见潘家华：《转折调整，务实行动——从哥本哈根高预期减排到坎昆务实调整》，引自王伟光、郑国光主编：《应对气候变化报告》（2010），社会科学文献出版社 2010 年版，第 16 页。

② International Carbon Action Partnership: *ICAP Status Report* 2016, pp. 22 – 27, https：//icapcarbonaction. com/zh/status – report – 2016.

③ 参见 Matt Timms. *The Relationship between Corporations and Climate Change*, *World Finance*, March 10, 2016, https：//www. worldfinance. com/special – reports/the – relationship – between – corporations – and – climate – change.

④ 何曼青：《跨国公司绿色战略趋势》，载于《中国外资》2012 年第 2 期，第 20 ~ 22 页。

余位商界领袖中，91% 认为气候挑战具有严峻性、治理行动具有紧迫优先性——不仅为了这个星球，更是公司未来成功的关键，同时超过 54% 的人士认为气候变化将在未来 5 年内为公司增长和创新创造契机。[①] 在 2015 年度巴黎举行的"关注气候变化"论坛上，横跨 20 多个行业、总市场资本达 1.9 万亿美元的 65 位公司首席执行官（CEO）宣称已将"碳价格"整体纳入公司长期战略和投资决定。[②] 2016 年，微软创始人比尔·盖茨、阿里巴巴创始人马云等多名跨国公司高管发起成立突破能源风险投资基金（Breakthrough Energy Ventures Fund），计划在 20 年的时间里持续投资于电力、运输、工业生产过程、农业、能源系统增效等领域的温室气体减排新科技的商业化，在比尔·盖茨看来，虽然投资能源风险巨大，但如果能够供给世界能源的一大部分，将给企业带来巨大的市场价值。[③] 可以看出，"自上而下"自主贡献治理制度下，跨国公司已逐步将气候问题与世界经济低碳转型相融合，主动参与到各国政府低碳经济转型试点中，推广低碳技术产品服务，积极参与全球"碳市场"规则塑造，开始形成比较成熟的气候治理理念。

总之，自 20 世纪 90 年代以《公约》为标志的全球气候治理制度形成以来，全球气候治理制度的三次历史变迁通过不同特征约束激励作用机制，深刻改变着跨国公司的气候治理认知和气候治理意愿，促使其气候治理实践相对应的经历了从《公约》下的迟疑抵制到《京都议定书》"自上而下"的调整适应、短中期治理，再到《巴黎协定》后"自下而上"的长期治理、低碳转型三次实践演进（见表 5 - 7）。

表 5 - 7　　　20 世纪 90 年代以来全球气候治理制度演进下的
跨国公司气候治理实践演进趋势

时间段	气候治理 制度变迁	约束/激励 作用机制	气候治理 认知/意愿	跨国公司气候 治理实践
1992 年前后至 1997 年前后	《公约》呼吁下的 共识性治理	约束弱、激励 弱	企业负担，缺少 气候治理意愿	迟疑、抵制公司 治理责任

---

① The UN Global Compact – Accenture CEO Study: *A Call to Climate Change* (Special Edition), November, 2015, P. 13.

② 参见 UN Global Compact. *Business Leaders Come to Paris to Show Support for International Climate Agreement and Showcase Solutions at Caring for Climate Business Forum*, https://www.unglobalcompact.org/news/2711 – 12 – 08 – 2015.

③ 参见 *Bill Gates and investors worth $170 billion are launching a fund to fight climate change through energy innovation*, December, 2016, https://finance.yahoo.com/news/bill – gates – investors – worth – 170 – 000015677. html.

续表

时间段	气候治理制度变迁	约束/激励作用机制	气候治理认知/意愿	跨国公司气候治理实践
1997 年 前 至 2009 年前后	"自上而下"义务型气候治理模式	约束强、激励弱	利大于弊，治理意愿被动	调整适应，履行治理责任
2009 年前后至今	"自下而上"自主贡献式气候治理	约束强、激励强	低碳发展商机，治理意愿强	着眼长期治理，捕捉低碳机遇

资料来源：笔者自制。

（三）跨国公司在促进国际气候治理体系公平性中的角色

由于跨国公司并非国际气候治理体系的直接适用主体，所以其对《公约》《京都议定书》《巴黎协定》等国际气候制度公平性内容的贡献更多是通过跨国公司自身减排、上下游产业链或行业减排、协助国家减排等间接渠道加以影响。国际气候治理体系从 1992 年的《公约》到 2015 年的《巴黎协定》演变，背后折射的是国际社会对气候变暖问题及治理的认知发展，作为密切关注气候问题且最为前沿的参与主体，跨国公司显然为国际气候治理体系公平性探索提供了第一手的评估信息。具体而言，跨国公司在促进国际气候治理体系公平性发展中扮演的角色主要有：

一是公司、行业和产业链等领域减排实绩提升了非国家行为体在全球气候治理中的影响力，促使国际气候治理体系制度设计考虑如何强化非国家行为体的治理意愿和能力贡献。《京都议定书》以来，跨国公司对气候治理进程的深度参与，让更多的国际组织、母国或东道国认识到跨国公司不仅在直接减排温室气体方面的巨大贡献，而且在推广绿色技术、引导绿色消费等低碳转型中扮演的重要角色，如美国通用公司与法国赛峰集团合资成立的大型客机发动机制造企业——CFM 国际公司，其推出的新一代商业运营发动机（LEAP－1A），实现了燃油效率增加 15%，二氧化碳排放减少 15%，氮氧化物排放减少 50%，2014 年该公司与中国浙江长龙行航空公司达成一笔 2.6 亿美元飞机发动机交易[①]，在开拓市场的同时也推广、转移着低碳节能技术，客观上提升了发展中国家的温室气体减排能力。跨国公司全球扩散低碳技术、开拓低碳市场的同时，缔约方国家也面临着履行《京都议定书》《巴黎协定》的国际责任，面临着国内公众要求干净水源、清

---

① 数据引自《进博会：美企参展，中国买家友情提供模型》，观察者，https：//www.guancha.cn/ChanJing/2018_11_04_478202_s.shtml.

洁空气、宜居生活的呼声，面临着能源、资源约束下可持续发展的长远趋势，这一切使得更多的国家不得不正视本国经济社会从高碳排放到低碳排放转型的事实，跨国公司的气候治理中长期行动恰好吻合了缔约方国家气候责任履行。这一背景下，《巴黎协定》充分肯定了跨国公司等非国家行为体在与缔约方国家减缓温室气体排放、增强气候适应能力等领域中的积极作用，专门开设"气候行动网站平台"鼓励非国家行为体直接参与全球气候治理。① 根据全球气候行动网络平台数据，已有涵盖交通运输、电力、石油天然气、化学、食品等 52 个门类 2 138 家公司企业进行注册并上传气候治理阶段成果。② 可以说，在"自下而上"的自主贡献时代，跨国公司、城市、社会组织等非国家行为体在协助缔约方国家履行《巴黎协定》中的作用愈加突出，跨国公司也已不再是阻滞国家参与气候治理的负面形象，跨国公司、政府间国际组织、跨地区城市网络与国家行为共同编织起后京都时代多边气候治理行动体系③，后者无疑扩展了国际气候治理体系公平原则的关注对象。

二是推动国际气候治理责任分配更加符合现阶段气候治理实际，公平性原则指导下的气候治理制度内容更具可行性。跨国公司通过低碳技术、低碳产品、低碳服务的研发、推广，缓和着发达国家与发展中国家，沿海低地小岛屿国家与新兴经济大国在全球温室气体减排数额、减排方式等方面难以调和的分歧和矛盾。虽然《京都议定书》充分考虑到了发达国家、发展中国家历史排放差别和发展中国家消除贫困的现实责任，"共区原则"无疑反映了历史与现实、环境与民生等最大的公平公约数，然而若从温室气体减少本身出发，以《京都议定书》为代表的国际气候治理体系也有着明显的不足——制度洼地，全球不同地区不同的减排压力，产生国际气候治理"漏斗"效应，成为美国、加拿大等国抵制《京都议定书》，推脱国际气候治理责任的借口，而且减排实践也证明，《京都议定书》集中化国际管理体制，将减排目标纳入"具有法律约束力"条约的"自上而下"的气候治理模式，远未达到预期成效。④ 作为非缔约方，跨国公司虽然无法直接参与到一年一度的国际气候治理制度谈判中来，但其与东道国或母国政府的紧密联系，对强制性减排规定的反对、抵制，无疑间接影响了《哥本哈根协定》后缔约方国家在国际气候谈判中的立场，尽管《京都议定书》2005 年生效后，越来越多的跨国公司不再抵制全球气候治理，但对参与温室气体减排，更希望在某种

① 参见《巴黎协定》（中文版），第 15～17 页。
② 参见 Global Climate Action，http://climateaction. unfccc. int/companies.
③ Karin Backstrand, et al. Non-state Actors in Global Climate Governance from Copenhagen to Paris and Beyond. Environmental Politics, 2017, Vol. 36, No. 4, P. 564.
④ ［英］尼古拉斯·斯特恩：《尚待何时？应对气候变化的逻辑、紧迫性和前景》，齐晔译，东北财经大学出版社 2016 年版，第 217 页。

主动灵活的制度环境中，而非强制性制度环境中（即使欧盟有"碳排放权"交易体系，跨国公司也通过获取额外排放限额，保证着某种行动自由）。因此，《巴黎协定》中各国自主决定"减排责任"和 2020 年之后的全球盘点机制，更加契合现阶段气候减排实际，较《京都议定书》有更多的参与国，使得公平性原则更具可操作性。

三是丰富国际社会对气候变暖及气候治理等问题的科学性认识。跨国公司依托公司智库，利用其科技、资金、行业及人员优势，定期向国际社会或国家政府提供应对气候变化、低碳经济发展、温室气体减排等多方面的交易报告，从气候本身、环境经济、海洋、农业等多领域、多角度论证气候变化对人类经济社会各行业的影响，同时倡议为跨国公司所偏好的低碳发展、风险管理等气候治理方式，[①] 可以说，跨国公司年度的《可持续发展报告》、IPCC 的全球气候变化评估报告以及缔约方国家向《公约》秘书处提交的责任报告一起构成了国际社会全面了解气候变暖及气候治理的信息来源。

三、跨国公司气候治理方式与国际气候治理体系的合理性

国际气候治理体系的合理性体现为减排目标和治理方式的匹配，一方面减排目标不应超出参与主体的气候治理能力，不能因此而损害缔约方（尤其是发展中国家、不发达国家）消除贫困、实现国民生活福利持续改善的权利，如 1992 年《公约》文本中既明确了应对气候变暖行动的重要性，又强调了发展中国家、不发达国家实现经济持续增长和消除贫困的优先性[②]；另一方面气候治理方式应相称于既定减排目标的实现，如《巴黎协定》要求签署国在未来采取相应治理措施，努力确保"把全球平均气温升幅控制在工业化前水平以上低于 2℃ 之内"。[③]就跨国公司而言，其在国际气候治理体系合理性演进中的角色，莫过于日益成为缔约方国家履行减排义务、完成承诺目标的重要依赖主体。

（一）跨国公司参与全球气候治理的行为方式分析

跨国公司参与全球气候治理的方式基本可概括为两种：一是气候问题的治理，即减排、节能、增效；二是气候治理规则的塑造，即影响国际气候治理主导模式的选择。1992 年以来，以《公约》为代表的国际气候治理体系一直不断探

---

① 参见魏一鸣等编：《气候变化智库：国外典型案例》，北京理工大学出版社 2016 年版，第 169～170 页。
② 参见《联合国气候变化框架公约》（中文般），第 20 页。
③ 参见《巴黎协定》（中文般），第 15～17 页。

索着缔约方国家之下具体"减排行为体"的气候变暖应对方式，其中与跨国公司相关的大体有五项：直接减少温室气体排放、提高现有能源使用效率、投资研发应用清洁能源技术、企业低碳发展转型和市场机制减排（见表5－8）。此外，环境经济责任联盟（Ceres）2008年度《公司治理与气候变化》研究报告也将跨国公司气候治理措施概述为：气候管理，将企业应对气候变化等环境战略纳入公司常态的资金分配、员工招募及激励机制中；减少碳排放，提高能源使用效率；产品创新，通过研发环境友好型产品实现减排和盈利双赢；上下供应链管理，将气候减排延伸至与公司业务相关的上下游产业，推动整个行业减排。[①] 可以看出，无论是联合国框架下的国际气候治理体系还是环境经济责任联盟，其对跨国公司气候治理方式的概述主要聚焦于气候问题的一般性应对，然而正如上文提到的，跨国公司并非被动接受和履行着外在赋予的环境责任，由于煤炭、石油、天然气等化石燃料既是全球温室气体的主要物质来源，也是维系跨国公司正常运营不可或缺的能源资源，所以很难想象跨国公司会不计成本地投身于气候治理实践中，在逐步减少温室气体排放进程中，同步改进生产流程，提高能源效率，获取更大的市场份额和经济效益[②]，恐怕更契合跨国公司气候环境责任的初衷。

表5－8　　国际气候治理制度关于全球气候治理方式相关内容表述

国际气候治理制度文件	气候治理责任下的气候治理方式
联合国气候变化框架公约	（1）一般地控制温室气体排放方式。 （2）应用新技术提高能源效率。 （3）将应对气候变化纳入有关的社会、经济和环境计划行动中。 （4）促进开展与气候变化有关的教育培训，提高公众意识；鼓励非政府组织积极参与到气候治理中来
京都议定书	（1）采用市场手段进行温室气体减排。 （2）研究、开发、应用新能源和可再生能源，以及二氧化碳存储技术和有益于环境的先进创新技术。 （3）气候治理三机制。 （4）提高公众意识和公众获得有关气候变化的信息

[①] 参见 Doug Cogan, et al. *Corporate Governance and Climate Change：Making the Connection*, Boston：Ceres, 2008.

[②] 参见 Ans Kolk and Jonatan Pinks. Business Responses to Climate Change：Identifying Emergent Strategies. *California Management Review*, 2005, Vol. 47, No. 3, P. 14.

续表

国际气候治理 制度文件	气候治理责任下的气候治理方式
"巴厘岛行动" 计划路线图	(1) 市场机制进行减排，减缓气候治理行动的成本。 (2) 鼓励私人部门、民间社会参与到气候治理行动中来
哥本哈根协议	(1) 采用市场机制在内的各种方式来增强减排行动的成本效益，推进温室气体减排。 (2) 促进低碳技术的研发与转让，科学进行温室气体减排
巴黎协定	(1) 提高减缓和适应能力，加快、鼓励和扶持科技创新，减缓温室气体排放的同时，实现全球长期应对气候变化，经济社会的可持续发展。 (2) 加强气候变化的教育、培训、公共宣传、公众参与和公众获取信息。 (3) 在不威胁粮食生产的前提下增强气候防御能力和进行温室气体低排放发展

资料来源：根据五项国际气候治理制度文件内容整理而得。详见 *United Nations Framework Convention on Climate Change*（1992），https：//unfccc. int/resource/docs/convkp/conveng. pdf；*Kyoto Protocol to the United Nations Framework Convention on Climate Change*（1997），https：//unfccc. int/resource/docs/convkp/kpeng. pdf；*Bali Action Plan*（2007），https：//unfccc. int/resource/docs/2007/cop13/eng/06a01. pdf；*Copenhagen Accord*（2009），https：//unfccc. int/resource/docs/2009/cop15/eng/11a01. pdf；*The Paris Agreement on Climate Change*（2015），https：//unfccc. int/resource/docs/2015/cop21/eng/l09r01. pdf.

1. 跨国公司应对气候问题的短期、中期、长期治理方式

与 20 世纪 80 年代《蒙特利尔议定书》约束/激励下跨国公司通过减少氟氯化物的使用来防治臭氧层破坏相比，全球温室气体排放的减少在减排气体内容、涵盖企业数目、量化减排效果等方面都要相对宽泛得多，结果便是公司的边际投入和边际效益严重不成正比[①]，很可能一两家跨国公司在可持续发展环境责任方面投入了大量资源，但全球气候变暖势头遏制并未得到根本好转，因此跨国公司在重新分配企业资源，启动气候治理实践时要相对谨慎得多，只有气候治理让其预期到可观的经济收益时，跨国公司才可能主动积极参与到气候问题治理中来。梳理 20 世纪 90 年代以来的气候问题治理实践，可将跨国公司时间性的气候治理方式划分为短期、中期、长期三大类，其中：

短期治理中，跨国公司更多采取的是一些应付性的治理措施，如设立减排目

---

① 参见 Patchell Jerry and Hayter Roger. How Big Business Can Save the Climate：Multinational Corporations Can Succeed Where Governments Have Failed. *Foreign Affairs*，2013，Vol. 92，No. 5，pp. 19 – 20.

标、公布减排计划，定期发布可持续发展报告，直接在企业生产经营过程中减少温室气体排放，基本聚焦于公司内部/自我减排。

中期治理中，跨国公司在企业内部对生产经营模式做出大幅调整，气候治理纳入公司发展战略，开始研发清洁能源和技术产品；公司外部，将气候治理延伸至企业产品价值链上下游，并参与碳排放交易，买进不足或卖出多余的"碳排放额"。

长期治理中，跨国公司在企业内部着手进行商业经营模式的低碳转型，充分利用全球经济低碳转型的市场机遇，低碳或零碳成为企业发展的核心理念和核心战略；企业外部，跨国公司通过组建跨国市场联盟，倡导气候治理市场治理模式，并寻求未来低碳市场运行规则和低碳产品服务设计标准的主导权（见图5-4）。

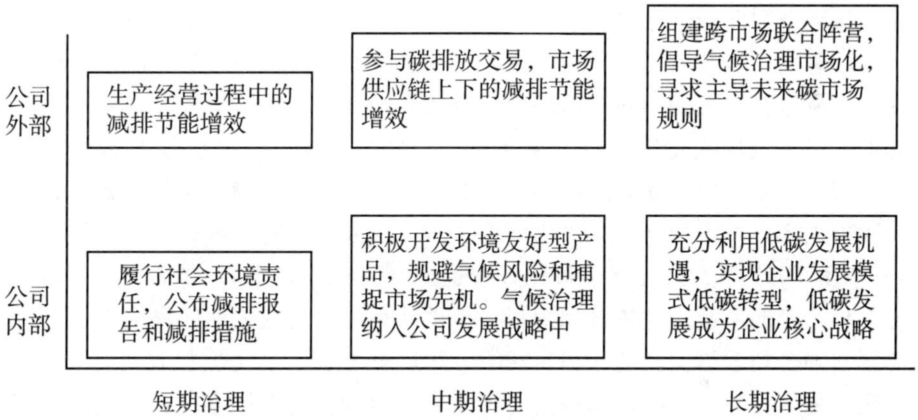

图5-4　跨国公司不同阶段的气候治理行动

资料来源：Tanja Börzel and Ralph Hamann eds. *Business and Climate Change Governance*：*South Africa in Comparative Perspective*，Palgrave Macmillan，2013，P. 5，引用内容有所调整。

对比国际气候治理体系从《公约》到《京都议定书》再到《巴黎协定》的演变，三阶段的气候战略无疑对应了国际气候治理体系"约束和激励"效用机制的变化，即跨国公司长期气候治理战略的实施，离不开外在国际气候治理体系约束效用和激励效用的同步增强。

2. 市场机制治理对国际气候治理主导模式的塑造

因国际社会对气候变暖、气候问题治理科学认识的不完整性和发展性，使得国际气候治理体系一直是一个开放而非封闭的平台，这为跨国公司影响塑造全球气候问题的治理路径、治理实践提供了可能。跨国公司依托其雄厚的经济、科技、传播实力，通过"气候治理观念的提出，宣传动员，气候规则制定权的竞争，气候规则制定和气候规则的主流化"五阶段，将反映自身偏好或利益的气候问题治理理念上升为全球气候治理规则内容。

　　跨国公司气候治理理念实质上是围绕企业持续增长来布局气候治理的,以"碳价格"为中心的气候问题市场治理模式,力图实现减少排放与企业盈利"双赢"。在这一"双赢"治理理念引导下,政治动员阶段的跨国公司,一方面竞争着全球气候治理的话语权,排除不利于跨国公司发展的其他治理模式,向政府、公众、企业职工反复呼吁强制性减排带来的经济负担,将气候治理与企业盈利、公众就业甚至一国综合国力挂钩,突出不能以损害企业的经济增长而进行气候治理;另一方面推广市场机制气候治理模式的优越性,让越来越多的公众相信企业所倡导的气候治理模式是能够实现环境效益和经济效益双赢的。

　　在规则制定权争夺阶段,跨国公司利用当今世界政治复合相互依赖下国家之间多渠道联系的特点,在母国、东道国甚至国际组织内寻找代言团体,通过参与国家气候治理和低碳试点项目、政治献金、院外游说等影响手段,将自身所钟情的气候治理模式上升为国家乃至国际社会所倡导的主流气候治理模式。2007年,由联合国全球契约组织、联合国环境署及联合国气候变化框架委员会秘书处联合发起的"关注气候变化"倡议,便是跨国公司塑造国际公共气候政策的一次实践,其每年与联合国气候大会同期召开的"关注气候变化商业论坛"成为商界领袖、投资人士、国内社会公众人物同联合国、国家政府官员进行全球气候对话的平台。[①] 而2001年美国总统小布什宣布退出《京都议定书》,造成"自上而下"全球气候治理制度最大一块效用短板,也被认为是对其竞选期间埃克森美孚等大型跨国石油公司政治支持的回馈。2007~2013年澳大利亚工党执政期间,为反对工党政府的碳税政策,矿业和制造业商业集团通过资金支持电视台、报纸等媒体不断鼓吹碳税对工作岗位的负面影响,宣称碳排放定价无助于解决气候变化问题;2013年保守的自由党——国家党联盟政府上台更是取消"碳价格"和诸多工党时代新能源倡议,这一举动也被视为便利大型化石燃油公司的发展。[②] 在制定规则及规则的合法化、稳定化阶段,跨国公司主要通过政治盟友或代言组织,让以"碳价格"为中心的市场治理模式正式主导全球气候治理进程,无论选择支持或反对某一气候治理规则,跨国公司所推崇的气候治理都是围绕企业市场扩张和经济增长来进行。

　　可以说,跨国公司自20世纪90年代以来对全球气候治理模式的影响无疑深刻塑造了后京都时代的全球气候治理制度的模式形态,联合国贸易和发展会议《2010年世界投资报告》通过专门章节阐述如何运用国家清洁投资战略、搭建低碳技术传播平台等,鼓励跨国公司通过股权或非股权的参与方式,传播低碳技

<hr>

① 参见 *UN Global Compact*, https：//www. unglobalcompact. org/news/2651 – 11 – 12 – 2015.

② 参见 Christopher Wright and Daniel Nyberg. *Climate Change, Capitalism and Corporation：Processes of Creative Self – Destruction*, Cambridge University Press, 2015, P. 128, 130, 132.

术，投资低碳经济。① 在《巴黎协定》自主贡献气候治理时代，市场机制更是成为各国应对气候变化的主流举措。宣称引入内部"碳价格"的美国公司由 2014 年的 29 家增加至 2016 年的 80 家。② 中国自 2013 年起在北京、上海、天津、重庆四个直辖市，广东和湖北两省、深圳特区等地试点碳排放交易市场，截至 2015 年底，7 个试点碳市场配额累计成交量 5 032 万吨，累计成交额 14.13 亿元。③

（二） 国际"碳排放权"交易体系与气候问题的市场治理

国际"碳排放权"交易体系最早源起于 20 世纪 80 ~ 90 年代的污染权市场交易，为推动全球温室气体的有效减排和丰富温室气体治理方式，《京都议定书》创设了灵活履约三机制，"国际排放贸易机制"便属其中之一，不过《京都议定书》中国际排放贸易机制参与主体却聚焦于"附件一"承担强制性减排义务的发达国家，即一个发达国家可以将其超额完成的减排数额以贸易的方式转让给另一个未能如期完成规定减排数额的发达国家。④ 签署批准《京都议定书》后，"附件一"成员国开始将气候治理压力传递至次一级行为体，参照"碳排放权交易机制"基本原理尝试构建以公司为主体的碳排放交易体系，自 2003 年芝加哥气候交易所成立以来（尽管美国 2001 年退出了《京都议定书》，但这并未妨碍州一级层面的气候治理行动），全球逐渐出现了形形色色的"碳排放权"交易市场，主要有欧盟排放交易机制，英国排放交易机制，芝加哥气候交易机制，美国西部地区气候治理行动倡议，澳大利亚气候交易，新西兰、日本、加拿大气候变化/排放权交易等。

气候问题市场治理的初衷一方面在于通过价格信号的变动，给市场主体传递一种相对明确的碳成本，调动起公司企业低碳转型的积极性；另一方面平衡不同市场主体的气候治理能力差异，实现环境效益与经济效益两者的兼容。气候问题的市场治理通常有两种方式：碳税和碳排放交易，由于经济利益集团的反对以及国家经济竞争力的考虑，碳排放交易更普遍于气候问题的市场治理方式中。国际市场上较为成熟的碳排放交易主要有两种："碳排放权"强制交易和自愿交易两种模式，欧盟"碳排放权"交易体系、美国的芝加哥气候交易所分别代表了前述两种不同的交易体系。

2005 年开始的欧盟"碳排放权"交易计划包含四个阶段：2005 ~ 2007 年第

---

① 联合国贸易和发展会议，《世界投资报告——低碳经济投资》（2010），第 14 ~ 20 页。

② Carbon Disclosure Project. *Embedding a Carbon Price into Business Strategy*, September 2016, P. 11.

③ 参见国家发展和改革委员会应对气候变化司：《中华人民共和国气候变化第一次两年更新报告》，2017 年 1 月，第 43 页，http://qhs.ndrc.gov.cn/dtjj/201701/W020170123346264208002.pdf.

④ 唐颖侠：《国际气候变化治理：制度与路径》，南开大学出版社 2105 年版，第 74 页。

一阶段的试验学习，2007～2012年完成《京都议定书》45%的减排承诺，2012～2020年第三阶段完成20%的减排任务，2020～2050年第四阶段完成60%～80%的减排任务。① 依据每一阶段的减排目标选择相应的经济领域着手温室气体减排，第一阶段中欧盟开启了电力等能源部门以及与能源密切相关的炼油厂、化工厂等工业部门的温室气体减排②，显然这些行业都属于二氧化碳、二氧化硫等温室气体排放大户，涉及这些行业的公司企业必须按期减少规定数目的温室气体排放。在碳排放配额分配上，欧盟采用了免费发放和拍卖分配相结合的方式。欧盟先行按照一定的标准将"碳排放许可证"无偿发放给企业，使用完免费碳排放配额的企业必须在市场上以竞拍或交易的方式获得新的"碳排放许可证"，以便维系企业正常生产经营。③ 采取先行免费发放碳排放额而后再进行市场交易的模式，本意是为缓和大型公司企业的反对，调动其参与积极性，但实际执行过程中，欧盟通过成员国发放给跨国公司的碳排放额往往都大于其实际排放需求，2005～2007年第一阶段，欧盟排放交易体系下的欧洲跨国公司几乎不需要购买额外的排放权，欧盟碳价格在2008年一度滑落至零元④，基本丧失了碳价格本应发挥的市场成本信号功能。相较于欧盟强制性的"碳排放权"交易体系，芝加哥交易所采取的是一种企业自愿减排的制度设计，有意于参与温室气体减排的企业注册成为气候交易所会员，气候交易所要求会员企业设立减排目标并承诺每年减少一定数额的温室气体排放，那些超额完成减排义务的公司企业，可以将自己的减排额度有偿转让给未能达标的公司企业。⑤ 无论是欧盟的"碳排放权"交易体系还是美国的芝加哥气候交易所，对跨国公司而言，其意义在于契合了跨国公司试图兼顾环境效应和经济效益的初衷，将气候责任以一种跨国公司相对敏感的市场信息传递给后者，通过挖掘减排的直接经济效益来调动跨国公司气候治理积极性。不过从实践效果来看，尽管国际碳排放交易体系已然覆盖了更多的行业部门，全球碳排放交易额也逐年上升，但促使跨国公司真正减排温室气体终究还是来自其技术创新，因为一个基本事实是跨国公司参与碳排放交易包含了太多的交易妥协。

由于全球层面缺少统一的碳市场，跨国公司总是能够选择有利于自身的排放交易体系，规避甚至借助母国力量抵制不利的碳市场规则，欧盟2008年之后在

① Ans Kolk and Volker Hoffmann. Business, Climate Change and Emissions Trading: Taking Stock and Looking Ahead. *European Management Journal*, 2007, Vol. 25, No. 6, P. 412.

② 唐方方主编：《气候变化与碳交易》，北京大学出版社2012年版，第77页。

③ 唐颖侠：《国际气候变化治理：制度与路径》，南开大学出版社2015年版，第109页。

④ Jonatan Pinkse, Ans Kolk. Multinational Corporations and Emissions Trading: Strategic Responses to New Institutional Constraints. *European Management Journal*, 2007, Vol. 25, No. 6, pp. 446 – 447.

⑤ 关于芝加哥气候交易体系下碳额分配、碳额交易的分析，参见唐颖侠：《国际气候变化治理：制度与路径》，南开大学出版社2015年版，第140～141页。

推进欧盟排放交易体系第二阶段计划时，曾一度试图将全球航空业纳入该体系，要求所有在欧盟成员国飞机场降落的其他国家飞机支付免费碳配额之外的排放费用，此举遭到了来自美国、中国、俄罗斯、巴西等 26 个国家的联合反对，最终欧盟于 2012 年 11 月宣布暂停将非欧盟航空公司纳入该体系。[①] 此外，在美国大型公司企业的呼吁下，美国能源部 2009 年也曾一度试图对发展中国家进入美国市场且与碳排放有关的商品征收碳税，消息一出，立即招致了发展中国家的反对，认为美国是在借碳减排之名行贸易保护之实。[②] 由此可见，全球碳市场的分割，使得名义上具备最大可行、合理的"碳排放权"交易体系或气候问题市场治理，逐渐演变为适应跨国公司经济转型节奏的气候责任履行，即承认温室气体减排和低碳转型对企业的根本意义，但实现过程应以跨国公司熟悉、适宜的步骤进行。

（三）跨国公司在国际气候治理体系合理性探索中的局限

国际气候治理体系的合理性主要体现在治理责任（减排目标）和治理方式兼备政治、经济和能力上的可行性。在治理责任方面，虽然跨国公司反复强调气候治理目标不应损害企业经济的持续增长，并借此"绑架"国家政府防止承担超出跨国公司减排能力、损害企业盈利的过高目标。事实上，自跨国公司于 20 世纪 90 年代后期主动履行气候治理责任以来，并未发生过因减少温室气体排放而使公司陷入亏损甚至破产的境遇，所以就跨国公司在国际气候治理体系合理性探索中的角色而言，更多体现为清洁能源、清洁技术研发推广等创新治理和以"碳价格""碳交易"为代表的市场机制治理，是否能如期帮助国际体系达成 2℃ 目标或 1.5℃ 目标。

虽然跨国公司对通过研发推广清洁能源、提高现有能源使用效益从而减少企业温室气体排放寄予厚望，主张全球环境的可持续发展与气候变化的有效缓和可以通过采用更加高效、环境友好及低碳排放的能源资源和生产过程来同步实现。[③] 然而，在认识到气候问题能源、技术创新治理积极性的同时，其局限性亦不容忽视。跨国公司研发推广新能源、新技术从事气候问题治理的局限性主要体现为三个方面：首先是前期巨大的资金投入与后期的产出回报可能不相称的风险。投资研发清洁能源进而替代传统能源，对跨国公司来说不得不面临未来投资研发失败的潜在风险，而投资的失败则意味着气候问题创新治理措施被打折扣。2004 ~

---

① 参见唐颖侠：《国际气候变化治理：制度与路径》，南开大学出版社 2015 年版，第 110 ~ 115 页。

② 参见唐方方主编：《气候变化与碳交易》，北京大学出版社 2012 年版，第 106 ~ 107 页。

③ Hans A. Bare. *Global Capitalism and Climate Change: The Need for an Alternative World System.* AltaMira Press，2012，P. 170.

2014 年，美国私人风险投资公司先后在清洁能源研发行业投入 360 亿美元，但最后高达一半的资金亏损，后期 2010 ~ 2014 年，风险投资公司不得不砍掉 75% 的先前清洁能源投资项目。[①] 其次是环境友好型产品、技术、服务的研发推广使用深受外在全球经济运行状况的制约。约束和激励效用相对完善的欧盟国际气候治理制度，虽然保证了英国石油公司（BP）、皇家荷兰壳牌（Shell）石油公司等知名跨国企业在参与气候治理积极性方面长期领先于其他跨国石油公司，但在 2008 年全球金融危机的冲击下，2009 年 3 月，壳牌以经济可行性较差为由暂时终止风能、太阳能、混合电力等清洁能源研发的投资，同时期英国石油公司（BP）也开始削减替代性能源研发的投入，尽管金融危机后 BP 曾一再强调将继续加大对替代性能源的开发力度。[②] 最后是如何评估或保证现有的气候治理创新举措满足于《巴黎协定》2℃目标的达成。相比于治理臭氧层破坏的《蒙特利尔协定》，全球气候治理问题涉及的治理主体和治理客体要复杂得多，这也带来了对跨国公司气候治理实践实际效果评估难的问题。对跨国公司而言，缺少经济效益且长时间的环境责任承担显然不具可行性，但是环境责任与经济营利相结合下的清洁能源和技术创新治理，又隐含着创新治理措施能否满足于国际气候治理目标的如期实现。综上分析，可以看出跨国公司气候问题的创新治理虽然实现了环境责任与企业营利两大矛盾体的融合，使得跨国公司气候治理实践更具可持续性，但创新治理的风险性、易受外部经济环境动荡影响和治理效果难评估等难题，却可能使得创新治理在实际操作过程中虎头蛇尾、时断时续，造成跨国公司的气候治理措施最终无法相称于气候治理远景和国际气候治理目标，这一点之于《京都议定书》、"巴厘岛路线图"以来，国际气候治理体系不断呼吁的气候问题创新治理无疑有着较大启迪，合理性满足的同时可能损害有效性。

温室气体减排责任的分配无疑是国际气候治理体系合理性改进最具挑战性的难题，而跨国公司所提倡的气候问题市场治理某种程度上平衡了减排负担与盈利契机的两难，有效减少了温室气体减排的阻力，使得国际气候治理体系减排规定更具实际操作性。早在《京都议定书》中，国际社会便开始了以"碳排放交易"为代表的市场治理探索，历经十多年的发展，全球通行的气候问题市场治理方式主要有"碳税"和"碳排放交易"两种，在不断探索气候问题市场治理合理性的同时，跨国公司也积极影响了碳排放交易体系的具体形态，至少从欧洲碳排放交易制度 2000 年最初草案到 2003 年最终成为欧洲成员国同意的版本，可以显著

① Varun Sivaram and Teryn Norris. The Clean Energy Revolution: Fighting Climate Change with Innovation. *Foreign Affairs*, 2016, Vol. 95, No. 3, P. 151.

② Hans A. Bare. *Global Capitalism and Climate Change: The Need for an Alternative World System*. AltaMira Press, 2012, P. 161.

构建公平合理的国际气候治理体系研究

发现大型跨国工业寻租集团利益诉求的身影，如法定碳排放额的分配规则、碳市场交易规则等。① 因此，对于国际气候治理体系合理性的进一步完善来讲，跨国公司所倡导的市场治理模式至少有着两大局限：其一，市场治理与减排目标的可能不匹配。遵循经济理性原则，企业选择气候问题市场治理往往希望以最低的成本付出以换取最大的收益，结果很可能是跨国公司不断公示的减排成果，终究难以满足国际社会的治理愿景，而不断加重的气候问题趋势终将忽略市场治理的些许进步。其二，公司经济增长与温室气体减排之间的内在矛盾。企业经济增长必然消耗能源资源，大部分清洁能源并非零排放，更多时候是一种少排放，为不使企业减排而减损企业全球竞争力，试点实施"碳税""碳排放交易"等气候问题市场治理的国家和地区，如欧盟、美国，往往同步出台了一系列补贴跨国公司的政策，虽然调动了跨国公司参与"碳市场"的积极性，但也扭曲着"碳市场"机制信息的准确性。在补贴的缓冲下，企业很可能降低气候问题治理的雄心，一如部分学者在评估欧盟"碳排放权交易体系"时就谈到的，排放权交易在减缓全球变暖的同时，也纵容了污染者，允许他们以付费的形式抵消减排责任，这种缓兵之计让人们忽视了现存环境问题的严重性和紧迫性。②

四、从公平合理的国际气候治理实践到公平合理的国际气候治理体系

（一）跨国公司参与气候治理的内在动力

全球温室气体的有效减缓，全球经济社会低碳转型的实现，几乎离不开国家行为体、非国家行为体等多元主体的参与，尤其在权力流散的全球时代，合理调动跨国公司等非国家行为体对减缓温室气体的积极一面，防止其消极一面，无疑有助于《巴黎协定》2℃目标的实现。梳理跨国公司20世纪90年代以来的气候治理实践，可以看出跨国公司之所以愿意从"有限"企业资金资源中划拨一部分从事温室气体减排，主要基于谋求商业先机、履行社会责任、气候风险转换、企业管理层正向认知四大因素的综合作用，这也为国际气候治理体系公平性和合理性内容改进，提供了一项重要参考。

（1）履行社会责任。参与气候治理于跨国公司而言，无疑首先是一项环境社

---

① Peter Markussen, et al. Industry Lobbying and the Political Economy of GHG Trade in the European Union. *Energy Policy*, 2005, Vol. 33, No, 2, pp. 247-255.

② 唐方方主编：《气候变化与碳交易》，北京大学出版社2012年版，第80~81页。

会责任，背后关系着公司企业的外在声誉，通过制定兼顾可持续的气候战略和减排措施，企业不仅能够实现长远的经济盈利，还能有包括企业形象在内的社会道德收益。① 中国学者张效锋就曾通过构建"管理者偏好曲线和企业利润—社会责任约束曲线"的分析模型，来揭示跨国公司积极履行社会责任的潜在收益，认为从长期看，社会责任的履行将改善企业的社会形象，提升企业国际竞争力，为企业创造一笔丰厚的无形资产。②

（2）谋求商业先机。如果将参与气候治理视为一项"趋利避害"的行动，于跨国公司而言，获取商业利益显然是最大的"利"，即利用减少二氧化碳排放和企业低碳转型的契机，通过改进生产流程、研发低碳新型产品、引导低碳消费理念，进而实现企业生产经营成本降低，获取未来商业利润。③

（3）气候风险转换。在克里斯托弗·赖特（Christopher Wright）和丹尼尔·尼伯格（Daniel Nyberg）两位学者看来，跨国公司之所以热心参与气候行动，不仅在于规避气候灾害等自然风险，更在于将气候变化引发的各类"不可控"风险转换为"可控"风险，即将气候变暖的自然风险转换为企业所熟悉的环境风险、规制风险、市场风险和声誉风险，气候治理进程也对应转为管控四类风险的过程。④

（4）企业管理层正向认知。那些对气候风险感知强，对气候治理收益有正向认知的企业管理层，其带领引导下的跨国公司往往也有着较为积极的气候治理行动，愿意将更多的资源投入到温室气体减排中，认为企业参与气候行动是一次提升企业品牌、树立良好形象的重要契机，如 1997 年前后英国 BP 石油公司与美国埃克森美孚石油公司在响应《京都议定书》、着手企业温室气体减排中的差异性表现，很大一部分原因即在于两大石油公司管理高层对气候变暖及治理的不同认知。

履行社会责任、谋求商业先机、气候风险转换和企业管理层正向认知，基本构成了评判跨国公司是否能够深度参与全球气候治理的基本参考标准，而本书之所以得出《巴黎协定》较先前《公约》《京都议定书》等国际气候治理制度更为

---

① 参见 Sybille van den Hove, et al. The Oil Industry and Climate Change: Strategies and Ethical Dilemmas. *Climate Policy*, 2002, No. 2, pp. 14 – 17.

② 参见张孝锋：《后金融危机时代的跨国公司社会责任与政府规制研究》，经济管理出版社 2015 年版，第 96～102 页。

③ 参见 Raj Aggarwal and Sandra Dow. *Corporate Governance and Business Strategies for Climate Change and Environmental Mitigation*, in Robert Cressy et al. eds. *Entrepreneurship. Finance, Governance and Ethics*, Springer Group, 2013, pp. 322 – 323.

④ 参见 Christopher Wright and Daniel Nyberg. *Climate Change, Capitalism and Corporation: Processes of Creative Self – Destruction*, Cambridge University Press, 2015, pp. 80 – 117.

公平、合理的一项原因便是前者在调动跨国公司等非国家行为体积极性方面更为主动。

（二）《巴黎协定》后不断抬升的跨国公司气候治理角色和治理贡献

相比于《京都议定书》"自上而下"的气候治理制度，以"自下而上"自主贡献为特征的《巴黎协定》更凸显了跨国公司等非缔约方在参与全球气候治理中的积极作用，《巴黎协定》一方面鼓励跨国公司等非缔约方深度参与到全球温室气体减排，降低气候变化负面影响的进程中来；另一方面也呼吁缔约方国家为跨国公司参与气候治理创造各种政策和行动便利，鼓励缔约方国家与跨国公司在实现经济社会低碳发展中积极合作。[①] 而跨国公司在协助缔约方国家履行自主贡献之余，也间接参与到了全球气候治理制度的公平性与合理性演进中来，自哥本哈根气候大会后，由各国跨国公司组成的商业组织等便通过发布"气候治理行动报告"，从经济、商业和环境效益角度阐述进行温室气体减排和经济社会低碳转型的深远意义，要求缔约方国家出台或达成更为明确的全球气候治理协议，某种程度上讲，2009 年以来跨国公司等商业团体自下而上的气候协议呼声和游说压力也是 2015 年巴黎气候大会成功达成《巴黎协定》的一个重要因素。[②]

（三）低碳创新、市场治理下的减排妥协与国际气候治理体系中的气候适应

作为缓解全球气候变暖，实现人类经济社会低碳转型的重要贡献主体，跨国公司依靠低碳技术创新、低碳产品研发推广、低碳市场规则塑造和"碳交易"等经济效应与环境效应相融合的方式，助力企业和缔约方政府达成国际气候体系减排目标。然而，一个愈加清晰的事实却是，尽管跨国公司在减排温室气体方面做出了一系列成绩，但其所奉行或鼓吹的气候问题市场治理模式却是在与国际/国家层面气候治理制度相互妥协的产物，后果很可能意味着《巴黎协定》所规定的 2℃ 目标难以如期实现或延期完成。根据联合国环境署 2018 年 11 月发布的《排放差距报告》，全球温室气体在历经 2014 年、2015 年、2016 三年停滞后，2017年再次攀升，达到 492 亿吨二氧化碳当量，比 2016 年上升 1.1%，而要实现全球

---

① 参见 *The Paris Agreement on Climate Change*（2015），https：//unfccc. int/resource/docs/2015/cop21/eng/l09r01. pdf.

② 薄燕、高翔：《中国与全球气候治理机制的变迁》，上海人民出版社 2017 年版，第 282 ~ 283 页。

升温2℃以内目标，各国NDC较现在至少要提升3倍。① 因此在减缓气候变暖之余，以主动适应全球气温升高，减少气温升高后消极结果为主题的气候适应也应同步提上议事日程。

气候适应绝非意味着全球气候变暖治理的失败，相反则是在意识到全球气候变化短时间内无法逆转的大势下，尽可能增强人类适应气候变化的能力，以此减少因气候升温而造成的损失②，如应对气温升高的制冷设备的推广应用、农作物结构的调整、应对海平面上升而进行的海岸堤坝加固等。实际上，应对全球气候变暖而造成的经济社会损失或挑战中，气候适应相较单一的气候减排更为及时有效，受资金、技术限制，在全球气候变暖引发的一系列自然灾害面前，发展中国家、不发达国家受到的冲击远大于发达国家，同理一个国家内部贫困人口在气候灾害面前的脆弱性也高于富裕人群，而在传播气候适应技术方面，跨国公司遍布全球的生产销售基地和全球业务，无疑可以起到平缓气候适应技术洼地的作用，同步促进了减排技术和适应技术的全球扩散，增强了不发达国家或发展中国家抵御和防范气候风险的能力。如2018年7月苹果公司联合10个供应商在中国设立近3亿美元的可再生能源投资基金，投资开发相当于100万个家庭用电量（1千兆瓦）的可再生能源。此外自2015年启动清洁能源计划以来，苹果已推动覆盖10多个国家或地区的23家制造合作伙伴采用100%清洁能源为苹果制造产品③，虽然苹果公司及其上游供应链的清洁能源推广使用，在遏制全球气温升高方面短期内效果不会明显，但却可以促使所在国企业应对气候变化能力的提升。

不过需要补充的是，气候适应能力的提升绝非意味着气候治理步伐的趋缓或替代，气候适应并不能从根本上扭转全球气温因温室气体增多而带来的负面影响，对人类社会而言全球气候变暖的挑战是根本性的，海平面的上升或全球生态系统的紊乱很可能超出人类社会现有的气候适应能力，因此气候适应只能是气候治理、温室气体减排的辅助性手段，只能是局部而非全球的。④

对跨国公司而言，参与气候治理意味着企业生产经营方式的一次深层次转型，即由传统高耗能、高排放等高碳发展模式转变为节能、环保的低碳发展模

① 参见 United Nations Environment Program. *Emission Gap Report* 2018. file：///C：/Users/1/Desktop/排放报告2018. pdf. 另见武毅秀：《全球碳排放峰值何时到来》，2018年11月28日，https：//www. chinadia-logue. net/article/show/single/ch/10955 – When – will – we – see – a – global – carbon – peak – 。

② ［英］理查德·托尔：《气候经济学：气候、气候变化与气候政策经济分析》，齐建国等译，东北财经大学出版社2016年版，第173~175页。

③ 参见《苹果首设中国清洁能源基金：总规模3亿美元，未来将全球推广》，澎湃新闻，2018年7月13日，https：//www. thepaper. cn/newsDetail_forward_2260764。

④ 参见 William Nordhaus. *The Climate Casino*：Risk，Uncertainty，and Economics for a Warming World，Yale University Press，2013，pp. 150 – 151.

式。国际气候治理体系 20 世纪 90 年代以来的三次变迁——从 1992 年 "约束弱、激励弱" 的《公约》，到 1997 年 "约束强、激励弱" 的《京都议定书》再到 2015 年 "约束强、激励强" 的《巴黎协定》[①]，让越来越多的跨国公司认识到全球低碳转型是大势所趋，气候实践也从 90 年代的短期治理逐步升级为当下的中长期治理。作为全球气候治理实践的积极参与者，跨国公司并非被动地接受着来自外部气候治理制度的减排信息，在协助缔约方国家完成气候治理承诺之余，也间接参与到了国际气候治理制度的公平性与合理性演进中来。在推进气候治理制度体系公平性方面，跨国公司首先通过公司、行业和上下游产业链的减排实绩，促使国际社会、缔约方国家认识到跨国公司在推进全球温室气体减少中的显著作用，扩大国际气候治理制度的涵盖主体；其次丰富国际社会对气候变暖、气候治理的科学性认识；最后推动国际气候治理责任分配朝着更加符合现阶段气候实际的方向演进，促使公平性原则更具实践可行性。在完善气候治理制度体系合理性方面，跨国公司的贡献主要集中在以清洁能源、技术研发推广为代表的创新治理和以 "碳价格" "碳交易" 为代表的市场治理两方面，意在推动国际气候治理制度所承载的减排目标与治理方式相匹配，具备政治、经济和能力上的可行性。需要指出的是，跨国公司在推进国际气候治理制度公平性与合理性方向改进的背后，是其经济效益与环境效益双赢的气候认知，将有利于跨国公司的创新治理、市场治理转变为国际社会的主流治理模式，既规避气候风险，更可捕捉全球经济低碳转型先机，这不可避免地带来了公司盈利与气候环境改善两者之间的内在冲突，甚至缓慢偏移国际社会的气候治理初衷。毕竟跨国公司主导下的气候治理实践是环境改善与企业盈利两者妥协的产物，由此引出气候适应问题，即在承认气候减排长期性、终极性的前提下，认识到气候变暖短时间内的不可逆性，进而短期内、局部范围内主动适应全球气温升高，减少气温变暖所引发的负面灾难。

---

① 尽管《巴黎协定》规定了缔约方国家的自愿减排原则，但其所凝聚起的气候减排共识和倡议的气候治理行动，平缓了《京都议定书》下不同地区之间的气候治理效力 "洼地"，对跨国公司而言，气候治理的压力反而增强了，毕竟国家认领的气候治理任务多半要靠公司企业去完成。

第六章

中国与构建公平合理的国际气候治理体系

第一节　中国参与国际气候治理体系的历程与角色

中国是全球气候治理体系的重要参与者。一方面，中国是巨大的温室气体排放者，其温室气体排放行为和气候变化政策能够产生巨大的外部性；另一方面，中国是全球气候治理体系的关键参与者，能够对全球气候变化治理的进程和结果产生重大影响。中国在三十余年的全球气候治理中实现了角色成长。具体地说，可以分为三个阶段。

一、谨慎而积极的参与者：1990～2005年

气候变化在20世纪末进入国际关系议程。政府间的联合国气候变化谈判始自1990年。中国当时虽然认同包括气候变化问题在内的全球环境问题的威胁，但作为一个典型的发展中国家，有着非常明确的关切：首先，担心经济发展受到气候变化治理的负面影响，强调正确处理环境保护与经济发展的关系。其次，要求明确国际环境问题的主要责任，并认为发达国家有义务提供充分的额外资金和进行技术转让。再次，强调发展中国家的广泛参与是非常必要的；应充分考虑发展中国家的特殊情况和需要；不应把保护环境作为提供发展援助的新的附加条件

以及设立新的贸易壁垒的借口。最后，认为当时的气候变化评估存在科学的不确定性，应有发展中国家广泛有效地参与环境领域内的科学论证和国际立法。①

中国采取了谨慎的谈判策略，避免承担不公平的义务，注重加强发展中国家之间的事先沟通与协调。1992 年联合国环境与发展大会前，中国于 1991 年 6 月邀请 41 位发展中国家的环境部部长在北京召开部长级大会，形成和发表了反映发展中国家原则立场的《北京宣言》。该宣言指出，"正在谈判中的气候变化框架公约应确认发达国家对过去和现在温室气体的排放负主要责任，发达国家必须立即采取行动，确定目标，以稳定和减少这种排放"；"近期内不能要求发展中国家承担任何义务。但是应该通过技术和资金合作鼓励他们在不影响日益增长的能源需要的前提下，根据其计划和重点，采取既有助于经济发展又有助于解决气候变化问题的措施。框架公约必须包含发达国家向发展中国家转让技术的明确承诺，建立一个单独资金机制，并且开发经济上可行的新的和可再生的能源以及建立可持续的农业生产方式，作为缓解气候变化主因的重要步骤。此外，发展中国家在解决气候变化带来的不利影响时必须获得充分必要的科技和资金合作"。②在此后的联合国多边气候谈判中，中国与 77 国集团形成了一支重要的谈判力量，就《公约》的原则部分形成共同立场，致力于推动"共同但有区别的责任和各自能力原则"的确立。

中国的谨慎还体现在具体的谈判立场上。在京都会议上，中国支持通过一项符合《公约》和"柏林授权"的议定书或另一种法律文件，同时反对给发展中国家增加任何新的义务，并反对启动任何企图为发展中国家规定新义务的谈判。中国代表团团长陈耀邦在发言中指出："与其他发展中国家一样，中国是气候变化不利后果的受害者之一。中国政府十分重视全球气候变化问题。作为一个拥有 12 亿人口的发展中国家，中国愿为对付气候变化作出更大的贡献，但面临巨大的实际困难……消除贫困和发展经济仍是中国压倒一切的首要任务。"③ 他还指出，中国在达到中等发达国家水平之前，不可能承担减排温室气体的义务；中国在达到中等发达国家水平之后，将仔细研究承担减排义务。在此之前，中国政府将根据自己的可持续发展战略，努力减缓温室气体的排放增长率。可见，中国作为发展中国家的优先关切是减排温室气体不能以牺牲自身的经济发展为代价。最终通过的《京都议定书》为发达国家规定了减排目标和时间表，没有为发展中国

---

① 李绪鄂：《全球环境问题和我国的原则立场》，载于《中国人口·资源与环境》1991 年第 2 期，第 31 ~ 32 页。

② 《发展中国家环境与发展部长级会议〈北京宣言〉》，载于《中国人口·资源与环境》1991 年第 2 期，第 81 ~ 84 页。

③ 刘振民：《京都会议及其对中国经济发展的影响》，中国可持续发展研究会 1998 年第二次战略研讨会，1998 年 2 月 10 日，http://cssd.acca21.org.cn/clireporta.html。

家规定减排义务。

从另一方面看，中国采取了非常开放和积极的参与态度，从 1990 年起便派出代表团积极参与《联合国气候变化框架公约》的前期准备以及政府间谈判会议，并做出重要贡献。中国在谈判最初就提出了完整的公约草案提案，这在中国参与国际公约谈判史上还是首次，为中国后来能在公约谈判过程中发挥建设性作用奠定了重要基础。中国最早参与公约谈判的代表团团长孙林回忆道："我们在中方提案中列有一条关于公约原则的单独条款，包括环境与经济协调发展、公平、共同但有区别的责任、各自能力等。在后来的实际谈判中，我们与 77 国集团和其他国家一起，将这些重要原则纳入公约并得到全面体现，维护了发展中国家的合法权益，共同努力制定了一个好的框架公约。这些原则一直指导着发展中国家与发达国家在气候变化领域磋商与谈判，促成合作共赢，其理念还深刻影响到环境与发展领域的其他条约。"①

从 1995 年至 1997 年 11 月，中国参加了京都会议前的 8 次正式谈判会议及若干次非正式磋商。从 1997 年到 2005 年，中国参加了京都会议及其后的若干次正式谈判会议，联合其他缔约方推动《京都议定书》在美国宣布退出后最终生效。

与此同时，中国在一些具体问题上表现出灵活性。例如，中国在国际气候变化谈判的早期，对《京都议定书》下的灵活机制曾经持怀疑甚至反对态度，因为中国担心这会导致发达国家推卸责任并诱导发展中国家参与减排。但自 1999 年波恩会议后，中国开始改变态度，对联合执行机制和排放贸易机制表示理解，对清洁发展机制则表现出浓厚的兴趣，并称之为"国际社会应对全球气候变化问题的一个创新性机制，对促进发展中国家实现可持续发展，帮助发达国家完成减排指标都具有积极作用"②。

中国还积极地履行对《京都议定书》的承诺，尤其是其中的清洁发展机制。尽管《京都议定书》并没有对中国规定具有约束力的减排目标和时间表，但是中国积极履行与自身有关的政策和措施承诺，包括定期向缔约方会议进行汇报的义务。联合国环境规划署前主任克劳斯·托普夫（Klaus Topfer）曾经指出，"中国履行了自身在《京都议定书》内的义务，它在最近几年里应对气候变化问题的努力值得高度赞扬"③。

---

① 张佳：《气候谈判话中国——外交部历任气候变化谈判代表讲述谈判历程》，载于《世界知识》2019 年第 5 期，第 38 页。

② 《国家发展和改革委员会副主任姜伟新在中国清洁发展机制大会开幕式上的讲话》，http：//cdm. ccchina. gov. cn/UpFile/File506. PDF。

③ 《中国履行〈京都议定书〉情况较好》，载于《新闻晨报》2007 年 5 月 15 日，https：//finance. sina. com. cn/roll/20070514/02301400128. shtml？from = wap。

中国在国家层面上采取了一些政策和措施，来减少温室气体排放。中国注重调整经济结构，推进技术进步，提高能源利用效率。1991～2005年的15年间，通过经济结构调整和提高能源利用效率，中国累计节约和少用能源约8亿吨标准煤。如按照中国1994年每吨标准煤排放二氧化碳2.277吨计算，相当于减少约18亿吨的二氧化碳排放。[①] 中国还大力开展全国范围的植树造林，实施天然林保护、退耕还林还草、自然保护区建设等政策。据估算，1980～2005年中国造林活动累计净吸收约30.6亿吨二氧化碳，森林管理累计净吸收16.2亿吨二氧化碳，减少毁林排放4.3亿吨二氧化碳。[②] 但是这些政策的优先目标并不是应对气候变化，它们是一些与气候变化相关的政策，具有应对气候变化的效益。

对于这个时期中国在全球气候变化治理中的行为，一些西方学者和媒体对中国行为的评价却是负面的。虽然他们承认中国在一些具体议题上表现出灵活性，但是他们使用了以下术语来描述中国："保守的"（conservative）、"防守的"（defensive）、"不合作的"（uncooperative）、"没有建设性的"（unconstructive）、"倔强对抗的"（recalcitrant）。[③] 可以说，中国对自身的权利、义务及角色定位与"他者"对中国的期望角色并不一致。其核心分歧是中国是否应当承担具有约束力的国际减排义务。但是由于这个阶段中国主要是作为发展中国家阵营中的一员参与气候变化治理，中国所面临的角色内冲突和角色间冲突并没有那么突出和引人注目。

二、地位提升而富有争议的参与者：2006～2012年

这一阶段，中国在全球气候治理体系中的地位进一步提升，成为更加关键的参与者，但这个阶段的角色间冲突最大。

在欧美等发达国家看来，中国成为需要承担更多减排责任且能力已经不断提升的国家。一方面，中国被贴上了"最大的温室气体排放者"的标签。根据国际能源署的统计，从1990年到2007年，中国的温室气体排放量以每年6%的速度

---

①② 《中国应对气候变化国家方案》，http://www.ccchina.gov.cn/WebSite/CCChina/UpFile/File189.pdf。

③ 例如：Elizabeth Economy. Chinese Policy–making and Global Climate Change：Two–front Diplomacy and the International Community，in M. A. Schreurs and E. Economy ed. *The Internationalization of Environmental Protection*，Cambridge：Cambridge University Press，1997，pp. 19–41；Yuka Kobayashi. Navigating between "luxury" and "survival" emissions：Tensions in China's multilateral and bilateral climate change diplomacy，in Paul G. Harris ed. *Global Warming and East Asia：The domestic and international politics of climate change*，Routledge，2003，P. 93.

增加，成为世界上最大的年度温室气体排放者。① 欧盟的统计还表明，中国是世界上最大的二氧化碳排放者，于 2012 年排放的二氧化碳占到全球总排放量的 29%，相当于美国和欧盟的排放总额（美国排放了 16%，欧盟排放了 11%）。② 同时，中国的人均排放量也增加很快。欧盟的统计数据表明，2012 年中国的人均排放量达到 7.2 吨并且在继续增加，而欧盟的人均排放量已下降到 7.5 吨。③ 虽然中国的历史累计排放与美国和欧盟相比，仍然很低，但是在上述背景下，欧美国家一方面否认或者淡化发达国家的历史排放责任，强调发展中大国的现实和未来责任；提出发展中大国从气候责任上来看已经是"主要排放者""最大的温室气体排放者"，从未来看也是温室气体排放的主要来源，继而推动全球气候变化机制从根据历史累积排放界定历史责任的制度安排转向根据将来的集体责任来削减排放。

另一方面，欧美等国认为伴随着中国长期快速的经济增长和国际政治地位的提升，能力也发生了巨大的变化，已经不是传统意义上的"发展中国家"，而是介于发达国家和发展中国家之间的"新兴大国""主要经济体"，因此主张对发展中大国的国家类属进行重新定位，从"附件一国家"与"非附件一国家"或者"发达国家"和"发展中国家"的区分转向对"主要经济体"和最不发达国家的区分。为此，欧美还认为，中国作为一个新兴国家，已经具有更强的能力来做出更多的承诺。尽管中国已经采取了应对气候变化的行动和制定、执行了相关政策，但是欧盟认为这种贡献与发达国家相比不具有可比性。因此，欧盟认定，伴随着中国在气候变化问题上责任和能力的提升，中国应该在国际层次上承担更加雄心勃勃的、具有法律约束力的减缓义务，并且应该在一个新的气候机制下接受相关的透明度规则的约束。④

中国则强调发达国家首要的历史责任，而自身的历史累积排放量远低于发达国家。温室气体在大气中的累积是一个长期的历史过程，而这是一个基本的科学事实。从 1750 年到 2010 年，发达国家排放了大气中大部分的温室气体，而这些

① IEA. *CO₂ Emissions from Fuel Combustion*, Paris：International Energy Agency，2013.

② Council of the European Union，Conclusions on Preparations for the COP 19 to the UNFCCC and the 9th session of the Meeting of the Parties to the Kyoto Protocol. EVIROMET Council meeting Luxembourg，14 October 2013，http：//www. consilium. europa. eu/uedocs/cms_Data/docs/pressdata/en/envir/139002. pdf.

③ Connie Hedegaard. Why the Doha climate conference was a success，14 December，2012，http：//www. guardian. co. uk/environment/2012/dec/14/doha - climate - conference - success.

④ 薄燕、高翔：《2015 年全球气候协议：中国与欧盟的分歧》，载于《现代国际关系》2014 年第 11 期，第 45～51 页。

温室气体导致了 2005 年以前 60% ~ 80% 的气候变化。[①] 中国科学家借助 "地球系统模式"，在超级计算机上模拟了 1850 ~ 2005 年因碳排放引起的气候变化后发现：从碳排放总量上看，发达国家的责任是发展中国家的 3 倍，但从对气候变暖的贡献上考察，前者责任是后者的 2 倍。[②] 根据碳—环境库兹涅茨曲线理论，中欧看起来相近的排放水平在性质上是不同的：中国的排放仍然处在倒 "U" 型曲线的上升阶段（伴随着经济增长和自身发展），而发达国家的排放处在该曲线的下降阶段。[③] 由于发达国家的发展路径在全世界得到复制，中国温室气体排放的增长也是不可避免的。[④] 因此，中国虽然应当为自身日益增长的温室气体排放量负责，但是发达国家不能忽视它们在该问题上的巨大历史排放与责任。

同时，中国强调，自身的发展虽然取得了历史性进步，包括经济总量已经跃升到世界第二位，但中国仍然是世界上最大的发展中国家。根据世界银行的数据，以 2008 年为例，中国的人均 GDP 为 3 441.2 美元，世界排名第 109 位。而欧盟和美国分别为 37 880.7 美元和 48 401.4 美元，都是中国的十几倍。2010 年中国国内生产总值达到了 40 万亿元人民币，成为世界第二大经济体，人均 GDP 增加到 4 514.9 美元，世界排名第 94 位，而欧盟和美国分别为 33 575.6 美元和 48 374.1 美元，差距仍显而易见。中国经济总量虽大，但除以 13 亿多人口，人均国内生产总值仅排在世界第八十位左右。根据世界银行的标准，中国还有 2 亿多人口生活在贫困线以下，这差不多相当于法国、德国、英国人口的总和。[⑤] 此外，中国相比于其他发展中国家有较高的能力，并不意味着中国与欧盟等发达国家已经具有相同的能力；即使在不久的将来中国成为高收入国家，也并不意味着就是一个类似于欧美这样的发达国家。[⑥]

在上述背景下，伴随着发达国家出现经济危机，欧美自 2008 年以来在联合国多边气候变化会议上，多次强调应该动态解释、修改或者重新适用 "共同但有区别的责任和各自能力" 原则，强调中国等发展中大国在应对气候变化问题上应承担新的、共同的减排义务。中国等新兴国家成为重要的原则维护者。在联合国

① Tinge Wei et al. Developed and developing world responsibilities for historical climate change and CO_2 mitigation. *Proceedings of the National Academy of Sciences of the United States of America*, 2012, Vol. 109, No. 32, pp. 12911 – 12915.

② 张懿：《150 年碳排放 "细账" 首次算清》，载于《文汇报》2014 年 9 月 8 日。

③ James B. Ang. CO_2 emissions, energy consumption, and output in France. *Energy Policy*, 2007, Volume 35, Issue 10, pp. 4772 – 4778.

④ 温源：《华沙谈判即将开始为全球气候新协议奠基》，载于《瞭望新闻周刊》2013 年 10 月 28 日，http：//www. chinanews. com/gn/2013/10 – 28/5430491. shtml。

⑤ 《习近平在布鲁日欧洲学院的演讲》，2014 年 4 月 1 日，http：//www. china. org. cn/chinese/2014 – 04/04/content_32005938. htm。

⑥ 邹骥：《发展中大国在全球气候治理中的地位、作用与前景》，2014 年 1 月 18 日于复旦大学的演讲。

框架内的气候多边会议上，多次强调应该维护公约原则，特别是"共同但有区别的责任和各自能力"原则，认为欧美国家对该原则进行重新或者动态解释的实质是，修改现有的谈判轨道和气候制度安排，推动建立包括所有主要排放国，但对发达国家有利的全球减排框架。中国还强调新规则的制订一定不能打破既定的《公约》原则，《公约》原则应该发挥行动指南的作用。[①] 为此，中国坚持对"附件一国家"与"非附件一国家"、发展中国家与发达国家的区分原则。

在上述背景下，在2009年的哥本哈根气候变化会议上，中国成为发达国家的重点施压对象，自身发展权益受到严峻挑战。受金融危机影响的发达国家想转嫁自身责任，极力施压发展中大国共同减排，双方分歧和矛盾突出，其焦点是要不要坚持《公约》确立的"共同但有区别的责任"原则。时任外交部首任气候变化谈判特别代表于庆泰认为，温家宝总理在哥本哈根展开密集外交斡旋，在最后危急时刻，与印度、巴西、南非和美国共同推动达成了一项没有法律约束力的政治共识——《哥本哈根协议》，避免了会议无果而终的局面。哥本哈根会议未能如期完成谈判任务，但气候变化谈判还是向前推进了。[②]

虽然中国认为自身为推动哥本哈根会议取得成果做出了巨大努力，但是由于中国拒绝最终协议中包含发达国家提出的2050年全球长期减排目标，一些国家将这次会议的无果而终归咎于中国，甚至指责中国"劫持"了这次会议。[③] 在中国等新兴国家经济发展、温室气体排放量大幅增长、国际政治地位提升的背景下，它们拒绝接受发达国家提出的全球长期减排目标的坚定立场，一度被西方学者认为是这些国家试图在气候变化领域追求权力。

哥本哈根会议之后，中国积极推动全球气候治理走出多边主义的低谷。在2010年的墨西哥坎昆会议前，发达国家更愿意搞双轨机制外的小范围谈判，对承办工作组会议反应消极，也不愿意提供相应资金支持。发展中国家协商后认为，为确保谈判在现行双轨内进行，发展中国家应积极承办会议。在这种背景下，中国举办了天津会议，为年底坎昆会议取得积极成果奠定了基础。[④] 在坎昆会议上，中国与其他各方吸取哥本哈根会议的教训，更加注重以公开透明、广泛

① 薄燕、高翔：《原则与规则：全球气候变化治理机制的变迁》，载于《世界经济与政治》2014年第2期，第58页。

② 张佳：《气候谈判话中国——外交部历任气候变化谈判代表讲述谈判历程》，载于《世界知识》2019年第5期，第39页。

③ Bo Yan, Giulia C. Romano and Chen Zhimin. The EU's Engagement with China in Global Climate Governance, in Multilateralism in the 21st Century: Europe's Quest for Effectiveness, edited by Caroline Bouchard, John Peterson and Nathalie Tocci, Routledge, 2013, pp. 198–223.

④ 参见外交部第二任气候变化谈判特别代表黄惠康的讲述。详见张佳：《气候谈判话中国——外交部历任气候变化谈判代表讲述谈判历程》，载于《世界知识》2019年第5期，第42页。

参与、先易后难、循序渐进的方式推进谈判，谈判气氛趋于务实理性，在《哥本哈根协议》的政治共识基础上就推进"巴厘路线图"双轨谈判做出进一步安排，一定程度上消除了国际社会对联合国多边进程的质疑，增强了各方对谈判前景的信心。[①] 此后的 2011 年德班会议和 2012 年多哈会议，确定了 2020 年前的相关安排，也开启了 2020 年后气候治理新机制的谈判进程。中国代表团在坚持共同但有区别的责任原则的同时，也为会议最终达成共识做出了重要贡献。

在此期间，中国的国内低碳发展提上了日程。2003 年中国提出科学发展观并将其作为执政理念。2006 年主动提出了第一个自愿的数字减排目标，即 2010 年单位 GDP 能耗要比 2005 年下降 20% 左右。2009 年又提出到 2020 年单位 GDP 二氧化碳排放比 2005 年下降 40% ~ 45%。这使得中国在人均 GDP 仅有 4 000 美元时就开展减排行动并提出了碳强度下降的目标。中国还于 2007 年发布了《应对气候变化的国家方案》，是发展中国家里第一个提出的，在国际社会上产生了很大反响，也标志着中国形成了专门的气候政策。同年，中国成立了国家应对气候变化和节能减排工作领导小组，外交部设立了应对气候变化对外工作领导小组，并设立气候变化谈判特别代表。这些发展体现了中国角色的进一步成长。

三、核心的引领者：2013 ~ 2020 年

自 2013 年以来，中国在全球气候变化治理中成为核心的引领者。这既体现在国际层次也体现在国内层次。

在国际层次上，中国在《巴黎协定》谈判、通过、生效的过程中，以及在后巴黎时代对《巴黎协定》的捍卫和履行中，都作为一个核心的参与者展现了引领作用。

首先，中国致力于在多边场合推动 2020 年之后的全球气候治理机制，坚持"共同但有区别的责任和各自能力"原则。在 2013 年 11 月的华沙气候变化大会上，"共区原则"的存续问题成为各方争论的焦点。[②] 中国谈判代表团团长解振华指出，虽然到目前为止，没有一个国家公开反对新的协议要坚持"共同但有区别的责任"原则，但实际上，一些国家正在努力通过自己的政策措施对这一原则进行淡化。他强调，2015 年达成的新协议一定要体现"共同但有区别的责任"

[①] 张佳：《气候谈判话中国——外交部历任气候变化谈判代表讲述谈判历程》，载于《世界知识》2019 年第 5 期，第 42 页。

[②] 周锐、俞岚：《华沙气候大会争执中落幕 发展中国家角力欧美》，http://news.xinhuanet.com/fortune/2013 - 11/23/c_125750286. htm。

原则，而不是要改写公约、削弱公约或架空公约。[①]

其次，中国不断加强同发达国家的双边对话合作，利用双边气候声明就"共区原则"事先达成政治共识，为多边气候谈判注入政治动力。2014～2015年，中国先后同英国、美国、印度、巴西、欧盟、法国等发表气候变化联合声明，就加强气候变化合作、推进多边进程达成一系列共识，尤其是中美、中法气候变化联合声明中的有关共识，在《巴黎协定》谈判最后阶段成为各方寻求妥协的基础。其中，中美就"共区原则"达成的双边政治共识，对于《巴黎协定》最终坚持该原则发挥了首要作用。2014年11月12日发布的《中美气候变化联合声明》最早提出双方"致力于达成富有雄心的2015年协议，体现共同但有区别的责任和各自能力原则，考虑到各国不同国情"[②]。这种对"共区原则"的表述方法在当年年底召开的联合国利马气候大会上通过的行动呼吁中得到反映。这意味着中美之间对于"共区原则"的双边政治共识已得到联合国气候变化谈判多边进程的确认。2015年9月发布的《中美元首气候变化联合声明》又一次重申双方"致力于达成富有雄心的2015年协议，体现共同但有区别的责任和各自能力原则，考虑到各国不同国情"[③]。此后发布的《中欧气候变化联合声明》和《中法元首气候变化联合声明》都呼应了这种表述方法。[④] 中国与美国、欧盟、法国就"共区原则"达成的双边共识，对于巴黎气候变化大会就该问题的谈判释放了积极的信号，形成了有力的政治推动。

最后，中国充分发挥大国影响力，在多边气候谈判中加强与各方沟通协调，不断调动和累积有利因素，为推动如期达成《巴黎协定》发挥关键作用。巴黎气候变化大会期间，中国代表团全方位参与各项议题谈判，密集开展穿梭外交，支持配合东道国法国和联合国方面做好相关工作。一方面，中国继续通过基础四国、立场相近发展中国家集团、77国集团加中国等谈判集团，在发展中国家中发挥建设性引领作用，维护发展中国家的团结和共同利益。另一方面，中国与美国、欧盟等发达国家和集团保持密切沟通，寻求共识。中国推动在减缓、适应、资金、技术和透明度等方面体现发达国家与发展中国家的区分，要求各国按照自己的国情履行自己的义务、落实自己的行动和兑现自己的承诺。中国提出的方案往往代表了各方利益的"最大公约数"，是切实可行的中间立场。解振华说："从成果看，我们所有的要求、推动力方面，都在这个协定中有所体现，中国为

---

① 周锐、俞岚：《华沙气候大会争执中落幕 发展中国家角力欧美》，http：//news. xinhuanet. com/fortune/2013 - 11/23/c_125750286. htm。

② 《中美气候变化联合声明》，2014年11月12日。

③ 《中美气候变化联合声明》，2014年11月12日；《中美元首气候变化联合声明》，2015年9月。

④ 《中法元首气候变化联合声明》，2015年11月2日。

《巴黎协定》的达成起到了巨大的推动作用。"① 中国代表团成员邹骥指出，没有中国的坚持，最终的《巴黎协议》不会像现在这样体现出发达国家和发展中国家的"共同但有区别的责任"；《巴黎协定》中敦促发达国家缔约方提高其资金支持水平、制订切实的路线图等内容就是由中方提出，最终正式写入协议的。② 巴黎气候变化大会结束后，美国总统奥巴马和法国总统奥朗德分别给习近平主席致电，感谢中方为推动巴黎气候变化大会取得成功发挥的重要作用，强调如果没有中方的支持和参与，《巴黎协定》不可能达成。③ 美国《华盛顿邮报》指出："中国已成为气候谈判的领导者。"④

《巴黎协定》通过后，中国又积极推动协定的签署、生效和实施。张高丽副总理出席了 2016 年 4 月协定签署仪式并代表中国签署了该协定。同年 9 月，G20 杭州峰会期间习近平主席联同美国总统共同向联合国秘书长交存了参加协定的法律文书，为《巴黎协定》生效注入了政治推动力。这也是近年来中国国家元首首次亲自交存条约批准书。中美交存后其他国家批约速度大幅加快，《巴黎协定》当年就生效了，大大超过了原先预期。外交部第四任气候变化谈判特别代表高峰认为，"在全球气候治理领域，中国逐步走向世界舞台的中央，这既是国际社会对中国的期待，也是中国外交积极谋划和主动作为的结果"⑤。联合国秘书长潘基文则于 G20 杭州峰会期间高度赞扬习近平主席在《巴黎协定》达成和签署过程中展现出的领导力。

《巴黎协定》生效后不久，美国总统特朗普对全球气候治理采取了极为消极的态度。与此形成对照的是，国家主席习近平在 2017 年 1 月的达沃斯世界经济论坛上表示："《巴黎协定》符合全球发展大方向，成果来之不易，应该共同坚守，不能轻言放弃。这是我们对子孙后代必须担负的责任！"⑥ 中国领导人的表态为《巴黎协定》进一步推进落实增强了国际社会的信心，也为中国在气候治理领域发挥更大的引领作用奠定了基调。特朗普于 2017 年 6 月 1 日正式宣布退出《巴黎协定》后，中国表示将会继续履行《巴黎协定》承诺。2017 年 10 月 18

---

① 《〈巴黎协定〉终落槌　中国发挥巨大推动作用》，http：//news. cnr. cn/dj/20151213/t20151213_520776754. shtml。

② 新华社：《中方权威人士：〈巴黎协定〉凝聚各方最广泛共识》，2015 年 12 月 13 日，http：//www. gov. cn/xinwen/2015 – 12/13/content_5023263. htm。

③ 刘振民：《全球气候治理中的中国贡献》，载于《求是》2016 年第 7 期，第 56 ~ 58 页。

④ 《中国成解决全球气候问题领导者》，2015 年 11 月 29 日，http：//www. xinhuanet. com/world/2015 – 11/29/c_128480167. htm。

⑤ 张佳：《气候谈判话中国——外交部历任气候变化谈判代表讲述谈判历程》，载于《世界知识》2019 年第 5 期，第 43 页。

⑥ 习近平：《共担时代责任　共促全球发展》。在瑞士达沃斯国际会议中心出席世界经济论坛 2017 年年会开幕式上的讲话。

日，习近平在党的十九大上作报告，指出中国"引导应对气候变化国际合作，成为全球生态文明建设的重要参与者、贡献者、引领者"①。在美国宣布退出《巴黎协定》的情况下，中国继续同其他各方一道，支持和维护多边进程；建设性参与谈判进程，多次提交中国方案，在卡托维兹会议展开穿梭外交，积极"搭桥"推动各方相向而行；积极参与"塔拉诺阿"促进性对话，并推动 G20 等治理平台为气候变化谈判进程注入政治推动力。②

与此同时，中国把应对气候变化融入国家经济社会发展的长期规划，坚持减缓和适应气候变化并重，通过法律、行政、技术、市场等多种手段推进各项工作，取得了显著成果。实践证明，"十二五"以来，中国的国内气候变化治理取得了非常显著的成效。公开数据显示，截至 2016 年底，中国单位 GDP 强度已经比 2005 年下降了 42%，基本实现了哥本哈根气候大会提出的目标。2016 年，中国煤炭产量削减了 9.4%，取消、暂缓了数十个燃煤电厂的建设，而同期太阳能光伏产能增量则为 3 450 万千瓦。

最重要的是，中国参与全球气候治理与国内环境治理的协同性进一步增强。2015 年，中国根据自身国情、发展阶段、可持续发展战略和国际责任担当，确定了到 2030 年的自主行动目标：二氧化碳排放 2030 年左右达到峰值并争取尽早达峰；单位国内生产总值二氧化碳排放比 2005 年下降 60% ~ 65%，非化石能源占一次能源消费比重达到 20% 左右，森林蓄积量比 2005 年增加 45 亿立方米左右。这标志着中国的气候政策发展到新的阶段。中国用自身行动践行了绿色低碳发展理念，为中国在全球气候治理的国际舞台上发挥引领作用奠定了重要的基础。2018 年国务院机构改革中将应对气候变化职能划入新组建的生态环境部，各省市机构改革中生态环境厅（局）的气候变化职能也进行了相应调整。这体现了中国旨在打通一氧化碳和二氧化碳，探讨如何协同控制传统污染物和温室气体，在体制机制上实现了应对气候变化与环境治理、生态保护修复等相关工作的协同管理。2020 年，习近平主席在第七十五届联合国大会一般性辩论上宣布中国力争于 2030 年前二氧化碳排放达到峰值的目标与努力争取于 2060 年前实现碳中和的愿景，并在气候雄心峰会上进一步宣布国家自主贡献最新举措，进一步体现了中国在气候变化领域参与全球治理与进行国家治理的统一性和协调性。2021 年 1 月发布的《关于统筹和加强应对气候变化与生态环境保护相关工作的指导意

① 习近平：《决胜全面建成小康社会 夺取新时代中国特色社会主义伟大胜利——在中国共产党第十九次全国代表大会上的报告》，http://www.gov.cn/zhuanti/2017 - 10/27/content_5234876.htm，2017 年 10 月 18 日。

② 参见外交部第五任气候变化谈判特别代表苟海波的讲述。张佳：《气候谈判话中国——外交部历任气候变化谈判代表讲述谈判历程》，载于《世界知识》2019 年第 5 期，第 43 页。

构建公平合理的国际气候治理体系研究

见》从战略规划、政策法规、制度体系、试点示范、国际合作 5 个方面全方位提出了未来中国全面加强应对气候变化与生态环境保护相关工作统筹融合的路线图，为推动实现减污降碳协同效应指明了方向。该文件的发布实现了温室气体与污染物协同控制政策的落地，使中国在温室气体与污染物协同控制研究方面基本与国际同步，在某些协同控制立法和相关政策制定方面甚至走在前列。①

气候变化问题是全球治理议程上具有持久重要性的问题。全球气候治理体系是国际层次应对气候变化问题的规模巨大的集体行动框架。在这个背景下，中国的角色体现出多重性，既是一个巨大的温室气体排放者，也是一个发展中国家；既是全球气候治理机制的关键参与者，也一度成为富有争议的谈判者。中国在参与全球气候治理的过程中面临着"角色内的冲突"和"角色间的冲突"。然而，在过去的近三十年里，中国逐渐消解和超越了角色内冲突的矛盾和角色间冲突的矛盾，从谨慎而积极的参与者到地位不断提升而富有争议的关键参与者，一路成长为发挥核心作用的引领者。这种成长使中国对自身角色的主观判断与国际社会他者的期望之间的差异逐渐缩小，更加一致。

中国在全球气候治理中内驱型的角色成长主要是通过以下的路径实现的：在保持发展中国家身份和追求发展权利的前提下，主动承担了更大的减排责任，为全球气候治理做出更大贡献。具体地说，一是实现了发展理念和发展路径的创新，在国内统筹经济发展和环境治理，将气候变化整合进经济和社会发展的进程。二是统筹全球气候治理和国内环境治理。一方面在全球气候治理中倡导"各尽所能、合作共赢""奉行法治、公平正义""包容互鉴、共同发展"的全球气候治理理念，同时倡导和而不同，允许各国寻找最适合本国国情的应对之策，以负责任和建设性态度参与联合国气候谈判和其他多边机制；另一方面努力提升国内气候治理的能力，在制定本国气候政策时尽量避免国内发展带来负面的对外影响，增强国内政策的正外部性，促进了全球气候治理和国内环境治理在结构和功能上的相互支持。与此同时，全球气候治理机制内部治理模式不断演化，自下而上制定国家自主减排贡献的方式使得国家间的责任分配更加现实、可行和灵活，提高了全球治理与国家治理的统一性和协调性，提供了有利的国际制度环境，有助于中国协同应对气候变化和空气污染，推动国内绿色低碳转型。总之，"中国国内加快发展转型和生态文明建设的进程与全球推进气候和环境治理的进程基本上是契合的、相互促进的"②。

---

① 生态环境部：《关于统筹和加强应对气候变化与生态环境保护相关工作的指导意见》，2021 年 1 月 11 日，http://www.mee.gov.cn/xxgk2018/xxgk/xxgk03/202101/t20210113_817221.html。

② 外交部第四任气候变化谈判特别代表高风的讲述。张佳：《气候谈判话中国——外交部历任气候变化谈判代表讲述谈判历程》，载于《世界知识》2019 年第 5 期，第 43 页。

第二节　中国参与构建公平合理的国际
气候治理体系的未来路径

全球气候治理出现了新的发展。除中国外，欧盟、日本、韩国、加拿大、南非等也宣布了 2050 年碳中和目标。美国总统拜登在就职第一天就宣布重返《巴黎协定》并于 2021 年 11 月公布了碳中和的目标。这使得《巴黎协定》的温控目标实现的可能性加大。在这个背景下，中国在全球气候治理中发挥领导力和引领作用，并不意味着要做出超越国情、发展阶段和自身能力的贡献，而是要正确把握和引领全球气候治理的原则和走向[①]，引导国际气候治理体系朝着更加公平合理的方向发展。同时坚持《巴黎协定》倡导的气候适宜型低碳经济发展路径，进一步提升国内气候治理的能力，以实际行动和成效展现在全球气候治理中的持续影响力和引领作用。

具体地说，为了更好地参与构建后巴黎时代的国际气候治理体系，推动其向更加公平合理的方向发展，中国应该从科学研究、理念、原则、规则和能力等方面加强建设。

一、加强气候变化科学研究

在基础科学研究方面，中国需要加强不同学科和交叉领域的研究，同时要注重基础科学研究成果的转化。

在基础科学方面，应进一步加强在海洋气候变量和环流、生物地球化学、云—气溶胶作用、气候变化检测归因方法学特别是相关气候变量和极端气候事件的检测归因等方面的研究；发展气候系统模式，加强模式评估和气候变化预估，特别是年代际气候变化预测和近期预估等方面的研究。在适应气候变化方面，应增强海洋系统、人类安全生计和贫困、适应的需求和选择、规划和执行、经济学以及除亚洲和公海外的其他区域等领域的研究，进一步加强气候变化影响的检测和归因以及适应机制等方面的研究，推进综合影响评估模型的开发与应用。在气候变化减缓方面，则需要增强气候变化社会、经济和伦理理论，投资和金融，政

[①]　何建坤：《〈巴黎协定〉后全球气候治理的形势与中国的引领作用》，载于《中国环境管理》2018年第 1 期，第 9~14 页。

策风险和不确定性的综合评估研究，以及与减缓相关的实践研究。最近几年应重点围绕全球增暖 1.5℃影响及排放路径，气候变化与荒漠化、可持续土地管理及粮食安全，气候变化和海洋与冰冻圈、气候变化与城市等专题开展研究。

此外还应加强可持续转型理论、指标体系和政策体系研究，分析中国 2030 年达峰目标及 60% ~65% 减排承诺的行业分布、潜力及经济和技术可行性，开展中国中长期可持续转型及碳排放情景研究，分析先进能源技术发展路线图及成本潜力，综合评估中国可持续转型的影响，包括对经济、贸易、环境、资源、福利等方面的影响及其不确定性，开展影响的时空分布、地区分布、行业分布、人群分布研究，设计支撑中国实现可持续转型的政策体系。建立全球主要国家和地区排放趋势与情景数据库，研究各国自主贡献与实现特定温度控制目标之间的关系。开展 2020 年后国际气候治理体系对全球主要国家和地区的影响及其不确定性分析，研究基于公平与合理原则的全球减排责任分配方案，开展应对气候变化的国际碳交易市场机制研究、不同减排政策与机制有效性分析及比较研究、国际投融资及碳金融机制的发展态势研究等。

二、明确提出"气候变化命运共同体"的概念

在气候外交话语方面，中国可以向国际社会明确提出"气候变化命运共同体"的概念，在后巴黎时代的全球治理中继续占据道义制高点。

在《巴黎协定》谈判、达成和生效的过程中，中国已经发挥了重要作用并系统阐释了具有中国特色的全球气候治理观，但是仍然缺乏一个专门的术语来概括中国的基本理念，因此建议在国际社会提出"气候变化命运共同体"的概念，集中代表中国对全球气候治理的基本理念和立场。

气候变化命运体反映了国际社会在气候变化问题上的相互依赖和休戚与共。气候变化是人类面临的典型的全球性公共问题，积极应对该问题符合人类的共同利益，应对气候变化也是人类责任共同体的应尽义务。

气候变化命运共同体是人类命运共同体的重要组成部分。习近平总书记在党的十九大报告中指出，我们呼吁，各国人民同心协力，构建人类命运共同体，建设持久和平、普遍安全、共同繁荣、开放包容、清洁美丽的世界。特别提到要坚持环境友好，合作应对气候变化，保护好人类赖以生存的地球家园。因此，构建气候变化命运共同体也是构建人类命运共同体的题中应有之义。构建"气候变化命运共同体"是构建"人类命运共同体"的具体实践。

气候变化命运共同体集中体现了中国的全球治理理念。习近平主席全球治理的新理念，包括"共同发展""合作共赢""公平合理""共商共建""包容互

鉴""各尽所能"等，对构建"气候变化命运共同体"具有重要指导意义。它解决了国际气候治理体系的终极目标和伦理标准问题，是中国正义论在全球治理层面的反映。在这种理念的指导下，构建"气候变化命运共同体"，应该坚持绿色低碳的共同发展方向和合作共赢的基本理念，注重建设公平合理的全球气候治理体系和推动后巴黎谈判进程中的共商共建，同时要推动包容借鉴的治理实践和各尽所能的能源结构优化。

显而易见，气候变化命运共同体是对现有国际气候治理体系的完善而非否定。随着世界不断发展变化，随着人类面临的重大跨国性和全球性挑战日益增多，对全球治理体系进行相应的调整改革是大势所趋。但是，这种改革并不是推倒重来，也不是另起炉灶，而是创新完善。正如习近平主席所强调的："现行国际秩序并不完美，但只要它以规则为基础，以公平为导向，以共赢为目标，就不能随意被舍弃，更容不得推倒重来。"①推动全球治理体系朝着更加公正合理有效的方向发展，符合世界各国的普遍需求。

气候变化命运共同体不是对当前国际气候治理体系的舍弃和推倒重来，而是以后者作为制度安排的核心。但是气候变化命运共同体更具包容性，承认联合国内外的各种机制的重要性，以及多元行为体参与对促进全球气候治理朝向更加公平合理有效方向发展的重要性。强调新规则的制定要充分听取发展中国家意见，反映它们的利益和诉求，确保它们的发展空间。

更重要的是，"气候变化命运共同体"体现了中国对国际气候治理与国内气候治理、气候变化治理与经济发展的协同性认识。既符合当前全球气候治理的新形势和新发展，也代表着中国在全球气候治理中秉持的先进理念。

全球合作应对气候变化是世界各国保护地球生态安全的事实，同时也是共同实现可持续发展的一个重要机遇。这个过程中，中国要促进实现两个共赢：一是世界各国合作应对气候变化，要实现合作的共赢和共同发展；二是每一个国家，特别是发展中国家，在应对气候变化的过程中，要统筹经济增长、环境保护和二氧化碳减排的多种目标，实现自身发展和降碳的双赢。因此，要在可持续发展的框架下应对气候变化，实现经济发展与减排二氧化碳双赢的目标。这种双赢的理念，无论在伦理和道义还是治理的层面，在全球范围内都具有无可争议的领先性。

正是基于这种理念，在应对气候变化面临国际国内双重挑战的形势下，不管国际上发生什么样的情况，也不管其他国家的政府采取什么样的态度，中国政府已经多次在各种场合表示，将一如既往对外在国际上积极推进《巴黎协定》的落

---

① 习近平：《顺应时代潮流　实现共同发展——在金砖国家工商论坛上的讲话》，2018 年 7 月 25 日。

实和实施，推进全球合作应对气候变化的进程，努力促进合作共赢、公平正义、共同发展的国际气候治理机制的建设；对内，在新常态下转换发展动力，转变发展方式，加快能源的生产和消费革命，促进经济发展绿色和低碳的转型，为中国长期可持续发展奠定基础的同时，也为应对全球气候变化做出中国的贡献。

三、动态坚持"共区原则"，建设性参与规则制定

以《公约》为基础的全球气候治理机制是全球气候治理体系的核心要素，也是对中国最有利的应对气候变化的国际合作机制与平台。《公约》及其《京都议定书》《巴黎协定》是各国达成的有法律约束力的多边气候协议。应当推动在《公约》下明确，《公约》外应对气候变化相关的多边协商机制均应视为对《公约》进程的补充和促进，而不能取代各国在《公约》机制下的合作，同时通过积极参与《公约》外的多边机制，在各种机制中强调坚持《公约》在应对气候变化领域的主渠道地位。

《巴黎协定》虽然明确坚持了"共区原则"，但是对于该原则的具体含义和适用方式，发达国家与发展中国家在未来的国际气候谈判中仍将提出不同的解释，发达国家在该原则上的立场甚至也有反复的可能。"共同但有区别的责任"原则是全球气候治理机制的基本原则，也是中国在应对气候变化国际合作中避免承担不符合发展阶段义务的最有力保障。尽管国际政治和经济格局以及温室气体排放格局已经发生了重大变化，但发达国家对气候变化问题所应承担的历史责任并没有发生本质性变化。中国坚持"共同但有区别的责任和各自能力"原则，并不是不承担国际义务、不控制温室气体排放的托词，而是维护全球气候治理机制公平合理性的必需。因此，在未来的国际气候变化谈判中，中国仍然必须强调坚持"共区原则"。

《巴黎协定》实施细则的谈判自2016年开启，到2018年底于波兰卡托维兹结束，达成了"一揽子"成果，同时也仍然留下了一些悬而未决或需要进一步谈判解决的问题。为此，中国应做好《巴黎协定》后续谈判工作，持续引导全球气候治理规则的制定。中国在"基础四国"的框架内，可联合其他国家推动后巴黎进程的规则制定充分反映和体现"共区原则"，体现公平合理与合作共赢的基本理念；重点推动"基础四国"联合敦促发达国家兑现其在2020～2025年每年向发展中国家提供至少1000亿美元资金的承诺。中国应进一步加强与印度、巴西、南非等关于国内气候政策和多边谈判进程的双边高层对话，共同推动后巴黎时代气候治理规则的制定沿着公平合作、合作共赢的方向发展。

具体到能力建设的规则方面，建议包括：在缔约方谈判中对能力建设机制的

加强应围绕以下几点：首先，加强《公约》下现有专门机构和实体开展能力建设活动的一致性和协调性。其次，强调《公约》体系外的有关组织通过有力的监测和报告，为《公约》下专门机构、实体和执行机构组织和实施能力建设提供全面的数据。再次，"能力建设国际机制"应建立监测、分析和审议程序，分析关于能力建设的信息，以确定和分享最佳做法，并提出加强国家能力建设体制、行政和立法安排的建议；通过增加和更有针对性的资金，确定资源缺口以及填补这些差距的需求和方法，以及向缔约方会议提出值得分享和推广的良好实践与有效经验。能力建设国际机制应创设加强能力建设的规则，对专门机构组织和实施能力建设以及国家加强本国能力建设有明确的指导。最后，能力建设国际机制应有促进国家间和区域间能力建设合作网络化的规范。另外，应加强《公约》体系外的多边合作与双边合作。

在《公约》外的多边合作方面，首先，应该有效实施和扩大南南合作议程，以支持《巴黎协定》和《2030 年可持续发展议程》的实施。其次，在"一带一路"倡议下寻求建立沿线国的能力建设多边合作论坛。最后，应该释放在亚太和国家开发银行业务层面建立绿色金融框架的潜在动力。在《公约》外的双边合作方面，应加强与近年来在国际气候治理中积极行动者的合作，诸如南非、巴西等。同时，也不应放弃与长期在国际气候治理中拥有巨大影响力的行动者的合作，诸如欧盟与美国。中国应加强与欧盟以及其他新兴经济体的密切合作，通过积极合作和实际行动，保持《巴黎协定》后实施和履行的势头。在中国国家层面，应加强组织与机构能力建设，气候战略和政策的能力建设，监测、评估和信息的能力建设等。中国在推动低碳转型和实现碳达峰、碳中和过程中所取得的进展与所积累的知识、技术、人才和综合性解决方案将在南南合作和推动绿色"一带一路"建设中发挥更加积极的作用。

在约束机制和激励机制方面，发达国家和发展中国家总的来说在实现低碳发展的目标上处于不同阶段、拥有不同任务、需要不同路径。国际气候治理体系应当体现这一重要区别，为发达国家和发展中国家设立不同的约束与激励机制，不能完全用一把尺子衡量所有国家应对气候变化的努力，也不能对所有国家提出完全相同的要求。尤其是对于发展中国家而言，继续得到应对气候变化的资金、技术、能力建设支持是十分必要的。中国应当坚决维护以国家自主贡献为核心的模式，建设性推动支持、透明度、全球盘点和遵约四大辅助机制的设计与落实，提高各国协作应对气候变化的能力与意愿，为实现各尽所能创造必要条件。中国应倡导落实义务与切实合作的氛围，反对推诿指责。为尽可能弥合各方分歧，携手实现共同目标，高举合作的大旗，积极解决合作的障碍，反对封闭和保守的不合作态度，倡导多分享自己的行动经验，少指责别国进展不利。同时以身作则、主动履约，彰显大国担当。

四、提高气候谈判实操和支撑能力

构建公平合理的国际气候治理体系，一个重要而直接的途径就是参与联合国气候变化谈判。气候变化谈判涉及自然科学、法律、政治、经济、工程技术管理等多个学科，十分复杂，对谈判人员的能力提出了很高的要求。

中国气候谈判代表团在中央指导下，谈判能力不断提高，已经为联合国气候谈判做出巨大贡献，有力维护了国家利益。代表团成员由政府官员和科研事业单位、高等院校专家组成，其中承担重点议题谈判任务的代表中专家约占 60%。与政府官员相比，专家获取国外政策动态信息的渠道较少，难以及时、全面、准确地获得动态资料和信息，对谈判对象国的政策和意愿缺乏充分的了解，可能会出现遗漏和偏差。谈判代表团成员来自多个部门，在谈判中各司其职，发挥本身专业技术优势，但难以对谈判总体形势和其他议题发表见解，其原因之一也是缺乏信息和研究不足，往往导致对其他国家谈判立场和底线了解不够。因此，应该重视对外交型、业务型、专家型一线人员的培训，加强对谈判人员的信息支撑，在做好保密工作的前提下，向谈判代表开放重点国家相关国别政策信息内部资料，使其更多地了解重点国家的政策动态。

国家科技主管部门应对包括气候变化在内的各项重点谈判建立专门的科研支撑体系，根据谈判牵头部门建议，定向给予经费保障，并根据谈判支撑研究的特殊性，在预算科目和额度方面制定专门的管理办法，以激励谈判代表及其技术支撑团队稳定、持续地完成好国家任务。

国家教育部门应加强对复合型谈判人才的培养，进一步探索更加合理的课程设置、人才培养模式。例如，国际关系和国际政治专业设置中，应该鼓励学生修习环境科学、经济、法律等专业课程。还可建立国际谈判人才库，保障国际谈判的延续性和稳定性。

五、提升国内气候治理的能力和有效性

为进一步提升国内气候治理的能力，中国应该推进应对气候变化的法治建设。在国内立法中，按照公平合理的原则确定和分解义务与负担，坚持减缓与适应并重。应通过制定适当的监管框架和有效的气候信息系统，加强国家和地方机构管理气候风险的能力。还要健全温室气体排放统计核算体系，全面提高适应气候变化能力，完善气候变化监测预警体系。需要特别强调的是，应该在进一步强

化基础统计、核算报告和评估考核三大体系建设的同时，加强支撑体系建设，提升履行《公约》和《巴黎协定》下气候变化透明度义务的能力。

2020 年，中国已向国际社会宣布力争于 2030 年前二氧化碳排放达到峰值的目标与努力争取于 2060 年前实现碳中和的愿景。碳达峰和碳中和的目标既是中国积极参与全球气候治理的国策，也要求中国进行一场广泛的经济社会系统性改革。为此，2021 年 3 月召开的中央财经委员会第九次会议强调，中国要坚定不移贯彻新发展理念，坚持系统观念，处理好发展和减排、整体和局部、短期和中长期的关系，以经济社会发展全面绿色转型为引领，以能源绿色低碳发展为关键，加快形成节约资源和保护环境的产业结构、生产方式、生活方式、空间格局，坚定不移走生态优先、绿色低碳的高质量发展道路。

中国需要尽快制定碳达峰和碳中和战略规划，坚持全国统筹，强化顶层设计，发挥制度优势，根据各地实际分类施策，避免"一刀切"；还要坚持政府和市场两手发力，不断完善碳交易市场，形成合理的碳定价机制；强化科技和制度创新，启动制定碳中和目标下的科技创新规划和实施方案，加强推动技术研发与创新的保障体系建设，抓紧部署低碳前沿技术研究；深化能源和相关领域改革，构建清洁低碳安全高效的能源体系，控制化石能源总量，着力提高利用效能，实施可再生能源替代行动，对节能提效做出明确要求。

从近期看，中国可建立促进实现碳排放峰值的管理机制。以约束性指标（碳总量、碳强度、非化石能源消费占比、碳汇）为核心，引领能源节约、可再生能源发展和环境友好的新型工业化和城镇化发展模式，促进经济转型和产业结构优化；同时推动目标体系、体制机制、管理模式、政策措施的全面转型。制定相关时间表、路线图和实施方案，分步骤、分区域、分行业推动实现碳排放峰值，东部经济发达的省（区）力争率先达到碳排放总量峰值，推动工业部门提前实现碳排放总量峰值。制定和完善围绕碳排放总量控制的制度安排和政策体系。在制定低碳发展政策时应注重与其他社会经济发展目标的协调，包括与社会保障、扶贫、就业、能源安全、粮食安全、局地环境污染、长期竞争力等的关系，通过统筹兼顾、多目标寻优，力争最大化协同效益。

六、推动非国家行为体发挥更大作用

为了更好地推动城市参与全球气候治理，建议包括：第一，推动在联合国气候大会增加对次国家行为体，特别是城市参与全球气候治理的讨论，探讨如何提升发达国家城市与发展中国家城市之间气候合作的公平性与合理性等问题。第二，新兴经济体城市之间可建立发展中国家城市气候伙伴关系，加强发展中国家城市之间的减排合作。第三，无论是发达国家城市还是发展中国家城市，都应该加强对极端气候脆弱型城市的适应性援助，改变目前国际气候治理体系中重减缓轻适应的问题。对于中国而言，第一，作为最大的新兴经济体，应该引领发展中国家城市气候合作。第二，应该延续中美城市减排的合作，并扩展城市数量，向中国中西部城市，特别是将更多资源型城市纳入合作框架。第三，应该在"一带一路"合作中赋予中国地方政府更多对外合作权力，将一些成功的地方政府发展低碳经济的经验扩展到沿线国家城市。

伴随"一带一路"公共产品的全球推广，参与沿线基础设施建设的跨国公司是否遵守和执行气候环境标准，不可避免成为中国实践《巴黎协定》承诺的一大试金石。中国应充分发挥倡议国的引领作用，在沿线建设项目安排，国家开发银行、国家进出口银行、亚洲基础设施投资银行等资金投放上主动拥抱绿色低碳标准，以政策、资金导向约束和激励参与沿线基础设施建设企业、公司承担起相应的气候责任，同时搭建参与"一带一路"绿色低碳发展企业论坛，交流汇聚跨国公司在推动经济增长、贫困消除和环境保护三方均衡发展的共识和方略，巩固中国在国际气候治理行动中的负责任大国角色，提升中国在欧美发达国家、沿线国家的亲和力和吸引力。

参考文献

一、中文文献

（一）中文图书

[1]［美］埃里·克波斯纳，戴维·韦斯巴赫：《气候变化的正义》，李智、张键译，社会科学文献出版社 2011 年版。

[2] 薄燕、高翔：《中国与全球气候治理机制的变迁》，上海人民出版社 2017 年版。

[3] 蔡拓等：《全球学导论》，北京大学出版社 2015 年版。

[4] 陈贻健：《国际气候法律秩序构建中的公平性问题研究》，北京大学出版社 2017 年版。

[5] 陈志敏：《次国家政府与对外事务》，长征出版社 2001 年版。

[6] 陈志敏、肖佳灵、赵可金：《当代外交学》，北京大学出版社 2008 年版。

[7]《邓小平文选》（第三卷），人民出版社 1994 年版。

[8] 杜祥琬等：《低碳发展总论》，中国环境出版社 2016 年版。

[9] 樊勇、高筱梅：《理性之光：论发展的合理性及西部地区合理发展》，云南大学出版社 2011 年版。

[10] 勾红洋：《低碳阴谋》，山西经济出版社 2010 年版。

[11] 顾朝林主编：《气候变化与低碳城市规划》，东南大学出版社 2013 年版。

[12] 胡婷、张永香：《联合国气候谈判中的能力建设议题进展和走向》，引自《应对气候变化报告（2014）——科学认知与政治交锋》，社会科学文献出版社 2014 年版。

[13] 黄玉顺：《中国正义论的形成——周孔孟荀的制度伦理学传统》，东方出版社 2015 年版。

[14] 基础四国专家组：《公平获取可持续发展》，知识产权出版社 2012 年版。

［15］［美］卡尔索：《气候变化之际的城市主义》，彭卓见译，中国建筑工业出版社 2012 年版。

［16］［美］科利：《国家引导的发展——全球边缘地区的政治权力与工业化》，朱天飚、黄琪轩、刘骥译，吉林出版集团 2007 年版。

［17］［英］克拉普：《工业革命以来的英国环境史》，王黎译，中国环境科学出版社 2011 年版。

［18］［英］理查德·托尔：《气候经济学：气候、气候变化与气候政策经济分析》，齐建国等译，东北财经大学出版社 2016 年版。

［19］刘江华等：《国际视野下的城市发展转型》，中国经济出版社 2015 年版。

［20］［美］罗伯特·基欧汉：《局部全球化世界中的自由主义、权力与治理》，门洪华译，北京大学出版社 2004 年版。

［21］［英］尼古拉斯·斯特恩：《尚待何时？应对气候变化的逻辑、紧迫性和前景》，齐晔译，东北财经大学出版社 2016 年版。

［22］谭崇台主编：《发达国家发展初期与当今发展中国家经济发展比较研究》，武汉大学出版社 2008 年版。

［23］汤伟：《环境外交与城市创新》，山东人民出版社 2012 年版。

［24］唐方方主编：《气候变化与碳交易》，北京大学出版社 2012 年版。

［25］唐颖侠：《国际气候变化治理：制度与路径》，南开大学出版社 2015 年版。

［26］王灿、蒋佳妮：《联合国气候谈判中的技术转让问题谈判进展》，载于《应对气候变化报告（2014）——科学认知与政治交锋》，社会科学文献出版社 2014 年版。

［27］王伟光、郑国光等：《应对气候变化报告》（2015），社会科学文献出版社 2015 年版。

［28］王伟光、郑国光主编：《应对气候变化报告》（2016），社会科学文献出版社 2016 年版。

［29］王伟光、郑国光主编：《应对气候变化报告》（2010），社会科学文献出版社 2010 年版。

［30］王一鸣等：《全球气候变化与中国中长期发展》，中国计划出版社 2013 年版。

［31］王宇博、汪诗明、朱建君：《世界现代化历程：大洋洲卷》，江苏人民出版社 2015 年版。

［32］魏一鸣等编：《气候变化智库：国外典型案例》，北京理工大学出版社 2016 年版。

[33]《习近平谈治国理政（第二卷）》，外文出版社 2017 年版。

[34]《习近平谈治国理政》，外文出版社 2014 年版。

[35] 谢伏瞻、刘雅鸣等：《应对气候变化报告》（2018），社会科学文献出版社 2018 年版。

[36] 辛格：《一个世界：全球化伦理》，东方出版社 2005 年版。

[37] 俞正梁、陈玉刚、苏长和：《二十一世纪全球政治范式研究》，复旦大学出版社 2005 年版。

[38] 禹贞恩编：《发展性国家》，曹海军译，吉林出版集团 2008 年版。

[39] 张坤明、潘家华、崔大鹏主编：《低碳经济论》，中国环境科学出版社 2008 年版。

[40] 张孝锋：《后金融危机时代的跨国公司社会责任与政府规制研究》，经济管理出版社 2015 年版。

[41] 邹骥、傅莎、陈济等：《论全球气候治理——构建人类发展路径创新的国际体制》，中国计划出版社 2015 年版。

（二）中文论文

[1] 薄燕：《合作意愿与合作能力：一种分析中国参与全球气候变化治理的新框架》，载于《世界经济与政治》2013 年第 1 期。

[2] 蔡拓：《中国如何参与全球治理》，载于《国际观察》2014 年第 1 期。

[3] 曹德军：《嵌入式治理：欧盟气候公共产品供给的跨层次分析》，载于《国际政治研究》2015 年第 3 期。

[4] 曹明德：《中国参与国际气候治理的法律立场和策略：以气候正义为视角》，载于《中国法学》（文摘）2016 年第 1 期。

[5] 巢清尘、胡婷、张雪艳等：《气候变化科学评估与政治决策》，载于《阅江学刊》2018 年第 1 期。

[6] 巢清尘、张永香等：《巴黎协定——全球气候治理的新起点》，载于《气候变化研究进展》2016 年第 1 期。

[7] 陈敏鹏等：《〈巴黎协定〉适应和损失损害内容的解读和对策》，载于《气候变化研究进展》2016 年第 3 期。

[8] 陈琪、管传靖：《国际制度设计的领导权分析》，载于《世界经济与政治》2015 年第 8 期。

[9] 陈志敏：《国家治理、全球治理与世界秩序建构》，载于《中国社会科学》2016 年第 6 期。

[10] 戴瀚程、张海滨、王文涛：《全球碳排放空间约束条件下美国退出

〈巴黎协定〉对中欧日碳排放空间和减排成本的影响》，载于《气候变化研究进展》2017 年第 5 期。

[11] 董亮：《透明度原则的制度化及其影响：以全球气候治理为例》，载于《外交评论》2018 年第 4 期。

[12] 董小君：《低碳经济的丹麦模式及其启示》，载于《国家行政学院学报》2010 年第 3 期。

[13] 杜祥琬：《低碳发展的理论意义和实践意义》，载于《阅江学刊》2018 年第 1 期。

[14] 杜祥琬：《应对气候变化进入历史性新阶段》，载于《气候变化研究进展》2016 年第 12（2）期。

[15] 樊艳云：《北京市产业结构的历史回顾及现状分析》，载于《经济研究导刊》2009 年第 33 期。

[16] 范立波：《原则、规则与法律推理》，载于《法制与社会发展》2008 年第 4 期。

[17] 冯存万：《南南合作框架下的中国气候援助》，载于《国际展望》2015 年第 1 期。

[18] 傅聪：《欧盟应对气候变化的全球治理：对外决策模式与行动动因》，载于《欧洲研究》2012 年第 1 期。

[19] 傅莎、柴麒敏、徐华清：《美国宣布退出〈巴黎协定〉后全球气候减缓、资金和治理差距分析》，载于《气候变化研究进展》2017 年第 13（5）期。

[20] 傅莎、邹骥、张晓华、姜克隽：《IPCC 第五次评估报告历史排放趋势和未来减缓情景相关核心结论解读分析》，载于《气候变化研究进展》2014 年第 10（5）期。

[21] 高翔：《〈巴黎协定〉与国际减缓气候变化合作模式的变迁》，载于《气候变化研究进展》2016 年第 2 期。

[22] 高翔、王文涛：《〈京都议定书〉第二承诺期与第一承诺期的差异辨析》，载于《国际展望》2013 年第 4 期。

[23] 高翔：《中国应对气候变化南南合作进展与展望》，载于《上海交通大学学报》（哲学社会科学版）2016 年第 1 期。

[24] 苟海波、孔祥文：《国际环境条约的遵约机制介评》，载于《中国国际法年刊》2005 年。

[25] 郭树勇：《中国国际关系理论建设中的中国意识成长及中国学派前途》，载于《社会科学文摘》2017 年第 5 期。

[26] 何彬：《美国退出〈巴黎协定〉的利益考量与政策冲击——基于扩展

利益基础解释模型分析》，载于《东北亚论坛》2018年第2期。

[27] 何曼青：《跨国公司绿色战略趋势》，载于《中国外资》2012年第2期。

[28] 何增科：《国家治理及其现代化探微》，载于《国家行政学院学报》2014年第2期。

[29] 胡琨：《德国鲁尔区结构转型及启示》，载于《国际展望》2014年第5期。

[30] 胡守钧：《国际共生论》，载于《国际观察》2012年第4期。

[31] 黄辉：《大巴黎规划视角：低碳城市建设的启示》，载于《城市观察》2010年第2期。

[32] 黄玉顺：《"全球伦理"何以可能？——〈全球伦理宣言〉若干问题与儒家伦理学》，载于《云南师范大学学报》2012年第4期。

[33] 金应忠：《共生性国际社会与中国的和平发展》，载于《国际观察》2012年第4期。

[34] 金应忠：《国际社会的共生论——和平发展时代的国际关系理论》，载于《社会科学》2011年第10期。

[35] 居辉、韩雪：《气候变化适应行动进展及对中国行动策略的若干思考》，载于《气候变化研究进展》2008年第5期。

[36] 柯坚：《污染者负担原则的嬗变》，载于《法学评论》2010年第6期。

[37] 李慧明：《构建人类命运共同体背景下的全球气候治理新形势及中国的战略选择》，载于《国际关系研究》2018年第4期。

[38] 李慧明：《特朗普政府"去气候化"行动背景下欧盟的气候政策分析》，载于《欧洲研究》2018年第5期。

[39] 李建华、张永义：《世界主义伦理观的国际政治困境》，载于《中国社会科学》2012年第5期。

[40] 李可：《原则和规则的若干问题》，载于《法学研究》2001年第5期。

[41] 李婷：《联合国气候变化谈判磋商与决策规则研究》，载于《气候变化研究进展》2014年第1期。

[42] 刘东民：《〈京都议定书〉对能源技术创新与扩散的影响及企业的战略回应》，载于《世界经济与政治》2001年第5期。

[43] 刘建飞：《新型国际关系基本特征初探》，载于《国际问题研究》2018年第2期。

[44] 刘雪莲、姚璐：《国家治理的全球治理意义》，载于《中国社会科学》2016年第6期。

[45] 刘叶深：《法律规则与法律原则：质的差别?》，载于《法学家》2009

年第 5 期。

[46] 刘振民：《全球气候治理中的中国贡献》，载于《求是》2016 年第 7 期。

[47] 吕江：《从国际法形式效力的视角对美国退出气候变化〈巴黎协定〉的制度反思》，载于《中国软科学》2019 年第 1 期。

[48] 茅于轼：《气候变暖与人类的适应性：气候变化的物理学和经济学分析》，载于《绿叶》2008 年第 8 期。

[49] 潘家华、陈迎、庄贵阳等：《英国低碳发展的激励措施及其借鉴》，载于《欧洲研究》2006 年第 18 期。

[50] 潘家华、胡雷：《气候生产力之要素辨析》，载于《阅江学刊》2018 年第 1 期。

[51] 裴卿、王灿、吕学都：《应对气候变化的国际技术协议评述》，载于《气候变化研究进展》2008 年第 5（4）期。

[52] 彭珂珊：《中国土地资源可持续利用的路径》，载于《首都师范大学学报》（自然科学版）2014 年第 4 期。

[53] 任晓：《论东亚共生体系原理——对外关系思想和制度研究之一》，载于《世界经济与政治》2013 年第 7 期。

[54] 宋健：《开拓新的发展途径——在"发展中国家环境与发展部长级会议"上的讲话》，载于《世界环境》1991 年第 4 期。

[55] 苏长和：《从关系到共生——中国大国外交理论的文化和制度阐释》，载于《世界经济与政治》2016 年第 1 期。

[56] 苏长和：《共生型国际体系的可能——在一个多极世界中如何建构新型大国关系》，载于《世界经济与政治》2013 年第 9 期。

[57] 苏鑫、滕飞：《美国退出〈巴黎协定〉对全球温室气体排放的影响》，载于《气候变化研究进展》2019 年第 1 期。

[58] 王利宁、陈文颖：《不同分配方案下各国碳排放额及公平性评价》，载于《清华大学学报：自然科学版》2015 年第 6 期。

[59] 王利宁、陈文颖：《全球 2℃温升目标下各国碳配额的不确定性分析》，载于《中国人口·资源与环境》2015 年第 6 期。

[60] 王瑞彬：《国际气候变化机制的演变及其前景》，载于《国际问题研究》2008 年第 4 期。

[61] 吴志成：《全球治理对国家治理的影响》，载于《中国社会科学》2016 年第 6 期。

[62] 许超：《正义与公正、公平、平等之关系辨析》，载于《社会科学战线》2010 年第 2 期。

403

［63］严存生：《规律、规范、规则、原则——西方法学中几个与"法"相关的概念辨析》，载于《法制与社会发展》2005 年第 5 期。

［64］严谨、姜姝：《债务危机下的欧盟能源气候政策——多层治理的视角》，载于《当代世界与社会主义》2013 年第 3 期。

［65］阎锋：《北京工业发展的历史和现状》，载于《经济纵横》1986 年第 10 期。

［66］阎学通：《道义现实主义的国际关系理论》，载于《国际问题研究》2014 年第 5 期。

［67］阎学通：《公平正义的价值观与合作共赢的外交原则》，载于《国际问题研究》2013 年第 1 期。

［68］杨洁勉：《中国走向全球大国和强国的国际关系理论准备》，载于《世界经济与政治》2012 年第 8 期。

［69］杨通进：《全球正义：分配温室气体排放权的伦理原则》，载于《中国人民大学学报》2010 年第 2 期。

［70］尹锋林、罗先觉：《气候变化、技术转移与国际知识产权保护》，载于《科技与法律》2011 年第 89（1）期。

［71］张海滨：《气候变化正在塑造 21 世纪的国际政治》，载于《外交评论》2009 年第 6 期。

［72］张文显：《规则、原则、概念——论法的模式》，载于《现代法学》1989 年第 3 期。

［73］张笑天：《论国际关系学中的国际伦理研究》，载于《国际观察》2010 年第 4 期。

［74］张宇燕：《全球治理的中国视角》，载于《世界经济与政治》2016 年第 9 期。

［75］赵可金、陈维：《城市外交：探寻全球都市的外交角色》，载于《外交评论》2013 年第 6 期。

［76］赵可金、史艳：《构建新型国际关系的理论与实践》，载于《美国研究》2018 年第 3 期。

［77］周大地、高翔：《应对气候变化是改善全球治理的重要内容》，载于《中国科学院院刊》2017 年第 9 期。

［78］朱松丽、高翔：《"巴黎气候协议"关键问题及其走向分析》，载于《气候变化》2015 年第 10 期。

［79］庄贵阳、周伟铎：《非国家行为体参与和全球气候治理体系转型——城市与城市网络的角色》，载于《外交评论》2016 年第 3 期。

（三）中文政策文件、研究报告

［1］《北京市 2007 年国民经济和社会发展统计公报》。

［2］《北京市"十五"期间第三产业发展研究》。

［3］国家发展和改革委员会：《中国应对气候变化的政策与行动——2014 年度报告》，2014，http：//qhs. ndrc. gov. cn/gzdt/201411/t20141126_649483. html。

［4］国务院新闻办公室：《中国的对外援助（白皮书）》，人民出版社 2014 年版。

［5］国务院新闻办公室：《中国的对外援助（白皮书）》，人民出版社 2011 年版。

［6］《可再生能源发展"十三五"规划》，2016 年 12 月。

［7］《可再生能源中长期发展规划》，2007 年 9 月。

［8］《克拉克：中国减排目标宏伟助推哥本哈根气候大会》，新华社，2009 年，http：//www. gov. cn/jrzg/2009 – 11/28/content_1475526. htm。

［9］联合国贸易和发展会议：《世界投资报告——低碳经济投资》（2010）。

［10］联合国人类住区归划：《城市与气候变化：全球人类住区报告 2011》。

［11］《强化应对气候变化行动——中国国家自主贡献》，2015 年，https：//www4. unfccc. int/sites/NDCStaging/pages/Party. aspx？party = CHN。

［12］外交部：《中美元首气候变化联合声明》，2015 年，https：//www. fm-prc. gov. cn/web/ziliao_674904/1179_674909/t1300787. shtml。

［13］温家宝：《共同谱写人类可持续发展新篇章——在联合国可持续发展大会上的演讲》，2012 年，http：//www. gov. cn/ldhd/2012 – 06/21/content_2166455. htm。

［14］习近平：《二〇一八年新年贺词》，新华社，2017 年，http：//www. xinhuanet. com/politics/2017 – 12/31/c_1122192418. htm。

［15］习近平：《弘扬和平共处五项原则　建设合作共赢美好世界——在和平共处五项原则发表 60 周年纪念大会上的讲话》，2014 年 6 月 28 日，http：//politics. people. com. cn/n/2014/0628/c1024 – 25213331. html。

［16］习近平：《坚决打好污染防治攻坚战，推动生态文明建设迈上新台阶——在全国生态环境保护大会上的讲话》，新华社，2018 年 5 月 19 日，ht-tp：//www. xinhuanet. com/politics/leaders/2018 – 05/19/c_1122857595. htm。

［17］习近平：《决胜全面建成小康社会　夺取新时代中国特色社会主义伟大胜利——在中国共产党第十九次全国代表大会上的报告》，2017 年 10 月 18 日，http：//politics. gmw. cn/2017 – 10/27/content_26628091. htm。

［18］习近平：《推动全球治理体制更加公正更加合理》，2015 年 10 月 13

日，http：//www. xinhuanet. com/politics/2015 – 10/13/c_1116812159. htm。

［19］习近平：《携手构建合作共赢、公平合理的气候变化治理机制——在气候变化巴黎大会开幕式上的讲话》，2015 年 11 月 30 日，http：//www. xinhua-net. com/world/2015 – 12/01/c_1117309642. htm。

［20］《解振华在缔约方会议闭幕全会上的发言》，2015 年 12 月 13 日，ht-tp：//www. gov. cn/gzdt/2011 – 12/13/content_2019146. htm。

［21］《张高丽出席联合国气候峰会并发表讲话》，新华社，2014 年，ht-tp：//www. xinhuanet. com/politics/2014 – 09/24/c_1112598574. htm。

［22］《中国减排目标为哥本哈根气候变化大会带来新动力》，新华社，2009，http：//www. gov. cn/jrzg/2009 – 12/06/content_1481261. htm。

［23］《中华人民共和国气候变化第一次两年更新报告》，2017 年。

［24］中华人民共和国生态环境部：《2017 中国生态环境状况公报》；http：//www. mee. gov. cn/hjzl/zghjzkgb/lnzghjzkgb/201805/P020180531534645032372. pdf。

［25］《中欧气候变化联合声明》，载于《人民日报》2015 年 7 月 1 日。

［26］《中美气候变化联合声明》，载于《人民日报》2014 年 11 月 13 日。

二、英文文献

（一）英文书籍

［1］Anil Agarw al and Sunita Narin. *Global Warming in an Unequal World*：*A Case of Environmental Colonialism*. New Delhi：Center for Science and Environment，1991.

［2］Brandt，Loren and Thomas G. Rawsik，eds. *China's Great Economic Trans-formation*，Cambridge：Cambridge University Press，2008.

［3］Breidenich，C.，D. Bodansky. *Measurement，reporting and verification in a post – 2012 climate agreement*. Washington，Pew Center on Global Climate Change，2009.

［4］Charney J. G.，Arakawa A.，Baker D. J.，et al. *Carbon dioxide and cli-mate：A scientific assessment*. National Academy of Science，1979.

［5］Chi Chen，Taejin Park，et al. China and India lead in greening of the world through land-use management. *Nature Sustainability*. 2019，No. 2.

［6］Christopher Wright and Daniel Nyberg. *Climate Change，Capitalism and Cor-poration：Processes of Creative Self – Destruction*，Cambridge University Press，2015.

［7］David Levi – Faur，ed. *Oxford Handbook of Governance*，New York：Oxford

University Press, 2012.

[8] Douglas G. Cogan. *Corporate Governance and Climate Change*: *Making the Connection*. Boston Ceres, 2006.

[9] Ellis J., G. Briner Y. Dagnet and N. Campbell: *Design Options for International Assessment and Review (IAR) and International Consultations and Analysis (ICA)*. OECD Climate Change Expert Group Paper, 2011.

[10] Ellis J., Wartmann S., Moarif S., et al. *Operationalising selected reporting and flexibility provisions in the Paris Agreement. Climate Change Expert Group Paper*, No. 3, Paris: OECD, 2018.

[11] Fransen, T. *Enhancing Today's MRV Framework to Meet Tomorrow's Needs*: *The Role of National Communications and Inventories. WRI Discussion paper*. World Resources Institute, 2009.

[12] Fransen T., H. McMahon, S. Nakhooda. *Measuring the way to a new global climate agreement. WRI Discussion paper*. World Resources Institute, 2008.

[13] G. Brennan and J. M. Buchanan. *The Reason of Rules*: *Constitutional Political Economy*, Cambridge: Cambridge University Press, 1985.

[14] Hans A. Bare. *Global Capitalism and Climate Change*: *The Need for an Alternative World System*. AltaMira Press, 2012.

[15] Hocking, Brian. *Localizing Foreign Policy*: *Non-central Governments and Multilayered Diplomacy*, London: The MacMillan Press Limited, 1993.

[16] Judith Goldstein and Robert Keohane. *Ideas and Foreign Policy*, Ithaca: Cornell University Press, 1993.

[17] Karapin, Roger. *Political Opportunities for Climate Policy*: *California, New York, and the Federal Government*, New York: Cambridge University Press, 2016.

[18] M. Fisk ed. *Justice*, Atlantic Highlands: Humanities Press, 1993.

[19] Nicholas Low ed. *Global Ethics and Environment*, London: Routledge, 1999.

[20] Nicolas Stern, Stern Review. *The Economics of Climate Change*, London Economic College Press, 2006.

[21] Oran R. Young. *International Governance*, Ithaca: Cornell University Press, 1994.

[22] Paul G. Harris: *International Equity and Global Environmental Politics*: *Powers and Principles in U. S. Foreign Policy*, Burlington: Ashgate Publishing Company, 2001.

［23］ Robert Cressy et al. *Entrepreneurship：Finance，Governance and Ethics.* Springer Group，2013.

［24］ Robert O. Keohane. *After Hegemony：Cooperation and Discord in The World Political Economy.* Princeton University Press，1984.

［25］ Robert O. Keohane. *International Institutions and State Power*，Boulder：Westview，1989.

［26］ Sandors Richard. *Combating global warming：study on a global system of tradeable carbon emission entitlements.* Geneva：United Nations Conference on Trade and Development，1992.

［27］ Stephen D. Krasner. *International Regimes*，London：Cornell University Press，1983.

［28］ Tanja Börzel and Ralph Hamann eds. *Business and Climate Change Governance：South Africa in Comparative Perspective*，Palgrave Macmillan，2013.

［29］ Walter Sinnot - Armstrong and Richard B. Howarth eds. *Perspective on Climate Change：Science，Economics，Politics and Ethics.* Amsterdam：Elsevier，2005.

［30］ William Nordhaus. *The Climate Casino：Risk，Uncertainty，and Economics for a Warming World*，Yale University Press，2013.

（二）英文论文

［1］ Allen Buchanan and Robert O. Keohane. *The Legitimacy of Global Governance Institutions. Ethics and International Affairs*，2006，Vol. 20，No. 4，pp. 405 – 437.

［2］ Ans Kolk and David Levy. Winds of Change：Corporate Strategy，Climate Change and Oil Multinationals. *European Management Journal*，2001，Vol. 19，No，5.

［3］ Ans Kolk and Jonatan Pinks. Business Responses to Climate Change：Identifying Emergent Strategies. *California Management Review*，2005，Vol. 47，No. 3.

［4］ Ans Kolk，Volker Hoffmann. Business，Climate Change and Emissions Trading：Taking Stock and Looking Ahead. *European Management Journal*，2007，Vol. 25，No. 6.

［5］ Arrhenius S. *On the Influence of Carbonic Acid in the Air Upon the Temperature of the Ground.* Philosophical Magazine，1896，41，pp. 237 – 276.

［6］ Bradley C. A. ，Goldsmith J. L. Presidential Control over International law. *Harvard Law Review*，2018，131（5），pp. 1203 – 1297.

［7］ Burkard and Dink Matten. Business Responses to Climate Change Regulation in Canada and Germany：Lessons for MNCs from Emerging Economies. *Journal of Busi-*

ness Ethics, 2009, Vol. 86, No. 2.

[8] Callendar G. S. *The Artificial Production of Carbon Dioxide and Its Influence on Temperature. Quarterly Journal of the Royal Meteorological Society*, 1938, No. 64, pp. 223 – 237.

[9] Charney J. United States interests in a convention on the law of the sea: the case for continued efforts. *Virginia Journal of International Law*, 1978, No. 11.

[10] Dai Xinyuan. *Global regime and national change. Climate Policy*, 2010, No. 10.

[11] Daniel Bodansky. Draft Convention on Climate Change. *Environmental Policy and Law*, 1992, Vol. 22, No. 1, pp. 5 – 15.

[12] Daniel Bodansky. The legal character of the Paris Agreement. *Review of European Community & International Environmental Law*, 2016, Vol. 25, No. 2.

[13] David L. Levy and Ans Kolk. Strategic Responses to Global Climate Change: Conflicting Pressures on Multinationals in the Oil Industry. *Business and Politics*, 2002, Vol. 4, No. 3.

[14] Dodman, David. Blaming cities for climate change? An analysis of urban greenhouse gas emissions inventories. *Environment and Urbanization*, 2009, Vol. 21, No. 1.

[15] Fawcett A. A., Iyer G. C., Clarke L. E. Can Paris pledges avert severe climate change? *Science*, 2015, Vol. 6265, No. 350, pp. 1168 – 1169.

[16] G. John Ikenberry. The Future of the Liberal World Order: Internationalism After America. *Foreign Affairs*, 2011, Vol. 90, No. 3.

[17] Harald Winkler, Brian Mantlana, Thapelo Letete. Transparency of action and support in the Paris Agreement. *Climate Policy*, 2017, Vol. 17, No. 7, pp. 853 – 872.

[18] Hare, W., C. Stockwell, C. Flachsland, S. Oberthur. The architecture of the global climate regime: a top-down perspective. *Climate Policy*, 2010, No. 10, pp. 600 – 614.

[19] Idil Boran. Principles of Public Reason in the UNFCCC: Rethinking the Equity Framework. *Science and Engineering Ethics*, 2017, No. 23, pp. 1253 – 1271.

[20] Jesse Ausubel, David G. Victor. Verification of International Environmental Agreements. *Annual Review of Energy and the Environment*, 1992, Vol. 17, No. 1.

[21] Jonatan Pinkse, Ans Kolk. Multinational Corporations and Emissions Trading: Strategic Responses to New Institutional Constraints. *European Management*

Journal, 2007, Vol. 25, No. 6.

[22] Jon Hovi, Camilla Bretteville Froyn, Guri Bang. Enforcing the Kyoto Protocol: can punitive consequences restore compliance? *Review of International Studies*, 2007, No. 33, pp. 435 – 449.

[23] Karin Backstrand, et al. Non-state Actors in Global Climate Governance from Copenhagen to Paris and Beyond. *Environmental Politics*, 2017, Vol. 36, No. 4.

[24] Kenneth W. Abbott. The Transnational Regime Complex for Climate Change. *Environment & Planning C: Government & Policy*, 2012, Vol. 30, No. 4, pp. 571 – 590.

[25] Kenneth W. Abbott. Trust but Verify: The Production of Information in Arms Controls Treaties and Other International Agreements. *Cornell International Law Journal*, 1993, Vol. 26, No. 1, pp. 1 – 58.

[26] Kong Xiangwen. Achieving Accountability in Climate Negotiations: Past Practices and Implications for the Post – 2020 Agreement. *Chinese Journal of International al Law*, 2015, Vol. 14, No. 3, pp. 545 – 565.

[27] Kuramochi T., Höhne N., Sterl S., et al. *States, Cities and Businesses Leading the Way: A First Look at Decentralized Climate Commitments in the US*, 2017, https://newclimateinstitute.fileswordpress.com/2017/09/states – cities – and – regions – leading – the – way. pdf.

[28] Lavanya Rajamani. Ambition and Differentiation in the 2015 Paris Agreement: Interpretive Possibilities and Underlying Politics. *International and Comparative Law Quarterly*, 2016, Vol. 65, No. 2, pp. 1 – 25.

[29] Layna Mosley. Regulating Globally, Implementing Locally: The Financial Codes and Standards Effort. *Review of International Political Economy*, 2010, Vol. 17, No. 4.

[30] Lecours, Andre. Para-diplomacy: Reflections on the Foreign Policy and International Relations of Regions. *International Negotiation*, 2002, Vol. 7, pp. 91 – 114.

[31] Manabe S., Wetherald R. Thermal Equilibrium of the Atmosphere with A Given Distribution of Relative Humidity. *Journals of the Atmospheric Sciences*, 1967, No. 24, pp. 242 – 259.

[32] Michael Grubb. Full legal compliance with the Kyoto Protocol's first commitment period-some lessons. *Climate Policy*, 2016, No. 16, No. 6, pp. 673 – 681.

[33] Michele Betsill, Navroz K. Dubash, Matthew Paterson, Harro van Asselt,

Antto Vihma, and Harald Winkler. Building Productive Links between the UNFCCC and the Broader Global Climate Governance Landscape. *Global Environmental Politics*, 2015, Vol. 15, No. 2, doi: 10. 1162/GLEP_a_00294.

［34］ M. Kandlikar and A. Sagar. Climate Change Research and Analysis in India: An Integrated Assessment of a South-north Divide. *Global Environmental Change*, 1999, Vol. 92, pp. 119 – 138.

［35］ Nicholas Chan. Climate Contributions and the Paris Agreement: Fairness and Equity in a Bottom-Up Architecture. *Ethics & International Affair*, 2016, Vol. 30, No. 3, pp. 291 – 301.

［36］ Olmstead Sheila, Stavins Robert. Three Key Elements of a Post – 2012 International Climate Policy Architecture. *Review of Environmental Economics and Policy*, 2012, Vol. 6, No. 1, pp. 65 – 85.

［37］ Owen Greene. International Environmental Regimes: Verification and Implementation Review. *Environmental Politics*, 1993, Vol. 2, No. 4.

［38］ Patchell Jerry and Hayter Roger. How Big Business Can Save the Climate: Multinational Corporations Can Succeed Where Governments Have Failed. *Foreign Affairs*, 2013, Vol. 92, No. 5.

［39］ Peter Markussen, et al. Industry Lobbying and the Political Economy of GHG Trade in the European Union. *Energy Policy*, 2005, Vol. 33, No, 2.

［40］ Robert O. Keohane and David G. Victor. The Regime Complex for Climate Change, Conference Papers. *American Political Science Association*, 2010, pp. 1 – 28.

［41］ Robert O. Keohane. The Global Politics of Climate Change: Challenge for Political Science. The 2014 James Madison Lecture. *American Political Science Association*, 2015, pp. 19 – 26.

［42］ Rogelj, den Elzen M. , Höhne N. Paris Agreement climate proposals need a boost to keep warming well below 2℃. *Nature*, 2016, No. 543, pp. 631 – 639.

［43］ Ronald B. Mitchell. Transparency for Governance: The Mechanisms and Effectiveness of Disclosure-based and Education-based Transparency Policies. *Ecological Economics*, 2011, Vol. 70, No. 11, pp. 1882 – 1890.

［44］ Sybille van den Hove, et al. The Oil Industry and Climate Change: Strategies and Ethical Dilemmas. *Climate Policy*, 2002, No. 2.

［45］ Thomas Hale. All Hands On Deck: The Paris Agreement and Non-state Climate Action. *Global Environment Politics*, 2016, Vol. 16.

［46］ Tian Wang, Xiang Gao. Reflection and Operationalization of "Common but

Differentiated Responsibilities and Respective Capabilities" Principle in the Transparency Framework under International Climate Change Regime. *Advances in Climate Change Research*, 2018, Vol. 9, No. 4, pp. 242 – 253.

［47］Ting Wei, Wenjie Dong, Qing Yan, et al. Developed and Developing World Contributions to Climate System Change Based on Carbon Dioxide, Methane and Nitrous Oxide Emissions. *Adv. Atmos. Sci.*, 2016, Vol. 35, No. 5.

［48］T. Lambert and C. Boerner. Environmental Inequity: Economic Causes, Economic Solutions. *Yale Journal on Regulation*, 1997, Vol. 14, pp. 195 – 234.

［49］Tyndall J. On the Absorption and Radiation of Heat by Gases and Vapours, and On the Physical Connection. *Philos Mag*, 1861.

［50］Varun Sivaram and Teryn Norris. The Clean Energy Revolution: Fighting Climate Change with Innovation. *Foreign Affairs*, 2016, Vol. 95, No. 3.

［51］Vegard Tørstada and Håkon Sælen. Fairness in the Climate Negotiations: What Explains Variation in Parties' Expressed Conceptions. *Climate Policy*, 2018, Vol. 18, No. 5.

［52］Wei, T., and Coauthors. Developed and developing world responsibilities for historical climate change and CO_2 mitigation. *PNAS*, 2012, Vol. 109, No. 32.

［53］Wei, T., W. J. Dong, W. P. Yuan, X. D. Yan, and Y. Guo. Influence of the carbon cycle on the attribution of responsibility for climate change. *Chinese Science Bulletin*, 2014, Vol. 59, No. 19.

［54］Winkler, H. Measurable, reportable and verifiable: the keys to mitigation in the Copenhagen deal. *Climate Policy*, 2008, No. 8, pp. 534 – 547.

（三）英文政策文件、研究报告

［1］ActionAid, APMDD, CAN South Asia et al. *Fair shares: A civil society equity review of INDCs. Report*, November 2015, http://civilsocietyreview. org/report.

［2］Australia: *National Inventory Report* 2015, *the Australian Government. Submission to the UNFCCC*, https://unfccc. int/process/transparency – andreporting/reporting – and – review – under – the – convention/greenhouse – gasinventories/submissions – of – annual – greenhouse – gas – inventories – for – 2017, 2017.

［3］Barack Obama. *Declaration by the Leaders of the Major Economies Forum on Energy and Climate. Daily Compilation of Presidential Documents*, 2009, https://www. govinfo. gov/content/pkg/DCPD – 200900551/pdf/DCPD – 200900551. pdf.

［4］BASIC. *Joint Statement Issued at the Conclusion of the Fourth Meeting of BAS-*

IC Ministers. 26 July, Rio de Janeiro, 2010.

[5] Carbon Disclosure Project, *Global* 500 *Report*, 2010.

[6] Commission of the European Communities: *Package of implementation measures for the EU's objectives on climate change and renewable energy for* 2020. Brussels, SEC (2008) 85/3, 2008.

[7] Donald Trump. *Statement by President Trump on the Paris Climate Accord*. Washington D. C. : The White House, 2017 – 06 – 01, https://www.whitehouse. gov/the – press – office/2017/06/01/statement – president – trump – paris – climate – accord.

[8] Doug Cogan, et al. *Corporate Governance and Climate Change: Making the Connection*, Boston: Ceres, 2008.

[9] EU Council of Ministers. *Community strategy on climate change – Council conclusions*. Luxembourg: European Union, 1996.

[10] European Parliament and the Council of the European Union. *Regulation (EU) No.* 2011. 510/2011 *of the European Parliament and of the Council of* 11 *May* 1999, setting emission performance standards for new light commercial vehicles as part of the Union's integrated approach to reduce CO_2 emissions from light-duty vehicles.

[11] GCOS. *The Global Observing System for Climate: Implementation Needs*. GCOS – 200, 2016.

[12] Global Environment Facility. *Progress Report of the Capacity-building Initiative for Transparency*. GEF/C. 55/Inf. 12. November 30, 2018, http://www. thegef. org/sites/default/files/documents/EN_GEF. C. 55. Inf_. 12_CBIT. pdf.

[13] Government of the Republic of Korea. *Second Biennial Update Report of the Republic of Korea under the United Nations Framework Convention on Climate Change*, 2017.

[14] IEA. *Energy and climate change, world energy outlook special report*. Paris, France, 2015.

[15] IPCC. *Climate Change* 2014: *Impacts, Adaptation, and Vulnerability*. Part A: Global and Sectoral Aspects. Contribution of Working Group Ⅱ to the Fifth Assessment Report of the Intergovernmental Panel on Climate Change, Cambridge University Press, Cambridge, United Kingdom and New York, NY, USA.

[16] IPCC. *Climate Change* 2014: *Mitigation of Climate Change. Contribution of Working Group Ⅲ to the Fifth Assessment Report of the Intergovernmental Panel on Climate Change* [Edenhofer, O. , R. Pichs – Madruga, Y. Sokona, E. Farahani, S.

Kadner, K. Seyboth, A. Adler, I. Baum, S. Brunner, P. Eickemeier, B. Kriemann, J. Savolainen, S. Schlömer, C. von Stechow, T. Zwickel and J. C. Minx (eds.)]. Cambridge University Press, Cambridge, United Kingdom and New York, NY, USA.

[17] IPCC. *Climate Change* 2007 – *Mitigation of Climate Change*, *Contribution of Working Group* Ⅲ *to the Fourth Assessment Report of the IPCC* (Cambridge, New York, Melbourne, Madrid, Cape Town, Singapore, São Paolo, Delhi: Cambridge University Press), 2007.

[18] IPCC. Climate Change 2013: *The Physical Science Basis. Contribution of Working Group* Ⅰ *to the Fifth Assessment Report of the Intergovernmental Panel on Climate Change*, Cambridge University Press, Cambridge, United Kingdom and New York, NY, USA.

[19] IPCC. *International Cooperation*: *Agreements and Instruments. In*: *Climate Change* 2014: *Mitigation of Climate Change. Contribution of Working Group* Ⅲ *to the Fifth Assessment Report of the Intergovernmental Panel on Climate Change.* (Stavins R., Zou J., Brewer T., Grand M. C., den Elzen M., Finus M., Gupta J., Höhne N., Lee M., Michaelowa A., Paterson M., Ramakrishna K., Wen G., Wiener J., Winkler H. (eds.). IPCC, Geneva, Switzerland, 2014.

[20] IPCC. *Summary for Policymakers. In*: *Global Warming of* 1. 5℃. An IPCC Special Report on the impacts of global warming of 1. 5℃ above pre-industrial levels and related global greenhouse gas emission pathways, in the context of strengthening the global response to the threat of climate change, sustainable development, and efforts to eradicate poverty, World Meteorological Organization, Geneva, Switzerland, 2018.

[21] SCF. *Biennial Assessment and Overview of Climate Finance Flows Report*, 2019.

[22] Standing Committee on Finance. 2016 *Biennial Assessment and Overview of Climate Finance Flows Report.* Bonn, Germany: UNFCCC, 2016.

[23] The UN Global Compact – Accenture CEO Study. *A Call to Climate Change* (Special Edition), November, 2015.

[24] UK Trade & Investment. *Our Energy Future Creating a Low Carbon Economy*, 2003.

[25] UNEP. *The Emissions Gap Report* 2016. Nairobi, Kenya: United Nations Environment Programme (UNEP), 2016.

[26] UNFCCC. *Amendment to the Kyoto Protocol pursuant to its Article* 3, *paragraph* 9 (*the Doha Amendment*). Decision 1/CMP. 1, 2012.

［27］ UNFCCC. *Capacity-building in developing countries（non – Annex I Parties）.* Decision 2/CP. 7, 2001.

［28］ UNFCCC. *Capacity-building in developing countries（non – Annex I Parties）.* Decision 10/CP. 5, 1999.

［29］ UNFCCC. *Common tabular format for "UNFCCC biennial reporting guidelines for developed country Parties".* Decision 19/CP. 18, 2013.

［30］ UNFCCC. *Compilation of economy-wide emission reduction targets to be implemented by Parties included in Annex I to the Convention,* FCCC/SB/2014/INF. 6, 2014.

［31］ UNFCCC. *Compilation of economy-wide emission reduction targets to be implemented by Parties included in Annex I to the Convention,* FCCC/SB/2011/INF. 1, 2011.

［32］ UNFCCC. *Compilation of information on nationally appropriate mitigation actions to be implemented by Parties not included in Annex I to the Convention.* FCCC/AWGLCA/2011/INF. 1, 2011.

［33］ UNFCCC. *Copenhagen Accord.* Decision 2/CP. 15, 2009.

［34］ UNFCCC. *Draft guidelines for the preparation of national communications by Parties included in Annex I to the Convention, Part Ⅱ: UNFCCC reporting guidelines on national communications.* FCCC/SBI/2016/L. 42, 2016.

［35］ UNFCCC. *Establishment of a multilateral consultative process for the resolution of questions regarding the implementation of the Convention（Article 13）.* Decision 20/CP. 1, 1995.

［36］ UNFCCC. *Establishment of an Ad Hoc Working Group on the Durban Platform for Enhanced Action.* Decision 1/CP. 17, 2011.

［37］ UNFCCC. *Final compilation and accounting report for Ukraine for the first commitment period of the Kyoto Protocol.* FCCC/KP/CMP/2017/CAR/UKR, 2017.

［38］ UNFCCC. *Further advancing the Durban Platform.* Decision 1/CP. 19, 2013.

［39］ UNFCCC. *Guidelines for review under Article 8 of the Kyoto Protocol.* Decision 22/CMP. 1, 2005.

［40］ UNFCCC. *Guidelines for the preparation of the information required under Article 7 of the Kyoto Protocol.* Decision 15/CMP. 1, 2005.

［41］ UNFCCC. *Guidelines for the technical review of information reported under the Convention related to greenhouse gas inventories, biennial reports and national communi-*

cations by Parties included in Annex I to the Convention. Decision 13/CP. 20, 2014.

［42］ UNFCCC. *Implementation of Article 6 of the Kyoto Protocol.* Decision 10/ CMP. 1, 2005.

［43］ UNFCCC. *Information provided by the Global Environment Facility on its activities relating to the preparation of national communications and biennial update reports.* FCCC/SBI/2017/INF. 10, 2017, https：//unfccc. int/sites/default/files/resource/docs/2017/sbi/eng/infl0. pdf.

［44］ UNFCCC. *Lima Call for Climate Action.* Decision 1/CP. 20, 2014.

［45］ UNFCCC. *Methodologies for the reporting of financial information by Parties included in Annex I to the Convention.* Decision 9/CP. 21, 2015.

［46］ UNFCCC. *Modalities and procedures for the effective operation of the committee referred to in Article 15, paragraph 2, of the Paris Agreement.* Decision 20/CMA. 1, 2018.

［47］ UNFCCC. *Modalities, procedures and guidelines for the transparency framework for action and support referred to in Article 13 of the Paris Agreement.* Decision 18/ CMA. 1, 2018.

［48］ UNFCCC. *Other matters related to communications from Parties not included in Annex I to the Convention.* Decision 8/CP. 5, 1999.

［49］ UNFCCC. *Outcome of the work of the Ad Hoc Working Group on Long-term Cooperative Action under the Convention.* Decision 2/CP. 17, 2011.

［50］ UNFCCC. Paris Committee on Capacity-building. 2017, http：//unfcc. int/cooperation_and_support/capacity_building/items/10251. php.

［51］ UNFCCC. *Proposal from Belarus to amend Annex B to the Kyoto Protocol.* Decision 10/CMP. 2, 2006.

［52］ UNFCCC. *Proposal from Kazakhstan to amend Annex B to the Kyoto Protocol.* Decision 9/CMP. 8, 2012.

［53］ UNFCCC. *Report on the individual review of the report upon expiration of the additional period for fulfilling commitments (true-up period) for the first commitment period of the Kyoto Protocol of Ukraine.* FCCC/KP/CMP/2016/TPR/UKR, 2016.

［54］ UNFCCC. *Revision of the UNFCCC reporting guidelines on annual inventories for Parties included in Annex I to the Convention.* Decision 24/CP. 19, 2013.

［55］ UNFCCC. *Technology framework under Article 10, paragraph 4, of the Paris Agreement.* Decision 15/CMA. 1, 2018.

［56］ UNFCC. *First steps to a safer future：The Convention in summary,* http：//

构建公平合理的国际气候治理体系研究

unfccc. int/essential _ background/convention/items/6036. php. Accessed on May 20，2016.

［57］ UNGA. *Guidelines for the preparation of first communications by Annex I Parties（Annex to decision 9/2）//Report of the Intergovernmental Negotiating Committee for a Framework Convention on Climate Change on the Work of Its Ninth Session Held at Geneva from 7 to 18 February 1994 A/AC.* 237/55. United Nations General Assembly，1994，pp. 30 – 40.

［58］ UNGA. *Protection of global climate for present and future generations of mankind.* United Nations General Assembly，Resolution 45/212，1990.

［59］ UNGC，UNEP，Oxfam and WRI. *A Caring for Climate Report—Adapting for Green Economy*：*Companies，Communities and Climate change*，2011.

［60］ United Nations Environment Program，*Emission Gap Report*，2018.

［61］ U. S. Department of State. *Second Biennial Report of the United States of America under the United Nations Framework.* Washington D. C. ：U. S. Department of State，2016.

［62］ U. S. Energy Information Administration. *Annual Energy Outlook* 2017 *with projections to* 2050. Washington DC：U. S. Department of Energy，2017.

［63］ U. S. Senate. *A resolution expressing the sense of the Senate regarding the conditions for the United States becoming a signatory to any international agreement on greenhouse gas emissions under the United Nations Framework Convention on Climate Change.* 105th Congress（1997 – 1998）. S. Res. 98，1997.

［64］ WMO. *WMO Statement on the State of the Global Climate in* 2017. WMO – No. 1212，2018.

参 考 文 献

后　记

　　本书是教育部2015年度哲学社会科学研究重大课题攻关项目（项目批准号：15JZD035）的最终成果。

　　课题组成员在撰写本书的过程中，得到许多领导、专家的指导和支持。在此，我们特别感谢国家气候变化专家委员会名誉主任、中国工程院原副院长杜祥琬院士，外交部原气候变化谈判特别代表高风先生，国家应对气候变化战略研究和国际合作中心原副主任邹骥教授，中国社会科学院城市发展与环境研究所陈迎研究员，复旦大学原党委副书记刘承功教授，复旦大学党委常委、宣传部部长陈玉刚教授，复旦大学环境科学与工程系王祥荣教授、戴星翼教授，复旦大学国际关系与公共事务学院院长苏长和教授、刘季平书记，复旦大学国际问题研究院张贵洪教授等。从课题申请到课题结项，复旦大学文科科研处的左昌柱老师全程给予了有力的支持和帮助，在此特别表示感谢。

　　在这几年的时间里，课题组全体成员一方面担负着繁重的教学、科研与谈判任务；一方面精诚合作，克服种种困难，终于完成了预期的研究任务。若干名博士研究生和硕士研究生在该项目的研究过程中也贡献了力量，在此向他们表示感谢。构建公平合理的国际气候治理体系是一个重大而复杂的问题，由于我们的水平和能力有限，书中的错误和纰漏在所难免，恳请学界同仁给予批评和指正。

本书课题组

2021 年 3 月 18 日

教育部哲学社會科学研究重大課題攻闷項目
成果出版列表

序号	书 名	首席专家
1	《马克思主义基础理论若干重大问题研究》	陈先达
2	《马克思主义理论学科体系建构与建设研究》	张雷声
3	《马克思主义整体性研究》	逄锦聚
4	《改革开放以来马克思主义在中国的发展》	顾钰民
5	《新时期 新探索 新征程 ——当代资本主义国家共产党的理论与实践研究》	聂运麟
6	《坚持马克思主义在意识形态领域指导地位研究》	陈先达
7	《当代资本主义新变化的批判性解读》	唐正东
8	《当代中国人精神生活研究》	童世骏
9	《弘扬与培育民族精神研究》	杨叔子
10	《当代科学哲学的发展趋势》	郭贵春
11	《服务型政府建设规律研究》	朱光磊
12	《地方政府改革与深化行政管理体制改革研究》	沈荣华
13	《面向知识表示与推理的自然语言逻辑》	鞠实儿
14	《当代宗教冲突与对话研究》	张志刚
15	《马克思主义文艺理论中国化研究》	朱立元
16	《历史题材文学创作重大问题研究》	童庆炳
17	《现代中西高校公共艺术教育比较研究》	曾繁仁
18	《西方文论中国化与中国文论建设》	王一川
19	《中华民族音乐文化的国际传播与推广》	王耀华
20	《楚地出土戰國簡册［十四種］》	陈 伟
21	《近代中国的知识与制度转型》	桑 兵
22	《中国抗战在世界反法西斯战争中的历史地位》	胡德坤
23	《近代以来日本对华认识及其行动选择研究》	杨栋梁
24	《京津冀都市圈的崛起与中国经济发展》	周立群
25	《金融市场全球化下的中国监管体系研究》	曹凤岐
26	《中国市场经济发展研究》	刘 伟
27	《全球经济调整中的中国经济增长与宏观调控体系研究》	黄 达
28	《中国特大都市圈与世界制造业中心研究》	李廉水

序号	书 名	首席专家
29	《中国产业竞争力研究》	赵彦云
30	《东北老工业基地资源型城市发展可持续产业问题研究》	宋冬林
31	《转型时期消费需求升级与产业发展研究》	臧旭恒
32	《中国金融国际化中的风险防范与金融安全研究》	刘锡良
33	《全球新型金融危机与中国的外汇储备战略》	陈雨露
34	《全球金融危机与新常态下的中国产业发展》	段文斌
35	《中国民营经济制度创新与发展》	李维安
36	《中国现代服务经济理论与发展战略研究》	陈 宪
37	《中国转型期的社会风险及公共危机管理研究》	丁烈云
38	《人文社会科学研究成果评价体系研究》	刘大椿
39	《中国工业化、城镇化进程中的农村土地问题研究》	曲福田
40	《中国农村社区建设研究》	项继权
41	《东北老工业基地改造与振兴研究》	程 伟
42	《全面建设小康社会进程中的我国就业发展战略研究》	曾湘泉
43	《自主创新战略与国际竞争力研究》	吴贵生
44	《转轨经济中的反行政性垄断与促进竞争政策研究》	于良春
45	《面向公共服务的电子政务管理体系研究》	孙宝文
46	《产权理论比较与中国产权制度变革》	黄少安
47	《中国企业集团成长与重组研究》	蓝海林
48	《我国资源、环境、人口与经济承载能力研究》	邱 东
49	《"病有所医"——目标、路径与战略选择》	高建民
50	《税收对国民收入分配调控作用研究》	郭庆旺
51	《多党合作与中国共产党执政能力建设研究》	周淑真
52	《规范收入分配秩序研究》	杨灿明
53	《中国社会转型中的政府治理模式研究》	娄成武
54	《中国加入区域经济一体化研究》	黄卫平
55	《金融体制改革和货币问题研究》	王广谦
56	《人民币均衡汇率问题研究》	姜波克
57	《我国土地制度与社会经济协调发展研究》	黄祖辉
58	《南水北调工程与中部地区经济社会可持续发展研究》	杨云彦
59	《产业集聚与区域经济协调发展研究》	王 珺

序号	书　名	首席专家
60	《我国货币政策体系与传导机制研究》	刘　伟
61	《我国民法典体系问题研究》	王利明
62	《中国司法制度的基础理论问题研究》	陈光中
63	《多元化纠纷解决机制与和谐社会的构建》	范　愉
64	《中国和平发展的重大前沿国际法律问题研究》	曾令良
65	《中国法制现代化的理论与实践》	徐显明
66	《农村土地问题立法研究》	陈小君
67	《知识产权制度变革与发展研究》	吴汉东
68	《中国能源安全若干法律与政策问题研究》	黄　进
69	《城乡统筹视角下我国城乡双向商贸流通体系研究》	任保平
70	《产权强度、土地流转与农民权益保护》	罗必良
71	《我国建设用地总量控制与差别化管理政策研究》	欧名豪
72	《矿产资源有偿使用制度与生态补偿机制》	李国平
73	《巨灾风险管理制度创新研究》	卓　志
74	《国有资产法律保护机制研究》	李曙光
75	《中国与全球油气资源重点区域合作研究》	王　震
76	《可持续发展的中国新型农村社会养老保险制度研究》	邓大松
77	《农民工权益保护理论与实践研究》	刘林平
78	《大学生就业创业教育研究》	杨晓慧
79	《新能源与可再生能源法律与政策研究》	李艳芳
80	《中国海外投资的风险防范与管控体系研究》	陈菲琼
81	《生活质量的指标构建与现状评价》	周长城
82	《中国公民人文素质研究》	石亚军
83	《城市化进程中的重大社会问题及其对策研究》	李　强
84	《中国农村与农民问题前沿研究》	徐　勇
85	《西部开发中的人口流动与族际交往研究》	马　戎
86	《现代农业发展战略研究》	周应恒
87	《综合交通运输体系研究——认知与建构》	荣朝和
88	《中国独生子女问题研究》	风笑天
89	《我国粮食安全保障体系研究》	胡小平
90	《我国食品安全风险防控研究》	王　硕

序号	书　名	首席专家
91	《城市新移民问题及其对策研究》	周大鸣
92	《新农村建设与城镇化推进中农村教育布局调整研究》	史宁中
93	《农村公共产品供给与农村和谐社会建设》	王国华
94	《中国大城市户籍制度改革研究》	彭希哲
95	《国家惠农政策的成效评价与完善研究》	邓大才
96	《以民主促进和谐——和谐社会构建中的基层民主政治建设研究》	徐　勇
97	《城市文化与国家治理——当代中国城市建设理论内涵与发展模式建构》	皇甫晓涛
98	《中国边疆治理研究》	周　平
99	《边疆多民族地区构建社会主义和谐社会研究》	张先亮
100	《新疆民族文化、民族心理与社会长治久安》	高静文
101	《中国大众媒介的传播效果与公信力研究》	喻国明
102	《媒介素养：理念、认知、参与》	陆　晔
103	《创新型国家的知识信息服务体系研究》	胡昌平
104	《数字信息资源规划、管理与利用研究》	马费成
105	《新闻传媒发展与建构和谐社会关系研究》	罗以澄
106	《数字传播技术与媒体产业发展研究》	黄升民
107	《互联网等新媒体对社会舆论影响与利用研究》	谢新洲
108	《网络舆论监测与安全研究》	黄永林
109	《中国文化产业发展战略论》	胡惠林
110	《20世纪中国古代文化经典在域外的传播与影响研究》	张西平
111	《国际传播的理论、现状和发展趋势研究》	吴　飞
112	《教育投入、资源配置与人力资本收益》	闵维方
113	《创新人才与教育创新研究》	林崇德
114	《中国农村教育发展指标体系研究》	袁桂林
115	《高校思想政治理论课程建设研究》	顾海良
116	《网络思想政治教育研究》	张再兴
117	《高校招生考试制度改革研究》	刘海峰
118	《基础教育改革与中国教育学理论重建研究》	叶　澜
119	《我国研究生教育结构调整问题研究》	袁本涛 王传毅
120	《公共财政框架下公共教育财政制度研究》	王善迈

序号	书 名	首席专家
121	《农民工子女问题研究》	袁振国
122	《当代大学生诚信制度建设及加强大学生思想政治工作研究》	黄蓉生
123	《从失衡走向平衡：素质教育课程评价体系研究》	钟启泉 崔允漷
124	《构建城乡一体化的教育体制机制研究》	李 玲
125	《高校思想政治理论课教育教学质量监测体系研究》	张耀灿
126	《处境不利儿童的心理发展现状与教育对策研究》	申继亮
127	《学习过程与机制研究》	莫 雷
128	《青少年心理健康素质调查研究》	沈德立
129	《灾后中小学生心理疏导研究》	林崇德
130	《民族地区教育优先发展研究》	张诗亚
131	《WTO主要成员贸易政策体系与对策研究》	张汉林
132	《中国和平发展的国际环境分析》	叶自成
133	《冷战时期美国重大外交政策案例研究》	沈志华
134	《新时期中非合作关系研究》	刘鸿武
135	《我国的地缘政治及其战略研究》	倪世雄
136	《中国海洋发展战略研究》	徐祥民
137	《深化医药卫生体制改革研究》	孟庆跃
138	《华侨华人在中国软实力建设中的作用研究》	黄 平
139	《我国地方法制建设理论与实践研究》	葛洪义
140	《城市化理论重构与城市化战略研究》	张鸿雁
141	《境外宗教渗透论》	段德智
142	《中部崛起过程中的新型工业化研究》	陈晓红
143	《农村社会保障制度研究》	赵 曼
144	《中国艺术学学科体系建设研究》	黄会林
145	《人工耳蜗术后儿童康复教育的原理与方法》	黄昭鸣
146	《我国少数民族音乐资源的保护与开发研究》	樊祖荫
147	《中国道德文化的传统理念与现代践行研究》	李建华
148	《低碳经济转型下的中国排放权交易体系》	齐绍洲
149	《中国东北亚战略与政策研究》	刘清才
150	《促进经济发展方式转变的地方财税体制改革研究》	钟晓敏
151	《中国—东盟区域经济一体化》	范祚军

序号	书　名	首席专家
152	《非传统安全合作与中俄关系》	冯绍雷
153	《外资并购与我国产业安全研究》	李善民
154	《近代汉字术语的生成演变与中西日文化互动研究》	冯天瑜
155	《新时期加强社会组织建设研究》	李友梅
156	《民办学校分类管理政策研究》	周海涛
157	《我国城市住房制度改革研究》	高　波
158	《新媒体环境下的危机传播及舆论引导研究》	喻国明
159	《法治国家建设中的司法判例制度研究》	何家弘
160	《中国女性高层次人才发展规律及发展对策研究》	佟　新
161	《国际金融中心法制环境研究》	周仲飞
162	《居民收入占国民收入比重统计指标体系研究》	刘　扬
163	《中国历代边疆治理研究》	程妮娜
164	《性别视角下的中国文学与文化》	乔以钢
165	《我国公共财政风险评估及其防范对策研究》	吴俊培
166	《中国历代民歌史论》	陈书录
167	《大学生村官成长成才机制研究》	马抗美
168	《完善学校突发事件应急管理机制研究》	马怀德
169	《秦简牍整理与研究》	陈　伟
170	《出土简帛与古史再建》	李学勤
171	《民间借贷与非法集资风险防范的法律机制研究》	岳彩申
172	《新时期社会治安防控体系建设研究》	宫志刚
173	《加快发展我国生产服务业研究》	李江帆
174	《基本公共服务均等化研究》	张贤明
175	《职业教育质量评价体系研究》	周志刚
176	《中国大学校长管理专业化研究》	宣　勇
177	《"两型社会"建设标准及指标体系研究》	陈晓红
178	《中国与中亚地区国家关系研究》	潘志平
179	《保障我国海上通道安全研究》	吕　靖
180	《世界主要国家安全体制机制研究》	刘胜湘
181	《中国流动人口的城市逐梦》	杨菊华
182	《建设人口均衡型社会研究》	刘渝琳
183	《农产品流通体系建设的机制创新与政策体系研究》	夏春玉

序号	书 名	首席专家
184	《区域经济一体化中府际合作的法律问题研究》	石佑启
185	《城乡劳动力平等就业研究》	姚先国
186	《20世纪朱子学研究精华集成——从学术思想史的视角》	乐爱国
187	《拔尖创新人才成长规律与培养模式研究》	林崇德
188	《生态文明制度建设研究》	陈晓红
189	《我国城镇住房保障体系及运行机制研究》	虞晓芬
190	《中国战略性新兴产业国际化战略研究》	汪 涛
191	《证据科学论纲》	张保生
192	《要素成本上升背景下我国外贸中长期发展趋势研究》	黄建忠
193	《中国历代长城研究》	段清波
194	《当代技术哲学的发展趋势研究》	吴国林
195	《20世纪中国社会思潮研究》	高瑞泉
196	《中国社会保障制度整合与体系完善重大问题研究》	丁建定
197	《民族地区特殊类型贫困与反贫困研究》	李俊杰
198	《扩大消费需求的长效机制研究》	臧旭恒
199	《我国土地出让制度改革及收益共享机制研究》	石晓平
200	《高等学校分类体系及其设置标准研究》	史秋衡
201	《全面加强学校德育体系建设研究》	杜时忠
202	《生态环境公益诉讼机制研究》	颜运秋
203	《科学研究与高等教育深度融合的知识创新体系建设研究》	杜德斌
204	《女性高层次人才成长规律与发展对策研究》	罗瑾琏
205	《岳麓秦简与秦代法律制度研究》	陈松长
206	《民办教育分类管理政策实施跟踪与评估研究》	周海涛
207	《建立城乡统一的建设用地市场研究》	张安录
208	《迈向高质量发展的经济结构转变研究》	郭熙保
209	《中国社会福利理论与制度构建——以适度普惠社会福利制度为例》	彭华民
210	《提高教育系统廉政文化建设实效性和针对性研究》	罗国振
211	《毒品成瘾及其复吸行为——心理学的研究视角》	沈模卫
212	《英语世界的中国文学译介与研究》	曹顺庆
213	《建立公开规范的住房公积金制度研究》	王先柱

序号	书　名	首席专家
214	《现代归纳逻辑理论及其应用研究》	何向东
215	《时代变迁、技术扩散与教育变革：信息化教育的理论与实践探索》	杨　浩
216	《城镇化进程中新生代农民工职业教育与社会融合问题研究》	褚宏启 薛二勇
217	《我国先进制造业发展战略研究》	唐晓华
218	《融合与修正：跨文化交流的逻辑与认知研究》	鞠实儿
219	《中国新生代农民工收入状况与消费行为研究》	金晓彤
220	《高校少数民族应用型人才培养模式综合改革研究》	张学敏
221	《中国的立法体制研究》	陈　俊
222	《教师社会经济地位问题：现实与选择》	劳凯声
223	《中国现代职业教育质量保障体系研究》	赵志群
224	《欧洲农村城镇化进程及其借鉴意义》	刘景华
225	《国际金融危机后全球需求结构变化及其对中国的影响》	陈万灵
226	《创新法治人才培养机制》	杜承铭
227	《法治中国建设背景下警察权研究》	余凌云
228	《高校财务管理创新与财务风险防范机制研究》	徐明稚
229	《义务教育学校布局问题研究》	雷万鹏
230	《高校党员领导干部清正、党政领导班子清廉的长效机制研究》	汪　曣
231	《二十国集团与全球经济治理研究》	黄茂兴
232	《高校内部权力运行制约与监督体系研究》	张德祥
233	《职业教育办学模式改革研究》	石伟平
234	《职业教育现代学徒制理论研究与实践探索》	徐国庆
235	《全球化背景下国际秩序重构与中国国家安全战略研究》	张汉林
236	《进一步扩大服务业开放的模式和路径研究》	申明浩
237	《自然资源管理体制研究》	宋马林
238	《高考改革试点方案跟踪与评估研究》	钟秉林
239	《全面提高党的建设科学化水平》	齐卫平
240	《"绿色化"的重大意义及实现途径研究》	张俊飚
241	《利率市场化背景下的金融风险研究》	田利辉
242	《经济全球化背景下中国反垄断战略研究》	王先林